제3판

미분방정식의 이해와 응용

장성각 · 권영철 · 권순걸 · 裵明鶴 지음

KM 경문사

머리말

추상화되고 논리적으로 체계화된 수학 내용은 변하지 않는 진리이며, 모든 과학 분야에서 가장 신뢰할 수 있는 분석과 종합의 도구(tool)로써 역할을 한다.

수학의 여러 분야 중에서도 미분방정식은 17세기 후반 뉴턴의 미분적분의 발견 이후 현재까지 자연과학과 공학, 경제학 등에서 매우 중요한 분석의 도구로써 역할을 하고 있으며, 미래에도 그 역할은 변함이 없을 것이다. 이는 과학과 공학, 경제학 등의 주요 내용을 다룬 교과서나 논문 등에서 미분방정식이 분석과 표현의 중요한 도구로써 이용되고 있음을 보면 알 수 있다.

학부 과정에서 미분방정식의 교육이 특정 형태의 미분방정식을 푸는 해법의 소개와 계산 위주로 이루어지면, 배우는 학생과 가르치는 교수 양측 모두의 흥미를 유발하기 어렵다. 그리고 오늘날에는 간단한 미분방정식의 해를 대수적 방법으로 구하거나 수치적 계산을 할 수 있는 컴퓨터 프로그램들이 상업적으로 잘 개발되어 있고 또한 널리 보급되어 있다. 그래서 미분방정식의 교육은 '고전적인 해법들'과 '기초적인 이론'과 '수치적 계산법들'을 적절히 배분하는 것이 중요하다.

이와 같은 취지에서 본 교재는 열 개의 장과 부록으로 구성되어 있는데, 참고로 간략히 내용을 소개하면 다음과 같다.

1장에서 미분방정식과 관련된 기본적인 개념과 예를 포괄적으로 소개하고, 2장에서는 1계 미분방정식의 기초적인 해법들을 간단히 다루었다. 3장에서는 1계 미분방정식의 해를 수치적으로 구하는 기초적인 방법들을 간단히 소개하고, Matlab으로 수치해를 계산하는 예와 Mathematica로 간단한 미분방정식의 해를 구하는 예를 소개하였다. 4장에서 선형 미분방정식의 기초적인 이론과 함께 상수 계수 선형 미분방정식의 해법을 다루고, 5장에서 상수 계수 선형 미분방정식의 라플라스 변환 해법을 다루며, 6장에서는 2계 선형 미분방정식의 급수해법을 다루었다.

7장에서 1계 상수 계수 선형 미분방정식계를 다루고, 8장에서는 1계 미분방정식(계)의 정성적 성질을 간단히 소개하였다. 9장에서 2계 선형 미분방정식의 경계치문제와 Sturm–Liouville 문제를 다루고, 고유함수 전개의 개념으로 Fourier 급수를 간단히 소개하였다. 10장에서 2계 상수 계수 선형 편미분방정식의 예와 이들의 기초적인 해법과 해의 성질을 간단하게 소개하였다. 부록 A에서 7장과 8장에 필요한 벡터와 행렬의 내용을 요약해 놓았다. 그리고 부록 B에서 수치해를 계산하는 데 필요한 Matlab의 기본적인 명령어 등과 문법을 요약하고, 간단한 프로그램 작성 방법을 소개해 놓았다.

이번 개정판에서는 좀 더 보강된 수치해석적 내용을 부록에서 본문 3장으로 옮겨 다루었다. 대체로 수학과 학부의 수치해석 과목에서 미분방정식의 수치해법은 우선순위가 낮으나, 공학 등의 응용분야 학부과정에서는 그렇지 않다는 판단에서 보완한 것이다.

이번에도 학생과 교수가 모두 편안하게 느낄 수 있도록 내용을 좀 더 간결하고 자연스럽게 전개하며 설명하고자 노력하였으나, 여전히 부족한 점이 많을 것으로 예상된다. 앞으로 독자 여러분의 적절한 지적을 감사한 마음으로 기대하며, 더 좋은 교재로 진화해 가도록 노력할 것을 약속드린다.

이 책을 학부 교재로 사용할 경우 여건에 따라서 내용을 선택해서 다루고, 한편으론 참고용으로 사용될 수 있으면 좋겠다는 욕심에 책이 좀 두꺼워지는 부작용이 생기고 말았음을 양해해 주시기 바란다.

끝으로 출판을 위해 수고하신 경문사 관계자께 감사드린다.

2015년 2월

저자 일동

차례

Chapter. 1 미분방정식의 개요

Chapter. 2 1계 미분방정식

Chapter. 3 1계 미분방정식의 수치해법

Chapter. 4 상수 계수 선형 미분방정식

Chapter. 5 라플라스 변환과 응용

Chapter. 6 선형 미분방정식의 급수해

Chapter. 7 1계 선형 미분방정식계

Chapter. 8 미분방정식의 정성적 성질

Chapter. 9 2계 선형 미분방정식의 경계치문제

Chapter. 10 2계 상수 계수 선형 편미분방정식

부록

CHAPTER

1

미분방정식의 개요

1.1 기본 개념과 용어

1.2 미분방정식의 해

1.3 초기치문제와 경계치문제

1.1 기본 개념과 용어

자연과학, 공학, 사회과학 등은 인간이 관심을 가지는 특정 현상들을 정확하게 이해하고 파악해가는 학문으로서 인간의 삶을 풍요롭게 하는 데 필수적인 학문이다.

모든 과학과 공학에서 특정 현상을 정확하게 분석하고 이해하기 위해 수학의 여러 개념들을 사용하여 그 현상을 수학적으로 표현한 것을 **수학적 모델**(mathematical model)이라 한다. 주어진 현상으로부터 수학적 모델을 만들고 그 수학적 모델을 수학적으로 분석하는 것이 현대 과학과 공학의 핵심이라 할 수 있다. 여기서 '수학적'이란 수학의 기호 및 개념과 지식을 사용하는 것을 의미한다. 그래서 수학을 모든 과학의 범용 언어이며 도구라 한다.

일반적으로 특정 현상을 분석하고 이해하는 일은 그 특정 현상에 내재(內在)된 변수(변량)들 사이의 함수 관계를 구하는 문제로 귀착된다.

특정 현상에서 이미 알고 있는 변수(변량)는 독립변수가 되고, 장차 파악하고자 하는 변수(변량)는 종속변수가 되는데 문제를 풀기 전에는 알지 못하는 함수이므로 이를 흔히 미지함수라 한다. 대체로 이들 변수 사이의 함수 관계는 수학적 모델을 통하여 파악되는데, 이때 수학적 모델은 흔히 독립변수에 대한 종속변수(미지함수)의 도함수를 포함하는 방정식으로 이루어짐을 볼 수 있다. 이와 같이 도함수를 포함하는 방정식을 미분방정식이라 한다.

한편 과학자(수학자 포함)는 특정 현상에 대한 실험과 관찰을 하고 적절한 가설과 법칙을 이용하여, 그 현상을 수학적 모델로 표현한다. 그 수학적 모델을 풀어서 해의 성질을 파악하여 의미를 해석하고 예측하는 일이 현대 과학 발전의 일반적 과정이다.

좀 더 정밀한 해석과 예측이 필요하면, 그 수학적 모델을 더 적합하도록 수정 보

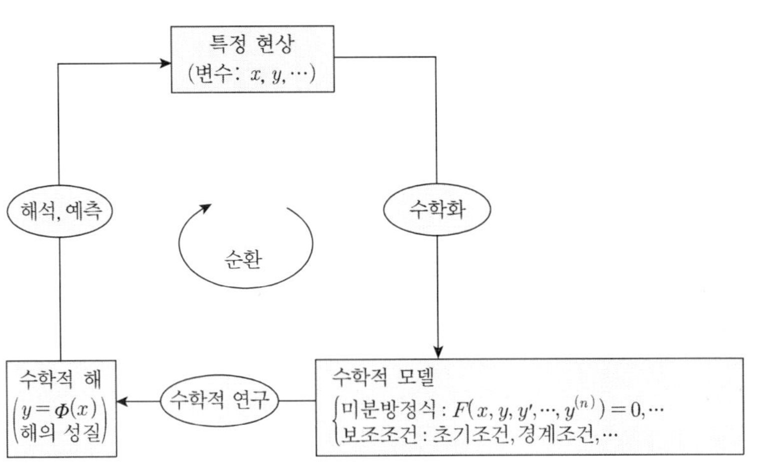

[그림 1.1.1]

완하고 다시 위의 과정을 따른다. 이와 같은 과학발전과 수학발전의 상호 순환 과정을 미분방정식의 예로써 간단히 표시하면 그림 1.1.1과 같다.

참고 수학적 모델을 만드는 과정은 대체로 다음과 같다.

1. 주어진 현상에 내재하는 변수들을 찾는다.
2. 그 변수들을 독립변수와 종속변수(미지함수)로 분류한다.
3. 적절한 가설과 법칙을 이용하여 종속변수와 독립변수 등을 포함한 관계식(주로 미분방정식 등)을 유도한다.

이해를 돕기 위해서 자연과학, 공학과 사회과학 등에서 나타나는 간단한 미분방정식의 예를 아래에서 개략적으로 소개한다.

예 1.1.1 **맬서스 인구 모델** 한 국가의 인구수의 단기간 추이를 나타내는 모델을 만들어 보자.

풀이 인구 추이에 관련되는 중요 변수들을 보면 다음과 같다.
시간변수(단위 월 또는 년) t와 인구수(또는 인구밀도) y가 있다.
여기서 t는 독립변수이고 y는 t의 함수로, 구하고자 하는 종속변수(미지함수)로 간주하자. 그리고 단기간 동안에 단위 시간당 인구 증가율 r은 상수라 가정하자.
y를 미분가능 함수라 가정하면 t년도에 인구수(또는 인구밀도)의 변화량은 $\frac{d}{dt}y(t)$이고, 이것은 증가율과 인구수(또는 인구밀도)의 곱 $ry(t)$와 같다.
따라서 다음과 같이 t, y를 포함한 간단한 방정식(미분방정식)을 얻는다.

$$\frac{d}{dt}y = ry$$

이와 같은 미분방정식은 2장에서 다룬다. ■

예 1.1.2 **로지스틱 모델** 맬서스의 인구 모델은 이상적인 환경 하에서 단기간의 인구추이를 분석 및 예측할 때에는 타당하다. 그러나 장기적으로 볼 때 식량부족, 자원부족과 생활공간부족 등으로 인하여 인구가 일정 증가율로 계속 증가할 수는 없다. 이제 맬서스의 인구모델을 좀 더 적합하도록 수정해보자.

풀이 주어진 환경 하에서 최대로 수용 가능한 인구수 $K>0$가 존재한다고 가정하는 것이 합리적이다. 그리고 인구수 y가 K보다 작으면 증가하고, 인구수 y가 K보다 크면 감소한다고 가정하자. 또한 인구수 y가 증가할수록 증가율 r은 둔화된다고 가정하는 것이 합리적이다. 그러므로 증가율 r은 인구수 y의 감소함수로, $y<K$이면 $r(y)>0$이고, $y>K$이면 $r(y)<0$이라 가정하자.

이와 같은 성질을 가진 함수들 중에서 가장 간단한 것은 다음과 같은 일차 함수이다(단 $a>0$ 는 상수).

$$r(y)=a\left(1-\frac{y}{K}\right)$$

그래서 $\frac{d}{dt}y=ry$ 를 수정하여 다음의 미분방정식을 얻는다.

$$\frac{d}{dt}y=a\left(1-\frac{y}{K}\right)y$$

이 미분방정식을 **로지스틱(logistic) 방정식**이라 하는데, 간단하지만 매우 재미있는 미분방정식 중의 하나이다. 이와 같은 미분방정식은 2장에서 다룬다. ■

참고 세균, 바이러스 등을 포함한 생물 개체수(밀도)의 변화 문제도 인구 문제와 마찬가지로 단기적으로는 미분방정식 $\frac{d}{dt}y=ay$ 로, 장기적으로는 $\frac{d}{dt}y=a\left(1-\frac{y}{K}\right)y$ 로 표현할 수 있다. 그 외 방사능 물질의 붕괴 모델, 전염병 확산 모델, 뉴턴의 냉각 모델, 물질의 농도 모델, 상품의 수요공급과 가격 모델, 금융 시장의 연속 복리계산 모델 등은 모두 간단한 미분방정식으로 표현할 수 있다.

예 1.1.3 **피식자-포식자 모델** 한정된 공간에서 동물 A종과 B종이 먹이 사슬을 형성하고 있다고 하자. 이때 두 종의 개체수의 변화를 나타내는 모델을 만들어 보자.

풀이 A종은 초식동물(피식자)로서 먹이인 풀이 매우 풍부하게 있다고 가정하고, B종은 A종만을 먹이로 하는 육식동물(포식자)이라 하자. 시간변수를 t, A종의 개체수를 x, B종의 개체수를 y 라 두자. 포식자인 B종이 없을 경우 A종의 단위 시간당 개체수 증가율을 $\alpha>0$ 라 하고, 피식자인 A종이 없을 경우 B종의 단위 시간당 개체수 감소율을 $-\gamma<0$ 라 가정하자.

한편 xy 는 A종과 B종이 서로 조우할(만나게 될) 경우의 수를 의미한다. 여기서 A종과 B종이 서로 조우할 경우의 수에 비례해서, 피식자인 A종의 개체수는 감소(비율 $-\beta<0$)하고 포식자인 B종의 개체수는 증가(비율 $\delta>0$)한다고 가정하자.

x 와 y 를 미분가능 함수라 가정하면, t 에서 A종과 B종의 개체수의 단위 시간당 변화량은 각각 $\frac{dx(t)}{dt}$ 와 $\frac{dy(t)}{dt}$ 이다.

따라서 다음의 연립 미분방정식을 얻는다.

$$\begin{cases} \dfrac{dx}{dt}=\alpha x-\beta xy \\ \dfrac{dy}{dt}=-\gamma y+\delta xy \end{cases}$$

이와 같은 연립 미분방정식의 성질은 8장에서 다룬다. ■

참고 동일한 먹이를 두고 두 종류의 동물이 서로 경쟁하는 상황을 다룬 경쟁 모델, 그리고 아군과 적군이 서로 승패를 다투는 상황을 다룬 전투 모델 등도 연립 미분방정식으로 표현할 수 있다.

예 1.1.4 **선형 스프링 모델** 선형 스프링에 질량 m 인 추를 달아서 천장에 수직으로 매달아 놓았다. 편의상 원점(0)이 추의 평형 위치가 되도록 수직선(y 축)을 스프링과 나란히 두자. 스프링의 훅(Hooke)의 상수를 $k>0$ 라 하고, 중력가속도를 g_0 라 할 때, 추의 수직운동에 대한 수학적 모델을 만들어 보자.

풀이 시간을 독립변수 t , 추의 위치를 종속변수 y 라 두자.

그러면 추에 작용하는 힘은 뉴턴의 법칙에 의하여, 질량과 가속도의 곱 $m\dfrac{d^2y}{dt^2}$ 이다. 편의상 스프링 자체의 질량은 무시하고 공기의 저항도 무시하자. 그러면 $m\dfrac{d^2y}{dt^2}$ 은 스프링의 복원력 $-ky$ 와 중력 mg_0 의 합과 같다.

따라서 다음의 미분방정식을 얻는다.

$$m\frac{d^2y}{dt^2}=-ky+mg_0, \quad \text{즉} \quad \frac{d^2y}{dt^2}+\frac{k}{m}y=g_0$$

이와 같은 미분방정식은 4장에서 다룬다. ■

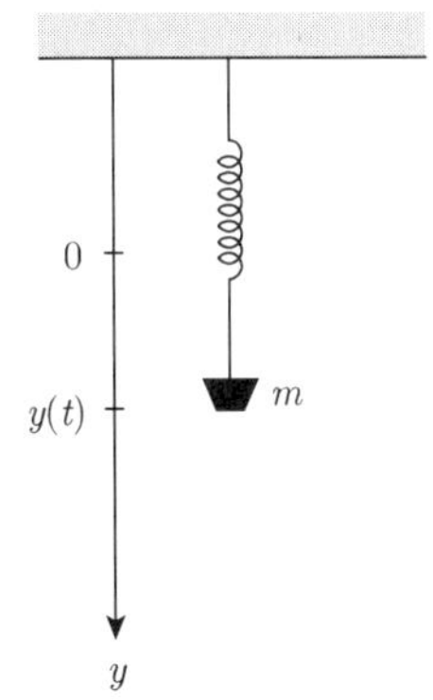

[그림 1.1.2]

참고 진자운동, RLC 전기회로, 보(beam)의 변형(deflection) 등도 미분방정식으로 표현가능하다.

이제 구체적으로 미분방정식과 관련된 여러 가지 개념과 용어의 의미를 알아보자.

| 정의 1.1.5 | (독립변수에 의한) 종속변수(미지함수)의 도함수를 포함하고 있는 방정식을 미분방정식이라 한다.

특히 종속변수의 (상)도함수를 포함하고 있는 방정식을 **상미분방정식**(ordinary differential equation)이라 하고, 종속변수의 편도함수를 포함하고 있는 방정식을 **편미분방정식**(partial differential equation)이라 한다. (즉 미분하는 독립변수가 한 개인 방정식은 상미분방정식이고, 미분하는 독립변수가 두 개 이상인 방정식은 편미분방정식이다.)

응용에서 볼 수 있는 간단한 미분방정식의 유형들을 보자.

예 1.1.6 다음을 상미분방정식과 편미분방정식으로 구분해보자.

(1) $\dfrac{dy}{dx}=ry$

(2) $\dfrac{dy}{dx}+x^2y=x+1$

(3) $\dfrac{dy}{dt}=ry\left(1-\dfrac{y}{M}\right)$

(4) $\dfrac{d^2x}{dt^2}+r\dfrac{dx}{dt}+kx=0$

(5) $\dfrac{d^2x}{dt^2}+r\dfrac{dx}{dt}+\sin x=0$

(6) $\dfrac{d^2x}{dt^2}+r\dfrac{dx}{dt}+kx=\cos\omega t$

(7) $\dfrac{d^2x}{dt^2}+x-x^3=\sin t$

(8) $\dfrac{d^2x}{dt^2}+(x^2-1)\dfrac{dx}{dt}+kx=0$

(9) $\dfrac{d^4y}{dx^4}+y=0$

(10) $\begin{cases}\dfrac{dx}{dt}=x-xy\\ \dfrac{dy}{dt}=-y+xy\end{cases}$

(11) $\dfrac{\partial u}{\partial x}+\dfrac{\partial u}{\partial y}=u$

(12) $\dfrac{\partial^2u}{\partial x^2}+\dfrac{\partial^2u}{\partial y^2}=0$

(13) $\dfrac{\partial u}{\partial t}-\dfrac{\partial^2u}{\partial x^2}=0$

(14) $\dfrac{\partial^2u}{\partial t^2}-\dfrac{\partial^2u}{\partial x^2}=0$

(15) $\dfrac{\partial^2u}{\partial r^2}+\dfrac{1}{r}\dfrac{\partial u}{\partial r}+\dfrac{1}{r^2}\dfrac{\partial^2u}{\partial\theta^2}=0$

(16) $\dfrac{d^3y}{dx^3}+4\left(\dfrac{dy}{dx}\right)^2=y$

(17) $y'+2y=\sin x$

(18) $\dfrac{d^2u}{dt^2}+2t^2\dfrac{du}{dt}+3t^2u=0$

(19) $(y')^2+2xy'+x^2=0$

(20) $\sqrt{u}+3\dfrac{du}{ds}=\dfrac{d^3u}{ds^3}$

(21) $\dfrac{\partial^4u}{\partial t^4}+4\dfrac{\partial^2u}{\partial t\partial x}=\dfrac{\partial^5u}{\partial x^5}$

풀이 (1)~(10)과 (16)~(20)은 상미분방정식, (11)~(15)와 (21)은 편미분방정식이다. ■

미분방정식을 형태에 따라 여러 가지로 분류하는데, 먼저 도함수의 계수(order)에 따라 분류해보자.

| 정의 1.1.7 | 미분방정식의 계수(order)는 그 미분방정식에 포함된 종속변수의 최고계(highest order) 도함수의 계수이다.

일반적으로 계수에 따라서 미분방정식의 성질이 크게 달라질 수 있으므로 계수는 중요한 분류 방법이다.

예 1.1.8 예 1.1.6에서 각 방정식의 계수를 알아보자.

풀이 (1), (2), (3), (10), (11)과 (17)은 1계 미분방정식이고, (4)~(8)과 (12)~(15)와 (18)은 2계 미분방정식이고, (16)과 (20)은 3계 미분방정식이고, (9)와 (21)은 4계 미분방정식이다. ■

이 책에서는 주로 상미분방정식에 대하여 기본적인 해법과 기초적인 이론을 다루고, 간단한 편미분방정식에 대해서 10장에서 해법을 소개한다.

n 계 상미분방정식의 대표적인 형태는 다음과 같다.

$$\Psi(x,\ y,\ y',\ \cdots,\ y^{(n)})=0 \tag{1.1.1}$$

또는

$$y^{(n)}=\psi(x,\ y,\ y',\ \cdots,\ y^{(n-1)}) \tag{1.1.2}$$

단 $y^{(k)}=\dfrac{d^k y}{dx^k}$ 는 y 의 k 계 도함수이고, $\Psi(x,\ y_0,\ y_1,\ \cdots,\ y_n)$와 $\psi(x,\ y_0,\ y_1,\ \cdots,\ y_{n-1})$는 적당한 함수들이다. ■

미분방정식 (1.1.1)의 형태를 음적(implicit) 표현이라 하고, 미분방정식 (1.1.2)의 형태를 양적(explicit) 표현이라 한다.

양적 표현은 음적 표현으로 간단히 바꿀 수 있다. 즉

$$y^{(n)}-\psi(x,\ y,\ y',\ \cdots,\ y^{(n-1)})=0$$

그러나 일반적으로 음적 표현을 양적 표현으로 변환 가능한지는 고등 미적분학의 음함수 정리를 이용하여 판단할 수 있다. 이제부터 상황과 편리성에 따라서, 음적 표현과 양적 표현을 혼용 또는 변형하여 미분방정식을 표현하자.

다음에는 선형과 비선형으로 분류해보자.

| 정의 1.1.9 | 종속변수와 그 도함수의 1차식으로 된 미분방정식을 **선형 미분방정식**이라 한다. 선형이 아닌 경우, **비선형 미분방정식**이라 한다.

즉 (1.1.1)에서 함수 Ψ가 $y,\ y',\ \cdots,\ y^{(n)}$에 대하여 일차 함수이면 (1.1.1)은 선형 미분방정식이다. 그리고 (1.1.2)에서 함수 ψ가 $y,\ y',\ \cdots,\ y^{(n-1)}$에 대하여 일차 함수이면 (1.1.2)는 선형 미분방정식이다.

편의상 n계 선형 미분방정식은 주로 다음과 같이 표현한다.

$$a_n(x)y^{(n)} + \cdots + a_1(x)y' + a_0(x)y = f(x) \qquad (1.1.3)$$

여기서 $a_0(x),\ a_1(x),\ \cdots,\ a_n(x)$를 **계수**(coefficient)라 한다. 특히 모든 계수가 상수인 경우에 상수 계수 선형 미분방정식이라 하고, 상수가 아닌 계수를 가진 경우에 변수 계수 선형 미분방정식이라 한다.

미분방정식에 대해서 제차와 비제차로 분류하기도 한다.

| 정의 1.1.10 | 종속변수를 포함하지 않은 항을 가진 미분방정식을 **비제차 미분방정식**이라 하고, 종속변수를 포함한 항만을 가진 미분방정식을 **제차 미분방정식**이라 한다.

선형 미분방정식 (1.1.3)에서 독립변수의 함수 항 $f(x)$가 0함수(즉 $f(x) \equiv 0$)이면 (1.1.3)은 제차 미분방정식이고, $f(x)$가 0함수가 아니면($f(x) \not\equiv 0$), (1.1.3)은 비제차 미분방정식이다. 즉 n계 선형 제차 미분방정식의 대표적인 형태는 다음과 같다.

$$a_n(x)y^{(n)} + \cdots + a_1(x)y' + a_0(x)y = 0 \qquad (1.1.5)$$

예 1.1.11 예 1.1.6에서 선형, 비선형, 제차, 비제차 방정식으로 분류해보자.

풀이 (1), (4), (9), (11), (12), (13), (14)와 (15)는 선형 제차 방정식이고, (2), (6), (17)과 (18)은 선형 비제차 방정식이며, (3), (5), (8), (10), (20)과 (21)은 비선형 제차 방정식이고, (7), (16)과 (19)는 비선형 비제차 방정식이다. ■

연습문제 1.1

1. 다음 각 미분방정식의 계수를 말하고 선형, 비선형, 제차, 비제차로 분류하여라.

(1) $(x^2+1)y'+x^2y=0$

(2) $\dfrac{dy}{dx}+\sqrt{y}=x+1$

(3) $(1+y^2)dy=(y+x)dx$

(4) $2xydx+(x^2-1)dy=0$

(5) $\dfrac{d^2x}{dt^2}+\sin x=0$

(6) $\dfrac{d^2x}{dt^2}-\left(1-\left(\dfrac{dx}{dt}\right)^2\right)\dfrac{dx}{dt}+x=0$

(7) $\dfrac{d^2x}{dt^2}+x+x^3=\sin t$

(8) $\dfrac{d^2x}{dt^2}+\left(\dfrac{dx}{dt}\right)^2+kx=0$

(9) $\dfrac{d^4y}{dx^4}+\dfrac{d^2y}{dx^2}+y=x+1$

(10) $\begin{cases}\dfrac{dx}{dt}=-2x-xy\\ \dfrac{dy}{dt}=-y-2xy\end{cases}$

(11) $y\dfrac{\partial u}{\partial x}+\dfrac{\partial u}{\partial y}=0$

(12) $\dfrac{\partial^2u}{\partial x^2}+\dfrac{\partial^2u}{\partial y^2}+\dfrac{\partial^2u}{\partial z^2}=0$

(13) $\dfrac{\partial u}{\partial t}=\dfrac{\partial^2u}{\partial x^2}+\dfrac{\partial^2u}{\partial y^2}$

(14) $\dfrac{\partial^2u}{\partial t^2}=\dfrac{\partial^2u}{\partial x^2}+\dfrac{\partial^2u}{\partial y^2}$

1.2 미분방정식의 해

앞에서 미분방정식의 분류에 사용되는 중요한 용어를 간단히 알아보았다. 이제 미분방정식의 해(solution)와 그 종류에 대하여 알아보자.

미분방정식과 그 해의 관계를 잘 이해하기 위하여, 먼저 아래와 같은 함수들의 집합이 주어져 있다고 가정하자.

$$\{y=g(x;\ c_1,\ \cdots,\ c_n)\mid c_1,\ \cdots,\ c_n\text{은 임의의 상수}\}$$

단 $y=g(x;\ c_1,\ \cdots,\ c_n)$은 어떤 함수로서, 임의상수 $c_1,\ \cdots,\ c_n$을 포함한다.

이제부터 집합기호를 생략하고, 위의 함수들 집합을 편의상 다음과 같이 표현하자.

$$y=g(x;\ c_1,\ \cdots,\ c_n) \tag{1.2.1}$$

단 $c_1,\ \cdots,\ c_n$은 임의상수이다.

그러면 (1.2.1)은 무수히(임의상수 $c_1,\ \cdots,\ c_n$이 취할 수 있는 값의 경우의 수만큼) 많은 함수들을 나타낸다. 이 함수들의 그래프(곡선)들을 xy-평면상에 그려놓았다고 상상하자. 그래서 (1.2.1)을 n개의 매개변수 $c_1,\ \cdots,\ c_n$을 가진 **곡선족**(n-parameter family of curves)이라 한다.

먼저 곡선족 $y=g(x;\ c_1,\ \cdots,\ c_n)$, ($c_1,\ \cdots,\ c_n$은 임의상수)에서, $g(x;\ c_1,\ \cdots,\ c_n)$이 x에 대해서 n번 연속 미분가능이라 하자. 그러면 $y=g(x;\ c_1,\ \cdots,\ c_n)$의 양변을 x로 n번까지 차례로 미분하여 다음과 같이 n개의 등식을 얻을 수 있다.

$$\begin{cases} \dfrac{dy}{dx}=\dfrac{d}{dx}g(x;\ c_1,\ \cdots,\ c_n) \\ \dfrac{d^2y}{dx^2}=\dfrac{d^2}{dx^2}g(x;\ c_1,\ \cdots,\ c_n) \\ \vdots \\ \dfrac{d^ny}{dx^n}=\dfrac{d^n}{dx^n}g(x;\ c_1,\ \cdots,\ c_n) \end{cases} \tag{1.2.2}$$

여기서 $y=g(x;\ c_1,\ \cdots,\ c_n)$과 (1.2.2)를 함께 이용하여, 임의상수 $c_1,\ \cdots,\ c_n$을 소거하면, $\Psi(x,\ y,\ y',\ \cdots,\ y^{(n)})=0$(또는 $y^{(n)}=\psi(x,\ y,\ y',\ \cdots,\ y^{(n-1)})$)와 같은 형태의 n계 미분방정식을 얻게 된다. 이와 같이 하여 얻어진 n계 미분방정식을 주어진 곡선족 (1.2.1)의 미분방정식이라 한다. 이때 역으로 $y=g(x;\ c_1,\ \cdots,\ c_n)$을 미분방정식 $\Psi(x,\ y,\ y',\ \cdots,\ y^{(n)})=0$(또는 $y^{(n)}=\psi(x,\ y,\ y',\ \cdots,\ y^{(n-1)})$)에 대입하면, 항등식이 된다(즉 등식이 성립한다).

또한 다음과 같이 주어진 음함수 곡선족에 대해서도 같은 요령으로 곡선족의 미분방정식을 얻을 수 있다.

$$G(x,\ y;\ c_1,\ \cdots,\ c_n)=0 \tag{1.2.3}$$

단 $c_1,\ \cdots,\ c_n$은 임의상수이다.

$G(x,\ y;\ c_1,\ \cdots,\ c_n)$이 x와 y에 대해서 n번 연속 편미분가능이라 하자.

그러면 $G(x,\ y;\ c_1,\ \cdots,\ c_n)=0$의 양변을 x로 n번까지 차례로 미분하여 다음과 같이 n개의 등식을 얻을 수 있다.

$$\begin{cases} \dfrac{d}{dx}G(x,\ y;\ c_1,\ \cdots,\ c_n)=0 \\ \dfrac{d^2}{dx^2}G(x,\ y;\ c_1,\ \cdots,\ c_n)=0 \\ \vdots \\ \dfrac{d^n}{dx^n}G(x,\ y;\ c_1,\ \cdots,\ c_n)=0 \end{cases} \tag{1.2.4}$$

$G(x,\ y;\ c_1,\ \cdots,\ c_n)=0$과 (1.2.4)를 함께 이용하여, 임의상수 $c_1,\ \cdots,\ c_n$을 소거하면, $\Psi(x,\ y,\ y',\ \cdots,\ y^{(n)})=0$(또는 $y^{(n)}=\psi(x,\ y,\ y',\ \cdots,\ y^{(n-1)})$)와 같은 형태의 n계 미분방정식을 얻게 된다. 이와 같이 하여 얻어진 n계 미분방정식을 주

어진 곡선족 (1.2.3)의 미분방정식이라 한다.

한편 $G(x,\ y;\ c_1,\ \cdots,\ c_n)=0$을 y에 대해서 풀어서 $y=g(x)$라 가정하자. 즉 $y=g(x)$를 $G(x,\ y;\ c_1,\ \cdots,\ c_n)=0$에 대입하면 항등식이 된다고 다음과 같이 가정하자.

$$G(x,\ g(x);\ c_1,\ \cdots,\ c_n)=0 \ \text{항등식}$$

이때 역으로 $y=g(x)$를 미분방정식 $\Psi(x,\ y,\ y',\ \cdots,\ y^{(n)})=0$(또는 $y^{(n)}=\psi(x,\ y,\ y',\ \cdots,\ y^{(n-1)})$)에 대입하면, 역시 항등식이 된다(즉 등식이 성립한다).

참고 어떤 함수를 주어진 미분방정식에 대입하면 항등식이 될 때, 흔히 그 함수가 주어진 미분방정식을 만족한다고 말한다. 그런 의미에서 곡선족에 속하는 모든 함수는 그 곡선족의 미분방정식을 만족한다.

예 1.2.1 곡선족 $y=ce^{3x}$, (c는 임의상수)의 미분방정식을 구해보자.

풀이 임의상수가 1개이므로 $y=ce^{3x}$의 양변을 x로 한 번 미분하여 다음을 얻는다.

$$y'=3ce^{3x} \tag{1.2.5}$$

이제 $y=ce^{3x}$와 (1.2.5)를 이용하여 임의상수 c를 소거하면, 주어진 곡선족의 미분방정식 $y'-3y=0$을 얻는다. 이때 역으로 $y=ce^{3x}$를 $y'-3y=0$에 대입하면, 항등식이 됨을 알 수 있다. 즉 $y=ce^{3x}$는 $y'-3y=0$을 만족한다. ■

예 1.2.2 곡선족 $y^2-cx=1$, (c는 임의상수)의 미분방정식을 구해보자.

풀이 임의상수가 1개이므로 $y^2-cx=1$의 양변을 x로 한 번 미분하여 다음을 얻는다.

$$\frac{d}{dx}(y^2-cx)=\frac{d}{dx}1,\ \text{즉}\ \ 2y\frac{dy}{dx}-c=0 \tag{1.2.6}$$

이제 $y^2-cx=1$과 (1.2.6)을 이용하여 임의상수 c를 소거하면, 곡선족 $y^2-cx=1$의 미분방정식 $y^2-2xy\dfrac{dy}{dx}=1$ 또는 $\dfrac{dy}{dx}=\dfrac{y^2-1}{2xy}$을 얻는다. 한편 $y^2-cx=1$을 y에 대해서 풀면, $y=\sqrt{cx+1}$ (또는 $y=-\sqrt{cx+1}$)이다. 즉 $y=\sqrt{cx+1}$을 $y^2-cx=1$에 대입하면 항등식이 된다. 이때 역으로 $y=\sqrt{cx+1}$을 $y^2-2xy\dfrac{dy}{dx}=1$에 대입하면, 역시 항등식이 됨을 알 수 있다. 즉 $y=\sqrt{cx+1}$은

$y^2 - 2xy\dfrac{dy}{dx} = 1$ 을 만족한다. ■

이제 역으로, 미분방정식이 먼저 주어져 있는 경우에, 그 미분방정식을 만족하는 함수 또는 곡선족을 생각해보자.

| 정의 1.2.3 |

(1) n번 미분가능한 함수 $y = g(x)$가 구간 I상에서 미분방정식 (1.1.1) (또는 (1.1.2))을 만족할 때, $y = g(x)$를 I상에서 그 미분방정식의 (양함수) 해라고 한다. 즉 모든 $x \in I$에 대해서, $\Psi(x,\ g(x),\ g'(x),\ \cdots,\ g^{(n)}(x)) = 0$(또는 $g^{(n)}(x) = \psi(x,\ g(x),\ g'(x),\ \cdots,\ g^{(n-1)}(x))$).

(2) n번 미분가능한 함수 $y = g(x)$가 존재하여, I상에서 음함수 $G(x,\ y) = 0$과 미분방정식 (1.1.1) (또는 (1.1.2))을 동시에 만족할 때, $G(x,\ y) = 0$을 I상에서 그 미분방정식의 (음함수) 해라고 한다. 즉 모든 $x \in I$에 대해서, $G(x,\ g(x)) = 0$이고 $\Psi(x,\ g(x),\ g'(x),\ \cdots,\ g^{(n)}(x)) = 0$ (또는 $g^{(n)}(x) = \psi(x,\ g(x),\ g'(x),\ \cdots,\ g^{(n-1)}(x))$).

참고 위의 곡선족의 미분방정식을 다시 보자.

$\Psi(x,\ y,\ y',\ \cdots,\ y^{(n)}) = 0$이 곡선족 $y = g(x;\ c_1,\ \cdots,\ c_n)$의 미분방정식이라 가정하자. 그러면 해의 정의에 의해서 곡선족 $y = g(x;\ c_1,\ \cdots,\ c_n)$에 속하는 모든 함수는 미분방정식 $\Psi(x,\ y,\ y',\ \cdots,\ y^{(n)}) = 0$의 해가 됨을 알 수 있다. 그래서 곡선족 $y = g(x;\ c_1,\ \cdots,\ c_n)$은 미분방정식 $\Psi(x,\ y,\ y',\ \cdots,\ y^{(n)}) = 0$의 해들의 집합이라 간주할 수 있다.

그리고 미분방정식도 등식의 일종이므로, 0이 아닌 함수를 곱하여도 성질은 변함없다. 즉 $y = g(x)$가 $\Psi(x,\ y,\ y',\ \cdots,\ y^{(n)}) = 0$의 해이면, $I(x,\ y) \neq 0$인 경우에 $y = g(x)$는 $I(x,\ y)\Psi(x,\ y,\ y',\ \cdots,\ y^{(n)}) = 0$의 해가 된다. 그래서 $I(x,\ y) \neq 0$인 경우에, $\Psi(x,\ y,\ y',\ \cdots,\ y^{(n)}) = 0$와 $I(x,\ y)\Psi(x,\ y,\ y,\ \cdots,\ y^{(n)}) = 0$은 동등하다고 할 수 있다.

한편 제차 선형 미분방정식($a_n(x)y^{(n)} + \cdots + a_1(x)y' + a_0(x)y = 0$)에서 상수함수 $y \equiv 0$는 항상 해가 됨을 알 수 있다. 이런 해를 **자명해**라 하고, 0함수가 아닌 해를 **비자명해**라 한다.

예 1.2.4 함수 $y = x + c\cos 2x$, (c는 임의상수)가 구간 $(-\infty,\ \infty)$상에서 미분방정식 $y'' + 4y = 4x$의 해가 됨을 보이자.

풀이 $y = x + c\cos 2x$를 x로 2번 미분하면 다음과 같다.

$$y'' = -4c_1 \cos 2x$$

이제 y 와 y''를 $y'' + 4y = 4x$ 에 대입하면, 항등식이 된다, 즉 모든 실수 x 에 대해서 등식이 성립한다. 따라서 구간 $(-\infty, \infty)$상에서 $y = x + c\cos 2x$ 가 $y'' + 4y = 4x$ 의 해이다. ■

예 1.2.5 함수 $y = x + c_1 \cos 2x + c_2 \sin 2x$, (c_1, c_2는 임의상수)가 구간 $(-\infty, \infty)$상에서 미분방정식 $y'' + 4y = 4x$ 의 해가 됨을 보이자.

풀이 $y = x + c_1 \cos 2x + c_2 \sin 2x$ 를 x 로 2번 미분하면 다음과 같다.

$$y'' = -4c_1 \cos 2x - 4c_2 \sin 2x$$

위의 y 와 y''를 $y'' + 4y = 4x$ 에 대입하면, 모든 실수 x 에 대해서 등식이 성립한다. 따라서 구간 $(-\infty, \infty)$상에서 $y = x + c_1 \cos 2x + c_2 \sin 2x$ 가 $y'' + 4y = 4x$ 의 해이다. ■

예 1.2.6 음함수 $x^2 + y^2 = c$, ($c > 0$는 임의상수)가 구간 $(-\sqrt{c}, \sqrt{c})$상에서 미분방정식 $yy' + x = 0$의 해가 됨을 보이자.

풀이 $x^2 + y^2 = c$를 y에 대해서 풀면, $y = \pm\sqrt{c - x^2}$ 이다. $y = \pm\sqrt{c - x^2}$ 를 x 로 한 번 미분하면, $(-\sqrt{c}, \sqrt{c})$상에서 다음과 같다(복호동순).

$$y' = \mp \frac{x}{\sqrt{c - x^2}}$$

위의 y 와 y'를 $yy' + x = 0$에 대입하면, 항등식이 된다.

따라서 구간 $(-\sqrt{c}, \sqrt{c})$상에서 $x^2 + y^2 = c$가 $yy' + x = 0$의 해이다. ■

참고 예 1.2.4와 예 1.2.5에서 보면, $y'' + 4y = 4x$ 의 해가 임의상수를 1개 가진 경우도 있고 (독립적인) 임의상수를 두 개 가진 경우도 있다. 물론 임의상수를 가지지 않는 경우도 있음을 쉽게 알 수 있다.

예 1.2.6에서 보면 구간 $(-\sqrt{c}, \sqrt{c})$상에서, $y_1 \equiv \sqrt{c - x^2}$ 과 $y_2 \equiv -\sqrt{c - x^2}$ 가 모두 $x^2 + y^2 = c$와 $yy' + x = 0$을 동시에 만족함을 알 수 있다. 그래서 음함수 해 $x^2 + y^2 = c$는 두 개의 해 $y_1 = \sqrt{c - x^2}$ 와 $y_2 = -\sqrt{c - x^2}$ 를 동시에 표현하는 것이라고 볼 수 있다.

대체로 음함수 해는 여러 개의 해들을 동시에 표현하는 경우가 많다. 지금부터 이 책에서 해의 정의구간에 대한 언급은 특별히 필요한 경우가 아니면 편의상 생략하기로 한다. 또한 '음함수 해'에서 편의상 '음함수'를 생략한다.

이제 해의 종류에 대해서 좀 더 자세히 알아보자. 미분방정식의 해를 구하는 일은 대체로 일종의 적분을 하는 것이라 할 수 있다. 즉 그것은 앞에서 소개한, 주어진 곡선족으로부터 미분방정식을 구하는 과정(미분 등의 과정)에 대한 일종의 역과정(적분 등의 과정)이라 볼 수 있다.

예 1.2.7 (1) 미분방정식 $\dfrac{dy}{dx}+y=x$ 로부터 적분을 이용하여 해 $y=ce^{-x}+x-1$ (c는 임의상수)를 구해보자.

(2) 미분방정식 $y''-y=1$로부터 적분을 이용하여 해 $y=c_1e^{-x}+c_2e^{x}-1$(c_1, c_2는 임의상수)를 구해보자.

풀이

(1) $\dfrac{dy}{dx}+y=x$ 의 양변에 e^x를 곱하여 간단히 하면 $\dfrac{d}{dx}(e^xy)=xe^x$ 를 얻는다. 이 양변을 x로 한 번 적분하면 $e^xy=\int xe^xdx=xe^x-e^x+c$를 얻는다($c$는 적분상수).

간단히 하기 위해서 양변에 e^{-x}를 곱하면 해 $y=ce^{-x}+x-1$를 얻을 수 있다. 단 여기서 c는 임의상수이다.

(2) $y''-y=1$의 양변에 e^x를 곱하여 정리하면, $(e^xy'-e^xy)'=e^x$ 를 얻고 이 양변을 x로 적분하여 다음을 얻는다.

$$e^xy'-e^xy=\int e^xdx=e^x+k_1,\quad (k_1\text{는 적분상수})$$

이 양변에 다시 e^{-2x}를 곱하여 정리하면, $(e^{-x}y)'=e^{-x}+k_1e^{-2x}$ 를 얻고 양변을 다시 x로 적분하여 다음을 얻는다.

$$e^{-x}y=-e^{-x}-\frac{1}{2}k_1e^{-2x}+k_2,\quad (k_1,\ k_2\text{는 적분상수})$$

간단히 하기 위해서 이 양변에 e^x를 곱하고, $c_1=-\dfrac{1}{2}k_1$, $c_2=k_2$라 두면, 해 $y=c_1e^{-x}+c_2e^x-1$, (c_1, c_2는 임의상수)를 얻는다. ■

이와 같이 n계 미분방정식의 거의 모든 해는, 직접적이든 간접적이든, n번 적분하는 것과 관련이 있고 그래서 n개의 적분상수와 관련이 있다.

일반적으로 미분하는 것보다 적분하는 것이 더 복잡하고 어려운 것처럼, 미분방정식에 대한 역과정은 훨씬 더 복잡하고 불가능일 때도 있다.

| 정의 1.2.8 | n계 미분방정식 (1.1.1) 또는 (1.1.2)의 해 중에서 서로 독립적인 n개의 임의상수를 가진 것을 **일반해**(general solution)라 하며 다음의 형태로 표현된다.

$$y = g(x;\ c_1,\ \cdots,\ c_n) \tag{1.2.7}$$

또는

$$G(x,\ y;\ c_1,\ \cdots,\ c_n) = 0 \tag{1.2.8}$$

단 $c_1,\ \cdots,\ c_n$은 서로 독립적인 임의상수들이다. 일반해 (1.2.7) 또는 (1.2.8)의 임의상수 $c_1,\ \cdots,\ c_n$에 특정 값을 대입하여 얻을 수 있는 해를 **특수해**(particular solution)라 한다. 그리고 어떤 특별한 비선형 미분방정식에서는 일반해로부터 얻어질 수 없는(즉 특수해가 아닌) 해도 존재하는데 그런 해를 **특이해**(singular solution)라 한다.

참고 일반해 (1.2.7) 또는 (1.2.8)은 임의상수 $c_1,\ \cdots,\ c_n$을 매개변수(parameter)로 가지는 무수히 많은 해들의 곡선족을 나타낸다. 그래서 일반해 (1.2.7) 또는 (1.2.8)을 **해곡선족**(n-parameter family of solutions)이라 부른다. 일반해라는 용어에는 미분방정식 (1.1.1) 또는 (1.1.2)의 거의 모든 해들의 일반적인 형태라는 의미이다.

특정 형태의 비선형 미분방정식을 제외한 대다수 비선형 미분방정식의 일반해를 구하는 것은 거의 불가능하다. 그래서 일반해라는 용어는 주로 선형 미분방정식에 대해서 사용하는 경우가 많다. 미분방정식의 해를 찾는 것을 미분방정식을 푼다고 한다.

예 1.2.8 (1) $y' = 3y$에 대해서, $y = ce^{ax}$, (c는 임의상수)는 일반해이고, $y = -e^{ax}$와 $y = 3e^{ax}$ 등은 특수해이다(단 a는 주어진 상수이다).

(2) $y'' - 3y' + 2y = 0$에 대해서, $y = c_1e^{2x} + c_2e^{x}$, ($c_1,\ c_2$는 임의상수)는 일반해이고, $y = e^{2x} - e^{x}$와 $y = 2e^{x}$ 등은 특수해이다.

(3) $y'' - 3y' + 2y = 1$에 대해서, $y = c_1e^{2x} + c_2e^{x} + \dfrac{1}{2}$, ($c_1,\ c_2$는 임의상수)는 일반해이고, $y = \dfrac{1}{2}$과 $y = e^{2x} - e^{x} + \dfrac{1}{2}$ 등은 특수해이다.

(4) $y' = \sqrt{y-1}$에 대해서, $[y = \dfrac{1}{4}(x+c)^2 + 1, x \geq -c]$, ($c$는 임의상수)는 일반해이고, $[y = \dfrac{1}{4}x^2 + 1, x \geq 0]$은 특수해이며, $y = 1$은 특이해이다.

(5) $xy' - 2y = 0$에 대해서, $y = cx^2$, (c는 임의상수)는 일반해이다.

한편 $y_u = \begin{cases} -x^2, & x < 0 \\ x^2, & x \geq 0 \end{cases}$ 는 두 개의 특수해 $y = -x^2$, $y = x^2$ 의 부분들을 $x = 0$ 에서 매끄럽게 연결한 것이다. ■

연습문제 1.2

1. 다음 각 곡선족의 미분방정식을 구하여라(단 c는 임의상수이다).

(1) $x^2 + y^2 + cx = 0$

(2) $x^2 + y^2 + cy = 0$

(3) $y = ce^{2x} + 1$

(4) $y = c_1 e^{2x} + c_2 e^x + 1$

(5) $y = c\sin x$

(6) $y = c\cos x$

(7) $(x - c)^2 + y^2 = 1$

(8) $x^2 + (y - c)^2 = 1$

(9) $y = 1 + c_1 \sin 3x + c_2 \cos 3x$

(10) $y = 1 + c_1 e^{2x} \sin 3x + c_2 e^{2x} \cos 3x$

1.3 초기치문제와 경계치문제

n계 미분방정식 (1.1.1) 또는 (1.1.2)의 일반해 (1.2.7) 또는 (1.2.8)은 n개의 임의상수를 가지고 있으므로 무수히 많은 해곡선족을 나타낸다.

미분방정식의 이론과 응용에서, 특정 조건을 만족하는 특수해와 그 성질을 구하는 경우가 많다. 일반해 (1.2.7) 또는 (1.2.8)에서 n개의 임의상수 c_1, …, c_n의 값을 결정하여 하나의 특수해를 구하고자 할 때, 대체로 미분방정식 (1.1.1) 또는 (1.1.2)에 추가하여 임의상수의 개수(n)만큼 보조조건이 필요하다. 다양한 보조조건들이 있을 수 있지만 이론적으로나 응용적으로 중요한 대표적 형태는 초기조건(initial condition)과 경계조건(boundary condition)이다.

| 정의 1.3.1 | 독립변수의 한 특정 값에서 종속변수(미지함수)와 그 도함수의 값이나 관계식으로 주어지는 조건을 초기조건이라 한다. 독립변수의 특정 값 x_0에서 주어지는 초기조건의 대표적인 형태는 다음과 같다.

$$y(x_0) = y_0, \quad y'(x_0) = y_1, \quad \cdots, \quad y^{(n-1)}(x_0) = y_{n-1} \tag{1.3.1}$$

단 y_0, y_1, …, y_{n-1}는 x_0에서 종속변수와 그 도함수들의 값으로서 이들을 초기치(initial value)라 한다. 미분방정식과 초기조건으로 이루어진 문제를 미분방정식의 초기치문제(initial value problem) 또는 간단히 초기치문제라 한다.

즉 n계 미분방정식 $\Psi(x, y, y', \cdots, y^{(n)}) = 0$ 또는 $y^{(n)} = \psi(x, y, y', \cdots, y^{(n-1)})$의 초기치문제의 대표적인 형태는 다음과 같다.

$$\begin{cases} \Psi(x, y, y', \cdots, y^{(n)}) = 0 \\ y(x_0) = y_0,\ y'(x_0) = y_1,\ \cdots,\ y^{(n-1)}(x_0) = y_{n-1} \end{cases} \tag{1.3.2}$$

또는

$$\begin{cases} y^{(n)} = \psi(x, y, y', \cdots, y^{(n-1)}) \\ y(x_0) = y_0,\ y'(x_0) = y_1,\ \cdots,\ y^{(n-1)}(x_0) = y_{n-1} \end{cases} \tag{1.3.3}$$

| 정의 1.3.2 | 함수 $y = g(x)$가 x_0를 포함하는 구간 I상에서 n번 미분가능하고 초기치문제 (1.3.2)(또는 (1.3.3))를 만족할 때(즉 $y = g(x)$를 미분방정식과 초기조건에 대입하여 등식이 성립할 때), $y = g(x)$를 구간 I상에서 초기치문제 (1.3.2)(또는 (1.3.3))의 해라 하고 I를 해의 존재구간이라 한다.

일반적으로 초기조건 (1.3.1)에서 x_0는 구하고자 하는 해의 존재구간 중에서 관심 있는 부분구간의 시작점인 경우가 많으므로 '초기(initial)'란 용어를 쓴다.

초기치문제 (1.3.2) 또는 (1.3.3)의 해가 항상 존재하는 것은 아니다. 즉 해가 존재하는 경우도 있고 존재하지 않는 경우도 있다.

초기치문제의 해가 존재할 조건을 다루는 이론을 존재성(existence) 이론이라 하고, 초기치문제의 해가 단 한 개 존재할 조건을 다루는 것을 유일성(uniqueness) 이론이라 한다. 함수 Ψ 또는 ψ와 초기조건이 어떤 조건을 만족하면, 초기치문제 (1.3.2) 또는 (1.3.3)의 해가 존재하는가의 문제(존재성 문제)는 미분방정식의 이론에서 매우 중요한 과제이다. 해의 존재성 문제는 이론적으로 중요할 뿐만 아니라 응용에서도 현실적으로 중요한 의미가 있다. 예를 들어, 어떤 특정 현상을 수학적으로 표현하여 얻은 초기치문제(미분방정식)를 다룰 때, 해의 존재성을 제일 먼저 검토하여야 한다. 만약 해의 존재성 검토 없이 해를 수치적으로 계산을 했다면, 존재하지 않는 것에 대한 헛된 수치적 자료를 얻게 되는 오류를 범할 가능성을 배제할 수 없다. 존재하지 않는 것에 대하여 어떤 결론을 내린다 하여도 그 오류를 논리상으로 찾을 수 없는 경우가 있다. 그러므로 유도된 초기치문제의 해의 존재성을 먼저 판단하여 만약 해가 존재하지 않는다는 것을 알았다면, 그 모델의 유도 과정을 재검토하여 합당한 모델로 수정하여야 한다. 또한 만약 그 초기치문제의 해가 존재하더라도 두 개 이상 여러 개 존재한다면 해를 구하더라도 그 현상을 분석하고 이해하는 데 혼란과 오류가 생길 수 있다. 그러므로 이 경우에도 그 모델의 유도 과정을 재검토해볼 필요가 있다.

현재까지 많은 수학자들이 해의 존재성과 유일성에 대해서 방대한 연구내용을 얻었는데, 그 내용은 대부분 이 책의 범위를 벗어나는 것이므로 여기서 소개할 수는 없다.

다행히 응용에서 만나는 미분방정식의 초기치문제는 대체로 유일한 해를 가진다. 그러므로 이제부터 해의 존재성과 유일성에 대하여, 특별히 필요한 경우가 아니면 언급하지 않기로 한다. 다만 여기서는 1계 미분방정식(초기치문제)의 해의 존재성과 유일성에 대한 초보적인 정리를 참고로 간단히 소개한다(초기치문제를 적분문제로 변환해서 고정점 정리를 이용하는 증명 방법 등이 있다[5, 8, 9]).

| 정리 1.3.3 | [존재성] $a < x_0 < b$, $\alpha < y_0 < \beta$ 이고, $\Omega = [a, b] \times [\alpha, \beta] = \{(x, y) \mid a \le x \le b, \alpha \le y \le \beta\}$ 라 하자. 만약 함수 $\psi(x, y)$가 사각형 Ω 상에서 연속이면, 다음의 초기치문제는 x_0를 포함하는 적당한 구간 I상에서 해를 가진다.

$$\begin{cases} \dfrac{dy}{dx} = \psi(x, y) \\ y(x_0) = y_0 \end{cases} \tag{1.3.4}$$

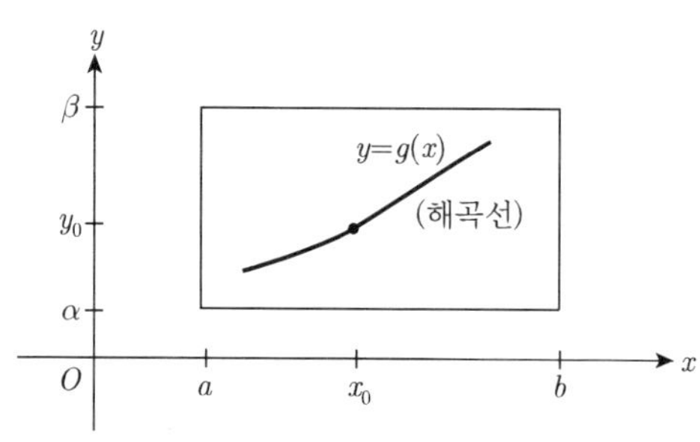

[그림 1.3.1]

| 정리 1.3.4 | [유일성] 만약 정리 1.3.3의 전제조건에 추가하여, 편도함수 $\dfrac{\partial \psi}{\partial y}(x, y)$도 역시 사각형 Ω 상에서 연속이면, 초기치문제 (1.3.4)는 x_0를 포함하는 적당한 구간 I상에서 유일한 해 $y = g(x)$를 가진다.

예 1.3.5 $y' = \dfrac{\sin xy}{x(x-5)y(y-4)}$, $y(3) = 2$는 유일한 해를 가지는가?

풀이 $\psi(x,\ y) = \dfrac{\sin xy}{x(x-5)y(y-4)}$라 두자. 그러면 $\psi(x,\ y)$와 편도함수 $\dfrac{\partial\psi}{\partial y}(x,\ y)$가 점 $(3,\ 2)$를 내부에 포함하는 적당한 사각형, 예를 들어 $\Omega = [1,\ 4]\times[1,\ 3]$ 상에서 연속이다. 따라서 정리 1.3.4에 의해서 $y' = \dfrac{\sin xy}{x(x-5)y(y-4)}$, $y(3) = 2$는 유일한 해를 가진다. ■

이제 경계조건과 경계치문제에 대해서 간단히 알아보자.

| 정의 1.3.6 | 독립변수의 두 개 이상의 특정 값들에서 종속변수(미지 함수)와 그 도함수의 값이나 관계식으로 주어지는 조건을 **경계조건**이라 한다.

미분방정식과 경계조건으로 이루어진 문제를 **미분방정식의 경계치문제**(boundary value problem) 또는 간단히 **경계치문제**라 한다.

독립변수의 두 개의 특정 값들에서 종속변수와 그 도함수의 값이나 관계식으로 주어지는 조건을 2점(two point) 경계조건이라 한다. 미분방정식과 2점 경계조건으로 이루어진 문제를 2점 경계치문제라 한다. 일반적으로 보조조건의 개수와 미분방정식의 계수가 같으므로 2계 이상의 미분방정식에만 경계치문제를 생각한다.

2점 경계조건에서 독립변수의 두 개의 특정 값들은 구하고자 하는 해의 존재구간 중에서 관심있는 부분구간의 두 경계점(양 끝점)들인 경우가 많으므로, '경계(boundary)'라는 용어를 사용한다.

예 1.3.7 다음은 2점 경계치문제의 예이다.

(1) $y''+y=0,\ y(0)=0,\ y(\pi)=0$ (2) $y''+y=0,\ y'(0)=0,\ y'(\pi)=0$

(3) $y''+y=0,\ y(0)=0,\ y'(\pi)=0$ (4) $y''-y=1,\ y(0)=0,\ y(1)=2$

(5) $y''-y=0,\ y'(0)=0,\ y(1)=2$ (6) $y''+y=0,\ y(0)=0,\ y(1)=0$

경계치문제에서도 초기치문제의 경우와 같이 해의 존재성과 유일성의 이론은 매우 중요하다. 일반적으로 경계치문제는 초기치문제보다 더 복잡하다. 2계 미분방정식의 (2점) 경계치문제를 9장에서 간략히 소개하기로 한다.

연습문제 1.3

1. 다음의 초기치문제가 해를 가지는가 그리고 유일한 해를 가지는가를 논의하여라.

(1) $y' = 2y,\ y(0) = 3$

(2) $y' + xy = x^2 + 1,\ y(1) = 0$

(3) $y' + (y^2 - 1)y = x^2 + 1,\ y(0) = 2$

(4) $y' + \sin y = 0,\ y(0) = 1$

(5) $y' = y^{\frac{1}{3}},\ y(0) = 0$

(6) $y' = \sqrt{y},\ y(0) = 1$

(7) $y' + x^2 y = x + 1,\ y(0) = 0$

(8) $y' = y\left(1 - \frac{y}{10}\right),\ y(0) = 1$

CHAPTER 2

1계 미분방정식

1계 미분방정식의 초기치문제가 어떤 조건을 만족하면 해를 가지는가에 대한 간단한 내용을 정리 1.3.3과 정리 1.3.4에서 보았다. 주어진 미분방정식이 해를 가진다고 하더라도 특별한 경우에만 명시적으로(우리가 잘 아는 함수 형태로) 해를 구할 수 있고, 일반적인 경우에는 명시적으로 해를 구할 수 없다.

이 장에서는 그런 특별한 경우(변수분리형, 완전 미분형과 선형 등)의 1계 미분방정식에 대해서 해를 구하는 방법을 알아보고, 다양한 분야에서 응용의 예들을 살펴보자.

2.1 1계 미분방정식의 방향장과 적분곡선

2.1.1 방향장과 적분곡선

해를 구하는 방법을 소개하기 전에, 1계 미분방정식의 기하학적 의미를 살펴서 해의 개략적인 그래프를 그리고, 시각적으로 이해하여 보자.

다음의 1계 미분방정식을 생각하자.

$$\frac{dy}{dx} = \psi(x,\ y) \tag{2.1.1}$$

단 $\psi(x,\ y)$는 이변수 함수로서 정의역 Ω 상에서 연속이라 하고, Ω는 xy-평면에서 연결된 영역이라 가정하자.

여기서 ψ는 정의역 Ω 상의 각 점 $(x,\ y)$에 기울기 $\psi(x,\ y)$를 대응시키는 함수라고 간주할 수 있다. 기하학적으로 Ω는 각 점 $(x,\ y)$에 기울기가 $\psi(x,\ y)$인 아주 짧은 벡터(화살표)가 붙어있는 영역이라 간주할 수 있다. 그와 같은 Ω를 미분방정식 (2.1.1)의 **방향장**(direction field)이라 한다. 한편 방향장은 함수 $\psi(x,\ y)$에 의해서 결정되므로, 흔히 함수 $\psi(x,\ y)$를 $\dfrac{dy}{dx} = \psi(x,\ y)$의 방향장이라 한다.

미분방정식의 방향장을 시각적으로 표시하기 위해서 정의역 Ω 상에 적당한 간격의 격자점들 $\{(x_i,\ y_i) \mid 1 \le i \le n \text{ 정수}\}$을 정하자. 그리고 각 격자점 $(x_i,\ y_i)$에서 기울기 $\psi(x_i,\ y_i)$를 가진 아주 짧은 화살표(벡터 $\delta(1,\ \psi(x_i,\ y_i))$)를 적당한 크기($\delta > 0$ 적당한 상수)로 그려 넣어서 방향장을 시각적으로 표현할 수 있는데, 미분방정식 (2.1.1)의 일반해, 특수해와 특이해 등을 개략적으로 이해하는 데 도움이 된다.

미분방정식 (2.1.1)의 해는, Ω 상에서 정의된 함수 $y = g(x)$ 또는 $G(x,\ y) = 0$로서, 그래프상의 각 점 $(x,\ y)$에서 기울기가 $\psi(x,\ y)$인 함수를 의미한다.

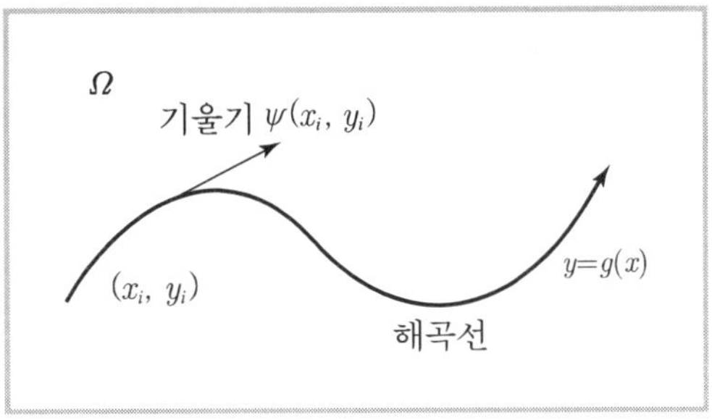

[그림 2.1.1]

이제부터 특별히 필요한 경우가 아니면, 문맥을 통하여 알 수 있을 때는 기울기 ψ의 정의역 Ω를 편의상 언급하지 않기로 한다.

이제 $\dfrac{dy}{dx}=\psi(x,\ y)$의 해들 중에서 초기조건 $y(x_0)=y_0$를 만족하는 특수해를 $y=g(x)$라 하자. 즉 초기치문제 $[\dfrac{dy}{dx}=\psi(x,\ y),\ y(x_0)=y_0]$의 해를 $y=g(x)$라 하자. 그러면 해 $y=g(x)$의 그래프(해곡선)는 초기점 $(x_0,\ y_0)$을 지나며, 그래프상의 각 점 $(x,\ g(x))$에서 기울기가 $\psi(x,\ g(x))$임을 알 수 있다.

따라서 초기점 $(x_0,\ y_0)$에서 기울기 $\psi(x_0,\ y_0)$를 가진 아주 짧은 유향선분(벡터 $\delta(1,\ \psi(x_0,\ y_0))$)을 그리고, 그 끝점 $(u_1,\ v_1)$에서 다시 기울기 $\psi(u_1,\ v_1)$를 가진 아주 짧은 유향선분(벡터 $\delta(1,\ \psi(u_1,\ v_1))$)을 그리는 과정을 적당히 반복하면서 부드럽게 그려나가면, 해 $y=g(x)$의 개략적인 그래프가 된다.

예 2.1.1 $\dfrac{dy}{dx}=x-y$의 방향장을 $\Omega=[0,\ 4]\times[0,\ 4]$상에 개략적으로 그리고, 초기조건 $y(0)=2$을 만족하는 특수해의 그래프를 개략적으로 그려보자.

풀이 방향장 $\psi(x,\ y)=x-y$를 그리면 다음과 같다.

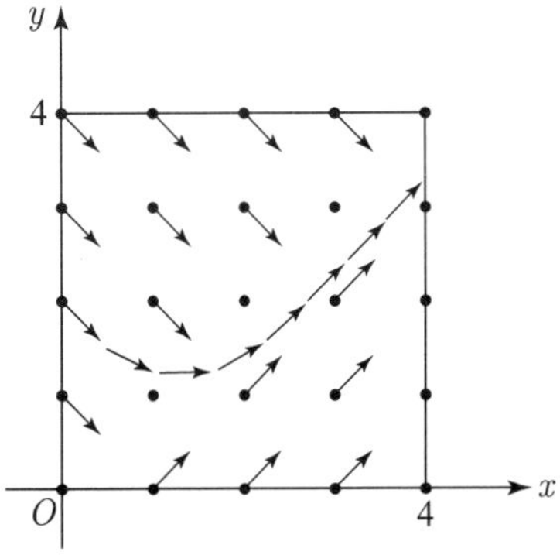

[그림 2.1.2]

■

또한 기울기 $\psi(x,\ y)$의 준위곡선을 정의역 Ω 상에 적당한 간격으로 그려보면, 방향장의 특성을 파악하고 해의 그래프를 그리는 데 도움이 될 수 있다.

그래서 ψ 의 준위곡선 $\{(x,\ y)\in \boldsymbol{R}^2 \mid \psi(x,\ y)=c\}$ (간단히 $\psi(x,\ y)=c$ 로 표기)을 미분방정식 (2.1.1)의 (기울기 c 를 가진) **등경선** 또는 **등경사선**(isocline)이라 한다.

예 2.1.2 $\dfrac{dy}{dx}=x-y$ 의 등경선을 $\Omega=[0,\ 4]\times[0,\ 4]$ 상에 개략적으로 그려보자.

풀이 방향장 $\psi(x,\ y)=x-y$의 등경선을 그리면 다음과 같다.

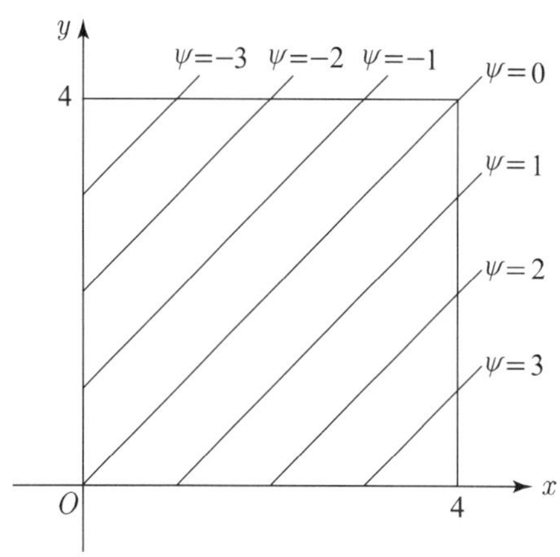

[그림 2.1.3] ■

참고 곡선상의 모든 점에서 접선(tangent line)을 가질 때 그 곡선을 매끄럽다고 한다. 만약 매끄러운 곡선상의 한 점 $(x_0,\ y_0)$ 에서 접선이 수직($\lim\limits_{x\to x_0}\dfrac{dy(x)}{dx}=\pm\infty$)이면, 그 점의 근방에서 그 곡선의 식을 양함수 형태 $y=\psi(x)$ 로 나타낼 수 없는 경우가 있다. 그러나 이때 독립변수 x 와 종속변수 y 의 역할을 서로 바꾸면, 그 곡선을 양함수 형태 $x=\varphi(y)$ 로 나타낼 수 있다.

이제 $\lim\limits_{(x,y)\to(x_0,y_0)}\psi(x,\ y)=\pm\infty$ 라 가정하고, 점 $(x_0,\ y_0)$의 근방에서 미분방정식 $\dfrac{dy}{dx}=\psi(x,\ y)$의 해를 생각해보자. 편의상 $\psi(x,\ y)$가 점 $(x_0,\ y_0)$ 외에서는 연속 미분가능 함수라 가정하자. 그러면 $\lim\limits_{(x,y)\to(x_0,y_0)}\psi(x,\ y)=\pm\infty$ 이므로, $\dfrac{dy}{dx}=\psi(x,\ y)$의 해의 기울기가 점 $(x_0,\ y_0)$에서 정의되지 않는다(해곡선의 접선이 수직이 된다). 이 경우에, 점 $(x_0,\ y_0)$에서 $\dfrac{dy}{dx}=\psi(x,\ y)$의 해는 정의 1.3.2의 의미에

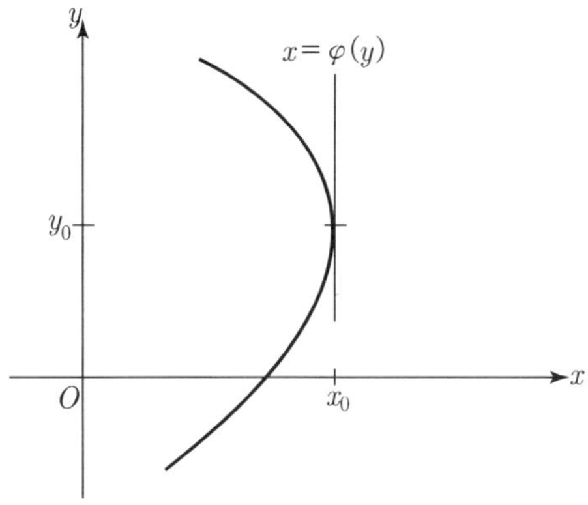

[그림 2.1.4]

서는 정의되지 않는다. 즉 점 (x_0, y_0)를 지나는 $\dfrac{dy}{dx} = \psi(x, y)$의 해는 존재하지 않는다. 그러나 점 (x_0, y_0)를 제외한 가까운 근방에서는 $\dfrac{dy}{dx} = \psi(x, y)$의 해가 존재하고, 그 접선은 수직에 가깝다. 그러므로 이와 같은 점 (x_0, y_0)의 근방에서 $\dfrac{dy}{dx} = \psi(x, y)$의 해를 조사하기 위해서는 독립변수 x와 종속변수 y의 역할을 서로 바꾸어서 다루면 편리하다. 즉 $\lim\limits_{(x, y) \to (x_0, y_0)} \psi(x, y) = \pm\infty$인 경우에, 점 (x_0, y_0)의 근방에서는 x와 y의 역할을 서로 바꾸어서(즉 x를 종속변수, y를 독립변수로 간주하여) 다음의 방정식으로 변환하여 다루면 편리하다.

$$\frac{dx}{dy} = \varphi(x, y) \tag{2.1.2}$$

$$\text{단 } \varphi(x, y) = \begin{cases} \dfrac{1}{\psi(x, y)}, & (x, y) \neq (x_0, y_0),\ \psi(x, y) \neq 0 \\ 0, & (x, y) = (x_0, y_0) \end{cases}$$

일반적으로 해곡선의 식이 $y = \psi(x)$ 또는 $x = \varphi(y)$ 중에서 어느 형태로 표현 가능하든지 모두 매개함수의 형태로 표현 가능하다. 즉 해곡선의 식을 다음과 같이 매개함수로 나타낼 수 있다.

$$\begin{cases} x = \rho(t) \\ y = \mu(t) \end{cases},\ t \in (\alpha, \beta) \tag{2.1.3}$$

단 $\rho(t)$와 $\mu(t)$는 구간 (α, β)상에서 정의된 연속 미분가능 함수이다.

| 정의 2.1.3 | 매개함수 (2.1.3)이 $\frac{dy}{dx} = \psi(x,\ y)$ 또는 $\frac{dx}{dy} = \varphi(x\ ,\ y)$를 만족하면, (2.1.3)을 $\frac{dy}{dx} = \psi(x,\ y)$의 적분곡선(integral curve)이라 한다. 즉 다음이 성립하면, 매개함수 (2.1.3)을 $\frac{dy}{dx} = \psi(x,\ y)$의 적분곡선이라 한다.

$$\frac{\frac{d\mu}{dt}}{\frac{d\rho}{dt}} = \psi(\rho(t),\ \mu(t)), \quad \alpha < t < \beta \qquad \text{또는}$$

$$\frac{\frac{d\rho}{dt}}{\frac{d\mu}{dt}} = \varphi(\rho(t),\ \mu(t)), \quad \alpha < t < \beta$$

한편 $\psi(x,\ y)$와 $\varphi(x,\ y)$가 점 $(x_0,\ y_0)$에서 연속이고, $\psi(x_0,\ y_0) \neq 0$와 $\varphi(x_0,\ y_0) \neq 0$인 경우를 생각해보자. 그러면 역함수 미분법에 의하여, 점 $(x_0,\ y_0)$를 지나는, $\frac{dy}{dx} = \psi(x\ ,y)$의 특수해와 $\frac{dx}{dy} = \varphi(x,\ y)$의 특수해는 일치함을 알 수 있다. 즉 이 경우에 다음 두 개의 초기치문제의 해는 동일하다.

$$[\frac{dy}{dx} = \psi(x,\ y), \quad y(x_0) = y_0] \tag{2.1.4}$$

$$[\frac{dx}{dy} = \varphi(x,\ y), \quad x(y_0) = x_0] \tag{2.1.5}$$

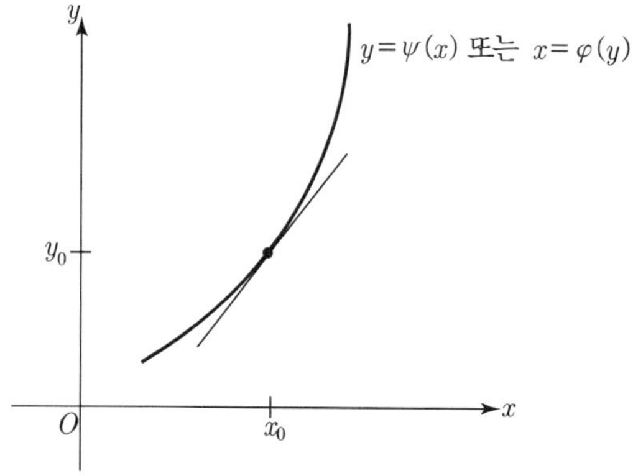

[그림 2.1.5]

이런 의미에서 $\frac{dy}{dx} = \psi(x,\ y)$와 $\frac{dx}{dy} = \varphi(x,\ y)$를 동등한(equivalent) 방정식이

라 간주할 수 있다.

만약 $\psi(x_0, y_0) = 0$이면, 정의 1.3.2의 의미에서 초기치문제 (2.1.4)의 해는 존재하지만, $\lim_{(x,y)\to(x_0,y_0)} \varphi(x, y) = \pm\infty$이므로 초기치문제 (2.1.5)의 해는 존재하지 않는다.

반대로 만약 $\lim_{(x,y)\to(x_0,y_0)} \psi(x, y) = \pm\infty$이면, 정의 1.3.2의 의미에서 초기치문제 (2.1.4)의 해는 존재하지 않지만 $\varphi(x_0, y_0) = 0$이므로 초기치문제 (2.1.5)의 해는 존재한다.

따라서 미분방정식 (2.1.1)의 적분곡선은 해곡선보다 더 포괄적인 개념이다. 이런 측면에서 일반적으로 해의 정의(의미)를 확장하여, 적분곡선 (2.1.3)을 $\frac{dy}{dx} = \psi(x, y)$의 해라고 간주하고, 미분방정식을 푼다는 것은 적분곡선을 구하는 것을 의미하는 경우가 많다. 그러나 미분방정식 $\frac{dy}{dx} = \psi(x, y)$을 풀 때 가능하면 적분곡선에서 매개변수를 소거하여, 해를 양함수 $y = \psi(x)$, $x = \varphi(y)$ 또는 음함수 $G(x, y) = 0$의 형태로 표현하는 것이 편리하다.

참고 $\psi(x, y) = \frac{M(x, y)}{N(x, y)}$일 때, 이 책에서는 다음 미분방정식들을 모두 동등한 것으로 간주한다.

도함수 형식: $\frac{dy}{dx} = \frac{M(x, y)}{N(x, y)}$, $\frac{dx}{dy} = \frac{N(x, y)}{M(x, y)}$, $N(x, y)\frac{dy}{dx} = M(x, y)$ 등

미분 형식: $N(x, y)dy = M(x, y)dx$, $M(x, y)dx - N(x, y)dy = 0$ 등

예 2.1.4 $[\frac{dy}{dx} = -\frac{x}{y},\ x(1) = 0]$의 해는 정의 1.3.2의 의미로는 없다. 그러나 $x^2 + y^2 = 1$이 점 (1, 0)을 지나는 하나의 적분곡선이다.

풀이 $\psi(x, y) = -\frac{x}{y}$라 두면, $\lim_{(x,y)\to(1,0)} \psi(x, y) = \pm\infty$이다. 따라서 정의 1.3.2의 의미로 점 (1, 0)을 지나는 해는 없다.

그러나 $\dfrac{\frac{d\cos t}{dt}}{\frac{d\sin t}{dt}} = -\frac{\sin t}{\cos t}$이고 $\cos 0 = 1$, $\sin 0 = 0$이므로 매개함수 $[x = \cos t,\ y = \sin t,\ -\frac{\pi}{2} < t < \frac{\pi}{2}]$는 $\frac{dx}{dy} = -\frac{y}{x}$의 매개함수 해로서 점 (1, 0)을 포함하고 있음을 알 수 있다. 그러므로 $[x = \cos t,\ y = \sin t,\ -\frac{\pi}{2} < t < \frac{\pi}{2}]$가 $[\frac{dy}{dx} = -\frac{x}{y},$

$x(1)=0$]의 적분곡선이다. 여기서 매개변수 t를 소거하면 점 (1, 0)을 지나는 음함수 형태의 적분곡선 $x^2+y^2=1$을 얻는다.

한편 일반적으로 [$x=c\cos t,\ y=c\sin t,\ -\frac{\pi}{2}<t<\frac{\pi}{2}$]가 $\frac{dy}{dx}=-\frac{x}{y}$의 적분곡선임을 알 수 있다($c>0$는 임의상수). 여기서 매개변수를 소거하면 적분곡선 $x^2+y^2=c^2$을 얻는다.

일반적으로 $\frac{dy}{dx}=-\frac{x}{y}$를 푼다는 것은 적분곡선족(임의상수 c를 포함하므로 일반해) $x^2+y^2=c^2$을 구하는 것을 의미한다. ■

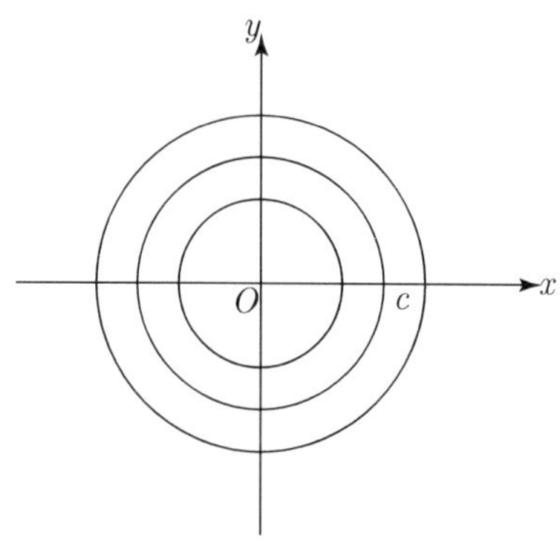

[그림 2.1.6]

예 2.1.5 정의 1.3.2의 의미로 $\frac{dy}{dx}=\frac{y}{x}$의 해들 중에서 점 (0, 1)을 지나는 해는 없다. 그러나 $x=0$(y축)은 점 (0, 1)을 지나는 하나의 적분곡선이다. 실제로 $\frac{dy}{dx}=\frac{y}{x}$를 푼다는 것은 임의의 적분곡선(일반해로 간주함) $x=cy$, (c는 임의상수)를 구하는 것을 의미한다.

풀이 $\psi(x,\ y)=\frac{y}{x}$라 두면, $\lim_{(x,y)\to(0,1)}\psi(x,\ y)=\pm\infty$이다. 따라서 정의 1.3.2의 의미로 점 (0, 1)을 지나는 해는 없다.

그러나 매개함수 [$x=0,\ y=t,\ 0<t<\infty$]는 $\frac{dx}{dy}=\frac{x}{y}$의 해로서 점 (0, 1)을 포함함을 알 수 있다. 그러므로 [$x=0,\ y=t,\ 0<t<\infty$]가 [$\frac{dy}{dx}=\frac{y}{x},\ y(0)=1$]의 적분곡선이다. 한편 이 적분곡선의 매개변수를 소거하면 적분곡선 $x=0$(x축)을 얻는다. 일반적으로 [$x=ct,\ y=t,\ 0<t<\infty$]가 $\frac{dy}{dx}=\frac{y}{x}$의 적분곡선임을 알 수

있다(c는 임의상수). 여기서 매개변수를 소거하면 적분곡선 $x = cy$을 얻는다. ■

2.1.2 포락선과 특이해

매끄러운 두 곡선이 점 P에서 서로 만나고 그 점에서 공통 접선을 가질 때, 두 곡선은 P에서 접한다(tangent)고 한다.

이제 곡선족의 포락선에 대해서 알아보자.

| 정의 2.1.6 | 매끄러운 곡선 $H(x, y) = 0$이 곡선족 $G(x, y; c) = 0$(c는 임의 상수)의 **포락선**(envelope)이라 함은 다음의 두 조건을 만족한다.

(i) 곡선 $H(x, y) = 0$상의 각 점 (x_p, y_p)에 대하여, 단 하나의 상수 값 c_p가 존재해서 곡선 $G(x, y; c_p) = 0$과 곡선 $H(x, y) = 0$이 점 (x_p, y_p)에서 접한다.

(ii) 역으로 각 상수 값 k에 대하여, 곡선 $G(x, y; k) = 0$과 $H(x, y) = 0$이 단 하나의 점에서 접한다.

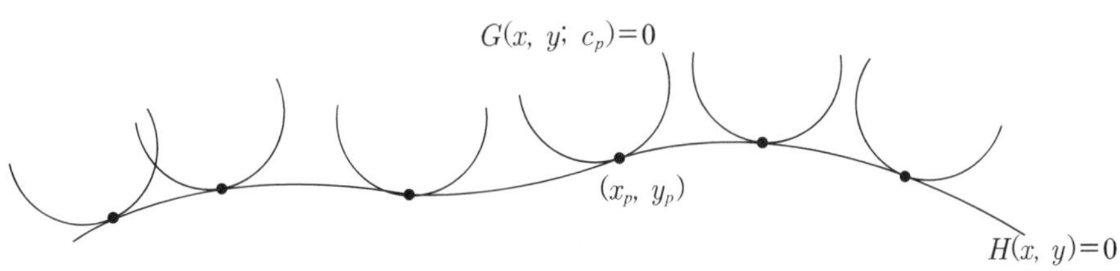

[그림 2.1.7]

주어진 매끄러운 곡선족 $G(x, y; c) = 0$, (c는 임의상수)이 포락선 $H(x, y) = 0$을 가진다고 가정해보자. 임의상수 c를 매개변수로 간주하고, 함수 $G(x, y; c)$가 c에 대해서도 편미분가능이라 하자.

여기서 매개변수의 임의로 주어진 값 c에 대하여, 곡선 $G(x, y; c) = 0$과 포락선 $H(x, y) = 0$이 접하는 유일한 접점을 (x_c, y_c)라고 표시하자. 그리고 역으로 포락선 $H(x, y) = 0$상의 임의로 주어진 점 (x_c, y_c)에 대해서, 매개변수의 값 c가 존재하여 곡선 $G(x, y; c) = 0$과 포락선 $H(x, y) = 0$은 점 (x_c, y_c)에서 접한다고 하자.

그러면 매개변수의 각 값 c에 대해서, 곡선 $G(x, y; c) = 0$과 포락선 $H(x, y) = 0$의 접점 (x_c, y_c)을 대응시키는 함수 Λ는 단사함수가 된다. 즉 c를 매개변수로 간주하면, 함수 $\Lambda(c) \equiv (x(c), y(c)) \equiv (x_c, y_c)$는 단사함수이며 포락선 $H(x, y) = 0$의 매개변수 방정식이 된다.

아래에서 포락선의 방정식 $[x = x(c),\ y = y(c)]$에서 매개변수 c를 소거해보자.

점 $(x(c),\ y(c))$는 곡선 $G(x,\ y;\ c)=0$과 포락선 $H(x,\ y)=0$이 접하는 점의 좌표이므로, 다음을 얻는다.

각 매개변수 값 c에 대해서,

$$G(x(c),\ y(c);\ c)=0 \tag{2.1.6}$$

(2.1.6)의 양변을 c로 미분하면, 다음을 얻는다.

$$\frac{\partial G(x(c),\ y(c);\ c)}{\partial x}\frac{dx}{dc}+\frac{\partial G(x(c),\ y(c);\ c)}{\partial y}\frac{dy}{dc}+\frac{\partial G(x(c),\ y(c);\ c)}{\partial c}=0 \tag{2.1.7}$$

한편 점 $(x(c),\ y(c))$에서 곡선 $G(x,\ y;\ c)=0$의 접선의 기울기 $\frac{dy}{dx}$를 계산해 보면 다음과 같다.

$$\frac{\partial G(x(c),\ y(c);\ c)}{\partial x}+\frac{\partial G(x(c),\ y(c);\ c)}{\partial y}\frac{dy}{dx}=0 \tag{2.1.8}$$

따라서 (2.1.7)과 (2.1.8)로부터 다음을 얻는다.

$$\frac{\partial G(x(c),\ y(c);\ c)}{\partial c}=0 \tag{2.1.9}$$

위의 내용을 간단히 요약하면 다음과 같다.

| 정리 2.1.7 | 매끄러운 곡선족 $G(x,\ y;\ c)=0$, (c는 임의상수)에 대하여, (2.1.6)과 (2.1.9)에서 매개변수 c를 소거하여 얻어지는 등식이 포락선의 방정식이 된다. 즉 아래의 두 등식에서 매개변수 c를 소거하여 얻어지는 등식이 포락선의 방정식 $H(x,\ y)=0$이 된다.

$$\begin{cases} G(x,\ y;\ c)=0 \\ \dfrac{\partial G(x,\ y;\ c)}{\partial c}=0 \end{cases} \tag{2.1.10}$$

$\frac{dy}{dx}=\psi(x,\ y)$의 일반해(해곡선족) $G(x,\ y;\ c)=0$ (c는 임의상수)가 포락선 $H(x,\ y)=0$을 가지는 경우를 생각하자. 그러면 포락선의 정의에 의해서 $H(x,\ y)=0$의 그래프와 $G(x,\ y;\ c)=0$의 그래프의 각 접점에서 기울기가 동일하다. 그러므로 포락선 $H(x,\ y)=0$의 각 점 $(x,\ y)$에서 기울기도 $\psi(x,\ y)$, 즉 $\frac{dy}{dx}=\psi(x,\ y)$이다. 따라서 $H(x,\ y)=0$도 $\frac{dy}{dx}=\psi(x,\ y)$의 하나의 해가 된다.

한편 포락선 $H(x, y)=0$는 각 특수해와 한 점에서만 접한다. 그러므로 $H(x, y)=0$은 특수해가 될 수 없다. 즉 포락선 $H(x, y)=0$은 일반해 $G(x, y; c)=0$에서 임의상수 c에 특정값을 대입하여 얻어질 수 없다.

이 내용을 간단히 요약하면 다음과 같다.

| 따름정리 2.1.8 | 만약 $\dfrac{dy}{dx}=\psi(x, y)$의 일반해 $G(x, y; c)=0$, (c는 임의상수)가 포락선 $H(x, y)=0$을 가지면, 그 포락선 $H(x, y)=0$은 $\dfrac{dy}{dx}=\psi(x, y)$의 특이해가 된다.

예 2.1.9 $y'=\sqrt{y-1}$ 는 특이해를 가지는가?

풀이 $y'=\sqrt{y-1}$ 에 대입해보면, $y=\frac{1}{4}(x+c)^2+1$, $x \geq -c$ (c는 임의상수)가 일반해임을 쉽게 알 수 있다. 한편 일반해의 양변을 c로 편미분하면, $x+c=0$을 얻는다. $y=\frac{1}{4}(x+c)^2+1$과 $x+c=0$에서 c를 소거하면 포락선 $y=1$을 얻는다.

따라서 $y=1$은 $y'=\sqrt{y-1}$ 의 특이해이다. ■

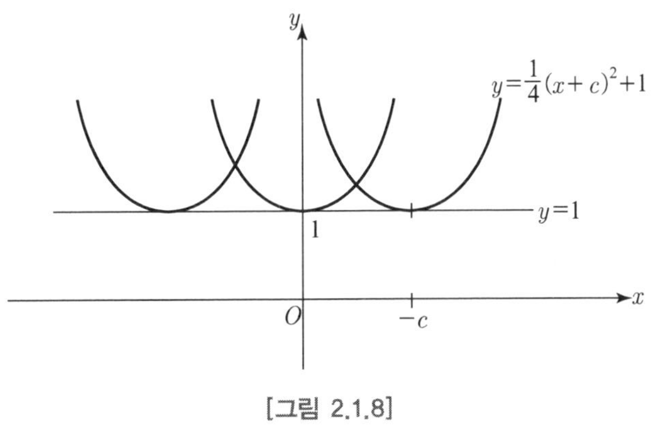

[그림 2.1.8]

예 2.1.10 $yy'=-\sqrt{1-y^2}$ 는 특이해를 가지는가?

풀이 대입해서 계산해보면 $(x-c)^2+y^2=1$, $c \leq x < c+1$(c는 임의상수)가 $yy'=-\sqrt{1-y^2}$ 의 일반해임을 쉽게 알 수 있다. 한편 일반해의 양변을 c로 편미분하면, $x-c=0$을 얻는다. $(x-c)^2+y^2=1$과 $x-c=0$에서 c를 소거하면 포락선 $y^2=1$을 얻는다. 따라서 $y^2=1$ (또는 $y=\pm 1$)은 $yy'=-\sqrt{1-y^2}$ 의 특이

해이다. ■

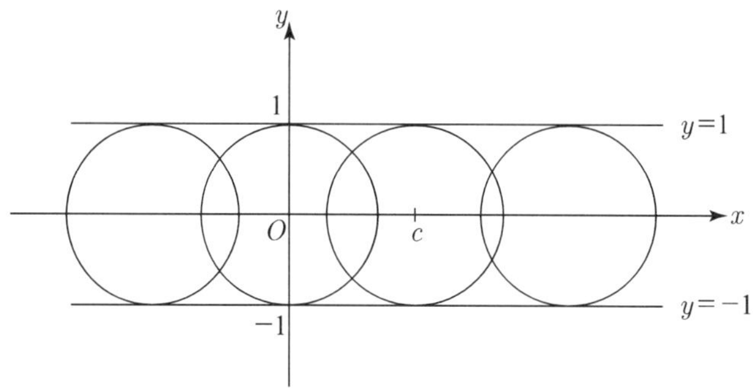

[그림 2.1.9]

예 2.1.11 $y' = ay$ (a는 주어진 상수)는 특이해를 가지는가?

풀이 대입해서 계산해보면 $y = ce^{ax}$ (c는 임의상수)가 일반해임을 쉽게 알 수 있다. 한편 일반해의 양변을 c로 편미분하면, $e^{ax} = 0$을 얻는데 이 등식은 모순이다. 따라서 $y = ce^{ax}$는 포락선을 가지지 않는다. ■

연습문제 2.1

1. 정사각형 $[-4, 4] \times [-4, 4]$상에서 다음 미분방정식의 방향장을 그리고 초기조건을 만족하는 특수해의 그래프를 개략적으로 그려라.

(1) $y' = 2y,\ y(0) = 1$
(2) $y' = 2y + 1,\ y(0) = 1$
(3) $y' + xy = 0,\ y(0) = 1$
(4) $y' + xy = 1,\ y(0) = 1$
(5) $y' + \sin y = 0,\ y(0) = 1$
(6) $y' + \sin y = 1,\ y(0) = 1$
(7) $y' + x^2 y = x,\ y(0) = 0$
(8) $y' = y\left(1 - \dfrac{y}{3}\right),\ y(0) = 1$
(9) $y' = y^{\frac{1}{3}},\ y(0) = 0$
(10) $y' = \sqrt{y - 1},\ y(0) = 1$

2.2 변수분리형 미분방정식

변수분리형 미분방정식은 적분으로 바로 해를 구할 수 있는 가장 간단한 미분방정식이다. 그 예로서 미분방정식 $\dfrac{dy}{dx} = \psi(x, y)$에서 $\psi(x, y)$가 $X(x)$와 $Y(y)$의 곱 $X(x)Y(y)$로 되어있는 다음과 같은 미분방정식을 보자.

$$\frac{dy}{dx} = X(x)Y(y) \tag{2.2.1}$$

단 $X(x)$는 x의 함수이고 $Y(y)$는 y의 함수이다.

미분방정식 (2.2.1)을 미분형식(differential form)으로 표현하고, x를 포함하는 항과 y를 포함하는 항을 분리하면 다음의 미분방정식이 된다.

$$\frac{1}{Y(y)}dy - X(x)dx = 0 \text{ 또는 } \frac{1}{Y(y)}dy = X(x)dx \tag{2.2.2}$$

이와 같이 미분형식으로 표현할 때, 독립변수 x를 포함하는 항과 종속변수 y를 포함하는 항이 서로 분리되어 있는 미분방정식을 변수분리형이라 하고, 그 대표적인 형태로 아래와 같이 정의한다.

| 정의 2.2.1 | 변수분리형 미분방정식의 대표적인 형태는 다음과 같다.

$$M(x)dx + N(y)dy = 0 \tag{2.2.3}$$

단 $M(x)$는 x의 함수이고 $N(y)$는 y의 함수이다.

| 정리 2.2.2 | 변수분리형 미분방정식 $M(x)dx + N(y)dy = 0$의 일반해는 다음과 같다.

$$\int M(x)dx + \int N(y)dy = c\,, \ (c\text{는 임의상수}) \tag{2.2.4}$$

증명 $M(x)dx + N(y)dy = 0$와 동등한 방정식인 $M(x) + N(y)\frac{dy}{dx} = 0$를 생각하자. $M(x) + N(y)\frac{dy}{dx} = 0$의 양변을 x로 적분하면, 다음을 얻는다.

$$\int M(x)dx + \int N(y)\frac{dy}{dx}dx = c, \ (c\text{는 적분상수})$$

한편 치환적분법에 의해서 $\int N(y)\frac{dy}{dx}dx = \int N(y)dy$이므로, 다음을 얻는다.

$$\int M(x)dx + \int N(y)dy = c$$

따라서 $\int M(x)dx + \int N(y)dy = c$가 $M(x) + N(y)\frac{dy}{dx} = 0$의 해이고 한 개의 임의상수 c를 포함하고 있으므로 일반해이다. ■

참고 미분방정식 $M(x)dx+N(y)dy=0$은 1계이므로 일반해에서 임의상수는 한 개만 있다. 따라서 해공식 (2.2.4)의 부정적분 계산과정에서 $\int M(x)dx$와 $\int N(y)dy$에는 적분상수를 따로 쓸 필요가 없다.

| 따름정리 2.2.3 | $\dfrac{dy}{dx}=X(x)Y(y)$의 일반해는 다음과 같다.

$$\int X(x)dx-\int \frac{1}{Y(y)}dy=c,\ (c\text{는 임의상수}) \qquad (2.2.5)$$

예 2.2.4 (1) $\dfrac{dy}{dx}=ay$를 풀어보자(단 a는 상수).

(2) 초기치문제 $[\dfrac{dy}{dx}=ay,\ y(x_0)=y_0]$를 풀어보자.

풀이

(1) $\dfrac{dy}{dx}=ay$를 변수분리하면, $\dfrac{dy}{y}=adx$이다. 따라서 일반해는 $\int\dfrac{1}{y}dy=\int adx+k$ (k는 임의상수)이다. 적분하면 $\ln|y|=ax+k$, 즉 $|y|=e^k e^{ax}$를 얻는다. 그러므로 $c=\begin{cases}-e^k, & y<0\\ e^k, & y\ge 0\end{cases}$라 두면, 다음과 같이 간단한 형태의 일반해를 얻는다.

$$y=ce^{ax},\ (c\text{는 임의상수}) \qquad (2.2.6)$$

참고로 $y=ce^{ax}$, ($c>0$는 임의상수)는 포락선을 가지지 않음을 앞 절에서 보았다.

(2) 일반해 (2.2.6)에서 초기점 $(x_0,\ y_0)$을 지나는 특수해(특정 적분곡선)를 구하기 위해서, 일반해 $y=ce^{ax}$에 초기치 $x=x_0$, $y=y_0$를 대입하여 상수 c의 값을 구하면, $c_0=y_0e^{-ax_0}$이다. 상수 값 $c_0=y_0e^{-ax_0}$를 일반해에 대입하여 간단히 하면, 초기치문제의 해 $y=y_0e^{a(x-x_0)}$를 얻는다. ■

예 2.2.5 (1) $\dfrac{dy}{dx}=-\dfrac{x}{y}$를 풀어보자.

(2) 초기치문제 $[\dfrac{dy}{dx}=-\dfrac{x}{y},\ y(x_0)=y_0\neq 0]$를 풀어보자.

풀이

(1) 변수분리하면, $xdx+ydy=0$이다. 적분하면, 일반해는 $\frac{x^2}{2}+\frac{y^2}{2}=k$, ($k$는 임의상수)이다. $c=2k$라 두고 간단히 정리하면, 일반해 $x^2+y^2=c$, ($c>0$는 임의상수)를 얻는다. 참고로 해곡선족 $x^2+y^2=c$, ($c>0$는 임의상수)는 동심원들이며 포락선을 가지지 않음을 쉽게 알 수 있다.

(2) 일반해 $x^2+y^2=c$에 초기점 (x_0, y_0)의 좌표를 대입하면, 상수 값 $c_0=x_0^2+y_0^2$를 얻는다. 따라서 $x^2+y^2=x_0^2+y_0^2$이 점 (x_0, y_0)를 지나는 적분곡선이고, 초기치문제의 해는 $y=\begin{cases}\sqrt{x_0^2+y_0^2-x^2}, & y_0>0\\ -\sqrt{x_0^2+y_0^2-x^2}, & y_0<0\end{cases}$ 또는 간단히 음함수 형태로 표현하면 $x^2+y^2=x_0^2+y_0^2$이다. ■

예 2.2.6 (1) $\frac{dy}{dx}=a\left(1-\frac{y}{K}\right)y$를 풀어보자($a>0$와 $K>0$는 상수).

(2) 초기치문제 [$\frac{dy}{dx}=a\left(1-\frac{y}{K}\right)y$, $y(x_0)=y_0\geq 0$]를 풀어보자.

풀이 (1) 변수분리하여 적분하면, 일반해는 다음과 같다.

$$\int\frac{1}{\left(1-\frac{y}{K}\right)y}dy=ax+k\,,\ (k\text{는 임의상수})$$

$\frac{1}{\left(1-\frac{y}{K}\right)y}=\frac{1}{y}-\frac{1}{y-K}$이므로 적분하면, 일반해는 $\ln\left|\frac{y}{y-K}\right|=ax+k$ 또는 $\left|\frac{y}{y-K}\right|=e^{ax+k}=e^ke^{ax}$이다. 임의상수를 $c=\begin{cases}-e^{-k}, & 0\leq y<K\\ e^{-k}, & y>K\end{cases}$라 두고 정리하면, 다음의 일반해를 얻는다.

$$y=\frac{K}{1-ce^{-ax}}\,,\ (c\text{는 임의상수}) \tag{2.2.7}$$

(2) 일반해 (2.2.7)에 초기점 (x_0, y_0)의 좌표를 대입하면, 구하는 상숫값 $c_0=\frac{(y_0-K)e^{ax_0}}{y_0}$를 얻는다. 따라서 일반해 (2.2.7)에 $c=c_0$를 대입하여 정리하면 초기치문제의 해는 다음과 같다.

$$y = \frac{y_0 K}{y_0 + (K - y_0)e^{-a(x - x_0)}} \tag{2.2.8}$$

■

참고 위의 예들에서 보듯이 미분방정식의 일반해를 구하는 과정에서, 처음에 나타나는 임의상수(k)와 최종적으로 간단하게 정리된 형태의 일반해에 나타나는 임의상수(c)는 서로 함수관계 $c = \mu(k)$가 있다. k가 임의상수이면 $c = \mu(k)$도 임의상수라 할 수 있다. 즉 k의 값을 알면 c의 값을 계산할 수 있고, 역으로 c의 값을 알면 k의 값을 계산할 수 있다. 그래서 혼돈의 염려가 없는 경우에, 일반해를 구하는 과정에서 각 단계마다 임의상수 c의 함수 $\mu(c)$를 다시 임의상수 c로 두면 간편하다.

예 2.2.7 다음 문제를 풀어보자.

(1) $\dfrac{dy}{dx} = \sqrt{y-1}$

(2) 초기치문제 $[\dfrac{dy}{dx} = \sqrt{y-1},\ y(0) = 1]$

(3) 초기치 문제 $[\dfrac{dy}{dx} = \sqrt{y-1},\ y(0) = 2]$

풀이

(1) 변수분리하여 적분하면, 일반해는 $\displaystyle\int \frac{1}{\sqrt{y-1}}dy = x + c$, ($c$는 임의상수)이다. 좌변의 적분을 계산하여 정리하면 $2\sqrt{y-1} = x + c$이다. 따라서 $x + c \geq 0$ (즉 $x \geq -c$)이고 간단히 정리하면, 일반해는 다음과 같다.

$$y = \frac{1}{4}(x+c)^2 + 1,\ (\text{단 } x \geq -c) \tag{2.2.9}$$

한편 일반해 (2.2.9)는 예 2.1.9에서 보면 포락선 $y = 1$을 가진다.
그러므로 $y = 1$이 특이해이다.

(2) 일반해 (2.2.9)에 초기점 (0, 1)의 좌표를 대입하여 정리하면, 구하는 상수 c의 값 $c_0 = 0$을 얻는다. 따라서 $y = \frac{1}{4}x^2 + 1$ (단 $x \geq 0$)가 초기치문제의 해이다. 한편 특이해 $y = 1$도 초기조건 $y(0) = 1$을 만족하므로, 특이해 $y = 1$도 초기치문제의 해가 된다. 그러므로 초기치문제 $[\dfrac{dy}{dx} = \sqrt{y-1},\ y(0) = 1]$은 두 개의 해 $y = \frac{1}{4}x^2 + 1$, $(x \geq 0)$와 $y = 1$를 가진다.

(3) 일반해 (2.2.9)에 초기점 (0, 2)의 좌표를 대입하여 정리하면 $x + c \geq 0$이므

로 구하는 상수 c의 값 $c_0 = 2$를 얻는다. 따라서 $c_0 = 2$를 대입하면, $y = \frac{1}{4}(x+2)^2 + 1$, $(x \geq -2)$가 초기치문제의 해이다. 한편 함수 $y = 1$은 초기조건 $y(0) = 2$를 만족하지 않으므로, 특이해 $y = 1$은 이 초기치문제의 해가 아니다. 그러므로 초기치문제 $[\frac{dy}{dx} = \sqrt{y-1},\ y(0) = 2]$는 1개의 해 $y = \frac{1}{4}(x+2)^2 + 1$, $(x \geq -2)$만을 가진다. ■

예 2.2.8 다음 문제를 풀어보자.

(1) $yy' = -\sqrt{1-y^2}$

(2) 초기치문제 $[yy' = -\sqrt{1-y^2},\ y(0) = 1]$

(3) 초기치문제 $[yy' = -\sqrt{1-y^2},\ y(0) = -\frac{1}{2}]$

풀이

(1) 변수분리하여 적분하면, 일반해는 $\int \frac{y}{\sqrt{1-y^2}} dy = -x + c$, ($c$는 임의상수)이다. 좌변의 적분을 계산하여 정리하면 $\sqrt{1-y^2} = x - c$이다. 따라서 $0 \leq x - c < 1$, 즉 $c \leq x < c+1$이고, 간단한 형태로 정리하면 일반해는 다음과 같다.

$$(x-c)^2 + y^2 = 1,\ \text{단 } c \leq x < c+1,\ (c\text{는 임의상수}) \qquad (2.2.10)$$

한편 일반해 (2.2.10)은 예 2.1.10에서 보면 포락선 $y = \pm 1$을 가진다. 그러므로 $y = \pm 1$은 각각 특이해이다.

(2) 일반해 (2.2.10)에 초기점 $(0,\ 1)$의 좌표를 대입하여 정리하면, 구하는 상수 c의 값 $c_0 = 0$을 얻는다. 따라서 $x^2 + y^2 = 1$, (단 $0 \leq x < 1$)이 점 $(0,\ 1)$을 지나는 적분곡선이다. 여기서 점 $(0,\ 1)$의 y좌표가 양이므로, 점 $(0,\ 1)$을 지나는 특수해는 $y = \sqrt{1-x^2}$, $(0 \leq x \leq 1)$이다. 한편 특이해 $y = 1$도 초기조건 $y(0) = 1$을 만족하므로, 특이해 $y = 1$도 이 초기치문제의 해(특이해)이다. 그러므로 초기치문제 $[yy' = -\sqrt{1-y^2},\ y(0) = 1]$은 두 개의 해 $y = \sqrt{1-x^2}$, $(0 \leq x < 1)$ 와 $y = 1$을 가진다.

(3) 일반해 (2.2.10)에 초기점 $\left(0,\ -\frac{1}{2}\right)$을 대입하여 정리하면, $x - c \geq 0$이므로 구하는 상수 c의 값 $c_0 = -\frac{\sqrt{3}}{2}$을 얻는다. 따라서 $\left[\left(x + \frac{\sqrt{3}}{2}\right)^2 + y^2 = 1,\ -\frac{\sqrt{3}}{2} \leq x < 1 - \frac{\sqrt{3}}{2}\right]$이 점 $\left(0,\ -\frac{1}{2}\right)$을 지나는 적분곡선이다.

여기서 점 $\left(0,\ -\frac{1}{2}\right)$의 y좌표가 음이므로, 점 $\left(0,\ -\frac{1}{2}\right)$을 지나는 특수해는 $\left[y=-\sqrt{1-\left(x+\frac{\sqrt{3}}{2}\right)^2},\ -\frac{\sqrt{3}}{2}\le x<1-\frac{\sqrt{3}}{2}\right]$이다. 한편 함수 $y=\pm 1$은 초기조건을 만족하지 않으므로, 특이해 $y=\pm 1$은 이 초기치문제의 해가 아니다. 그러므로 초기치문제 $\left[yy'=-\sqrt{1-y^2},\ y(0)=-\frac{1}{2}\right]$은 1개의 해 $\left[y=-\sqrt{1-\left(x+\frac{\sqrt{3}}{2}\right)^2},\ -\frac{\sqrt{3}}{2}\le x<1-\frac{\sqrt{3}}{2}\right]$만을 가진다. ■

연습문제 2.2

1. 다음의 미분방정식을 풀어라.

(1) $y'=\dfrac{x}{y}$ (2) $y'=-\dfrac{y}{x}$

(3) $3x(y^2+1)dx+y(x^2+2)dy=0$ (4) $2ydx+e^{-3x}dy=0$

(5) $y'=x^2(1+y)$ (6) $y'+\sin y=0$

(7) $y^2y'=x+1$ (8) $y'=\dfrac{x^2}{y^2+6y+9}$

(9) $y'=y^{\frac{1}{3}}$ (10) $y'=y-y^2$

(11) $y'=\dfrac{x^2y-y}{y+1}$ (12) $y'+e^xy=e^xy^2$

2. 다음의 초기치문제를 풀어라.

(1) $y'=\dfrac{x}{y},\ y(0)=1$ (2) $y'=-\dfrac{y}{x},\ y(1)=3$

(3) $3x(y^2+1)dx+y(x^2+2)dy=0,\ y(0)=3$

(4) $y'=y\sin x,\ y(\pi)=-3$

(5) $y'=x^2(1+y),\ y(0)=3$ (6) $y'=8xy+3y,\ y(0)=1$

(7) $y^2y'=x+1,\ y(0)=1$ (8) $y'=2x\cos^2 y,\ y(0)=\dfrac{\pi}{4}$

(9) $y'=y^{\frac{1}{3}},\ y(0)=0$ (10) $y'=y-y^2,\ y(0)=1$

(11) $y'=\dfrac{x^2y-y}{y+1},\ y(0)=-1$ (12) $y'=\dfrac{2x^3}{y(1+x^4)},\ y(0)=-1$

2.3 완전 미분방정식

미분형식으로 표현된 미분방정식이 어떤 이변수 함수의 전미분(total derivative)으로 아래와 같이 표현될 때, 그런 미분방정식을 완전 미분방정식이라 한다.

| 정의 2.3.1 | 연속 편미분가능인 이변수 함수 $G(x, y)$가 존재하여, 다음의 조건을 만족하면, $M(x, y)dx + N(x, y)dy = 0$을 **완전 미분방정식**이라 한다.

$$\frac{\partial G}{\partial x} = M(x, y), \quad \frac{\partial G}{\partial y} = N(x, y) \tag{2.3.1}$$

$$\text{즉 } dG(x, y) = M(x, y)dx + N(x, y)dy$$

이와 같은 완전 미분방정식은 다음 정리에 의해서 쉽게 풀 수 있다.

| 정리 2.3.2 | 함수 $G(x, y)$가 다음을 만족한다고 가정하자.

$$\frac{\partial G}{\partial x} = M(x, y), \quad \frac{\partial G}{\partial y} = N(x, y)$$

$$\text{즉 } dG(x, y) = M(x, y)dx + N(x, y)dy$$

그러면 $M(x, y)dx + N(x, y)dy = 0$ 의 일반해는 다음과 같다.

$$G(x, y) = c, \ (c\text{는 임의상수})$$

증명 $G(x, y) = c$ 의 양변을 x 로 미분하면, 다음을 얻는다.

$$\frac{\partial G(x, y)}{\partial x} + \frac{\partial G(x, y)}{\partial y}\frac{dy}{dx} = M(x, y) + N(x, y)\frac{dy}{dx} = 0$$

따라서 $G(x, y) = c$가 미분방정식 $M(x, y) + N(x, y)\dfrac{dy}{dx} = 0$의 해이다.

한편 $M(x, y) + N(x, y)\dfrac{dy}{dx} = 0$을 미분형식으로 표현하면,

$$M(x, y)dx + N(x, y)dy = 0$$

이다.

따라서 $G(x, y) = c$가 $M(x, y)dx + N(x, y)dy = 0$의 해가 되고, 임의상수 c를 한 개 포함하고 있으므로 일반해가 된다. ■

이제 $M(x, y)dx + N(x, y)dy = 0$이 완전 미분방정식인지 여부를 쉽게 알 수 있는 방법을 보자.

| 정리 2.3.3 | $M(x, y)$, $N(x, y)$가 연속 편미분가능 함수라 가정하자. 그러면 $M(x, y)dx + N(x, y)dy = 0$이 완전 미분방정식이 될 필요충분조건은 다음과 같다.

$$\frac{\partial M(x, y)}{\partial y} = \frac{\partial N(x, y)}{\partial x}$$

위의 정리를 증명하는 대신 간단히 설명하자.

먼저 연속 편미분가능(2계 편도함수까지 연속)인 어떤 함수 $G(x, y)$가 존재해서 다음 등식이 성립한다고 가정하자.

$$\frac{\partial G}{\partial x} = M(x, y), \quad \frac{\partial G}{\partial y} = N(x, y) \tag{2.3.2}$$

$$\text{즉 } dG(x, y) = \frac{\partial G(x, y)}{\partial x}dx + \frac{\partial G(x, y)}{\partial y}dy = M(x, y)dx + N(x, y)dy$$

한편 $M(x, y)$, $N(x, y)$가 연속 편미분가능 함수라 가정했으므로 $G(x, y)$는 2번 연속 편미분가능이고 2번 편미분할 때, 편미분 순서를 바꾸어도 결과는 같다. 즉 다음이 성립한다.

$$\frac{\partial^2 G}{\partial y \partial x} = \frac{\partial^2 G}{\partial x \partial y}$$

그러므로 (2.3.2)로부터 다음 등식이 성립함을 알 수 있다.

$$\frac{\partial M(x, y)}{\partial y} = \frac{\partial N(x, y)}{\partial x} \tag{2.3.3}$$

역으로 (2.3.3)이 성립한다고 가정하자. (2.3.2)를 만족하는 이변수 함수 $G(x, y)$를 구체적으로 찾아보자. 즉 $M(x, y)dx + N(x, y)dy = 0$의 일반해 $G(x, y) = c$를 구해보자(c는 임의상수).

우선 y를 상수로 간주하고 $M(x, y)$를 x로 편적분한 것을 $G(x, y)$라 두자. 즉 다음과 같이 두자.

$$G(x, y) = \int M(x, y)\,dx + h(y) \tag{2.3.4}$$

단 $h(y)$는 y의 적당한 함수이다.

(그러면 $\dfrac{\partial G}{\partial x} = M(x, y)$이다.)

이제 (2.3.4)에서 $\dfrac{\partial G}{\partial y} = N(x,\ y)$가 성립하도록 적당한 $h(y)$를 구해보자.

(2.3.4)의 양변을 y로 편미분하면 다음을 얻는다.

$$\begin{aligned}\frac{\partial G}{\partial y} &= \frac{\partial}{\partial y}\left[\int M(x,\ y)dx + h(y)\right]\\ &= \frac{\partial}{\partial y}\int M(x,\ y)dx + \frac{d}{dy}h(y)\end{aligned} \tag{2.3.5}$$

한편 $\dfrac{\partial M(x,\ y)}{\partial y} = \dfrac{\partial N(x,\ y)}{\partial x}$이므로 다음을 얻는다.

$$\begin{aligned}\frac{\partial}{\partial y}\int M(x,\ y)dx &= \int \frac{\partial}{\partial y}M(x,\ y)dx\\ &= \int \frac{\partial}{\partial x}N(x,\ y)dx \text{ (편적분)}\\ &= N(x,\ y) + k(y)\end{aligned}$$

단 $k(y)$는 y의 적당한 함수이다. 즉 $k(y) = \dfrac{\partial}{\partial y}\displaystyle\int M(x,\ y)dx - N(x,\ y)$. 그러면 (2.3.5)로부터 다음을 얻는다.

$$\frac{\partial G}{\partial y} = N(x,\ y) + k(y) + \frac{d}{dy}h(y) \tag{2.3.6}$$

여기서 $\dfrac{\partial G}{\partial y} = N(x,\ y)$가 되어야 하므로, (2.3.6)에서 $k(y) + \dfrac{d}{dy}h(y) = 0$임을 알 수 있다. 즉

$$\frac{dh(y)}{dy} = -k(y). \tag{2.3.7}$$

따라서 함수 $h(y)$는 (2.3.7)의 오른편을 y로 적분하여 다음과 같이 구할 수 있다.

$$h(y) = \int -k(y)dy = \int\left[N(x,\ y) - \frac{\partial}{\partial y}\int M(x,\ y)dx\right]dy \tag{2.3.8}$$

이렇게 하여 얻은 함수 $G(x,\ y) = \displaystyle\int M(x,\ y)dx + h(y)$는 (2.3.2)를 만족한다.

참고 완전 미분방정식 $M(x,\ y)dx + N(x,\ y)dy = 0$의 일반해 $G(x,\ y) = c$, (c는 임의상수)는 한 개의 임의상수만 필요하므로, 위의 부정적분 (2.3.8)을 계산할 때 적분상수를 따로 쓸 필요가 없다. 또한 x를 상수로 간주하고 $N(x,\ y)$를 y로 먼저 편적분한 것을 $G(x,\ y)$라 두어도, 위와 같은 요령으로 풀 수 있다.

위의 내용을 요약하면 다음과 같다.

$M(x, y)dx + N(x, y)dy = 0$이 완전 미분방정식이면, 일반해는 다음과 같다.

$$G(x, y) = \int M(x, y)\,dx + h(y) = c \tag{2.3.9}$$

$$\text{단, } h(y) = \int \left[N(x, y) - \frac{\partial}{\partial y}\int M(x, y)dx \right] dy$$

또는

$$G(x, y) = \int N(x, y)\,dy + h(x) = c \tag{2.3.10}$$

$$\text{단, } h(x) = \int \left[M(x, y) - \frac{\partial}{\partial x}\int N(x, y)dy \right] dx$$

예 2.3.4 $2xydx + (x^2 + y^2)dy = 0$을 풀어보자.

풀이 $M = 2xy, N = x^2 + y^2$이라 두면, $\dfrac{\partial M}{\partial y} = 2x = \dfrac{\partial N}{\partial x}$이므로 $2xydx + (x^2 + y^2)dy = 0$는 완전 미분방정식이다.

$G(x, y) = \int 2xy\,dx + h(y) = x^2y + h(y)$, ($h(y)$는 y의 적당한 함수)라 두자. 그러면 $\dfrac{\partial G}{\partial y} = x^2 + \dfrac{dh}{dy} = N = x^2 + y^2$이므로, $\dfrac{dh}{dy} = y^2$을 얻는다.

따라서 적분하면, 다음과 같이 얻는다.

$$h = \int y^2 dy = \frac{1}{3}y^3 \text{ (적분상수 불필요)}$$

그러므로 $G(x, y) = x^2y + \dfrac{1}{3}y^3$이고 일반해는 $x^2y + \dfrac{1}{3}y^3 = c$, ($c$는 임의상수)이다. 여기서 $3c$를 다시 c라 두면, 다음의 간단한 형태의 일반해를 얻는다.

$$3x^2y + y^3 = c \text{ (}c\text{는 임의상수)}$$ ■

예 2.3.5 $(\cos 2y - 3x^2y^2)dx + (\cos 2y - 2x\sin 2y - 2x^3y)dy = 0$을 풀어보자.

풀이 $M = \cos 2y - 3x^2y^2$, $N = \cos 2y - 2x\sin 2y - 2x^3y$ 라 두면, $\dfrac{\partial M}{\partial y} = -2\sin 2y - 6x^2y = \dfrac{\partial N}{\partial x}$이므로 이 미분방정식은 완전 미분방정식이다.

$G = \int (\cos 2y - 3x^2y^2)dx + \psi(y) = x\cos 2y - x^3y^2 + h(y)$, ($h(y)$는 적당한 함

수)라 두면, $\dfrac{\partial G}{\partial y} = -2x\sin 2y - 2x^3y + h'(y) = N(x,\ y)$이다.

한편 $N = \cos 2y - 2x\sin 2y - 2x^3y$ 이므로 $h'(y) = \cos 2y$ 를 얻는다. 따라서 적분하면, 다음과 같다.

$$h = \int \cos 2y\, dy = \frac{1}{2}\sin 2y$$

그러므로 $G = x\cos 2y - x^3y^2 + \dfrac{1}{2}\sin 2y$ 이고 일반해는 다음과 같다.

$$x\cos 2y - x^3y^2 + \frac{1}{2}\sin 2y = c,\ (c\text{는 임의상수})$$ ■

전미분 형식에 익숙한 사람은 간단한 완전 미분방정식을 직관적으로 쉽게 풀 수도 있다.

예 2.3.6 $\left(2xy + \dfrac{1}{y}\right)dx + \left(x^2 - \dfrac{x}{y^2}\right)dy = 0$을 풀어보자.

풀이 전미분 $d(x^2y) = 2xydx + x^2dy$ 와 $d\left(\dfrac{x}{y}\right) = \dfrac{1}{y}dx - \dfrac{x}{y^2}dy$ 를 염두에 두고 이 방정식을 잘 관찰해보면, 다음을 알 수 있다.

$$d\left(x^2y + \frac{x}{y}\right) = \left(2xy + \frac{1}{y}\right)dx + \left(x^2 - \frac{x}{y^2}\right)dy = 0$$

따라서 이 방정식의 일반해는 다음과 같다.

$$x^2y + \frac{x}{y} = c,\ (c\text{는 임의상수})$$ ■

참고 $\dfrac{\partial M(x)}{\partial y} = 0 = \dfrac{\partial N(y)}{\partial x}$ 이므로, 변수분리형 미분방정식 $M(x)dx + N(y)dy = 0$은 완전 미분방정식이다. 따라서 정리 2.3.2에 의하여, $M(x)dx + N(y)dy = 0$의 일반해가 $\int M(x)dx + \int N(y)dy = c$, ($c$는 임의상수)임을 알 수 있다.

연습문제 2.3

1. 다음이 완전 미분방정식인가? 그렇다면 풀어라.

(1) $2xydx + (1 + x^2)dy = 0$

(2) $(2xy + x)dx + (x^2 + y)dy = 0$

(3) $(y + 2xy^3)dx + (1 + 3x^2y^2 + x)dy = 0$

(4) $ye^{xy}dx + xe^{xy}dy = 0$

(5) $ydx + xdy = 0$

(6) $(y\sin x + xy\cos x)dx + (x\sin x + 1)dy = 0$

(7) $\dfrac{xy - 1}{x^2y}dx - \dfrac{1}{xy^2}dy = 0$

(8) $(2t^3 + 3y)dt + (3t + y - 1)dy = 0$

(9) $(\cos y + y\cos t)dt + (\sin t - t\sin y)dy = 0$

(10) $\dfrac{1}{y}dx - \dfrac{x}{y^2}dy = 0$

(11) $(2x + \sin y)dx + (x\cos y - 2y)dy = 0$

(12) $(2x + y\cos xy)dx + (1 + x\cos xy)dy = 0$

2. 다음의 초기치문제를 풀어라.

(1) $2xydx + (1 + x^2)dy = 0$, $y(0) = 1$

(2) $(2xy + x)dx + (x^2 + y)dy = 0$, $y(1) = 3$

(3) $(y + 2xy^3)dx + (1 + 3x^2y^2 + x)dy = 0$, $y(0) = 1$

(4) $ye^{xy}dx + xe^{xy}dy = 0$, $y(1) = 1$

(5) $ydx + xdy = 0$, $y(1) = 3$

(6) $(y\sin x + xy\cos x)dx + (x\sin x + 1)dy = 0$, $y(0) = 1$

(7) $\dfrac{xy - 1}{x^2y}dx - \dfrac{1}{xy^2}dy = 0$, $y(1) = 2$

(8) $(2t^3 + 3y)dt + (3t + y - 1)dy = 0$, $y(0) = 2$

(9) $(\cos y + y\cos t)dt + (\sin t - t\sin y)dy = 0$, $y\left(\dfrac{\pi}{2}\right) = \pi$

(10) $(x\cos xy)y' = -y\cos xy + 2x$, $y(1) = 2$,

(11) $(2x + \sin y)dx + (x\cos y - 2y)dy = 0$, $y(2) = \pi$

(12) $y' = -\dfrac{3x^2 + 2xy}{x^2 + y^2}$, $y(1) = -1$

2.4 적분인자와 완전 미분방정식

$M(x, y)dx + N(x, y)dy = 0$가 완전 미분방정식이 아니지만(즉 $\frac{\partial M(x, y)}{\partial y} \neq \frac{\partial N(x, y)}{\partial x}$), 이 미분방정식의 양변에 적당한 함수 $I(x, y)$를 곱한 것은 완전 미분방정식이 되는 경우가 있다. 여기서는 그와 같은 경우를 살펴보자.

| 정의 2.4.1 | $I(x, y)$는 0함수가 아니며 연속 미분가능 함수라 하자. $I(x, y)M(x, y)dx + I(x, y)N(x, y)dy = 0$가 완전 미분방정식이 될 때, $I(x, y)$를 $M(x, y)dx + N(x, y)dy = 0$의 **적분인자**(integrating factor)라 한다.

만약 $M(x, y)dx + N(x, y)dy = 0$의 적분인자 $I(x, y)$를 알고 있는 경우에, 이를 곱하여 완전 미분방정식 $I(x, y)M(x, y)dx + I(x, y)N(x, y)dy = 0$으로 변환하여 풀 수 있다.

이제 적분인자를 구하는 방법을 알아보자.

먼저 $I(x, y)M(x, y)dx + I(x, y)N(x, y)dy = 0$가 완전 미분방정식이 될 필요충분조건은 정의 2.3.1에 의해서 다음과 같다.

$$\frac{\partial IM}{\partial y} = \frac{\partial IN}{\partial x}$$

여기서 곱의 미분법에 의해서 다음을 얻는다.

$$M\frac{\partial I}{\partial y} + I\frac{\partial M}{\partial y} = N\frac{\partial I}{\partial x} + I\frac{\partial N}{\partial x}$$

간편하게 정리하면, 다음과 같이 $I(x, y)$에 대한 1계 편미분방정식을 얻는다.

$$M\frac{\partial I}{\partial y} - N\frac{\partial I}{\partial x} = \left(\frac{\partial N}{\partial x} - \frac{\partial M}{\partial y}\right)I \qquad (2.4.1)$$

이 사실을 요약하면 다음과 같다.

| 정리 2.4.2 | $I(x, y)$가 $M(x, y)dx + N(x, y)dy = 0$의 적분인자가 되기 위한 필요충분조건은 $I(x, y)$가 편미분방정식 (2.4.1)의 비자명해이다.

여기서 $M(x, y)dx + N(x, y)dy = 0$의 적분인자 $I(x, y)$를 구하기 위해서는 편

미분방정식 (2.4.1)을 풀어야 하는데, 일반적인 경우에 편미분방정식 (2.4.1)을 해석적으로 푸는 것은 거의 불가능하다.

그러나 다음의 경우와 같이 $M(x, y)$와 $N(x, y)$가 특별한 경우에는, 편미분방정식 (2.4.1)은 간단한 상미분방정식이 되어서 적분인자 I를 쉽게 구할 수 있다.

1^0. $\frac{1}{N}\left(\frac{\partial N}{\partial x}-\frac{\partial M}{\partial y}\right)=A(x)$ (x만의 함수)인 경우

이때 I를 x만의 함수 $I(x)$라 가정하면, $\frac{\partial I}{\partial y}=0$이므로 편미분방정식 (2.4.1)은 다음의 변수분리형 상미분방정식이 된다.

$$\frac{dI}{dx}=-\frac{1}{N}\left(\frac{\partial N}{\partial x}-\frac{\partial M}{\partial y}\right)I=-A(x)I \tag{2.4.2}$$

따라서 상미분방정식 (2.4.2)의 비자명해가 적분인자가 된다. 즉

$$I=e^{-\int A(x)\,dx} \tag{2.4.3}$$

2^0. $\frac{1}{M}\left(\frac{\partial N}{\partial x}-\frac{\partial M}{\partial y}\right)=B(y)$ (y만의 함수)인 경우

이때 I를 y만의 함수 $I(y)$라 가정하면, $\frac{\partial I}{\partial x}=0$이므로 편미분방정식 (2.4.1)은 다음의 변수 분리형 상미분방정식이 된다.

$$\frac{dI}{dy}=\frac{1}{M}\left(\frac{\partial N}{\partial x}-\frac{\partial M}{\partial y}\right)I=B(y)I \tag{2.4.4}$$

따라서 상미분방정식 (2.4.4)의 비자명해가 적분인자가 된다. 즉

$$I=e^{\int B(y)\,dy} \tag{2.4.5}$$

여기서 적분인자 (2.4.3)과 (2.4.5)를 계산하는 과정에서, 부정적분의 적분상수를 간편하게 0이라 두면 편리하다.

예 2.4.3 $(2y-x^2)dx+xdy=0$을 풀어보자.

풀이 $M=2y-x^2$, $N=x$라 두면, $\frac{\partial M}{\partial y}=2\neq 1=\frac{\partial N}{\partial x}$이므로 $(2y-x^2)dx+xdy=0$은 완전 미분방정식이 아니다. 그러나 $\frac{1}{N}\left(\frac{\partial N}{\partial x}-\frac{\partial M}{\partial y}\right)=-\frac{1}{x}=A(x)$가 x만의 함수이다. 따라서 (2.4.2)에 의해서 $\frac{dI}{dx}=\frac{1}{x}I$를 얻는다. 그러므로 간단한 해

$I = e^{\int \frac{1}{x} dx} = e^{\ln x} = x$ 가 적분인자이다.

그러면 $I = x$ 를 $(2y - x^2)dx + xdy = 0$ 의 양변에 곱하여, 다음과 같이 동등한 완전 미분방정식을 얻는다.

$$(2xy - x^3)dx + x^2 dy = 0 \tag{2.4.6}$$

한편 잘 관찰해보면, $x^2 y - \frac{1}{4}x^4$ 의 전미분이 다음과 같다.

$$d\left(x^2 y - \frac{1}{4}x^4\right) = (2xy - x^3)dx + x^2 dy$$

따라서 미분방정식 (2.4.6)의 일반해는 $x^2 y - \frac{1}{4}x^4 = c$, ($c$는 임의상수)이다. 그러므로 $(2y - x^2)dx + xdy = 0$ 의 일반해는 $x^2 y - \frac{1}{4}x^4 = c$, ($c$는 임의상수)이다.

■

예 2.4.4 $xydx + (x^2 + y^2)dy = 0$ 을 풀어보자.

풀이 $M = xy$, $N = x^2 + y^2$ 이라 두면, $\frac{\partial M}{\partial y} = x \neq 2x = \frac{\partial N}{\partial x}$ 이므로 $xydx + (x^2 + y^2)dy = 0$ 은 완전 미분방정식이 아니다. 그러나 $\frac{1}{M}\left(\frac{\partial N}{\partial x} - \frac{\partial M}{\partial y}\right) = \frac{1}{y} = B(y)$ 가 y만의 함수이다. 따라서 (2.4.4)에 의해서 $\frac{dI}{dy} = \frac{1}{y}I$ 를 얻는다. 그러므로 해 $I = e^{\int \frac{1}{y} dy} = e^{\ln y} = y$ 가 적분인자이다.

그러면 $I = y$ 를 $xydx + (x^2 + y^2)dy = 0$ 의 양변에 곱하여, 다음과 같이 동등한 완전 미분방정식을 얻는다.

$$xy^2 dx + (x^2 y + y^3)dy = 0 \tag{2.4.7}$$

한편 전미분을 잘 관찰해보면, $d\left(\frac{1}{2}x^2y^2 + \frac{1}{4}y^4\right) = xy^2 dx + (x^2 y + y^3)dy$ 임을 알 수 있으므로, 미분방정식 (2.4.7)의 일반해는 $\frac{1}{2}x^2y^2 + \frac{1}{4}y^4 = c$, ($c$는 임의상수) 또는 $2x^2y^2 + y^4 = c$, (c는 임의상수)이다. 그러므로 $xydx + (x^2 + y^2)dy = 0$ 의 일반해는 $2x^2y^2 + y^4 = c$, (c는 임의상수)이다. ■

다음의 예에서와 같이, 잘 관찰해보면 적분인자를 구할 수 있는 경우도 있다.

예 2.4.5 $x^2y^3dx+(x+xy^2)dy=0$ 을 풀어보자.

풀이 $M=x^2y^3$, $N=x+xy^2$ 이라 두면, $\dfrac{\partial M}{\partial y}=3x^2y^2\neq 1+y^2=\dfrac{\partial N}{\partial x}$ 이므로 $x^2y^3dx+(x+xy^2)dy=0$ 은 완전 미분방정식이 아니다.

그리고 $\dfrac{1}{N}\left(\dfrac{\partial N}{\partial x}-\dfrac{\partial M}{\partial y}\right)=\dfrac{y^2+1-3x^2y^2}{x+xy^2}$ 이 x만의 함수가 아니며 $\dfrac{1}{M}\left(\dfrac{\partial N}{\partial x}-\dfrac{\partial M}{\partial y}\right)=\dfrac{y^2+1-3x^2y^2}{x^2y^3}$ 이 y만의 함수도 아니다.

따라서 1^0과 2^0의 경우가 아니다.

적분인자 I를 구하기 위해서 $M\dfrac{\partial I}{\partial y}-N\dfrac{\partial I}{\partial x}=\left(\dfrac{\partial N}{\partial x}-\dfrac{\partial M}{\partial y}\right)I$를 풀어야 하지만 그것은 원래의 미분방정식 $x^2y^3dx+(x+xy^2)dy=0$ 을 푸는 것보다 훨씬 더 어렵다.

그러나 다행히 $x^2y^3dx+(x+xy^2)dy=0$ 을 잘 관찰해보면, $I=\dfrac{1}{xy^3}$ 이 적분인자가 됨을 알 수 있다.

즉 $I=\dfrac{1}{xy^3}$ 를 $x^2y^3dx+(x+xy^2)dy=0$ 의 양변에 곱하면, 다음의 완전 미분방정식(특히 변수분리형)을 얻는다.

$$xdx+\left(\frac{1}{y^3}+\frac{1}{y}\right)dy=0 \tag{2.4.8}$$

따라서 미분방정식 (2.4.8)의 일반해는 $\dfrac{1}{2}x^2-\dfrac{1}{2}y^{-2}+\ln y=c$, ($c$는 임의상수) 또는 $x^2-y^{-2}+2\ln y=c$, (c는 임의상수)이다. 그러므로 $x^2y^3dx+(x+xy^2)dy=0$ 의 일반해도 $x^2-y^{-2}+2\ln y=c$, (c는 임의상수)이다. ■

연습문제 2.4

1. 주어진 μ가 적분인자임을 보이고 풀어라.

(1) $xy'-y=0$, $\mu=\dfrac{2y}{x^3}$ (2) $xy'-y=0$, $\mu=y^{-2}$

(3) $xy'-y=0$, $\mu=(xy)^{-1}$ (4) $xy'-y=0$, $\mu=x^{-2}$

2. 다음 미분방정식의 적분인자를 구하고 풀어라.
   (1) $ydx - xdy = 0$
   (2) $aydx + bxdy = 0$, (a, b는 0이 아닌 상수)
   (3) $y' = 2xy - x$
   (4) $y^2dx + xydy = 0$
   (5) $x^2(3y-1)dy + dx = 0$
   (6) $y' = -\dfrac{3y}{x(2+y^3)}$
   (7) $(x^2+y^2+x)dx + xydy = 0$
   (8) $(y^2-y)dx + xdy = 0$
   (9) $(y+x^4)dx - xdy = 0$
   (10) $xy^2dx + (x^2y^2+x^2y)dy = 0$
   (11) $(x^3y^2-y)dx + (x^2y^4-x)dy = 0$
   (12) $y' = \dfrac{3x^2y}{x^3+2y^4}$
   (13) $\dfrac{dy}{dt} = \dfrac{y^2+t^2+t}{-y}$
   (14) $\dfrac{dy}{dt} = \dfrac{3t-2y}{t}$
   (15) $\dfrac{dx}{dt} = \dfrac{x+\ln t}{t}$
   (16) $\dfrac{dx}{dt} = \dfrac{3t^2(t^2+x^2)+t}{x}$

2.5 1계 선형 미분방정식

1계 선형 미분방정식의 일반적인 형태는 다음과 같다.

$$a_1(x)\frac{dy}{dx} + a_0(x)y = g(x) \tag{2.5.1}$$

단 $a_0(x)$, $a_1(x)$, $g(x)$는 x의 적당한 함수들이다.

일반적으로 미분방정식에서 최고계 도함수의 계수(coefficient) 함수가 0이 되는 독립변수의 값에서는 복잡한 현상이 일어날 수 있다. 그래서 $a_1(x) \neq 0$ 인 경우에만 (2.5.1)을 생각하자. 즉 (2.5.1)에서, $a_1(x)$가 0이 아닌 점의 근방에서만 생각한다.

이제 (2.5.1)의 양변을 $a_1(x)$로 나누어 1계 선형 미분방정식의 표준형을 다음과 같이 얻는다.

$$\frac{dy}{dx} + p(x)y = q(x) \tag{2.5.2}$$

단 $p(x)$, $q(x)$는 x의 적당한 함수들이다.

먼저 다음과 같이 선형 제차 미분방정식을 보자.

$$\frac{dy}{dx} + p(x)y = 0 \tag{2.5.3}$$

여기서 제차 미분방정식 (2.5.3)은 변수분리형임을 알 수 있다. 즉

$$\frac{dy}{y} = -p(x)dx \tag{2.5.4}$$

따라서 (2.5.4)의 양변을 적분하여 간단히 하면, 다음과 같은 해를 얻는다.

$$y = ce^{-\int p(x)\,dx}, \ (c\text{는 임의상수})$$

위의 내용을 요약하면 다음과 같다.

| 정리 2.5.1 | $\frac{dy}{dx} + p(x)y = 0$의 일반해는 다음과 같다.

$$y = ce^{-\int p(x)\,dx}, \ (c\text{는 임의상수}) \tag{2.5.5}$$

참고 지수함수가 복잡할 때, $e^{f(x)} \equiv \exp(f(x))$로 표기하면, 편리하다.
즉 (2.5.5)에서 $y = c\exp\left(-\int p(x)dx\right)$.

예 2.5.2 (1) $y' + xy = 0$을 풀어보자.
(2) 초기치문제 $y' + xy = 0$, $y(0) = 2$를 풀어보자.

풀이

(1) (2.5.5)에 의해서 일반해는 다음과 같다.

$$y = ce^{-\int x\,dx} = ce^{-\frac{1}{2}x^2} = c\exp\left(-\frac{1}{2}x^2\right), \ (c\text{는 임의상수})$$

(2) 초기조건 $y(0) = 2$를 일반해에 대입하면, $ce^0 = 2$를 얻는다.

따라서 $c = 2$이고, 구하는 특수해는 $y = 2\exp\left(-\frac{1}{2}x^2\right)$이다. ■

이제 적분인자를 이용하여 선형 비제차 미분방정식 (2.5.2)를 푸는 방법을 소개하자.

먼저 미분방정식 (2.5.2)를 다음과 같이 전미분 형태로 변환해서 생각하자.

$$[p(x)y - q(x)]dx + dy = 0 \tag{2.5.6}$$

여기서 $M = p(x)y - q(x)$, $N = 1$이라 두면, $\frac{1}{N}\left(\frac{\partial N}{\partial x} - \frac{\partial M}{\partial y}\right) = -p(x)$이므로 (2.4.3)

에 의해서 $I=e^{\int p(x)dx}$ 가 (2.5.6)의 적분인자가 된다.

즉 다음이 완전 미분방정식이다.

$$e^{\int p(x)dx}[p(x)y-q(x)]dx+e^{\int p(x)dx}dy=0 \qquad (2.5.7)$$

그러므로 정리 2.3.3의 (2.3.10)에 의해서 (2.5.7)의 일반해는 다음과 같다.

$$\int e^{\int p(x)dx}dy+h(x)=c,\ (c\text{는 임의상수})$$

$$\text{즉 } e^{\int p(x)dx}y+h(x)=c \qquad (2.5.8)$$

$$\text{단 } h(x)=\int\left\{e^{\int p(x)dx}[p(x)y-q(x)]-\frac{\partial}{\partial x}e^{\int p(x)dx}y\right\}dx$$

$$=-\int q(x)e^{\int p(x)dx}dx$$

따라서 (2.5.8)를 정리하면 다음의 일반해를 얻는다.

$$ye^{\int p(x)dx}-\int q(x)e^{\int p(x)dx}dx=c,\ (c\text{는 임의상수}) \qquad (2.5.9)$$

$e^{\int p(x)dx}$ 로 (2.5.9)의 양변을 나누고 y에 대해서 풀면, 다음 정리를 얻는다.

| 정리 2.5.3 | $\dfrac{dy}{dx}+p(x)y=q(x)$ 의 일반해는 다음과 같다.

$$y=\left[c+\int q(x)e^{\int p(x)dx}dx\right]e^{-\int p(x)dx},\ (c\text{는 임의상수}) \qquad (2.5.10)$$

참고 일반해 공식 (2.5.10)을 다음과 같이 간단히 얻을 수도 있다.

적분인자 $I=e^{\int p(x)dx}$ 를 미분방정식 (2.5.2)의 양변에 곱하면, 다음을 얻는다.

$$e^{\int p(x)dx}y'+p(x)e^{\int p(x)dx}y=q(x)e^{\int p(x)dx}$$

이것은 다음과 같이 표현될 수 있다.

$$\frac{d}{dx}\left[e^{\int p(x)dx}y\right]=q(x)e^{\int p(x)dx} \qquad (2.5.11)$$

따라서 (2.5.11)의 양변을 x로 적분하면 다음을 얻는다.

$$e^{\int p(x)dx}y=\int q(x)e^{\int p(x)dx}dx+c,\ (c\text{는 임의상수}) \qquad (2.5.12)$$

여기서 $I=e^{\int p(x)dx}$ 로 (2.5.12)의 양변을 나누면, 일반해 (2.5.10)을 얻을 수 있다.

예 2.5.4 $y'+ay=q(x)$를 풀어보자. 단 a는 주어진 상수이고, $q(x)$는 주어진 함수이다.

풀이 (2.5.10)에 의해서 일반해는 다음과 같다.

$$y=\left[c+\int q(x)e^{\int a\,dx}dx\right]e^{-\int a\,dx}$$
$$=ce^{-ax}+e^{-ax}\int q(x)e^{ax}dx\text{ , }(c\text{는 임의상수})$$ ■

예 2.5.5 $y'+\frac{1}{x}y=x^2$ 을 풀어보자.

풀이 적분인자 $I=e^{\int \frac{1}{x}dx}=e^{\ln x}=x$ 를 미분방정식의 양변에 곱하면, $xy'+y=(xy)'=x^3$ 을 얻는다. 따라서 $xy=\int x^3dx=\frac{1}{4}x^4+c$, ($c$는 임의상수)이므로, 일반해는 $y=\frac{1}{4}x^3+\frac{c}{x}$, ($c$는 임의상수)이다.

또는 간단히 (2.5.10)에 의해서 일반해는 다음과 같다.

$$y=\left[c+\int x^2e^{\int \frac{1}{x}dx}dx\right]e^{-\int \frac{1}{x}dx}=\frac{1}{4}x^3+\frac{c}{x}\text{ , }(c\text{는 임의상수})$$ ■

참고 제차 선형 미분방정식 (2.5.3)의 일반해 (2.5.5)에서 임의상수 c를 x의 함수 $u(x)=\int q(x)e^{\int p(x)dx}dx+c$로 바꾸면, 비제차 선형 미분방정식 (2.5.2)의 해 (2.5.10)이 됨을 알 수 있다.

일반적으로 선형 제차 미분방정식의 일반해에서 "임의상수를 x의 적당한 함수"로 바꾸면, 선형 비제차 미분방정식의 해가 될 수 있다. 이와 같은 방법을 **매개변수 변분법**(variation of parameters)이라 하는데, 선형 비제차 미분방정식에 적용할 수 있는 매우 보편적인 방법이다.

이제 참고로 매개변수 변분법을 선형 비제차 미분방정식 (2.5.2)에 적용해보자.

제차 방정식 (2.5.3)의 일반해 (2.5.5)에서 임의상수 c를 어떤 함수 $u(x)$ 로 바꿔 넣어서 다음과 같은 함수를 생각하자.

$$y=u(x)e^{-\int p(x)dx} \tag{2.5.13}$$

이제 (2.5.13)이 $\frac{dy}{dx}+p(x)y=q(x)$ 의 해가 되는 어떤 함수 $u(x)$를 구해보자.

(2.5.13)을 x로 미분하면 다음을 얻는다.

$$\frac{dy}{dx}=u'(x)e^{-\int p(x)\,dx}-u(x)p(x)e^{-\int p(x)\,dx} \tag{2.5.14}$$

(2.5.13)과 (2.5.14)를 $\frac{dy}{dx}+p(x)y=q(x)$ 에 대입하여 정리하면, 다음의 등식을 얻는다.

$$u'=q(x)e^{\int p(x)\,dx} \tag{2.5.15}$$

따라서 (2.5.15)를 x로 적분하면, 다음과 같이 $u(x)$를 구할 수 있다.

$$u=\int q(x)e^{\int p(x)\,dx}dx+c,\ (c\text{는 임의상수}) \tag{2.5.16}$$

통상 (2.5.16)의 부정적분 계산에서 적분상수는 편의상 0라 둔다.
따라서 (2.5.13)에 (2.5.16)을 대입하면, 해 (2.5.10)을 얻는다.

예 2.5.6 $y'+\frac{x}{x^2+1}y=\sqrt{x^2+1}$ 을 매개변수 변분법으로 풀어보자.

풀이 제차 미분방정식 $y'+\frac{x}{x^2+1}y=0$ 의 일반해는 (2.5.5)에 의해서 $y=\frac{c}{\sqrt{x^2+1}}$, (c는 임의상수)이므로, 비제차 미분방정식 $y'+\frac{x}{x^2+1}y=\sqrt{x^2+1}$ 의 일반해를 $y=\frac{u(x)}{\sqrt{x^2+1}}$라 가정하고 함수 $u(x)$를 구해보자. $y'=\frac{u'}{\sqrt{x^2+1}}-\frac{xu}{(x^2+1)\sqrt{x^2+1}}$와 $y=\frac{u}{\sqrt{x^2+1}}$를 비제차 방정식 $y'+\frac{x}{x^2+1}y=\sqrt{x^2+1}$ 에 대입하면, $\frac{u'}{\sqrt{x^2+1}}=\sqrt{x^2+1}$ 을 얻는다.

따라서 $u'=x^2+1$ 이므로, $u=\frac{1}{3}x^3+x+c$, (c는 임의상수)이고 일반해는 $y=\frac{\frac{1}{3}x^3+x+c}{\sqrt{x^2+1}}$, ($c$는 임의상수)이다. ■

연습문제 2.5

1. 다음 선형 미분방정식을 풀어라.

(1) $y' - 5y = 0$

(2) $y' + 2xy = 0$

(3) $y' - y\sin x = 0$

(4) $\frac{dx}{dt} + \frac{2}{t}x = 0$

(5) $\frac{dx}{dt} - \frac{5}{t^2}x = 0$

(6) $\frac{du}{dx} = \frac{2xu}{x^2 + 2}$

(7) $\frac{du}{dx} = \frac{u}{x^2 + 1}$

(8) $(e^x - 1)\frac{dT}{dx} + e^x T = 0$

(9) $\frac{dx}{dt} + x\ln t = 0$

(10) $\frac{dz}{dx} + \frac{2z}{x^2 + x} = 0$

(11) $y' - 3y = 6$

(12) $y' - 2xy = x$

(13) $y' + 2xy = 4x$

(14) $y' + y = \sin x$

(15) $\frac{dv}{dx} - xv = -x$

(16) $\frac{dv}{dt} - \frac{2}{t}v = \frac{2}{3}t^4$

(17) $v' - v = -e^x$

(18) $\frac{dv}{dt} + \frac{1}{t}v = \cos t$

(19) $y' = \pi y + 4$

(20) $x(1 + x^2)y' = 1 - 2x^2 y$

2. 다음의 초기치문제를 풀어라.

(1) $y' - 5y = 0,\ y(0) = 1$

(2) $y' + 2xy = 0,\ y(0) = 1$

(3) $y' - y\sin x = 0,\ y(0) = 1$

(4) $\frac{dx}{dt} + \frac{2}{t}x = 0,\ x(1) = 1$

(5) $\frac{dx}{dt} - \frac{5}{t^2}x = 0,\ x(1) = 1$

(6) $\frac{du}{dx} = \frac{2xu}{x^2 + 2},\ u(0) = 1$

(7) $\frac{du}{dx} = \frac{u}{x^2 + 1},\ u(0) = 1$

(8) $(e^x - 1)\frac{dT}{dx} + e^x T = 0,\ T(1) = 1$

(9) $\frac{dx}{dt} + x\ln t = 0,\ x(1) = 1$

(10) $\frac{dz}{dx} + \frac{2z}{x^2 + x} = 0,\ z(1) = 1$

(11) $y' = 3y + xe^{2x},\quad y(1) = 0,$

(12) $y' + \frac{e^x}{1 + x^2} = y,\quad y(1) = 0$

(13) $\frac{dN}{dt} + 3N = \sin t,\quad N(0) = 0,$

(14) $xy' + 3y = \frac{e^{-x^2}}{x},\quad y(1) = 0$

2.6 미분방정식의 변수변환

미분방정식 $\frac{dy}{dx}=\psi(x,\ y)$가 변수분리형 또는 선형은 아니지만 적당히 변수를 변환하면, 변수분리형 또는 선형 미분방정식으로 변환되는 경우가 있는데 그 대표적 예로서 동차 미분방정식, Bernoulli 미분방정식, Riccati 미분방정식 등이 있다.

2.6.1 동차 미분방정식의 해법

| 정의 2.6.1 | 다음 조건이 성립하면, $\frac{dy}{dx}=\psi(x,\ y)$를 동차(homogeneous) 미분방정식이라 한다. 임의의 상수 $r\neq 0$에 대하여,

$$\psi(rx,\ ry)=\psi(x,\ y) \tag{2.6.1}$$

여기서 $\frac{dy}{dx}=\psi(x,\ y)$를 동차 방정식이라 가정하자. 이 경우에 $y=tx$ (또는 $t=\frac{y}{x}$)로 변수 변환하면, 다음을 얻는다.

$$\frac{dy}{dx}=x\frac{dt}{dx}+t\,,$$

$$\psi(x,\ y)=\psi(x,\ tx)=\psi(1,\ t)$$

이제 $y=tx$와 $\frac{dy}{dx}=x\frac{dt}{dx}+t$를 미분방정식 $\frac{dy}{dx}=\psi(x,\ y)$에 대입하고 (2.6.1)을 이용하면 다음을 얻는다.

$$x\frac{dt}{dx}+t=\psi(1,\ t)$$

위의 식에서 변수분리하면, 다음의 변수분리형 미분방정식을 얻는다.

$$\frac{1}{\psi(1,\ t)-t}dt=\frac{1}{x}dx \tag{2.6.2}$$

따라서 동차 미분방정식 $\frac{dy}{dx}=\psi(x,\ y)$의 해는 변수분리형 미분방정식 (2.6.2)를 풀어서 구할 수 있다.

참고 적당한 상수 n이 존재해서 다음(n차 동차 조건)이 성립하면, $f(x,\ y)$를 n차 동차 함수라 한다. 임의의 상수 $r\neq 0$에 대하여

$$f(rx,\ ry) = r^n f(x,\ y) \tag{2.6.3}$$

만약 $M(x,\ y)$와 $N(x,\ y)$가 n차 동차 함수이면, $\dfrac{dy}{dx} = \dfrac{M(x,\ y)}{N(x,\ y)}$와 $M(x,\ y)dx + N(x,\ y)dy = 0$는 동차 미분방정식임을 알 수 있다. 이런 의미에서 '동차'라는 용어를 사용한다.

한편 $M(x,\ y)$와 $N(x,\ y)$가 n차 동차 함수일 때, 다음 형태의 동차 미분방정식을 변수변환으로 풀어보자.

$$M(x,\ y)dx + N(x,\ y)dy = 0 \tag{2.6.4}$$

즉 $y = tx$로 변수 변환하고 전미분하면, $dy = tdx + xdt$를 얻는다. 따라서 이를 (2.6.4)에 대입하고 정리하면, (2.6.4)는 다음의 변수분리형 미분방정식으로 변환된다.

$$\frac{N(1,\ t)}{M(1,\ t) + tN(1,\ t)}dt + \frac{1}{x}dx = 0$$

따라서 동차 미분방정식 (2.6.4)의 해는 위의 변수분리형 미분방정식을 풀어서 구할 수 있다.

예 2.6.2 $\dfrac{dy}{dx} = -\dfrac{x}{y}$를 동차 미분방정식 풀이법으로 풀어보자.

풀이 $y = tx$로 변수 변환하고 정리하면, 변수분리형 미분방정식 $\dfrac{t}{t^2+1}dt + \dfrac{1}{x}dx = 0$을 얻는다. 양변을 적분하면, $\dfrac{1}{2}\ln(t^2+1) + \ln x = c$, ($c$는 임의상수)이다. 따라서 $\ln(t^2+1) + 2\ln x = 2c$이므로 e^{2c}를 다시 c로 두고 간단히 하면, $x^2(t^2+1) = c$, (c는 임의상수)를 얻는다. 여기서 $t = \dfrac{y}{x}$를 대입하면, 다음의 원래 주어진 변수로 표현된 일반해를 얻는다.

$$x^2 + y^2 = c,\ (c\text{는 임의상수})$$

■

참고 $\dfrac{dy}{dx} = -\dfrac{x}{y}$는 예 2.2.5와 예 2.6.3에서 보았듯이 변수분리 해법과 동차방정식 해법 등 여러 가지 방법으로 풀 수 있다. 이와 같이 하나의 미분방정식을 여러 가지 방법으로 풀 수 있는 경우도 있다.

예 2.6.3 $(x - y\ln y + y\ln x)dx + x(\ln y - \ln x)dy = 0$을 풀어보자.

풀이 $x - y\ln y + y\ln x$와 $x(\ln y - \ln x)$가 모두 일차 동차 함수이므로, $(x - y\ln y + y\ln x)dx + x(\ln y - \ln x)dy = 0$은 동차 미분방정식이다.

그러므로 $y = tx$로 변수 변환하고 정리하면, 변수분리형 방정식 $\ln t\,dt + \dfrac{1}{x}dx = 0$을 얻는다. 이 방정식의 양변을 적분하면, $-t + t\ln t + \ln x = c$, (c는 임의상수)

를 얻는다. 여기서 $t=\frac{y}{x}$를 대입하고 정리하면, 다음의 간단한 형태의 일반해를 얻는다.

$$x\ln x + y\ln y - y\ln x - y = cx, \ (c\text{는 임의상수})$$ ■

2.6.2 $\frac{dy}{dx}=f(\alpha x+\beta y+\gamma)$의 해법

다음 형태의 미분방정식을 풀어보자.

$$\frac{dy}{dx}=f(\alpha x+\beta y+\gamma) \tag{2.6.5}$$

단 $f(t)$는 주어진 함수이고, α, β, γ는 주어진 상수들이다.

만약 $\beta=0$이면, (2.6.6)은 변수분리형 방정식 $\frac{dy}{dx}=f(\alpha x+\gamma)$가 되어 간단한 적분으로 해를 구할 수 있다. 즉 이때 해는 다음과 같다.

$$y=\int f(\alpha x+\gamma)dx$$

이제 (2.6.6)에서 $\beta\neq 0$라 하고, $u=\alpha x+\beta y+\gamma$라 두자. 그러면 $\frac{du}{dx}=\alpha+\beta\frac{dy}{dx}$이므로, $\frac{dy}{dx}=f(\alpha x+\beta y+\gamma)$는 다음과 같이 변수분리형 미분방정식으로 변환된다.

$$\frac{du}{dx}=\beta f(u)+\alpha, \text{ 즉 } \frac{du}{\beta f(u)+\alpha}=dx$$

따라서 미분방정식 (2.6.5)의 해는 위의 미분방정식을 풀어서 구할 수 있다.

예 2.6.4 $\frac{dy}{dx}=(2x+y)^2-1$을 풀어보자.

풀이 $u=2x+y$로 변수 변환하고 정리하면, $\frac{du}{dx}=1+u^2$, 즉 변수분리형 $\frac{du}{1+u^2}=dx$를 얻는다. 따라서 양변을 적분하면, $\tan^{-1}u=x+c$, 즉 $u=\tan(x+c)$, (c는 임의상수)이다. 그러므로 $u=2x+y$를 대입하면, 다음의 일반해를 얻는다.

$$y=-2x+\tan(x+c), \ (c\text{는 임의상수})$$ ■

2.6.3 Bernoulli 방정식의 해법

| 정의 2.6.5 | 다음 형태의 미분방정식을 Bernoulli 방정식이라 한다.

$$\frac{dy}{dx}+p(x)y=q(x)y^n \tag{2.6.6}$$

단 n은 주어진 상수이고, $p(x)$, $q(x)$는 주어진 함수이다.

$n=0$ 또는 $n=1$ 이면, (2.6.6)은 선형 방정식 $\frac{dy}{dx}+p(x)y=q(x)$ 또는 $\frac{dy}{dx}+p(x)y=q(x)y$가 되는데 이것은 2.5절에서 다루었다. 그래서 여기서는 $n\neq 0$, $n\neq 1$라 가정하자.

이제 (2.6.6)에서 종속변수 y를 다음과 같이 변환하자.

$$z=y^{1-n}$$

그러면 z를 x로 미분하여 다음을 얻는다.

$$\frac{dz}{dx}=(1-n)y^{-n}\frac{dy}{dx} \quad 또는 \quad (1-n)\frac{dy}{dx}=y^n\frac{dz}{dx}$$

여기서 이들을 (2.6.6)에 대입하여 정리하면, (2.6.6)은 다음과 같이 z에 관한 선형 미분방정식으로 변환된다.

$$\frac{dz}{dx}+(1-n)p(x)z=(1-n)q(x) \tag{2.6.7}$$

여기서 해공식 (2.5.10)에 의해서 (2.6.7)의 일반해는 다음과 같다.

$$z=\left[c+(1-n)\int q(x)e^{(1-n)\int p(x)dx}dx\right]e^{(n-1)\int p(x)dx}, \quad (c\text{는 임의상수})$$

$z=y^{1-n}$을 대입하면, (2.6.6)의 일반해를 다음과 같이 얻는다.

$$y^{1-n}=\left[c+(1-n)\int q(x)e^{(1-n)\int p(x)dx}dx\right]e^{(n-1)\int p(x)dx}, \quad (c\text{는 임의상수}) \tag{2.6.8}$$

예 2.6.7 $y'+\frac{y}{x}=xy^2$을 풀어보자.

풀이 $y'+\frac{y}{x}=xy^2$는 $n=2$인 Bernoulli 방정식이므로 $z=y^{-1}$라 변환하자. 그러

면 $z' = -y^{-2}y'$ 이므로, $y' + \frac{y}{x} = xy^2$ 는 다음과 같이 된다.

$$z' - \frac{z}{x} = -x$$

따라서 해공식 (2.5.11)에 의해서 다음을 얻는다.

$$y^{-1} = \left[c + \int -xe^{\int -\frac{1}{x}dx}dx\right]e^{-\int -\frac{1}{x}dx} = (c-x)x, \text{ (}c\text{는 임의상수)}$$

그러므로 다음의 일반해를 얻는다.

$$y = \frac{1}{cx - x^2}, \text{ (}c\text{는 임의상수)}$$

■

2.6.4 Riccati 미분방정식의 해법

| 정의 2.6.8 | 다음 형태의 미분방정식을 Riccati 방정식이라 한다.

$$\frac{dy}{dx} = p(x) + q(x)y + r(x)y^2 \tag{2.6.9}$$

단 p, q, r 은 주어진 함수이다.

만약 $p(x) \equiv 0$ (0함수)이면, (2.6.9)는 Bernoulli 방정식이 된다. 즉 $\frac{dy}{dx} = q(x)y + r(x)y^2$ 는 Bernoulli 방정식이 되므로 풀 수 있다.

Riccati 방정식은 비교적 간단한 형태지만 응용(최적 제어 등)에서 매우 중요한 미분방정식이다. 그러나 $p(x) \neq 0$ 인 경우에 Riccati 방정식 (2.6.9)를 푸는 일반적인 해법은 없다. 다만 하나의 특수해를 이미 알고 있는 경우에는 그 Riccati 방정식을 다음과 같이 Bernoulli 방정식으로 변환하여 풀 수 있다.

이제 y_p 를 $\frac{dy}{dx} = p(x) + q(x)y + r(x)y^2$ 의 한 특수해라 가정하고 다음과 같이 변수 변환하자.

$$y = y_p + u \tag{2.6.10}$$

여기서 $y = y_p + u$ 와 $\frac{dy}{dx} = \frac{dy_p}{dx} + \frac{du}{dx}$ 를 (2.6.9)에 대입하면, 다음과 같다.

$$\frac{dy_p}{dx} + \frac{du}{dx} = p(x) + q(x)(y_p + u) + r(x)(y_p + u)^2$$

한편 $\dfrac{dy_p}{dx} = p(x) + q(x)y_p + r(x)y_p^2$ 이므로, Riccati 방정식 (2.6.9)는 다음과 같이 Bernoulli 방정식으로 변환된다.

$$\frac{du}{dx} - [q(x) + 2r(x)y_p]u = r(x)u^2$$

따라서 Riccati 방정식 (2.6.9)의 해는 위의 미분방정식을 풀어서 구할 수 있다

예 2.6.9 $[y' = 2 - 2xy + y^2,\ y(0) = 1]$을 풀어보자.

풀이 $y' = 2 - 2xy + y^2$ 가 Riccati 방정식이고 직관적으로 $y_p = 2x$ 가 한 특수해임을 알 수 있다. 즉 $y_p = 2x$ 를 $y' = 2 - 2xy + y^2$ 에 대입하면 등식이 성립한다. 여기서 $y = 2x + u$ 로 변수변환하면, $y' = 2 + u'$ 이다. 따라서 $y = 2x + u$ 와 $y' = 2 + u'$ 를 $y' = 2 - 2xy + y^2$ 에 대입하면, $2 + u' = 2 - 2x(2x + u) + (2x + u)^2$ 이므로 정리하면 다음의 Bernoulli 방정식을 얻는다.

$$u' - 2xu = u^2$$

$n = 2$ 인 Bernoulli 방정식이므로 $z = u^{-1}$ 라 변환하자. 그러면 $z' = -u^{-2}u'$ 이므로, $u' - 2xu = u^2$ 는 다음과 같이 된다.

$$z' + 2xz = -1$$

해공식 (2.5.11)에 의해서 다음을 얻는다.

$$u^{-1} = z = \left[c - \int_0^x e^{t^2} dt\right] e^{-x^2},\ (c\text{는 임의상수})$$

$$\text{즉}\quad u = \left[c - \int_0^x e^{t^2} dt\right]^{-1} e^{x^2},\ (c\text{는 임의상수})$$

그러므로 $y' = 2 - 2xy + y^2$ 의 일반해는 다음과 같다.

$$y = 2x + u = 2x + \left[c - \int_0^x e^{t^2} dt\right]^{-1} e^{x^2},\ (c\text{는 임의상수})$$

초기조건 $y(0) = 1$에 의해서 $c^{-1} = 1$, 즉 $c = 1$이다. 따라서 초기치문제의 해는 다음과 같다.

$$y = 2x + u = 2x + \left[1 - \int_0^x e^{t^2} dt\right]^{-1} e^{x^2}$$ ■

연습문제 2.6

1. 다음 미분방정식을 풀어라.

(1) $y' = \dfrac{x-y}{x}$ (2) $y' = \dfrac{x-y}{x+y}$

(3) $(xy+y^2+x^2)dx - x^2dy = 0$ (4) $(y^3-xy^2)dx + 2x^2ydy = 0$

(5) $2xydx + (x^2+y^2)dy = 0$ (6) $xydx + (x^2+y^2)dy = 0$

(7) $\dfrac{dy}{dx} = \sqrt{x+y} - 1$ (8) $\dfrac{dy}{dx} = \dfrac{ye^{\frac{y}{x}}+y}{x}$

(9) $\dfrac{dy}{dx} + xy = xy^2$ (10) $\dfrac{dy}{dx} + xy = 6x\sqrt{y}$

(11) $\dfrac{dy}{dx} - y = xy^5$ (12) $\dfrac{dy}{dx} - \dfrac{3}{x}y = x^4y^{\frac{1}{3}}$

(13) $\dfrac{dy}{dx} = y - x - 1 + \dfrac{1}{x-y+2}$ (14) $\dfrac{dy}{dx} + y = y^{-2}$

2. 다음을 동차방정식으로 만들고 풀어라.

(1) $y' = \dfrac{x-y+5}{x+y-1}$ (2) $\dfrac{dy}{dx} + \left(\dfrac{x+y+3}{x+1}\right)^2 = \dfrac{x+y+3}{x+1}$

3. 다음 초기치문제를 풀어라.

(1) $y' = \dfrac{3y+x+5}{x-y-1}$, $y(0)=2$ (2) $xy' = xy^2\log x - y$, $y(1)=1$

4. 다음 형태의 미분방정식을 Clairaut 방정식이라 한다.

$$y = xy' + f(y')$$

단 f는 주어진 연속함수이다.

(1) $y = cx + f(c)$, (c는 임의상수)가 일반해임을 보여라.

(2) f가 미분가능 함수이면, 다음 매개변수함수가 해임을 보여라.

$$x = -f'(t),\ y = f(t) - tf'(t)$$

(3) f가 2번 미분가능 함수이고 $f''(t) \neq 0$이면, 다음 매개변수함수가 특이해임을 보여라.

$$x = -f'(t),\ y = f(t) - tf'(t)$$

2.7 1계 미분방정식의 응용

자연과학, 공학과 사회과학 등에서 나타나는 간단한 1계 미분방정식 모델의 예들을 살펴보자([12] 참조).

1계 미분방정식으로 표현되는 현상들 중에는 방사선 붕괴, 용액의 농도의 변화, 화학 반응, 전류의 변화, 냉각과 가열, 생물 개체수의 변화 등이 대표적인 예이다.

이제 주어진 현상을 관찰하여 그 현상의 미분방정식 모델을 적합한 가설과 법칙을 이용하여 만들고, 그 미분방정식을 풀어서 해와 해의 성질을 원래의 현상에 적용하여 그 의미를 해석해보자.

예 2.7.1 **맬서스 인구 모델** 예 1.1.1에서 한 국가의 인구수의 단기간 추이에 대한 모델을 얻었는데 그 해를 분석해보자.

풀이 t는 독립변수로서 시간을 의미하고 y는 구하고자 하는 종속변수(미지함수)로서 인구수(또는 인구밀도)라 하자. 단기간 동안에 단위 시간당 인구 증가율(상수라 가정)을 r이라 하면 다음과 같이 t, y 사이의 1계 선형 미분방정식을 얻는다.

$$\frac{d}{dt}y = ry$$

따라서 $\frac{d}{dt}y = ry$의 일반해는 $y = ce^{rt}$, (c는 임의상수)이다.

한편 편의상 기준연도를 $t_0 = 0$라 두고, 이때 인구수(또는 인구밀도)를 $y_0 > 0$라 하자. 그러면 인구수(또는 인구밀도)에 관한 다음의 초기치문제(맬서스 모델)를 얻는다.

$$\begin{cases} \frac{d}{dt}y = ry \\ y(0) = y_0 \end{cases} \tag{2.7.1}$$

초기조건 $y(0) = y_0$를 이용하여 (1.7.1)의 해를 구하면, $y = y_0 e^{rt}$이다. 여기서 $r > 0$이면 해 $y = y_0 e^{rt}$는 지수함수로서 증가하고, $r < 0$이면 해 $y = y_0 e^{rt}$는 지수함수로서 감소한다. ■

예 2.7.2 **로지스틱 모델** 예 1.1.2에서 맬서스의 인구 모델을 수정하여 다음의 로지스틱 미분방정식을 얻었는데, 그 해를 분석해보자($a > 0$와 $K > 0$는 상수).

$$\frac{d}{dt}y = a\left(1-\frac{y}{K}\right)y \tag{2.7.2}$$

풀이 (2.7.2)는 변수분리형이므로, 미분형식으로 다음과 같이 표현하자.

$$\frac{Kdy}{(K-y)y} = adt$$

부분분수로 나누고 정리하면, $\left(\frac{1}{y}-\frac{1}{y-K}\right)dy = adt$ 이다. 양변을 적분하고 보기 좋게 정리하면, 다음과 같이 일반해를 얻는다.

$$\frac{y}{y-K} = ce^{at}, \ (c\text{ 는 임의상수}) \tag{2.7.3}$$

여기서 편의상 기준연도를 $t_0 = 0$ 라 두고, 이때 인구수(또는 인구밀도)를 $y_0 > 0$ 라 하자. 그러면 인구수(또는 인구밀도)에 관한 다음의 초기치문제(로지스틱 모델)를 얻는다.

$$\begin{cases} \dfrac{d}{dt}y = a\left(1-\dfrac{y}{K}\right)y \\ y(0) = y_0 \end{cases} \tag{2.7.4}$$

초기조건 $y(0) = y_0$ 을 (2.7.3)에 대입하여 c 의 값을 구하고 정리하면, (2.7.4)의 해는 다음과 같다.

$$y = \frac{y_0 K}{y_0 + (K-y_0)e^{-at}} \tag{2.7.5}$$

여기서 해 (2.7.5)를 살펴보면 다음을 알 수 있다.

(1) $0 < y_0 < K$ 이면, $y(t)$ 는 증가하고, $\lim_{t\to\infty} y(t) = K$ 이다.

(2) $K < y_0$ 이면, $y(t)$ 는 감소하고, $\lim_{t\to\infty} y(t) = K$ 이다.

(3) $y_0 = K$ 이면, $y(t) \equiv K$ 는 상수함수이다. ■

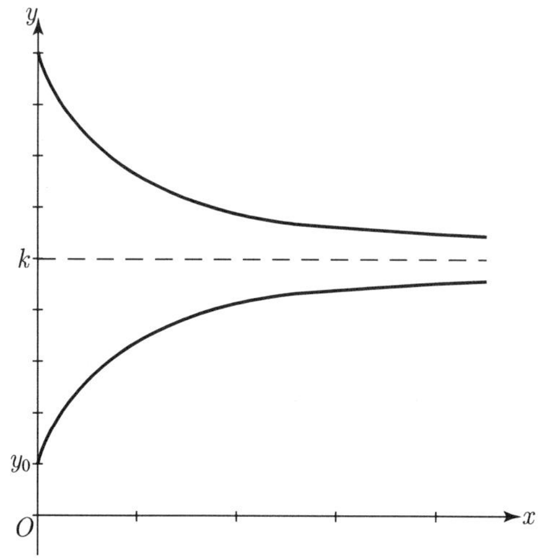

[그림 2.7.1]

참고 세균, 바이러스 등을 포함한 생물 개체수(밀도)의 증가 문제도 인구 문제와 마찬가지로 단기적으로는 미분방정식 $\frac{d}{dt}y = ay$ 로, 장기적으로는 $\frac{d}{dt}y = a\left(1 - \frac{y}{K}\right)y$ 로 표현할 수 있다.

예 2.7.3 뉴턴의 냉각 모델 뉴턴의 냉각법칙에 의하면, 물체의 온도 변화율은 그 물체의 온도 T와 그 주위를 둘러싸고 있는 물질의 온도 T_m 의 차이에 비례한다(비례상수 $k > 0$). 그 물체의 온도변화를 분석해보자.

풀이 시간변수 t 를 독립변수, 온도 T를 종속변수로 하자. 그러면 단위시간당 온도변화율은 $\frac{dT}{dt}$ 이고, 뉴턴의 냉각법칙에 의해서 이것은 $T - T_m$ 에 비례한다.

한편 $T - T_m > 0$ 이면 T는 감소하고, $T - T_m < 0$ 이면 T는 증가한다. 따라서 다음과 같이 1계 선형 미분방정식을 얻는다.

$$\frac{dT}{dt} = -k(T - T_m), \quad \text{즉} \quad \frac{dT}{dt} = -kT + kT_m \tag{2.7.6}$$

초기조건을 $T(0) = T_0$ 라 두면, 다음과 같은 초기치문제를 얻는다.

$$\frac{dT}{dt} = -kT + kT_m, \; T(0) = T_0 \tag{2.7.7}$$

매개변수 변분공식으로 (2.7.7)을 풀면, 해는 다음과 같다.

$$T = T_0 e^{-kt} + e^{-kt}\int_0^t k e^{k\tau} T_m(\tau) d\tau$$

만약 T_m이 상수이면 아주 간단하다. 즉 해는 다음과 같다.

$$T=(T_0-T_m)e^{-kt}+T_m$$

이 경우에, 시간이 충분히 경과하면($t\to\infty$) 온도 T는 주위 온도 T_m과 같아짐을 알 수 있다. ■

연습문제 2.7

1. 어떤 세균의 수는 배양액 속에서 그 세균 수에 비례해서 증가하며, 매 시간마다 2배로 늘어난다.
   (1) 현재 100마리의 세균이 12시간 후에는 몇 마리가 될 것으로 예상하는가?
   (2) 현재 세균의 수가 10배로 증가하는 데 시간이 얼마나 걸리겠는가?
   (3) 현재 10000마리의 세균이 있다. 12시간 전에는 몇 마리가 있었다고 판단되는가?

2. 인구 1000명인 외딴 섬의 주민 1명이 독감 유행 지역을 여행하고 1월 1일 섬에 돌아온 후 독감이 퍼지기 시작하였는데 1월 5일에는 감염자가 50명이나 되었다. 독감 감염자 수의 1주일간 추이를 예측하여라. (비감염자는 감염자와 가까이서 만날 때 독감에 걸릴 가능성이 있으며, 모든 주민의 면역력은 동일하고 서로 만날 가능성도 같다고 가정한다.)

3. 방사선 물질은 그 물질의 양에 비례해서 붕괴한다. 어떤 방사선 물질 100g이 2년 후에 95g이 되었다.
   (1) 그 방사선 물질 100g이 10년 후에는 몇 g이 되겠는가?
   (2) 그 방사선 물질의 반감기는 얼마인가?
   (3) 그 방사선 물질 100g이 몇 년 후에 20g으로 되겠는가?

4. 어떤 인골 화석에서 탄소 동위원소C_{14}의 잔류량이 측정결과 원래 양(대기중의 양)의 $\dfrac{1}{1000}$이었다. 이 화석의 나이를 추정하여라. 단 탄소 동위원소C_{14}의 반감기는 약 5600년이다. (이런 탄소 연대측정법은 1950년대에 화학자 리비(W. Libby)가 처음으로 제안하였다.)

5. 온도가 일정한 방안에서 고구마를 120°C로 전자레인지에서 구워냈는데 3분 후 고구마의 온도는 80°C가 되었다. 얼마 후에 고구마의 온도가 30°C가 되겠는가? 단 방안의 온도는 20°C이다(뉴턴의 냉각법칙 이용).

6. 큰 물통에 소금물 300L가 들어있다. L당 2g의 소금물이 분당 3L씩 통 안으로 계속 들어와 혼합되며, 같은 양(분당 3L)의 소금물이 통 밖으로 계속 흘러 나간다. 처음 물통 안에 50g의 소금이 녹아있었다. 시간에 따라 통 안에 녹아있는 소금 양을 추적하여라.

7. 질량반응법칙에 의하면, 온도가 일정할 때 두 화학물질의 반응 비율은 두 원료 화학물질의 질량의 곱에 비례한다. 화학물질 A 50g과 화학물질 B 32g을 반응시켜서 화합물 C를 만들려고 한다. 반응시작 10분 후에 30g의 화합물 C가 생성되었다. 시간에 따라 화합물 C의 양을 추적하여라. (단 화학물질 A와 화학물질 B가 1 : 4의 질량비율로 결합하여 화합물 C를 만든다고 한다.)

8. R옴인 저항과 인덕턴스(inductance) L인 인덕터(inductor)가 E볼트의 전원에 연결되어 있다. 전류 $i(t)$를 구하여라(키르히호프 법칙 이용).

9. R옴인 저항과 커패시턴스(capacitance) C인 커패시터(capacitor)가 E볼트의 전원에 연결되어 있다. 전하량 $q(t)$를 구하여라(키르히호프 법칙 이용).

10. 어떤 은행이 월 복리 0.3%의 확정 금리로 예금을 받는다.
    (1) 3년 후에 원리금 합계는 원금의 몇 배가 되는가?
    (2) 5년 후 원리금 합계가 1억 원이 되도록 하려면 얼마의 원금을 예금해야 하는가?
    (3) 매월 초에 10만 원씩 예금하면 5년 후 원리금 합계는 얼마인가?

CHAPTER 3

1계 미분방정식의 수치해법

1계 미분방정식의 여러 해법들을 2장에서 배웠는데, 그 방법들은 특수한 형태의 미분방정식에 적용될 수 있는 것들이다.

응용에서 나타나는 일반적인 미분방정식의 초기치문제에 대해서, 이론적으로 해가 단 한 개 존재하는 것은 알 수 있으나, 그 해를 잘 알려진 함수들(다항식, 무리함수, 유리함수, 삼각함수, 지수함수, 로그함수, 특수함수 등)로 표현할 수 없는 경우가 많다. 주어진 미분방정식 그 자체를 이용하여, 해를 직접 수치적으로 계산하는 방법이 많이 고안되었는데 그런 방법을 **수치적 해법**(numerical method)이라 한다.

여기에서는 미분방정식의 초기치문제에 대한 수치적 해법에 대해서 간략히 소개한다. 그리고 간단한 초기치문제에 대해서 Matlab 프로그램을 사용하여 수치해를 구하는 예를 들어본다.

좀 더 상세한 내용은 수치해석학([17])을 참고하기 바라고, Matlab은 참고문헌 [24]를 보기 바란다. 이 책에서는 편의상 Matlab을 사용하였으나, Mathematica[23] 등 다양한 프로그램으로 계산할 수도 있다.

1계 미분방정식의 초기치문제 $\left\{\frac{dx}{dt}=f(t,\ x),\ x(a)=x_0\right\}$가 구간 $[a,\ b]$에서 유일한 해를 가진다고 가정하자. 그러면 연속함수는 폐구간에서 유계이므로, 해 $x(t)$는 $[a,\ b]$에서 유계이다. 즉 상수 $B>0$가 존재해서 다음과 같다.

모든 $t\in[a,\ b]$에 대해서,

$$|x(t)|\le B \tag{3.0.1}$$

다만 B는 초기값 x_0에 따라서 다를 수 있다. $f(t,\ x)$에 적당한 유계성 조건을 부과하면, 이론적으로 B의 범위를 추정할 수 있다.

참고 $x'=f(t,\ x)$에서 $f(t,\ x)$가 $[a,\ b]\times(-\infty,\ \infty)$를 포함하는 개영역에서 연속 편미분가능이면, 해 $x(t)$는 $[a,\ b]$를 포함하는 개구간에서 2번 연속 미분가능이다. 즉 다음과 같다.

$$x''(t)=(x'(t))'=\frac{d}{dt}f(t,\ x)=\frac{\partial f}{\partial t}+\frac{\partial f}{\partial x}\frac{dx}{dt}$$
$$(=f_t(t,\ x)+f(t,\ x)f_x(t,\ x)) \tag{3.0.2}$$

일반적으로 $f(t,\ x)$가 m번 연속 편미분가능이면, $x^{(k+1)}=(x')^{(k)}=\frac{d^k}{dt^k}f(t,\ x)$이므로 해 $x(t)$는 $[a,\ b]$를 포함하는 개구간에서 $(m+1)$번 연속 미분가능이다.

3.1 오일러 방법

함수의 테일러(급수) 정리가 근사이론과 수치해석 이론에서 가장 중요한 도구이다.

여기서 참고로 1변수 함수에 대해서 소개하면 다음과 같다(미분적분학 참조).

| 정리 3.1.1 | [테일러(Taylor) 정리] 함수 $g(t)$가 t와 $t+h$를 포함하는 개구간에서 $(m+1)$번 미분가능이면, 다음이 성립한다.

$$g(t+h)=g(t)+g'(t)h+\cdots+\frac{g^{(m)}(t)}{m!}h^m+\frac{g^{(m+1)}(\xi)}{(m+1)!}h^{m+1} \quad (3.1.1)$$

단 ξ는 t와 $t+h$ 사이의 적당한 수이다.

이제부터 함수 $f(t, x)$가 편의상 $[a, b]\times(-\infty, \infty)$를 포함하는 적당한 개영역에서 연속 편미분가능이라고 가정하자. 그리고 다음 초기치문제의 해에 대해서 생각하자.

$$\frac{dx}{dt}=f(t, x), \quad x(a)=x_0, \quad t\in[a, b] \quad (3.1.2)$$

구간 $[a, b]$를 n 등분하고, 분할간격 h와 분할점 t_k를 다음과 같이 두자.

$$h\equiv\frac{b-a}{n} \quad (3.1.3)$$

$$t_k\equiv a+kh, \quad k=0, 1, \cdots, n \quad (3.1.4)$$

단 n은 적당히 큰 양의 정수이다.

여기서 초기치문제 (3.1.2)의 해 $x(t)$에 대해서, 편의상 다음과 같이 두자.

$$x_k\equiv x(t_k), \quad k=0, 1, \cdots, n$$

독립변수 t의 분할점들 $\{t_0, t_1, \cdots, t_n\}$에서 해 $x(t)$의 값 수열 $\{x_0, x_1, \cdots, x_n\}$의 근사 수열 $\{u_0, u_1, \cdots, u_n\}$을 (3.1.2)의 **수치해**(numerical solution)라 한다. 이때, 수치해와 대비해서 해 $x(t)$를 **정해**라고 한다.

이제 (3.1.2)의 수치해를 구하는 가장 간단한 오일러(Euler) 방법(1계 테일러 방법)에 대해서 알아보자.

$t_{k+1}=t_k+h$이므로, 테일러 정리 3.1.1에 의해서 다음을 얻는다.

$$x(t_{k+1})=x(t_k+h)=x(t_k)+x'(t_k)h+\frac{x''(\xi_k)}{2}h^2, \ k=0, 1, \cdots, n-1, \quad (3.1.5)$$

단 ξ_k는 t_k와 t_{k+1} 사이의 적당한 수이다.

한편 $x'(t_k)=f(t_k, x(t_k))$이므로 (3.1.5)는 다음과 같이 표현된다.

$$x_{k+1} = x_k + f(t_k,\ x_k)h + \frac{x''(\xi_k)}{2}h^2 \tag{3.1.6}$$

여기서 $x''(t)$가 $[a,\ b]$에서 연속이므로, 유계라고 가정하자. 즉 상수 $M>0$이 존재해서, 모든 $t \in [a,\ b]$에 대하여,

$$|x''(t)| \le M \tag{3.1.7}$$

단 M은 (3.0.1)과 (3.0.2)를 이용하여 추정할 수 있다. 즉 M은 $[a,\ b] \times [-B,\ B]$상에서 $\left|\dfrac{\partial f(t,\ x)}{\partial t} + f(t,\ x)\dfrac{\partial f(t,\ x)}{\partial x}\right|$의 임의의 상계(upper bound)를 택하면 된다.

한편 $\left|\dfrac{x''(t)}{2}\right|h^2 \le \dfrac{M}{2}h^2$가 충분히 작은 값이 되도록 (즉 $h = \dfrac{b-a}{N}$가 0에 충분히 가깝도록) 큰 정수 N을 택하자. 이제 (3.1.6)에서 나머지항 $\dfrac{x''(\xi_k)}{2}h^2$를 생략하면, 다음의 간단한 **차분방정식** (difference equation)을 얻는다.

$$\begin{cases} u_0 = x_0 \\ u_{k+1} = u_k + f(t_k,\ u_k)h, \quad k = 0,\ 1,\ \cdots,\ n-1 \end{cases} \tag{3.1.8}$$

그러면 (3.1.8)의 해 u_k는 $x_k = x(t_k)$의 근사치이다.

만약 k단계에서 정확하게 $u_k = x_k$라 가정하면, $(k+1)$단계에서 u_{k+1}의 오차는 $x_{k+1} - u_{k+1} = \dfrac{x''(\xi_k)}{2}h^2$이고, 이 오차를 흔히 $(k+1)$단계에서 **국소오차**(local error) 또는 **절단오차**(truncation error)라 한다. $k \ge 1$인 경우에 일반적으로 $u_k \ne x_k$일 가능성이 있기 때문에, $(k+1)$단계의 국소오차는 실제 오차와 차이가 있을 가능성이 있다.

이상을 요약하면 다음을 얻는다.

| 정의 3.1.2 | [오일러 방법] 다음의 차분방정식으로 초기치문제 (3.1.2)의 수치해 $\{u_0,\ u_1,\ \cdots,\ u_n\}$을 구하는 것을 **오일러 방법(또는 1계 테일러 방법)**이라 한다.

$$\begin{cases} u_0 = x_0 \\ u_{k+1} = u_k + f(t_k,\ u_k)h, \quad k = 0,\ 1,\ \cdots,\ n-1 \end{cases} \tag{3.1.9}$$

일반적으로 수치해 u_k의 실제 오차를 정확하게 알 수는 없다. 그러나 이들 실제 오차들의 범위(한계)는 계산이 가능하다.

여기서 편의상 $\frac{\partial f(t, x)}{\partial x}$가 $[a, b]\times[-B, B]$상에서 유계라 가정하자. 즉 모든 $(t, x)\in[a, b]\times[-B, B]$에 대해서,

$$\left|\frac{\partial f(t, x)}{\partial x}\right| \le K \tag{3.1.10}$$

단, $K>0$는 적당한 상수이다.

이제 오일러 수치해 $\{u_0, u_1, \cdots, u_n\}$의 오차를 간단히 추정하여 보자. 편의상 $t=t_k$에서 해의 참값 x_k와 근사치 u_k의 차이(오차)를 다음과 같이 두자.

$$e_k = x_k - u_k, \quad k=0, 1, \cdots, n \tag{3.1.11}$$

그러면 오차에 대한 수렴성 정리를 다음과 같이 얻는다.

| 정리 3.1.3 | 오일러 수치해 $\{u_0, u_1, \cdots, u_n\}$의 절대오차 $|e_k|$의 범위는 다음과 같다.

$$|e_k| \le \frac{M}{2K}\left[e^{K(b-a)}-1\right]h, \quad k=0, 1, \cdots, n \tag{3.1.12}$$

증명 (3.1.11)로부터 다음을 알 수 있다.

$$\begin{aligned} e_{k+1} &= x_{k+1} - u_{k+1} \\ &= x_k - u_k + [f(t_k, x_k) - f(t_k, u_k)]h + \frac{x''(\xi_k)}{2}h^2 \\ &= x_k - u_k + \frac{\partial f(t_k, \eta_k)}{\partial x}(x_k - u_k)h + \frac{x''(\xi_k)}{2}h^2, \quad k=0, 1, \cdots, n-1 \end{aligned}$$

단 η_k는 u_k와 x_k 사이의 적당한 수이다.

그러면 (3.1.7)과 (3.1.10)에 의해서, 절대오차 $|e_k|$에 대한 다음의 차분부등식(difference inequality)을 얻는다.

$$\begin{cases} |e_0| = 0 \\ |e_{k+1}| \le (1+Kh)|e_k| + \frac{M}{2}h^2, \quad k=0, 1, \cdots, n-1 \end{cases} \tag{3.1.13}$$

따라서 (3.1.13)을 귀납적으로 풀면, 다음을 얻는다.

$$|e_k| \le \frac{M}{2K}\left[(1+Kh)^k - 1\right]h, \quad k=0, 1, \cdots, n$$

위의 부등식에서, $h=\dfrac{b-a}{n}$를 이용하여 $(1+Kh)^k$를 변형해보자.

$(1+Kh)^k=\left(1+\dfrac{K(b-a)}{n}\right)^k$에서 $t=\dfrac{n}{K(b-a)}$라 두면, 다음을 얻는다.

$$\begin{aligned}(1+Kh)^k&=\left(1+\frac{K(b-a)}{n}\right)^k=\left[\left(1+\frac{1}{t}\right)^t\right]^{Kkh}\\&=\left[\left(1+\frac{1}{t}\right)^t\right]^{K(x_k-a)}\le e^{K(x_k-a)}\le e^{K(b-a)}\end{aligned}$$

그러므로 모든 $k=0,\ 1,\ \cdots,\ n$에 대해서, $|e_k|\le\dfrac{M}{2K}\left[e^{K(b-a)}-1\right]h$가 성립한다.

■

참고 정리 3.1.3에서 상수 M과 K는 $f(t,\ x)$와 구간 $[a,\ b]$와 초기치 x_0에 의해서 결정되는 상수이고, 분할간격 h(그리고 분할점의 개수 n)와는 무관한 수이다. (3.1.12)에서 오일러 수치해의 절대오차 $|e_k|$는 분할간격 h에 비례해서 작아진다는 것을 알 수 있다. 따라서 u_k가 x_k에 수렴하는 정도(오차)는 분할간격 h에 비례한다고 볼 수 있다(이런 수렴정도를 **선형 수렴**(linear convergence)이라 한다).

예 3.1.4 $[0,1]$에서 분할간격 $h=0.05$를 써서, 다음의 초기치문제의 수치해를 오일러 방법으로 구하고 절대오차의 범위를 추정하여라.

$$x'=x-t^2+1,\quad x(0)=0.2$$

풀이 $f(t,\ x)=x-t^2+1,\ x(0)=x_0=0.2$라 두고 $a=0,\ b=1,\ h=0.05$라 두자. 그러면 분할 개수는 $n=20$이다.

이 자료를 바탕으로 오일러 방법에 대한 Matlab 프로그램의 예를 다음과 같이 작성하고 수치해를 구해보자.

오일러 방법 Matlab 프로그램 예

```
% 예 3.1.4  Euler 방법

h = 0.05;                                  % h: 분할간격
a = 0; b = 1;                              % [a, b]: 해의 존재구간
n = (b-a)/h;                               % n: 반복횟수
t = a; u = 0.2;                            % t, u: 초기치
disp('--------------------');
fprintf('     t      u   \n');
```

```
disp('--------------------');
for i = 1:n
   u = u + h*(u - t^2 + 1);
   t = t + h;
   fprintf('%7.2f %12.8f \n', t, u);
end
disp('--------------------');
```

위 Matlab 프로그램을 실행한 결과는 다음과 같다.

t	u
0.05	0.26000000
0.10	0.32287500
0.15	0.38851875
0.20	0.45681969
0.25	0.52766067
0.30	0.60091871
0.35	0.67646464
0.40	0.75416287
0.45	0.83387102
0.50	0.91543957
0.55	0.99871155
0.60	1.08352212
0.65	1.16969823
0.70	1.25705814
0.75	1.34541105
0.80	1.43455660
0.85	1.52428443
0.90	1.61437365
0.95	1.70459233
1.00	1.79469695

한편 초기치문제 $f(t,\ x)=x-t^2+1,\ x(0)=x_0=0.2$의 해를 2.5절의 방법으로 구하면 다음과 같다.

$$x=-0.8e^t+t^2+2t+1$$

정해의 그래프는 그림 3.1.1에 주어져 있다.

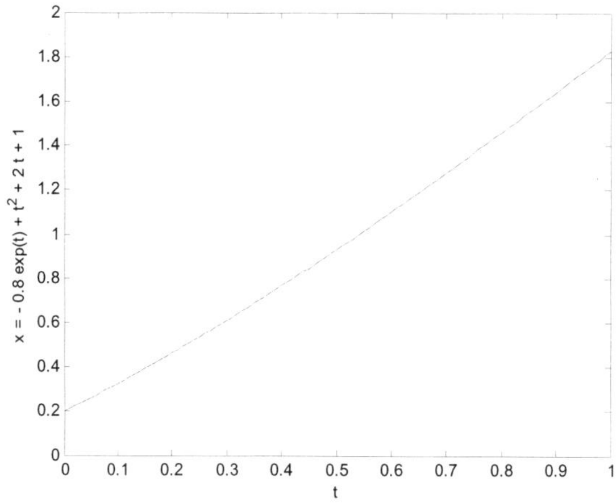

[그림 3.1.1]

그러므로 이 문제에서 수치해의 오차 $e_k = x_k - u_k$를 알 수 있다. 즉 다음 프로그램으로 오차를 계산할 수 있다.

오일러 방법 Matlab 프로그램 예 (오차 포함)

```
% 예 3.1.4  Euler 방법(오차포함)

h = 0.05;                          % h: 분할간격
a = 0; b = 1;                      % [a, b]: 해의 존재구간
n = (b-a)/h;                       % n: 반복횟수
t = a; u = 0.2; x = 0.2;           % t, u=x: 초기치
disp('--------------------------------------------');
fprintf('    t     u         x         |x-u| \n');
disp('--------------------------------------------');
for i = 1:n
    u = u + h*(u - t^2 + 1);          % u: 근사해
    t = t + h;
    x = - 0.8*exp(t) + t^2 + 2*t + 1;   % x: 정해
   fprintf('%7.2f %12.8f %12.8f %12.8f \n', t, u, x, abs(x-u));
end
disp('--------------------------------------------');
```

위 Matlab 프로그램을 실행한 결과는 다음과 같다.

t	u	x	|x−u|
0.05	0.26000000	0.26148312	0.00148312
0.10	0.32287500	0.32586327	0.00298827
0.15	0.38851875	0.39303261	0.00451386
0.20	0.45681969	0.46287779	0.00605811
0.25	0.52766067	0.53527967	0.00761899
0.30	0.60091871	0.61011295	0.00919425
0.35	0.67646464	0.68724596	0.01078132
0.40	0.75416287	0.76654024	0.01237737
0.45	0.83387102	0.84785025	0.01397924
0.50	0.91543957	0.93102298	0.01558342
0.55	0.99871155	1.01589759	0.01718604
0.60	1.08352212	1.10230496	0.01878284
0.65	1.16969823	1.19006734	0.02036911
0.70	1.25705814	1.27899783	0.02193969
0.75	1.34541105	1.36889999	0.02348894
0.80	1.43455660	1.45956726	0.02501066
0.85	1.52428443	1.55078252	0.02649809
0.90	1.61437365	1.64231751	0.02794386
0.95	1.70459233	1.73393227	0.02933994
1.00	1.79469695	1.82537454	0.03067759

■

예 3.1.5 $[0,\ 1]$에서 분할간격 $h = 0.05$를 써서, 다음의 초기치문제의 수치해를 오일러 방법으로 구하고 절대오차의 범위를 추정하여라.

$$x' = x^2 - 2tx + 2, \quad x(0) = 0.2$$

풀이 $f(t,\ x) = x^2 - 2tx + 2,\ x(0) = x_0 = 0.2$라 두고 $a = 0,\ b = 1,\ h = 0.05$라 두자. 그러면 분할 개수는 $n = 20$이다.

이 자료를 바탕으로 오일러 방법에 대한 Matlab 프로그램의 예를 다음과 같이 작성하고 수치해를 구해보자.

오일러 방법 Matlab 프로그램 예

```
% 예 3.1.5  Euler 방법

h = 0.05;                          % h: 분할간격
a = 0; b = 1;                      % [a, b]: 해의 존재구간
n = (b-a)/h;                       % n: 반복횟수
t = a; u = 0.2;                    % t, u: 초기치
disp('--------------------');
```

```
fprintf('    t       u   \n');
disp('--------------------');
for i = 1:n
    u = u + h*(u^2 - 2*t*u + 2);
    t = t + h;
    fprintf('%7.2f %12.8f \n', t, u);
end
disp('--------------------');
```

위 Matlab 프로그램을 실행한 결과는 아래와 같다.

t	u
0.05	0.30200000
0.10	0.40505020
0.15	0.50920298
0.20	0.61452932
0.25	0.72112105
0.30	0.82909380
0.35	0.93859081
0.40	1.04978777
0.45	1.16289898
0.50	1.27818522
0.55	1.39596384
0.60	1.51662158
0.65	1.64063133
0.70	1.76857386
0.75	1.90116636
0.80	2.03930056
0.85	2.18409385
0.90	2.33695917
0.95	2.49970176
1.00	2.67465553

한편 초기치문제 $x' = x^2 - 2tx + 2$, $x(0) = 0.2$의 해는 2.6절의 예 2.6.9에서 보면 다음과 같다.

$$x = 2t + \left[5 - \int_0^t e^{\tau^2} d\tau\right]^{-1} e^{t^2}$$

그러므로 이 문제에서 이론적으로 수치해의 오차 $e_k = x_k - u_k$를 수식으로 표현할 수는 있지만 그 값을 계산하는 것은 또 다른 수치계산 문제이다. 일반적으로 해를 구체적으로 알 수 없는 경우나, 알 수 있더라도 복잡한 경우, 오차를 계산하는 것은 어려우므로 오차의 범위를 계산하게 되며, 예를 들어, (3.1.12)에서 그 범위 $\frac{M}{2K}\left[e^{K(b-a)}-1\right]h$가 충분히 작은 값이 되도록 h를 0에 가깝게 택한다. ■

참고 초기치문제 (3.1.2)의 해 $x(t)$의 연속 미분가능성이 높으면 높을수록 이론적으로 더 정확한 수치해를 구할 수 있다. 즉 (3.1.2)의 해 $x(t)$가 $[a,\ b]$를 포함하는 개구간에서 $(m+1)$번 연속 미분가능이면, 위와 같은 요령으로 m계 테일러 방법으로 수치해를 구할 수 있다. 이때 m계 테일러 수치해의 절대오차 $|e_k|$는 h^m에 비례해서 작아진다(수치해석학 참조).

그러나 m계 테일러 방법을 쓰기 위해서는 $\frac{d^m}{dt^m}f(t,\ x(t))$를 구해야 하는데, $m \geq 2$이면 $\frac{d^m}{dt^m}f(t,\ x(t))$는 대단히 번거롭고 비현실적이다. 또한 오차의 범위를 줄이기 위해서 분할간격 h를 작게 하려면, 분할점의 개수가 늘어나 계산단계가 많아져서 **전파오차**(propagation error)가 오히려 커질 가능성이 있다. 그러므로 현실적으로 고계 테일러 방법을 써서 수치해를 계산하지는 않는다.

연습문제 3.1

1. 분할간격 $h=0.1$을 써서, 다음의 초기치문제의 수치해를 오일러 방법으로 구하고, 수치해의 절대오차를 구하여라.

(1) $x' = te^{3t} - 2x,\quad 0 \leq t \leq 1,\quad x(0) = 0$

(정해 $x(t) = \frac{1}{5}te^{3t} - \frac{1}{25}e^{3t} + \frac{1}{25}e^{-2t}$)

(2) $x' = 1 + \frac{x}{t},\quad 1 \leq t \leq 2,\quad x(1) = 2$ (정해 $x(t) = t\ln(t) + 2t$)

(3) $x' = -(x+1)(x+3),\quad 0 \leq t \leq 2,\quad x(0) = -2$

(정해 $x(t) = -3 + 2(1+e^{-2t})^{-1}$)

(4) $x' = -5x + 5t^2 + 2t,\quad 0 \leq t \leq 1,\quad x(0) = \frac{1}{3}$

(정해 $x(t) = t^2 + \frac{1}{3}e^{-5t}$)

(5) $x' = t^2 - x,\quad 0 \leq t \leq 1,\quad x(0) = 1$ (정해 $x(t) = -e^{-t} + t^2 - 2t + 2$)

(6) $x' = 3x + 3t,\quad 0 \leq t \leq 1,\quad x(0) = 1$ (정해 $x(t) = \frac{4}{3}e^{3t} - t - \frac{1}{3}$)

(7) $x' = -tx,\quad 0 \leq t \leq 1,\quad x(0) = 1$ (정해 $x(t) = -e^{\frac{-t^2}{2}}$)

(8) $x' = e^{-2t} - 2x, \quad 0 \le t \le 1, \quad x(0) = \frac{1}{10}$

(정해 $x(t) = \frac{1}{10}e^{-2t} + te^{-2t}$)

(9) $x' = 2tx^2, \quad 0 \le t \le 1, \quad x(0) = 1$ (정해 $x(t) = \frac{1}{1-t^2}$)

(10) $x' = 1 + \frac{x}{t} + \left(\frac{x}{t}\right)^2, \quad 1 \le t \le 3, \quad x(1) = 0$ (정해 $x(t) = t\tan(\ln t)$)

(11) $x' = \frac{x}{t} - \left(\frac{x}{t}\right)^2, \quad 1 \le t \le 2, \quad x(1) = 1$ (정해 $x(t) = \frac{t}{1+\ln(t)}$)

(12) $x' = 1 + (t-x)^2, \quad 2 \le t \le 3, \quad x(2) = 1$ (정해 $x(t) = t + \frac{1}{1-t}$)

(13) $x' = \cos 2t + \sin 3t, \quad 0 \le t \le 1, \quad x(0) = 1$

(정해 $x(t) = \frac{1}{2}\sin 2t - \frac{1}{3}\cos 3t + \frac{4}{3}$)

3.2 Runge-Kutta 방법

초기치문제 (3.1.2)에 대하여 고계 테일러 방법의 단점을 피하고 정확도가 높은 수치해를 얻는 방법이 많이 연구되었는데, Runge-Kutta 방법이 그 대표적인 예이다. 먼저 이론적 기초가 되는 이변수 함수의 테일러 정리를 소개한다.

| 정리 3.2.1 | [테일러 정리] $f(t, x)$가 4각형 $[t, t+\alpha] \times [x, x+\beta]$를 포함하는 개영역에서 2번 연속 편미분가능이면, 다음이 성립한다.

$$f(t+\alpha, x+\beta) = f(t, x) + \left[\alpha\frac{\partial f(t, x)}{\partial t} + \beta\frac{\partial f(t, x)}{\partial x}\right] + \frac{1}{2!}\left[\alpha^2\frac{\partial^2 f(\xi, \eta)}{\partial t^2} + 2\alpha\beta\frac{\partial^2 f(\xi, \eta)}{\partial t \partial x} + \beta^2\frac{\partial^2 f(\xi, \eta)}{\partial x^2}\right]$$

단 ξ는 t와 $t+\alpha$ 사이, η는 x와 $x+\beta$ 사이의 적당한 수이다.

이제 함수 $f(t, x)$가 편의상 $[a, b] \times (-\infty, \infty)$를 포함하는 적당한 개영역에서 2번 연속 편미분가능이라고 가정하자. 그리고 다음 초기치문제의 해에 대해서 생각하자.

$$\frac{dx}{dt} = f(t, x), \quad x(a) = x_0, \quad t \in [a, b] \tag{3.2.1}$$

2계 테일러 방법과 같은 정도의 정확도를 가지는 Runge-Kutta 방법을 알아보자. 여기서 구간 $[a, b]$를 n 등분하고, 분할간격과 분할점을 다음과 같이 표기하자.

$$h \equiv \frac{b-a}{n}, \quad t_k \equiv a + kh, \quad k = 0, 1, \cdots, n$$

먼저 적당한 상수 α_k, β_k를 택하면, 테일러 정리 3.2.1에 의해서 다음을 얻는다.

$$\begin{aligned} f(t_k+\alpha_k, x_k+\beta_k) &= f(t_k, x_k) + \alpha_k f_t(t_k, x_k) + \beta_k f_x(t_k, x_k) \\ &+ \frac{1}{2!}\left[\alpha_k^2 f_{tt}(\xi_k, \eta_k) + 2\alpha_k\beta_k f_{tx}(\xi_k, \eta_k) + \beta_k^2 f_{xx}(\xi_k, \eta_k)\right] \end{aligned}$$

단 ξ_k는 t_k와 $t_k+\alpha_k$ 사이, η_k는 x_k와 $x_k+\beta_k$ 사이의 적당한 수이다.

2계 항들을 다른 변으로 옮기면, 다음을 얻는다.

$$\begin{aligned} & k = 0, 1, \cdots, n-1, \\ & f(t_k, x_k) + \alpha_k f_t(t_k, x_k) + \beta_k f_x(t_k, x_k) = f(t_k+\alpha_k, x_k+\beta_k) \\ & \quad - \frac{1}{2!}\left[\alpha_k^2 f_{tt}(\xi_k, \eta_k) + 2\alpha_k\beta_k f_{tx}(\xi_k, \eta_k) + \beta_k^2 f_{xx}(\xi_k, \eta_k)\right] \end{aligned} \tag{3.2.2}$$

초기치문제 (3.2.1)에서 $f(t, x)$가 2번 연속 편미분가능이고, 해 $x(t)$가 $[a, b]$를 포함하는 개구간에서 3번 연속 미분가능이라 가정하자.

그러면 $t_{k+1} = t_k + h$ 이므로, 테일러 정리 3.2.1에 의해서 다음을 얻는다.

$$x(t_{k+1}) = x(t_k) + x'(t_k)h + \frac{x''(t_k)}{2}h^2 + \frac{x^{(3)}(\mu_k)}{3!}h^3 \tag{3.2.3}$$

단 μ_k는 t_k와 t_{k+1} 사이의 적당한 수이다.

$x'(t_k) = f(t_k, x_k)$와 (3.1.14)를 이용하면, (3.2.3)은 다음과 같이 표현된다.

$$\begin{aligned} x_{k+1} = x_k + \Big[& f(t_k, x_k) + \frac{1}{2}f_t(t_k, x_k)h \\ & + \frac{1}{2}f_t(t_k, x_k)h + \frac{1}{2}f(t_k, x_k)f_x(t_k, x_k)h\Big]h + \frac{x^{(3)}(\mu_k)}{3!}h^3 \end{aligned} \tag{3.2.4}$$

여기서 다음이 성립하도록 상수 γ, δ, α_k, β_k를 정하자.

$$\begin{aligned} & f(t_k, x_k) + \frac{1}{2}f_t(t_k, x_k)h + \frac{1}{2}f(t_k, x_k)f_x(t_k, x_k)h \\ & \quad = \gamma f(t_k, x_k) + \delta\left[f(t_k, x_k) + \alpha_k f_t(t_k, x_k) + \beta_k f_x(t_k, x_k)\right] \end{aligned} \tag{3.2.5}$$

그러면 γ, δ, α_k, β_k는 다음을 만족해야 한다.

$$\gamma+\delta=1, \quad \alpha_k=\frac{h}{2\delta}, \quad \beta_k=\frac{h}{2\delta}f(t_k,\ x_k) \tag{3.2.6}$$

(3.2.6)을 만족하는 음이 아닌 상수 γ, δ, α_k, β_k가 무수히 많다. 여기서 (3.2.6)을 만족하는 간단한 예($t_k+\alpha_k$가 t_k와 t_{k+1}의 중간점)로 다음의 경우를 생각하자.

$$\gamma=0, \quad \delta=1, \quad \alpha_k=\frac{h}{2}, \quad \beta_k=\frac{h}{2}f(t_k,\ x_k) \tag{3.2.7}$$

만약 α_k, β_k가 0에 충분히 가까우면, (3.2.2)와 (3.2.5)로부터 다음을 얻는다.

$$\begin{aligned} & f(t_k,\ x_k)+\frac{1}{2}f_t(t_k,\ x_k)h+\frac{1}{2}f(t_k,\ x_k)f_x(t_k,\ x_k)h \\ &\quad =\gamma f(t_k,\ x_k)+\delta f(t_k+\alpha_k,\ x_k+\beta_k)-\frac{\delta}{2!}\left[\alpha_k^2 f_{tt}(\xi_k,\ \eta_k)\right. \\ &\quad \left. +2\alpha_k\beta_k f_{tx}(\xi_k,\eta_k)+\beta_k^2 f_{xx}(\xi_k,\eta_k)\right] \end{aligned} \tag{3.2.8}$$

그러면 (3.2.7)을 (3.2.8)에 적용하면, 다음을 얻는다.

$$\begin{aligned} & f(t_k,\ x_k)+\frac{1}{2}f_t(t_k,\ x_k)h+\frac{1}{2}f(t_k,\ x_k)f_x(t_k,\ x_k)h \\ &\quad =f\left(t_k+\frac{h}{2},\ x_k+\frac{h}{2}f(t_k,\ x_k)\right)-\frac{h^2}{8}\{f_{tt}(\xi_k,\ \eta_k)+2f(t_k,\ x_k)f_{tx}(\xi_k,\ \eta_k) \\ &\quad +[f(t_k,\ x_k)]^2 f_{xx}(\xi_k,\ \eta_k)\} \end{aligned} \tag{3.2.9}$$

여기서 편의상 다음과 같이 두자.

$$\begin{aligned} E_k \equiv \frac{x^{(3)}(\mu_k)}{6}-\frac{1}{8}\{& f_{tt}(\xi_k,\ \eta_k)+2f(t_k,\ x_k)f_{tx}(\xi_k,\ \eta_k) \\ & +[f(t_k,\ x_k)]^2 f_{xx}(\xi_k,\ \eta_k)\} \end{aligned}$$

그러면 (3.2.9)에 의해서, (3.2.4)는 다음과 같이 표현된다.

$$x_{k+1}=x_k+hf\left(t_k+\frac{h}{2},\ y_k+\frac{h}{2}f(t_k,\ x_k)\right)+E_k h^3 \tag{3.2.10}$$

$f(t,\ x)$가 2번 연속 편미분가능이고 해 $x(t)$가 3번 연속 미분가능이므로 E_k가 연속함수이다. 연속인 함수는 유계 폐영역에서 유계이므로 E_k가 유계라 가정해도 무리가 없다. 즉 다음과 같이 가정하자.

상수 $M>0$이 존재해서,

$$|E_k| \le M, \quad k=0,\ 1,\ \cdots,\ n \tag{3.2.11}$$

이상을 요약하면 다음 방법을 얻는다.

| 정의 3.2.2 | [2계 중간점 Runge–Kutta 방법] 다음의 차분방정식으로 초기치문제 (3.2.1)의 수치해 $\{u_0,\ u_1,\ \cdots,\ u_n\}$을 구하는 것을 2계 중간점 Runge–Kutta 방법이라 한다.

$$\begin{cases} u_0 = x_0 \\ u_{k+1} = u_k + hf\left(t_k + \dfrac{h}{2},\ u_k + \dfrac{h}{2}f(t_k,\ u_k)\right), \quad k = 0,\ 1,\ \cdots,\ n-1 \end{cases} \tag{3.2.12}$$

2계 Runge–Kutta 방법 (3.2.12)의 수식이 약간 길므로, 다음과 같이 몇 단계로 나누어서 계산하면 편리하다.

$$k = 0,\ 1,\ \cdots,\ n-1,$$
$$\begin{cases} u_0 &= x_0 \\ w_1 &= f(t_k,\ u_k) \\ w_2 &= f\left(t_k + \dfrac{h}{2},\ u_k + \dfrac{h}{2}w_1\right) \\ u_{k+1} &= u_k + hw_2 \end{cases} \tag{3.2.13}$$

정리 3.1.3에서 오일러 수치해의 오차를 분석한 방법과 유사하게, 2계 Runge–Kutta 수치해의 오차를 분석하면 다음과 같다.

| 정리 3.2.3 | $f(t,\ x)$가 $[a,\ b] \times (-\infty,\ \infty)$를 포함하는 개영역에서 2 번 연속 편미분가능이라 하자. 그러면 상수 $C > 0$가 존재하여, 2계 Runge–Kutta 수치해 $\{u_0,\ u_1,\ \cdots,\ u_n\}$의 절대오차 $|e_k|$의 범위는 다음과 같다.

$$|e_k| \le Ch^2, \quad k = 0,\ 1,\ \cdots,\ n \tag{3.2.13}$$

단 C는 h와 n에 무관한 상수이다.

참고 수치해에서 오차의 한계는 (3.1.12)와 (3.2.13)처럼 Ch^N의 형태로 나타내는데, h는 0에 아주 가까운 상수이므로, 지수 N이 크면 클수록 오차가 작다는 것을 의미한다. 그래서 흔히 지수 N을 그 수치해의 수렴정도(convergence order)라고 한다. 예로써 오일러 수치해의 수렴정도는 1(선형)이고, 2계 Runge–Kutta 수치해의 수렴정도는 2이다. 이는 일반적으로 2계 Runge–Kutta 수치해가 오일러 수치해보다 오차가 훨씬 작다는 것을 의미한다. 흔히 0에 가까운 정도가 Ch^N인 경우의 오차 등을 $O(h^N)$로 표현하면 매우 편리하다.

예 3.2.4 분할간격 $h=0.1$을 써서, 다음의 초기치문제를 2계 (중간점) Runge-Kutta 방법으로 수치해와 절대오차를 구하여라.

$$x' = -x + 2\sin t, \quad 0 < t < 2, \quad x(0) = 0.5$$

$$(\text{정해 } x(t) = 1.5e^{-t} + \sin t - \cos t)$$

풀이 정해의 그래프는 그림 3.2.1에 주어져 있다.

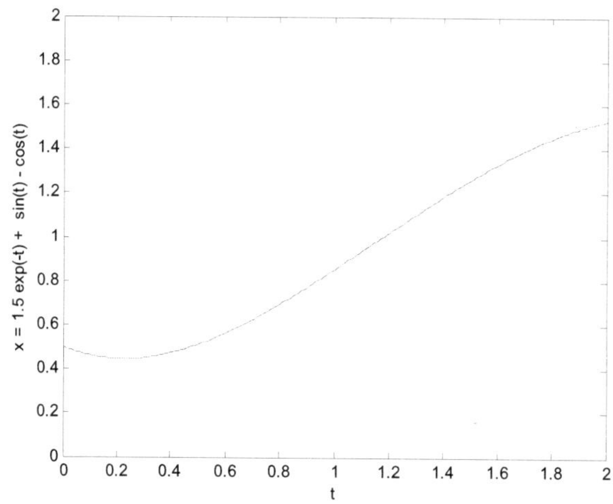

[그림 3.2.1]

2계 Runge-Kutta 방법에 대한 Matlab 프로그램의 예를 다음과 같이 작성하고 수치해와 절대오차를 구하자.

2계 Runge-Kutta 방법 Matlab 프로그램 예(오차포함)

```
% 예 3.2.4  2계 중간점 Runge-Kutta 방법(오차포함)

h = 0.1;                              % h: 분할간격
a = 0; b = 2;                         % [a, b]: 해의 존재구간
n = (b-a)/h;                          % n: 반복횟수
t = a; u = 0.5; x = 0.5;              % t, u=x: 초기치
disp('-------------------------------------------');
fprintf('    t      u         x          |x-u| \n');
disp('-------------------------------------------');
for i = 1:n
   w1 = - u + 2*sin(t);
   w2 = - (u + h/2*w1) + 2*sin(t + h/2);
   u = u + h*w2;                      % u: 근사해
```

```
    t = t + h;
    x = 1.5*exp(-t) + sin(t) - cos(t);   % x: 정해
    fprintf('%7.2f %12.8f %12.8f %12.8f \n', t, u, x, abs(x-u));
end
disp('-----------------------------------------');
```

위 Matlab 프로그램을 실행한 결과는 다음과 같다.

t	u	x	|x-u|
0.10	0.46249583	0.46208538	0.00041046
0.20	0.44744802	0.44669888	0.00074914
0.30	0.45243456	0.45141105	0.00102351
0.40	0.47507763	0.47383742	0.00124022
0.50	0.51304418	0.51163897	0.00140522
0.60	0.56404818	0.56252431	0.00152386
0.70	0.62585446	0.62425346	0.00160100
0.80	0.69628386	0.69464283	0.00164103
0.90	0.77321941	0.77157143	0.00164798
1.00	0.85461340	0.85298784	0.00162556
1.10	0.93849506	0.93691786	0.00157720
1.20	1.02297874	1.02147265	0.00150610
1.30	1.10627230	1.10485705	0.00141525
1.40	1.18668552	1.18537803	0.00130749
1.50	1.26263850	1.26145303	0.00118547
1.60	1.33266964	1.33161790	0.00105174
1.70	1.39544329	1.39453459	0.00090870
1.80	1.44975672	1.44899806	0.00075867
1.90	1.49454640	1.49394258	0.00060382
2.00	1.52889343	1.52844719	0.00044624

■

중간점 Runge-Kutta 방법 외에도 여러 가지 2계 Runge-Kutta 방법이 있는데 대표적인 예를 보자.

먼저 (3.2.6)에서 $\gamma = \delta = \frac{1}{2}$, $\alpha_k = h$, $\beta_k = hf(x_k, y_k)$ 경우에, 얻게 되는 다음과 같은 2계 Runge-Kutta 방법을 '변형 오일러 방법'이라 한다.

$$k = 0,\ 1,\ \cdots,\ n-1,$$

$$\begin{cases} u_0 = x_0 \\ u_{k+1} = u_k + \dfrac{h}{2}\left[f(t_k,\ u_k) + f(t_k + h,\ u_k + hf(t_k,\ u_k)) \right] \end{cases}$$

예 3.2.5 분할간격 $h=0.1$을 써서, 다음의 초기치문제를 2계 변형 오일러 방법으로 수치해와 절대오차를 구하여라.

$$x' = -x + 2\sin t, \quad 0 < t < 2, \quad x(0) = 0.5$$
$$(\text{정해 } x(t) = 1.5e^{-t} + \sin t - \cos t)$$

풀이 2계 변형 오일러 방법에 대한 Matlab 프로그램의 예를 다음과 같이 작성하고 수치해와 절대오차를 구하자.

2계 변형 오일러 방법 Matlab 프로그램 예(오차포함)

```
% 예 3.2.5  수정된 Euler 방법(오차포함)

h = 0.1;                                % h: 분할간격
a = 0; b = 2;                           % [a, b]: 해의 존재구간
n = (b-a)/h;                            % n: 반복횟수
t = a; u = 0.5; x = 0.5;                % t, u=x: 초기치
disp('--------------------------------------------');
fprintf('    t     u         x          |x-u| \n');
disp('--------------------------------------------');
for i = 1:n
   w1 = - u + 2*sin(t);
   w2 = w1 - (u + h*w1) + 2*sin(t + h);
   u = u + h/2*w2;                      % u: 근사해
   t = t + h;
   x = 1.5*exp(-t) + sin(t) - cos(t);   % x: 정해
   fprintf('%7.2f %12.8f %12.8f %12.8f \n', t, u, x, abs(x-u));
end
disp('--------------------------------------------');
```

위 Matlab 프로그램을 실행한 결과는 다음과 같다.

t	u	x	|x−u|
0.10	0.46248334	0.46208538	0.00039796
0.20	0.44739936	0.44669888	0.00070048
0.30	0.45232869	0.45141105	0.00091764
0.40	0.47489611	0.47383742	0.00105870
0.50	0.51277119	0.51163897	0.00113222
0.60	0.56367047	0.56252431	0.00114616
0.70	0.62536137	0.62425346	0.00110791
0.80	0.69566724	0.69464283	0.00102441

0.90	0.77247359	0.77157143	0.00090216
1.00	0.85373512	0.85298784	0.00074728
1.10	0.93748341	0.93691786	0.00056554
1.20	1.02183505	1.02147265	0.00036241
1.30	1.10500006	1.10485705	0.00014301
1.40	1.18529026	1.18537803	0.00008777
1.50	1.26112766	1.26145303	0.00032536
1.60	1.33105244	1.33161790	0.00056546
1.70	1.39373057	1.39453459	0.00080402
1.80	1.44796076	1.44899806	0.00103730
1.90	1.49268078	1.49394258	0.00126180
2.00	1.52697286	1.52844719	0.00147433

■

또한 (3.2.6)에서 $\gamma = \frac{1}{4}$, $\delta = \frac{3}{4}$, $\alpha_k = \frac{2h}{3}$, $\beta_k = \frac{2h}{3} f(x_k, y_k)$ 경우에, 얻게 되는 다음과 같은 2계 Runge–Kutta 방법을 'Heun 방법'이라 한다.

$$k = 0, 1, \cdots, n-1,$$
$$\begin{cases} u_0 = x_0 \\ u_{k+1} = u_k + \dfrac{h}{4}\left[f(t_k, u_k) + 3f\left(t_k + \dfrac{2h}{3}, u_k + \dfrac{2h}{3} f(t_k, u_k)\right)\right] \end{cases}$$

예 3.2.6 분할간격 $h = 0.1$을 써서, 다음의 초기치문제를 2계 Heun 방법으로 수치해와 절대오차를 구하여라.

$$x' = -x + 2\sin t, \quad 0 < t < 2, \quad x(0) = 0.5$$
$$(\text{정해 } x(t) = 1.5e^{-t} + \sin t - \cos t)$$

풀이 2계 Heun 방법에 대한 Matlab 프로그램의 예를 다음과 같이 작성하고 수치해와 절대오차를 구하자.

2계 Heun 방법 Matlab 프로그램 예(오차포함)

```
% 예 3.2.6  Heun 방법(오차포함)

h = 0.1;                              % h: 분할간격
a = 0; b = 2;                         % [a, b]: 해의 존재구간
n = (b-a)/h;                          % n: 반복횟수
t = a; u = 0.5; x = 0.5;              % t, u=x: 초기치
disp('-----------------------------------------');
fprintf('    t     u          x          |x-u| \n');
```

```
disp('----------------------------------------');
for i = 1:n
   w1 = - u + 2*sin(t);
   w2 = w1 - (u + h*w1) + 2*sin(t + h);
   w2 = w1 + 3*( - (u + 2/3*h*w1) + 2*sin(t + 2/3*h) );
   u = u + h/4*w2;                    % u: 근사해
   t = t + h;
   x = 1.5*exp(-t) + sin(t) - cos(t);   % x: 정해
   fprintf('%7.2f %12.8f %12.8f %12.8f \n', t, u, x, abs(x-u));
end
disp('----------------------------------------');
```

위 Matlab 프로그램을 실행한 결과는 다음과 같다.

t	u	x	|x−u|
0.10	0.46249259	0.46208538	0.00040722
0.20	0.44743355	0.44669888	0.00073467
0.30	0.45240175	0.45141105	0.00099070
0.40	0.47502024	0.47383742	0.00118282
0.50	0.51295683	0.51163897	0.00131787
0.60	0.56392636	0.56252431	0.00140205
0.70	0.62569453	0.62425346	0.00144107
0.80	0.69608301	0.69464283	0.00144018
0.90	0.77297566	0.77157143	0.00140423
1.00	0.85432557	0.85298784	0.00133772
1.10	0.93816276	0.93691786	0.00124490
1.20	1.02260234	1.02147265	0.00112969
1.30	1.10585287	1.10485705	0.00099583
1.40	1.18622484	1.18537803	0.00084681
1.50	1.26213898	1.26145303	0.00068596
1.60	1.33213430	1.33161790	0.00051640
1.70	1.39487568	1.39453459	0.00034109
1.80	1.44916088	1.44899806	0.00016282
1.90	1.49392681	1.49394258	0.00001577
2.00	1.52825496	1.52844719	0.00019222

■

2계 Runge-Kutta 방법에서와 유사한 요령으로 4계 Runge-Kutta 방법을 생각할 수 있는데 간단히 그 알고리즘을 소개하면 다음과 같다.

| 정의 3.2.7 | [4계 Runge-Kutta 방법] 다음의 차분방정식으로 초기치문제

(3.2.1)의 수치해(혹은 근사해) $\{u_0,\ u_1,\ \cdots,\ u_n\}$을 구하는 것을 4계 Runge-Kutta 방법이라 한다.

$$k=0,\ 1,\ \cdots,\ n-1,$$

$$\begin{cases} u_0 &= x_0 \\ w_1 &= f(t_k,\ u_k) \\ w_2 &= f\left(t_k+\dfrac{h}{2},\ u_k+\dfrac{h}{2}w_1\right) \\ w_3 &= f\left(t_k+\dfrac{h}{2},\ u_k+\dfrac{h}{2}w_2\right) \\ w_4 &= f(t_k+h,\ u_k+hw_3) \\ u_{k+1} &= u_k+\dfrac{h}{6}(w_1+2w_2+2w_3+w_4) \end{cases} \tag{3.2.14}$$

오일러 수치해에서와 유사한 요령으로 4계 Runge-Kutta 수치해의 오차를 분석하면 다음을 얻는다.

| 정리 3.2.8 | $f(t,\ x)$가 $[a,\ b]\times(-\infty,\ \infty)$를 포함하는 개영역 상에서 4번 연속 편미분가능이라 하자. 그러면 상수 $C>0$가 존재하여, 4계 Runge-Kutta 수치해 $\{u_0,\ u_1,\ \cdots,\ u_n\}$의 절대오차 $|e_k|$의 범위는 다음과 같다.

$$|e_k| \le Ch^4, \quad k=0,\ 1,\ \cdots,\ n$$

단 C는 h와 n에 무관한 상수이다.

예 3.2.9 분할간격 $h=0.1$을 써서, 다음의 초기치문제를 4계 Runge-Kutta 방법으로 수치해와 절대오차를 구하여라.

$$x'=-x+2\sin t, \quad 0<t<2, \quad x(0)=0.5$$
$$(\text{정해 } x(t)=1.5e^{-t}+\sin t-\cos t)$$

풀이 4계 Runge-Kutta 방법에 대한 Matlab 프로그램의 예를 다음과 같이 작성하고 수치해와 절대오차를 구하자.

4계 Runge-Kutta 방법 Matlab 프로그램 예(오차포함)

```
% 예 3.2.9 4계 Runge-Kutta 방법(오차포함)

h = 0.1;                              % h: 분할간격
```

```
a = 0; b = 2;                          % [a, b]: 해의 존재구간
n = (b-a)/h;                           % n: 반복횟수
t = a; u = 0.5; x = 0.5;               % t, u=x: 초기치
disp('-------------------------------------------');
fprintf('    t      u        x         |x-u| \n');
disp('-------------------------------------------');
for i = 1:n
   w1 = - u + 2*sin(t);
   w2 = - (u + h/2*w1) + 2*sin(t + h/2);
   w3 = - (u + h/2*w2) + 2*sin(t + h/2);
   w4 = - (u + h*w3) + 2*sin(t + h);
   u = u + h/6*(w1 + 2*w2 + 2*w3 + w4);          % u: 근사해
   t = t + h;
   x = 1.5*exp(-t) + sin(t) - cos(t);  % x: 정해
   fprintf('%7.2f %12.8f %12.8f %12.8f \n', t, u, x, abs(x-u));
end
disp('-------------------------------------------');
```

위 Matlab 프로그램을 실행한 결과는 다음과 같다.

t	u	x	|x−u|
0.10	0.46208556	0.46208538	0.00000018
0.20	0.44669920	0.44669888	0.00000031
0.30	0.45141146	0.45141105	0.00000041
0.40	0.47383790	0.47383742	0.00000048
0.50	0.51163949	0.51163897	0.00000052
0.60	0.56252485	0.56252431	0.00000054
0.70	0.62425399	0.62425346	0.00000053
0.80	0.69464333	0.69464283	0.00000051
0.90	0.77157190	0.77157143	0.00000047
1.00	0.85298825	0.85298784	0.00000041
1.10	0.93691821	0.93691786	0.00000035
1.20	1.02147292	1.02147265	0.00000027
1.30	1.10485724	1.10485705	0.00000019
1.40	1.18537814	1.18537803	0.00000011
1.50	1.26145305	1.26145303	0.00000002
1.60	1.33161784	1.33161790	0.00000007
1.70	1.39453444	1.39453459	0.00000016
1.80	1.44899782	1.44899806	0.00000024
1.90	1.49394226	1.49394258	0.00000033
2.00	1.52844678	1.52844719	0.00000041

수렴정도가 2인 예 3.2.4, 예 3.2.5, 예 3.2.6의 절대오차보다 수렴정도가 4인 4계 Runge–Kutta 방법의 절대오차가 확연히 줄었음을 수치해의 결과가 잘 보여주고 있다. ■

참고 수학과 관련된 문제를 풀기 위해서 이론적으로 알고리즘을 만들고 Fortran, Basic, C^{++} 등의 프로그래밍 언어로써 그 알고리즘의 적절한 프로그램을 작성하여 컴퓨터로 근사해를 계산한다.

컴퓨터 프로그래밍 언어를 익히는 일은 외국어를 익히는 것보다는 쉽지만 번거로운 일이다. 그래서 용도에 적합한 프로그램을 직접 작성하기 위해서는 상당한 노력이 필요하다.

그러나 다행히 쉽게 사용할 수 있는 수학과 관련된 소프트웨어가 Mathematica, Matlab, Maple 등 다양하게 이미 개발되어 있다. 그래서 프로그래밍 언어를 몰라도 이들 소프트웨어의 사용방법만 간단히 익히면, 통상적인 경우에 누구나 쉽게 이들을 사용할 수 있다. 마치 자동차나 전자제품의 작동원리나 구조는 몰라도 운전방법이나 작동방법만 간단히 익히면, 통상적인 경우에 누구나 쉽게 사용할 수 있는 것에 비유할 수 있다. 상세한 내용은 각 소프트웨어의 사용 안내서(User Manual[23, 24])를 참고하기 바란다.

예를 들어, 미분방정식의 경우에는 Matlab에서 명령어 'ode23'나 'ode45'(그 외 다른 명령어도 더 있음)를 사용해서 초기치문제의 수치해를 쉽게 구할 수 있다.

예 3.2.10 초기치문제 [$x' - x = -t^2 + 1$, $x(0) = 0.5$]의 해를 Matlab에서 명령어 'ode45'를 이용해 수치해와 절대오차를 구하여라.

풀이 간단히 Matlab 창에서 다음을 직접 입력하면 수치해 u를 구하고 그림을 그릴 수 있다.

```
>> fcn = inline('x-t.^2+1');
>> [t, u] = ode45(fcn, [0,2], 0.5);
>> plot(t, u)
```

Matlab 명령어 ode45를 이용한 Matlab 프로그램의 예를 다음과 같이 작성하고 수치해와 절대오차를 구할 수 있다.

Matlab 명령어 ode45를 이용한 예(오차포함)

```
% 예 3.2.10 Matlab 명령어 ode45를 이용한 해(오차포함)

fcn = inline('x-t.^2+1');          % 함수 f
a = 0; b = 2;                      % [a, b]: 해의 존재구간
x0 = 0.5;                          % x0: 초기치
[t, u] = ode45(fcn, [a,b], x0);    % t: 해의 존재구간, u: 수치해
```

```
x = - 0.5*exp(t) + t.^2 + 2.*t + 1; % x: 정해

% 수치해, 정해, 및 절대오차 인쇄하기
disp('--------------------------------------------------');
fprintf('    t        u            x            |x-u| \n');
disp('--------------------------------------------------');
for i=1:size(t,1)
    fprintf('%9.4f %12.8f %12.8f %12.8f \n', ...
        t(i), u(i), x(i), abs( x(i) - u(i) ) );
end
disp('--------------------------------------------------');
```

■

또한, 교과서에 해법이 소개되어 있는 간단한 미분방정식의 경우에는 Mathematica에서 명령어 'DSolve'를 사용해서 해를 쉽게 구할 수 있다.

예 3.2.11 $x' - x = -t^2 + 1$ 의 해를 Mathematica에서 명령어 'DSolve'를 사용해서 구하여라.

풀이 명령 방법이 여러 가지 있으나 간단히 예를 들어보자.

```
In[1]:=  Clear[t,x]
In[2]:=  de[t_,x_] = (x'[t] - x[t] == - t^2 + 1)
Out[2]=
```

$$-x[t]+x'[t] \equiv -t^2+1$$

```
In[3]:=  Gsol = DSolve[de[t,x],x[t],t]
Out[3]=
```

$$\{\{x[t] \rightarrow E^t c[1]+t^2+2t+1\}\}$$

```
In[4]:=  x1[t] = Simplify[x[t]/.Gsol[[1]]]
Out[4]=
```

$$E^t c[1]+t^2+2t+1$$

■

예 3.2.12 초기치문제 $[x' - x = -t^2 + 1,\ x(0) = 3]$의 해를 Mathematica에서 명령어 'DSolve'를 사용해서 구하여라.

풀이 명령 방법이 여러 가지 있으나 간단히 예를 들어보자.

```
In[1]:=  Clear[t,x]
In[2]:=  de[t_,x_] = (x'[t] - x[t] == - t^2 + 1)
Out[2]=
```

$$-x[t]+x'[t]\equiv -t^2+1$$

```
In[3]:=  Psol = DSolve[{de[t,x],x[0]==3},x[t],t]
Out[3]=
```

$$\{\{x[t]\to 2E^t+t^2+2t+1\}\}$$

```
In[4]:=  x1[t] = Simplify[x[t]/.Psol[[1]]]
Out[4]=
```

$$2E^t+t^2+2t+1$$

■

한편 7, 8장에서 벡터 미분방정식 $\frac{d}{dt}X=F(t,\ X)$를 다룰 때, 수치해를 구하고, 그 성질을 조사하는 경우가 많다. 개략적으로 설명하자면, 벡터 미분방정식 $\frac{d}{dt}X=F(t,\ X)$의 수치해법의 대수적 형식은 (스칼라) 미분방정식 $\frac{d}{dt}x=f(t,\ x)$의 수치해법의 대수적 형식과 기본적으로 같다. 벡터 미분방정식의 구체적 수치해법은 필요할 때, 다시 언급하기로 한다.

연습문제 3.2

1. 분할간격 $h=0.1$을 써서, 다음의 초기치문제의 수치해를 2계(중간점) Runge–Kutta 방법으로 구하고, 수치해의 절대오차를 구하여라.

   (1) $x'=te^{3t}-2x,\quad 0\le t\le 1,\quad x(0)=0$
   (정해 $x(t)=\frac{1}{5}te^{3t}-\frac{1}{25}e^{3t}+\frac{1}{25}e^{-2t}$)

   (2) $x'=1+\frac{x}{t},\quad 1\le t\le 2,\quad x(1)=2$ (정해 $x(t)=t\ln(t)+2t$)

   (3) $x'=-(x+1)(x+3),\quad 0\le t\le 2,\quad x(0)=-2$
   (정해 $x(t)=-3+2(1+e^{-2t})^{-1}$)

   (4) $x'=-5x+5t^2+2t,\quad 0\le t\le 1,\quad x(0)=\frac{1}{3}$
   (정해 $x(t)=t^2+\frac{1}{3}e^{-5t}$)

   (5) $x'=t^2-x,\quad 0\le t\le 1,\quad x(0)=1$ (정해 $x(t)=-e^{-t}+t^2-2t+2$)

(6) $x' = 3x + 3t, \quad 0 \le t \le 1, \quad x(0) = 1$ (정해 $x(t) = \frac{4}{3}e^{3t} - t - \frac{1}{3}$)

(7) $x' = -tx, \quad 0 \le t \le 1, \quad x(0) = 1$ (정해 $x(t) = -e^{\frac{-t^2}{2}}$)

(8) $x' = e^{-2t} - 2x, \quad 0 \le t \le 1, \quad x(0) = \frac{1}{10}$

(정해 $x(t) = \frac{1}{10}e^{-2t} + te^{-2t}$)

(9) $x' = 2tx^2, \quad 0 \le t \le 1, \quad x(0) = 1$ (정해 $x(t) = \frac{1}{1-t^2}$)

(10) $x' = 1 + \frac{x}{t} + \left(\frac{x}{t}\right)^2, \quad 1 \le t \le 3, \quad x(1) = 0$ (정해 $x(t) = t\tan(\ln t)$)

(11) $x' = \frac{x}{t} - \left(\frac{x}{t}\right)^2, \quad 1 \le t \le 2, \quad x(1) = 1$ (정해 $x(t) = \frac{t}{1+\ln(t)}$)

(12) $x' = 1 + (t-x)^2, \quad 2 \le t \le 3, \quad x(2) = 1$ (정해 $x(t) = t + \frac{1}{1-t}$)

(13) $x' = \cos 2t + \sin 3t, \quad 0 \le t \le 1, \quad x(0) = 1$

(정해 $x(t) = \frac{1}{2}\sin 2t - \frac{1}{3}\cos 3t + \frac{4}{3}$)

2. 분할간격 $h = 0.1$을 써서, 다음의 초기치문제의 수치해를 변형 오일러 방법으로 구하고, 수치해의 절대오차를 구하여라.

(1) $x' = te^{3t} - 2x, \quad 0 \le t \le 1, \quad x(0) = 0$

(2) $x' = 1 + \frac{x}{t}, \quad 1 \le t \le 2, \quad x(1) = 2$

(3) $x' = -(x+1)(x+3), \quad 0 \le t \le 2, \quad x(0) = -2$

(4) $x' = -5x + 5t^2 + 2t, \quad 0 \le t \le 1, \quad x(0) = \frac{1}{3}$

(5) $x' = t^2 - x, \quad 0 \le t \le 1, \quad x(0) = 1$

(6) $x' = 3x + 3t, \quad 0 \le t \le 1, \quad x(0) = 1$

(7) $x' = -tx, \quad 0 \le t \le 1, \quad x(0) = 1$

(8) $x' = e^{-2t} - 2x, \quad 0 \le t \le 1, \quad x(0) = \frac{1}{10}$

(9) $x' = 2tx^2, \quad 0 \le t \le 1, \quad x(0) = 1$

(10) $x' = 1 + \frac{x}{t} + \left(\frac{x}{t}\right)^2, \quad 1 \le t \le 3, \quad x(1) = 0$

(11) $x' = \frac{x}{t} - \left(\frac{x}{t}\right)^2, \quad 1 \le t \le 2, \quad x(1) = 1$

(12) $x' = 1 + (t-x)^2, \quad 2 \le t \le 3, \quad x(2) = 1$

(13) $x' = \cos 2t + \sin 3t, \quad 0 \le t \le 1, \quad x(0) = 1$

3. 분할간격 $h = 0.1$을 써서, 다음의 초기치문제의 수치해를 Heun 방법으로 구하고, 수치해의 절대오차를 구하여라(1번에 주어진 정해를 이용하여라).

(1) $x' = te^{3t} - 2x, \quad 0 \le t \le 1, \quad x(0) = 0$

(2) $x' = 1 + \dfrac{x}{t}, \quad 1 \le t \le 2, \quad x(1) = 2$

(3) $x' = -(x+1)(x+3), \quad 0 \le t \le 2, \quad x(0) = -2$

(4) $x' = -5x + 5t^2 + 2t, \quad 0 \le t \le 1, \quad x(0) = \dfrac{1}{3}$

(5) $x' = t^2 - x, \quad 0 \le t \le 1, \quad x(0) = 1$

(6) $x' = 3x + 3t, \quad 0 \le t \le 1, \quad x(0) = 1$

(7) $x' = -tx, \quad 0 \le t \le 1, \quad x(0) = 1$

(8) $x' = e^{-2t} - 2x, \quad 0 \le t \le 1, \quad x(0) = \dfrac{1}{10}$

(9) $x' = 2tx^2, \quad 0 \le t \le 1, \quad x(0) = 1$

(10) $x' = 1 + \dfrac{x}{t} + \left(\dfrac{x}{t}\right)^2, \quad 1 \le t \le 3, \quad x(1) = 0$

(11) $x' = \dfrac{x}{t} - \left(\dfrac{x}{t}\right)^2, \quad 1 \le t \le 2, \quad x(1) = 1$

(12) $x' = 1 + (t-x)^2, \quad 2 \le t \le 3, \quad x(2) = 1$

(13) $x' = \cos 2t + \sin 3t, \quad 0 \le t \le 1, \quad x(0) = 1$

4. 분할간격 $h = 0.1$을 써서, 다음의 초기치문제의 수치해를 4계 Runge-Kutta 방법으로 구하고, 수치해의 절대오차를 구하여라(1번에 주어진 정해를 이용하여라).

(1) $x' = te^{3t} - 2x, \quad 0 \le t \le 1, \quad x(0) = 0$

(2) $x' = 1 + \dfrac{x}{t}, \quad 1 \le t \le 2, \quad x(1) = 2$

(3) $x' = -(x+1)(x+3), \quad 0 \le t \le 2, \quad x(0) = -2$

(4) $x' = -5x + 5t^2 + 2t, \quad 0 \le t \le 1, \quad x(0) = \dfrac{1}{3}$

(5) $x' = t^2 - x, \quad 0 \le t \le 1, \quad x(0) = 1$

(6) $x' = 3x + 3t, \quad 0 \le t \le 1, \quad x(0) = 1$

(7) $x' = -tx, \quad 0 \le t \le 1, \quad x(0) = 1$

(8) $x' = e^{-2t} - 2x, \quad 0 \le t \le 1, \quad x(0) = \frac{1}{10}$

(9) $x' = 2tx^2, \quad 0 \le t \le 1, \quad x(0) = 1$

(10) $x' = 1 + \frac{x}{t} + \left(\frac{x}{t}\right)^2, \quad 1 \le t \le 3, \quad x(1) = 0$

(11) $x' = \frac{x}{t} - \left(\frac{x}{t}\right)^2, \quad 1 \le t \le 2, \quad x(1) = 1$

(12) $x' = 1 + (t-x)^2, \quad 2 \le t \le 3, \quad x(2) = 1$

(13) $x' = \cos 2t + \sin 3t, \quad 0 \le t \le 1, \quad x(0) = 1$

5. 다음 초기치문제를 Matlab에서 명령어 'ode45'를 사용해 수치해와 절대오차를 구하여라(1번에 주어진 정해를 이용하여라).

(1) $x' = te^{3t} - 2x, \quad 0 \le t \le 1, \quad x(0) = 0$

(2) $x' = 1 + \frac{x}{t}, \quad 1 \le t \le 2, \quad x(1) = 2$

(3) $x' = -(x+1)(x+3), \quad 0 \le t \le 2, \quad x(0) = -2$

(4) $x' = -5x + 5t^2 + 2t, \quad 0 \le t \le 1, \quad x(0) = \frac{1}{3}$

(5) $x' = t^2 - x, \quad 0 \le t \le 1, \quad x(0) = 1$

(6) $x' = 3x + 3t, \quad 0 \le t \le 1, \quad x(0) = 1$

(7) $x' = -tx, \quad 0 \le t \le 1, \quad x(0) = 1$

(8) $x' = e^{-2t} - 2x, \quad 0 \le t \le 1, \quad x(0) = \frac{1}{10}$

(9) $x' = 2tx^2, \quad 0 \le t \le 1, \quad x(0) = 1$

(10) $x' = 1 + \frac{x}{t} + \left(\frac{x}{t}\right)^2, \quad 1 \le t \le 3, \quad x(1) = 0$

(11) $x' = \frac{x}{t} - \left(\frac{x}{t}\right)^2, \quad 1 \le t \le 2, \quad x(1) = 1$

(12) $x' = 1 + (t-x)^2, \quad 2 \le t \le 3, \quad x(2) = 1$

(13) $x' = \cos 2t + \sin 3t, \quad 0 \le t \le 1, \quad x(0) = 1$

CHAPTER 4

상수 계수 선형 미분방정식

선형 미분방정식은 이론과 응용에서 가장 간단하면서도 기본이 되는 미분방정식이다. 일반적인 선형 미분방정식의 성질을 먼저 알아보고, 명시적으로 해를 구할 수 있는 상수 계수 선형 미분방정식의 해와 그 성질을 알아보자.

4.1 선형 미분방정식의 기초 성질

n 계 선형 미분방정식의 일반적 형태는 다음과 같다($n \geq 1$ 정수).

$$a_n(x)y^{(n)} + \cdots + a_1(x)y' + a_0(x)y = f(x) \tag{4.1.1}$$

단 $a_n(x), \cdots, a_1(x), a_0(x)$는 구간 (a, b)상에 정의된 함수로서 **계수**(coefficient)라 하며, $f(x)$는 (a, b)상에 정의된 함수이다.

4장에서는 표기상 편리하도록 다음과 같이 두자.

$$\boldsymbol{T}y = a_n(x)y^{(n)} + \cdots + a_1(x)y' + a_0(x)y \tag{4.1.2}$$

즉 $\boldsymbol{T}$는 n 번 미분가능인 함수 $y(x)$에 대해서, 함수 $a_n(x)y^{(n)}(x) + \cdots + a_1(x)y'(x) + a_0(x)y(x)$를 대응시키는 사상(寫像)이라 할 수 있다. 일반적으로 함수에 함수를 대응시키는 사상을 **작용소**(作用素; operator)라 하는데, 이런 의미에서 $\boldsymbol{T}$를 n **계 미분 작용소**라 한다.

한편 n 번 미분가능인 임의의 함수 $f(x)$, $g(x)$와 임의의 상수 c에 대해서, 다음이 성립한다.

$0 \leq k \leq n$에 대하여,

$$\frac{d^k}{dx^k}(f+g) = (f+g)^{(k)} = f^{(k)} + g^{(k)}, \quad \frac{d^k}{dx^k}(cf) = (cf)^{(k)} = c\,f^{(k)}$$

그러므로 작용소 $\boldsymbol{T}$는 다음의 성질을 가진다.

$$\begin{aligned} \boldsymbol{T}(f+g) &= \boldsymbol{T}f + \boldsymbol{T}g, \\ \boldsymbol{T}(cf) &= c\boldsymbol{T}f \end{aligned} \tag{4.1.3}$$

이런 성질 (4.1.3)을 **선형성**(linearity)이라 하고 선형성을 가진 작용소를 **선형 작용소**라 한다.

선형 미분방정식 (4.1.1)을 (4.1.2)에서 정의한 선형 작용소 $\boldsymbol{T}$로 표현하면, 다음과 같이 간단해서 편리하다.

$$\boldsymbol{T}y = f \tag{4.1.4}$$

참고 $n=1$인 경우의 선형 미분방정식에 대해서는 앞의 2.5절의 내용과 일치하며, 아래에 소개한 내용이 그대로 성립한다. 그래서 이 장에서는 $n \geq 2$인 경우를 주로 예로 들어 다룬다.

먼저 다음의 선형 제차 미분방정식을 생각하자.

$$\boldsymbol{T}y = 0 \tag{4.1.5}$$

흔히 $\boldsymbol{T}y=0$을 비제차 방정식 $\boldsymbol{T}y=f$의 **동반 제차 방정식**이라 한다.

선형 작용소 $\boldsymbol{T}$의 선형성 (4.1.3)으로부터 다음을 쉽게 알 수 있다.

| 정리 4.1.1 | [중첩 원리(Superposition Principle)] 구간 $(a,\ b)$상에서 $y_1(x)$, $y_2(x)$, $\cdots$, $y_m(x)$가 $\boldsymbol{T}y=0$의 해라고 가정하자. 그러면 임의의 상수 c_1, c_2, $\cdots$, c_m에 대해서, 다음의 일차 결합도 구간 $(a,\ b)$상에서 $\boldsymbol{T}y=0$의 해이다.

$$c_1 y_1(x) + c_2 y_2(x) + \cdots + c_m y_m(x) \tag{4.1.6}$$

참고 일반적으로 중첩의 원리는 선형 제차 미분방정식뿐만 아니라 모든 선형 제차 방정식의 해에 대하여 성립한다. 여기서 구간 $(a,\ b)$상에서 $\boldsymbol{T}y=0$의 모든 해의 집합을 $Ker(\boldsymbol{T})$라 하자. 그러면 중첩 원리에 의해서 $Ker(\boldsymbol{T})$가 선형공간(벡터공간)이 됨을 알 수 있다. 즉 $Ker(\boldsymbol{T}) \equiv \{y:(a,\ b) \to (-\infty,\ \infty) \mid \boldsymbol{T}y=0\}$가 선형공간의 정의(선형대수 참조)를 만족한다. 그래서 $Ker(\boldsymbol{T})$를 선형 제차 미분방정식 $\boldsymbol{T}y=0$의 해공간, 또는 $\boldsymbol{T}$의 핵(kernel)공간이라 한다.

이제 함수들을 벡터로 간주하고, 함수들의 일차 독립과 종속에 대해서 생각해보자.

| 정의 4.1.2 | $f_1(x)$, $f_2(x)$, $\cdots$, $f_m(x)$가 $(a,\ b)$상에서 연속함수라 하자.

(1) 다음 조건을 만족하면, $\{f_1(x),\ f_2(x),\ \cdots,\ f_m(x)\}$을 $(a,\ b)$상에서 **일차 독립**이라 한다.

모든 $x \in (a,\ b)$에 대해서 $c_1 f_1(x) + c_2 f_2(x) + \cdots + c_m f_m(x) = 0$이면, 반드시 $c_1 = c_2 = \cdots = c_m = 0$이다.

(2) $\{f_1(x),\ f_2(x),\ \cdots,\ f_m(x)\}$가 일차 독립이 아닌 경우에는 **일차 종속**이라 한다.

참고 $\{f_1(x), f_2(x), \cdots, f_m(x)\}$가 일차 독립이면, 이 m개의 함수들 중 어느 것도 나머지 $(m-1)$개 함수의 일차 결합으로 표현될 수 없다. 그러나 $\{f_1(x), f_2(x), \cdots, f_m(x)\}$가 일차 종속이면, 이 m개의 함수들 중 적어도 어느 한 함수는 나머지 $(m-1)$개 함수의 일차 결합으로 표현될 수 있다.

예 4.1.3 다음 함수의 집합이 일차 독립인가?

(1) $\{1, x, x^2, x^3\}$ (2) $\{\cos x, \sin x\}$

(3) $\{e^x, e^{2x}\}$ (4) $\{1, x-x^2, x^2-x^3, x^3-x\}$

풀이

(1) 모든 x에 대해서 $c_1 1 + c_2 x + c_3 x^2 + c_4 x^3 = 0$라 가정하자. 일반적으로 3차 방정식이 4개 이상의 해를 가지면, 방정식의 모든 계수가 0이므로 반드시 $c_1 = c_2 = c_3 = c_4 = 0$이다. 따라서 $\{1, x, x^2, x^3\}$는 일차 독립이다.

(2) 모든 x에 대해서 $c_1 \cos x + c_2 \sin x = 0$라 가정하자. 그러면 양변을 미분하여도 등식이 성립한다. 즉 모든 x에 대해서 $-c_1 \sin x + c_2 \cos x = 0$이다. $x=0$을 두 등식에 각각 대입하면, 반드시 $c_1 = c_2 = 0$가 되어야 한다. 따라서 $\{\cos x, \sin x\}$는 일차 독립이다.

(3) 모든 x에 대해서 $c_1 e^x + c_2 e^{2x} = 0$라 가정하자. 그러면 양변을 미분하여도 등식이 성립한다. 즉 모든 x에 대해서 $c_1 e^x + 2c_2 e^{2x} = 0$이다. $x=0$을 두 등식에 각각 대입하면, $c_1 + c_2 = 0$, $c_1 + 2c_2 = 0$이다. 따라서 반드시 $c_1 = c_2 = 0$이다. 그러므로 $\{e^x, e^{2x}\}$는 일차 독립이다.

(4) 모든 x에 대해서 $c_1 1 + c_2(x-x^2) + c_3(x^2-x^3) + c_4(x^3-x) = 0$라 가정하자. 간단히 정리하면 모든 x에 대해서, $c_1 + (c_2-c_4)x + (c_3-c_2)x^2 + (c_4-c_3)x^3 = 0$이다. 3차 방정식이 4개 이상의 해를 가지면, 방정식의 모든 계수가 0이므로 $c_1 = c_2 - c_4 = c_3 - c_2 = c_4 - c_3 = 0$이다. 여기서 $c_1 = 0$, $c_2 = c_3 = c_4 = 1$이 될 수 있으므로, $\{1, x-x^2, x^2-x^3, x^3-x\}$는 일차 종속이다. 그리고 $x^3 - x$는 1, $x-x^2$, x^2-x^3의 일차 결합으로 표현할 수 있다. 즉

$$x^3 - x = 0 \cdot 1 + (-1)(x-x^2) + (-1)(x^2-x^3)$$ ■

함수들이 여러 번 미분가능일 때, 일차 독립성을 판단할 수 있는 방법을 보자.

| 정의 4.1.4 | 구간 (a, b)상의 함수 $f_1(x)$, $f_2(x)$, $\cdots$, $f_m(x)$가 $(m-1)$번 연속 미분가능이라 가정하자. 그러면 다음의 m차 행렬식을 (a, b)상에서 $f_1(x)$, $f_2(x)$, $\cdots$, $f_m(x)$의 Wronski 행렬식이라 한다.

$$\boldsymbol{W}(f_1, f_2, \cdots, f_m) = \begin{vmatrix} f_1 & f_2 & \cdots & f_m \\ f_1' & f_2' & \cdots & f_m' \\ \vdots & \vdots & & \vdots \\ f_1^{(m-1)} & f_2^{(m-1)} & \cdots & f_m^{(m-1)} \end{vmatrix} \tag{4.1.7}$$

| 정리 4.1.5 | (a, b)상의 함수 $f_1(x)$, $f_2(x)$, $\cdots$, $f_m(x)$가 $(m-1)$번 연속 미분가능이라 가정하자. 그러면 Wronski 행렬식 $\boldsymbol{W}(f_1(x^*), f_2(x^*), \cdots, f_m(x^*)) \neq 0$가 되는 x^*가 구간 (a, b) 내에 존재하면, $\{f_1(x), f_2(x), \cdots, f_m(x)\}$는 (a, b)상에서 일차 독립이다.

증명 모든 $x \in (a, b)$에 대해서, $c_1 f_1(x) + c_2 f_2(x) + \cdots + c_m f_m(x) = 0$라 가정하자. 그러면 등식의 양변을 (a, b)상에서 $(m-1)$번까지 차례로 미분하면 다음의 연립 방정식을 얻는다.

모든 $x \in (a, b)$에 대해서,

$$\begin{cases} c_1 f_1(x) + c_2 f_2(x) + \cdots + c_m f_m(x) = 0 \\ c_1 f_1'(x) + c_2 f_2'(x) + \cdots + c_m f_m'(x) = 0 \\ \qquad \vdots \\ c_1 f_1^{(m-1)}(x) + c_2 f_2^{(m-1)}(x) + \cdots + c_m f_m^{(m-1)}(x) = 0 \end{cases} \tag{4.1.8}$$

따라서 (4.1.8)에 $x = x^*$를 대입하면, c_1, c_2, $\cdots$, c_m에 대한 다음의 제차 연립 방정식을 얻는다.

$$\begin{cases} c_1 f_1(x^*) + c_2 f_2(x^*) + \cdots + c_m f_m(x^*) = 0 \\ c_1 f_1'(x^*) + c_2 f_2'(x^*) + \cdots + c_m f_m'(x^*) = 0 \\ \qquad \vdots \\ c_1 f_1^{(m-1)}(x^*) + c_2 f_2^{(m-1)}(x^*) + \cdots + c_m f_m^{(m-1)}(x^*) = 0 \end{cases}$$

여기서 Wronski 행렬식 $\boldsymbol{W}(f_1(x^*), f_2(x^*), \cdots, f_m(x^*))$은 위의 연립 방정식의 계수 행렬식이 된다. 그래서 $\boldsymbol{W}(f_1(x^*), f_2(x^*), \cdots, f_m(x^*)) \neq 0$이므로, $c_1 = c_2 = \cdots = c_m = 0$이다. 따라서 $\{f_1(x), f_2(x), \cdots, f_m(x)\}$가 (a, b)상에서 일차 독립이다. ■

예 4.1.6 다음 함수의 집합이 일차 독립인가?

(1) $\{1, x, x^2, x^3\}$ (2) $\{\cos x, \sin x\}$ (3) $\{e^x, e^{2x}\}$

풀이

(1) $\boldsymbol{W}(1, x, x^2, x^3) = \begin{vmatrix} 1 & x & x^2 & x^3 \\ 0 & 1 & 2x & 3x^2 \\ 0 & 0 & 2 & 6x \\ 0 & 0 & 0 & 6 \end{vmatrix} = 12$ 이므로, $\{1, x, x^2, x^3\}$는 일차 독립이다.

(2) $\boldsymbol{W}(\cos x, \sin x) = \begin{vmatrix} \cos x & \sin x \\ -\sin x & \cos x \end{vmatrix} = 1 \neq 0$ 이므로, $\{\cos x, \sin x\}$는 일차 독립이다.

(3) $\boldsymbol{W}(e^x, e^{2x}) = \begin{vmatrix} e^x & e^{2x} \\ e^x & 2e^{2x} \end{vmatrix} = e^{3x} \neq 0$ 이므로, $\{e^x, e^{2x}\}$는 일차 독립이다. ■

여기서 해의 존재성과 유일성에 대한 간단한 정리를 소개한다(증명은 이 책의 범위를 벗어나므로 생략한다).

| 정리 4.1.7 | $a_0(x), a_1(x), \cdots, a_n(x)$와 $f(x)$가 (a, b)상에서 연속함수이고, $a_n(x) \neq 0$라 하자. 그러면 임의의 $x_0 \in (a, b)$와 임의의 상수 $z_0, z_1, \cdots, z_{n-1}$에 대해서, 다음의 초기치문제는 (a, b)상에서 유일한 해를 가진다.

$$\begin{cases} a_n(x)y^{(n)} + \cdots + a_1(x)y' + a_0(x)y = f(x) \\ y(x_0) = z_0,\ y'(x_0) = z_1,\ \cdots,\ y^{(n-1)}(x_0) = z_{n-1} \end{cases}$$

이제 n계 선형 제차 미분방정식 $\boldsymbol{T}y = 0$의 일반해에 대해서 알아보자.

정의 1.2.7에서 추상적으로 정의된 일반해가 선형 제차 미분방정식 $\boldsymbol{T}y = 0$에 대해서는 다음과 같이 구체적으로 표현된다.

| 정리 4.1.8 | [일반해] $a_0(x), a_1(x), \cdots, a_n(x)$가 (a, b)상에서 연속함수이고, $a_n(x) \neq 0$라 하자. 그러면 제차 미분방정식 $\boldsymbol{T}y = 0$는 (a, b)상에서 n개의 일차 독립인 해 $y_1(x), y_2(x), \cdots, y_n(x)$를 가진다. 그리고 $\boldsymbol{T}y = 0$의 임의로 주어진 해 y는 $y_1(x), y_2(x), \cdots, y_n(x)$의 일차 결합으로 표현될 수 있다. 즉 (a, b)상에서 다음과 같이 표현된다.

$$y(x)=c_1y_1(x)+c_2y_2(x)+\cdots+c_ny_n(x) \tag{4.1.9}$$
(c_1, c_2, $\cdots$, c_n은 적당한 상수)

증명 먼저 일차 독립인 n개의 해들을 구해보자.

임의의 $x_0\in(a,\ b)$를 택하고, 다음과 같이 n개의 특별한 초기치문제를 생각하자. $i\in\{1,\ \cdots,\ n\}$에 대해서

$$\begin{cases} \boldsymbol{T}y_i=0 \\ y_i^{(k-1)}(x_0)=\delta_{ik}, \quad k\in\{1,\ \cdots,\ n\} \end{cases} \tag{4.1.10}$$

단 $\delta_{ik}=\begin{cases}1, & i=k\\ 0, & i\neq k\end{cases}$는 Kronecker delta이다.

그러면 위의 각 초기치문제 (4.1.10)은 $(a,\ b)$상에서 유일한 해 $y_i(x)$를 가진다. 그리고 $y_i^{(k-1)}(x_0)=\delta_{ik}$이므로, x_0에서 $y_1(x)$, $y_2(x)$, $\cdots$, $y_n(x)$의 Wronski 행렬식은 1이다. 즉 다음을 알 수 있다.

$$\boldsymbol{W}(y_1(x_0),\ y_2(x_0),\ \cdots,\ y_n(x_0))=\det I=1,\ (\text{단 } I\text{는 } n\text{차 항등행렬})$$

따라서 정리 4.1.5에 의해서 $y_1(x)$, $y_2(x)$, $\cdots$, $y_n(x)$가 $(a,\ b)$상에서 $\boldsymbol{T}y=0$의 일차 독립인 해들이다.

이제 임의로 주어진 상수 z_0, z_1, $\cdots$, z_{n-1}에 대해서, $y(x)$를 $(a,\ b)$상에서 다음 초기치문제의 해라고 하자.

$$\begin{cases} \boldsymbol{T}y\equiv a_n(x)y^{(n)}+\cdots+a_1(x)y'+a_0(x)y=0 \\ y(x_0)=z_0, \quad y'(x_0)=z_1, \quad \cdots, \quad y^{(n-1)}(x_0)=z_{n-1} \end{cases} \tag{4.1.11}$$

여기서 모든 $k\in\{1,\ \cdots,\ n\}$에 대해서, 다음의 n개의 등식이 성립하도록 상수 c_1, c_2, $\cdots$, c_n의 값을 정하자.

$$c_1y_1^{(k-1)}(x_0)+c_2y_2^{(k-1)}(x_0)+\cdots+c_ny_n^{(k-1)}(x_0)=y^{(k-1)}(x_0)$$

$y_i^{(k-1)}(x_0)=\delta_{ik}$이므로 구체적으로 위의 연립방정식을 풀면, 다음과 같다.

$$c_1=y(x_0),\ c_2=y'(x_0),\ \cdots,\ c_n=y^{(n-1)}(x_0)$$

여기서 $v(x)\equiv c_1y_1(x)+c_2y_2(x)+\cdots+c_ny_n(x)$라 두자. 그러면 한편 중첩 원리에 의해서 $v(x)$는 $\boldsymbol{T}y=0$의 해이다. 그리고 모든 $k\in\{1,\ \cdots,\ n\}$에 대해서, 다음을 얻는다.

$$v^{(k-1)}(x_0) = y^{(k-1)}(x_0)$$

따라서 $v(x)$도 초기치문제 (4.1.11)의 해가 된다.

정리 4.1.7에 의해서 초기치문제 (4.1.11)의 해는 유일하므로, (a, b)상에서 $y(x)$와 $v(x)$는 동일한 것이다. 즉 (a, b)상에서,

$$y(x) \equiv c_1 y_1(x) + c_2 y_2(x) + \cdots + c_n y_n(x)$$ ■

참고 정리 4.1.8에서 n계 선형 제차 미분방정식 $\boldsymbol{T}y = 0$의 일차 독립인 해집합$\{y_1(x), y_2(x), \cdots, y_n(x)\}$은 해공간 $Ker(\boldsymbol{T})$의 기저가 됨을 알 수 있다. 즉 해공간 $Ker(\boldsymbol{T})$에 속하는 임의의 해(함수)는 기저 $y_1(x), y_2(x), \cdots, y_n(x)$의 일차 결합으로 표현된다.

위의 정리에 의하여, n계 선형 제차 미분방정식 $\boldsymbol{T}y = 0$의 일반해를 얻기 위해서는 일차 독립인 n개의 해를 구해서 이들을 일차 결합하면 된다.

| 정의 4.1.9 | n계 선형 제차 미분방정식 $\boldsymbol{T}y = 0$에 대해서, 일차 독립인 n개의 해집합 $\{y_1(x), y_2(x), \cdots, y_n(x)\}$을 **기본해집합**(fundamental set of solutions)이라 하고, 이때 각각의 해 $y_i(x)$, $1 \le i \le n$를 기본해라 한다.

예 4.1.10 $y'' - 3y' + 2y = 0$의 일반해를 구하여라.

풀이 e^x, e^{2x}를 각각 미분방정식 $\boldsymbol{T}y = y'' - 3y' + 2y = 0$에 대입하면 등식이 성립한다. 한편 예 4.1.3(3)에서 $\{e^x, e^{2x}\}$는 일차 독립임을 알 수 있다.

그러므로 e^x, e^{2x}가 $\boldsymbol{T}y = 0$의 일차 독립인 해들이다. 따라서 $Ker(\boldsymbol{T}) = \{c_1 e^x + c_2 e^{2x} \mid c_1, c_2$는 임의의 실수$\}$가 해공간이고, $y = c_1 e^x + c_2 e^{2x}$, (c_1, c_2는 임의 상수)가 $y'' - 3y' + 2y = 0$의 일반해이다. ■

이제 일반적인 선형 비제차 미분방정식 $\boldsymbol{T}y = f$와 그 동반 제차 방정식 $\boldsymbol{T}y = 0$의 해의 관계를 보자.

| 정리 4.1.11 | [$\boldsymbol{T}y = f$의 일반해] 구간 (a, b)상에서 $y_c(x)$가 $\boldsymbol{T}y = 0$의 일반해이고, $y_p(x)$가 $\boldsymbol{T}y = f$의 하나의 특수해라고 가정하자. 그러면 두 해의 합이 (a, b)상에서 $\boldsymbol{T}y = f$의 일반해가 된다. 즉

$$y = y_c(x) + y_p(x) \tag{4.1.12}$$

증명 $\boldsymbol{T}$의 선형성 (4.1.3)으로부터 $y = y_c(x) + y_p(x)$가 $\boldsymbol{T}y = f$의 하나의 해가 됨을 알 수 있다. 즉 $\boldsymbol{T}(y_c + y_p) = \boldsymbol{T}y_c + \boldsymbol{T}y_p = f$이다.

한편 제차 미분방정식 $\boldsymbol{T}y = 0$의 일반해 y_c가 n개의 독립적인 임의상수를 포함하고 있으므로, $y = y_c + y_p$가 $\boldsymbol{T}y = f$의 일반해가 된다. ■

참고 n계 선형 비제차 미분방정식 $\boldsymbol{T}y = f$의 일반해를 구하는 문제는 제차 미분방정식 $\boldsymbol{T}y = 0$의 일반해와 비제차 미분방정식 $\boldsymbol{T}y = f$의 하나의 특수해를 구하는 문제로 나눌 수 있다.

예 4.1.12 $y'' - 3y' + 2y = 8$의 일반해를 구하여라.

풀이 예 4.1.10에 의해서 $y_c = c_1 e^x + c_2 e^{2x}$, ($c_1$, c_2는 임의상수)가 $y'' - 3y' + 2y = 0$의 일반해이다. 한편 $y_p = 4$를 비제차 방정식 $y'' - 3y' + 2y = 8$에 대입하면 등식이 성립한다. 그러므로 $y_p = 4$가 $y'' - 3y' + 2y = 8$의 하나의 특수해이다. 따라서 정리 4.1.11에 의해서 $y = y_c + y_p = c_1 e^x + c_2 e^{2x} + 4$, ($c_1$, c_2는 임의상수)가 $y'' - 3y' + 2y = 8$의 일반해이다. ■

비제차항 $f(x)$가 여러 개의 항들로 되어 있는 경우에 $\boldsymbol{T}$의 선형성 (4.1.3)으로부터 다음을 얻는다.

| 정리 4.1.13 | [비제차 미분방정식의 중첩 원리] 구간 (a, b)상에서 $y_1(x)$가 $\boldsymbol{T}y = f_1$의 해이고, $y_2(x)$가 $\boldsymbol{T}y = f_2$의 해라고 가정하자. 그러면 (a, b)상에서 $y = y_1(x) + y_2(x)$가 $\boldsymbol{T}y = f_1 + f_2$의 해이다.

이제부터 해의 존재구간 (a, b)를 문맥상으로 알 수 있으며 혼돈의 염려가 없는 경우에 명시적으로 표현하지 않고 생략하기로 한다.

예 4.1.14 $y'' - 3y' + 2y = 4x + 8$의 일반해를 구하여라.

풀이 예 4.1.10에 의해서 $y_c = c_1 e^x + c_2 e^{2x}$, ($c_1$, c_2는 임의상수)가 $y'' - 3y' + 2y = 0$의 일반해이다. 한편 $y_1 = 4$가 $y'' - 3y' + 2y = 8$의 하나의 특수해이고, $y_2 = 2x + 3$이 $y'' - 3y' + 2y = 4x$의 하나의 특수해이다. 그러므로 $y_p = y_1 + y_2 = 2x + 7$이 $y'' - 3y' + 2y = 4x + 8$의 하나의 특수해이다. 따라서 $y = y_c + y_p = c_1 e^x + c_2 e^{2x} + 2x + 7$, ($c_1$, c_2는 임의상수)이 $y'' - 3y' + 2y = 4x + 8$의 일반해이다. ■

1계 선형 미분방정식은 2.5절에서 해를 구하는 방법을 이미 상세히 소개하였다. 2계 이상의 선형 미분방정식은 이론적으로 해가 존재하더라도, 계수들이 상수가 아니면 해를 명시적으로 구할 수 있는 경우는 드물다. 그러나 상수 계수 선형 미분방정식은 해와 그 성질을 명시적으로 찾을 수 있는데, 다음 절에서 그 방법을 알아보자.

연습문제 4.1

1. 다음 함수들의 Wronski 행렬식을 구하고 일차 독립인지 조사하여라.

   (1) $\{x^2,\ x^3,\ x^4\}$　　(2) $\{x^{-2},\ x^2,\ 2-3x\}$

   (3) $\{e^t,\ e^{-t},\ e^{2t}\}$　　(4) $\{1,\ \sin 2t,\ \cos 2t\}$

   (5) $\{t,\ t-3,\ 2t+5\}$　　(6) $\{t^3,\ t^3+t,\ 2t^3-7t\}$

   (7) $\{\sin t,\ \cos t,\ 2\sin t-\cos t\}$　　(8) $\{e^t,\ te^t,\ t^2e^t\}$

   (9) $\{\sinh 2x,\ \cosh 2x\}$　　(10) $\{\cos 3x,\ \cos(3x+\pi)\}$

2. 다음의 함수가 주어진 미분방정식의 일반해인지 판정하여라. 단 $c_1,\ c_2,\ c_3,\ \cdots$는 임의상수이다.

   (1) $y=c_1e^{-x}+c_2e^{2x}$; $y''-y'-2y=0$

   (2) $y=c_1e^{x}+c_2e^{-x}$; $y''-2y'+y=0$

   (3) $y=c_1e^{x}+c_2xe^{x}+1$; $y''-2y'+y=1$

   (4) $y=c_1\sin x+c_2\cos x$; $y''+y=0$

   (5) $y=c_1\sin 2x+c_2\cos 2x+1$; $y'''+4y'=0$

   (6) $y=c_1\sin x+c_2\cos x+c_3e^{2x}$; $y'''-2y''+y'-2y=0$

4.2 상수 계수 선형 제차 미분방정식

먼저 이 절에서 상수 계수 선형 제차 미분방정식의 성질과 해법을 알아보자. n계 상수 계수 선형 제차 미분방정식의 일반적 형태는 다음과 같다($n \geq 1$ 정수).

$$a_n y^{(n)}+\cdots+a_1 y'+a_0 y=0 \tag{4.2.1}$$

단 $a_0,\ a_1,\ \cdots,\ a_n$는 주어진 상수이다($a_n \neq 0$).

4.1절의 미분작용소 $\boldsymbol{T}$로 표현하면, (4.2.1)은 다음과 같다.

$$\boldsymbol{T}y = a_n y^{(n)} + \cdots + a_1 y' + a_0 y = 0$$

여기서는 모든 계수 a_i가 상수이므로, 아래에서 소개할 표기법을 쓰면 더욱 편리하다.

먼저 '미분하는 것(미분작용)'을 다음과 같은 기호로 나타내자.

$$\boldsymbol{D} = \frac{d}{dx}$$

그러면 함수 $y(x)$의 k계 도함수를 다음과 같이 여러 가지로 표현할 수 있다.

$$\boldsymbol{D}^k y = \frac{d^k y}{dx^k} = y^{(k)} \tag{4.2.2}$$

편의상 (4.2.2)에서 $k=0$인 경우에는 $\boldsymbol{D}^0 y = \boldsymbol{I}y = y$로 간주한다(즉 $\boldsymbol{D}^0 = \boldsymbol{I}$). 단 $\boldsymbol{I}$는 항등(identity) 사상으로, 지금부터 간단히 1로 표현하면 편리하다.

이제 $\boldsymbol{T}y$는 다음과 같이 표현된다.

$$\boldsymbol{T}y = a_n \boldsymbol{D}^n y + \cdots + a_1 \boldsymbol{D}y + a_0 y = (a_n \boldsymbol{D}^n + \cdots + a_1 \boldsymbol{D} + a_0)y$$

그러므로 $\boldsymbol{T}$는 $\boldsymbol{D}$의 n차 다항식임을 알 수 있는데, 그 다항식을 다음과 같이 두자.

$$P(\boldsymbol{D}) = a_n \boldsymbol{D}^n + \cdots + a_1 \boldsymbol{D} + a_0$$

즉

$$\boldsymbol{T} = P(\boldsymbol{D}) \tag{4.2.3}$$

참고 작용소 $\boldsymbol{T}$를 다항식 $P(\boldsymbol{D})$로 표현하면, 매우 편리하다. $P(\boldsymbol{D})$를 인수분해하여도 성질은 변함없으며, 인수들의 순서를 바꾸어도 성질은 변함없다. 예를 들면, 다음과 같다.

$$\boldsymbol{D}^2 - 3\boldsymbol{D} - 10 = (\boldsymbol{D}+2)(\boldsymbol{D}-5) = (\boldsymbol{D}-5)(\boldsymbol{D}+2)$$

이제부터 미분방정식 (4.2.1)을 다음과 같이 간단히 표현하자.

$$P(\boldsymbol{D})y = 0 \tag{4.2.4}$$

한편 정수 $k \geq 0$에 대해서, $\boldsymbol{D}^k e^{\lambda x} = \dfrac{d^k e^{\lambda x}}{dx^k} = \lambda^k e^{\lambda x}$이다. 따라서 지수함수 $e^{\lambda x}$에 대해서, 다음의 등식을 얻는다.

$$P(\boldsymbol{D})e^{\lambda x} = a_n \lambda^n e^{\lambda x} + \cdots + a_1 \lambda e^{\lambda x} + a_0 e^{\lambda x} = P(\lambda)e^{\lambda x} \tag{4.2.5}$$

여기서 상수 계수 선형 제차 미분방정식의 해는 지수함수와 관계가 있다는 사실을 알 수 있다. 즉 다음의 기본 정리를 얻는다.

| 정리 4.2.1 | 지수함수 $e^{\lambda x}$ 가 $P(\boldsymbol{D})y=0$의 해가 될 필요충분조건은 $P(\lambda)=0$이다.

증명 (4.2.5)에 의해서 $P(\boldsymbol{D})e^{\lambda x}=P(\lambda)e^{\lambda x}$ 이고 $e^{\lambda x}\neq 0$이므로, $P(\boldsymbol{D})e^{\lambda x}=0$가 될 필요충분조건은 $P(\lambda)=0$이다. ■

정리 4.2.1에 의해서, n차 방정식 $P(\lambda)=0$의 근에 의해서 n계 상수 계수 선형 제차 미분방정식 $P(\boldsymbol{D})y=0$의 해와 그 성질이 결정됨을 알 수 있다.

| 정의 4.2.2 | $P(\lambda)$를 $P(\boldsymbol{D})y=0$ (또는 $P(\boldsymbol{D})$)의 **특성 다항식**이라 하고, $P(\lambda)=0$을 $P(\boldsymbol{D})y=0$ (또는 $P(\boldsymbol{D})$)의 **특성 방정식**이라 한다. 그리고 $P(\lambda)=0$의 근 λ를 $P(\boldsymbol{D})y=0$ (또는 $P(\boldsymbol{D})$)의 **고유치** 또는 **특성치**라 한다.

특성 방정식 $P(\lambda)=0$은 n차 방정식이므로 n개(중근의 중복도까지 포함)의 근을 가진다. 즉 $P(\boldsymbol{D})y=0$는 n개(중복 고유치의 중복도까지 포함)의 고유치를 가진다.

1계 선형 미분방정식의 경우에는 간단하므로 여기서는 생략한다. 2계 선형 미분방정식의 경우는 고계 선형 미분방정식의 기초가 되므로, 먼저 2계 미분방정식의 경우부터 자세히 살펴보자.

4.2.1 2계 상수 계수 선형 제차 미분방정식

여기서 $P(\boldsymbol{D})=a\boldsymbol{D}^2+b\boldsymbol{D}+c$라 두자(단 a, b, c는 주어진 상수들이고, $a\neq 0$이다). 다음의 2계 상수 계수 선형 제차 미분방정식을 살펴보자.

$$P(\boldsymbol{D})y=ay''+by'+cy=0 \tag{4.2.6}$$

정리 4.2.1에 의해서 다음을 알 수 있다.

| 따름정리 4.2.3 | 지수함수 $e^{\lambda x}$가 $ay''+by'+cy=0$의 해가 될 필요충분조건은 $P(\lambda)=a\lambda^2+b\lambda+c=0$이다.

이제 특성 방정식 $P(\lambda)=a\lambda^2+b\lambda+c=0$의 근(고유치)에 대해서, 3가지 경우로 나누어 $ay''+by'+cy=0$의 해를 살펴보자.

(1) 서로 다른 실 고유치의 경우 $(b^2 - 4ac > 0)$

λ_1, λ_2가 서로 다른 두 실 고유치라 하자. 즉 $\lambda_1 \neq \lambda_2$이고, $a\lambda^2 + b\lambda + c = a(\lambda - \lambda_1)(\lambda - \lambda_2)$라 하자. 그러면 따름정리 4.2.3에 의해서 $ay'' + by' + cy = 0$는 다음의 두 지수함수 해를 가진다.

$$y_1 = e^{\lambda_1 x}, \ y_2 = e^{\lambda_2 x}$$

한편 이 해들의 Wronski 행렬식을 보자. $\lambda_1 \neq \lambda_2$이므로,

$$\boldsymbol{W}(y_1, \ y_2) = \begin{vmatrix} e^{\lambda_1 x} & e^{\lambda_2 x} \\ \lambda_1 e^{\lambda_1 x} & \lambda_2 e^{\lambda_2 x} \end{vmatrix} = (\lambda_2 - \lambda_1) e^{(\lambda_2 - \lambda_1)x} \neq 0$$

따라서 $y_1 = e^{\lambda_1 x}, \ y_2 = e^{\lambda_2 x}$는 일차 독립인 해들이다.

요약하면 정리 4.1.8에 의해서 다음을 얻는다.

| 정리 4.2.4 | $a\lambda^2 + b\lambda + c = 0$가 서로 다른 두 실근 $\lambda_1 \neq \lambda_2$을 가진다고 가정하자. 그러면 $\{e^{\lambda_1 x}, \ e^{\lambda_2 x}\}$가 $ay'' + by' + cy = 0$의 기본 해집합이고, 일반해는 다음과 같다.

$$y = c_1 e^{\lambda_1 x} + c_2 e^{\lambda_2 x}, \ (c_1, \ c_2 \text{는 임의상수}) \tag{4.2.7}$$

(2) 중복 고유치의 경우 $(b^2 - 4ac = 0)$

$\lambda_0 = -\dfrac{b}{2a}$가 중복 고유치라 하자. 즉 $a\lambda^2 + b\lambda + c = a(\lambda - \lambda_0)^2$라 하자. 그러면 $y_1 = e^{\lambda_0 x}$가 $ay'' + by' + cy = 0$의 하나의 해이다. 이제 일반해를 얻기 위해서 $y_1 = e^{\lambda_0 x}$와 일차 독립이 되는 또 하나의 해를 구해야 한다. 이 경우, 제차 선형 미분방정식의 계수(order)를 감소시켜서 다른 해를 구하는 방법을 사용해보자. 즉 다음 함수가 또 다른 해가 되도록 간단한 비상수 함수 $u(x)$를 찾아보자.

$$y = uy_1 = u(x) e^{\lambda_0 x}$$

여기서 $y = uy_1$을 $ay'' + by' + cy = 0$에 대입하여 정리하면, 다음 등식을 얻는다.

$$(ay_1'' + by_1' + cy_1)u + ay_1 u'' + (2ay_1' + by_1)u' = 0$$

그러면 $ay_1'' + by_1' + cy_1 = 0$이므로, 다음을 얻는다.

$$ay_1 u'' + (2ay_1' + by_1)u' = 0$$

$v = u'$ 라 두면, 위 방정식은 다음과 같이 v 의 1계 방정식이 된다.

$$a y_1 v' + (2a y_1{}' + b y_1) v = 0$$

$y_1 = e^{\lambda_0 x} = e^{-\frac{b}{2a}x}$ 를 위 방정식에 대입하면 $2a y_1{}' + b y_1 = 0$ 이므로, $v' = 0$ 를 얻는다. 따라서 $v = k_1$ 이고 $u = \int v\,dx = k_1 x + k_2$, ($k_1$, k_2 는 적분상수)를 얻는다. 간단한 비상수 함수 u 를 찾으면 되므로, $k_1 = 1$, $k_2 = 0$ 라 두자. 그러면 $u = x$ 이고, $y_2 = u y_1$ 이 해가 된다. 즉,

$$y_2 = u y_1 = x e^{\lambda_0 x}$$

여기서 y_1, y_2 의 Wronski 행렬식을 보자.

$$\boldsymbol{W}(y_1, y_2) = \begin{vmatrix} e^{\lambda_0 x} & x e^{\lambda_0 x} \\ \lambda_0 e^{\lambda_0 x} & (1 + \lambda_0 x) e^{\lambda_0 x} \end{vmatrix} = e^{2\lambda_0 x} \neq 0$$

따라서 $y_1 = e^{\lambda_0 x}$, $y_2 = x e^{\lambda_0 x}$ 는 일차 독립인 해들이다.

위의 내용을 요약하면 정리 4.1.8에 의해서 다음을 얻는다.

| 정리 4.2.5 | $a\lambda^2 + b\lambda + c = 0$ 가 중근 $\lambda_0 = -\dfrac{b}{2a}$ 을 가진다고 가정하자. 그러면 $\{e^{\lambda_0 x},\ x e^{\lambda_0 x}\}$ 가 $ay'' + by' + cy = 0$ 의 기본해집합이고, 일반해는 다음과 같다.

$$y = c_1 e^{\lambda_0 x} + c_2 x e^{\lambda_0 x} = (c_1 + c_2 x) e^{\lambda_0 x},\ (c_1,\ c_2 \text{ 는 임의상수}) \quad (4.2.8)$$

(3) 복소수 고유치의 경우 ($b^2 - 4ac < 0$)

$\lambda_1 = \alpha - \beta i$, $\lambda_2 = \alpha + \beta i$ 가 두 복소수 고유치라 하자. 단 α, β는 실수이고 $\beta > 0$ 이며, $i = \sqrt{-1}$ 이다. 즉 $a\lambda^2 + b\lambda + c = a[(\lambda - \alpha)^2 + \beta^2] = 0$ 라 하자. 그러면 따름정리 4.2.3에 의해서 $ay'' + by' + cy = 0$ 은 형식상으로 다음의 두 해들을 가진다.

$$y_1 = e^{(\alpha - \beta i)x}, \quad y_2 = e^{(\alpha + \beta i)x} \quad (4.2.9)$$

여기서 복소수 지수함수 $y_1 = e^{(\alpha - \beta i)x}$, $y_2 = e^{(\alpha + \beta i)x}$ 를 잘 아는 함수로 표현해보자. 일반적으로 지수함수의 매클로린 멱급수 전개 형식을 이용하여 순허수 θi 에 대해서, 지수함수를 다음과 같이 정의한다(θ 는 실수).

$$e^{\theta i} = \sum_{n=0}^{\infty} \frac{(\theta i)^n}{n!}$$

$i^2 = -1$이므로, $e^{\theta i} = \sum_{n=0}^{\infty} \frac{(\theta i)^n}{n!}$의 짝수항과 홀수항을 분리하면 다음과 같다.

$$e^{\theta i} = \sum_{k=0}^{\infty} (-1)^k \frac{\theta^{2k}}{(2k)!} + i \sum_{k=0}^{\infty} (-1)^k \frac{\theta^{2k+1}}{(2k+1)!}$$

그리고 $\sin\theta$, $\cos\theta$의 매클로린 전개는 다음과 같다(미분적분학 참조).

$$\cos\theta = \sum_{k=0}^{\infty} (-1)^k \frac{\theta^{2k}}{(2k)!}, \quad \sin\theta = \sum_{k=0}^{\infty} (-1)^k \frac{\theta^{2k+1}}{(2k+1)!}$$

그러므로 $e^{\theta i}$는 다음과 같이 삼각함수로 표현(오일러 공식)된다.

$$e^{\theta i} = \cos\theta + i\sin\theta \tag{4.2.10}$$

개략적으로 볼 때, 복소수 지수함수 $e^{(r+\theta i)x}$는 실수 지수함수 e^{ax}가 가진 지수법칙과 미분법칙을 그대로 가진다. 그래서 해 $y_1 = e^{(\alpha-\beta i)x}$, $y_2 = e^{(\alpha+\beta i)x}$의 Wronski 행렬식은 다음과 같다.

$$\boldsymbol{W}(y_1,\ y_2) = \begin{vmatrix} e^{(\alpha-\theta i)x} & e^{(\alpha+\theta i)x} \\ (\alpha-\theta i)e^{(\alpha-\theta i)x} & (\alpha+\theta i)e^{(\alpha+\theta i)x} \end{vmatrix} = 2\beta i e^{2\beta i x} \neq 0$$

따라서 $y_1 = e^{(\alpha-\beta i)x}$, $y_2 = e^{(\alpha+\beta i)x}$는 일차 독립인 해들이다.

그리고 $y_1 = e^{(\alpha-\beta i)x}$, $y_2 = e^{(\alpha+\beta i)x}$는 (4.2.10)에 의해서 다음과 같이 표현된다.

$$y_1 = e^{\alpha x}(\cos\beta x - i\sin\beta x), \quad y_2 = e^{\alpha x}(\cos\beta x + i\sin\beta x)$$

중첩 원리에 의해서, 다음의 두 함수도 $ay'' + by' + cy = 0$의 해가 된다.

$$\frac{1}{2}y_1 + \frac{1}{2}y_2 = e^{\alpha x}\cos\beta x,$$
$$\frac{i}{2}y_1 - \frac{i}{2}y_2 = e^{\alpha x}\sin\beta x$$

그리고 $\cos\beta x$와 $\sin\beta x$가 일차 독립이고 $e^{\alpha x} \neq 0$이므로, $e^{\alpha x}\cos\beta x$와 $e^{\alpha x}\sin\beta x$는 일차 독립인 해들이다.

위의 내용을 요약하면, 다음을 얻는다.

| 정리 4.2.6 | $a\lambda^2 + b\lambda + c = 0$가 두 복소수 근 $\lambda_1 = \alpha - \beta i$, $\lambda_2 = \alpha + \beta i$, $(\beta > 0)$을 가진다고 가정하자. 그러면 $\{e^{\alpha x}\cos\beta x,\ e^{\alpha x}\sin\beta x\}$가 $ay'' + by' + cy = 0$의 기본 해집합이고, 일반해는 다음과 같다.

$$y = e^{\alpha x}[c_1\cos\beta x + c_2\sin\beta x],\ (c_1,\ c_2\text{는 임의상수}) \qquad (4.2.11)$$

예 4.2.7 (1) $y'' - 7y' + 10y = 0$을 풀어보자.
(2) 초기치문제 $[y'' - 7y' + 10y = 0,\ y(0) = 1,\ y'(0) = -1]$을 풀어보자.

풀이

(1) $y'' - 7y' + 10y = 0$의 특성 방정식은 $\lambda^2 - 7\lambda + 10 = 0$이므로, 서로 다른 고유치 $\lambda_1 = 2$, $\lambda_2 = 5$를 가진다. 따라서 $y_1 = e^{2x}$, $y_2 = e^{5x}$가 일차 독립인 해들이다. 그러므로 $y = c_1e^{2x} + c_2e^{5x}$, ($c_1$, c_2는 임의상수)가 일반해이다.

(2) 초기조건을 일반해에 대입하면, 다음을 얻는다.

$$y(0) = c_1 + c_2 = 1,\ y'(0) = 2c_1 + 5c_2 = -1$$

따라서 c_1, c_2에 대한 연립 방정식을 풀면, $c_1 = 2$, $c_2 = -1$을 얻는다. 그러므로 $y = 2e^{2x} - e^{5x}$가 초기치문제의 해이다. ■

예 4.2.8 (1) $y'' - 4y' + 4y = 0$을 풀어보자.
(2) 초기치문제 $[y'' - 4y' + 4y = 0,\ y(0) = 1,\ y'(0) = -1]$을 풀어보자.

풀이

(1) $y'' - 4y' + 4y = 0$의 특성 방정식은 $\lambda^2 - 4\lambda + 4 = 0$이므로, 중복 고유치 $\lambda_1 = \lambda_2 = 2$를 가진다. 따라서 $y_1 = e^{2x}$, $y_2 = xe^{2x}$가 일차 독립인 해들이다. 그러므로 $y = (c_1 + c_2x)e^{2x}$, (c_1, c_2는 임의상수)가 일반해이다.

(2) 초기조건을 일반해에 대입하면, 다음을 얻는다.

$$y(0) = c_1 = 1,\ y'(0) = 2c_1 + c_2 = -1$$

따라서 c_1, c_2에 대한 연립 방정식을 풀면, $c_1 = 1$, $c_2 = -3$을 얻는다. 그러므로 $y = (1 - 3x)e^{2x}$가 초기치문제의 해이다. ■

예 4.2.9 (1) $y'' + \omega^2 y = 0$, ($\omega > 0$는 상수)을 풀어보자.
(2) 초기치문제 $[y'' + \omega^2 y = 0,\ y(0) = 1,\ y'(0) = -1]$을 풀어보자.

풀이

(1) $y'' + \omega^2 y = 0$의 특성 방정식은 $\lambda^2 + \omega^2 = 0$이므로, 복소수 고유치 $\lambda_1 = -\omega i$, $\lambda_2 = \omega i$를 가진다. 그러므로 $y_1 = \cos \omega x$, $y_2 = \sin \omega x$가 일차 독립인 해들이다. 따라서 $y = c_1 \cos \omega x + c_2 \sin \omega x$, ($c_1$, c_2는 임의상수)가 일반해이다.

(2) 초기조건을 일반해에 대입하면, 다음을 얻는다.

$$y(0) = c_1 = 1, \; y'(0) = \omega c_2 = -1$$

따라서 c_1, c_2에 대한 연립 방정식을 풀면, $c_1 = 1$, $c_2 = -\dfrac{1}{\omega}$을 얻는다. 그러므로 $y = \cos \omega x - \dfrac{1}{\omega} \sin \omega x$가 초기치문제의 해이다. ■

예 4.2.10 (1) $y'' - 4y' + 13y = 0$을 풀어보자.

(2) 초기치문제 $[y'' - 4y' + 13y = 0, \; y(0) = 1, \; y'(0) = -1]$을 풀어보자.

풀이

(1) $y'' - 4y' + 13y = 0$의 특성 방정식은 $\lambda^2 - 4\lambda + 13 = 0$이므로, 고유치는 $\lambda_1 = 2 - 3i$, $\lambda_2 = 2 + 3i$이다. 따라서 $y_1 = e^{2x} \cos 3x$, $y_2 = e^{2x} \sin 3x$가 일차 독립인 해들이다. 그러므로 $y = e^{2x}(c_1 \cos 3x + c_2 \sin 3x)$, ($c_1$, c_2는 임의상수)가 일반해이다.

(2) 초기조건을 일반해에 대입하면, 다음을 얻는다.

$$y(0) = c_1 = 1, \; y'(0) = 2c_1 + 3c_2 = -1$$

따라서 c_1, c_2에 대한 연립 방정식을 풀면, $c_1 = 1$, $c_2 = -1$을 얻는다. 그러므로 특수해 $y = e^{2x}(\cos 3x - \sin 3x)$가 초기치문제의 해이다. ■

4.2.2 n계 상수 계수 선형 제차 미분방정식

이제 일반적인 상수 계수 선형 제차 미분방정식의 간단한 성질과 해법을 알아보자. 다음과 같은 n계 상수 계수 선형 제차 미분방정식을 생각하자($n \geq 1$).

$$P(\boldsymbol{D})y = a_n y^{(n)} + \cdots + a_1 y' + a_0 y = 0 \tag{4.2.12}$$

먼저 지수함수에 대한 미분작용소의 간단한 성질을 보자.

| 보조정리 4.2.11 | m 번 미분가능 함수 $f(x)$ 에 대해서, 다음이 성립한다(단 $m \geq 1$ 정수). 임의의 상수 λ 에 대해서,

$$(\boldsymbol{D}-\lambda)^m[e^{\lambda x}f(x)] = e^{\lambda x}\boldsymbol{D}^m f(x) \tag{4.2.13}$$

증명 귀납법으로 증명하자.

먼저 $m=1$일 때, (4.2.13)이 성립한다. 즉 다음 등식이 성립한다.

$$(\boldsymbol{D}-\lambda)[e^{\lambda x}f(x)] = \boldsymbol{D}[e^{\lambda x}f(x)] - \lambda e^{\lambda x}f(x) = e^{\lambda x}\boldsymbol{D}f(x)$$

이제 $m=k$ 일 때, (4.2.13)이 성립한다고 가정하자. 그러면 $m=k+1$일 때, 다음을 얻는다.

$$\begin{aligned}(\boldsymbol{D}-\lambda)^{k+1}[e^{\lambda x}f(x)] &= (\boldsymbol{D}-\lambda)\{(\boldsymbol{D}-\lambda)^k[e^{\lambda x}f(x)]\} \\ &= (\boldsymbol{D}-\lambda)[e^{\lambda x}\boldsymbol{D}^k f(x)] = e^{\lambda x}\boldsymbol{D}^{k+1}f(x)\end{aligned}$$

따라서 $m=k+1$ 일 때도, (4.2.13)이 성립한다. 그러므로 모든 $m \geq 1$에 대해서 (4.2.13)이 성립한다. ■

$(\boldsymbol{D}-\lambda)^0 = \boldsymbol{D}^0 = \boldsymbol{I}$ 이므로, 위의 보조정리에서 $m=0$일 때도 (4.2.13)이 성립한다. 보조정리 4.2.11로부터 쉽게 다음을 얻는다.

| 정리 4.2.12 | $P(\boldsymbol{D}) = a_n\boldsymbol{D}^n + \cdots + a_1\boldsymbol{D} + a_0$ 일 때, n 번 미분가능 함수 $y(x)$ 에 대해서, 다음이 성립한다. 임의의 상수 λ 에 대해서,

$$P(\boldsymbol{D}-\lambda)[e^{\lambda x}y] = e^{\lambda x}P(\boldsymbol{D})y \tag{4.2.14}$$

다음에서 $P(\boldsymbol{D})$ 가 중복 고유치를 가지는 경우를 보자.

| 정리 4.2.13 | λ_0 가 특성방정식 $P(\lambda)=0$의 m-중근이라 가정하자. 즉 적당한 $(n-m)$차 다항식 $Q(\lambda)$가 있어서, 다음과 같다고 가정하자.

$$P(\lambda) = Q(\lambda)(\lambda-\lambda_0)^m,\quad Q(\lambda_0) \neq 0 \tag{4.2.15}$$

그러면 다음 m개의 함수가 $P(\boldsymbol{D})y=0$의 일차 독립인 해이다.

$$\{e^{\lambda_0 x},\ xe^{\lambda_0 x},\ \cdots,\ x^{m-1}e^{\lambda_0 x}\} \tag{4.2.16}$$

증명 정수 $0 \le k \le (m-1)$에 대해서, $x^k e^{\lambda_0 x}$가 $P(\boldsymbol{D})y = 0$의 해임을 보이자. $P(\boldsymbol{D}) = Q(\boldsymbol{D})(\boldsymbol{D} - \lambda_0)^m$이므로, 보조정리 4.2.11에 의해서 다음을 얻는다.

$$P(\boldsymbol{D})[x^k e^{\lambda_0 x}] = Q(\boldsymbol{D})(\boldsymbol{D} - \lambda_0)^m [e^{\lambda_0 x} x^k] = Q(\boldsymbol{D})[e^{\lambda_0 x} \boldsymbol{D}^m x^k]$$

한편 $0 \le k < m$이므로, $\boldsymbol{D}^m x^k = 0$이다. 따라서 $P(\boldsymbol{D})[x^k e^{\lambda_0 x}] = Q(\boldsymbol{D})[e^{\lambda_0 x} \boldsymbol{D}^m x^k]$ $= Q(\boldsymbol{D})0 = 0$이다. 그러므로 $0 \le k \le (m-1)$에 대해서, $x^k e^{\lambda_0 x}$가 $P(\boldsymbol{D})y = 0$의 해이다.

한편 $\{1, x, \cdots, x^{m-1}\}$가 일차 독립이고 $e^{\lambda_0 x} \neq 0$이므로, $\{e^{\lambda_0 x}, xe^{\lambda_0 x}, \cdots, x^{m-1} e^{\lambda_0 x}\}$가 일차 독립이다. ■

위의 내용들을 종합하면 다음 정리를 얻는다.

| 정리 4.2.14 | $P(\boldsymbol{D})y = 0$가 중복도 m_k인 서로 다른 고유치 λ_k를 가진다고 가정하자$(1 \le k \le l)$. 즉 $P(\lambda) = (\lambda - \lambda_1)^{m_1}(\lambda - \lambda_2)^{m_2} \cdots (\lambda - \lambda_l)^{m_l}$이고, $\lambda_j \neq \lambda_k$, $j \neq k$와 $m_1 + m_2 + \cdots + m_l = n$이라 하자. 그러면 다음이 $P(\boldsymbol{D})y = 0$의 기본해집합이다.

$$\begin{gathered}\left\{e^{\lambda_1 x}, xe^{\lambda_1 x}, \cdots, x^{m_1 - 1} e^{\lambda_1 x}\right\} \\ \cup \left\{e^{\lambda_2 x}, xe^{\lambda_2 x}, \cdots, x^{m_2 - 1} e^{\lambda_2 x}\right\} \\ \vdots \\ \cup \left\{e^{\lambda_l x}, xe^{\lambda_l x}, \cdots, x^{m_l - 1} e^{\lambda_l x}\right\}\end{gathered}$$

따라서 $P(\boldsymbol{D})y = 0$의 일반해는 다음과 같다.

$$\begin{aligned} y = {} & c_{11} e^{\lambda_1 x} + c_{12} x e^{\lambda_1 x} + \cdots + c_{1m_1} x^{m_1 - 1} e^{\lambda_1 x} \\ & + c_{21} e^{\lambda_2 x} + c_{22} x e^{\lambda_2 x} + \cdots + c_{2m_2} x^{m_2 - 1} e^{\lambda_2 x} \\ & \vdots \\ & + c_{l1} e^{\lambda_l x} + c_{l2} x e^{\lambda_l x} + \cdots + c_{lm_l} x^{m_l - 1} e^{\lambda_l x} \\ = {} & e^{\lambda_1 x} \sum_{k=1}^{m_1} c_{1k} x^{k-1} + e^{\lambda_2 x} \sum_{k=1}^{m_2} c_{2k} x^{k-1} + \cdots + e^{\lambda_l x} \sum_{k=1}^{m_l} c_{lk} x^{k-1} \end{aligned} \quad (4.2.17)$$

(단 c_{jk}는 임의상수이다.)

특히 복소수 고유치를 가지는 경우에는 다음과 같이 해를 삼각함수로 표현할 수 있다.

| 정리 4.2.15 | 복소수 $\lambda_0 = \alpha + \beta i$가 $P(\lambda) = 0$의 m-중근이라 가정하자. 단 α, β는 실수, $1 \leq m \leq [\frac{n}{2}]$ 정수, $\beta > 0$이다. 그러면 $P(\boldsymbol{D})y = 0$의 기본 해집합은 다음의 ($2m$개의) 해들을 포함한다.

$$\begin{aligned}&\{e^{\alpha x}\cos\beta x,\ x e^{\alpha x}\cos\beta x,\ \cdots,\ x^{m-1}e^{\alpha x}\cos\beta x\}\\ \cup\ &\{e^{\alpha x}\sin\beta x,\ x e^{\alpha x}\sin\beta x,\ \cdots,\ x^{m-1}e^{\alpha x}\sin\beta x\}\end{aligned} \tag{4.2.18}$$

증명 특성 방정식 $P(\lambda) = a_n\lambda^n + \cdots + a_1\lambda + a_0 = 0$에서 계수들 $a_0,\ a_1,\ \cdots,\ a_n$이 실수이므로, 복소수 $\lambda_0 = \alpha + \beta i$가 m-중근이면, 공액 복소수 $\overline{\lambda_0} = \alpha - \beta i$도 m-중근이다. 따라서 정리 4.2.13에 의해서 $P(\boldsymbol{D})y = 0$는 다음의 ($2m$개의) 해를 가진다.

$$\{e^{\lambda_0 x},\ xe^{\lambda_0 x},\ \cdots,\ x^{m-1}e^{\lambda_0 x}\} \cup \{e^{\overline{\lambda_0}x},\ xe^{\overline{\lambda_0}x},\ \cdots,\ x^{m-1}e^{\overline{\lambda_0}x}\}$$

한편 (4.2.10)에 의해서, 해 $x^k e^{\lambda_0 x}$와 $x^k e^{\overline{\lambda_0}x}$는 다음과 같이 표현된다.

$$\begin{aligned}x^k e^{\lambda_0 x} &= x^k e^{\alpha x}(\cos\beta x + i\sin\beta x),\\ x^k e^{\overline{\lambda_0}x} &= x^k e^{\alpha x}(\cos\beta x - i\sin\beta x),\ \ k = 0,\ 1,\ \cdots,\ m-1\end{aligned}$$

여기서 중첩 원리에 의해서 해 $x^k e^{\lambda_0 x}$와 $x^k e^{\overline{\lambda_0}x}$를 다음과 같이 일차 결합하여 두 개의 일차 독립인 해를 얻는다.

$$\begin{aligned}\frac{1}{2}x^k e^{\lambda_0 x} + \frac{1}{2}x^k e^{\overline{\lambda_0}x} &= x^k e^{\alpha x}\cos\beta x,\\ -\frac{i}{2}x^k e^{\lambda_0 x} + \frac{i}{2}x^k e^{\overline{\lambda_0}x} &= x^k e^{\alpha x}\sin\beta x,\quad k = 0,\ 1,\ \cdots,\ m-1\end{aligned}$$

그러므로 $P(\boldsymbol{D})y = 0$는 다음과 같은 $2m$개의 해를 가진다.

$$\{x^k e^{\alpha x}\cos\beta x,\ x^k e^{\alpha x}\sin\beta x\ \mid\ 0 \leq k \leq m-1\ \text{정수}\}$$

이제 이 해들의 일차 독립성을 보이자. 모든 실수 x에 대해서, 다음의 일차 결합이 0이라 가정하자.

$$\sum_{k=0}^{m-1} a_k x^k e^{\alpha x}\cos\beta x + \sum_{k=0}^{m-1} b_k x^k e^{\alpha x}\sin\beta x = 0 \tag{4.2.19}$$

여기서 $x = s_j = \dfrac{2j\pi}{\beta}$, $x = t_j = \dfrac{2j\pi}{\beta} + \dfrac{\pi}{2\beta}$, ($j \geq 0$ 정수)를 (4.2.19)에 대입하면, a_k, b_k에 대한 다음의 연립 방정식을 얻는다.

$$\sum_{k=0}^{m-1} a_k (s_j)^k e^{\alpha s_j} = 0, \quad \sum_{k=0}^{m-1} b_k (t_j)^k e^{\alpha t_j} = 0, \ (j \geq 0 \text{ 정수})$$

한편 $e^{\alpha s_j} \neq 0$, $e^{\alpha t_j} \neq 0$이므로 다음을 얻는다.

$$\sum_{k=0}^{m-1} a_k (s_j)^k = 0, \quad \sum_{k=0}^{m-1} b_k (t_j)^k = 0, \ (j \geq 0 \text{ 정수})$$

그러므로 $(m-1)$차 방정식 $\sum_{k=0}^{m-1} a_k x^k = 0$, $\sum_{k=0}^{m-1} b_k x^k = 0$이 무한히 많은 근 $x = s_j = \dfrac{2j\pi}{\beta}$, $x = t_j = \dfrac{2j\pi}{\beta} + \dfrac{\pi}{2\beta}$, ($j \geq 0$ 정수)를 가진다.

따라서 $\sum_{k=0}^{m-1} a_k x^k = 0$, $\sum_{k=0}^{m-1} b_k x^k = 0$의 모든 계수들이 0이다. 즉 $a_0 = \cdots = a_{m-1} = 0$, $b_0 = \cdots = b_{m-1} = 0$이다. 그러므로 $\{x^k e^{\alpha x} \cos \beta x,\ x^k e^{\alpha x} \sin \beta x \mid 0 \leq k \leq m-1 \text{ 정수}\}$는 일차 독립이다. ■

예 4.2.16 (1) $y''' - 6y'' + 3y' + 10y = 0$을 풀어보자.

(2) $[y^{(3)} - 6y'' + 3y' + 10y = 0,\ y(0) = 1,\ y'(0) = -1,\ y''(0) = 0]$을 풀어보자.

풀이

(1) $y''' - 6y'' + 3y' + 10y = 0$ 의 특성 방정식은

$$\lambda^3 - 6\lambda^2 + 3\lambda + 10 = (\lambda + 1)(\lambda - 2)(\lambda - 5) = 0$$

이므로, 고유치는 $\lambda_1 = 2$, $\lambda_2 = 5$, $\lambda_3 = -1$이다. 따라서 $y_1 = e^{2x}$, $y_2 = e^{5x}$, $y_3 = e^{-x}$가 일차 독립인 해들이다. 그러므로 $y = c_1 e^{2x} + c_2 e^{5x} + c_3 e^{-x}$, ($c_1$, c_2, c_3는 임의상수)가 일반해이다.

(2) 초기조건을 일반해에 대입하면, 다음 연립 방정식을 얻는다.

$$y(0) = c_1 + c_2 + c_3 = 1, \quad y'(0) = 2c_1 + 5c_2 - c_3 = -1,$$
$$y''(0) = 4c_1 + 25c_2 + c_3 = 0$$

따라서 c_1, c_2, c_3에 대하여 풀면, $c_1 = \dfrac{1}{9}$, $c_2 = -\dfrac{1}{18}$, $c_3 = \dfrac{17}{18}$을 얻는다.

그래서 특수해 $y=\frac{1}{9}e^{2x}-\frac{1}{18}e^{5x}+\frac{17}{18}e^{-x}$ 가 초기치문제의 해이다. ■

예 4.2.17 $y^{(4)}+2y''+y=0$ 을 풀어보자.

풀이 $y^{(4)}+2y''+y=0$ 의 특성 방정식은 다음과 같다.

$$\lambda^4+2\lambda^2+1=(\lambda^2+1)^2=0$$

따라서 순허수 $\lambda_1=-i$, $\lambda_2=i$ 가 각각 중복 고유치이다. 그러므로 $\{\cos x,\ x\cos x,\ \sin x,\ x\sin x\}$ 가 기본해집합이다.

따라서 $y=(c_1+c_2x)\cos x+(c_3+c_4x)\sin x$ 가 일반해이다(c_1, c_2, c_3, c_4 는 임의상수). ■

예 4.2.18 $y^{(4)}-7y^{(3)}+18y''-20y'+8y=0$ 을 풀어보자.

풀이 $y^{(4)}-7y^{(3)}+18y''-20y'+8y=0$ 의 특성방정식은 $\lambda^4-7\lambda^3+18\lambda^2-20\lambda+8=(\lambda-1)(\lambda-2)^3=0$ 이므로, 고유치는 $\lambda_1=1$, $\lambda_2=2$ 이고, $\lambda_2=2$ 의 중복도는 3이다. 따라서 $\{e^x,\ e^{2x},\ xe^{2x},\ x^2e^{2x}\}$ 가 기본해집합이다.

그러므로 $y=c_1e^x+(c_2+c_3x+c_4x^2)e^{2x}$ 가 일반해이다(c_1, c_2, c_3, c_4 는 임의상수). ■

예 4.2.19 $(D^7+2D^5+D^3)y=0$ 을 풀어보자.

풀이 $(D^7+2D^5+D^3)y=0$ 의 특성방정식은 $\lambda^7+2\lambda^5+\lambda^3=\lambda^3(\lambda^2+1)^2=0$ 이다. 따라서 순허수 $\lambda_1=-i$, $\lambda_2=i$ 는 각각 2중복 고유치이고, $\lambda_3=0$ 는 3중복 고유치이다. 그러므로 $\{\cos x,\ x\cos x,\ \sin x,\ x\sin x,\ 1,\ x,\ x^2\}$ 가 기본해집합이다.

따라서 $y=(c_1+c_2x)\cos x+(c_3+c_4x)\sin x+c_5+c_6x+c_7x^2$ 가 일반해이다(c_1, c_2, c_3, c_4, c_5, c_6, c_7 는 임의상수). ■

연습문제 4.2

1. 다음 미분방정식을 풀어라.

(1) $y''-y'-6y=0$ (2) $y''-2y'=0$

(3) $y''+2y'+y=0$ (4) $4y''+4y'+y=0$

(5) $y''-6y'+25y=0$ (6) $y''+9y=0$

2. 다음 초기치문제를 풀어라.

(1) $y'' - y' - 6y = 0$, $y(0) = 0$, $y'(0) = 1$

(2) $y'' - 2y' = 0$, $y(0) = -1$, $y'(0) = 1$

(3) $y'' + 2y' + y = 0$, $y(0) = -1$, $y'(0) = 2$

(4) $4y'' + 4y' + y = 0$, $y(0) = -1$, $y'(0) = 1$

(5) $y'' - 6y' + 25y = 0$, $y(0) = -1$, $y'(0) = 1$

(6) $y'' + 9y = 0$, $y(0) = -1$, $y'(0) = 1$

3. 다음 미분방정식을 풀어라.

(1) $y''' + 2y'' - 5y' - 6y = 0$

(2) $y^{(4)} - 9y'' + 20y = 0$

(3) $(2\boldsymbol{D}^3 - \boldsymbol{D}^2 - 5\boldsymbol{D} - 2)y = 0$

(4) $(\boldsymbol{D}^4 - 8\boldsymbol{D}^2 + 15)y = 0$

(5) $y^{(4)} + 10y'' + 9y = 0$

(6) $y^{(4)} + y''' + y' + y = 0$

(7) $(\boldsymbol{D}^4 + 4\boldsymbol{D}^2)y = 0$

(8) $y^{(4)} + 4y''' + 6y'' + 4y' + y = 0$

(9) $y''' + y'' - y' - y = 0$

(10) $(\boldsymbol{D}^3 + 1)y = 0$

(11) $y''' + 6y'' + 12y' + 8y = 0$

(12) $(\boldsymbol{D}^3 - 8)y = 0$

(13) $(\boldsymbol{D}^4 + 8\boldsymbol{D}^2 + 16)y = 0$

(14) $y^{(4)} + 8y''' + 24y'' + 32y' + 16y = 0$

4. 다음 초기치문제를 풀어라.

(1) $y''' + 2y'' - 5y' - 6y = 0$, $y(0) = 0$, $y'(0) = 1$, $y''(0) = 2$

(2) $(\boldsymbol{D}^4 - 8\boldsymbol{D}^2 + 15)y = 0$, $y(0) = -1$, $y'(0) = 1$, $y''(0) = 2$, $y^{(3)}(0) = 3$

(3) $(\boldsymbol{D}^4 + 4\boldsymbol{D}^2)y = 0$, $y(0) = -1$, $y'(0) = 1$, $y''(0) = 4$, $y^{(3)}(0) = 0$

(4) $y^{(4)} + y^{(3)} + y' + y = 0$, $y(0) = -1$, $y'(0) = 1$, $y''(0) = 2$, $y'''(0) = 3$

(5) $(\boldsymbol{D}^4 + 8\boldsymbol{D}^2 + 16)y = 0$, $y(0) = -1$, $y'(0) = 0$, $y''(0) = 0$, $y'''(0) = 0$

(6) $(\boldsymbol{D}^5 - \boldsymbol{D}^4 - 2\boldsymbol{D}^3 + 2\boldsymbol{D}^2 + \boldsymbol{D} - 1)y = 0$,
$y(0) = 1$, $y'(0) = 0$, $y''(0) = 0$, $y'''(0) = 0$, $y^{(4)}(0) = 0$

4.3 상수 계수 선형 비제차 미분방정식

n 계 상수 계수 선형 비제차 미분방정식의 일반적 형태는 다음과 같다($n \geq 1$ 정수).

$$P(\boldsymbol{D})y = a_n y^{(n)} + \cdots + a_1 y' + a_0 y = f(x) \tag{4.3.1}$$

단 a_0, a_1, $\cdots$, a_n는 주어진 상수들이고 $a_n \neq 0$ 이며, $f(x)$는 (0함수가 아닌) 주어진 함수이다.

먼저 제차 미분방정식 $P(\boldsymbol{D})y=0$의 기본해집합을 $\{y_1(x),\ y_2(x),\ \cdots,\ y_n(x)\}$라 두자. 그러면 $P(\boldsymbol{D})y=0$의 일반해 y_c는 다음과 같다.

$$y_c = c_1 y_1(x) + c_2 y_2(x) + \cdots + c_n y_n(x) \tag{4.3.2}$$

단 c_1, c_2, $\cdots$, c_n는 임의상수이다.

정리 4.1.11에 의해서 선형 비제차 미분방정식 $P(\boldsymbol{D})y=f(x)$의 일반해는 그 동반 제차 미분방정식 $P(\boldsymbol{D})y=0$의 일반해 y_c와 $P(\boldsymbol{D})y=f(x)$의 하나의 특수해 y_p의 합 $y=y_c+y_p$으로 표현될 수 있다.

4.2절에서 제차 미분방정식 $P(\boldsymbol{D})y=0$의 일반해 y_c를 구하는 방법은 이미 다루었다. 그래서 이 절에서는 비제차 미분방정식 $P(\boldsymbol{D})y=f(x)$의 하나의 특수해 y_p를 구하는 방법들(미정계수법, 매개변수 변분법 등)을 살펴보자.

4.3.1 미정계수법

미정계수법은 비제차 상수 계수 선형 미분방정식 $P(\boldsymbol{D})y=f(x)$에서, 비제차항 $f(x)$가 어떤 상수 계수 선형 제차 미분방정식 $H(\boldsymbol{D})y=0$의 해가 될 때에 사용할 수 있다. 그래서 미정계수법은 비제차항 $f(x)$가 특수한 함수(상수, 다항식, 지수함수, sin 함수, cos 함수와 이들의 적당한 결합 형태)인 경우에 사용할 수 있다. 그 이유는 3.2절에서 상수 계수 선형 제차 미분방정식 $H(\boldsymbol{D})y=0$의 해는 [상수, 다항식, 지수함수, sin 함수, cos 함수 또는 이들의 적당한 결합 형태]이기 때문이다.

여기서 r계 선형 미분작용소 $H(\boldsymbol{D})=b_r\boldsymbol{D}^r+\cdots+b_1\boldsymbol{D}+b_0$가 다음을 만족한다고 가정하자.

$$H(\boldsymbol{D})f = b_r f^{(r)} + \cdots + b_1 f' + b_0 f = 0$$

단 b_0, b_1, $\cdots$, b_r는 상수로서 $b_r \neq 0$이고, $r \geq 1$은 정수이다.

이와 같이 $H(\boldsymbol{D})f=0$가 되는 $H(\boldsymbol{D})$를 $f(x)$의 **소멸 미분작용소**(annihilator differential operator)라 한다. 편의상 $Q(\boldsymbol{D})=H(\boldsymbol{D})P(\boldsymbol{D})$라 두자.

한편 y_p를 비제차 방정식의 하나의 특수해로서 $P(\boldsymbol{D})y_p=f$라 가정하자. 그러면 $P(\boldsymbol{D})y_p=f$의 양변에 $H(\boldsymbol{D})$를 작용시키면, 다음을 얻는다.

$$Q(\boldsymbol{D})y_p = H(\boldsymbol{D})P(\boldsymbol{D})y_p = H(\boldsymbol{D})f = 0$$

따라서 y_p는 제차 미분방정식 $Q(\boldsymbol{D})y=0$의 하나의 특수해임을 알 수 있다.

그러므로 $Q(\boldsymbol{D})y=0$의 일반해를 찾아서 임의상수에 적당한 값을 대입하여 특수해 y_p를 얻을 수 있다.

구체적으로 설명해보자. $Q(\boldsymbol{D})$는 $(n+r)$계 미분작용소이므로, $Q(\boldsymbol{D})y=0$는 $(n+r)$계 미분방정식이고 그 기본해집합은 $(n+r)$개의 일차 독립인 해들로 구성된다. $Q(\boldsymbol{D})$의 특성 다항식은 $P(\boldsymbol{D})$의 특성 다항식과 $H(\boldsymbol{D})$의 특성 다항식의 곱(즉 $Q(\lambda)=P(\lambda)H(\lambda)$)이므로, $Q(\boldsymbol{D})y=0$의 기본해집합이 $P(\boldsymbol{D})y=0$의 기본해집합 $\{y_1(x),\ y_2(x),\ \cdots,\ y_n(x)\}$을 포함하도록 택할 수 있다. 즉 $Q(\boldsymbol{D})y=0$의 일차 독립인 r개의 적당한 해 $z_1(x),\ z_2(x),\ \cdots,\ z_r(x)$를 구해서, $y_1(x),\ y_2(x),\ \cdots,\ y_n(x),\ z_1(x),\ z_2(x),\ \cdots,\ z_r(x)$가 일차 독립이 되도록 할 수 있다. 즉 이들 $n+r$개의 해들로 $Q(\boldsymbol{D})y=0$의 기본해집합을 다음과 같이 구성할 수 있다.

$$\{y_1(x),\ y_2(x),\ \cdots,\ y_n(x),\ z_1(x),\ z_2(x),\ \cdots,\ z_r(x)\} \tag{4.3.3}$$

그러면 y_p가 $Q(\boldsymbol{D})y=0$의 하나의 특수해이므로, 다음과 같은 형태를 가진다.

$$\begin{aligned} y_p &= \alpha_1 y_1(x)+\alpha_2 y_2(x)+\cdots+\alpha_n y_n(x) \\ &\quad +\beta_1 z_1(x)+\beta_2 z_2(x)+\cdots+\beta_r z_r(x) \end{aligned} \tag{4.3.4}$$

단 $\alpha_1,\ \alpha_2,\ \cdots,\ \alpha_n,\ \beta_1,\ \beta_2,\ \cdots,\ \beta_r$는 적당한 상수이다.

여기서 (4.3.4)를 $P(\boldsymbol{D})y=f$에 대입하여 성립하도록 적당한 상수 $\alpha_1,\ \alpha_2,\ \cdots,\ \alpha_n,\ \beta_1,\ \beta_2,\ \cdots,\ \beta_r$의 값을 구해서, y_p를 얻는다. 그런데 $P(\boldsymbol{D})y_i=0$, $(i=1,\ 2,\ \cdots,\ n)$이므로, 임의의 상수 $\alpha_1,\ \alpha_2,\ \cdots,\ \alpha_n$에 대해서 $P(\boldsymbol{D})[\alpha_1 y_1(x)+\alpha_2 y_2(x)+\cdots+\alpha_n y_n(x)]=0$이다. 그러므로 (4.3.4)에서 $\alpha_1=\alpha_2=\cdots=\alpha_n=0$라 두고, 다음과 같이 두면 편리하다.

$$y_p=\beta_1 z_1(x)+\beta_2 z_2(x)+\cdots+\beta_r z_r(x) \tag{4.3.5}$$

이제 (4.3.5)를 $P(\boldsymbol{D})y=f$에 대입하여 등식이 성립하도록 상수 $\beta_1,\ \beta_2,\ \cdots,\ \beta_r$의 값을 구하면, y_p를 얻는다.

이와 같이 하여, 특수해 y_p를 구하는 방법을 **미정계수법**이라 한다.

위의 내용을 요약하면, 미정계수법은 대체로 다음의 5단계로 이루어진다.

(1) $P(\boldsymbol{D})y=0$의 기본해집합 $\{y_1(x),\ y_2(x),\ \cdots,\ y_n(x)\}$를 구하고, 일반해 $y_c=c_1y_1(x)+c_2y_2(x)+\cdots+c_ny_n(x)$, ($c_1,\ c_2,\ \cdots,\ c_n$는 임의상수)를 구한다.

(2) 잘 관찰하여 $f(x)$의 (간단한) 소멸 미분작용소 $H(\boldsymbol{D})$를 구한다.

(3) $H(\boldsymbol{D})P(\boldsymbol{D})y=0$의 기본해집합 (4.3.3)을 구한다.

(4) (4.3.5)를 $P(\boldsymbol{D})y=f$에 대입하여 등식이 성립하도록 상수 $\beta_1,\ \beta_2,\ \cdots,\ \beta_r$의

값을 결정하여, 특수해 y_p 를 구한다.

(5) $P(\boldsymbol{D})y = f$ 의 일반해 $y_g = y_c + y_p$ 를 얻는다.

미정계수법에 익숙하다면, $f(x)$ 와 $P(\boldsymbol{D})$ 를 잘 관찰하여 위의 2단계와 3단계를 생략하고 곧바로 $z_1(x)$, $z_2(x)$, $\cdots$, $z_r(x)$를 찾을 수 있다.

예 4.3.1 다음 각 경우에 $y'' - 7y' + 10y = f$ 를 풀어보자.

(1) $f(x) = x + 3$

(2) $f(x) = e^{4x}$

(3) $f(x) = e^{2x}$

(4) $f(x) = 2\cos x + 16\sin x$

풀이 $y'' - 7y' + 10y = 0$에 대응되는 미분작용소는 $P(\boldsymbol{D}) = \boldsymbol{D}^2 - 7\boldsymbol{D} + 10$이다. 예 4.2.7에서 보면, $P(\boldsymbol{D})y = 0$의 기본해집합은 $\{e^{2x}, e^{5x}\}$이고 일반해는 $y_c = c_1 e^{2x} + c_2 e^{5x}$, ($c_1$, c_2는 임의상수)이다.

(1) $f(x) = x + 3$은 $\boldsymbol{D}^2 y = 0$의 해이다. 따라서 $H(\boldsymbol{D}) = \boldsymbol{D}^2$가 소멸 작용소이다. 그러면 $Q(\boldsymbol{D})y = H(\boldsymbol{D})P(\boldsymbol{D})y = \boldsymbol{D}^2(\boldsymbol{D}^2 - 7\boldsymbol{D} + 10)y = 0$의 기본해집합은 $\{e^{2x}, e^{5x}, 1, x\}$이다. 따라서 $y_p = \beta_1 + \beta_2 x$ 라 두고, $y'' - 7y' + 10y = x + 3$ 에 대입하여 등식이 성립하도록 상수 β_1, β_2 의 값을 정하자. 즉 y_p 를 $y'' - 7y' + 10y = x + 3$ 에 대입하면, 다음의 항등식을 얻는다.

$$10\beta_1 - 7\beta_2 + 10\beta_2 x = x + 3$$

따라서 $\beta_1 = \dfrac{37}{100}$, $\beta_2 = \dfrac{1}{10}$ 이고, 특수해는 $y_p = \dfrac{37}{100} + \dfrac{1}{10}x$ 이다. 그러므로 $P(\boldsymbol{D})y = x + 3$의 일반해는 다음과 같다.

$$y = y_c + y_p = c_1 e^{2x} + c_2 e^{5x} + \frac{37}{100} + \frac{1}{10}x, \ (c_1,\ c_2\text{는 임의상수})$$

(2) $f(x) = e^{4x}$ 는 $(\boldsymbol{D} - 4)y = 0$의 해이다. 따라서 $H(\boldsymbol{D}) = \boldsymbol{D} - 4$가 소멸 작용소이다. 그러면 $Q(\boldsymbol{D})y = H(\boldsymbol{D})P(\boldsymbol{D})y = (\boldsymbol{D} - 4)(\boldsymbol{D}^2 - 7\boldsymbol{D} + 10)y = 0$의 기본해집합은 $\{e^{2x}, e^{5x}, e^{4x}\}$이다. 따라서 $y_p = \beta e^{4x}$ 라 두고 $y'' - 7y' + 10y = e^{4x}$ 에 대입하여 등식이 성립하도록 상수 β의 값을 정하자. 즉 y_p 를 $y'' - 7y' + 10y = e^{4x}$ 에 대입하면, 다음의 항등식을 얻는다.

$$-2\beta e^{4x} = e^{4x}$$

따라서 $\beta=-\frac{1}{2}$ 이고, $y_p=-\frac{1}{2}e^{4x}$ 가 $y''-7y'+10y=e^{4x}$ 의 하나의 특수해이다. 그러므로 $y''-7y'+10y=e^{4x}$ 의 일반해는 다음과 같다.

$$y=y_c+y_p=c_1e^{2x}+c_2e^{5x}-\frac{1}{2}e^{4x},\ (c_1,\ c_2\text{는 임의상수})$$

(3) $f(x)=e^{2x}$ 는 $(\boldsymbol{D}-2)y=0$ 의 해이다. 따라서 $H(\boldsymbol{D})=\boldsymbol{D}-2$ 가 소멸 작용소이다. 그러면 $Q(\boldsymbol{D})y=H(\boldsymbol{D})P(\boldsymbol{D})y=(\boldsymbol{D}-2)(\boldsymbol{D}^2-7\boldsymbol{D}+10)y=0$ 의 기본해집합은 $\{e^{2x},\ e^{5x},\ xe^{2x}\}$ 이다. 따라서 $y_p=\beta xe^{2x}$ 라 두고 $y''-7y'+10y=e^{2x}$ 에 대입하여 등식이 성립하도록 상수 β 의 값을 정하자. 즉 y_p 를 $y''-7y'+10y=e^{2x}$ 에 대입하면, 다음의 항등식을 얻는다.

$$-3\beta e^{2x}=e^{2x}$$

따라서 $\beta=-\frac{1}{3}$ 이고, $y_p=-\frac{1}{3}xe^{2x}$ 가 $P(\boldsymbol{D})y=e^{2x}$ 의 하나의 특수해이다. 그러므로 $P(\boldsymbol{D})y=e^{2x}$ 의 일반해는 다음과 같다.

$$y=y_c+y_p=c_1e^{2x}+c_2e^{5x}-\frac{1}{3}xe^{2x},\ (c_1,\ c_2\text{는 임의상수})$$

(4) $f(x)=2\cos x+16\sin x$ 는 $(\boldsymbol{D}^2+1)y=0$ 의 해이다. 따라서 $H(\boldsymbol{D})=\boldsymbol{D}^2+1$ 가 소멸 작용소이다. 그러면 $Q(\boldsymbol{D})y=H(\boldsymbol{D})P(\boldsymbol{D})y=(\boldsymbol{D}^2+1)(\boldsymbol{D}^2-7\boldsymbol{D}1+10)y=0$ 의 기본해집합은 $\{e^{2x},\ e^{5x},\ \cos x,\ \sin x\}$ 이다. 따라서 $y_p=\beta_1\cos x+\beta_2\sin x$ 라 두고 $y''-7y'+10y=2\cos x+16\sin x$ 에 대입하여 등식이 성립하도록 상수 $\beta_1,\ \beta_2$ 의 값을 정하자. 즉 y_p 를 $y''-7y'+10y=2\cos x+16\sin x$ 에 대입하면, 다음의 항등식을 얻는다.

$$(9\beta_1-7\beta_2)\cos x+(7\beta_1+9\beta_2)\sin x=2\cos x+16\sin x$$

따라서 $9\beta_1-7\beta_2=2,\ 7\beta_1+9\beta_2=16$ 이고, 풀면 $\beta_1=1,\ \beta_2=1$ 이다. 그러므로 $y_p=\cos x+\sin x$ 가 $P(\boldsymbol{D})y=2\cos x+16\sin x$ 의 특수해이다. 따라서 $P(\boldsymbol{D})y=2\cos x+16\sin x$ 의 일반해는 다음과 같다.

$$y=y_c+y_p=c_1e^{2x}+c_2e^{5x}+\cos x+\sin x,\ (c_1,\ c_2\text{는 임의상수})$$ ■

예 4.3.2 다음 경우에 $y''+\omega^2y=f$ 를 풀어보자($\omega>0$는 상수).

(1) $f(x)=a\cos\mu x+b\sin\mu x$, ($0\neq\mu\neq\omega$, a, b 는 상수)

(2) $f(x)=a\cos\omega x+b\sin\omega x$, ($\mu=\omega$, a, b 는 상수)

풀이 $y''+\omega^2 y=0$에 대응되는 미분작용소는 $P(\boldsymbol{D})=\boldsymbol{D}^2+\omega^2$이고, 고유치는 $\lambda_1=-\omega i$, $\lambda_2=\omega i$ 이다. 따라서 $P(\boldsymbol{D})y=0$의 기본해집합은 $\{\cos\omega x, \sin\omega x\}$이고 일반해는 $y_c=c_1\cos\omega x+c_2\sin\omega x$, ($c_1$, c_2는 임의상수)이다.

(1) $f(x)=a\cos\mu x+b\sin\mu x$ 는 $(\boldsymbol{D}^2+\mu^2)y=0$의 해이므로, $H(\boldsymbol{D})=\boldsymbol{D}^2+\mu^2$가 소멸 작용소이다. 그러면 $Q(\boldsymbol{D})y=H(\boldsymbol{D})P(\boldsymbol{D})y=(\boldsymbol{D}^2+\mu^2)(\boldsymbol{D}^2+\omega^2)y=0$의 기본해집합은 $\{\cos\omega x, \sin\omega x, \cos\mu x, \sin\mu x\}$이다. 따라서 $y_p=\beta_1\cos\mu x+\beta_2\sin\mu x$ 라 두고 $P(\boldsymbol{D})y=a\cos\mu x+b\sin\mu x$ 에 대입하여 등식이 성립하도록 상수 β_1, β_2의 값을 정하자. 즉 y_p를 $P(\boldsymbol{D})y=a\cos\mu x+b\sin\mu x$ 에 대입하면, 다음을 얻는다.

$$(\omega^2-\mu^2)\beta_1\cos\mu x+(\omega^2-\mu^2)\beta_2\sin\mu x=a\cos\mu x+b\sin\mu x$$

따라서 $\beta_1=\dfrac{a}{\omega^2-\mu^2}$, $\beta_2=\dfrac{b}{\omega^2-\mu^2}$ 이다. 그리고 $y_p=\dfrac{a}{\omega^2-\mu^2}\cos\mu x+\dfrac{b}{\omega^2-\mu^2}\sin\mu x$ 가 $P(\boldsymbol{D})y=a\cos\mu x+b\sin\mu x$ 의 특수해이다. 그러므로 $P(\boldsymbol{D})y=a\cos\mu x+b\sin\mu x$ 의 일반해는 다음과 같다.

$$y=c_1\cos\omega x+c_2\sin\omega x+\frac{a}{\omega^2-\mu^2}\cos\mu x+\frac{b}{\omega^2-\mu^2}\sin\mu x,$$

(c_1, c_2는 임의상수)

(2) $f(x)=a\cos\omega x+b\sin\omega x$ 는 $(\boldsymbol{D}^2+\omega^2)y=0$의 해이므로, $H(\boldsymbol{D})=\boldsymbol{D}^2+\omega^2$가 소멸 작용소이다. 그러면 $Q(\boldsymbol{D})y=H(\boldsymbol{D})P(\boldsymbol{D})y=(\boldsymbol{D}^2+\omega^2)(\boldsymbol{D}^2+\omega^2)y=0$의 기본해집합은 $\{\cos\omega x, \sin\omega x, x\cos\omega x, x\sin\omega x\}$이다. 따라서 $y_p=\beta_1 x\cos\omega x+\beta_2 x\sin\omega x$ 라 두고 $P(\boldsymbol{D})y=a\cos\omega x+b\sin\omega x$ 에 대입하여 등식이 성립하도록 상수 β_1, β_2의 값을 정하자. 즉 y_p를 $P(\boldsymbol{D})y=a\cos\omega x+b\sin\omega x$ 에 대입하면, 다음을 얻는다.

$$2\omega\beta_2\cos\omega x-2\omega\beta_1\sin\omega x=a\cos\omega x+b\sin\omega x$$

따라서 $\beta_1=-\dfrac{b}{2\omega}$, $\beta_2=\dfrac{a}{2\omega}$ 이고, $y_p=-\dfrac{b}{2\omega}x\cos\omega x+\dfrac{a}{2\omega}x\sin\omega x$ 가 $P(\boldsymbol{D})y=a\cos\omega x+b\sin\omega x$ 의 하나의 특수해이다. 그러므로 $P(\boldsymbol{D})y=a\cos\omega x+b\sin\omega x$ 의 일반해는 다음과 같다.

$$y=y_c+y_p=c_1\cos\omega x+c_2\sin\omega x-\frac{b}{2\omega}x\cos\omega x+\frac{a}{2\omega}x\sin\omega x,$$

(c_1, c_2는 임의상수) ■

참고 위의 예에서 보았듯이 미분작용소 $P(\boldsymbol{D})$와 $H(\boldsymbol{D})$가 [공통 고유치를 가지는 경우]는 [공통 고유치를 가지지 않는 경우]보다 좀 더 복잡하다. 즉 다음과 같다.

1. $P(\boldsymbol{D})$와 $H(\boldsymbol{D})$가 공통 고유치를 가지지 않는 경우; 특수해 y_p는 $H(\boldsymbol{D})y=0$의 일반해와 같은 형태이다.
2. $P(\boldsymbol{D})$와 $H(\boldsymbol{D})$가 공통 고유치 λ_0를 가지는 경우; $P(\boldsymbol{D})$와 $H(\boldsymbol{D})$에서 고유치 λ_0의 중복도가 각각 m과 k이면, $Q(\boldsymbol{D})=H(\boldsymbol{D})P(\boldsymbol{D})$에서 고유치 λ_0의 중복도는 $m+k$가 된다. 그러므로 특수해 y_p는 $H(\boldsymbol{D})y=0$의 일반해와 다른 형태이다.

예 4.3.3 다음 각 경우에 $y'''-y''+y'-y=f$를 풀어보자.

(1) $f=5xe^{2x}$ (2) $f=e^x-e^{2x}$

풀이 $y'''-y''+y'-y=0$에 대응되는 미분작용소는 $P(\boldsymbol{D})=\boldsymbol{D}^3-\boldsymbol{D}^2+\boldsymbol{D}-1=(\boldsymbol{D}-1)(\boldsymbol{D}^2+1)$이다. $P(\boldsymbol{D})=(\boldsymbol{D}-1)(\boldsymbol{D}^2+1)$의 고유치는 $\lambda_1=1$, $\lambda_2=-i$, $\lambda_3=i$이므로, $P(\boldsymbol{D})y=0$의 기본해집합은 $\{e^x, \cos x, \sin x\}$이고 일반해는 $y_c=c_1e^x+c_2\cos x+c_3\sin x$이다($c_1$, c_2, c_3는 임의상수).

(1) $f(x)=5xe^{2x}$는 $(\boldsymbol{D}-2)^2y=0$의 해이므로, $H(\boldsymbol{D})=(\boldsymbol{D}-2)^2$가 소멸 작용소이고 $P(\boldsymbol{D})$와는 공통 인수(공통 고유치)가 없다. 따라서 특수해 y_p는 $H(\boldsymbol{D})y=0$의 일반해와 같은 형태이다. 즉

$$y_p=(\beta_1+\beta_2x)e^{2x}, \ (\beta_1,\ \beta_2 \text{는 적당한 상수})$$

여기서 y_p를 $P(\boldsymbol{D})y=5xe^{2x}$에 대입하면, 다음의 항등식을 얻는다.

$$(5\beta_1+9\beta_2+5\beta_2x)e^{2x}=5xe^{2x}$$

계수 비교에 의해서 다음 연립방정식을 얻는다.

$$5\beta_1+9\beta_2=0,\ 5\beta_2=5$$

이것을 풀면 $\beta_1=-\dfrac{9}{5}$, $\beta_2=1$을 얻는다. 따라서 $y_p=\left(-\dfrac{9}{5}+x\right)e^{2x}$가 $P(\boldsymbol{D})y=5xe^{2x}$의 하나의 특수해이다. 그러므로 $P(\boldsymbol{D})y=5xe^{2x}$의 일반해는 다음과 같다.

$$y=c_1e^x+c_2\cos x+c_3\sin x+\left(-\frac{9}{5}+x\right)e^{2x}, \ (c_1,\ c_2,\ c_3 \text{는 임의상수})$$

(2) $f(x)=e^x-e^{2x}$는 $(\boldsymbol{D}-1)(\boldsymbol{D}-2)y=0$의 해이므로, $H(\boldsymbol{D})=(\boldsymbol{D}-1)(\boldsymbol{D}-2)$가 소멸 작용소이다. $P(\boldsymbol{D})$와 $H(\boldsymbol{D})$는 공통인수 $(\boldsymbol{D}-1)$를 가진다. 그러므로 $P(\boldsymbol{D})$와 $H(\boldsymbol{D})$는 공통 고유치 $\lambda_1=1$을 가진다.

한편 $\lambda_1 = 1$ 은 $P(\boldsymbol{D})$ 의 중복도가 1인 고유치이다. 그러므로 특수해 y_p 는 제차 미분방정식 $(\boldsymbol{D}-1)H(\boldsymbol{D})y = (\boldsymbol{D}-1)^2(\boldsymbol{D}-2)y = 0$ 의 기본해집합 $\{e^{2x}, e^x, xe^x\}$ 에서 $P(\boldsymbol{D})y = 0$ 의 기본해집합에 속하는 e^x 를 제외한 기본해들 e^{2x}, xe^x 의 일차 결합 형태로서 다음과 같다.

$$y_p = \beta_1 e^{2x} + \beta_2 xe^x, \ (\beta_1, \ \beta_2 \text{는 적당한 상수})$$

y_p 를 $P(\boldsymbol{D})y = e^x - e^{2x}$ 에 대입하면, 다음의 항등식을 얻는다.

$$5\beta_1 e^{2x} + 2\beta_2 e^x = e^x - e^{2x}$$

따라서 계수 비교에 의해서 $\beta_1 = -\frac{1}{5}$, $\beta_2 = \frac{1}{2}$ 이다. 그러므로 $y_p = -\frac{1}{5}e^{2x} + \frac{1}{2}xe^x$ 가 $P(\boldsymbol{D})y = e^x - e^{2x}$ 의 하나의 특수해이다.

따라서 $P(\boldsymbol{D})y = e^x - e^{2x}$ 의 일반해는 다음과 같다.

$$y = c_1 e^x + c_2 \cos x + c_3 \sin x - \frac{1}{5}e^{2x} + \frac{1}{2}xe^x, \ (c_1, \ c_2, \ c_3 \text{는 임의상수}) \ ■$$

4.3.2 매개변수 변분법

선형 제차 미분방정식 $P(\boldsymbol{D})y = 0$ 의 일반해 y_c 를 적절히 변화시켜서 비제차 미분방정식 $P(\boldsymbol{D})y = f$ 의 특수해 y_p 를 구하는 매개변수 변분법에 대해서 알아보자. 더욱이 매개변수 변분법은 미분작용소 $P(\boldsymbol{D})$ 의 계수가 상수가 아닌 경우에도 적용할 수 있는 매우 보편적인 방법이다.

동반 제차 미분방정식 $P(\boldsymbol{D})y = 0$ 의 기본해집합을 다음과 같이 두자.

$$\{y_1(x), \ y_2(x), \ \cdots, \ y_n(x)\}$$

즉 다음과 같이 가정하자.

$$P(\boldsymbol{D})y_k = 0, \quad k = 1, \ \cdots, \ n \tag{4.3.6}$$

$$\text{Wronski 행렬식 } \boldsymbol{W}(y_1, \ y_2, \ \cdots, \ y_n) \neq 0 \tag{4.3.7}$$

그러면 $P(\boldsymbol{D})y = 0$ 의 일반해 y_c 는 다음과 같다.

$$y_c = c_1 y_1 + c_2 y_2 + \cdots + c_n y_n, \ (c_1, \ c_2, \ \cdots, \ c_n \text{는 임의상수})$$

여기서 y_c 의 임의상수(매개변수) $c_1, \ c_2, \ \cdots, \ c_n$ 에 n 개의 적당한 (비상수) 함수

$u_1(x)$, $u_2(x)$, $\cdots$, $u_n(x)$를 각각 대입한 다음의 일차 결합이 비제차 미분방정식 $P(\boldsymbol{D})y=f$의 특수해 y_p가 된다고 가정해보자.

$$y_p = u_1(x)y_1(x) + u_2(x)y_2(x) + \cdots + u_n(x)y_n(x) \qquad (4.3.8)$$

이제 (4.3.8)이 $P(\boldsymbol{D})y=f$의 해가 되도록 하는 함수들 $u_1(x)$, $u_2(x)$, $\cdots$, $u_n(x)$를 찾아보자. 먼저 $u_1(x)$, $u_2(x)$, $\cdots$, $u_n(x)$이 만족하여야 할 n개의 (될 수 있는 한 간단한) 조건들을 찾자.

y_p를 $P(\boldsymbol{D})y=f$에 대입하기 위하여, 곱의 미분법을 사용하여 y_p의 도함수들을 차례로 다음과 같이 구하자.

$$y_p' = u_1y_1' + u_2y_2' + \cdots + u_ny_n' + u_1'y_1 + u_2'y_2 + \cdots + u_n'y_n$$

여기서 다음의 조건을 가정하자.

$$u_1'y_1 + u_2'y_2 + \cdots + u_n'y_n = 0 \qquad (4.3.9)$$

그러면 y_p'는 다음과 같이 간단하게 된다.

$$y_p' = u_1y_1' + u_2y_2' + \cdots + u_ny_n' \qquad (4.3.10)$$

2계 도함수 y_p''를 곱의 미분법으로 다음과 같이 얻는다.

$$y_p'' = u_1y_1'' + u_2y_2'' + \cdots + u_ny_n'' + u_1'y_1' + u_2'y_2' + \cdots + u_n'y_n'$$

여기서 다음의 조건을 가정하자.

$$u_1'y_1' + u_2'y_2' + \cdots + u_n'y_n' = 0 \qquad (4.3.11)$$

그러면 y_p''는 다음과 같이 간단하게 된다.

$$y_p'' = u_1y_1'' + u_2y_2'' + \cdots + u_ny_n'' \qquad (4.3.12)$$

$1 \le k \le n-1$에 대해서, 이와 같이 귀납적으로 다음과 같이 가정을 해가자. $1 \le k \le n-1$에 대해서,

$$u_1'y_1^{(k-1)} + u_2'y_2^{(k-1)} + \cdots + u_n'y_n^{(k-1)} = 0 \qquad (4.3.13)$$

그러면 $y_p^{(k)}$는 다음과 같이 간단하게 된다. $1 \le k \le n-1$에 대해서,

$$y_p^{(k)} = u_1y_1^{(k)} + u_2y_2^{(k)} + \cdots + u_ny_n^{(k)} \qquad (4.3.14)$$

끝으로 $y_p^{(n-1)} = u_1 y_1^{(n-1)} + u_2 y_2^{(n-1)} + \cdots + u_n y_n^{(n-1)}$이므로, $y_p^{(n)}$을 다음과 같이 얻는다.

$$
\begin{aligned}
y_p^{(n)} &= u_1 y_1^{(n)} + u_2 y_2^{(n)} + \cdots + u_n y_n^{(n)} \\
&\quad + u_1{}' y_1^{(n-1)} + u_2{}' y_2^{(n-1)} + \cdots + u_n{}' y_n^{(n-1)}
\end{aligned}
\tag{4.3.15}
$$

이제 y_p를 $P(\boldsymbol{D})y = f$에 대입하면, (4.3.8), (4.3.10), (4.3.12), (4.3.14)와 (4.3.15)로부터 다음을 얻는다.

$$
\begin{aligned}
&u_1 P(\boldsymbol{D}) y_1 + u_2 P(\boldsymbol{D}) y_2 + \cdots + u_n P(\boldsymbol{D}) y_n \\
&\quad + a_n [u_1{}' y_1^{(n-1)} + u_2{}' y_2^{(n-1)} + \cdots + u_n{}' y_n^{(n-1)}] = f
\end{aligned}
$$

그러므로 (4.3.6)에 의해서, 다음의 조건을 얻는다.

$$
u_1{}' y_1^{(n-1)} + u_2{}' y_2^{(n-1)} + \cdots + u_n{}' y_n^{(n-1)} = \frac{f}{a_n}
\tag{4.3.16}
$$

위 내용을 요약하면 (4.3.13)과 (4.3.16)으로부터, 다음의 정리를 얻는다.

| 정리 4.3.4 | [매개변수 변분법] $u_1, u_2, \cdots, u_n$이 다음의 연립 방정식을 만족하면, $y_p = u_1 y_1 + u_2 y_2 + \cdots + u_n y_n$이 $P(\boldsymbol{D})y = f$의 해가 된다.

$$
\begin{cases}
u_1{}' y_1 + u_2{}' y_2 + \cdots + u_n{}' y_n = 0 \\
u_1{}' y_1{}' + u_2{}' y_2{}' + \cdots + u_n{}' y_n{}' = 0 \\
\quad \vdots \\
u_1{}' y_1^{(k)} + u_2{}' y_2^{(k)} + \cdots + u_n{}' y_n^{(k)} = 0 \\
\quad \vdots \\
u_1{}' y_1^{(n-1)} + u_2{}' y_2^{(n-1)} + \cdots + u_n{}' y_n^{(n-1)} = \dfrac{f}{a_n}
\end{cases}
\tag{4.3.17}
$$

참고 미지함수 $u_1{}', u_2{}', \cdots, u_n{}'$에 대한 연립방정식 (4.3.17)의 계수 행렬식은 $\boldsymbol{W}(y_1, y_2, \cdots, y_n)$ 임을 알 수 있다. 따라서 가정 (4.3.7)에 의해서 $\boldsymbol{W}(y_1, y_2, \cdots, y_n) \neq 0$이므로, 연립방정식 (4.3.17)은 유일한 해 $u_1{}', u_2{}', \cdots, u_n{}'$를 가진다. 그러므로 연립방정식 (4.3.17)을 풀어서 $u_1{}', u_2{}', \cdots, u_n{}'$를 먼저 구하고, 이들을 적분하여 $u_1, u_2, \cdots, u_n$을 구한다. 이와 같이 하여 $P(\boldsymbol{D})y = f$의 특수해 $y_p = u_1 y_1 + u_2 y_2 + \cdots + u_n y_n$을 구할 수 있다. 이 방법을 매개변수 변분법이라 한다.

예 4.3.5 다음 각 경우에 $y'' - 7y' + 10y = f$를 매개변수 변분법으로 풀어보자.

(1) $f = e^{4x}$　　　　(2) $f = e^{2x}$

풀이 $y'' - 7y' + 10y = 0$에 대응되는 미분작용소는 $P(\boldsymbol{D}) = \boldsymbol{D}^2 - 7\boldsymbol{D} + 10$이다. 그러므로 $P(\boldsymbol{D})y = 0$의 기본 해집합은 $\{e^{2x}, e^{5x}\}$이고, 일반해는 $y_c = c_1 e^{2x} + c_2 e^{5x}$이다($c_1$, c_2는 임의상수).

(1) $f = e^{4x}$에 대해서 $u_1'(x)$, $u_2'(x)$가 다음의 해라고 하자.

$$\begin{cases} e^{2x}u_1' + e^{5x}u_2' = 0 \\ 2e^{2x}u_1' + 5e^{5x}u_2' = e^{4x} \end{cases}$$

위의 연립방정식을 풀면, $u_1'(x)$, $u_2'(x)$는 다음과 같다.

$$u_1' = -\frac{1}{3}e^{2x},\ u_2' = \frac{1}{3}e^{-x}$$

따라서 $u_1 = \int -\frac{1}{3}e^{2x}\,dx = -\frac{1}{6}e^{2x}$,

$u_2 = \int \frac{1}{3}e^{-x}\,dx = -\frac{1}{3}e^{-x}$, (편의상 적분상수는 0라 두자)

그러면 정리 4.3.4에 의해서, $y_p = -\frac{1}{2}e^{4x}$가 $P(\boldsymbol{D})y = e^{4x}$의 하나의 특수해이다. 그러므로 $P(\boldsymbol{D})y = e^{4x}$의 일반해는 다음과 같다.

$$y = y_c + y_p = c_1 e^{2x} + c_2 e^{5x} - \frac{1}{2}e^{4x},\ (c_1,\ c_2\text{는 임의상수})$$

(2) $f = e^{2x}$에 대해서 $u_1'(x)$, $u_2'(x)$가 다음의 해라고 하자.

$$\begin{cases} e^{2x}u_1' + e^{5x}u_2' = 0 \\ 2e^{2x}u_1' + 5e^{5x}u_2' = e^{2x} \end{cases}$$

연립방정식을 풀면, $u_1'(x)$, $u_2'(x)$는 다음과 같다.

$$u_1' = -\frac{1}{3},\ u_2' = \frac{1}{3}e^{-3x}$$

따라서 $u_1 = \int -\frac{1}{3}\,dx = -\frac{1}{3}x$,

$u_2 = \int \frac{1}{3}e^{-3x}\,dx = -\frac{1}{9}e^{-3x}$, (편의상 적분상수는 0라 두자)

그러면 정리 4.3.4에 의해서, $y_p = -\frac{1}{3}xe^{2x} - \frac{1}{9}e^{2x}$가 $P(\boldsymbol{D})y = e^{2x}$의 특수해이다. 그러므로 $P(\boldsymbol{D})y = e^{2x}$의 일반해는 다음과 같다.

$$y = y_c + y_p = c_1 e^{2x} + c_2 e^{5x} - \frac{1}{3} x e^{2x} - \frac{1}{9} e^{2x}, \ (c_1,\ c_2 \text{는 임의상수})$$

여기서 $c_1 - \frac{1}{9}$도 임의의 상수가 되므로 이것을 편의상 다시 c_1으로 두면, $P(\boldsymbol{D})y = e^{2x}$의 일반해는 다음과 같이 간단히 표현된다.

$$y = y_c + y_p = c_1 e^{2x} + c_2 e^{5x} - \frac{1}{3} x e^{2x}, \ (c_1,\ c_2 \text{는 임의상수})$$ ■

위의 예는 미정 계수법으로도 풀 수 있으나, 다음의 예는 미정 계수법으로 풀기 불가능하다.

예 4.3.6 다음 각 경우에 $y'' + 4y = f$를 매개변수 변분법으로 풀어보자.

(1) $f = 3\csc x$ (2) $f = 4\sec 2x$

풀이 $y'' + 4y = 0$에 대응되는 미분작용소는 $P(\boldsymbol{D}) = \boldsymbol{D}^2 + 4$이고, 복소수 고유치는 $\lambda_1 = -2i$, $\lambda_2 = 2i$이다. 따라서 $P(\boldsymbol{D})y = 0$의 기본해집합은 $\{\cos 2x, \sin 2x\}$이다. 그러므로 $P(\boldsymbol{D})y = 0$의 일반해는 다음과 같다.

$$y_c = c_1 \cos 2x + c_2 \sin 2x, \ (c_1,\ c_2 \text{는 임의상수})$$

(1) $f = 3\csc x$에 대해서 $u_1'(x), u_2'(x)$가 다음의 해라고 하자.

$$\begin{cases} u_1' \cos 2x + u_2' \sin 2x = 0 \\ -2u_1' \sin 2x + 2u_2' \cos 2x = 3\csc x \end{cases}$$

위의 연립방정식을 풀면, $u_1'(x), u_2'(x)$는 다음과 같다.

$$u_1' = -3\cos x, \ u_2' = \frac{3}{2} \frac{\cos 2x}{\sin x} = \frac{3}{2}\csc x - 3\sin x$$

따라서 $u_1 = \int -3\cos x \, dx = -3\sin x$,

$$u_2 = \int \left[\frac{3}{2}\csc x - 3\sin x\right] dx = \frac{3}{2} ln|\csc x - \cot x| + 3\cos x,$$

(편의상 적분상수는 0라 두자)

그러면 정리 4.3.4에 의해서, y_p는 다음과 같다.

$$y_p = -3\sin x \cos 2x + \left[\frac{3}{2}\ln|\csc x - \cot x| + 3\cos x\right] \sin 2x$$

그러므로 $P(\boldsymbol{D})y = 3\csc x$ 의 일반해는 다음과 같다.

$$\begin{aligned} y &= c_1 \cos 2x + c_2 \sin 2x \\ &\quad - 3\sin x \cos 2x + \left[\frac{3}{2}\ln|\csc x - \cot x| + 3\cos x\right]\sin 2x \\ &= c_1 \cos 2x + c_2 \sin 2x + 3\sin x + \frac{3}{2}[\ln|\csc x - \cot x|]\sin 2x\,, \end{aligned}$$

$(c_1,\ c_2$ 는 임의상수)

(2) $f = 4\sec 2x$ 에 대해서 $u_1'(x),\ u_2'(x)$ 가 다음의 해라고 하자.

$$\begin{cases} u_1'\cos 2x + u_2'\sin 2x = 0 \\ -2u_1'\sin 2x + 2u_2'\cos 2x = 4\sec 2x \end{cases}$$

위의 연립방정식을 풀면, $u_1'(x),\ u_2'(x)$ 는 다음과 같다.

$$u_1' = -2\frac{\sin 2x}{\cos 2x}, \quad u_2' = 2$$

따라서 $u_1 = \displaystyle\int -2\frac{\sin 2x}{\cos 2x}\,dx = \ln|\cos 2x|\,,$

$u_2 = \displaystyle\int 2\,dx = 2x$, (편의상 적분상수는 0라 두자)

그러면 정리 4.3.4에 의해서, y_p 는 다음과 같다.

$$y_p = \cos 2x\,\ln|\cos 2x| + 2x\sin 2x$$

그러므로 $P(\boldsymbol{D})y = 4\sec 2x$ 의 일반해는 다음과 같다.

$$y = c_1 \cos 2x + c_2 \sin 2x + \cos 2x\ln|\cos 2x| + 2x\sin 2x\,,$$

$(c_1,\ c_2$ 는 임의상수) ■

예 4.4.7 $y'' + 3y' + 2y = \sin e^x$ 를 매개변수 변분법으로 풀어보자.

풀이 $y'' + 3y' + 2y = 0$ 에 대응되는 미분작용소는 $P(\boldsymbol{D}) = \boldsymbol{D}^2 + 3\boldsymbol{D} + 2$ 이고, 고유치는 $\lambda_1 = -1,\ \lambda_2 = -2$ 이다. 따라서 $P(\boldsymbol{D})y = 0$ 의 기본해집합은 $\{e^{-x},\ e^{-2x}\}$ 이고, 일반해는 $y_c = c_1 e^{-x} + c_2 e^{-2x}$, $(c_1,\ c_2$ 는 임의상수)이다.

$f = \sin e^x$ 에 대해서 $u_1'(x),\ u_2'(x)$ 가 다음의 해라고 하자.

$$\begin{cases} u_1' e^{-x} + u_2' e^{-2x} = 0 \\ -u_1' e^{-x} - 2u_2' e^{-2x} = \sin e^x \end{cases}$$

위의 연립방정식을 풀면, $u_1'(x)$, $u_2'(x)$ 는 다음과 같다.

$$u_1' = e^x \sin e^x, \quad u_2' = -e^{2x}\sin e^x$$

따라서 $u_1 = \int e^x \sin e^x \, dx = -\cos e^x$,

$$u_2 = \int -e^{2x}\sin e^x \, dx = e^x \cos e^x - \sin e^x,$$

(편의상 적분상수는 0라 두자)

그러면 정리 4.3.4에 의해서, y_p 는 다음과 같다.

$$y_p = -e^{-x}\cos e^x + e^{-2x}[e^x \cos e^x - \sin e^x] = -e^{-2x}\sin e^x$$

그러므로 $P(\boldsymbol{D})y = \sin e^x$ 의 일반해는 다음과 같다.

$$y = c_1 e^{-x} + c_2 e^{-2x} - e^{-2x}\sin e^x, \ (c_1, \ c_2 \text{ 는 임의상수})$$ ■

연습문제 4.3

1. 다음 미분방정식을 미정 계수법으로 풀어라.

(1) $y' - 5y = e^{2x}$

(2) $y'' - y' - 2y = e^{3x}$

(3) $y'' - y' - 2y = 4x^2 + e^{3x}$

(4) $y'' - y' - 2y = e^{2x}$

(5) $y''' - 2y'' - 5y' + 6y = e^x + 6x^2$

(6) $y'' - 5y' + 6y = 1 + \cos 2x$

(7) $y'' - y = e^{-2x}\sin x$

(8) $y'' - y = xe^x$

(9) $y''' + 2y'' - y' - 2y = e^x - 1$

(10) $y'' + 2y' + 2y = x^2 + e^{-x}\cos x$

(11) $y''' - y'' + y' - y = \cos x$

(12) $y''' - y'' + y' - y = 3\sin 2x$

2. 다음 미분방정식을 매개변수 변분법으로 풀어라.

(1) $y' - 5y = e^{2x}$

(2) $y'' - y' - 2y = e^{3x}$

(3) $y'' - y' - 2y = 4x^2 + e^{3x}$

(4) $y'' - y' - 2y = e^{2x}$

(5) $y''' - 2y'' - 5y' + 6y = e^x + 6x^2$

(6) $y'' - 5y' + 6y = 1 + \cos 2x$

(7) $y'' - y = e^{-2x}\sin x$

(8) $y'' - y = xe^x$

(9) $y''' + 2y'' - y' - 2y = e^x - 1$

(10) $y'' + 2y' + 2y = x^2 + e^{-x}\cos x$

3. 다음 초기치문제를 풀어라.

(1) $y' - 5y = e^{2x}, \ y(0) = 1$

(2) $y'' - y' - 2y = e^{3x}$, $y(0) = \frac{1}{4}$, $y'(0) = 0$

(3) $y'' - y' - 2y = 4x^2 + e^{3x}$, $y(0) = 1$, $y'(0) = 2$

(4) $y'' - y = xe^x$, $y(0) = -1$, $y'(0) = 1$

(5) $y'' - y = e^{-2x}\sin x$, $y(0) = \frac{1}{5}$, $y'(0) = 1$

(6) $y'' + 2y' + 2y = x^2 + e^{-x}\cos x$, $y(0) = 1$, $y'(0) = 0$

4.4 고계 상수 계수 선형 미분방정식의 응용

자연과학, 공학 등에서 나타나는 간단한 고계 상수 계수 선형 미분방정식 모델의 예들을 살펴보자. 고계 선형 미분방정식으로 표현되는 현상들 중에서 스프링 운동 등의 기계적인 진동, 전기회로를 흐르는 전류의 진동, 보(beam)의 굴절(deflection) 등이 대표적인 예이다.

이제 이들 특정 현상을 관찰하여 적합한 가설과 법칙을 이용해서 그 현상의 미분방정식 모델을 만들고, 그 미분방정식을 풀어서 해 또는 해의 성질을 원래의 현상에 적용하여 그 의미를 해석해보자.

4.4.1 스프링의 운동

(1) 스프링의 비강제(unforced) 운동

훅의 상수가 $k > 0$인 선형 스프링에 질량 m 인 물체(추)를 달아서 그림 4.4.1과 같이 매끄러운 탁자 위에 수평으로 놓고 한쪽 끝을 벽에 고정시켰다. 편의상 수평선(x 축)을 스프링과 나란히 두고 원점 O이 추의 위치가 되도록 하자.

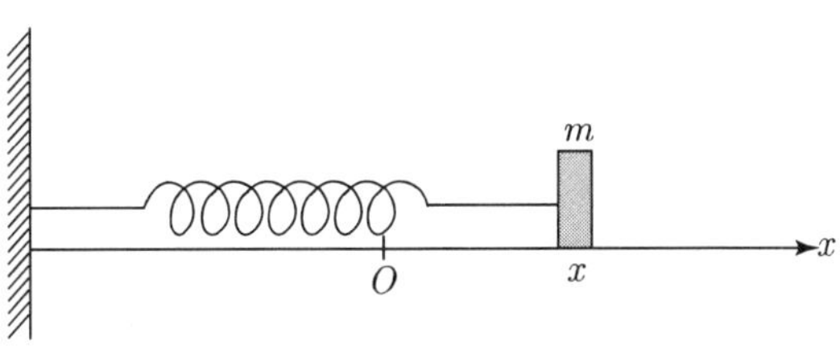

[그림 4.4.1]

이제 추의 수평운동에 대한 수학적 모델을 만들어보자. 시간변수를 t, 추의 위치를 x 라 하자.

뉴턴의 법칙에 의하면, 추에 작용하는 힘은 $m\frac{d^2x}{dt^2}$ 이다. 훅의 법칙에 의하면, 스프링의 복원력은 변위 x 에 비례하고 x 와 반대 방향으로 작용하므로 $-kx$ 이다. 간단히 하기 위해서 스프링의 자체 질량은 무시하자.

1) 무감쇠(無減衰; undamped) 경우

추의 운동을 방해하는 공기와 탁자의 저항이 없다고 가정하자(무감쇠). 그러면 힘 $m\frac{d^2x}{dt^2}$ 은 스프링의 복원력 $-kx$ 과 같다. 따라서 다음의 2계 미분방정식을 얻는다.

$$m\frac{d^2x}{dt^2} = -kx$$

편의상 $\omega = \sqrt{\frac{k}{m}}$ 라 두면, 다음의 2계 제차 상수 계수 방정식을 얻는다.

$$\frac{d^2x}{dt^2} + \omega^2 x = 0 \tag{4.4.1}$$

(4.4.1)의 특성방정식이 $\lambda^2 + \omega^2 = 0$ 이므로, 고유치는 $-\omega i$ 와 ωi 이다. 따라서 (4.4.1)의 일반해는 다음과 같이 주기가 $\frac{2\pi}{\omega}$ 인 주기함수이다.

$$x = c_1 \cos \omega t + c_2 \sin \omega t\,,\ (c_1,\ c_2 \text{ 는 임의상수}) \tag{4.4.2}$$

한편 초기시간 $t_0 = 0$ 에 추의 위치를 x_0, 속도를 x_1 이라 하면, 다음의 초기치문제를 얻는다.

$$\begin{cases} \dfrac{d^2x}{dt^2} + \omega^2 x = 0 \\ x(0) = x_0, \quad \dfrac{dx(0)}{dt} = x_1 \end{cases} \tag{4.4.3}$$

(4.4.2)에 의해서 (4.4.3)의 해는 다음과 같다.

$$x = x_0 \cos \omega t + \frac{x_1}{\omega} \sin \omega t,\ \ t \geq 0 \tag{4.4.4}$$

여기서 스프링의 추는 주기 $\frac{2\pi}{\omega} = 2\pi\sqrt{\frac{m}{k}}$ 인 주기운동을 하고 있음을 알 수 있다. 이런 주기운동을 단순 조화운동(simple harmonic motion)이라 한다. 이때 $\omega = \sqrt{\frac{k}{m}}$ 를 스프링의 고유 진동수(natural frequency)라 한다.

한편 (4.4.4)를 좀 더 간단히 표현하기 위해서 다음과 같이 두자.

$$\sqrt{x_0^2+\frac{x_1^2}{\omega^2}}\sin\varphi_0 = x_0,\quad \sqrt{x_0^2+\frac{x_1^2}{\omega^2}}\cos\varphi_0 = \frac{x_1}{\omega}$$

즉 $\varphi_0 = \tan^{-1}\dfrac{\omega x_0}{x_1}$ 라 두면, (4.4.4)는 다음과 같이 표현된다.

$$x = x_0\cos\omega t + \frac{x_1}{\omega}\sin\omega t = \sqrt{x_0^2+\frac{x_1^2}{\omega^2}}\sin(\omega t+\varphi_0),\ t \geq 0$$

여기서 $\sqrt{x_0^2+\dfrac{x_1^2}{\omega^2}}$ 를 진폭(amplitude)이라 하고 φ_0를 초기위상(phase angle)이라 한다.

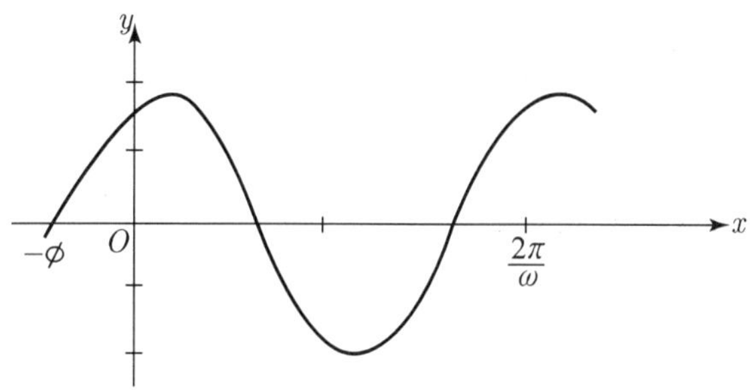

[그림 4.4.2]

2) 감쇠(減衰; damped) 경우

공기의 점성과 탁자의 마찰 등으로 인하여 추의 운동을 방해하는 저항이 있다고 가정하자(감쇠). 추의 속도가 적당한 범위 내에 있을 때, 저항력은 속도에 근사적으로 비례하고 속도와 반대 방향으로 작용한다고 볼 수 있다. 즉 저항력은 $-\rho\dfrac{dx}{dt}$ 로 표현될 수 있다(단 $\rho > 0$은 적당한 상수). 그러면 힘 $m\dfrac{d^2x}{dt^2}$ 은 복원력 $-kx$ 과 저항력 $-\rho\dfrac{dx}{dt}$ 의 합과 같다. 따라서 다음의 2계 미분방정식을 얻는다.

$$m\frac{d^2x}{dt^2} = -kx - \rho\frac{dx}{dt}$$

편의상 $\omega = \sqrt{\dfrac{k}{m}}$, $r = \dfrac{\rho}{2m}$ 라 두면, 다음 방정식을 얻는다.

$$\frac{d^2x}{dt^2} + 2r\frac{dx}{dt} + \omega^2 x = 0 \tag{4.4.5}$$

한편 초기시간 $t_0 = 0$에 추의 위치를 x_0, 속도를 x_1이라 하면, 다음의 초기치문제를 얻는다.

$$\begin{cases} \dfrac{d^2x}{dt^2} + 2r\dfrac{dx}{dt} + \omega^2 x = 0 \\ x(0) = x_0, \quad \dfrac{dx(0)}{dt} = x_1 \end{cases} \tag{4.4.6}$$

(4.4.5)의 특성방정식이 $\lambda^2 + 2r\lambda + \omega^2 = 0$이므로, 고유치는 다음과 같다.

$$\lambda_1 = -r - \sqrt{r^2 - \omega^2}, \quad \lambda_2 = -r + \sqrt{r^2 - \omega^2}$$

따라서 판별식 $r^2 - \omega^2$의 부호에 따라서 (4.4.5)의 해의 성질이 크게 달라진다.

■ $r^2 - \omega^2 > 0$인 경우[과감쇠(over damped)]

$\lambda_1 = -r - \sqrt{r^2 - \omega^2}$와 $\lambda_2 = -r + \sqrt{r^2 - \omega^2}$는 서로 다른 음의 실 고유치이다. 따라서 (4.5.5)의 일반해는 다음과 같다.

$$x = c_1 e^{\lambda_1 t} + c_2 e^{\lambda_2 t}, \ (c_1, c_2 \text{는 임의상수}) \tag{4.4.7}$$

이 경우 $\lambda_1 < 0$와 $\lambda_2 < 0$이므로, 임의의 상수 c_1, c_2에 대해서 $\lim\limits_{t \to \infty} (c_1 e^{\lambda_1 t} + c_2 e^{\lambda_2 t}) = 0$이다.

한편 초기치 $x(0) = x_0$, $\dfrac{dx(0)}{dt} = x_1$를 일반해 (4.4.7)에 대입하면, $c_1 + c_2 = x_0$, $\lambda_1 c_1 + \lambda_2 c_2 = x_1$이다. 따라서 $c_1 = \dfrac{\lambda_2 x_0 - x_1}{\lambda_2 - \lambda_1}$, $c_2 = \dfrac{x_1 - \lambda_1 x_0}{\lambda_2 - \lambda_1}$이고, 초기치문제 (4.4.6)의 해는 다음과 같다.

$$x = \frac{\lambda_2 x_0 - x_1}{\lambda_2 - \lambda_1} e^{\lambda_1 t} + \frac{x_1 - \lambda_1 x_0}{\lambda_2 - \lambda_1} e^{\lambda_2 t}$$

여기서 어떤 초기조건 하에서도 추는 진동하지 않고 시간이 지나면 평형상태로 되돌아간다는 것을 알 수 있다. 이 경우 저항력이 복원력보다 상대적으로 크기 때문에 일어나는 현상으로 과감쇠되었다고 한다.

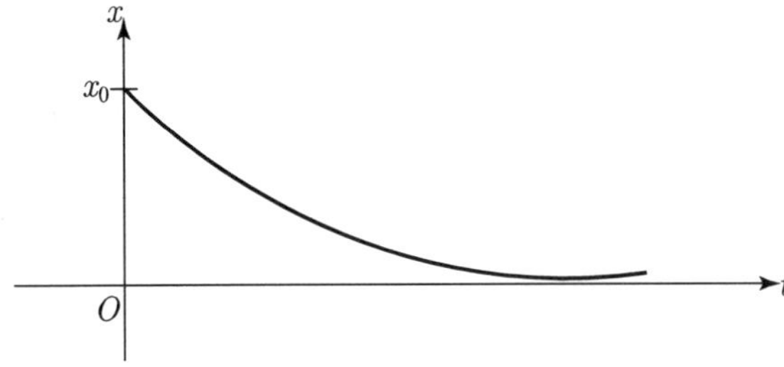

[그림 4.4.3]

■ $r^2 - \omega^2 < 0$인 경우[저감쇠(under damped)]

편의상 $\theta = \sqrt{\omega^2 - r^2}$라 두면, $\lambda_1 = -r - \theta i$와 $\lambda_2 = -r + \theta i$가 서로 다른 복소수 고유치이다. 따라서 (4.4.5)의 일반해는 다음과 같다.

$$x = e^{-rt}(c_1 \cos\theta t + c_2 \sin\theta t),\ (c_1,\ c_2 \text{는 임의상수}) \qquad (4.4.8)$$

이 경우 $Re(\lambda_1) = Re(\lambda_2) = -r < 0$이므로, 임의의 상수 c_1, c_2에 대해서 $\lim_{t \to \infty} e^{-rt}(c_1 \cos\theta t + c_2 \sin\theta t) = 0$이다. 한편 초기치 $x(0) = x_0,\ \dfrac{dx(0)}{dt} = x_1$를 일반해 (4.4.8)에 대입하면, 다음 연립방정식을 얻는다.

$$c_1 = x_0, \quad -rc_1 + \theta c_2 = x_1$$

이것을 풀면, $c_1 = x_0,\ c_2 = \dfrac{x_1 + rx_0}{\theta}$이다. 따라서 초기치문제 (4.4.6)의 해는 다음과 같다.

$$x = e^{-rt}\left(x_0 \cos\theta t + \frac{x_1 + rx_0}{\theta} \sin\theta t\right)$$

여기서 평형상태가 아닌 어떤 초기조건 하에서도 추는 진동하면서 시간이 지나면 평형상태($x = 0$)로 되돌아간다는 것을 알 수 있다. 이 경우 저항력이 복원력보다 상대적으로 적기 때문에 일어나는 현상으로 저감쇠되었다고 한다.

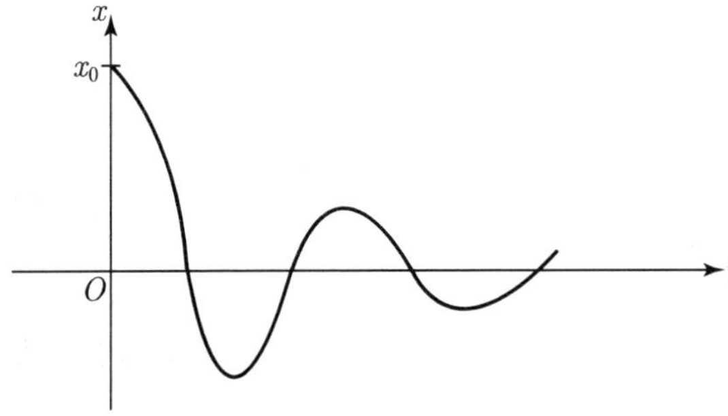

[그림 4.4.4]

■ $r^2 - \omega^2 = 0$인 경우[임계감쇠(critically damped)]

$\lambda_1 = \lambda_2 = -r$이 중복 실 고유치이다. 따라서 (4.4.5)의 일반해는 다음과 같다.

$$x = (c_1 + c_2 t)e^{-rt}, \ (c_1, \ c_2 \text{는 임의상수}) \tag{4.4.9}$$

$\lambda_1 = \lambda_2 = -r < 0$이므로, 임의의 상수 c_1, c_2에 대해서 $\lim_{t \to \infty}(c_1 + c_2 t)e^{-rt} = 0$ 이다. 한편 초기치 $x(0) = x_0$, $\dfrac{dx(0)}{dt} = x_1$를 일반해 (4.4.9)에 대입하면, $c_1 = x_0$, $c_2 = x_1 + rx_0$이다. 따라서 초기치문제 (4.4.6)의 해는 다음과 같다.

$$x = [x_0 + (x_1 + rx_0)t]e^{-rt}$$

그러므로 평형상태가 아닌 어떤 초기조건 하에도 추는 진동하지 않고 시간이 지나면 평형상태($x = 0$)로 되돌아간다는 것을 알 수 있다. 이 경우 저항력이 복원력과 적당히 균형을 이루었기 때문에 일어나는 현상으로, 조금만 변화가 있어도 과감쇠나 저감쇠가 되므로 임계감쇠되었다고 한다.

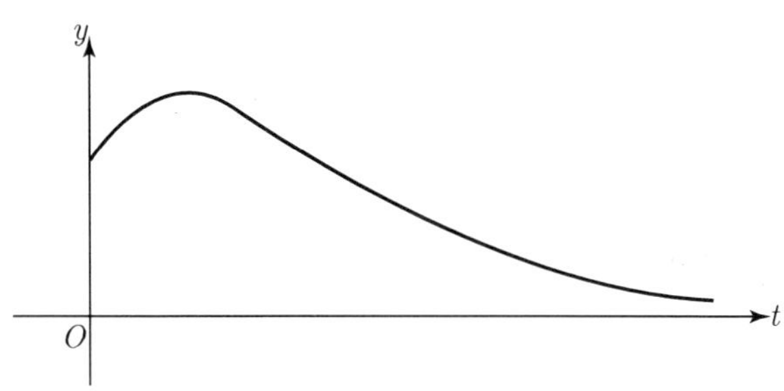

[그림 4.4.5]

(2) 스프링의 강제(forced) 운동

(1)에서와 같이 훅의 상수가 $k > 0$인 선형 스프링에 질량 m인 추를 달아서 한쪽 끝을 벽에 고정시키고 매끄러운 수평 탁자 위에 놓았다. 편의상 수평선(x축)을 스프링과 나란히 두고 원점 0이 추의 위치가 되도록 하자.

이제 추에 외부의 힘이 가해 질 때, 추의 운동에 대한 수학적 모델을 만들어 보자. 시간변수를 t, 추의 위치를 x라 하자.

뉴턴의 법칙에 의하면, 추에 작용하는 힘은 $m\dfrac{d^2x}{dt^2}$이고, 훅의 법칙에 의하면 스프링의 복원력은 $-kx$이다. 이제 스프링의 추에 외부에서 힘 $f(t)$가 작용한다고 가정하자. 간단히 하기 위해서 스프링의 자체 질량은 무시하자.

1) 무감쇠 강제 운동

추의 운동을 방해하는 공기의 저항과 탁자 면의 마찰저항이 없다고 가정하자. 그러면 힘 $m\dfrac{d^2x}{dt^2}$ 은 복원력 $-kx$ 과 외부 강제력 $f(t)$ 의 합과 같다. 따라서 다음의 2계 미분방정식을 얻는다.

$$m\frac{d^2x}{dt^2} = -kx + f(t)$$

편의상 $\omega = \sqrt{\dfrac{k}{m}}$ 라 두고 $f_0(t) = \dfrac{f(t)}{m}$ 라 두면, 다음의 2계 상수 계수 비제차 방정식을 얻는다.

$$\frac{d^2x}{dt^2} + \omega^2 x = f_0(t) \tag{4.4.10}$$

$\{\cos\omega t,\ \sin\omega t\}$가 (4.4.10)의 동반 제차 미분방정식 $\dfrac{d^2x}{dt^2} + \omega^2 x = 0$의 기본해 집합이다. 이제 매개변수 변분법으로 (4.4.10)을 풀어보자. 여기서 u_1, u_2를 다음 연립 미분방정식의 해라 하자.

$$\begin{cases} u_1'\cos\omega t + u_2'\sin\omega t = 0 \\ -u_1'\omega\sin\omega t + u_2'\omega\cos\omega t = f_0(t) \end{cases}$$

연립방정식을 풀면 다음을 얻는다.

$$u_1' = -\frac{f_0(t)}{\omega}\sin\omega t, \quad u_2' = \frac{f_0(t)}{\omega}\cos\omega t$$

이들을 적분하면, u_1 과 u_2를 얻는다. 편의상 정적분을 이용하여 다음과 같이 두자.

$$u_1 = -\int_0^t \frac{f_0(s)}{\omega}\sin\omega s\,ds, \quad u_2 = \int_0^t \frac{f_0(s)}{\omega}\cos\omega s\,ds$$

그러면 (4.4.10)의 일반해는 정리 4.3.4(매개변수 변분법)에 의해서 다음과 같다.

$$x = -\frac{1}{\omega}\cos\omega t\int_0^t f_0(s)\sin\omega s\,ds + \frac{1}{\omega}\sin\omega t\int_0^t f_0(s)\cos\omega s\,ds$$
$$+ c_1\cos\omega t + c_2\sin\omega t, \ (c_1,\ c_2\text{는 임의상수}) \tag{4.4.11}$$

한편 초기시간 $t_0 = 0$에 추의 위치를 x_0, 속도를 x_1이라 하면, 다음의 초기치문제를 얻는다.

$$\begin{cases} \dfrac{d^2x}{dt^2} + \omega^2 x = f_0(t) \\ x(0) = x_0, \quad \dfrac{dx(0)}{dt} = x_1 \end{cases} \tag{4.4.12}$$

(4.4.11)에 의해서 초기치문제 (4.4.12)의 해는 다음과 같다.

$$x = -\frac{1}{\omega}\cos\omega t\int_0^t f_0(s)\sin\omega s\,ds + \frac{1}{\omega}\sin\omega t\int_0^t f_0(s)\cos\omega s\,ds$$

$$+ x_0\cos\omega t + \frac{x_1}{\omega}\sin\omega t \tag{4.4.13}$$

여기서 특별히 강제력 $f_0(t) = \dfrac{f(t)}{m}$가 다음의 주기함수인 경우를 보자.

$$f_0 = a\cos\mu t + b\sin\mu t \tag{4.4.14}$$

(a, b는 동시에 0은 아닌 상수)

■ (4.4.14)에서 진동수 μ가 ω와 다른 경우($\mu \neq \omega$)

$f_0 = a\cos\mu t + b\sin\mu t$를 (4.4.11)에 대입하여 계산하고 정리하면, 다음의 해를 얻는다.

$$x = \frac{a}{\omega^2 - \mu^2}\cos\mu t + \frac{b}{\omega^2 - \mu^2}\sin\mu t + c_1\cos\omega t + c_2\sin\omega t, \tag{4.4.15}$$

(c_1, c_2는 임의상수)

초기치 $x(0) = x_0$, $\dfrac{dx(0)}{dt} = x_1$를 일반해 (4.4.15)에 대입하면, 다음을 얻는다.

$$c_1 + \frac{a}{\omega^2 - \mu^2} = x_0, \quad \omega c_2 + \frac{b\mu}{\omega^2 - \mu^2} = x_1$$

따라서 $c_1 = x_0 - \dfrac{a}{\omega^2 - \mu^2}$, $c_2 = \dfrac{x_1}{\omega} - \dfrac{b\mu}{\omega(\omega^2 - \mu^2)}$이다.

그러므로 $\begin{cases} \dfrac{d^2x}{dt^2} + \omega^2 x = a\cos\mu t + b\sin\mu t \\ x(0) = x_0, \quad \dfrac{dx(0)}{dt} = x_1 \end{cases}$ 의 해는 다음과 같다.

$$x = \frac{a}{\omega^2 - \mu^2}\cos\mu t + \frac{b}{\omega^2 - \mu^2}\sin\mu t$$

$$+\left(x_0-\frac{a}{\omega^2-\mu^2}\right)\cos\omega t+\left(\frac{x_1}{\omega}-\frac{b\mu}{\omega(\omega^2-\mu^2)}\right)\sin\omega t \qquad (4.4.16)$$

여기서 $\mu:\omega$ 의 비($\frac{\mu}{\omega}$)가 유리수이면 해 (4.4.16)은 주기함수이고, 비($\frac{\mu}{\omega}$)가 무리수이면 해 (4.4.16)은 주기함수가 아니다.

■ (4.4.14)에서 주파수 μ 가 ω 와 같은 경우($\mu=\omega$)

$f_0=a\cos\omega t+b\sin\omega t$ 를 (4.4.11)에 대입하여 계산하고 정리하면, 다음의 해를 얻는다.

$$x=-\frac{b}{2\omega}t\cos\omega t+\frac{a}{2\omega}t\sin\omega t+c_1\cos\omega t+c_2\sin\omega t, \qquad (4.4.17)$$

(c_1, c_2 는 임의상수)

한편 초기치 $x(0)=x_0$, $\frac{dx(0)}{dt}=x_1$ 를 일반해 (4.4.17)에 대입하면, 다음과 같다.

$$c_1=x_0,\ \omega c_2-\frac{b}{2\omega}=x_1,\ \text{즉}\ c_1=x_0,\ c_2=\frac{x_1}{\omega}+\frac{b}{2\omega^2}$$

그러므로 $\begin{cases}\dfrac{d^2x}{dt^2}+\omega^2x=a\cos\omega t+b\sin\omega t\\ x(0)=x_0,\quad \dfrac{dx(0)}{dt}=x_1\end{cases}$ 의 해는 다음과 같다.

$$x=-\frac{b}{2\omega}t\cos\omega t+\frac{a}{2\omega}t\sin\omega t+x_0\cos\omega t+\left(\frac{x_1}{\omega}+\frac{b}{2\omega^2}\right)\sin\omega t \quad (4.4.18)$$

여기서 a, b 는 동시에 0은 아닌 상수이므로 어떤 초기조건 하에서도 해 (4.4.18)의 진폭은 시간 t 에 비례해서 무한대(∞)로 증가한다. 이와 같은 현상은 스프링의 고유진동수 ω 와 가진 진동수 $\mu=\omega$ 가 일치할 때 일어나는데 **공진**(resonance) 현상이라 한다.

한편 공기의 점성과 탁자의 마찰 등으로 인하여 추의 운동을 방해하는 저항이 있는 강제 운동의 경우는 분석을 생략한다(연습문제).

참고 [수직 스프링 운동] 훅의 상수가 $k>0$ 인 선형 스프링에 질량 m 인 추를 달아 스프링의 위쪽 끝을 천장에 매달아서 수직으로 놓은 경우는 예 1.1.4에서 간단히 설명하였으나 좀 더 자세히 보자. 편의상 수직선(y 축)을 스프링과 나란히 두고, 추를 달지 않은 상태에서 스프링의 아래쪽 끝의 위치를 원점 0라 하자. 이 경우에 추의 수직운동에 대한 수학적 모델을 만들어 보자.

시간변수를 t, 추의 위치를 y라 하자. 뉴턴의 법칙에 의하면, 추에 작용하는 힘은 $m\dfrac{d^2y}{dt^2}$이다. 훅의 법칙에 의하면 스프링의 복원력은 $-ky$이다. 간단히 하기 위해서 스프링의 자체 질량은 무시하자.

추의 속도가 적당한 범위 내에 있을 때, 저항력은 속도에 근사적으로 비례한다고 가정하고 저항력은 속도와 반대 방향으로 작용하므로 $-\rho\dfrac{dy}{dt}$라 두자. 단 $\rho \geq 0$는 적당한 상수이다. 다만 수평 스프링의 경우와는 다르게, 수직 스프링의 경우에는 중력(mg_0)이 아래쪽으로 작용한다(여기서 g_0는 중력 가속도).

그러므로 힘 $m\dfrac{d^2y}{dt^2}$은 복원력 $-ky$과 저항력 $-\rho\dfrac{dy}{dt}$과 중력 $-mg_0$의 합과 같다. 따라서 다음의 2계 미분방정식을 얻는다.

$$m\frac{d^2y}{dt^2} = -ky - \rho\frac{dy}{dt} - mg_0$$

편의상 $\omega = \sqrt{\dfrac{k}{m}}$, $r = \dfrac{\rho}{2m}$라 두면, 다음 방정식을 얻는다.

$$\frac{d^2y}{dt^2} + 2r\frac{dy}{dt} + \omega^2 y = -g_0 \tag{4.4.19}$$

초기시간 $t_0 = 0$에 추의 위치를 y_0, 속도를 y_1이라 하면, 다음의 초기치문제를 얻는다.

$$\begin{cases} \dfrac{d^2y}{dt^2} + 2r\dfrac{dy}{dt} + \omega^2 y = -g_0 \\ y(0) = y_0, \quad \dfrac{dy(0)}{dt} = y_1 \end{cases} \tag{4.4.20}$$

한편 $x = y + \dfrac{g_0}{\omega^2} = y + \dfrac{mg_0}{k}$라 변수 변환하면, (4.4.19)는 다음과 같다.

$$\frac{d^2x}{dt^2} + 2r\frac{dx}{dt} + \omega^2 x = 0$$

즉 (4.4.19)는 수평 스프링 경우의 (4.4.5)와 동일하게 된다. 다만 추가 평형을 이루었을 때, 추의 위치는 y 좌표로는 $y_0 = -\dfrac{g_0}{\omega^2}$이고 x 좌표로는 $x_0 = 0$임을 나타낸다.
즉 (4.4.20)은 수평 스프링 경우의 (4.4.6)과 동일하게 된다. 따라서 수직 스프링의 운동도 수평 스프링 운동과 동일하게 분석할 수 있다.

예 4.4.1 스프링의 운동이 다음의 방정식으로 표현될 때, 운동 함수(해)를 구하고 해석하여라($r = 0$, $r = \dfrac{5}{2}$, $r = 1$, $r = 2$).

$$\begin{cases} \dfrac{d^2x}{dt^2}+2r\dfrac{dx}{dt}+4x=0 \\ x(0)=1, \quad \dfrac{dx(0)}{dt}=0 \end{cases}$$

풀이

(1) $r=0$ 인 경우(무감쇠): 특성방정식이 $\lambda^2+4=0$ 이므로, 고유치가 $-2i$, $2i$ 이고 $\dfrac{d^2x}{dt^2}+4x=0$ 의 일반해는 다음과 같다.

$$x=c_1\cos 2t+c_2\sin 2t, \ (c_1, \ c_2 \text{는 임의상수})$$

초기조건을 사용하여 c_1, c_2 를 구하면, $c_1=1$, $c_2=0$ 이다. 따라서 초기치문제의 해는 $x=\cos 2t$ 이다. 즉 추를 1만큼 당겨서 가만히 놓으면, 추는 진폭 1, 주기 π (진동수 2)로 주기운동을 한다는 것을 알 수 있다.

(2) $r=\dfrac{5}{2}$ 인 경우(과감쇠): 특성방정식이 $\lambda^2+5\lambda+4=0$ 이므로, 고유치가 -4, -1 이고 $\dfrac{d^2x}{dt^2}+5\dfrac{dx}{dt}+4x=0$ 의 일반해는 다음과 같다.

$$x=c_1e^{-4t}+c_2e^{-t}, \ (c_1, \ c_2 \text{는 임의상수})$$

초기조건을 사용하여 c_1, c_2를 구하면, $c_1=-\dfrac{1}{3}$, $c_2=\dfrac{4}{3}$ 이다. 따라서 초기치문제의 해는 $x=-\dfrac{1}{3}e^{-4t}+\dfrac{4}{3}e^{-t}$ 이다. 즉 추를 1만큼 당겨서 가만히 놓으면, 추는 진동하지 않고 점점 정지상태(0)로 수렴해 간다.

(3) $r=1$ 인 경우(저감쇠): 특성방정식이 $\lambda^2+2\lambda+4=0$ 이므로, 고유치가 $-1-\sqrt{3}\,i$, $-1+\sqrt{3}\,i$ 이고 $\dfrac{d^2x}{dt^2}+2\dfrac{dx}{dt}+4x=0$ 의 일반해는 다음과 같다.

$$x=e^{-t}(c_1\cos\sqrt{3}\,t+c_2\sin\sqrt{3}\,t), \ (c_1, \ c_2 \text{는 임의상수})$$

초기조건을 사용하여 c_1, c_2 를 구하면, $c_1=1$, $c_2=\dfrac{\sqrt{3}}{3}$ 이다. 따라서 초기치문제의 해는 $x=e^{-t}(\cos\sqrt{3}\,t+\dfrac{\sqrt{3}}{3}\sin\sqrt{3}\,t)$ 이다. 즉 추를 1만큼 당겨서 가만히 놓으면, 추는 진동하면서 점점 정지상태로 간다. 즉 $x=\dfrac{2\sqrt{3}}{3}e^{-t}\sin\left(\sqrt{3}\,t+\dfrac{\pi}{3}\right)$ 이므로, 초기위상은 $\dfrac{\pi}{3}$ 이고 주기는 $\dfrac{2\pi}{\sqrt{3}}$ 이며 진폭

$\frac{2\sqrt{3}}{3}e^{-t}$ 은 지수적으로 감소하여 정지상태(0)로 수렴한다.

(4) $r=2$ 인 경우(임계감쇠): 특성방정식이 $\lambda^2+4\lambda+4=0$ 이므로, 중복 고유치가 -2 이고 $\frac{d^2x}{dt^2}+4\frac{dx}{dt}+4x=0$ 의 일반해는 다음과 같다.

$$x=(c_1+c_2t)e^{-2t},\ (c_1,\ c_2 \text{는 임의상수})$$

초기조건을 사용하여 c_1, c_2 를 구하면, $c_1=1$, $c_2=2$ 이다. 따라서 초기치 문제의 해는 $x=(1+2t)e^{-2t}$ 이다. 즉 추를 1만큼 당겨서 가만히 놓으면, 추는 진동하지 않고 정지상태(0)로 수렴한다. ■

예 4.4.2 스프링의 운동이 다음의 방정식으로 표현될 때, 운동 함수(해)를 구하고 해석하여라($\mu=1$, $\mu=2$).

$$\begin{cases} \frac{d^2x}{dt^2}+4x=\cos\mu t \\ x(0)=1, \quad \frac{dx(0)}{dt}=0 \end{cases}$$

풀이 제차 미분방정식의 특성방정식이 $\lambda^2+4=0$ 이므로, 고유치가 $-2i$, $2i$ 이고 $\frac{d^2x}{dt^2}+4x=0$ 의 일반해는 다음과 같다.

$$x_c=c_1\cos 2t+c_2\sin 2t,\ (c_1,\ c_2 \text{는 임의상수})$$

따라서 고유진동수는 2이다.

(1) $\mu=1$ 인 경우(비공진): (4.4.15)에 의해서, $\frac{d^2x}{dt^2}+4x=\cos t$ 의 일반해는 다음과 같다.

$$x=\frac{1}{3}\cos t+c_1\cos 2t+c_2\sin 2t,\ (c_1,\ c_2 \text{는 임의상수})$$

따라서 초기조건에 의해서, c_1, c_2 를 구하면, $c_1=\frac{2}{3}$, $c_2=0$ 이다. 그러므로 초기치문제의 해는 다음과 같다.

$$x=\frac{1}{3}\cos t+\frac{2}{3}\cos 2t$$

이 경우 추는 주기 2π 로 주기운동을 한다.

(2) $\mu = 2$인 경우(공진): (4.4.17)에 의해서, $\dfrac{d^2x}{dt^2} + 4x = \cos 2t$ 의 일반해는 다음과 같다.

$$x = \frac{t}{4}\sin 2t + c_1\cos 2t + c_2\sin 2t\,,\ (c_1,\ c_2\text{는 임의상수})$$

따라서 초기조건에 의해서, c_1, c_2를 구하면, $c_1 = 1$, $c_2 = 0$이다. 그러므로 초기치문제의 해는 다음과 같다.

$$x = \frac{1}{4}t\sin 2t + \cos 2t$$

간단히 하면 다음을 얻는다.

$$x = \frac{1}{4}\sqrt{t^2+16}\,\sin[2t + \alpha(t)],\ (\text{단 } \alpha(t) = \tan^{-1}\frac{4}{t})$$

이 경우 추는 진동하면서, 진폭 $\frac{1}{4}\sqrt{t^2+16}$ 은 ∞ 로 계속 증가한다. ■

4.4.2 RLC 전기회로

저항(R ohm)과 유도코일(L henry)과 축전지(C farad)와 전원(E volt)이 아래 그림과 같이 연결되어 있다고 하자.

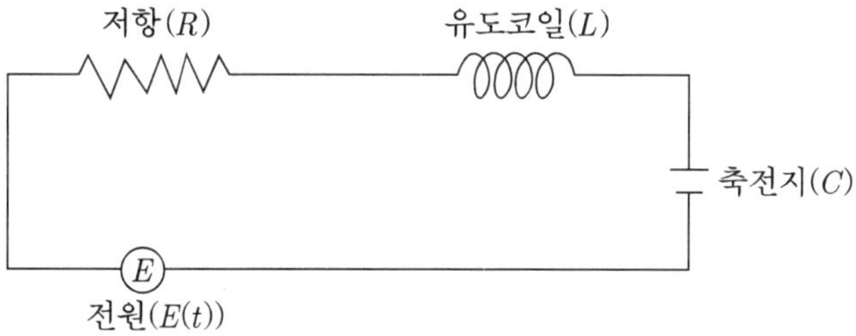

[그림 4.4.6]

t 순간에 축전지의 전하량을 Q(coulomb)라 하고, 회로에 흐르는 전류를 I(ampere)라 하면, $I = \dfrac{dQ}{dt}$ 이다. 그리고 저항(R ohm)을 지날 때 전압강하는 IR(volt)이고, 유도코일(L henry)을 지날 때 전압강하는 $L\dfrac{dI}{dt}$(volt)이며, 축전지(C farad)을 지날 때 전압강하는 $\dfrac{Q}{C}$(volt)이다.

한편 키르히호프(Kirchhoff)의 제2법칙에 의하면, 폐쇄회로에서 전원의 전압은

회로의 각 요소들의 전압강하량의 합과 같다. 따라서 다음을 얻는다.

$$L\frac{dI}{dt}+RI+\frac{1}{C}Q=E(t) \tag{4.4.21}$$

$I=\dfrac{dQ}{dt}$ 이므로, 전하량 Q에 대하여 다음 방정식을 얻는다.

$$L\frac{d^2Q}{dt^2}+R\frac{dQ}{dt}+\frac{1}{C}Q=E(t) \tag{4.4.22}$$

또한 전류 I에 대하여 다음 방정식을 얻는다.

$$L\frac{d^2I}{dt^2}+R\frac{dI}{dt}+\frac{1}{C}I=\frac{dE}{dt} \tag{4.4.23}$$

즉

$$\frac{d^2I}{dt^2}+\frac{R}{L}\frac{dI}{dt}+\frac{1}{LC}I=\frac{1}{L}\frac{dE}{dt} \tag{4.4.24}$$

여기서 초기시간 t_0 에서 초기 전하량 $Q(t_0)=Q_0$, 초기 전류 $I(t_0)=I_0$, 초기 전압 $E(t_0)=E_0$라 하자. 그러면 (4.4.21)에 의해서, 다음을 얻는다.

$$\frac{dI(t_0)}{dt}=\frac{1}{L}E(t_0)-\frac{R}{L}I(t_0)-\frac{1}{LC}Q(t_0),$$

즉

$$I'(t_0)=I_1\equiv\frac{1}{L}E_0-\frac{R}{L}I_0-\frac{1}{LC}Q_0$$

그러므로 전류 I에 대하여, 다음의 초기치문제를 얻는다.

$$\begin{cases} I''+\dfrac{R}{L}I'+\dfrac{1}{LC}I=\dfrac{1}{L}E' \\ I(t_0)=I_0, \quad I'(t_0)=I_1 \end{cases} \tag{4.4.25}$$

전류 I에 대한 초기치문제 (4.4.25)는 스프링의 감쇠 강제 운동에 대한 초기치문제와 수학적으로 동일하다. 그러므로 초기치문제 (4.4.25)의 분석은 생략한다.

예 4.4.3 RLC 회로에서 저항은 $R=0.02$옴, 유도코일은 $L=0.001$헨리, 축전지는 $C=1$ 파라데이, 전원은 $E(t)=\sin 60t$볼트라 가정하자. 그리고 초기 전류는 $I(0)=0$이고, 초기 전하량은 $Q(0)=0$이라 하자. $t>0$ 순간에 회로를 흐르는 전류 $I(t)$를 구하여라.

풀이 초기조건을 구하면, 다음과 같다.

$$I'(0)=\frac{1}{L}E(0)-\frac{R}{L}I(0)-\frac{1}{LC}Q(0)=0$$

따라서 (4.4.25)에 의해서 다음 초기치문제를 얻는다.

$$\begin{cases} I''+20I'+1000I=60000\cos 60t \\ I(0)=0, \quad I'(0)=0 \end{cases} \tag{4.4.26}$$

동반 제차 방정식 $I''+20I'+1000I=0$ 의 고유치는 $\lambda_1=-10-30i$, $\lambda_2=-10+30i$ 이므로, 그 일반해는 다음과 같다.

$$I_c=e^{-10t}(c_1\cos 30t+c_2\sin 30t), \quad (c_1,\ c_2 \text{ 는 임의상수})$$

미정계수법으로 다음 비제차 방정식을 풀자.

$$I''+20I'+1000I=60000\cos 60t$$

여기서 $I_p=A\cos 60t+B\sin 60t$ 가 비제차 방정식의 한 특수해라 가정하자. I_p 를 대입하고 계수를 비교하여 정리하면, 다음 연립방정식을 얻는다.

$$6A-13B=0,\ 6B-13A=300$$

즉 $A=-\dfrac{3900}{133}$, $B=-\dfrac{1800}{133}$ 이다. 따라서 I_p 는 다음과 같다.

$$I_p=-\frac{3900}{133}\cos 60t-\frac{1800}{133}\sin 60t$$

그러므로 비제차 방정식의 일반해는 다음과 같다.

$$I=e^{-10t}(c_1\cos 30t+c_2\sin 30t)-\frac{3900}{133}\cos 60t-\frac{1800}{133}\sin 60t$$

이제 초기조건을 사용하여 상수 c_1, c_2 를 구하자.

$$I(0)=c_1-\frac{3900}{133}=0,\ I'(0)=-10c_1+30c_2-\frac{1800}{133}60=0$$

따라서 $c_1=\dfrac{3900}{133}$, $c_2=\dfrac{4900}{133}$ 이고, 초기치문제 (4.4.26)의 해는 다음과 같다.

$$I=e^{-10t}\left(\frac{3900}{133}\cos 30t+\frac{4900}{133}\sin 30t\right)-\frac{3900}{133}\cos 60t-\frac{1800}{133}\sin 60t \tag{4.4.27}$$

해 (4.4.27)에서 $I_c=e^{-10t}\left(\dfrac{3900}{133}\cos 30t+\dfrac{4900}{133}\sin 30t\right)$는 시간이 지남($t\to\infty$)에 따라 점차 소멸(0에 수렴)하므로 과도(transient) 전류라 하고,

$I_p = -\frac{3900}{133}\cos 60t - \frac{1800}{133}\sin 60t$ 는 정상(steady−state) 전류라 한다. ■

4.4.3 보의 굴절

균일한 물질로 만들어진 일정한 굵기의 보(beam)가 아래 그림과 같이 수평으로 놓여 있다고 하자. 보의 중심을 관통하는 중심축을 대칭축이라 한다. 보의 길이를 L 이라 하고, 편의상 대칭축이 x 축과 일치하도록 두고 왼쪽 끝점을 0, 오른쪽 끝점을 L 이라 하자.

하중(힘)이 보에 수직으로 작용하면, 보의 중심축(대칭축)이 아래로 휘게 되는데 이 곡선을 굴절곡선(deflection curve) 또는 탄성곡선(elastic curve)이라 한다. 편의상 수평축을 x 축, 수직축을 u 축이라 하고, u 축은 아래로 향하는 방향을 양이라 하자. 각 x 에서 굴절곡선이 아래로 휜(굽은) 양을 $u(x)$ 라 하자.

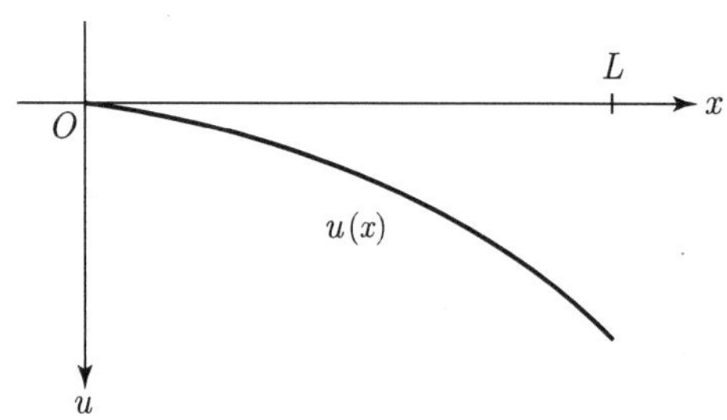

[그림 4.4.7]

이때 탄성이론에 의하면 x 에서 휨(bending) 모멘트 $M(x)$ 와 보에 단위 길이당 작용하는 하중(힘) $w(x)$ 의 관계는 다음과 같다.

$$\frac{d^2M}{dx^2} = w(x), \quad 0 < x < L \tag{4.4.28}$$

또한 x 에서 휨 모멘트 $M(x)$ 는 굴절곡선 $u(x)$ 의 곡률 $K(x)$ 에 비례하는데 다음과 같다.

$$M(x) = EIK(x)$$

단 E 는 보를 형성하는 탄성물질의 영 계수(Young's modulus)이고, I 는 보의 단면의 관성 모멘트이며, 특히 EI 를 보의 굴절 강성률(flexural rigidity)이라 한다.

한편 미분적분학에서 곡률 $K(x)$ 는 다음과 같다.

$$K = \frac{u''}{[\sqrt{1+(u')^2}\,]^3}$$

여기서 변위 $u(x)$가 크지 않다고 가정하자. 그러면 $u'(x) \approx 0$이다. 따라서 $K = \dfrac{u''}{[\sqrt{1+(u')^2}\,]^3} \approx u''$이고, 다음을 얻는다.

$$M = EIK \approx EIu''$$

그러므로 (4.4.28)로부터 보의 굴절에 대한 다음 방정식을 얻는다.

$$EI\frac{d^4u}{dx^4} = w(x), \quad 0 < x < L \tag{4.4.29}$$

보의 양 끝점의 상태에 따라서 보조조건을 주자. 즉 보조 조건으로서 보의 양 끝점에서 경계조건을 다음과 같이 3종류로 나누어 생각해볼 수 있다.

(1) 보의 끝점이 꽉 묶여서 고정되어 있는 경우를 **묶여진**(clamped) 경계라 한다.
(2) 보의 끝점이 고정대 위에 단순히 얹혀 있는 경우를 **얹혀진**(simply supported 또는 hinged) 경계라 한다.
(3) 보의 끝점이 고정되어 있지 않는 경우를 **비고정**(free) 경계라 한다.

예를 들어서 $x=0$에서 묶여진 경계조건은 다음과 같다(즉 $x=0$에서 변위가 없으며 굴절곡선 $u(x)$는 x축에 접한다).

$$u(0) = 0, \quad u'(0) = 0 \tag{4.4.30}$$

예를 들어서 $x=0$에서 얹혀진 경계조건은 다음과 같다(즉 $x=0$에서 변위가 없으며, 휨 모멘트 $M(0)$가 0이므로 $u''(0)=0$이다).

$$u(0) = 0, \quad u''(0) = 0$$

예를 들어서 $x=L$에서 비고정 경계조건은 다음과 같다(즉 $x=L$에서 휨 모멘트 $M(L)$가 0이므로 $u''(L)=0$이며, 층밀림력(shear force)이 0이므로 $u'''(L)=0$이다).

$$u''(L) = 0, \quad u'''(L) = 0 \tag{4.4.31}$$

특히 한 끝점($x=0$)이 묶여진 경계이고 나머지 끝점($x=L$)이 비고정 경계인 보를 **칸틸레버**(cantilever) 보라 한다.

굴절곡선의 그래프를 그릴 때는 $y=-u$라 두고 xy-평면에 그리면 편리하다. 보의 굴절 문제의 더 자세한 분석을 생략한다.

예 4.4.4 [칸틸레버] 한 끝점($x=0$)이 묶여져 있고 나머지 끝점($x=L$)이 비고정되어 있는 수평 칸틸레버 보가 중력 g_0에 의해서 휘어져 있다. 이때 굴절곡선의 식을 구하여라. 단 보의 영 계수는 E이고 단면의 관성 모멘트는 I이다.

풀이 굴절곡선을 $u(x),\ 0 \le x \le L$라 하자. 그러면 (4.4.29)에 의해서 다음을 얻는다.

$$EI\frac{d^4u}{dx^4} = g_0, \quad 0 < x < L$$

한편 $x = 0$에서 경계조건은 (4.4.30)에 의해서 다음과 같다.

$$u(0) = 0, \quad u'(0) = 0$$

그리고 $x = L$에서 경계조건은 (4.4.31)에 의해서 다음과 같다.

$$u''(L) = 0, \quad u'''(L) = 0$$

이제 다음의 간단한 경계치문제를 얻는다.

$$\begin{cases} EI\dfrac{d^4u}{dx^4} = g_0 \\ u(0) = 0, \quad u'(0) = 0 \\ u''(L) = 0, \quad u'''(L) = 0 \end{cases}$$

$EI\dfrac{d^4u}{dx^4} = g_0$의 일반해는 4번 적분하여 다음과 같이 구할 수 있다.

$$u = c_1 + c_2x + c_3x^2 + c_4x^3 + \frac{g_0}{24EI}x^4, \tag{4.4.32}$$

$$(c_1,\ c_2,\ c_3,\ c_4\text{는 임의상수})$$

경계조건을 (4.4.32)에 대입하면 다음을 얻는다.

$$c_1 = 0, \quad c_2 = 0, \quad 2c_3 + 6Lc_4 + \frac{g_0L^2}{2EI} = 0, \quad 6c_4 + \frac{g_0L}{EI} = 0$$

따라서 $c_1,\ c_2,\ c_3,\ c_4$의 값을 구하면, 다음과 같다.

$$c_1 = 0, \quad c_2 = 0, \quad c_3 = \frac{g_0L^2}{4EI}, \quad c_4 = -\frac{g_0L}{6EI}$$

그러므로 굴절곡선은 다음과 같다.

$$u = \frac{g_0L^2}{4EI}x^2 - \frac{g_0L}{6EI}x^3 + \frac{g_0}{24EI}x^4, \quad 0 \le x \le L$$

굴절곡선 $u(x),\ 0 \le x \le L$의 그래프를 그릴 때는 $y = -u$라 두고 xy-평면에

그리면 편리하다. 즉 다음과 같이 두면 편리하다.

$$y = -\frac{g_0 L^2}{4EI}x^2 + \frac{g_0 L}{6EI}x^3 - \frac{g_0}{24EI}x^4, \quad 0 \le x \le L$$

여기에서 $y' = -\frac{g_0}{6EI}x(3L^2 - 3Lx + x^2) < 0,\ 0 < x < L$이고,

$y'' = -\frac{g_0}{2EI}(L-x)^2 < 0,\ 0 < x < L$이다. ■

연습문제 4.4

1. $\frac{d^2x}{dt^2} + 2r\frac{dx}{dt} + 3x = 0$ 에서 임계감쇠가 되도록 상수 r의 값을 정하고, 초기치가 $x(0) = -1,\ x'(0) = 0$일 때 해를 구하고 그래프를 그려라.

2. $\frac{d^2x}{dt^2} + 9x = \sin \omega t$ 에서 공진이 일어나도록 상수 ω의 값을 정하고, 초기치가 $x(0) = 0,\ x'(0) = 0$일 때 해를 구하고 그래프를 그려라.

3. $[\frac{d^2x}{dt^2} + 9x = \sin 2t,\ x(0) = 0,\ x'(0) = 0]$의 해를 구하고 그래프를 그려라.

4. $[\frac{d^2x}{dt^2} + 9x = \sin \pi t,\ x(0) = 0,\ x'(0) = 0]$의 해를 구하고 그래프를 그려라.

5. $\begin{cases} \frac{d^2x}{dt^2} + 2r\frac{dx}{dt} + \omega^2 x = g(t) \\ x(0) = x_0, \quad \frac{dx(0)}{dt} = x_1 \end{cases}$ 를 다음 각 경우에 분석하여라.

   (1) $r > \omega$　　(2) $r < \omega$　　(3) $r = \omega$

6. 10kg의 추가 스프링에 달려 있다. 정지상태에서 아래쪽으로 1m 당겼다 놓았다. 주기적인 외력 $g(t) = 5\sin t$ 가 작용하는 경우에 추의 운동을 분석하여라. 단 스프링의 훅의 상수는 140N/m이고, 공기 저항은 추의 속도의 90배이다.

7. 10kg의 추가 스프링에 달려 있다. 정지상태에서 아래쪽으로 1m 당겼다 놓았다.

외부에서 작용하는 힘(외력)이 없는 경우에 추의 운동을 분석하여라. 단 스프링의 훅의 상수는 140N/m이고, 공기 저항은 추의 속도의 90배이다.

8. 길이 Lm인 균일한 보의 한 끝점($x=0$)이 받침대에 묶여져 있고 나머지 끝점($x=L$)은 받침대가 없이 자유로운 수평보가 중력에 의해서 휘어져 있다. 이때 굴절곡선의 식을 구하여라. 단 보의 단위길이당 중량은 Wkg_0/m이며, 영 계수는 $E>0$이고 단면의 관성 모멘트는 $I>0$이다.

9. 길이 Lm인 균일한 보의 양 끝점($x=0$, $x=L$)이 받침대에 묶여져 있는 수평보가 중력에 의해서 휘어져 있다. 이때 굴절 곡선의 식 y를 구하여라. 단 보의 단위 길이당 중량은 Wkg_0/m이며, 영 계수는 $E>0$이고 단면의 관성 모멘트는 $I>0$이다.

CHAPTER 5

라플라스 변환과 응용

라플라스 변환은 구간 $[0, \infty)$에서 정의된 함수를 적분을 이용하여 다른 형태의 함수로 변환하는 한 방법이다. 5장에서 라플라스 변환의 성질을 알아보고, 그 응용으로서 상수 계수 선형 미분방정식의 초기치문제를 라플라스 변환하여 (대수방정식 등으로 바꾸어서) 푸는 방법을 알아보자.

5.1 라플라스 변환

5.1.1 라플라스 변환의 정의와 간단한 예

먼저 미분적분학에서 이미 배운 이상적분(improper integral)을 이용하여, 다음과 같이 라플라스 변환을 정의한다.

| 정의 5.1.1 | $f(t)$가 구간 $[0, \infty)$에서 정의된 함수라 하자. 다음의 이상적분을 $f(t)$의 **라플라스(Laplace) 변환**이라 한다.

$$L[f](s) = \int_0^\infty e^{-st} f(t)dt \tag{5.1.1}$$

$$L[f]\text{의 정의역} = \left\{ s \in (-\infty, \infty) \mid \int_0^\infty e^{-st} f(t)dt\text{가 존재} \right\} \tag{5.1.2}$$

참고 이 책에서는 라플라스 변환 $L[f](s)$의 정의역을 이상적분 $\int_0^\infty e^{-st}f(t)dt$의 값이 존재하게 되는 실수 s의 범위(집합)로 한정한다. 일반적으로 라플라스 변환과 관련될 때, 주어진 독립변수는 소문자 t로, 주어진 함수는 소문자 f, g 등으로 표현한다. 그리고 라플라스 변환 후에, 독립변수는 소문자 s로 함수 f, g 등의 라플라스 변환은 대문자 $F=L[f]$, $G=L[g]$ 등으로 표현한다. 또한 통상 문맥으로 봐서 혼돈의 염려가 없으면, 독립변수 t와 s의 표기를 생략한다. 적분 이론에 의하면, 절대치가 큰 함수가 적분가능이면 절대치가 그보다 적은 함수도 적분가능이다 (Lebesque 정리라 함).

한편 $s_1 \le s_2$이면, $[0, \infty)$에서 정의된 함수 f에 대해서, $|e^{-s_2 t}f(t)| \le |e^{-s_1 t}f(t)|$이다. 그래서 $s_1 \le s_2$에 대해서 $L[f](s_1) = \int_0^\infty e^{-s_1 t}f(t)dt$가 존재하면, $L[f](s_2) = \int_0^\infty e^{-s_2 t}f(t)dt$도 존재한다. 즉 다음을 알 수 있다.

$s_1 \le s_2$에 대해서, '$s_1 \in \{L[f]$의 정의역$\}$'이면, '$s_2 \in \{L[f]$의 정의역$\}$'이다.

그러므로 라플라스 변환 $L[f]$의 정의역은 무한구간 (a, ∞) 형태이다.

일반적으로 라플라스 변환 (5.1.1)과 같이 적분으로 표현되는 변환을 적분변환이라 하는데, 라플라스 변환과 Fourier 변환이 가장 많이 쓰이는 대표적인 적분변환이다.

예 5.1.2 $\boldsymbol{L}[0]$, $\boldsymbol{L}[1]$와 그 정의역을 구해보자.

풀이 모든 실수 s에 대해서 $\int_0^\infty e^{-st}0dt = \int_0^\infty 0dt = 0$이다. 따라서 $\boldsymbol{L}[0]$의 정의역은 $(-\infty, \infty)$이고, $\boldsymbol{L}[0](s) = 0$이다.

한편 $\int_0^\infty e^{-st}dt = \lim_{m\to\infty}\int_0^m e^{-st}dt = \lim_{m\to\infty}\left[-\frac{e^{-sm}}{s}+\frac{1}{s}\right]$가 존재할(수렴할) 필요충분조건은 $s>0$이다. 따라서 $\boldsymbol{L}[1]$의 정의역은 $s>0$, 즉 $(0,\infty)$이고, 다음을 얻는다.

$$\boldsymbol{L}[1](s) = \int_0^\infty e^{-st}dt = \frac{1}{s}, \quad s>0 \tag{5.1.3}$$

■

예 5.1.3 실수 a에 대해서 $\boldsymbol{L}[e^{at}]$와 그 정의역을 구해보자.

풀이 $\int_0^\infty e^{-st}e^{at}dt = \lim_{m\to\infty}\int_0^m e^{(a-s)t}dt = \lim_{m\to\infty}\left[\frac{e^{(a-s)m}}{a-s}-\frac{1}{a-s}\right]$가 존재할(수렴할) 필요충분조건은 $a-s<0$, 즉 $s>a$이다. 따라서 $\boldsymbol{L}[e^{at}]$의 정의역은 $s>a$, 즉 (a, ∞)이고, 다음을 얻는다.

$$\boldsymbol{L}[e^{at}](s) = \int_0^\infty e^{-st}e^{at}dt = \frac{1}{s-a}, \quad s>a \tag{5.1.4}$$

■

예 5.1.4 실수 a에 대해서 $\boldsymbol{L}[\sin at]$와 그 정의역을 구해보자.

풀이 부분적분법을 2번 사용하여 다음을 얻는다.

$$\begin{aligned}\int e^{-st}\sin at\,dt &= \frac{e^{-st}}{-s}\sin at - \int\frac{e^{-st}}{-s}a\cos at\,dt \\ &= \frac{e^{-st}}{-s}\sin at - \frac{e^{-st}}{s^2}a\cos at - \frac{a^2}{s^2}\int e^{-st}\sin at\,dt\end{aligned}$$

정리하면 다음과 같다.

$$\int e^{-st}\sin at\,dt = \frac{-e^{-st}}{s^2+a^2}(s\sin at + a\cos at), \quad \text{(적분상수 생략)}$$

따라서 이상적분하면 다음을 얻는다.

$$\begin{aligned}\int_0^\infty e^{-s}\sin at\,dt &= \lim_{m\to\infty}\int_0^m e^{-st}\sin at\,dt \\ &= \lim_{m\to\infty}\left[\frac{-e^{-st}}{s^2+a^2}(s\sin at + a\cos at)\right]_{t=0}^{t=m} \\ &= \lim_{m\to\infty}\left[\frac{-e^{-sm}}{s^2+a^2}(s\sin am + a\cos am)+\frac{a}{s^2+a^2}\right]\end{aligned}$$

그래서 $\int_0^\infty e^{-st}\sin at\,dt$ 가 존재할(수렴할) 필요충분조건은 $s>0$ 이다. 그러므로 $\boldsymbol{L}[\sin at]$ 의 정의역은 $s>0$, 즉 $(0,\ \infty)$ 이고, 다음을 얻는다.

$$\boldsymbol{L}[\sin at](s) = \int_0^\infty e^{-st}\sin at\,dt = \frac{a}{s^2+a^2},\quad s>0 \tag{5.1.5}$$

■

예 5.1.5 계단함수 $u_h(t)=\begin{cases}0, & t<0\\ 1, & t\ge 0\end{cases}$ 를 헤비사이드(Heaviside) 함수라 한다. 실수 $a\ge 0$ 에 대해서, $\boldsymbol{L}[u_h(t-a)]$ 와 그 정의역을 구해보자.

풀이 $u_h(t-a)=\begin{cases}0, & t<a\\ 1, & t\ge a\end{cases}$ 이다.

$$\int_0^\infty e^{-st}u_h(t-a)dt = \int_a^\infty e^{-st}dt = \lim_{m\to\infty}\int_a^m e^{-st}dt = \lim_{m\to\infty}\left[\frac{e^{-as}-e^{-sm}}{s}\right]$$

가 존재할(수렴할) 필요충분조건은 $s>0$ 이다. 따라서 $\boldsymbol{L}[u_h(t-a)]$ 의 정의역은 $(0,\ \infty)$ 이고, 다음을 얻는다.

$$\boldsymbol{L}[u_h(t-a)](s) = \int_0^\infty e^{-st}u_h(t-a)dt = \frac{e^{-as}}{s},\quad s>0 \tag{5.1.6}$$

■

이제 라플라스 변환가능 함수에 대해서 좀 더 자세하게 알아보자.

정의구간에서 함수 $f(t)$ 가 거의 모든 점에서 연속이고, 기껏해야 유한개의 불연속 점을 가지며 각 불연속인 점에서는 좌극한과 우극한을 가질 때(즉 점프 불연속일 때), $f(t)$ 를 정의구간에서 **조각적**(piecewise) 연속함수라 한다.

예를 들면 실수 a 에 대해서, $u_h(t-a)=\begin{cases}0, & t<a\\ 1, & t\ge a\end{cases}$ 는 a 에서만 불연속이며, a 에서 좌극한 $u_h(a^-)=0$ 과 우극한 $u_h(a^+)=1$ 을 가진다. 따라서 $u_h(t-a)$ 는 조

각적 연속함수이다.

| 정의 5.1.6 | $f(t)$가 $[0, \infty)$상에서 조각적 연속함수라 하자. 다음을 만족하는 실수 $M>0$과 a가 존재하면, $f(t)$를 지수 a급(exponential order a) 함수라 한다.

$$|f(t)| \le Me^{at}, \quad t \ge 0 \tag{5.1.7}$$

편의상 PC_a를 지수 a급인 조각적 연속함수들의 집합이라 하자. 즉

$$PC_a \equiv \{f : [0, \infty) \to (-\infty, \infty) \mid f\text{는 지수 } a\text{급 조각적 연속함수}\}$$

참고 실수 $a \le b$에 대해서 만약 $f(t)$가 지수 a급 함수이면, 정의 5.1.6에 의해서 $f(t)$는 지수 b급 함수도 됨을 알 수 있다. 따라서 $a \le b$이면, $PC_a \subset PC_b$이다.

| 정리 5.1.7 | $f(t)$를 지수 a급인 함수라 하자(a는 실수). 그러면 $f(t)$는 라플라스 변환가능 함수이고, $L[f]$의 정의역은 구간 (a, ∞)를 포함한다. 즉 $s>a$에 대해서 $L[f](s)$가 존재한다. 그리고 다음이 성립한다.

$$\lim_{s \to \infty} L[f](s) = 0 \tag{5.1.8}$$

증명 $|f(t)| \le Me^{at}$, $t \ge 0$가 성립한다고 가정하자. 그러면 $s>a$에 대해서, 다음을 얻는다.

$$\begin{aligned}\int_0^\infty |e^{-st}f(t)|dt &= \int_0^\infty e^{-st}|f(t)|dt \le \int_0^\infty e^{-st}Me^{at}dt \\ &= M\int_0^\infty e^{(a-s)t}dt = M\lim_{m\to\infty}\int_0^m e^{(a-s)t}dt \\ &= M\lim_{m\to\infty}\left[\frac{e^{(a-s)m}}{a-s} - \frac{1}{a-s}\right] = \frac{M}{s-a}\end{aligned}$$

따라서 적분이론에 의하면, 절대치 $|e^{-st}f(t)| = e^{-st}|f(t)|$가 $[0, \infty)$ 상에서 적분가능이므로 $e^{-st}f(t)$가 적분가능임을 알 수 있다. 그러므로 $\int_0^\infty e^{-st}f(t)dt$가 존재한다. 그래서 $s>a$에 대해서, $L[f](s) = \int_0^\infty e^{-st}f(t)dt$가 존재한다.

한편 $s>a$에 대해서, 다음 부등식이 성립한다.

$$|\boldsymbol{L}[f](s)| = \left|\int_0^\infty e^{-st}f(t)dt\right| \le \int_0^\infty |e^{-st}f(t)|dt \le \frac{M}{s-a}$$

그러므로 $\lim_{s\to\infty}|\boldsymbol{L}[f](s)| \le \lim_{s\to\infty}\frac{M}{s-a} = 0$ 이다. 따라서 $\lim_{s\to\infty}\boldsymbol{L}[f](s) = 0$ 이다. ■

예 5.1.8 임의의 $\epsilon > 0$ 에 대해서, $[0, \infty)$ 상에서 $f(t) = t^n$ 는 지수 ϵ 급 함수임을 보이고 $\boldsymbol{L}[t^n]$ 를 구해보자($n \ge 0$ 은 임의의 정수).

풀이 $n = 0$ 일 때, $f(t) = 1$ 은 예 5.1.2에서 이미 다루었다. 이제부터 $n \ge 1$ 을 임의의 정수라 하자. 그러면 테일러 전개에 의하여 다음을 얻는다.

$$e^{\epsilon t} = 1 + \epsilon t + \cdots + \frac{\epsilon^{n-1}t^{n-1}}{(n-1)!} + \frac{\epsilon^n t^n}{n!} + \frac{e^{\theta\epsilon t}\epsilon^{n+1}t^{n+1}}{(n+1)!}$$

(단 $0 < \theta < 1$ 는 적당한 수)

따라서 모든 $t \ge 0$ 에 대해서, 다음을 얻는다.

$$\frac{n!}{\epsilon^n}e^{\epsilon t} = t^n + \frac{n!}{\epsilon^n}\left(1 + \epsilon t + \cdots + \frac{\epsilon^{n-1}t^{n-1}}{(n-1)!} + \frac{e^{\theta\epsilon t}\epsilon^{n+1}t^{n+1}}{(n+1)!}\right) \ge t^n, \quad t \ge 0$$

즉 $|t^n| \le \frac{n!}{\epsilon^n}e^{\epsilon t}$, $t \ge 0$ 이다. 그러므로 $f(t) = t^n$ 는 지수 ϵ 급 연속함수이다.

한편 $s > 0$ 에 대해서, 부분적분법을 사용하여 다음을 얻는다.

$$\begin{aligned}\int_0^\infty e^{-st}t^n dt &= \lim_{m\to\infty}\left[\frac{e^{-st}}{-s}t^n\right]_0^m - \int_0^\infty \frac{e^{-st}}{-s}nt^{n-1}dt \\ &= \frac{n}{s}\int_0^\infty e^{-st}t^{n-1}dt\end{aligned}$$

따라서 정수 $n \ge 1$ 에 대해서, $\boldsymbol{L}[t^n]$ 의 정의역은 $(0, \infty)$ 이고, 다음의 공식을 얻는다.

$$\boldsymbol{L}[t^n](s) = \frac{n}{s}\boldsymbol{L}[t^{n-1}](s), \quad s > 0 \tag{5.1.9}$$

(5.1.3)과 (5.1.9)로부터 귀납적으로 다음을 알 수 있다. $s > 0$에 대해서,

$$\begin{aligned}&\boldsymbol{L}[1](s) = \frac{1}{s}, \\ &\boldsymbol{L}[t](s) = \frac{1}{s}\boldsymbol{L}[1](s) = \frac{1}{s^2}, \\ &\quad\vdots\end{aligned}$$

$$L[t^n](s) = \frac{n}{s} L[t^{n-1}](s) = \frac{n!}{s^{n+1}}, \quad n \geq 0 \text{ 정수} \qquad (5.1.10)$$ ■

참고 정의 5.1.6에서 '$f(t)$가 $[0, \infty)$상에서 조각적 연속함수'라는 조건 대신에 $f(t)$의 조건을 다음의 정의에서와 같이 조금 더 일반적인 조건으로 대체할 수도 있다.

| 정의 5.1.9 | 적당한 $t_0 > 0$에 대해서, $f(t)$가 구간 $(0, t_0)$상에서 적분가능이고 $[t_0, \infty)$상에서 조각적 연속함수라 하자. 다음을 만족하는 실수 a와 $M \geq 0$이 존재하면, $f(t)$를 지수 a급 함수라 한다.

$$|f(t)| \leq Me^{at}, \quad t \geq t_0 \qquad (5.1.11)$$

예 5.1.10 (1) $r > -1$이면, $f(t) = t^r$은 정의 5.1.9의 의미에서 지수 ϵ급 함수임을 보이자 ($\epsilon > 0$은 임의의 상수).

(2) $r \leq -1$이면, $f(t) = t^r$은 지수급 함수가 아니며 라플라스 변환 불가능임을 보이자.

풀이

(1) $r > -1$라 하자. $r + 1 > 0$이므로, 다음 적분이 존재한다.

$$\int_0^1 t^r dt = \lim_{b \to 0^+} \int_b^1 t^r dt = \lim_{b \to 0^+} \left[\frac{t^{r+1}}{r+1} \right]_b^1 = \frac{1}{r+1}$$

그러므로 $f(t) = t^r$은 구간 $(0, 1)$상에서 적분가능이다.

한편 정수 $n \geq r$을 하나 잡으면 다음이 성립한다.

$$f(t) = t^r \leq t^n, \quad t \geq 1$$

따라서 $r > -1$이면, 예 5.1.8과 정의 5.1.9에 의해서 $f(t) = t^r$은 지수 ϵ급 함수이다. 더욱이 ϵ이 임의의 양수이므로, $s > 0$에 대해서 $L[t^r](s)$가 존재한다.

(2) $r \leq -1$라 하자. $r < -1$이면 $r + 1 < 0$이므로, 임의의 $c > 0$에 대해서 다음을 얻는다.

$$\int_0^c t^r dt = \lim_{b \to 0^+} \int_b^c t^r dt = \lim_{b \to 0^+} \left[\frac{t^{r+1}}{r+1} \right]_b^c = \infty$$

또한 $r = -1$이면 다음을 얻는다.

$$\int_0^c tdt = \lim_{b \to 0^+} \int_b^c tdt = \lim_{b \to 0^+} [\ln c - \ln b] = \infty$$

따라서 $r \le -1$이면, 임의의 $c > 0$에 대해서 $\int_0^c t^r dt$가 존재하지 않는다. 그러므로 $r \le -1$이면, $f(t) = t^r$은 지수급 함수가 아니다.

한편 임의의 실수 s에 대해서, 다음을 얻는다.

$$\int_0^\infty e^{-st} t^r dt = \int_0^1 e^{-st} t^r dt + \int_1^\infty e^{-st} t^r dt$$
$$\ge \int_0^1 e^{-st} t^r dt \ge e^{-|s|} \int_0^1 t^r dt = \infty$$

그러므로 $r \le -1$이면 $f(t) = t^r$은 라플라스 변환 불가능이다. ■

참고 $f(t)$가 $[0, \infty)$상에서 조각적 연속함수이면, 임의의 $T > 0$에 대해서 $M_T = \{|f(t)| \mid t \in [0, T]\}$가 유한값이므로 정의 5.1.9가 정의 5.1.6보다 더 일반적인 것이다. 그리고 정의 5.1.9를 사용하여도 증명이 좀 더 길어질 뿐 라플라스 변환의 성질은 그대로 성립한다.

한편 예 5.1.10에 의하여, 임의의 $a > 0$에 대해서 $f(t) = t^{a-1}$이 라플라스 변환가능이다. 즉 다음 적분이 존재한다. 모든 $a > 0$과 $s > 0$에 대해서,

$$\boldsymbol{L}[t^{a-1}](s) = \int_0^\infty e^{-st} t^{a-1} dt \tag{5.1.12}$$

일반적으로 감마(gamma) 함수를 사용해서 $\boldsymbol{L}[t^{a-1}](s)$를 표현하면 편리하다.

| 정의 5.1.11 | 임의의 $a > 0$에 대해서 다음을 감마 함수라 한다.

$$\Gamma(a) \equiv \boldsymbol{L}[t^{a-1}](1) = \int_0^\infty e^{-t} t^{a-1} dt \tag{5.1.13}$$

| 정리 5.1.12 | $\Gamma(a)$는 다음의 성질을 가진다.

(1) $\Gamma(1) = 1$

(2) $\Gamma(a+1) = a\Gamma(a)$, $a > 0$

(3) $\boldsymbol{L}[t^{a-1}](s) = \dfrac{\Gamma(a)}{s^a}$, $s > 0$, $a > 0$

증명

(1) $\Gamma(1) = \int_0^\infty e^{-t} t^0 dt = \lim_{k \to \infty} \int_0^k e^{-t} dt = \lim_{k \to \infty} [-e^{-t}]_0^k = 1$

(2) 부분적분법에 의해서 다음을 얻는다. 임의의 $a>0$에 대하여,

$$\begin{aligned}\Gamma(a+1) &= \int_0^\infty e^{-t}t^a dt = \lim_{k\to\infty}\int_0^k e^{-t}t^a dt \\ &= \lim_{k\to\infty}\left[-e^{-t}t^a\right]_0^k + a\int_0^\infty e^{-t}t^{a-1}dt = a\int_0^\infty e^{-t}t^{a-1}dt = a\Gamma(a)\end{aligned}$$

(3) 임의의 $a>0$에 대하여, $\boldsymbol{L}[t^{a-1}](s)=\int_0^\infty e^{-st}t^{a-1}dt$ 에서 $\tau = st$ 라 두면 다음을 얻는다.

$$\begin{aligned}\boldsymbol{L}[t^{a-1}](s) &= \int_0^\infty e^{-st}t^{a-1}dt = \int_0^\infty e^{-\tau}\left(\frac{\tau}{s}\right)^{a-1}\frac{1}{s}d\tau \\ &= \frac{1}{s^a}\int_0^\infty e^{-\tau}\tau^{a-1}d\tau = \frac{1}{s^a}\Gamma(a),\ s>0\end{aligned}$$

■

참고 자연수 n에 대해서 정리 5.1.12에 의하여 다음을 알 수 있다.

$$\Gamma(n+1) = n\Gamma(n) = n!$$

그러므로 감마 함수는 팩토리얼(factorial)을 일반화한 것이다.

5.1.2 라플라스 변환의 기초적 성질

먼저 라플라스 변환의 선형성을 알아보자.

| 정리 5.1.13 | $f(t)$, $g(t)$가 라플라스 변환가능 함수들이라 하자. 즉 $s>a$에 대해서, $\boldsymbol{L}[f](s)$와 $\boldsymbol{L}[g](s)$가 존재한다고 하자. 그러면 다음(선형성)이 성립한다.

(1) $\boldsymbol{L}[f+g](s) = \boldsymbol{L}[f](s)+\boldsymbol{L}[g](s),\ s>a$

(2) 임의의 상수 c에 대해서, $\boldsymbol{L}[cf](s) = c\boldsymbol{L}[f](s),\ s>a$
(그러므로 라플라스 변환 $\boldsymbol{L}$은 선형 변환(작용소)이다)

증명 $s>a$에 대해서, 적분의 선형성에 의하여 다음이 성립한다.

$$\begin{aligned}\boldsymbol{L}[f](s)+\boldsymbol{L}[g](s) &= \int_0^\infty e^{-st}f(t)dt + \int_0^\infty e^{-st}g(t)dt \\ &= \int_0^\infty e^{-st}[f(t)+g(t)]dt = \boldsymbol{L}[f+g](s)\end{aligned}$$

또한 $c\boldsymbol{L}[f](s) = c\int_0^{\infty} e^{-st}f(t)dt = \int_0^{\infty} e^{-st}(cf(t))dt = \boldsymbol{L}[cf](s)$

따라서 라플라스 변환 $\boldsymbol{L}$이 선형임을 알 수 있다. ■

예 5.1.14 $\boldsymbol{L}\left[\dfrac{1}{\sqrt{t}} + 7t + 2t^3 - 4\sin\pi t\right]$를 구해보자.

풀이 라플라스 변환의 선형성에 의해서, 다음을 얻는다.

$$\boldsymbol{L}\left[\frac{1}{\sqrt{t}} + 7t + 2t^3 - 4\sin\pi t\right] = \boldsymbol{L}\left[t^{-\frac{1}{2}}\right] + 7\boldsymbol{L}[t] + 2\boldsymbol{L}[t^3] - 4\boldsymbol{L}[\sin\pi t]$$

$$= \frac{\Gamma\left(\frac{1}{2}\right)}{\sqrt{s}} + \frac{7}{s^2} + \frac{12}{s^4} - \frac{4\pi}{s^2+\pi^2}, \quad s > 0$$ ■

예 5.1.15 $\boldsymbol{L}[\sinh at]$와 $\boldsymbol{L}[\cosh at]$를 구해보자(a는 상수).

풀이 $\sinh at = \dfrac{e^{at} - e^{-at}}{2}$이므로 라플라스 변환의 선형성에 의해서, 다음을 얻는다.

$$\boldsymbol{L}[\sinh at] = \boldsymbol{L}\left[\frac{e^{at} - e^{-at}}{2}\right] = \frac{1}{2}(\boldsymbol{L}[e^{at}] - \boldsymbol{L}[e^{-at}])$$

따라서 (5.1.4)에 의해서, 다음을 얻는다.

$$\boldsymbol{L}[\sinh at] = \frac{1}{2}\left(\frac{1}{s-a} - \frac{1}{s+a}\right) = \frac{a}{s^2 - a^2}, \quad s > |a| \qquad (5.1.14)$$

한편 $\cosh at = \dfrac{e^{at} + e^{-at}}{2}$이므로, 같은 방법에 의해서 다음을 얻는다.

$$\boldsymbol{L}[\cosh at] = \frac{1}{2}\left(\frac{1}{s-a} + \frac{1}{s+a}\right) = \frac{s}{s^2 - a^2}, \quad s > |a| \qquad (5.1.15)$$ ■

이제 라플라스 변환의 평행이동에 대해서 알아보자.

| 정리 5.1.16 | $f(t)$가 $[0, \infty)$에서 지수 a급인 조각적 연속함수라 하자. 그러면 임의의 상수 b에 대하여 다음이 성립한다.

$$\boldsymbol{L}[e^{bt}f(t)](s) = \boldsymbol{L}[f(t)](s-b), \quad s > a+b \qquad (5.1.16)$$

증명 $$\begin{aligned} \boldsymbol{L}[e^{bt}f(t)](s) &= \int_0^\infty e^{-st}e^{bt}f(t)dt \\ &= \int_0^\infty e^{-(s-b)t}f(t)dt = \boldsymbol{L}[f(t)](s-b), \quad s-b>a \end{aligned}$$ ■

예 5.1.17 실수 a, b에 대해서 $\boldsymbol{L}[e^{bt}\sin at]$를 구해보자.

풀이 (5.1.16)에 의해서 $\boldsymbol{L}[e^{bt}\sin at](s) = \boldsymbol{L}[\sin at](s-b)$, $s>b$이다. 따라서 (5.1.5)에 의해서 다음을 얻는다.

$$\boldsymbol{L}[e^{bt}\sin at](s) = \frac{a}{(s-b)^2+a^2}, \quad s>b \tag{5.1.17}$$ ■

라플라스 변환의 도함수에 대해서 알아보자.

| 정리 5.1.18 | $f(t)$가 $[0, \infty)$상에서 지수 a급인 조각적 연속함수라 하자. 그러면 임의의 정수 $n \geq 1$에 대하여 다음이 성립한다.

$$\boldsymbol{L}[t^n f(t)](s) = (-1)^n \frac{d^n}{ds^n}\boldsymbol{L}[f(t)](s), \quad s>a \tag{5.1.18}$$

증명 예 5.1.8에 의해서, 임의의 $\epsilon>0$에 대하여 t^n는 지수 ϵ급 함수이고 $f(t)$가 지수 a급인 함수이므로, $t^n f(t)$는 지수 $(a+\epsilon)$급 함수이다. 따라서 정리 5.1.7에 의해서 구간 $(a+\epsilon, \infty)$이 $\boldsymbol{L}[t^n f(t)]$의 정의역에 포함된다. ϵ이 임의의 양수이므로 구간 (a, ∞)이 $\boldsymbol{L}[t^n f(t)]$의 정의역에 포함된다. 즉 $s>a$에 대해서, $\boldsymbol{L}[t^n f(t)](s)$가 존재한다. 그러므로 정적분과 미분에 관한 성질에 의해서 다음을 얻는다. $s>a$에 대해서,

$$\begin{aligned} \frac{d^n}{ds^n}\boldsymbol{L}[f(t)](s) &= \frac{d^n}{ds^n}\int_0^\infty e^{-st}f(t)dt = \int_0^\infty \frac{\partial^n}{\partial s^n}e^{-st}f(t)dt \\ &= \int_0^\infty (-t)^n e^{-st}f(t)dt = (-1)^n\int_0^\infty e^{-st}t^n f(t)dt \\ &= (-1)^n \boldsymbol{L}[t^n f(t)](s) \end{aligned}$$ ■

예 5.1.19 정수 $n \geq 1$과 실수 a에 대해서 $\boldsymbol{L}[t^n e^{at}]$를 구해보자.

풀이 (5.1.18)에 의해서 $\boldsymbol{L}[t^n e^{at}](s) = (-1)^n \dfrac{d^n}{ds^n} \boldsymbol{L}[e^{at}](s)$, $s > a$이다. 따라서 (5.1.4)에 의해서 다음을 얻는다.

$$\boldsymbol{L}[t^n e^{at}](s) = (-1)^n \frac{d^n}{ds^n} \frac{1}{s-a} = \frac{n!}{(s-a)^{n+1}}, \quad s > a$$ ■

| 정리 5.1.20 | $f(t)$가 $[0, \infty)$상에서 지수 a급인 조각적 연속함수라 하고, $u_h(t)$를 헤비사이드 함수라 하자. 그러면 임의의 상수 $b \geq 0$에 대해서 다음이 성립한다.

$$\boldsymbol{L}[u_h(t-b) f(t-b)](s) = e^{-sb} \boldsymbol{L}[f(t)](s),$$
$$\boldsymbol{L}[u_h(t-b) f(t)](s) = e^{-sb} \boldsymbol{L}[f(t+b)](s), \quad s > a \qquad (5.1.19)$$

증명 $s > a$에 대해서, 다음을 얻는다.

$$\begin{aligned}
\boldsymbol{L}[u_h(t-b) f(t-b)](s) &= \int_0^{\infty} e^{-st} u_h(t-b) f(t-b) dt \\
&= \int_b^{\infty} e^{-st} f(t-b) dt = \int_0^{\infty} e^{-s(b+\tau)} f(\tau) d\tau \\
&= e^{-sb} \int_0^{\infty} e^{-s\tau} f(\tau) d\tau = e^{-sb} \boldsymbol{L}[f(t)](s)
\end{aligned}$$

그리고 $f(t)$에서 변수변환하면, 바로 공식 (5.1.19)를 얻는다. ■

예 5.1.21 $b \geq 0$에 대해서 $\boldsymbol{L}[u_h(t-b)(t-b)^n]$를 구해보자.

풀이 (5.1.20)에 의해서 다음을 얻는다. $s > 0$에 대해서,

$$\boldsymbol{L}[u_h(t-b)(t-b)^n](s) = e^{-sb} \boldsymbol{L}[t^n](s) = e^{-sb} \frac{n!}{s^{n+1}}$$ ■

주기함수의 라플라스 변환은 한 주기 구간상의 적분으로 표현할 수 있다.

| 정리 5.1.22 | $f(t)$가 조각적 연속함수이며, 주기가 $p > 0$인 주기함수라 하자. 그러면 다음과 같이 표현할 수 있다.

$$\boldsymbol{L}[f](s) = \frac{1}{1-e^{-sp}}\int_0^p e^{-st}f(t)dt, \quad s>0 \qquad (5.1.20)$$

증명 (5.1.20)은 적분의 성질에 의해서 간단히 증명된다. 즉

$$\boldsymbol{L}[f](s) = \int_0^\infty e^{-st}f(t)dt = \int_0^p e^{-st}f(t)dt + \int_p^\infty e^{-st}f(t)dt$$

이다. 한편 $\int_p^\infty e^{-st}f(t)dt$ 에서 $t=\tau+p$ 로 변수 변환하면, $f(t)$의 주기가 p 이므로 다음과 같다.

$$\int_p^\infty e^{-st}f(t)dt = \int_0^\infty e^{-s\tau-sp}f(\tau)d\tau$$

$$= e^{-sp}\int_0^\infty e^{-s\tau}f(\tau)d\tau = e^{-sp}\boldsymbol{L}[f](s)$$

따라서 $\boldsymbol{L}[f](s) = \int_0^p e^{-st}f(t)dt + e^{-sp}\boldsymbol{L}[f](s)$이고, 다음을 얻는다.

$$(1-e^{-sp})\boldsymbol{L}[f](s) = \int_0^p e^{-st}f(t)dt$$

$0<e^{-sp}<1$이므로, $1-e^{-sp}$로 양변을 나누면 (5.1.20)을 얻는다. ■

예 5.1.23 $f(t)$가 주기 2인 함수로서 다음과 같다.

$$f(t) = \begin{cases} 1, & 2n \le t < 2n+1 \\ 0, & 2n+1 \le t < 2n+2 \end{cases}, \quad n \ge 0\text{은 정수}$$

$f(t)$의 라플라스 변환을 구해보자.

풀이 편의상 $F(s) = \boldsymbol{L}[f(t)](s)$라 두자. $f(t)$가 주기 2인 함수이므로 정리 5.1.22에 의해서 다음을 얻는다.

$$F(s) = \frac{1}{1-e^{-2s}}\int_0^2 e^{-st}f(t)dt = \frac{1}{1-e^{-2s}}\int_0^1 e^{-st}dt$$

$$= \frac{1}{1-e^{-2s}}\left(\frac{1}{s} - \frac{e^{-s}}{s}\right) = \frac{1}{s(1+e^{-s})} \qquad ■$$

이제 도함수의 라플라스 변환에 대해서 알아보자.

| 정리 5.1.24 | $f(t)$가 $[0, \infty)$상에서 지수 a급인 연속함수이고, 도함수 $f'(t)$가 $[0, \infty)$상에서 조각적 연속함수라 하자. 그러면 $f'(t)$가 라플라스 변환가능이고 다음 공식이 성립한다.

$$\boldsymbol{L}[f'](s) = s\boldsymbol{L}[f](s) - f(0), \quad s > a \tag{5.1.21}$$

증명 임의의 $m > 0$에 대해서 부분적분법에 의하여 다음을 얻는다.

$$\int_0^m e^{-st} f'(t)dt = \left[e^{-st} f(t)\right]_0^m + s\int_0^m e^{-st} f(t)dt \tag{5.1.22}$$

한편 $f(t)$가 지수 a급 함수이므로, $s > a$에 대해서 $\lim_{m \to \infty} e^{-sm} f(m) = 0$이다. 또한 $s > a$에 대해서, $\boldsymbol{L}[f](s) = \lim_{m \to \infty} \int_0^m e^{-st} f(t)dt = \int_0^\infty e^{-st} f(t)dt$가 존재하므로, (5.1.22)로부터 $\lim_{m \to \infty} \int_0^m e^{-st} f'(t)dt = \int_0^\infty e^{-st} f'(t)dt$가 존재한다. 따라서 $f'(t)$가 라플라스 변환가능이고 다음을 얻는다.

$$\boldsymbol{L}[f'](s) = \int_0^\infty e^{-st} f'(t)dt = \lim_{m \to \infty} \left[e^{-st} f(t)\right]_0^m + s\int_0^\infty e^{-st} f(t)dt$$

$$= s\int_0^\infty e^{-st} f(t)dt - f(0) = s\boldsymbol{L}[f](s) - f(0), \ s > a$$

■

예 5.1.25 실수 $a \neq 0$에 대해서 $\boldsymbol{L}[\cos at]$를 구하고 그 정의역을 표시하여라.

풀이 $f(t) = \dfrac{1}{a}\sin at$라 두면, $f(t)$는 지수 0급 연속함수이고 도함수 $f'(t) = \cos at$도 연속함수이다. 따라서 정리 5.1.24에 의해서 다음을 얻는다.

$$\boldsymbol{L}[\cos at](s) = \boldsymbol{L}\left[\frac{d}{dt}\frac{1}{a}\sin at\right](s)$$

$$= s\boldsymbol{L}\left[\frac{1}{a}\sin at\right](s) - \frac{1}{a}\sin 0 = \frac{s}{a}\boldsymbol{L}[\sin at](s), \ s > 0$$

그러므로 (5.1.5)에 의해서, 다음을 얻는다.

$$\boldsymbol{L}[\cos at](s) = \frac{s}{a}\boldsymbol{L}[\sin at](s) = \frac{s}{s^2 + a^2}, \ s > 0 \tag{5.1.23}$$

■

참고 $f(t)$, $f'(t)$가 $[0, \infty)$상에서 지수 a급인 연속함수이고, 2계 도함수 $f''(t)$가 $[0,\infty)$상에서 조각적 연속함수라 하자. 정리 5.1.24를 2계 도함수 $f''(t)$에 적용하면, 다음을 얻는다.

$$\boldsymbol{L}[f''](s) = s\boldsymbol{L}[f'](s) - f'(0), \quad s > a$$

여기에서 정리 5.1.24를 다시 $f'(t)$에 적용하면, $f''(t)$가 라플라스 변환 가능임을 알 수 있고 다음 공식을 얻는다.

$$\boldsymbol{L}[f''](s) = s^2\boldsymbol{L}[f](s) - sf(0) - f'(0), \quad s > a \tag{5.1.24}$$

일반적으로 고계 도함수의 라플라스 변환에 대해서, 귀납적으로 다음이 성립함을 알 수 있다.

| 정리 5.1.26 | 정수 $n \geq 2$에 대해서 f, f', $\cdots$, $f^{(n-1)}$가 $[0, \infty)$상에서 지수 a급인 연속함수이고, $f^{(n)}$가 $[0, \infty)$상에서 조각적 연속함수라 하자. 그러면 $f^{(n)}$가 라플라스 변환가능이고 다음 공식이 성립한다.

$$\begin{aligned}\boldsymbol{L}[f^{(n)}](s) = s^n\boldsymbol{L}[f](s) - s^{n-1}f(0) - s^{n-2}f'(0) \\ - \cdots - sf^{(n-2)}(0) - f^{(n-1)}(0), \quad s > a\end{aligned} \tag{5.1.25}$$

예 5.1.27 초기치문제

$$y'' - 3y' + 2y = 8, \quad y(0) = 4, \quad y'(0) = -2$$

를 라플라스 변환해보자.

풀이 편의상 $Y = \boldsymbol{L}[y(t)](s)$라 두자. $y'' - 3y' + 2y = 8$의 양변을 라플라스 변환하면 다음과 같다.

$$\boldsymbol{L}[y'' - 3y' + 2y] = \boldsymbol{L}[y''] - 3\boldsymbol{L}[y'] + 2\boldsymbol{L}[y] = \boldsymbol{L}[8]$$

따라서 (5.1.21)과 (5.1.24)에 의해서 다음을 얻는다.

$$(s^2Y - sy(0) - y'(0)) - 3(sY - y(0)) + 2Y = \frac{8}{s}$$

그러므로 $(s^2Y - 4s + 2) - 3(sY - 4) + 2Y = \dfrac{8}{s}$이고 정리하면, 다음의 유리함수를 얻는다.

$$\boldsymbol{L}[y(t)](s) = Y = \frac{4s^2 - 14s + 8}{s(s^2 - 3s + 2)}$$ ■

다음은 적분의 라플라스 변환에 대해서 알아보자.

‖ 따름정리 5.1.28 ‖ $f(t)$가 $[0, \infty)$상에서 지수 a급인 조각적 연속함수라 하자($a > 0$). 그러면 $g(t) = \int_0^t f(\tau)d\tau$는 지수 a급인 연속함수이고 다음 공식이 성립한다.

$$L\left[\int_0^t f(\tau)d\tau\right](s) = \frac{1}{s}L[f](s), \ s > a \tag{5.1.26}$$

증명 $f(t)$가 지수 a급인 조각적 연속함수이므로 다음을 만족하는 $M \geq 0$가 존재한다.

$$|f(t)| \leq Me^{at}, \quad t \geq 0$$

그러면 $t \geq 0$에 대해서 다음을 얻는다.

$$|g(t)| = \left|\int_0^t f(\tau)d\tau\right| \leq \int_0^t |f(\tau)|d\tau \leq \int_0^t Me^{a\tau}d\tau = \frac{M}{a}(e^{at}-1) \leq \frac{M}{a}e^{at}$$

따라서 $g(t) = \int_0^t f(\tau)d\tau$도 역시 지수 a급인 함수이다.

한편 $g(t)$의 연속성과 미분가능성의 증명은 좀더 깊이 있는 내용이므로 여기서는 생략하고 그 사실만 인정하자.

이제 $g'(t) = f(t)$이므로 정리 5.1.24를 $g(t)$에 적용하면, 다음을 얻는다.

$$L[f](s) = sL[g](s) - g(0), \ s > a$$

$g(0) = 0$이므로, $L[f](s) = sL[g](s), \ s > a$이다. 그러므로 $L[g](s) = \frac{1}{s}L[f](s)$, $s > a$이다. ■

참고 기본 함수들의 라플라스 변환들을 정리하면 다음 표와 같다.

[표 5.1.1] 기본함수의 라플라스 변환(a는 실수, $n \geq 0$은 정수)

$f(t)$	$L[f(t)]$
t^n	$\frac{n!}{s^{n+1}}, \quad s > 0$
e^{at}	$\frac{1}{s-a}, \quad s > a$
$\sin at$	$\frac{a}{s^2+a^2}, \quad s > 0$

$\cos at$	$\dfrac{s}{s^2+a^2}$, $s>0$
$\sinh at$	$\dfrac{a}{s^2-a^2}$, $s>\lvert a\rvert$
$\cosh at$	$\dfrac{s}{s^2-a^2}$, $s>\lvert a\rvert$
$u_h(t-a)$	$\dfrac{e^{-as}}{s}$, $s>0$ ($u_h(t)$는 헤비사이드 함수)
$t^n e^{at}$	$\dfrac{n!}{(s-a)^{n+1}}$, $s>a$

라플라스 변환에 대한 중요한 공식들을 요약하면 다음과 같다.

[표 5.1.2] 라플라스 변환 기본공식(b, c는 실수, $n \geq 0$은 정수)

1. $\boldsymbol{L}[f](s) = \int_0^\infty e^{-st} f(t)dt$
2. $\boldsymbol{L}[f+g](s) = \boldsymbol{L}[f](s) + \boldsymbol{L}[g](s)$
3. $\boldsymbol{L}[cf](s) = c\boldsymbol{L}[f](s)$
4. $\boldsymbol{L}[f'](s) = s\boldsymbol{L}[f](s) - f(0)$
5. $\boldsymbol{L}[f''](s) = s^2\boldsymbol{L}[f](s) - sf(0) - f'(0)$
6. $\boldsymbol{L}[f^{(n)}](s) = s^n\boldsymbol{L}[f](s) - s^{n-1}f(0) - s^{n-2}f'(0) - \cdots - sf^{(n-2)}(0) - f^{(n-1)}(0)$
7. $\boldsymbol{L}\left[\int_0^t f(\tau)d\tau\right](s) = \dfrac{1}{s}\boldsymbol{L}[f](s)$
8. $\boldsymbol{L}[e^{bt}f(t)](s) = \boldsymbol{L}[f(t)](s-b)$
9. $\boldsymbol{L}[t^n f(t)](s) = (-1)^n \dfrac{d^n}{ds^n}\boldsymbol{L}[f(t)](s)$
10. $\boldsymbol{L}[u_h(t-b)f(t-b)](s) = e^{-sb}\boldsymbol{L}[f(t)](s)$, $b \geq 0$

연습문제 5.1

1. 라플라스 변환의 정의를 사용하여 다음 함수를 변환하여라.

(1) $\cos 2t$ (2) t^2

(3) $e^{2t}\cos 3t$ (4) te^{3t}

(5) $f(t) = \begin{cases} 0, & 0<t<2 \\ t, & 2 \leq t \end{cases}$ (6) $f(t) = \begin{cases} 1-t, & 0<t<1 \\ 0, & 1 \leq t \end{cases}$

(7) $f(t) = \begin{cases} \sin t, & 0<t<\pi \\ 0, & \pi \leq t \end{cases}$ (8) $f(t) = \begin{cases} e^{2t}, & 0<t<3 \\ 1, & 3 \leq t \end{cases}$

2. 라플라스 변환표와 성질을 사용하여 다음 함수를 변환하여라.

(1) $6e^{-3t}-t^2+2t-8$ (2) $3-t^2+t^2e^t$

(3) $t^3-te^t+e^{4t}\cos t$ (4) $t^2e^{3t}+t\cos 2t$

(5) $e^{3t}\sin 6t-t^3+e^t$ (6) $t^2+te^t\sin t$

(7) $(e^t+1)^2$ (8) $(t-1)^4$

(9) $\cosh at$ (10) $\sin 2t\cos 2t$

(11) $\sin^2 t$ (12) $e^t\sin^2 t$

(13) $\cos mt\sin nt$ (14) $\cos mt\cos nt$

(15) $\sin 2t\sin 5t$ (16) $t\sin 2t\sin 5t$

(17) $(t-1)^2h_v(t-1)$ (18) $th_v(t-2)$

(19) $t^2h_v(t-2)$ (20) $h_v(t-\pi)\cos 2t$

3. $f(t)$는 구간 $[0, \infty)$에서 지수 $\alpha\ge 0$급인 조각적 연속함수이고 0에서 $\lim_{t\to 0^+}\frac{f(t)}{t}$ 가 존재한다고 가정하자. 그러면 다음이 성립함을 보여라.

$$\boldsymbol{L}\left[\frac{f(t)}{t}\right](s)=\int_s^\infty F(\tau)d\tau,\ \text{단}\ F(s)=\boldsymbol{L}[f(t)](s)\ \text{이다.}$$

4. $f(t)=e^{t^2}$는 지수급 함수가 아님을 보여라.

5.2 라플라스 역변환

$[0, \infty)$상에서 모든 지수급 함수의 집합을 $\boldsymbol{E}_f$라 하자. 즉

$$\boldsymbol{E}_f=\{f:[0, \infty)\to(-\infty, \infty)\mid f\text{는 지수급 함수}\}$$

$f,\ g\in\boldsymbol{E}_f$에 대해서 $f(t)$와 $g(t)$의 값이 서로 다르게 되는 t의 값의 개수가 유한일 때는, 모든 $T\ge 0$에 대해서 $\int_0^T f(t)dt=\int_0^T g(t)dt$이다. 그러므로 이제부터 지수급인 함수 $f,\ g\in\boldsymbol{E}_f$에 대해서 $f(t)$와 $g(t)$의 값이 서로 다르게 되는 t의 값의 개수가 유한일 때, 적분과 관련되는 경우에는 f와 g를 같은 함수로 간주한다. 그래서 집합 $\{t\in[0, \infty)\mid f(t)\ne g(t)\}$의 원소 개수가 유한일 때는, $\boldsymbol{E}_f$ 내에서 $f\equiv g$(동등한 함수)라고 간주한다.

간단히 예를 들면, 다음의 함수들은 집합 $\boldsymbol{E}_f$ 내에서 같은 함수로 간주한다.

$$f(t)=t^2,\quad g(t)=\begin{cases} t^2, & t\neq 1 \\ 3, & t=1 \end{cases},\quad h(t)=\begin{cases} t^2, & t\neq 2 \\ 1, & t=2 \end{cases}$$

즉 $f(t)$, $g(t)$, $h(t)$는 ($t=1$, $t=2$에서만 함수 값이 다르므로) 같은 함수로 간주하고 이들 중에서 가장 간단한 형태인 $f(t)=t^2$을 대표로 사용하면 편리하다.

이렇게 하면 라플라스 변환 $\boldsymbol{L}$은 $\boldsymbol{E}_f$ 상에서 단사(1대1) 변환이 된다. 즉 f, $g\in \boldsymbol{E}_f$에 대해서 $f\neq g$이면, $\boldsymbol{L}[f]\neq \boldsymbol{L}[g]$이다. 그러므로 라플라스 변환 $\boldsymbol{L}$의 역변환을 생각할 수 있다.

| 정의 5.2.1 | $\boldsymbol{L}[f](s)=F(s)$일 때, $f(t)$를 $F(s)$의 라플라스 역변환이라 하고 다음과 같이 표기한다.

$$f(t)=\boldsymbol{L}^{-1}[F(s)](t),\, t\geq 0 \tag{5.2.1}$$

참고 라플라스 변환 $\boldsymbol{L}$이 선형이므로, 역변환 $\boldsymbol{L}^{-1}$도 선형이다. 즉 다음이 성립한다. 함수 $F(s)$, $G(s)$와 상수 c에 대해서,

$$\begin{aligned} \boldsymbol{L}^{-1}[F+G] &= \boldsymbol{L}^{-1}[F]+\boldsymbol{L}^{-1}[G], \\ \boldsymbol{L}^{-1}[cF] &= c\boldsymbol{L}^{-1}[F] \end{aligned} \tag{5.2.2}$$

라플라스 역변환을 구할 때 주로 사용하는 방법은 주어진 함수 $F(s)$를 라플라스 변환표를 이용하여 쉽게 구할 수 있는 간단한 함수들의 일차 결합 형태로 표현하는 것이다.

특히 $F(s)$가 유리함수(분수함수)일 때, (미분적분학에서 유리함수를 적분할 때, 부분분수 분해법과 동일) 적당히 부분분수로 분해하면 $\boldsymbol{L}^{-1}[F](t)$를 쉽게 구할 수 있다. 다음 세 경우의 예를 보자.

(i) $F(s)$의 분모가 일차 인수로 인수분해되며 중복인수가 없는 경우
(ii) $F(s)$의 분모가 일차 인수로 인수분해되며 중복인수가 있는 경우
(iii) $F(s)$의 분모가 2차 인수 $(s-a)^2+b^2$을 가지는 경우(단 a, $b\neq 0$는 실수)

예 5.2.2 $y=\boldsymbol{L}^{-1}\left[\dfrac{4s^2-14s+8}{s(s-1)(s-2)}\right]$을 구해보자.

풀이 분모가 서로 다른 일차 인수들로 분해되므로 다음을 만족하는 상수들 A, B, C가 존재한다.

$$\frac{4s^2-14s+8}{s(s-1)(s-2)}=\frac{A}{s}+\frac{B}{s-1}+\frac{C}{s-2}$$

여기서 $s(s-1)(s-2)$를 양변에 곱하면, 항등식 $4s^2-14s+8=A(s-1)(s-2)+Bs(s-2)+Cs(s-1)$을 얻는다. 따라서 $A+B+C=4$, $-3A-2B-C=-14$, $2A=8$이다.

연립방정식을 풀면, $A=4$, $B=2$, $C=-2$이다. 그러므로 다음과 같이 표현된다.

$$\frac{4s^2-14s+8}{s(s-1)(s-2)}=4\frac{1}{s}+2\frac{1}{s-1}-2\frac{1}{s-2}$$

라플라스 역변환 $\boldsymbol{L}^{-1}$이 선형이므로, 변환표를 이용하여 다음을 얻는다.

$$\begin{aligned}y&=\boldsymbol{L}^{-1}\left[\frac{4s^2-14s+8}{s(s-1)(s-2)}\right]\\&=4\boldsymbol{L}^{-1}\left[\frac{1}{s}\right]+2\boldsymbol{L}^{-1}\left[\frac{1}{s-1}\right]-2\boldsymbol{L}^{-1}\left[\frac{1}{s-2}\right]=4+2e^t-2e^{2t}\end{aligned}$$ ■

예 5.2.3 $y=\boldsymbol{L}^{-1}\left[\dfrac{s^2+9s+2}{(s-1)^2(s+3)}\right]$를 구해보자.

풀이 유리함수 $\dfrac{s^2+9s+2}{(s-1)^2(s+3)}$을 부분분수로 분해하자. 분모 $(s-1)^2(s+3)$가 일차 인수들로 분해되고, 인수 $(s-1)$가 중복되므로 다음을 만족하는 상수들 A, B, C가 존재한다.

$$\frac{s^2+9s+2}{(s-1)^2(s+3)}=\frac{A}{s-1}+\frac{B}{(s-1)^2}+\frac{C}{s+3}$$

여기서 $(s-1)^2(s+3)$을 양변에 곱하면, 다음과 같다.

$$s^2+9s+2=A(s-1)(s+3)+B(s+3)+C(s-1)^2$$

따라서 $A=2$, $B=3$, $C=-1$이다. 그러므로 다음과 같이 표현된다.

$$\frac{s^2+9s+2}{(s-1)^2(s+3)}=2\frac{1}{s-1}+3\frac{1}{(s-1)^2}-\frac{1}{s+3}$$

라플라스 역변환 $\boldsymbol{L}^{-1}$이 선형이므로, 변환표를 이용하여 다음을 얻는다.

$$y=\boldsymbol{L}^{-1}\left[\frac{s^2+9s+2}{(s-1)^2(s+3)}\right]$$

$$= 2\mathcal{L}^{-1}\left[\frac{1}{s-1}\right] + 3\mathcal{L}^{-1}\left[\frac{1}{(s-1)^2}\right] - \mathcal{L}^{-1}\left[\frac{1}{s+3}\right] = 2e^t + 3te^t - e^{-3t} \quad \blacksquare$$

예 5.2.4 $\mathcal{L}^{-1}\left[\dfrac{3s+1}{s^2-2s+5}\right](t)$를 구해보자.

풀이 $\dfrac{3s+1}{s^2-2s+5}$를 라플라스 변환표에 나오는 함수들의 합으로 표현하자. 즉 간단한 사칙 연산에 의해서 다음과 같이 표현된다.

$$\frac{3s+1}{s^2-2s+5} = 3\frac{s-1}{(s-1)^2+2^2} + 2\frac{2}{(s-1)^2+2^2}$$

라플라스 역변환 $\mathcal{L}^{-1}$이 선형이므로, 다음을 얻을 수 있다.

$$\begin{aligned}\mathcal{L}^{-1}\left[\frac{3s+1}{s^2-2s+5}\right] &= \mathcal{L}^{-1}\left[3\frac{s-1}{(s-1)^2+2^2} + 2\frac{2}{(s-1)^2+2^2}\right] \\ &= 3\mathcal{L}^{-1}\left[\frac{s-1}{(s-1)^2+2^2}\right] + 2\mathcal{L}^{-1}\left[\frac{2}{(s-1)^2+2^2}\right] \\ &= 3e^t\cos 2t + 2e^t\sin 2t \quad \blacksquare\end{aligned}$$

이제 주어진 함수 $F(s)$를 역변환하기 쉬운 함수들 $F_1(s)$와 $F_2(s)$의 곱 $F(s) = F_1(s)F_2(s)$로 표현해서 역변환을 구하는 방법을 알아보자.

여기서 함수들의 합성곱에 대해서 소개하자.

| 정의 5.2.5 | [합성곱] $[0, \infty)$상에서 조각적 연속함수 f, g에 대해서 다음의 $f * g$를 f와 g의 합성곱(convolution)이라 한다.

$$(f * g)(t) = \int_0^t f(t-\tau)g(\tau)d\tau, \quad t \geq 0 \tag{5.2.3}$$

예 5.2.6 합성곱 $t * \sin at$을 구해보자($a \neq 0$ 상수).

풀이 부분적분법을 사용하여 다음을 얻는다. $t \geq 0$에 대해서,

$$\begin{aligned}t * \sin at &= \int_0^t (t-\tau)\sin a\tau\, d\tau = \left[(t-\tau)\frac{-\cos a\tau}{a}\right]_0^t - \int_0^t \frac{\cos a\tau}{a}d\tau \\ &= \frac{t}{a} - \left[\frac{\sin a\tau}{a^2}\right]_0^t = \frac{t}{a} - \frac{\sin at}{a^2} \quad \blacksquare\end{aligned}$$

합성곱의 기본적인 성질은 다음과 같다.

| 정리 5.2.7 | $f(t)$, $g(t)$, $h(t)$를 $[0, \infty)$상에서 조각적 연속함수라 하자. 그러면 다음이 성립한다.

(1) $f * g = g * f$ (교환법칙)

(2) $f * (g+h) = f * g + f * h$ (분배법칙)

(3) $(f * g) * h = f * (g * h)$ (결합법칙)

증명

(1) 변수변환 $\theta = t - \tau$에 의해서 다음과 같다.

$$(f * g)(t) = \int_0^t f(t-\tau)g(\tau)d\tau = \int_t^0 -f(\theta)g(t-\theta)d\theta$$
$$= \int_0^t g(t-\theta)f(\theta)d\theta = (g * f)(t), \quad t \geq 0$$

따라서 $f * g = g * f$ 이다.

(2) $t \geq 0$에 대해서, 적분의 선형성에 의해서 다음을 얻는다.

$$(f * (g+h))(t) = \int_0^t f(t-\tau)[g(\tau)+h(\tau)]d\tau$$
$$= \int_0^t f(t-\tau)g(\tau)d\tau + \int_0^t f(t-\tau)h(\tau)d\tau$$
$$= (f * g)(t) + (f * h)(t)$$

따라서 $f * (g+h) = f * g + f * h$ 이다.

(3) 교환법칙에 의해서 $(f * g) * h = h * (f * g) = h * (g * f)$ 이므로 $t \geq 0$에 대해서, 다음을 얻는다.

$$((f * g) * h)(t) = (h * (g * f))(t) = \int_0^t h(t-\tau)(g * f)(\tau)d\tau$$
$$= \int_0^t h(t-\tau)\int_0^\tau g(\tau-\mu)f(\mu)d\mu d\tau$$
$$= \int_0^t \int_0^\tau h(t-\tau)g(\tau-\mu)f(\mu)d\mu d\tau$$

여기서 중적분의 순서를 바꾸면, 다음을 얻는다. $t \geq 0$에 대해서,

$$((f*g)*h)(t)=\int_0^t\int_0^\tau h(t-\tau)g(\tau-\mu)f(\mu)d\mu d\tau$$
$$=\int_0^t\int_\mu^t h(t-\tau)g(\tau-\mu)f(\mu)d\tau d\mu$$

변수 변환 $\theta=\tau-\mu$에 의해서, 다음을 얻는다. $t\geq 0$에 대해서,

$$((f*g)*h)(t)=\int_0^t\int_\mu^t h(t-\tau)g(\tau-\mu)f(\mu)d\tau d\mu$$
$$=\int_0^t\int_0^{t-\mu} h(t-\mu-\theta)g(\theta)f(\mu)d\theta d\mu$$
$$=\int_0^t\int_0^{t-\mu} h(t-\mu-\theta)g(\theta)d\theta f(\mu)d\mu$$
$$=\int_0^t (h*g)(t-\mu)f(\mu)d\mu=((h*g)*f)(t)$$

따라서 $(f*g)*h=(h*g)*f$ 이다. 여기서 교환법칙에 의해서 다음을 얻는다.

$$(f*g)*h=(h*g)*f=(g*h)*f=f*(g*h)$$ ■

라플라스 변환과 관련하여 합성곱의 중요한 성질은 다음과 같다.

| 정리 5.2.8 | [합성곱 정리] $f(t)$, $g(t)$는 $[0,\infty)$상에서 지수 a급인 조각적 연속함수이고, $F(s)=\boldsymbol{L}[f](s)$, $G(s)=\boldsymbol{L}[g](s)$라 하자. 그러면 다음이 성립한다.

$$\boldsymbol{L}[f*g](s)=F(s)G(s),\quad s>a \tag{5.2.4}$$
$$\boldsymbol{L}^{-1}[FG](t)=(f*g)(t),\quad t>0 \tag{5.2.5}$$

증명 $s>a$에 대해서, 다음을 보자.

$$\boldsymbol{L}[f*g](s)=\int_0^\infty e^{-st}(f*g)(t)dt=\int_0^\infty e^{-st}\int_0^t f(t-\tau)g(\tau)d\tau dt$$

여기서 헤비사이드 함수 $u_h(t)$를 이용하여 적분을 표현하면 편리하다.

즉 $u_h(t-\tau)=\begin{cases}1, & \tau\leq t\\ 0, & \tau>t\end{cases}$ 이므로 다음을 얻는다.

$$\boldsymbol{L}[f*g](s)=\int_0^\infty e^{-st}\int_0^t f(t-\tau)g(\tau)d\tau dt$$

$$= \int_0^{\infty} e^{-st} \int_0^{\infty} u_h(t-\tau) f(t-\tau) g(\tau) d\tau dt$$

$$= \int_0^{\infty} \int_0^{\infty} e^{-st} u_h(t-\tau) f(t-\tau) g(\tau) d\tau dt$$

중적분의 순서를 바꾸면, 다음을 얻는다.

$$\boldsymbol{L}[f * g](s) = \int_0^{\infty} \int_0^{\infty} e^{-st} u_h(t-\tau) f(t-\tau) g(\tau) dt\, d\tau$$

$$= \int_0^{\infty} g(\tau) \int_0^{\infty} e^{-st} u_h(t-\tau) f(t-\tau) dt d\tau$$

$$= \int_0^{\infty} g(\tau) \int_{\tau}^{\infty} e^{-st} f(t-\tau) dt\, d\tau$$

여기서 변수 변환 $\mu = t - \tau$ 하면, 다음을 얻는다. $s > a$ 에 대해서,

$$\boldsymbol{L}[f * g](s) = \int_0^{\infty} g(\tau) \int_{\tau}^{\infty} e^{-st} f(t-\tau) dt\, d\tau$$

$$= \int_0^{\infty} g(\tau) \int_0^{\infty} e^{-s(\tau+\mu)} f(\mu) d\mu d\tau$$

$$= \int_0^{\infty} g(\tau) \int_0^{\infty} e^{-s\tau} e^{-s\mu} f(\mu) d\mu\, d\tau$$

$$= \int_0^{\infty} e^{-s\tau} g(\tau) \int_0^{\infty} e^{-s\mu} f(\mu) d\mu\, d\tau$$

$$= \int_0^{\infty} e^{-s\mu} f(\mu) d\mu \int_0^{\infty} e^{-s\tau} g(\tau) d\tau = \boldsymbol{L}[f](s) \boldsymbol{L}[g](s)$$

따라서 (5.2.4)를 얻는다. 한편 (5.2.5)는 (5.2.4)로부터 얻어진다. ■

합성곱 정리는 라플라스 역변환을 구하는 데 편리하게 이용된다.

예 5.2.9 $y = \boldsymbol{L}^{-1}\left[\dfrac{1}{(s^2+a^2)^2}\right]$를 구해보자($a > 0$는 상수).

풀이 $f(t) = \boldsymbol{L}^{-1}\left[\dfrac{1}{s^2+a^2}\right](t)$ 라 두자. 그러면 $\dfrac{1}{(s^2+a^2)^2} = \dfrac{1}{(s^2+a^2)} \dfrac{1}{(s^2+a^2)}$ 이므로, 합성곱정리 5.2.8에 의해서 다음을 얻는다. $t \geq 0$ 에 대해서,

$$y = \boldsymbol{L}^{-1}\left[\frac{1}{(s^2+a^2)^2}\right](t) = (f * f)(t)$$

한편 $f(t)=\boldsymbol{L}^{-1}\left[\dfrac{1}{s^2+a^2}\right](t)=\dfrac{1}{a}\sin at$ 이므로, 다음을 얻는다.

$$\begin{aligned} y=(f*f)(t) &= \int_0^t \frac{1}{a}\sin a(t-\tau)\frac{1}{a}\sin a\tau d\tau \\ &= \frac{1}{a^2}\int_0^t \sin a(t-\tau)\sin a\tau d\tau \end{aligned}$$

여기서 $\sin\alpha\sin\beta=\dfrac{1}{2}[\cos(\alpha-\beta)-\cos(\alpha+\beta)]$ 이므로, 다음을 얻는다.

$$\begin{aligned} y &= \frac{1}{a^2}\int_0^t \sin a(t-\tau)\sin a\tau d\tau \\ &= \frac{1}{2a^2}\int_0^t [\cos(at-2a\tau)-\cos at]d\tau \\ &= \frac{1}{2a^2}\left[\frac{\sin(at-2a\tau)}{-2a}-\tau\cos at\right]_{\tau=0}^{\tau=t} \\ &= \frac{1}{2a^2}\left[\frac{\sin at}{a}-t\cos at\right] \end{aligned}$$

■

연습문제 5.2

1. 다음 함수의 라플라스 역변환을 구하여라.

(1) $\dfrac{2}{s^2+3}$

(2) $\dfrac{6}{(s-1)^4}$

(3) $\dfrac{2}{s^2-9}$

(4) $\dfrac{s+1}{s^2+2s+10}$

(5) $\dfrac{s+8}{s^2+4s+13}$

(6) $\dfrac{6}{(2s+5)^3}$

(7) $\dfrac{s-5}{2s^2-4s+10}$

(8) $\dfrac{-s-7}{(s+1)(s-2)}$

(9) $\dfrac{2s^2+3s+2}{s(s+1)^2}$

(10) $\dfrac{8s^2+5s-9}{(s+1)(s^2-3s+2)}$

(11) $\dfrac{2s^2-8s+14}{(s+1)(s^2-2s+5)}$

(12) $\dfrac{5s+36}{(s+2)(s^2+9)}$

(13) $\dfrac{5s^2+34s+53}{(s+3)^2(s+1)}$

(14) $\dfrac{s}{(s-1)(s^2-1)}$

(15) $\ln\left(\dfrac{s+2}{s-5}\right)$

(16) $\ln\left(\dfrac{s-7}{s-5}\right)$

(17) $\ln\left(\dfrac{s^2+9}{s^2+1}\right)$

(18) $\tan^{-1}\dfrac{1}{s-1}$

(19) $\dfrac{e^{-2s}}{s-1}$

(20) $\dfrac{se^{-3s}}{s^2+4s+5}$

(21) $\dfrac{e^{-3s}}{s^2}$

(22) $\dfrac{e^{-s}}{s^2+9}$

(23) $\dfrac{e^{-3s}(s-5)}{s^2+3s+2}$

(24) $\dfrac{e^{-4s}}{s+2}$

(25) $\dfrac{1}{s(s^2+1)}$

(26) $\dfrac{1}{s^2+3s+2}$

(27) $\dfrac{s}{(s^2+1)^2}$

(28) $\dfrac{1}{s^3(s^2+1)}$

(29) $\dfrac{3s+1}{s^2+2s+10}$

(30) $\dfrac{s-1}{(s+1)(s^2-4s+5)}$

5.3 초기치문제의 라플라스 변환 해법

일반적으로 미분방정식이나 적분방정식 등의 문제를 라플라스 변환하여 푸는 방법을 라플라스 변환 해법이라 한다.

이 절에서는 상수 계수 선형 미분방정식의 초기치문제를 라플라스 변환하여 푸는 방법을 다루고, 간단한 볼테라(Volterra) 선형 적분방정식 등을 라플라스 변환하여 푸는 방법도 간단히 소개한다. 먼저 상수 계수 선형 미분방정식의 초기치문제를 4장에서 배운 해법과 여기서 배울 라플라스 변환 해법을 간단히 비교 요약하면 [그림 5.3.1]과 같다.

라플라스 변환 해법에서는 제차와 비제차 미분방정식을 구분해서 다룰 필요가 없으며, 미분방정식의 일반해를 구할 필요도 없다. 따라서 4장에서 배운 초기치문제의 해법에 비해서 라플라스 변환 해법은 주로 대수적 계산으로 이루어지므로 매우 편리하다. 그러나 초기치문제에서 초기조건만 바뀌는 경우에, 4장에서 배운 해법에서 일반해는 동일하므로 적분상수의 값만 새로 결정하면 되지만, 라플라스 변환 해법에서는 부분적으로 새로 계산해야 하는 단점도 있다.

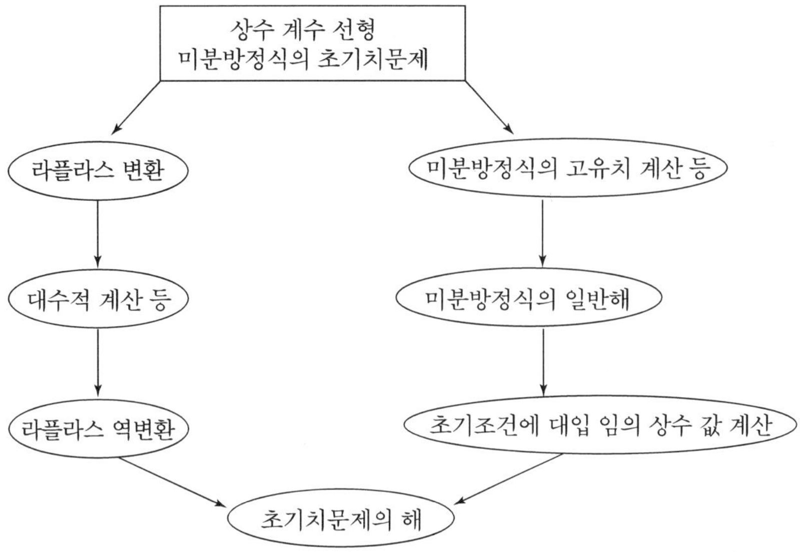

[그림 5.3.1]

■ 라플라스 변환 해법의 과정

(1) 미분방정식을 라플라스 변환한다(초기조건 사용).

(2) 해의 라플라스 변환 $Y=\boldsymbol{L}[y]$에 대해서 다음 형태로 정리한다. $Y=F(s)$

(3) $Y=F(s)$의 라플라스 역변환을 계산하여 해 y를 얻는다. $y=\boldsymbol{L}^{-1}[Y](t)$

예를 들어 다음의 초기치문제를 라플라스 변환하여 풀어보자.

$$ay''+by'+cy=g(t), \quad y(0)=y_0, \quad y'(0)=z_0 \tag{5.3.1}$$

여기서 편의상 $Y=\boldsymbol{L}[y(t)](s)$, $G=\boldsymbol{L}[g(t)](s)$라 두자. 그러면 정리 5.1.26에 의해서 위의 초기치문제를 라플라스 변환하면, 다음을 얻는다.

$$a[s^2Y-sy_0-z_0]+b[sY-y_0]+cY=G,$$

Y에 대해서 정리하면, 다음과 같다.

$$(as^2+bs+c)Y=ay_0s+by_0+az_0+G$$

여기서 $p(s)=as^2+bs+c$, $q(s)=q(s\,;\,y_0,\,z_0)=ay_0s+by_0+az_0$라 두고, 간단히 정리하면 다음을 얻는다.

$$Y=\frac{q(s)+G(s)}{p(s)} \tag{5.3.2}$$

따라서 역변환하면, 해 $y(t)$는 다음과 같다.

$$y = \boldsymbol{L}^{-1}\left[\frac{q(s)+G(s)}{p(s)}\right] \tag{5.3.3}$$

예 5.3.1 $y'' - 7y' + 10y = 0,\ y(0) = 1,\ y'(0) = -1$ 을 라플라스 변환 해법으로 풀어보자.

풀이 편의상 $Y = \boldsymbol{L}[y(t)](s)$ 라 두고, $y'' - 7y' + 10y = 0$ 의 양변을 라플라스 변환하면 다음과 같다.

$$\boldsymbol{L}[y'' - 7y' + 10y] = \boldsymbol{L}[y''] - 7\boldsymbol{L}[y'] + 10\boldsymbol{L}[y] = \boldsymbol{L}[0]$$

따라서 정리 5.1.26에 의해서 다음을 얻는다.

$$(s^2Y - sy(0) - y'(0)) - 7(sY - y(0)) + 10Y = 0$$

그러므로 $(s^2Y - s + 1) - 7(sY - 1) + 10Y = 0$ 이다. Y 에 대해서 정리하면, 다음의 유리함수를 얻는다.

$$Y = \frac{s-8}{s^2 - 7s + 10}$$

이제 Y 를 라플라스 변환표에 나오는 함수들의 일차 결합으로 표현하기 위해서 부분분수로 분해하자. 분모를 인수분해하면, $s^2 - 7s + 10 = (s-2)(s-5)$ 이다. 분모가 서로 다른 일차 인수로 분해되므로 다음을 만족하는 상수 A, B 가 존재한다.

$$Y = \frac{s-8}{s^2 - 7s + 10} = \frac{A}{s-2} + \frac{B}{s-5}$$

여기서 $(s-2)(s-5)$ 를 양변에 곱하면, 다음 항등식을 얻는다.

$$s - 8 = A(s-5) + B(s-2)$$

따라서 계수를 비교하면, $A + B = 1,\ -5A - 2B = -8$ 이다.

이 연립방정식을 풀면, $A = 2,\ B = -1$ 이므로 다음과 같이 표현된다.

$$Y = \frac{s-8}{s^2 - 7s + 10} = 2\frac{1}{s-2} - \frac{1}{s-5}$$

라플라스 역변환 $\boldsymbol{L}^{-1}$ 이 선형이므로, 변환표를 이용하여 다음을 얻는다.

$$y = \boldsymbol{L}^{-1}\left[2\frac{1}{s-2} - \frac{1}{s-5}\right] = 2\boldsymbol{L}^{-1}\left[\frac{1}{s-2}\right] - \boldsymbol{L}^{-1}\left[\frac{1}{s-5}\right] = 2e^{2t} - e^{5t}$$ ■

예 5.3.2 $y'' - 7y' + 10y = 10t + 13,\ y(0) = 1,\ y'(0) = -1$ 을 라플라스 변환 해법으로 풀어보자.

풀이 $Y=\boldsymbol{L}[y(t)](s)$라 두고, $y''-7y'+10y=10t+13$의 양변을 라플라스 변환하면 다음과 같다.

$$\boldsymbol{L}[y''-7y'+10y]=\boldsymbol{L}[y'']-7\boldsymbol{L}[y']+10\boldsymbol{L}[y]=\boldsymbol{L}[10t+13]$$

따라서 정리 5.1.26에 의해서 다음을 얻는다.

$$(s^2Y-sy(0)-y'(0))-7(sY-y(0))+10Y=\frac{10}{s^2}+\frac{13}{s}$$

그러므로 $(s^2Y-s+1)-7(sY-1)+10Y=\dfrac{13s+10}{s^2}$이다. Y에 대해서 정리하면, 다음의 유리함수를 얻는다.

$$Y=\frac{s-8}{s^2-7s+10}+\frac{13s+10}{s^2(s^2-7s+10)}$$

이제 Y를 라플라스 변환표에 나오는 함수들의 일차 결합으로 표현하기 위해서 부분분수로 분해하자. 예 5.3.1에서 다음을 알고 있다.

$$\frac{s-8}{s^2-7s+10}=\frac{2}{s-2}-\frac{1}{s-5}$$

그러므로 $\dfrac{13s+10}{s^2(s^2-7s+10)}$의 부분분수 표현을 알면, Y의 부분분수 표현을 알 수 있다. $s^2(s^2-7s+10)=s^2(s-2)(s-5)$이므로, 다음을 만족하는 상수 A, B, C, D가 존재한다.

$$\frac{13s+10}{s^2(s^2-7s+10)}=\frac{A}{s-2}+\frac{B}{s-5}+\frac{C}{s}+\frac{D}{s^2}$$

$s^2(s-2)(s-5)$를 양변에 곱하면, 다음 항등식을 얻는다.

$$13s+10=As^2(s-5)+Bs^2(s-2)+Cs(s-2)(s-5)+D(s-2)(s-5)$$

여기서 계수들을 비교하여 구하면, $A=-3$, $B=1$, $C=2$, $D=1$이다. 따라서 다음 항등식을 얻는다.

$$\frac{13s+10}{s^2(s^2-7s+10)}=-\frac{3}{s-2}+\frac{1}{s-5}+\frac{2}{s}+\frac{1}{s^2}$$

그러므로 다음을 얻는다.

$$Y=-\frac{1}{s-2}+2\frac{1}{s}+\frac{1}{s^2}$$

라플라스 역변환 L^{-1} 이 선형이므로, 변환표를 이용하여 다음을 얻는다.

$$y = L^{-1}\left[-\frac{1}{s-2} + 2\frac{1}{s} + \frac{1}{s^2}\right] = -L^{-1}\left[\frac{1}{s-2}\right] + 2L^{-1}\left[\frac{1}{s}\right] + L^{-1}\left[\frac{1}{s^2}\right]$$

$$= -e^{2t} + 2 + t$$

■

예 5.3.3 $y'' - 7y' + 10y = 9e^{2t}$, $y(0) = 1$, $y'(0) = -1$ 을 라플라스 변환 해법으로 풀어보자.

풀이 $Y = L[y(t)](s)$ 라 두고, $y'' - 7y' + 10y = 9e^{2t}$ 의 양변을 라플라스 변환하면 다음과 같다.

$$L[y'' - 7y' + 10y] = L[y''] - 7L[y'] + 10L[y] = 9L[e^{2t}]$$

따라서 정리 5.1.26에 의해서 다음을 얻는다.

$$(s^2 Y - sy(0) - y'(0)) - 7(sY - y(0)) + 10Y = \frac{9}{s-2}$$

즉 $(s^2 Y - s + 1) - 7(sY - 1) + 10Y = \frac{9}{s-2}$ 이다. Y에 대해서 정리하면, 다음의 유리함수를 얻는다.

$$Y = \frac{s-8}{s^2 - 7s + 10} + \frac{9}{(s-2)(s^2 - 7s + 10)}$$

이제 Y를 라플라스 변환표에 나오는 함수들의 일차 결합으로 표현하기 위해서 부분분수로 분해하자. 예 5.3.1에서 다음을 알고 있다.

$$\frac{s-8}{s^2 - 7s + 10} = \frac{2}{s-2} - \frac{1}{s-5}$$

이제 $\frac{9}{(s-2)(s^2 - 7s + 10)}$ 의 부분분수 표현을 알면, Y의 부분분수 표현을 알 수 있다. $(s-2)(s^2 - 7s + 10) = (s-2)^2(s-5)$ 이므로, 다음을 만족하는 상수 A, B, C가 존재한다.

$$\frac{9}{(s-2)(s^2 - 7s + 10)} = \frac{A}{s-2} + \frac{B}{(s-2)^2} + \frac{C}{s-5}$$

$(s-2)^2(s-5)$ 를 양변에 곱하면, 다음 항등식을 얻는다.

$$9 = A(s-2)(s-5) + B(s-5) + C(s-2)^2$$

여기서 계수들을 비교하여 구하면, $A=-1$, $B=-3$, $C=1$이다. 따라서 다음 항등식을 얻는다.

$$\frac{9}{(s-2)(s^2-7s+10)}=-\frac{1}{s-2}-\frac{3}{(s-2)^2}+\frac{1}{s-5}$$

그러므로 다음과 같이 표현된다.

$$Y=\frac{1}{s-2}-3\frac{1}{(s-2)^2}$$

라플라스 역변환 $\boldsymbol{L}^{-1}$이 선형이므로, 변환표를 이용하여 다음을 얻는다.

$$\begin{aligned} y &= \boldsymbol{L}^{-1}\left[\frac{1}{s-2}-3\frac{1}{(s-2)^2}\right] \\ &= \boldsymbol{L}^{-1}\left[\frac{1}{s-2}\right]-3\boldsymbol{L}^{-1}\left[\frac{1}{(s-2)^2}\right]=e^{2t}-3te^{2t} \end{aligned}$$

■

예 5.3.4 $y''-2y'+5y=10\sin t$, $y(0)=1$, $y'(0)=0$을 라플라스 변환 해법으로 풀어보자.

풀이 $Y=\boldsymbol{L}[y(t)](s)$라 두고, $y''-2y'+5y=10\sin t$의 양변을 라플라스 변환하면 다음과 같다.

$$\boldsymbol{L}[y''-2y'+5y]=\boldsymbol{L}[y'']-2\boldsymbol{L}[y']+5\boldsymbol{L}[y]=10\boldsymbol{L}[\sin t]$$

따라서 정리 5.1.26에 의해서 다음을 얻는다.

$$(s^2Y-s)-2(sY-1)+5Y=\frac{10}{s^2+1}$$

Y에 대해서 정리하면, 다음의 유리함수를 얻는다.

$$Y=\frac{s-2}{s^2-2s+5}+\frac{10}{(s^2+1)(s^2-2s+5)}$$

이제 Y를 라플라스 변환표에 나오는 함수들의 일차 결합으로 표현하자.

$\dfrac{10}{(s^2+1)(s^2-2s+5)}$는 다음과 같이 분해된다.

$$\frac{10}{(s^2+1)(s^2-2s+5)}=\frac{As+B}{s^2-2s+5}+\frac{Cs+D}{s^2+1},\ (A,\ B,\ C,\ D\text{는 적당한 상수})$$

$(s^2+1)(s^2-4s+5)$를 양변에 곱하면, 다음 항등식을 얻는다.

$$10=(As+B)(s^2+1)+(Cs+D)(s^2-2s+5)$$

여기서 계수들을 비교하면, 다음을 얻는다.

$$A+C=0,\ B-2C+D=0,\ A+5C-2D=0,\ B+5D=10$$

위의 연립방정식을 풀면, 다음과 같다.

$$A=-1,\ B=0,\ C=1,\ D=2$$

따라서 $\dfrac{10}{(s^2+1)(s^2-4s+5)}=\dfrac{-s}{(s-1)^2+4}+\dfrac{s+2}{s^2+1}$ 이다. 그러므로 Y는 다음과 같이 표현된다.

$$Y=\frac{-2}{(s-1)^2+4}+\frac{s+2}{s^2+1}=-\frac{2}{(s-1)^2+2^2}+\frac{s}{s^2+1}+2\frac{1}{s^2+1}$$

라플라스 역변환 $\boldsymbol{L}^{-1}$이 선형이므로, 변환표를 이용하여 다음을 얻는다.

$$\begin{aligned}y&=-\boldsymbol{L}^{-1}\left[\frac{2}{(s-1)^2+2^2}\right]+\boldsymbol{L}^{-1}\left[\frac{s}{s^2+1}\right]+2\boldsymbol{L}^{-1}\left[\frac{1}{s^2+1}\right]\\&=-e^t\cos 2t+\cos t+2\sin t\end{aligned}$$

■

참고 미분방정식 $\dfrac{d}{dt}y=\psi(t,\ y)$는 적분형태의 방정식으로 변환될 수 있다. $\dfrac{d}{dt}y=\psi(t,\ y)$의 양변을 구간 $[0,\ t]$상에서 적분하면, 다음과 같다.

$$\int_0^t \frac{d}{d\tau}y(\tau)\,d\tau=\int_0^t \psi(\tau,\ y(\tau))d\tau$$

여기서 $\displaystyle\int_0^t \frac{d}{d\tau}y(\tau)\,d\tau=y(t)-y(0)$이므로, 다음의 방정식을 얻는다.

$$y(t)=y(0)+\int_0^t \psi(\tau,\ y(\tau))d\tau,\ t\geq 0 \tag{5.3.4}$$

(5.3.4)의 피적분함수 $\psi(\tau,\ y(\tau))$ 속에는 종속변수(미지함수) y가 포함되어 있다. 이와 같이 종속변수가 피적분함수에 포함된 방정식을 일반적으로 적분방정식이라 한다. 특히 다음의 선형 적분방정식을 볼테라 적분방정식이라 한다.

$$y(t)=f(t)+\int_0^t k(t-\tau)y(\tau)d\tau,\quad t\geq 0 \tag{5.3.6}$$

(단 $k(t)$는 주어진 함수)

그리고 다음과 같은 형태의 방정식을 적분미분방정식이라 한다.

$$\frac{d}{dt}y(t)=f(t,\ y(t))+\int_0^t \psi(\tau,\ y(\tau))d\tau,\quad t\geq 0 \tag{5.3.5}$$

특히 다음의 선형 적분미분방정식을 볼테라 적분미분방정식이라 한다.

$$\frac{d}{dt}y(t) = f(t) + \int_0^t k(t-\tau)y(\tau)d\tau, \quad t \geq 0 \tag{5.3.7}$$

위의 볼테라 방정식은 합성곱 정리를 이용하여 라플라스 변환으로 풀 수 있다.

예 5.3.5 $y(t) = t - \int_0^t e^{-(t-\tau)}y(\tau)d\tau$를 라플라스 변환으로 풀어보자.

풀이 볼테라 적분방정식을 합성곱 형태로 표현하면 다음과 같다.

$$y(t) = t - e^{-t} * y(t)$$

편의상 $Y = \boldsymbol{L}[y](s)$라 두고, $y(t) = t - e^{-t} * y(t)$의 양변을 라플라스 변환하면 합성곱 정리에 의해서 다음과 같다.

$$Y = \frac{1}{s^2} - \frac{1}{s+1}Y, \quad s > 0$$

Y에 대해서 정리하면, 다음의 유리함수를 얻는다.

$$Y = \frac{s+1}{s^2(s+2)} = \frac{1}{4}\frac{1}{s} + \frac{1}{2}\frac{1}{s^2} - \frac{1}{4}\frac{1}{s+2}$$

따라서 Y의 라플라스 역변환을 구하면, 다음과 같이 해를 얻는다.

$$y = \frac{1}{4} + \frac{t}{2} - \frac{e^{-2t}}{4}$$

■

예 5.3.6 $\frac{d}{dt}y(t) = 10t - 5\int_0^t e^{-2(t-\tau)}y(\tau)d\tau$, $y(0) = 0$을 풀어보자.

풀이 적분-미분방정식을 합성곱 형태로 표현하면 다음과 같다.

$$\frac{d}{dt}y(t) = 10t - 5e^{-2t} * y(t)$$

편의상 $Y = \boldsymbol{L}[y](s)$라 두고, $\frac{d}{dt}y(t) = 10t - 5e^{-2t} * y(t)$의 양변을 라플라스 변환하면 합성곱 정리에 의해서 다음과 같다.

$$sY - y(0) = \frac{10}{s^2} - \frac{5}{s+2}Y$$

Y에 대해서 정리하면, 다음의 유리함수를 얻는다.

$$Y = \frac{10s+20}{s^2(s^2+2s+5)}$$

Y를 분해하자. 즉 $Y = \frac{A}{s} + \frac{B}{s^2} + \frac{Cs+D}{s^2+2s+5}$라 두고, 항등식의 계수를 비교하면, 다음을 얻는다.

$$A+C=0,\ 2A+B+D=0,\ 5A+2B=10,\ 5B=20$$

따라서 $A=\frac{2}{5}$, $B=4$, $C=-\frac{2}{5}$, $D=-\frac{24}{5}$이고, 다음을 얻는다.

$$\begin{aligned} Y &= \frac{2}{5}\frac{1}{s} + 4\frac{1}{s^2} - \frac{2}{5}\frac{s+12}{(s+1)^2+2^2} \\ &= \frac{2}{5}\frac{1}{s} + 4\frac{1}{s^2} - \frac{2}{5}\frac{s+1}{(s+1)^2+2^2} - \frac{11}{5}\frac{2}{(s+1)^2+2^2} \end{aligned}$$

여기서 Y의 라플라스 역변환을 구하면, 다음과 같이 해를 얻는다.

$$y = \frac{2}{5} + 4t^2 - \frac{2}{5}e^{-t}\cos 2t - \frac{11}{5}e^{-t}\sin 2t$$ ■

연습문제 5.3

1. 다음 초기치문제를 라플라스 변환 해법으로 풀어라.
   (1) $y' - 5y = 0,\ y(0) = 1$
   (2) $y' + 2y = 0,\ y(0) = 2$
   (3) $y'' - 2y' = 0,\ y(0) = 0,\ y'(0) = 1$
   (4) $4y'' + 4y' + y = 0,\ y(0) = -1,\ y'(0) = 1$
   (5) $y'' - 6y' + 25y = 0,\ y(0) = -1,\ y'(0) = 1$
   (6) $y'' + 9y = 0,\ y(0) = -1,\ y'(0) = 1$
   (7) $y' - 5y = e^t u_h(t-1),\ y(0) = 1$
   (8) $y''' + 2y'' - 5y' - 6y = 0,\ y(0) = 0,\ y'(0) = 1,\ y''(0) = 2$
   (9) $y'' - y' - 2y = 4t^2 + e^{3t},\ y(0) = -1,\ y'(0) = 1$
   (10) $y''' - 2y'' - 5y' + 6y = e^t + t^2,\ y(0) = -1,\ y'(0) = 1,\ y''(0) = 2$
   (11) $y'' - y = te^t,\ y(0) = -1,\ y'(0) = 1$
   (12) $y'' + 2y' + 2y = u_h(t-1),\ y(0) = 1,\ y'(0) = 0$
   (13) $y'' + y = u_h(t-3),\ y(0) = 0,\ y'(0) = 1$
   (14) $y'' + y = t - (t-4)u_h(t-2),\ y(0) = 0,\ y'(0) = 1$

(15) $y'' + y = u_h(t-3),\ y(0) = 0,\ y'(0) = 0$

(16) $y'' + 2y' + 2y = u_h(t-2\pi) - u_h(t-4\pi),\ y(0) = 1,\ y'(0) = 1$

(17) $y'' + 4y = \begin{cases} 3\cos t, & 0 \le t \le 2\pi \\ 0, & 2\pi < t \end{cases},\ y(0) = 1,\ y'(0) = 4$

(18) $y'' + 3y' + 2y = \begin{cases} e^{-t}, & 0 \le t < 3 \\ 1, & 3 \le t \end{cases},\ y(0) = 2,\ y'(0) = -1$

(19) $y'' + 5y' + 6y = \begin{cases} 0, & 0 \le t < 1 \\ t, & 1 \le t < 5 \\ 1, & 5 \le t \end{cases},\ y(0) = 0,\ y'(0) = 2$

(20) $y'' + 2y' + 10y = \begin{cases} 10, & 0 \le t < 10 \\ 20, & 10 \le t < 20 \\ 0, & 20 \le t \end{cases},\ y(0) = -1,\ y'(0) = 0$

(21) $y'' - 4y' + 4y = 0,\quad y(0) = 1,\quad y'(0) = 2$

(22) $y'' + 2y' + y = 0,\quad y(0) = -1,\quad y'(0) = 3$

(23) $y'' - 5y' + 4y = \begin{cases} 1, & 0 \le t < 5 \\ 0, & t \ge 5 \end{cases},\quad y(0) = 0,\quad y'(0) = 1$

(24) $y'' + 5y' + 6y = \begin{cases} 0, & 0 \le t < 1 \\ 2, & 1 \le t < 3 \\ 1, & t \ge 3 \end{cases},\quad y(0) = 0,\quad y'(0) = 0$

2. 다음 볼테라 적분방정식을 라플라스 변환 해법으로 풀어라.

(1) $y(t) = 2 + \int_0^t (t-\tau)y(\tau)\,d\tau$

(2) $y(t) = t^2 + \int_0^t (t-\tau)y(\tau)\,d\tau$

(3) $y(t) = t + \int_0^t y(\tau)\sin(t-\tau)\,d\tau$

(4) $y(t) = \cos t - \int_0^t e^{t-\tau}y(\tau)\,d\tau$

(5) $y(t) + \int_0^t (t-\tau)^2 y(\tau)\,d\tau = t^3 + 3$

(6) $y(t) = \cos t + \int_0^t e^{\tau - t}y(\tau)\,d\tau$

(7) $y'(t) = 1 - \int_0^t e^{2(t-\tau)}y(\tau)\,d\tau,\quad y(0) = -1$

(8) $y'(t) = t + 2\int_0^t e^{t-\tau}y(\tau)\,d\tau,\quad y(0) = -1$

(9) $y'(t)+y(t)=\sin t+\int_0^t y(\tau)\sin(t-\tau)\,d\tau,\quad y(0)=-1$

(10) $y'(t)=t-\int_0^t (t-\tau)y(\tau)\,d\tau,\quad y(0)=1$

5.4 불연속함수의 라플라스 변환

4.4절의 스프링 운동의 예에서 보았듯이, 시스템에 가해지는 외부 강제력은 주로 미분방정식의 비제차항으로 나타난다.

현실적으로 외부 강제력은 불연속함수인 경우가 많으며 때로는 충격함수인 경우도 있다. 따라서 미분방정식의 비제차항이 계단함수 등 조각적 연속함수이거나 Dirac 함수 등과 같은 충격함수가 될 수 있다.

이 절에서는 조각적 연속함수와 Dirac 함수 등의 라플라스 변환을 자세하게 다루고, 그런 함수를 포함하는 초기치문제를 풀어보자.

먼저 조각적 연속함수는 헤비사이드 함수 $u_h(t)$를 이용하여 표현하면 편리하다. 예를 들어, $f(t)=\begin{cases} g(t), & 0<t<a \\ h(t), & a<t \end{cases}$는 다음과 같이 표현된다.

$$f(t)=g(t)+[h(t)-g(t)]\,u_h(t-a),\quad t\geq 0$$

예 5.4.1 $f(t)=\begin{cases} 2, & 0\leq t<1 \\ -1, & 1\leq t<2 \\ 1, & 2\leq t \end{cases}$을 헤비사이드 함수로 표현하고 라플라스 변환해보자.

풀이 $u_h(t-a)=\begin{cases} 0, & t<a \\ 1, & t\geq a \end{cases}$이므로, 다음과 같이 표현할 수 있다.

$$f(t)=2-3u_h(t-1)+2u_h(t-2),\ t\geq\ 0$$

라플라스 변환 $\boldsymbol{L}$이 선형변환이므로, 다음을 얻는다.

$$\boldsymbol{L}[f]=2\boldsymbol{L}[1]-3\boldsymbol{L}[u_h(t-1)]+2\boldsymbol{L}[u_h(t-2)]$$

따라서 정리 5.1.20에 의해서 다음을 얻는다.

$$\boldsymbol{L}[f]=\frac{2}{s}-\frac{3e^{-s}}{s}+\frac{2e^{-2s}}{s}$$ ■

예 5.4.2 $f(t)=\begin{cases} t, & 0 \le t < 1 \\ 2, & 1 \le t < 3 \\ \cos \pi t, & 3 \le t \end{cases}$ 을 헤비사이드 함수로 표현하고 라플라스 변환해 보자.

풀이 $f(t)$를 다음과 같이 표현할 수 있다. $t \ge 0$,

$$f(t)=t+(2-t)u_h(t-1)+(\cos \pi t-2)u_h(t-3)$$

라플라스 변환 $\boldsymbol{L}$이 선형변환이므로, 다음을 얻는다.

$$\boldsymbol{L}[f]=\boldsymbol{L}[t]+\boldsymbol{L}[(2-t)u_h(t-1)]+\boldsymbol{L}[(\cos \pi t-2)u_h(t-3)]$$

조각적 연속함수 $f(t)$에 대하여, 정리 5.1.20에서 다음을 이용하자.

$$\boldsymbol{L}[u_h(t-b)f(t)](s)=e^{-sb}\boldsymbol{L}[f(t+b)](s)$$

그러면 다음을 얻는다.

$$\begin{aligned}\boldsymbol{L}[f(t)] &= \boldsymbol{L}[t]+e^{-s}\boldsymbol{L}[1-t]+e^{-3s}\boldsymbol{L}[-\cos \pi t-2] \\ &= \frac{1}{s^2}+e^{-s}\left(\frac{1}{s}-\frac{1}{s^2}\right)-e^{-3s}\left(\frac{2}{s}+\frac{s}{s^2+\pi^2}\right)\end{aligned}$$ ■

비제차항이 불연속인 초기치문제의 예를 보자.

예 5.4.3 $y''+4y=\begin{cases} 2, & 0<t<1 \\ -1, & 1<t<2 \\ 1, & 2<t \end{cases}$, $y(0)=0$, $y'(0)=0$을 풀어보자.

풀이 미분방정식을 라플라스 변환하면, 예 5.4.1로부터 다음을 얻는다.

$$(s^2+4)Y=\frac{2}{s}-\frac{3e^{-s}}{s}+\frac{2e^{-2s}}{s}$$

따라서 $Y=\dfrac{2}{s(s^2+4)}-\dfrac{3e^{-s}}{s(s^2+4)}+\dfrac{2e^{-2s}}{s(s^2+4)}$이고 다음과 같이 표현된다.

$$Y=\frac{1}{s}\frac{2}{s^2+4}-\frac{3}{2}\frac{e^{-s}}{s}\frac{2}{s^2+4}+\frac{e^{-2s}}{s}\frac{2}{s^2+4}$$

라플라스 역변환의 선형성에 의해서 다음을 얻는다.

$$y=\boldsymbol{L}^{-1}[Y]=\boldsymbol{L}^{-1}\left[\frac{1}{s}\frac{2}{s^2+4}\right]-\frac{3}{2}\boldsymbol{L}^{-1}\left[\frac{e^{-s}}{s}\frac{2}{s^2+4}\right]+\boldsymbol{L}^{-1}\left[\frac{e^{-2s}}{s}\frac{2}{s^2+4}\right]$$

여기서 $\mathcal{L}^{-1}\left[\frac{1}{s}\right]=1$, $\mathcal{L}^{-1}\left[\frac{2}{s^2+4}\right]=\sin 2t$, $\mathcal{L}^{-1}\left[\frac{e^{-s}}{s}\right]=u_h(t-1)$, $\mathcal{L}^{-1}\left[\frac{e^{-2s}}{s}\right]=u_h(t-2)$이므로 합성곱 정리에 의해서 다음을 얻는다.

$$\begin{aligned} y &= 1 * \sin 2t - \frac{3}{2}u_h(t-1) * \sin 2t + u_h(t-2) * \sin 2t \\ &= \int_0^t \sin 2\tau d\tau - \frac{3}{2}\int_0^t u_h(\tau-1)\sin 2(t-\tau)\,d\tau + \int_0^t u_h(\tau-2)\sin 2(t-\tau)\,d\tau \end{aligned}$$

그러므로 다음을 얻는다.

(1) $0 \le t < 1$ 일 때,

$$y=\int_0^t \sin 2\tau d\tau = \left[-\frac{1}{2}\cos 2t\right]_0^t = -\frac{1}{2}\cos 2t + \frac{1}{2}$$

(2) $1 \le t < 2$ 일 때,

$$y=\int_0^t \sin 2\tau d\tau - \frac{3}{2}\int_1^t \sin 2(t-\tau)d\tau = -\frac{1}{2}\cos 2t + \frac{3}{4}\cos 2(t-1) - \frac{1}{4}$$

(3) $2 \le t$ 일 때,

$$\begin{aligned} y &= \int_0^t \sin 2\tau d\tau - \frac{3}{2}\int_1^t \sin 2(t-\tau)\,d\tau + \int_2^t \sin 2(t-\tau)\,d\tau \\ &= -\frac{1}{2}\cos 2t + \frac{3}{4}\cos 2(t-1) - \frac{1}{2}\cos 2(t-2) + \frac{1}{4} \end{aligned}$$

따라서 헤비사이드 함수를 이용하여 해 y를 표현하면 다음과 같다.

$$\begin{aligned} y &= -\frac{1}{2}\cos 2t + \frac{1}{2} + \left[\frac{3}{4}\cos 2(t-1) - \frac{3}{4}\right]u_h(t-1) \\ &\quad + \left[\frac{1}{2} - \frac{1}{2}\cos 2(t-2)\right]u_h(t-2), \quad t \ge 0 \end{aligned}$$

■

이제 충격함수에 대해서 설명해보자.

예를 들어서 피아노 현의 아주 짧은 선분에 핀(망치)으로 치는 경우나, 전기회로에 아주 짧은 순간 전류를 흐르게 하는 경우를 생각해보자. 이런 경우를 표현하는 데 쓰이는 함수를 다음과 같이 두자.

아주 작은 양수 $\epsilon > 0$에 대하여,

$$\delta_\epsilon(t)=\begin{cases}0, & t<-\epsilon\\ \dfrac{1}{2\epsilon}, & -\epsilon\le t\le\epsilon\\ 0, & \epsilon<t\end{cases} \tag{5.4.1}$$

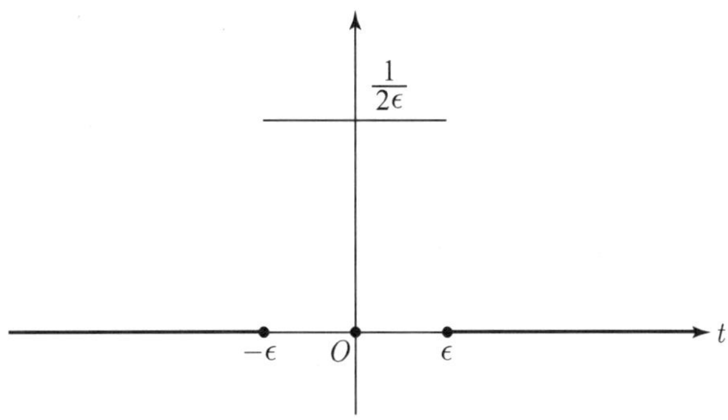

[그림 5.4.1]

그러면 $\delta_\epsilon(t)$는 다음을 만족한다. 임의의 $\epsilon>0$에 대하여,

$$\int_{-\infty}^{\infty}\delta_\epsilon(t)dt=\int_{-\epsilon}^{\epsilon}\frac{1}{2\epsilon}dt=1 \tag{5.4.2}$$

다음 정리에서 $\delta_\epsilon(t)$와 적분의 관계를 볼 수 있다.

| 정리 5.4.4 | 함수 f가 t_0에서 연속이라 하자. 그러면 다음이 성립한다.

$$\lim_{\epsilon\to 0^+}\int_{-\infty}^{\infty}f(t)\delta_\epsilon(t-t_0)\,dt=f(t_0) \tag{5.4.3}$$

증명 충분히 작은 양수 ϵ에 대해서, 다음을 얻는다.

$$\int_{-\infty}^{\infty}f(t)\delta_\epsilon(t-t_0)\,dt=\frac{1}{2\epsilon}\int_{t_0-\epsilon}^{t_0+\epsilon}f(t)dt \tag{5.4.4}$$

f가 t_0에서 연속함수이므로, 다음을 얻는다.

$$\lim_{\epsilon\to 0^+}\int_{-\infty}^{\infty}f(t)\delta_\epsilon(t-t_0)\,dt=\lim_{\epsilon\to 0^+}\frac{1}{2\epsilon}\int_{t_0-\epsilon}^{t_0+\epsilon}f(t)dt=f(t_0)$$ ■

참고 정리 5.4.4로부터 함수 f가 0에서 연속이면, (5.4.3)은 다음과 같이 된다.

$$\lim_{\epsilon\to 0^+}\int_{-\infty}^{\infty}f(t)\delta_\epsilon(t)\,dt=f(0) \tag{5.4.5}$$

이제 (5.4.2)와 (5.4.5)의 의미에서, $\epsilon \to 0^+$일 때 δ_ϵ의 극한(어떤 것; 정확한 정의는 이 책의 범위 밖이라 생략)을 생각하고 형식상으로 다음과 같이 표기하자.

$$\lim_{\epsilon \to 0^+} \delta_\epsilon(t) = \delta(t) \tag{5.4.6}$$

이때 $\delta(t)$를 Dirac(delta) 함수라 한다.

위의 내용으로부터 $\delta(t)$는 다음과 같이 형식적 성질을 가진다.

| 정리 5.4.5 | Dirac 함수 $\delta(t)$는 다음과 같은 성질을 가진다.

$$\begin{cases} \delta(t) = 0, \quad t \neq 0, \\ \delta(0) = \infty, \\ \displaystyle\int_{-\infty}^{\infty} \delta(t)\,dt = 1 \end{cases} \tag{5.4.7}$$

참고 ∞는 숫자가 아니므로, Dirac 함수 $\delta(t)$는 통상적 의미에서 (수 값을 가지는) 함수라 할 수 없다. 즉 (5.4.7)을 만족하는 통상적인 의미의 함수는 존재하지 않는다. 그러나 적분 (5.4.5)와 관련 지워서, $\epsilon \to 0^+$일 때 함수 δ_ϵ의 극한으로서 (5.4.7)의 성질을 가진 존재($\delta(t)$)를 인정할 수 있다. 이와 같은 것을 흔히 초함수(generalized function 또는 distribution)라 하는데, $\delta(t)$는 하나의 예이다.

초함수들은 미분방정식(특히 편미분방정식)의 고급 이론에서 매우 중요한 역할을 하는데 심오한 내용이므로 여기서는 더 이상 깊이 소개하지 않는다(함수해석학 참조).

물리적 의미로 보면, Dirac 함수 $\delta(t)$는 피아노 현의 한 점을 망치로써 크기 1인 힘으로 치는 경우나, 전기회로에 순간적으로 1만큼의 전류를 흐르게 하는 경우 등으로 크기 1인 충격(impulse)을 표현하는 것이다.

Dirac 함수 $\delta(t)$의 중요한 성질은 다음과 같이 요약된다.

| 정리 5.4.6 | 함수 f가 t_0에서 연속이라 하자. 그러면 다음이 성립한다.

$$\int_{-\infty}^{\infty} f(t)\delta(t-t_0)\,dt = f(t_0) \tag{5.4.8}$$

예 5.4.7 정리 5.4.6에 의해서 다음을 알 수 있다.

(1) $\displaystyle\int_{-\infty}^{\infty} e^{3t}\delta(t-2)\,dt = e^6$ (2) $\displaystyle\int_{-\infty}^{\infty} \delta(t)\cos \pi t\,dt = \cos 0 = 1$

헤비사이드 함수 $u_h(t)$ 와 Dirac 함수 $\delta(t)$ 의 관계는 다음과 같다.

| 정리 5.4.8 | 임의의 t 에 대해서, 다음을 얻는다.

$$u_h(t) = \int_{-\infty}^{t} \delta(\tau)\,d\tau \tag{5.4.9}$$

증명 편의상 $v(t) = \int_{-\infty}^{t} \delta(\tau)\,d\tau$ 라 두자.

먼저 $t < 0$ 인 경우: $t < -\epsilon$ 에 대해서 $\int_{-\infty}^{t} \delta_\epsilon(\tau)\,d\tau = 0$ 이므로,

$v(t) = \int_{-\infty}^{t} \delta(\tau)\,d\tau = \lim_{\epsilon \to 0^+} \int_{-\infty}^{t} \delta_\epsilon(\tau)\,d\tau = 0$ 이다.

$t > 0$ 인 경우: 임의의 $\epsilon < t$ 에 대해서 $\int_{-\infty}^{t} \delta_\epsilon(\tau)\,d\tau = 1$ 이므로,

$v(t) = \int_{-\infty}^{t} \delta(\tau)\,d\tau = \lim_{\epsilon \to 0^+} \int_{-\infty}^{t} \delta_\epsilon(\tau)\,d\tau = 1$ 이다.

끝으로 $t = 0$ 인 경우: 임의의 $\epsilon > 0$ 에 대해서

$v(0) = \int_{-\infty}^{0} \delta(\tau)\,d\tau = \lim_{\epsilon \to 0^+} \int_{-\infty}^{0} v(0) = \int_{-\infty}^{0} \delta(\tau)\,d\tau = \lim_{\epsilon \to 0^+} \int_{-\infty}^{0}$ 이다.

그러므로 정리하면 다음과 같다.

$$v(t) = \int_{-\infty}^{t} \delta(\tau)\,d\tau = \begin{cases} 0, & t < 0 \\ \dfrac{1}{2}, & t = 0 \\ 1, & t > 0 \end{cases} \tag{5.4.10}$$

여기서 $\left\{ t \mid u_h(t) \neq \int_{-\infty}^{t} \delta(\tau)\,d\tau \right\} = \{0\}$ 가 유한집합이므로, $\int_{-\infty}^{t} \delta(\tau)\,d\tau$ 는 헤비사이드 함수 $u_h(t)$ 와 동일한 함수로 간주한다. ■

참고 (5.4.9)에 의해서 헤비사이드 함수 $u_h(t)$ 는 Dirac 함수 $\delta(t)$ 의 적분이라 할 수 있고, 역으로 $\delta(t)$ 는 $u_h(t)$ 의 도함수라 할 수 있다. 한편 Dirac 함수 $\delta(t)$ 는 지수급 함수가 아니지만, 적분이 가능하므로 다음과 같이 라플라스 변환을 할 수 있다.

| 정리 5.4.9 | $\delta(t)$ 의 라플라스 변환은 다음과 같다. $a \geq 0$ 에 대해서,

$$\boldsymbol{L}[\delta(t-a)](s) = e^{-sa} \tag{5.4.11}$$

$$\boldsymbol{L}^{-1}[e^{-sa}](t) = \delta(t-a) \tag{5.4.12}$$

증명 정리 5.4.6에 의해서 다음을 얻는다.

$$\boldsymbol{L}[\delta(t-a)](s)=\int_0^\infty e^{-st}\delta(t-a)\,dt=\int_{-\infty}^\infty e^{-st}\delta(t-a)\,dt=e^{-sa},\ a\geq 0$$

따라서 (5.4.11)이 성립한다. (5.4.12)는 단지 (5.4.11)의 역변환 표현이다. 특히 $a=0$이면, 다음을 얻는다.

$$\boldsymbol{L}[\delta(t)](s)=1 \tag{5.4.13}$$

$$\boldsymbol{L}^{-1}[1](t)=\delta(t) \tag{5.4.14}$$

(5.4.13)과 정리 5.1.7을 보면, $\delta(t)$가 지수급 함수가 아님을 알 수 있다. ■

참고 Dirac 함수의 성질을 간단하게 알아보았는데, Dirac 함수 $\delta(t)$를 정의할 때 우리가 사용한 $\delta_\epsilon(t)$를 다양하게 바꾸어도 같은 결과를 얻을 수 있다.

예를 들어, $\epsilon>0$에 대하여, $\delta_\epsilon(t)=\begin{cases}0, & t<\frac{\epsilon}{2}\\ \frac{1}{\epsilon}, & -\frac{\epsilon}{2}\leq t\leq\frac{\epsilon}{2}\\ 0, & \frac{\epsilon}{2}<t\end{cases}$ 라 정의하여도, $\lim_{\epsilon\to0^+}\delta_\epsilon(t)=\delta(t)$이다. 또한 매우 신기하게도, $\delta_\epsilon(t)$를 평균 0이고 표준편차 $\epsilon>0$인 정규분포의 밀도함수 $\delta_\epsilon(t)=\frac{1}{\epsilon\sqrt{2\pi}}e^{-\frac{t^2}{2\epsilon^2}}$ 라 두어도, $\lim_{\epsilon\to0^+}\delta_\epsilon(t)=\delta(t)$ 이다.

예 5.4.10 $y''+2y'+5y=\delta(t-1)$, $y(0)=1$, $y'(0)=0$을 풀어보자.

풀이 미분방정식을 라플라스 변환하면, 다음을 얻는다.

$$(s^2Y-s)+2(sY-1)+5Y=e^{-s}$$

따라서 정리하면 다음을 얻는다.

$$\begin{aligned}Y&=\frac{s+2}{(s+1)^2+4}+\frac{e^{-s}}{(s+1)^2+4}\\&=\frac{s+1}{(s+1)^2+4}+\frac{1}{2}\frac{2}{(s+1)^2+4}+\frac{1}{2}e^{-s}\frac{2}{(s+1)^2+4}\end{aligned}$$

라플라스 역변환하면, 해 $y(t)$를 다음과 같이 얻는다.

$$\begin{aligned}y&=\boldsymbol{L}^{-1}[Y]\\&=\boldsymbol{L}^{-1}\left[\frac{s+1}{(s+1)^2+4}\right]+\frac{1}{2}\boldsymbol{L}^{-1}\left[\frac{2}{(s+1)^2+4}\right]+\frac{1}{2}\boldsymbol{L}^{-1}\left[e^{-s}\frac{2}{(s+1)^2+4}\right]\end{aligned}$$

여기서 $\boldsymbol{L}^{-1}\left[\dfrac{s+1}{(s+1)^2+4}\right]=e^{-t}\cos 2t$, $\boldsymbol{L}^{-1}\left[\dfrac{2}{(s+1)^2+4}\right]=e^{-t}\sin 2t$ 와 $\boldsymbol{L}^{-1}[e^{-s}]=\delta(t-1)$이므로, 합성곱 정리에 의해서 다음을 얻는다.

$$y=e^{-t}\cos 2t+\frac{1}{2}e^{-t}\sin 2t+\frac{1}{2}\delta(t-1)*(e^{-t}\sin 2t)$$

한편 $\delta(t-1)*(e^{-t}\sin 2t)$를 계산하면 다음과 같다.

$$\begin{aligned}\delta(t-1)*(e^{-t}\sin 2t)&=\int_0^t \delta(\tau-1)e^{-(t-\tau)}\sin 2(t-\tau)\,d\tau\\&=\begin{pmatrix}0, & t<1\\ e^{-(t-1)}\sin 2(t-1), & t>1\end{pmatrix}\\&=u_h(t-1)e^{-(t-1)}\sin 2(t-1)\end{aligned}$$

따라서 해 $y(t)$는 다음과 같다.

$$y=e^{-t}\cos 2t+\frac{1}{2}e^{-t}\sin 2t+\frac{1}{2}u_h(t-1)e^{-(t-1)}\sin 2(t-1)$$ ■

예 5.4.11 질량 1인 추가 달린 스프링에 정지상태에서 양의 방향으로 망치로 크기 1의 충격을 가할 때 운동을 분석해보자(단 무감쇠이고, 훅 상수는 4이다).

풀이 주어진 문제를 수학적으로 표현하면 다음과 같다.

$$y''+4y=\delta(t),\quad y(0)=0,\quad y'(0)=0$$

단 $y(t)$는 t 순간에 추의 위치를 나타낸다.

미분방정식을 라플라스 변환하면, 초기조건 $y(0)=0$, $y'(0)=0$에 의해서 다음을 얻는다.

$$(s^2+4)Y=1,\ \text{즉}\ Y=\frac{1}{s^2+4}$$

라플라스 역변환하면, 해 $y(t)$를 다음과 같이 얻는다.

$$y=\boldsymbol{L}^{-1}[Y]=\boldsymbol{L}^{-1}\left[\frac{1}{s^2+4}\right]=\frac{1}{2}\sin 2t$$ ■

참고 응용에서 물리적 의미를 생각할 때, 비제차 미분방정식 $a_ny^{(n)}+\cdots+a_1y'+a_0y=f(t)$에서 비제차항 $f(t)$은 입력, 해 $y(t)$는 출력을 의미하는 경우가 많다.

0-초기조건을 가진 다음의 초기치문제를 보자.

$$\begin{cases} a_n y^{(n)} + \cdots + a_1 y' + a_0 y = f(t) \\ y(0) = 0,\ y'(0) = 0,\ \cdots,\ y^{(n-1)}(0) = 0 \end{cases} \tag{5.4.15}$$

여기서 편의상 $p(s) = a_n s^n + \cdots + a_1 s + a_0$, $Y = \boldsymbol{L}[y](s)$, $F = \boldsymbol{L}[f](s)$라 두자. 그러면 초기치문제 (5.4.15)를 라플라스 변환하여 다음을 얻는다.

$$p(s)Y = F \text{ 또는 } Y = \frac{F(s)}{p(s)} \tag{5.4.16}$$

따라서 해 $y(t)$는 다음과 같다.

$$y = \boldsymbol{L}^{-1}\left[\frac{F(s)}{p(s)}\right] \tag{5.4.17}$$

흔히 출력의 라플라스 변환과 입력의 라플라스 변환의 비(ratio)를 **전달함수**(transfer function)라 하고, 전달함수의 라플라스 역변환을 **반응함수**(response function)라 한다. 즉 다음과 같이 정의한다.

$$\text{전달함수};\ H(s) \equiv \frac{\boldsymbol{L}[y]}{\boldsymbol{L}[f]} = \frac{Y(s)}{F(s)} = \frac{1}{p(s)} \tag{5.4.18}$$

$$\text{반응함수};\ h(t) \equiv \boldsymbol{L}^{-1}[H(s)](t) \tag{5.4.19}$$

그러면 (5.4.18)과 합성곱 정리로부터 해 $y(t)$는 다음과 같다.

$$y = \boldsymbol{L}^{-1}[F(s)H(s)] = f * h \tag{5.4.20}$$

즉 해 $y(t)$는 다음과 같이 반응함수 $h(t)$와 입력 $f(t)$의 합성곱이다.

$$y = f(t) * h(t) = \int_0^t f(\tau)h(t-\tau)d\tau, \quad t \geqq 0$$

예를 들어 초기치문제 (5.4.15)에서 입력 $f(t) = \delta(t)$인 경우를 보자. 즉

$$\begin{cases} a_n y^{(n)} + \cdots + a_1 y' + a_0 y = \delta(t) \\ y(0) = 0,\ y'(0) = 0,\ \cdots,\ y^{(n-1)}(0) = 0 \end{cases} \tag{5.4.21}$$

초기치문제 (5.4.21)을 라플라스 변환하면, $\boldsymbol{L}[\delta(t)](s) = 1$ 이므로 다음을 얻는다.

$$p(s)Y = 1 \quad \text{또는 } Y = \frac{1}{p(s)}$$

따라서 초기치문제 (5.4.15)에서 입력이 $\delta(t)$인 경우 출력(해) $y(t)$는 반응함수 $h(t)$와 동일하다. 즉

$$y(t) = h(t) = \boldsymbol{L}^{-1}\left[\frac{1}{p(s)}\right](t) \tag{5.4.22}$$

이런 의미에서 반응함수 $h(t) = \boldsymbol{L}^{-1}\left[\frac{1}{p(s)}\right](t)$를 **충격반응함수**(impulse response function)라 하기도 한다.

예 5.4.12 $[y'' + 4y = 4\sin t,\ y(0) = 0,\ y'(0) = 0]$을 풀어보자.

풀이 충격반응함수 $h(t)$는 $[y'' + 4y = \delta(t),\ y(0) = 0,\ y'(0) = 0]$의 해이므로, 예 5.4.11에 의해서 다음과 같다.

$$h(t) = \frac{1}{2}\sin 2t$$

해 $y(t)$는 $f(t) = 4\sin t$와 $h(t) = \frac{1}{2}\sin 2t$의 합성곱이므로, 다음과 같다.

$$\begin{aligned} y &= (4\sin t) * (\frac{1}{2}\sin 2t) = \int_0^t 2\sin(t-\tau)\sin 2\tau d\tau \\ &= \int_0^t [\cos(t-3\tau) - \cos(t+\tau)]\, d\tau \ \text{(3각함수의 항등식이용)} \\ &= \frac{4\sin t}{3} - \frac{2\sin 2t}{3} \end{aligned}$$

■

연습문제 5.4

1. 다음 초기치문제를 라플라스 변환 해법으로 풀어라.
   (1) $y'' + y = \delta(t - 2\pi),\ y(0) = 0,\ y'(0) = 0$
   (2) $y'' - y' + 2y = \delta(t-1),\ y(0) = 0,\ y'(0) = 0$
   (3) $y'' + 2y' + 3y = \delta(t-1) - \delta(t-2),\ y(0) = 0,\ y'(0) = 0$
   (4) $y'' + 4y = \delta(t - 2\pi),\ y(0) = 0,\ y'(0) = 1$
   (5) $y'' - y = 4\delta(t-2) + t^2,\ y(0) = 0,\ y'(0) = 2$
   (6) $y'' - y' - 2y = 3\delta(t-1),\ y(0) = 1,\ y'(0) = 0$
   (7) $y'' + y = 1 + \delta(t - 3\pi),\ y(0) = 0,\ y'(0) = 0$
   (8) $y'' + y = u_h\left(t - \frac{\pi}{2}\right) + 3\delta\left(t - \frac{3\pi}{2}\right),\ y(0) = 0,\ y'(0) = 0$
   (9) $y'' + 3y' + 2y = \delta(t - \pi),\quad y(0) = 0,\quad y'(0) = 1$
   (10) $y'' - 4y' + 4y = 2\delta(t-1) - \delta(t-2),\quad y(0) = 0,\quad y'(0) = 0$

2. 다음 초기치문제 $[y'' + \frac{1}{10}y' + y = \sum_{k=1}^{4}(-1)^{k+1}\delta(t-k\pi),\ y(0)=0,\ y'(0)=0]$ 의 해를 구하고 해의 성질을 조사해보아라.

3. $\int_{-\infty}^{\infty} e^{-x^2}dx = \sqrt{\pi}$ 로 알려져 있다. $h_k(x) = \sqrt{\frac{k}{\pi}}\,e^{-kx^2},\ x>0$ 라 정의하자.

(1) $\int_{-\infty}^{\infty} h_k(x)\,dx$ 를 계산하여라.

(2) $k=1,\ 5,\ 10$ 일 때 $h_k(x)$ 의 그래프를 그려라.

CHAPTER 6

선형 미분방정식의 급수해

6장에서는 선형 미분방정식에 대해서 급수(series) 형태의 해를 구하는 해법을 알아보자. 지금까지 4장과 5장에서 다룬 해법들은 근본적으로 '상수 계수 선형 미분방정식'에 적용할 수 있는 것들이다. 그러나 여기서 다룰 급수해법은 계수가 독립변수의 함수인 '변수 계수 선형 미분방정식'에도 적용할 수 있다. 이 장에서는 응용성과 설명의 편의성을 고려하여 2계 선형 미분 방정식에 대해서 급수해법을 다루도록 한다. 일반적으로 n계 선형 미분방정식에 대해서도 급수해법은 유사한 방식으로 적용될 수 있다.

6.1 멱급수와 해석함수

급수해법을 다루기 전에, 먼저 미분적분학에서 배운 실수 범위 내에서 멱급수와 해석함수에 대해서 간단히 요약하자.

| 정의 6.1.1 | 주어진 실수 x_0와 수열 $\{a_n\}_{n=0}^{n=\infty}$에 대해서, 다음 급수를 x_0에서 **멱급수**(power series)라 한다.

$$\sum_{n=0}^{\infty} a_n (x-x_0)^n \tag{6.1.1}$$

여기서 x는 변수라 하고, a_n은 n차항의 계수(coefficient)라 한다.

참고 급수에서 첨자(index)는 필요에 따라서 변환할 수 있다. 예를 들면, 다음은 모두 동일한 급수이다.

$$\sum_{n=0}^{m} a_n (x-x_0)^n = \sum_{n=-1}^{m-1} a_{n+1} (x-x_0)^{n+1} = \sum_{n=1}^{m+1} a_{n-1} (x-x_0)^{n-1}$$

멱급수 (6.1.1)에서, 부분합 S_m을 다음과 같이 두자($m \geq 1$ 정수).

$$S_m(x) = \sum_{n=0}^{m} a_n (x-x_0)^n \tag{6.1.2}$$

| 정의 6.1.2 | 주어진 실수 x에 대해서 $\lim_{m \to \infty} S_m(x) = f(x)$가 존재하면, 멱급수 $\sum_{n=0}^{\infty} a_n (x-x_0)^n$가 극한 $f(x)$에 수렴한다고 하고 다음과 같이 표기한다.

$$\sum_{n=0}^{\infty} a_n (x-x_0)^n = \lim_{m\to\infty} S_m(x) = f(x) \tag{6.1.3}$$

이때 다음을 $\sum_{n=0}^{\infty} a_n (x-x_0)^n$ 의 수렴집합이라 한다.

$$I_c = \left\{ x \in (-\infty,\ \infty) \mid \sum_{n=0}^{\infty} a_n (x-x_0)^n \text{가 수렴} \right\}$$

만약 $\lim_{m\to\infty} S_m(x)$ 가 존재하지 않으면, $\sum_{n=0}^{\infty} a_n (x-x_0)^n$ 는 발산한다고 한다.

모든 정수 $n \ge n_0$에 대하여 $|A_n| \le |B_n|$ 이고 $\sum_{n=0}^{\infty} B_n$ 가 수렴하면, $\sum_{n=0}^{\infty} A_n$ 도 수렴한다는 사실로부터 다음 정리를 얻는다(증명은 미분적분학 참조).

| 정리 6.1.3 | $\sum_{n=0}^{\infty} a_n (x-x_0)^n$ 에 대해서, 다음 세 경우 중의 하나가 성립한다.

(1) 모든 실수 x 에 대해서 $\sum_{n=0}^{\infty} a_n (x-x_0)^n$ 가 수렴한다.

(2) $R_c > 0$가 존재해서,

모든 $|x-x_0| < R_c$에 대해서 $\sum_{n=0}^{\infty} a_n (x-x_0)^n$ 가 수렴하고,

모든 $|x-x_0| > R_c$에 대해서 $\sum_{n=0}^{\infty} a_n (x-x_0)^n$ 가 발산한다.

(3) $x = x_0$ 일 때만 $\sum_{n=0}^{\infty} a_n (x-x_0)^n$ 가 수렴하고,

모든 $x \ne x_0$ 에 대해서 $\sum_{n=0}^{\infty} a_n (x-x_0)^n$ 가 발산한다.

참고 멱급수 $\sum_{n=0}^{\infty} a_n (x-x_0)^n$ 에 대해서, 정리 6.1.3으로부터 수렴집합

$I_c = \left\{ x \in (-\infty,\ \infty) \mid \sum_{n=0}^{\infty} a_n (x-x_0)^n \text{가 수렴} \right\}$는 다음 경우 중의 하나이다.

(1) $I_c = (-\infty,\ \infty)$

(2) $I_c = (x_0 - R_c,\ x_0 + R_c)$ 또는 $[x_0 - R_c,\ x_0 + R_c)$ 또는 $(x_0 - R_c,\ x_0 + R_c]$ 또는 $[x_0 - R_c,\ x_0 + R_c]$(단 $R_c > 0$는 적당한 양수)

(3) $I_c = [x_0,\ x_0] = \{x_0\}$

편의상 $I_c = (-\infty,\ \infty)$일 때 $R_c = \infty$라 두고, $I_c = \{x_0\}$일 때 $R_c = 0$이라 둔다. 여기서 R_c를 수렴반경이라 하고, I_c를 수렴구간이라 한다.

멱급수 $\sum_{n=0}^{\infty} a_n (x - x_0)^n$의 수렴반경을 구하는 방법을 보자(증명은 미분적분학 참조).

> **| 정리 6.1.4 |** 멱급수 $\sum_{n=0}^{\infty} a_n (x - x_0)^n$의 수렴반경 R_c를 다음과 같이 구할 수 있다.
>
> $$R_c = \lim_{n \to \infty} \left| \frac{a_n}{a_{n+1}} \right| \quad \left(\text{또는 } R_c = \lim_{n \to \infty} \frac{1}{\sqrt[n]{|a_n|}}\right) \tag{6.1.4}$$

이제부터 $\sum_{n=0}^{\infty} a_n (x - x_0)^n$에서 수렴반경이 $R_c = 0$인 경우는 쓸모가 없으므로 제외하고, $R_c > 0$ 또는 $R_c = \infty$인 경우만 다룬다.

$|x - x_0| < R_c$에 대해서 $\sum_{n=0}^{\infty} a_n (x - x_0)^n$의 극한을 $f(x)$라 하자. 즉

$$\sum_{n=0}^{\infty} a_n (x - x_0)^n = f(x), \quad |x - x_0| < R_c \tag{6.1.5}$$

그러면 $f(x)$는 구간 $(x_0 - R_c,\ x_0 + R_c)$상의 함수가 된다.

이때 $f(x)$는 $(x_0 - R_c,\ x_0 + R_c)$상에서 $\sum_{n=0}^{\infty} a_n (x - x_0)^n$의 극한이라 하고, 역으로 $\sum_{n=0}^{\infty} a_n (x - x_0)^n$는 x_0에서 $f(x)$의 (멱)급수라 한다.

x_0에서 함수 $f(x)$의 (멱)급수를 구하는 것을 x_0에서 (멱)급수 전개한다고 한다.

이제부터 특별히 필요한 경우가 아니면, 수렴반경의 표기를 생략한다. 함수를 멱급수로 표현하면 이론이나 응용에서 유리할 때가 많다. 또한 주어진 함수를 멱급수로 표현함으로써 그 함수의 특성을 더 잘 파악할 수 있는 경우도 많다. 그러므로 주어진 함수를 어떤 구간에서 급수 전개할 수 있느냐 없느냐가 중요한 의미를 가진다.

| 정의 6.1.5 | $f(x)$가 x_0에서 급수 전개될 수 있을 때, $f(x)$는 x_0에서 해석적(analytic)이라 한다. 즉 x_0의 근방에서 $f(x)=\sum_{n=0}^{\infty} a_n(x-x_0)^n$이며 수렴반경이 $R_c>0$ 또는 $R_c=\infty$일 때, $f(x)$는 x_0에서 해석적이라 한다. 그리고 $f(x)$가 개구간 (a, b)의 모든 점에서 급수 전개될 수 있을 때, $f(x)$는 (a, b)에서 해석적이라 한다.

참고 다항식, 지수함수, 로그함수, 삼각함수, 유리함수와 이 함수들을 사칙 연산(+, −, ×, ÷)하여 얻은 함수는 정의되는 개구간에서 해석함수이다. 특히 $f(x)$, $g(x)$가 x_0에서 해석적이고 $f(x_0)=g(x_0)=0$이더라도 $\lim_{x\to x_0}\frac{f(x)}{g(x)}$가 존재하면, $\frac{f(x)}{g(x)}$는 x_0에서 해석적이다.

구간 $(x_0-R_c,\ x_0+R_c)$상에서 $f(x)=\sum_{n=0}^{\infty} a_n(x-x_0)^n$의 중요한 성질은 다음과 같다(증명은 해석학 참조).

| 정리 6.1.6 | $f(x)=\sum_{n=0}^{\infty} a_n(x-x_0)^n$의 수렴반경이 $R_c>0$라 하자. 그러면 구간 $(x_0-R_c,\ x_0+R_c)$상에서 $f(x)$는 미분가능이고 다음이 성립한다. 모든 $x\in(x_0-R_c,\ x_0+R_c)$에 대해서,

(1) $\frac{d}{dx}f(x)=\sum_{n=1}^{\infty} na_n(x-x_0)^{n-1}$ (6.1.6)

(2) $\int f(x)dx=\sum_{n=0}^{\infty}\frac{a_n}{n+1}(x-x_0)^{n+1}+c$ (c는 적분상수) (6.1.7)

이때 멱급수 (6.1.6)과 (6.1.7)의 수렴반경도 모두 R_c이다.

참고 정리 6.1.6에 의하여, $(x_0-R_c,\ x_0+R_c)$상에서 해석함수 $f(x)$의 멱급수 $f(x)=\sum_{n=0}^{\infty} a_n(x-x_0)^n$을 항별로 미분하여 도함수 $f'(x)$의 멱급수를 얻을 수 있고, $f(x)=\sum_{n=0}^{\infty} a_n(x-x_0)^n$을 항별로 적분하여 적분 $\int f(x)dx$의 멱급수를 얻을 수 있다.

해석함수와 테일러 정리의 관계는 다음과 같다.

| 정리 6.1.7 | $f(x) = \sum_{n=0}^{\infty} a_n (x - x_0)^n$ 의 수렴반경이 $R_c > 0$라 하자. 그러면 구간 $(x_0 - R_c,\ x_0 + R_c)$상에서 $f(x)$는 무한번 미분가능하고, 다음이 성립한다. 모든 $x \in (x_0 - R_c,\ x_0 + R_c)$에 대해서,

(1) 임의의 정수 $k \geq 1$에 대하여,

$$f^{(k)}(x) = \sum_{n=k}^{\infty} n(n-1)\cdots(n-k+1)a_n(x-x_0)^{n-k} \tag{6.1.8}$$

(2) 임의의 정수 $k \geq 1$에 대하여,

$$a_k = \frac{f^{(k)}(x_0)}{k!} \tag{6.1.9}$$

(3) $f(x)$의 테일러 급수

$$f(x) = \sum_{n=0}^{\infty} \frac{f^{(n)}(x_0)}{n!}(x - x_0)^n \tag{6.1.10}$$

참고 테일러 급수 $f(x) = \sum_{n=0}^{\infty} \frac{f^{(n)}(x_0)}{n!}(x-x_0)^n$ 는 주어진 함수 $f(x)$에 대하여, x_0에서 급수 전개하는 공식인 동시에 해석적인지 아닌지를 판정하는 데 이용하는 중요한 공식이다.

x_0에서 주어진 해석함수의 멱급수는 단 하나뿐이므로 다음을 알 수 있다.

| 정리 6.1.8 | 주어진 개구간 $(x_0 - \epsilon,\ x_0 + \epsilon)$상에서 $\sum_{n=0}^{\infty} a_n (x - x_0)^n$ 과 $\sum_{n=0}^{\infty} b_n (x - x_0)^n$가 절대 수렴한다고 가정하자. 그러면 다음이 성립한다.

(1) (유일성) $(x_0 - \epsilon,\ x_0 + \epsilon)$상에서 $\sum_{n=0}^{\infty} a_n (x - x_0)^n = \sum_{n=0}^{\infty} b_n (x - x_0)^n$이면,

모든 $n \geq 0$에 대해서 $a_n = b_n$ 이다.

(2) (멱급수의 합) $(x_0 - \epsilon,\ x_0 + \epsilon)$상에서

$$\sum_{n=0}^{\infty} a_n (x - x_0)^n + \sum_{n=0}^{\infty} b_n (x - x_0)^n = \sum_{n=0}^{\infty} (a_n + b_n)(x - x_0)^n$$

(3) 임의의 상수 c에 대해서, $c\sum_{n=0}^{\infty} a_n (x - x_0)^n = \sum_{n=0}^{\infty} ca_n (x - x_0)^n$

(4) (멱급수의 곱) $(x_0-\epsilon, x_0+\epsilon)$상에서

$$\sum_{n=0}^{\infty} a_n (x-x_0)^n \sum_{n=0}^{\infty} b_n (x-x_0)^n = \sum_{n=0}^{\infty} d_n (x-x_0)^n$$

단 $d_n = \sum_{k=0}^{n} a_k b_{n-k}$, $n \geq 0$ 정수

연습문제 6.1

1. 다음 멱급수의 수렴반경을 구하여라.

(1) $\sum_{n=0}^{\infty} (x-2)^n$

(2) $\sum_{n=0}^{\infty} (2x-1)^n$

(3) $\sum_{n=0}^{\infty} \frac{x^{2n}}{n!}$

(4) $\sum_{n=0}^{\infty} 2^n x^n$

(5) $\sum_{n=1}^{\infty} \frac{(2x+1)^n}{n^2}$

(6) $\sum_{n=0}^{\infty} \frac{(x-2)^n}{n}$

(7) $\sum_{n=3}^{\infty} n(4x-1)^n$

(8) $\sum_{n=0}^{\infty} \frac{(\cos n)^n}{2n!} x^n$

(9) $\sum_{n=0}^{\infty} \sqrt{n!}\,(x+2)^n$

(10) $\sum_{n=0}^{\infty} \frac{x^n}{(2n+1)!}$

2. 테일러 전개를 이용하여 x_0에서 다음 함수의 멱급수와 수렴반경을 구하여라.

(1) $f(x) = \sin x$; $x_0 = 0$

(2) $f(x) = \cos x$; $x_0 = 0$

(3) $f(x) = x^2$; $x_0 = 1$

(4) $f(x) = \frac{1}{1+x}$; $x_0 = 0$

(5) $f(x) = \ln x$; $x_0 = 1$

(6) $f(x) = \frac{1}{x}$; $x_0 = 1$

(7) $f(x) = e^{-x}$; $x_0 = 0$

(8) $f(x) = \frac{1}{1-x}$; $x_0 = 0$

(9) $f(x) = \sin 2x$; $x_0 = 0$

(10) $f(x) = \frac{1}{2+x}$; $x_0 = 1$

(11) $f(x) = e^{-x^2}$; $x_0 = 0$

(12) $f(x) = \frac{x-1}{x-2}$; $x_0 = 0$

(13) $f(x) = x^2 - 3x + 1$; $x_0 = -1$

(14) $f(x) = \frac{1}{1+x}$; $x_0 = 2$

6.2 선형 미분방정식의 보통점과 특이점

최고계 도함수항의 계수가 1인 선형 미분방정식에 대해서, 모든 계수함수들이 해석적인 점의 근방에서는 해가 해석함수이므로 멱급수 형태로 표현할 수 있다. 그러나 계수함수가 비해석적인 점의 근방에서는 그렇지 못하다.

그래서 일반적인 선형 미분방정식은 최고계 도함수항의 계수로 나누어, 최고계 도함수항의 계수가 1이 되도록 변형해서 설명하면 편리하다.

이 책에서는 특별한 상황이 아니면 실수의 범위 내에서 생각하고, 편의상 2계 선형 미분방정식을 예로 들어 설명한다.

다음의 2계 선형 미분방정식을 보자.

$$a_2(x)y'' + a_1(x)y' + a_0(x)y = 0 \tag{6.2.1}$$

단 계수함수 $a_2(x)$, $a_1(x)$, $a_0(x)$는 해석함수라 가정한다.

최고계 도함수항의 계수 $a_2(x)$로 (6.2.1)을 나누어, 다음 방정식으로 변환하여 생각하자.

$$y'' + \frac{a_1(x)}{a_2(x)}y' + \frac{a_0(x)}{a_2(x)}y = 0$$

여기서 편의상 다음과 같이 두자.

$$p(x) = \frac{a_1(x)}{a_2(x)}, \quad q(x) = \frac{a_0(x)}{a_2(x)}$$

이제부터 (6.2.1)과 동등한 다음 방정식을 보자.

$$y'' + p(x)y' + q(x)y = 0 \tag{6.2.2}$$

| 정의 6.2.1 | (6.2.1)(또는 (6.2.2))에 대해서, 다음과 같이 정의한다.

(1) x_0에서 $p(x)$와 $q(x)$가 모두 해석적이면, x_0를 (6.2.1)(또는 (6.2.2))의 보통점(ordinary point)이라 한다.

(2) x_0에서 $p(x)$ 또는 $q(x)$가 비해석적이면, x_0를 (6.2.1)(또는 (6.2.2))의 특이점(singular point)이라 한다. 그리고 특이점 x_0에 대해서 다음과 같이 세분한다.

(i) x_0에서 $(x-x_0)p(x)$와 $(x-x_0)^2q(x)$가 모두 해석적이면, x_0를 정상 특이점(regular singular point)이라 한다.

(ii) x_0 에서 $(x-x_0)p(x)$ 또는 $(x-x_0)^2q(x)$가 비해석적이면, x_0를 비정상 특이점(irregular singular point)이라 한다.

참고 계수함수 $a_2(x)$, $a_1(x)$, $a_0(x)$가 모두 해석함수일 때, 특이점이 될 가능성이 있는 점은 방정식 $a_2(x)=0$의 근이다. 그래서 계수함수가 해석함수인 경우에, $a_2(x)y''+a_1(x)y'+a_0(x)y=0$에서 $a_2(x_0)\neq 0$일 때 x_0를 보통점이라 하고, $a_2(x_0)=0$일 때 x_0를 특이점이라 정의하는 교과서도 있다. 이렇게 정의하는 경우에, $a_2(x_0)=0$이지만 극한 $p(x_0)=\lim_{x\to x_0}\dfrac{a_1(x)}{a_2(x)}$와 $q(x_0)=\lim_{x\to x_0}\dfrac{a_0(x)}{a_2(x)}$가 존재하면, $p(x)$와 $q(x)$가 x_0에서 해석함수가 되므로 x_0를 **제거가능 특이점**이라 한다. 제거가능 특이점은 보통점과 성질이 같으므로, 이 책에서는 (정의 6.2.1에서) 제거가능 특이점을 보통점으로 취급한다. 따라서 특이점을 구할 때는 $y''+p(x)y'+q(x)y=0$의 형태로 변형해서 계수함수 $p(x)$와 $q(x)$의 비해석적인 점을 찾으면 편리하다.

예 6.2.2 $(x^2+1)(x-2)y''+xy'+2y=0$의 특이점을 구하고 분류해보자.

풀이 계수함수 $a_2=(x^2+1)(x-2)$, $a_1=x$, $a_0=2$는 모두 $(-\infty,\ \infty)$상에서 해석적이다. 그래서 $a_2=(x^2+1)(x-2)=0$의 근 $2,\ -i,\ i$가 특이점이 될 가능성이 있다. 한편 $p=\dfrac{x}{(x^2+1)(x-2)}$와 $q=\dfrac{2}{(x^2+1)(x-2)}$은 복소평면상의 점 $2,\ -i,\ i$에서 불연속이므로 비해석적이다. 따라서 $2,\ -i,\ i$가 특이점들이고, 그 외의 점은 보통점이다. 이제 실수 특이점 2를 좀 더 자세히 보자.

$(x-2)p=\dfrac{x}{(x^2+1)}$와 $(x-2)^2q=(x-2)^2\dfrac{-1}{(x^2+1)(x-2)}=\dfrac{-x+2}{x^2+1}$는 2에서 해석적이다. 따라서 2는 정상 특이점이다. ∎

예 6.2.3 $x(x-1)^2(x+1)^2y''+x(x-1)y'+(\sin x)y=0$의 특이점을 구하고 분류해보자.

풀이 계수함수 $a_2=x(x-1)^2(x+1)^2$, $a_1=x(x-1)$, $a_0=\sin x$가 모두 $(-\infty,\ \infty)$상에서 해석적이다. 따라서 $a_2=x(x-1)^2(x+1)^2=0$의 근 $0,\ -1,\ 1$이 특이점이 될 가능성이 있다. 이제 $a_2=x(x-1)^2(x+1)^2$로 미분방정식을 나누어 다음 방정식으로 생각하자.

$$y''+\frac{x(x-1)}{x(x-1)^2(x+1)^2}y'+\frac{\sin x}{x(x-1)^2(x+1)^2}y=0$$

따라서 편의상 다음과 같이 두자.

$$p=\frac{x(x-1)}{x(x-1)^2(x+1)^2}=\frac{1}{(x-1)(x+1)^2},\quad q=\frac{\sin x}{x(x-1)^2(x+1)^2}$$

(i) 먼저 0에 대해서 분석해보자. $p=\dfrac{1}{(x-1)(x+1)^2}$은 0에서 해석적이다.

그리고 $\lim\limits_{x\to 0}\dfrac{\sin x}{x}=1$ 이므로, $\dfrac{\sin x}{x}$ 도 0에서 해석적이다.

따라서 $q=\dfrac{\sin x}{x(x-1)^2(x+1)^2}=\dfrac{\sin x}{x}\dfrac{1}{(x-1)^2(x+1)^2}$ 도 0에서 해석함수들의 곱이므로 해석적이다. 그래서 0는 (제거가능 특이점이므로) 보통점이다.

(ii) 1에 대해서 분석해보자.

$p=\dfrac{1}{(x-1)(x+1)^2}$와 $q=\dfrac{\sin x}{x(x-1)^2(x+1)^2}$는 1에서 불연속이므로 해석적이 아니다. 따라서 1은 특이점이다. 그러나 $(x-1)p=\dfrac{1}{(x+1)^2}$과 $(x-1)^2q$ $=\dfrac{\sin x}{x(x+1)^2}$는 모두 1에서 해석적이다. 그러므로 1은 정상 특이점이다.

(iii) -1에 대해서 분석해보자.

$p=\dfrac{1}{(x-1)(x+1)^2}$과 $q=\dfrac{\sin x}{x(x-1)^2(x+1)^2}$는 -1에서 (불연속이므로) 비해석적이다. 따라서 -1도 특이점이다. 그런데 $(x+1)^2q=\dfrac{\sin x}{x(x-1)^2}$는 -1에서 해석적이지만, $(x+1)p=\dfrac{1}{(x-1)(x+1)}$은 -1에서 여전히 (불연속이므로) 비해석적이다. 그러므로 -1은 비정상 특이점이다. ■

다음 절에서 보통점 근방과 정상 특이점 근방에서 해의 존재성을 소개하고 해를 구하는 해법을 간단히 다룬다.

연습문제 6.2

1. 다음 미분방정식의 특이점을 구하고 분류하여라.

(1) $y''-y'-2y=0$

(2) $x^2y''-y'+xy=0$

(3) $xy''-y'\sin x+x^2y=0$

(4) $xy'' + 2y' + xy = 0$

(5) $(x^2 + x)y'' + 3y' - 6xy = 0$

(6) $(x+1)y'' - xy' + 5y = 0$

(7) $(x^2 - x - 2)y'' + (x+1)y' + (x-2)y = 0$

(8) $y''\sin x + y\cos x = 0$

(9) $(x^2 - 1)y'' + (1-x)y' + (x-1)^2 y = 0$

(10) $x^2 y'' + xy' + x^2 y = 0$

(11) $x^2 y'' - x(1+x)y' + y = 0$

(12) $x^2 y'' + y' - 2y = 0$

(13) $x^2 y'' + \alpha xy' + \beta y = 0$

(14) $(1 - x^2)y'' - xy' + \alpha^2 y = 0$

(15) $xy'' + (1-x)y' + ny = 0$

(16) $x^2 y'' + xy' + (x^2 - \nu^2)y = 0$

(17) $(1 - x^2)y'' - 2xy' + n(n+1)y = 0$

(18) $x(1-x)y'' + [\gamma - (\alpha + \beta + 1)x]y' - \alpha\beta y = 0$

(19) $xy'' + (1-x)y' + 3y = 0$

(20) $(4 - x^2)y'' + xy' + 3y = 0$

(21) $(x-1)^2 y'' + (x-1)y' - y = 0$

(22) $(1 - x^2)^2 y'' - (1 - x^2)y' - y = 0$

6.3 보통점 근방에서 멱급수해

다음의 2계 선형 미분방정식에 대해서 보자.

$$a_2(x)y'' + a_1(x)y' + a_0(x)y = 0 \tag{6.3.1}$$

이 절에서는 x_0가 방정식 (6.3.1)의 보통점이라 가정하자.

보통점 근방에서 멱급수해를 구하는 방법은 다음의 존재성 정리에 바탕을 두고 있다([5, 8, 9] 참고).

| 정리 6.3.1 | [존재성] 미분방정식 $a_2(x)y'' + a_1(x)y' + a_0(x)y = 0$는 보통점 x_0의 적당한 근방에서 일차 독립인 다음과 같은 두 개의 멱급수해를 가진다.

$$y_1 = \sum_{n=0}^{\infty} A_n (x - x_0)^n, \ y_2 = \sum_{n=0}^{\infty} B_n (x - x_0)^n \tag{6.3.2}$$

단 $\{A_n\}_{n=0}^{\infty}$, $\{B_n\}_{n=0}^{\infty}$는 일차 독립인 수열들이다.

한편 복소평면상에서, x_0에 가장 가까운 특이점까지의 거리를 ρ라 하면, (6.3.2)는 적어도 개구간 $(x_0 - \rho, \ x_0 + \rho)$상에서 절대수렴한다.

이제 멱급수해 (6.3.2)를 구해보자.

먼저 $y = \sum_{n=0}^{\infty} A_n (x - x_0)^n$ 을 미분하면, (6.1.8)에 의해서 다음과 같이 y'와 y''를 얻는다.

$$y' = \sum_{n=1}^{\infty} nA_n (x - x_0)^{n-1} \tag{6.3.3}$$

$$y'' = \sum_{n=2}^{\infty} n(n-1)A_n (x - x_0)^{n-2} \tag{6.3.4}$$

한편 $a_2(x)$, $a_1(x)$, $a_0(x)$가 x_0에서 해석적이므로 다음과 같이 멱급수로 표현될 수 있다.

$$a_2(x) = \sum_{n=0}^{\infty} \alpha_n (x - x_0)^n, \ a_1(x) = \sum_{n=0}^{\infty} \beta_n (x - x_0)^n,$$

$$a_0(x) = \sum_{n=0}^{\infty} \gamma_n (x - x_0)^n \tag{6.3.5}$$

여기서 (6.3.3), (6.3.4)와 (6.3.5)를 $a_2(x)y'' + a_1(x)y' + a_0(x)y = 0$에 대입하면 다음의 항등식을 얻는다.

$$\begin{aligned} &\left[\sum_{n=0}^{\infty} \alpha_n (x - x_0)^n\right]\left[\sum_{n=2}^{\infty} n(n-1)A_n (x - x_0)^{n-2}\right] \\ &+ \left[\sum_{n=0}^{\infty} \beta_n (x - x_0)^n\right]\left[\sum_{n=1}^{\infty} nA_n (x - x_0)^{n-1}\right] \\ &+ \left[\sum_{n=0}^{\infty} \gamma_n (x - x_0)^n\right]\left[\sum_{n=0}^{\infty} A_n (x - x_0)^n\right] = 0 \end{aligned} \tag{6.3.6}$$

(6.3.6)을 간단히 하면, 다음의 항등식을 얻는다.

$$\sum_{n=0}^{\infty}\sum_{k=0}^{n}[\alpha_{n-k}(k+2)(k+1)A_{k+2}+\beta_{n-k}(k+1)A_{k+1}+\gamma_{n-k}A_k](x-x_0)^n=0 \tag{6.3.7}$$

여기서 (6.3.7)이 항등식이므로, 모든 항의 계수가 0이다. 따라서 다음과 같이 A_n 들 사이의 관계식인 점화식을 얻는다. 정수 $n \geq 0$에 대해서,

$$\sum_{k=0}^{n}[\alpha_{n-k}(k+2)(k+1)A_{k+2}+\beta_{n-k}(k+1)A_{k+1}+\gamma_{n-k}A_k]=0 \tag{6.3.8}$$

이제 A_0, A_1 부터, (6.3.8)을 반복 계산해가면, A_n 의 값을 차례로 구할 수 있다.

참고 보통점 x_0 에서 다음의 초기치문제를 보자. 임의의 초기치 y_0, z_0 에 대해서,

$$\begin{cases} a_2(x)y''+a_1(x)y'+a_0(x)y=0 \\ y(x_0)=y_0, \quad y'(x_0)=z_0 \end{cases} \tag{6.3.9}$$

초기치문제 (6.3.9)의 멱급수해를 구할 때는, $x=x_0$ 에서 급수해 $y=\sum_{n=0}^{\infty}A_n(x-x_0)^n$를 구해야 계수 A_n 의 값을 쉽게 계산할 수 있다.

| 따름정리 6.3.2 | 초기치문제 (6.3.9)는 보통점 x_0 의 근방에서 다음과 같은 유일한 멱급수해를 가진다.

$$y=\sum_{n=0}^{\infty}A_n(x-x_0)^n$$

단 $A_0=y_0$, $A_1=z_0$이고, 일반항 A_n 은 (6.3.8)로 계산할 수 있다. 복소평면상에서 x_0 에 가장 가까운 특이점까지의 거리를 ρ 라 하면, 해 $y=\sum_{n=0}^{\infty}A_n(x-x_0)^n$ 는 $(x_0-\rho,\ x_0+\rho)$에서 절대수렴한다.

예 6.3.3 (1) $y''-y=0$의 일반해를 구해보자.
(2) $y''-y=0$, $y(1)=y_0$, $y'(1)=z_0$의 해를 구해보자.

풀이 계수함수 $p=0$, $q=-1$은 $(-\infty,\ \infty)$상에서 해석적이다. 그러므로 임의의 x_0에서 수렴반경이 ∞ 인 멱급수해를 가진다. 초기조건이 $x_0=1$에서 주어져 있으므로 $x_0=1$에서 멱급수해를 찾아보자.

(1) $y=\sum_{n=0}^{\infty}A_n(x-1)^n$ 가 해라고 가정하자. 그러면 (6.3.3)과 (6.3.4)에서 다음을

얻는다.

$$y' = \sum_{n=0}^{\infty}(n+1)A_{n+1}(x-1)^n, \ y'' = \sum_{n=0}^{\infty}(n+2)(n+1)A_{n+2}(x-1)^n$$

이 급수들을 미분방정식에 대입하면, 다음을 얻는다.

$$\sum_{n=0}^{\infty}(n+2)(n+1)A_{n+2}(x-1)^n - \sum_{n=0}^{\infty}A_n(x-1)^n = 0$$

따라서 다음을 얻는다.

$$\sum_{n=0}^{\infty}[(n+2)(n+1)A_{n+2} - A_n](x-1)^n = 0$$

그러므로 다음의 점화식을 얻는다.

$$(n+2)(n+1)A_{n+2} - A_n = 0, \ n \geq 0 \text{ 정수}$$

즉

$$A_{n+2} = \frac{A_n}{(n+2)(n+1)}, \quad n \geq 0 \text{ 정수} \tag{6.3.10}$$

(6.3.10)에 의해서, 만약 A_k의 값을 알면 A_{k+2}의 값을 알 수 있다. 또한 첨자가 짝수인 계수 A_{2k}와 홀수인 계수 A_{2k+1}는 서로 독립적임을 알 수 있다. 따라서 다음의 두 경우에 얻어지는 해들은 일차 독립이다.

$$[A_0 = 1, \ A_1 = 0] \text{ 또는 } [A_0 = 0, \ A_1 = 1]$$

(i) $A_0 = 1, \ A_1 = 0$인 경우

(6.3.10)에 의해서 다음을 얻는다.

$$A_{2k+1} = 0, \quad k \geq 0 \text{ 정수}$$

그리고 귀납적으로 반복 계산하면 A_{2k}는 다음과 같다.

$$A_0 = 1$$

$$A_2 = \frac{A_0}{2 \cdot 1} = \frac{1}{2 \cdot 1} = \frac{1}{2!}$$

$$A_4 = \frac{A_2}{4 \cdot 3} = \frac{1}{2 \cdot 1}\frac{1}{4 \cdot 3} = \frac{1}{4!}$$

$$\vdots$$

$$A_{2k} = \frac{A_{2k-2}}{2k \cdot (2k-1)} = \frac{1}{(2k)!}, \quad k \geq 0 \text{ 정수}$$

따라서 다음의 해를 얻는다.

$$y_1 = \sum_{k=0}^{\infty} \frac{1}{(2k)!}(x-1)^{2k}$$

(ii) $A_0 = 0, A_1 = 1$ 인 경우

(6.3.10)에 의해서 다음을 얻는다.

$$A_{2k} = 0, \quad k \geq 0 \text{ 정수}$$

그리고 귀납적으로 반복 계산하면 A_{2k+1} 은 다음과 같다.

$$A_1 = 1$$

$$A_3 = \frac{A_1}{3 \cdot 2} = \frac{1}{3 \cdot 2} = \frac{1}{3!}$$

$$A_5 = \frac{A_3}{5 \cdot 4} = \frac{1}{5!}$$

$$\vdots$$

$$A_{2k+1} = \frac{A_{2k-1}}{(2k+1) \cdot 2k} = \frac{1}{(2k+1)!}, \quad k \geq 0 \text{ 정수}$$

따라서 다음의 해를 얻는다.

$$y_2 = \sum_{k=0}^{\infty} \frac{1}{(2k+1)!}(x-1)^{2k+1}$$

그래서 다음과 같이 일차 독립인 두 개의 해를 얻는다.

$$y_1 = \sum_{k=0}^{\infty} \frac{1}{(2k)!}(x-1)^{2k}, \quad y_2 = \sum_{k=0}^{\infty} \frac{1}{(2k+1)!}(x-1)^{2k+1}$$

따라서 일반해는 다음과 같다.

$$y = c_1 \sum_{k=0}^{\infty} \frac{1}{(2k)!}(x-1)^{2k} + c_2 \sum_{k=0}^{\infty} \frac{1}{(2k+1)!}(x-1)^{2k+1}, \qquad (6.3.11)$$

(c_1, c_2 는 임의상수)

(2) $y(1) = y_0$, $y'(1) = z_0$ 를 위의 일반해에 대입하면, $c_1 = y_0$, $c_2 = z_0$ 이다.

따라서 초기치문제의 해는 다음과 같다.

$$y = y_0 \sum_{k=0}^{\infty} \frac{1}{(2k)!}(x-1)^{2k} + z_0 \sum_{k=0}^{\infty} \frac{1}{(2k+1)!}(x-1)^{2k+1}$$ ■

참고 e^{x-1}와 $e^{-(x-1)}$를 $x_0 = 1$에서 테일러 전개하면 다음과 같다.

$$e^{x-1} = \sum_{n=0}^{\infty} \frac{1}{n!}(x-1)^n, \quad e^{-(x-1)} = \sum_{n=0}^{\infty} \frac{(-1)^n}{n!}(x-1)^n$$

위의 테일러 급수에서 짝수항과 홀수항을 분리하여 표현하면 다음과 같다.

$$e^{x-1} = \sum_{k=0}^{\infty} \frac{1}{(2k)!}(x-1)^{2k} + \sum_{k=0}^{\infty} \frac{1}{(2k+1)!}(x-1)^{2k+1},$$

$$e^{-(x-1)} = \sum_{k=0}^{\infty} \frac{1}{(2k)!}(x-1)^{2k} - \sum_{k=0}^{\infty} \frac{1}{(2k+1)!}(x-1)^{2k+1}$$

따라서 다음을 얻는다.

$$\sum_{k=0}^{\infty} \frac{1}{(2k)!}(x-1)^{2k} = \frac{1}{2}(e^{x-1} + e^{-(x-1)}) = \cosh(x-1),$$

$$\sum_{k=0}^{\infty} \frac{1}{(2k+1)!}(x-1)^{2k+1} = \frac{1}{2}(e^{x-1} - e^{-(x-1)}) = \sinh(x-1)$$

그러므로 일반해 (6.3.11)을 다음과 같이 표현할 수도 있다.

$$y = c_1\cosh(x-1) + c_2\sinh(x-1) = \frac{c_1+c_2}{2}e^{x-1} + \frac{c_1-c_2}{2}e^{-(x-1)}, \ (c_1,\ c_2 \text{는 임의상수})$$

또는 $\frac{c_1+c_2}{2}$를 다시 c_1, $\frac{c_1-c_2}{2}$를 다시 c_2라 두면, 일반해 (6.3.11)은 다음과 같다(이것은 이미 4장에서 다룬 방법으로 얻은 해와 일치함을 알 수 있다).

$$y = c_1e^{x-1} + c_2e^{-(x-1)}, \ (c_1,\ c_2 \text{는 임의상수})$$

예 6.3.4 (1) Airy 방정식 $y'' - xy = 0$의 해를 구해보자.

(2) $y'' - xy = 0$, $y(0) = y_0$, $y'(0) = z_0$의 해를 구해보자.

풀이 계수함수 $p = 0$, $q = -x$는 $(-\infty, \infty)$상에서 해석적이다. 그러므로 임의의 x_0에서 수렴반경이 ∞인 멱급수해를 가진다. 초기조건이 $x_0 = 0$에서 주어져 있으므로, $x_0 = 0$에서 멱급수해를 찾아보자.

(1) $y = \sum_{n=0}^{\infty} A_n x^n$가 해라고 가정하자. 그러면 (6.3.4)와 (6.3.5)에서와 같이 다음을 얻는다.

$$y' = \sum_{n=0}^{\infty} (n+1)A_{n+1}x^n, \quad y'' = \sum_{n=0}^{\infty} (n+2)(n+1)A_{n+2}x^n \tag{6.3.12}$$

이 멱급수들을 미분방정식에 대입하면, 다음을 얻는다.

$$\sum_{n=0}^{\infty}(n+2)(n+1)A_{n+2}x^n - x\sum_{n=0}^{\infty}A_n x^n = 0$$

한편 $x\sum_{n=0}^{\infty}A_n x^n = \sum_{n=0}^{\infty}A_n x^{n+1} = \sum_{n=1}^{\infty}A_{n-1}x^n$ 이다. 따라서 다음을 얻는다.

$$\sum_{n=0}^{\infty}(n+2)(n+1)A_{n+2}x^n - \sum_{n=1}^{\infty}A_{n-1}x^n = 0,$$

즉 $$2A_2 + \sum_{n=1}^{\infty}[(n+2)(n+1)A_{n+2} - A_{n-1}]x^n = 0$$

그러므로 항등식의 계수를 비교하여 다음의 점화식을 얻는다.

$$A_2 = 0,$$
$$(n+2)(n+1)A_{n+2} - A_{n-1} = 0$$

즉 $$A_{n+2} = \frac{A_{n-1}}{(n+2)(n+1)} \tag{6.3.13}$$

(6.3.13)에 의해서, 만약 A_k 의 값을 알면 A_{k+3} 의 값을 알 수 있다.

먼저 $A_2 = 0$ 이므로 계수의 첨자가 (3의 배수)+2인 경우는 (6.3.13)에 의해서, 다음과 같이 간단히 얻는다.

$$A_{3k+2} = 0, \quad k \geq 0 \text{ 정수}$$

첨자가 3의 배수인 계수 A_{3k} 와 (3의 배수)+1 인 계수 A_{3k+1} 는 서로 독립적임을 (6.3.13)에서 알 수 있다. 따라서 다음의 두 경우에 해들은 일차 독립이다.

$$[A_0 = 1,\ A_1 = 0] \text{ 또는 } [A_0 = 0,\ A_1 = 1]$$

(i) $A_0 = 1,\ A_1 = 0$인 경우

(6.3.13)에 의해서 다음을 얻는다.

$$A_{3k+1} = 0, \quad k \geq 0 \text{ 정수}$$

그리고 귀납적으로 계산하면 A_{3k} 는 다음과 같다.

$$A_0 = 1$$
$$A_3 = \frac{A_0}{3 \cdot 2} = \frac{1}{3 \cdot 2}$$
$$A_6 = \frac{A_3}{6 \cdot 5} = \frac{1}{3 \cdot 2}\frac{1}{6 \cdot 5}$$

$$A_9 = \frac{A_6}{9 \cdot 8} = \frac{1}{3 \cdot 2}\frac{1}{6 \cdot 5}\frac{1}{9 \cdot 8}$$

$$\vdots$$

$$A_{3k} = \frac{A_{3k-3}}{3k \cdot (3k-1)} = \frac{1}{[3 \cdot 2] \cdots [3k \cdot (3k-1)]}$$

$$= \frac{1}{\prod_{m=1}^{k} 3m(3m-1)}, \quad k \geq 0 \text{ 정수}$$

따라서 다음의 해를 얻는다.

$$y_1 = 1 + \sum_{k=1}^{\infty} \frac{1}{\prod_{m=1}^{k} 3m(3m-1)} x^{3k}$$

(ii) $A_0 = 0, A_1 = 1$ 인 경우

(6.3.13)에 의해서 다음을 얻는다.

$$A_{3k} = 0, \quad k \geq 0 \text{ 정수}$$

그리고 귀납적으로 계산하면 A_{3k+1}은 다음과 같다.

$$A_1 = 1$$

$$A_4 = \frac{A_1}{4 \cdot 3} = \frac{1}{4 \cdot 3}$$

$$A_7 = \frac{A_4}{7 \cdot 6} = \frac{1}{4 \cdot 3}\frac{1}{7 \cdot 6}$$

$$A_{10} = \frac{A_7}{10 \cdot 9} = \frac{1}{4 \cdot 3}\frac{1}{7 \cdot 6}\frac{1}{10 \cdot 9}$$

$$\vdots$$

$$A_{3k+1} = \frac{A_{3k-2}}{(3k+1) \cdot 3k} = \frac{1}{\prod_{m=1}^{k} 3m(3m+1)}, \quad k \geq 1 \text{ 정수}$$

따라서 다음의 해를 얻는다.

$$y_2 = x + \sum_{k=1}^{\infty} \frac{1}{\prod_{m=1}^{k} 3m(3m+1)} x^{3k+1}$$

즉 다음과 같이 일차 독립인 두 개의 해를 얻는다.

$$y_1 = 1 + \sum_{k=1}^{\infty} \frac{1}{\prod_{m=1}^{k} 3m(3m-1)} x^{3k}, \quad y_2 = x + \sum_{k=1}^{\infty} \frac{1}{\prod_{m=1}^{k} 3m(3m+1)} x^{3k+1}$$

그러므로 일반해는 다음의 형태임을 알 수 있다.

$$y = c_1 \left[1 + \sum_{k=1}^{\infty} \frac{1}{\prod_{m=1}^{k} 3m(3m-1)} x^{3k} \right] + c_2 \left[x + \sum_{k=1}^{\infty} \frac{1}{\prod_{m=1}^{k} 3m(3m+1)} x^{3k+1} \right],$$

(c_1, c_2는 임의상수)

(2) $y(0) = y_0$, $y'(0) = z_0$를 일반해에 대입하면, $c_1 = y_0$, $c_2 = z_0$이다. 따라서 초기치문제의 해는 다음과 같다.

$$y = y_0 \left[1 + \sum_{k=1}^{\infty} \frac{1}{\prod_{m=1}^{k} 3m(3m-1)} x^{3k} \right] + z_0 \left[x + \sum_{k=1}^{\infty} \frac{1}{\prod_{m=1}^{k} 3m(3m+1)} x^{3k+1} \right]$$ ■

예 6.3.5 0에서 $(x^2+1)y'' - y = 0$의 급수해를 구하여라.

풀이 $a_2 = (x^2+1)$, $a_1 = 0$, $a_0 = -1$가 해석적이고, $a_2(0) = 2 \neq 0$이므로 $x_0 = 0$는 보통점이다. 따라서 0에서 멱급수해 $y = \sum_{n=0}^{\infty} A_n x^n$를 가진다. 한편 특이점은 $q = \frac{a_0}{a_2} = \frac{-1}{x^2+1}$의 분모가 0이 되는 점 $-i, i$이다.

따라서 복소평면에서 0과 가장 가까운 특이점은 $-i$와 i로서 거리가 1이므로 $y = \sum_{n=0}^{\infty} A_n x^n$의 수렴반경은 $R_c \geq 1$이고, 적어도 구간 $(-1, 1)$상에서는 절대수렴한다. 이제 해 $y = \sum_{n=0}^{\infty} A_n x^n$를 찾아보자.

$y' = \sum_{n=1}^{\infty} nA_n x^{n-1}$, $y'' = \sum_{n=2}^{\infty} n(n-1)A_n x^{n-2}$를 미분방정식에 대입하면, 다음을 얻는다.

$$(x^2+1)\sum_{n=2}^{\infty} n(n-1)A_n x^{n-2} - \sum_{n=0}^{\infty} A_n x^n = 0, \text{ 즉}$$

$$\sum_{n=2}^{\infty} n(n-1)A_n x^n + \sum_{n=2}^{\infty} n(n-1)A_n x^{n-2} - \sum_{n=0}^{\infty} A_n x^n = 0$$

계수 비교를 쉽게 하기 위해서, $\sum_{n=2}^{\infty} n(n-1)A_n x^{n-2}$의 첨자를 변환하면, $\sum_{n=2}^{\infty} n(n-1)A_n x^{n-2} = \sum_{n=0}^{\infty}(n+2)(n+1)A_{n+2}x^n$이므로 다음의 항등식을 얻는다.

$$\sum_{n=2}^{\infty} n(n-1)A_n x^n + \sum_{n=0}^{\infty}(n+2)(n+1)A_{n+2}x^n - \sum_{n=0}^{\infty} A_n x^n = 0$$

정리하면 다음과 같다.

$$(-A_0 + 2A_2) + (-A_1 + 6A_3)x + \sum_{n=2}^{\infty}[(n^2-n-1)A_n + (n+2)(n+1)A_{n+2}]x^n = 0$$

따라서 다음 점화식을 얻는다.

$$n=0:\ -A_0 + 2A_2 = 0;\ A_2 = \frac{1}{2}A_0$$

$$n=1:\ -A_1 + 6A_3 = 0;\ A_3 = \frac{1}{6}A_1$$

$$n \geq 2:\ (n^2-n-1)A_n + (n+2)(n+1)A_{n+2} = 0;$$

$$A_{n+2} = -\frac{(n^2-n-1)}{(n+2)(n+1)}A_n$$

즉 $A_0 = y_0$, $A_1 = z_0$가 주어지면 다음과 같이 A_n을 계산할 수 있다.

$$A_0 = y_0,$$

$$A_1 = z_0,$$

$$A_2 = \frac{1}{2}A_0,$$

$$A_3 = \frac{1}{6}A_1,$$

$$A_{n+2} = -\frac{(n^2-n-1)}{(n+2)(n+1)}A_n,\quad n \geq 2 \text{ 정수}$$

■

연습문제 6.3

1. 다음 미분방정식의 멱급수해에 대해서 계수의 점화식을 구하고 첫 4개 항까지 구하여라(단 a, b는 임의의 상수).
   (1) $y'' - y' - 2y = 0$, $y(0) = a$, $y'(0) = b$
   (2) $y'' + xy' + y = 0$, $y(0) = a$, $y'(0) = b$

(3) $y''-xy'-y=0,\ y(1)=a,\ y'(1)=b$

(4) $xy''+2y'+xy=0,\ y(1)=a,\ y'(1)=b$

(5) $(1-x)y''+y=0,\ y(0)=1,\ y'(0)=2$

(6) $(x+1)y''-xy'+5y=0,\ y(0)=a,\ y'(0)=b$

(7) $y''+xy'+2y=0,\ y(0)=a,\ y'(0)=b$

(8) $y''+4x^2y=0,\ y(0)=1,\ y'(0)=2$

(9) $(1+x^2)y''-4xy'+6y=0,\ y(0)=a,\ y'(0)=b$

(10) $xy''+y'+xy=0,\ y(1)=a,\ y'(1)=b$

(11) $2y''+(1+x)y'+3y=0,\ y(2)=a,\ y'(2)=b$

(12) $x^2y''+(1+x)y'+3y\ln x=0,\ y(1)=2,\ y'(1)=0$

(13) $y''-\left(\dfrac{x^2}{4}+a\right)y=0,\ y(0)=1,\ y'(0)=0$

(14) $y''-\left(\dfrac{x^2}{4}+a\right)y=0,\ y(0)=0,\ y'(0)=1$

2. 다음 미분방정식의 멱급수해에 대해서 수렴반경 R_c을 조사하고 첫 4개 항까지 근사해의 그래프를 그려라.

(1) $y''-y'-2y=0,\ y(0)=1,\ y'(0)=2$

(2) $y''+xy'+y=0,\ y(0)=1,\ y'(0)=2$

(3) $y''-xy'-y=0,\ y(1)=2,\ y'(1)=1$

(4) $xy''+2y'+xy=0,\ y(1)=0,\ y'(1)=1$

(5) $(1-x)y''+y=0,\ y(0)=1,\ y'(0)=2$

(6) $(x+1)y''-xy'+5y=0,\ y(0)=2,\ y'(0)=1$

3. 다음 미분방정식의 멱급수해에 대해서 첫 4개 항까지 구하여라.

(1) $y''+(\sin x)y=0,\quad y(0)=1,\quad y'(0)=1$

(2) $e^xy''-y=0,\quad y(0)=0,\quad y'(0)=-1$

6.4 정상 특이점 근방에서 급수해

이제 x_0가 $a_2(x)y''+a_1(x)y'+a_0(x)y=0$의 정상 특이점이라 가정하자. 단 $a_2(x),\ a_1(x),\ a_0(x)$는 x_0에서 해석함수이다.

정상 특이점의 근방에서 급수해의 존재성과 구하는 방법은 다음의 Frobenius 정리에 바탕을 두고 있다(증명은 이 책의 범위를 벗어나는 내용이므로 생략한다).

| 정리 6.4.1 | [Frobenius 존재성] x_0 가 $a_2(x)y'' + a_1(x)y' + a_0(x)y = 0$ 의 정상 특이점이라 가정하고, 복소평면에서 x_0 에서 가장 가까운 특이점까지의 거리를 ρ라 하자. 그러면 구간 $(x_0,\ x_0 + \rho)$상에서 절대수렴하는 다음과 같은 급수해가 적어도 한 개 존재한다.

$$y = (x - x_0)^r \sum_{n=0}^{\infty} A_n (x - x_0)^n = \sum_{n=0}^{\infty} A_n (x - x_0)^{n+r} \tag{6.4.1}$$

단 $A_0 \neq 0$, r 은 적당한 상수이다. 이때 r 을 x_0 에서 **지수**(exponent)라 한다.

참고 x_0 가 $a_2(x)y'' + a_1(x)y' + a_0(x)y = 0$ 의 정상 특이점이면, Frobenius 정리에 의하여, $(x_0,\ x_0 + \rho)$상에서 (6.4.1) 형태의 해는 한 개만 그 존재가 보장된다. 한편 $a_2(x)y'' + a_1(x)y' + + a_0(x)y = 0$는 2계 선형 제차 방정식이므로 일반해를 구하기 위해서는 일차 독립인 두 개의 기본해를 구해야 하는데, 그 방법을 대략 3가지 경우로 나누어 아래에서 소개한다.

x_0 가 정상 특이점일 때, 급수해 $y = \sum_{n=0}^{\infty} A_n (x - x_0)^{n+r}$ 를 구하는 일반적인 요령은 다음과 같다.

(1) $y = \sum_{n=0}^{\infty} A_n (x - x_0)^{n+r}$ 를 $a_2(x)y'' + a_1(x)y' + a_0(x)y = 0$ 에 대입한다. 즉 다음을 미분방정식에 대입한다.

$$y = \sum_{n=0}^{\infty} A_n (x - x_0)^{n+r},$$

$$y' = \sum_{n=0}^{\infty} (n + r) A_n (x - x_0)^{n+r-1}, \tag{6.4.2}$$

$$y'' = \sum_{n=0}^{\infty} (n + r)(n + r - 1) A_n (x - x_0)^{n+r-2} \tag{6.4.3}$$

(2) 지수 r 의 값을 결정한다.

(3) 계수 A_n 의 (가능하면 점화식을 구해서) 값을 계산한다.

(4) 해 $y = \sum_{n=0}^{\infty} A_n (x - x_0)^{n+r}$ 의 수렴구간을 구한다.

여기서 계수 A_n 의 값이 r 의 값에 따라서 결정되므로 r 을 매개변수로 간주하면,

A_n 은 r 의 함수 $A_n(r)$ 이다. 그러므로 필요한 경우에는 다음과 같이 표기하자.

$$y = y(x;\ r) = \sum_{n=0}^{\infty} A_n(r)(x - x_0)^{n+r}$$

이제 좀 더 구체적으로 풀이과정을 보자. $a_2(x)$, $a_1(x)$, $a_0(x)$가 x_0 에서 해석적이므로 다음과 같이 멱급수로 표현할 수 있다.

$$\begin{cases} a_2(x) = \sum_{n=0}^{\infty} \alpha_n (x - x_0)^n \\ a_1(x) = \sum_{n=0}^{\infty} \beta_n (x - x_0)^n \\ a_0(x) = \sum_{n=0}^{\infty} \gamma_n (x - x_0)^n \end{cases} \tag{6.4.4}$$

(6.4.1)~(6.4.4)를 $\boldsymbol{T}[y] \equiv a_2(x)y'' + a_1(x)y' + a_0(x)y$ 에 대입하면 다음을 얻는다.

$$\begin{aligned} \boldsymbol{T}[y(x;\ r)] &\equiv a_2(x)y'' + a_1(x)y' + a_0(x)y \\ &= \sum_{n=0}^{\infty} \alpha_n (x - x_0)^n \sum_{n=0}^{\infty} (n+r)(n+r-1)A_n (x - x_0)^{n+r-2} \\ &\quad + \sum_{n=0}^{\infty} \beta_n (x - x_0)^n \sum_{n=0}^{\infty} (n+r)A_n (x - x_0)^{n+r-1} \\ &\quad + \sum_{n=0}^{\infty} \gamma_n (x - x_0)^n \sum_{n=0}^{\infty} A_n (x - x_0)^{n+r} \end{aligned}$$

첨자를 조정하고 간단히 하면, 다음을 얻는다.

$$\begin{aligned} \boldsymbol{T}[y(x;\ r)] = &\sum_{n=-2}^{\infty} r(r-1)\alpha_{n+2} A_0 (x - x_0)^{n+r} \\ &+ \sum_{n=-1}^{\infty} r(r+1)\alpha_{n+1} A_1 (x - x_0)^{n+r} + \sum_{n=-1}^{\infty} r\beta_{n+1} A_0 (x - x_0)^{n+r} \\ &+ \sum_{n=0}^{\infty} [\sum_{k=0}^{n} (n-k+r+2)(n-k+r+1)\alpha_k A_{n-k+2}](x - x_0)^{n+r} \\ &+ \sum_{n=0}^{\infty} [\sum_{k=0}^{n} (n-k+r+1)\beta_k A_{n-k+1}](x - x_0)^{n+r} \\ &+ \sum_{n=0}^{\infty} [\sum_{k=0}^{n} \gamma_k A_{n-k}](x - x_0)^{n+r} \end{aligned} \tag{6.4.5}$$

한편 x_0 가 특이점이므로 $a_2(x_0) = 0$ 이고, 정수 K가 존재하여 다음과 같다.

$$\begin{pmatrix} \alpha_k = 0, \ 0 \le k \le K+1 \\ \alpha_{K+2} \ne 0 \end{pmatrix} \tag{6.4.6}$$

또한 x_0가 정상 특이점이므로 $(x-x_0)\dfrac{a_1(x)}{a_2(x)}$와 $(x-x_0)^2\dfrac{a_0(x)}{a_2(x)}$가 x_0에서 해석적이다. 따라서 $\lim\limits_{x\to x_0}(x-x_0)\dfrac{a_1(x)}{a_2(x)}$ 와 $\lim\limits_{x\to x_0}(x-x_0)^2\dfrac{a_0(x)}{a_2(x)}$ 가 존재한다. 즉 (6.4.4)와 (6.4.6)으로부터 다음의 극한이 존재한다.

$$\lim_{x\to x_0}\frac{(x-x_0)\sum_{n=0}^{\infty}\beta_n(x-x_0)^n}{\sum_{n=K+2}^{\infty}\alpha_n(x-x_0)^n} \text{와 } \lim_{x\to x_0}\frac{(x-x_0)^2\sum_{n=0}^{\infty}\gamma_n(x-x_0)^n}{\sum_{n=K+2}^{\infty}\alpha_n(x-x_0)^n}$$

따라서 다음을 알 수 있다.

$$\begin{cases} \beta_k = 0, \ 0 \le k \le K \\ \gamma_k = 0, \ 0 \le k \le K-1 \end{cases} \tag{6.4.7}$$

단 편의상 첨자 k가 음수($k<0$)인 경우에는 $\alpha_k=0$, $\beta_k=0$, $\gamma_k=0$라 간주한다.

그러면 (6.4.4)는 다음과 같이 표현된다.

$$\begin{cases} a_2(x) = (x-x_0)^{K+2}\sum_{k=0}^{\infty}\alpha_{k+K+2}(x-x_0)^k \\ a_1(x) = (x-x_0)^{K+1}\sum_{k=0}^{\infty}\beta_{k+K+1}(x-x_0)^k \\ a_0(x) = (x-x_0)^{K}\sum_{k=0}^{\infty}\gamma_{k+K}(x-x_0)^k \end{cases}$$

따라서 (6.4.6)과 (6.4.7)을 이용하면, (6.4.5)는 다음과 같다.

$$\begin{aligned} \boldsymbol{T}[y(x;\, r)] = &\sum_{n=K}^{\infty} r(r-1)\alpha_{n+2}A_0(x-x_0)^{n+r} \\ &+ \sum_{n=K+1}^{\infty} r(r+1)\alpha_{n+1}A_1(x-x_0)^{n+r} + \sum_{n=K}^{\infty} r\beta_{n+1}A_0(x-x_0)^{n+r} \\ &+ \sum_{n=K+2}^{\infty}\Big[\sum_{k=K+2}^{n}(n-k+r+2)(n-k+r+1)\alpha_k A_{n-k+2}\Big](x-x_0)^{n+r} \\ &+ \sum_{n=K+1}^{\infty}\Big[\sum_{k=K+1}^{n}(n-k+r+1)\beta_k A_{n-k+1}\Big](x-x_0)^{n+r} \end{aligned}$$

$$+\sum_{n=K}^{\infty}\left[\sum_{k=K}^{n}\gamma_k A_{n-k}\right](x-x_0)^{n+r} \tag{6.4.8}$$

단 편의상 $n<m$ 이면 $\sum_{k=m}^{n} C_k = 0$ 으로 간주하자. 그러면 (6.4.8)은 다음과 같이 표현된다.

$$\begin{aligned}\boldsymbol{T}[y(x\,;\,r)] &= [r(r-1)\alpha_{K+2}+r\beta_{K+1}+\gamma_K]A_0(x-x_0)^{K+r}\\ &+\sum_{n=K+1}^{\infty}\{r(r-1)\alpha_{n+2}A_0+r(r+1)\alpha_{n+1}A_1+\beta_{n+1}rA_0\\ &+\sum_{k=K+2}^{n}(n-k+r+2)(n-k+r+1)\alpha_k A_{n-k+2}\\ &+\sum_{k=K+1}^{n}(n-k+r+1)\beta_k A_{n-k+1}+\sum_{k=K+1}^{n}\gamma_k A_{n-k}\}(x-x_0)^{n+r}\end{aligned} \tag{6.4.9}$$

여기서 $y(x;\,r)$가 해이므로 $\boldsymbol{T}[y(x;\,r)]=0$의 계수를 비교하면 A_n 은 다음의 점화식을 만족한다. 정수 $n \geq K$에 대해서,

$$\begin{aligned}&r(r-1)\alpha_{K+2}A_0+r\beta_{K+1}A_0+\gamma_K A_0=0\,,\\ &r(r-1)\alpha_{n+2}A_0+r(r+1)\alpha_{n+1}A_1+\beta_{n+1}rA_0\\ &\quad+\sum_{k=K+2}^{n}(n-k+r+2)(n-k+r+1)\alpha_k A_{n-k+2}\\ &\quad+\sum_{k=K+1}^{n}(n-k+r+1)\beta_k A_{n-k+1}+\sum_{k=K}^{n}\gamma_k A_{n-k}=0\end{aligned} \tag{6.4.10}$$

점화식 (6.4.10)에서 귀납적으로 계산하면, 계수 A_n 은 r 의 함수 $A_n(r)$ 임을 알 수 있다. 따라서 (6.4.10)을 만족하는 $A_n(r)$을 (6.4.9)에 대입하면 다음을 얻는다.

$$\boldsymbol{T}[y(x;r)] = A_0[\alpha_{K+2}r(r-1)+\beta_{K+1}r+\gamma_K](x-x_0)^{K+r} \tag{6.4.11}$$

그러므로 $y=y(x;\,r)=\sum_{n=0}^{\infty}A_n(r)(x-x_0)^{n+r}$ 가 $\boldsymbol{T}[y]=0$의 비자명해가 될 필요충분 조건은 (6.4.11)에 의해서 다음과 같다.

$$\alpha_{K+2}r(r-1)+\beta_{K+1}r+\gamma_K=0 \tag{6.4.12}$$

여기서 방정식 (6.4.12)를 풀어서 지수 r 의 값을 결정하고, 그에 따라 점화식 (6.4.10)을 반복 계산하여 계수 A_n 의 값을 구한다.

(6.4.12)가 중요한 역할을 하므로 편의상 다음과 같이 정의한다.

| 정의 6.4.2 | $\alpha_{K+2}r(r-1)+\beta_{K+1}r+\gamma_K=0$를 x_0에서 $a_2(x)y''+a_1(x)y'+a_0(x)y=0$의 **지표(결정)방정식(indicial equation)**이라 한다.

지표방정식의 근이 특이점 x_0에서 지수가 됨을 알 수 있으며, 지표방정식은 급수전개를 하지 않고도 다음과 같이 쉽게 구할 수 있다.

| 정리 6.4.3 | x_0에서 $a_2(x)y''+a_1(x)y'+a_0(x)y=0$의 지표방정식은 다음과 같다.

$$r(r-1)+ar+b=0 \tag{6.4.13}$$

단 상수 a, b는 다음의 극한이다.

$$a=\lim_{x\to x_0}(x-x_0)\frac{a_1(x)}{a_2(x)},\quad b=\lim_{x\to x_0}(x-x_0)^2\frac{a_0(x)}{a_2(x)} \tag{6.4.14}$$

증명 멱급수를 이용하여 계산하면 다음을 얻는다.

$$a=\lim_{x\to x_0}(x-x_0)\frac{a_1(x)}{a_2(x)}=\lim_{x\to x_0}\frac{(x-x_0)^{K+2}\sum_{k=0}^{\infty}\beta_{k+K+1}(x-x_0)^k}{(x-x_0)^{K+2}\sum_{k=0}^{\infty}\alpha_{k+K+2}(x-x_0)^k}$$

$$=\lim_{x\to x_0}\frac{\sum_{k=0}^{\infty}\beta_{k+K+1}(x-x_0)^k}{\sum_{k=0}^{\infty}\alpha_{k+K+2}(x-x_0)^k}=\frac{\beta_{K+1}}{\alpha_{K+2}},$$

$$b=\lim_{x\to x_0}(x-x_0)^2\frac{a_0(x)}{a_2(x)}=\lim_{x\to x_0}\frac{(x-x_0)^{K+2}\sum_{k=0}^{\infty}\gamma_{k+K}(x-x_0)^k}{(x-x_0)^{K+2}\sum_{k=0}^{\infty}\alpha_{k+K+2}(x-x_0)^k}$$

$$=\lim_{x\to x_0}\frac{\sum_{k=0}^{\infty}\gamma_{k+K}(x-x_0)^k}{\sum_{k=0}^{\infty}\alpha_{k+K+2}(x-x_0)^k}=\frac{\gamma_K}{\alpha_{K+2}}$$

따라서 지표방정식 (6.4.12)를 α_{K+2}로 나누면, (6.4.13)을 얻는다. ■

참고 지표방정식 $r(r-1)+ar+b=0$ 의 근(지수)을 r_1, r_2 라 하자. 즉

$$\begin{cases} r_1 = \dfrac{1}{2}(1-a+\sqrt{a^2-2a-4b+1}) \\ r_2 = \dfrac{1}{2}(1-a-\sqrt{a^2-2a-4b+1}) \end{cases} \tag{6.4.15}$$

그러면 정상 특이점 x_0 에서 $a_2(x)y''+a_1(x)y'+a_0(x)y=0$ 의 급수 형태의 일반해는 지수들의 차이 $r_1-r_2=\sqrt{a^2-2a-4b+1}$ 에 따라서 세 가지 경우로 분류하여 구할 수 있다.

먼저 $r_1-r_2=\sqrt{a^2-2a-4b+1}$ 이 정수가 아닌 경우를 보자.

| 정리 6.4.4 | $r_1-r_2=\sqrt{a^2-2a-4b+1}\neq$ 정수라고 하자. 그러면 $a_2(x)y''+a_1(x)y'+a_0(x)y=0$ 는 (6.4.10)에 의해서 일차 독립인 다음 형태의 해들을 가진다. $x_0<x<x_0+\rho$ 에 대해서,

$$\begin{cases} y_1 = (x-x_0)^{r_1}\displaystyle\sum_{n=0}^{\infty} A_n(x-x_0)^n \\ y_2 = (x-x_0)^{r_2}\displaystyle\sum_{n=0}^{\infty} B_n(x-x_0)^n \end{cases} \tag{6.4.16}$$

단 $A_0\neq 0$, $B_0\neq 0$ 이다.

증명 Frobenius 정리에 의해서 해가 존재한다. $r_1-r_2=\alpha\neq$ 정수라고 하자. 여기서 y_1 과 y_2 의 일차 결합이 항등적으로 0이라 가정해보자.

$$c_1(x-x_0)^{r_2+\alpha}\sum_{n=0}^{\infty} A_n(x-x_0)^n + c_2(x-x_0)^{r_2}\sum_{n=0}^{\infty} B_n(x-x_0)^n \equiv 0$$

그러면 $c_1(x-x_0)^{\alpha}\sum_{n=0}^{\infty} A_n(x-x_0)^n + c_2\sum_{n=0}^{\infty} B_n(x-x_0)^n \equiv 0$ 이다. $\alpha\neq$ 정수이므로 반드시 $c_1=c_2=0$ 임을 알 수 있다. 따라서 y_1 과 y_2 는 일차 독립이다. ■

참고 (6.4.16)에서 지수가 복소수 $r_1=\lambda+\mu i$, $r_2=\lambda-\mu i$ 인 경우($\mu>0$)에는 $(x-x_0)^{r_1}$ 와 $(x-x_0)^{r_2}$ 를 다음과 같이 표현할 수 있다.

$$\begin{aligned} (x-x_0)^{r_1} &= (x-x_0)^{\lambda}(x-x_0)^{\mu i} = (x-x_0)^{\lambda}e^{i\mu\ln(x-x_0)} \\ &= (x-x_0)^{\lambda}[\cos(\mu\ln(x-x_0))+i\sin(\mu\ln(x-x_0))], \end{aligned} \tag{6.4.17}$$

$$(x-x_0)^{r_2} = (x-x_0)^{\lambda}(x-x_0)^{-\mu i} = (x-x_0)^{\lambda}e^{-i\mu\ln(x-x_0)}$$

$$= (x-x_0)^{\lambda}[\cos(\mu \ln(x-x_0)) - i\sin(\mu \ln(x-x_0))] \tag{6.4.18}$$

(6.4.17)과 (6.4.18)을 (6.4.16)에 대입하여 실수부와 허수부를 분리하고, 계수 A_n, B_n 을 새로 정하면 다음 형태의 일차 독립인 해들을 얻을 수 있다.

$$\begin{cases} y_1 = (x-x_0)^{\lambda}\cos(\mu \ln(x-x_0)) \sum_{n=0}^{\infty} A_n (x-x_0)^n \\ y_2 = (x-x_0)^{\lambda}\sin(\mu \ln(x-x_0)) \sum_{n=0}^{\infty} B_n (x-x_0)^n \end{cases} \tag{6.4.19}$$

이제부터 (6.4.1)에서 편의상 $A_0 = 1$ 이라 두자.

예 6.4.5 $2xy'' + y' - 2y = 0$ 에 대하여 $x = 0$의 근방에서 비자명해를 구해보자.

풀이 $a_2 = 2x$, $a_1 = 1$, $a_0 = -2$이므로, $a = \lim_{x\to 0} x\dfrac{a_1(x)}{a_2(x)} = \dfrac{1}{2}$, $b = \lim_{x\to 0} x^2\dfrac{a_0(x)}{a_2(x)} = 0$이다. 따라서 0은 정상 특이점이고, 정리 6.4.3에 의해서 지표방정식은 $r(r-1) + \dfrac{1}{2}r = 0$, 즉 $r(2r-1) = 0$이다. 그러므로 지수는 $r = \dfrac{1}{2}$과 $r = 0$이고, $r_1 - r_2 = \dfrac{1}{2} \neq$ 정수이다.

이제 비자명 급수해 $y = \sum_{n=0}^{\infty} A_n x^{n+r}$ 를 구해보자. 급수 (6.4.1), (6.4.2)와 (6.4.3)을 미분방정식에 대입하면 다음을 얻는다.

$$\sum_{n=0}^{\infty} 2(n+r)(n+r-1)A_n x^{n+r-1} + \sum_{n=0}^{\infty}(n+r)A_n x^{n+r-1} - \sum_{n=0}^{\infty} 2A_n x^{n+r} = 0$$

따라서 첨자를 조정하고 정리하면 다음을 얻는다.

$$\sum_{n=-1}^{\infty} (n+1+r)(2n+2r+1)A_{n+1}x^{n+r} - \sum_{n=0}^{\infty} 2A_n x^{n+r} = 0$$

간단히 하면 다음을 얻는다.

$$r(2r-1)A_0 x^{r-1} + \sum_{n=0}^{\infty}[(n+1+r)(2n+2r+1)A_{n+1} - 2A_n]x^{n+r} = 0$$

그러므로 다음의 점화식을 얻는다.

$$r(2r-1)A_0 = 0,$$

$$(n+1+r)(2n+2r+1)A_{n+1}-2A_n=0,\ n \ge 0$$

여기서 $A_0=0$이면, 모든 $A_n=0,\ n \ge 1$이다.

$y=\sum_{n=0}^{\infty} A_n x^{n+r}$가 비자명해이므로 $A_0 \neq 0$이다. 편의상 $A_0=1$이라 두자. 그러면 다음 점화식을 얻는다.

$$A_{n+1}=\frac{2A_n}{(n+1+r)(2n+2r+1)},\ n \ge 0 \tag{6.4.20}$$

(1) 지수 $r=0$인 경우

(6.4.20)으로부터 다음 점화식을 얻는다.

$$A_{n+1}=\frac{2A_n}{(n+1)(2n+1)},\ n \ge 0$$

따라서 몇 개 항을 계산해보면 다음과 같다.

$$\begin{aligned}
A_0 &= 1\\
A_1 &= 2A_0=2\\
A_2 &= \frac{2A_1}{2\cdot 3}=\frac{2^2}{2\cdot 3}=\frac{2}{3}\\
A_3 &= \frac{2^2}{2\cdot 3}\frac{2}{3\cdot 5}=\frac{2^3}{(2\cdot 3)(3\cdot 5)}\\
A_4 &= \frac{2^2}{2\cdot 3}\frac{2}{3\cdot 5}\frac{2}{4\cdot 7}=\frac{2^4}{(2\cdot 3\cdot 4)(3\cdot 5\cdot 7)}\\
&\ \vdots\\
A_n &= \frac{2^n}{n!\prod_{k=1}^{n}(2k-1)},\ n \ge 1
\end{aligned}$$

그러므로 다음의 해를 얻는다.

$$y_1=1+\sum_{n=1}^{\infty}\frac{2^n}{n!\prod_{k=1}^{n}(2k-1)}x^n$$

멱급수 $1+\sum_{n=1}^{\infty}\frac{2^n}{n!\prod_{k=1}^{n}(2k-1)}x^n$의 수렴반경은 ∞ 임을 쉽게 계산할 수 있다.

따라서 해 $y_1 = 1 + \sum_{n=1}^{\infty} \frac{2^n}{n! \prod_{k=1}^{n} (2k-1)} x^n$ 는 해석함수이다.

(2) 지수 $r = \frac{1}{2}$ 인 경우

(6.4.20)으로부터 다음 점화식을 얻는다.

$$A_{n+1} = \frac{2A_n}{(n+1+\frac{1}{2})(2n+2)} = \frac{2A_n}{(n+1)(2n+3)}, \quad n \geq 0$$

따라서 몇 개 항을 계산해보면 다음과 같다.

$$A_0 = 1$$

$$A_1 = \frac{2A_0}{1 \cdot 3} = \frac{2}{1 \cdot 3}$$

$$A_2 = \frac{2A_1}{2 \cdot 5} = \frac{2}{1 \cdot 3}\frac{2}{2 \cdot 5}$$

$$A_3 = \frac{2}{1 \cdot 3}\frac{2}{2 \cdot 5}\frac{2}{3 \cdot 7} = \frac{2^3}{3!(1 \cdot 3 \cdot 5 \cdot 7)}$$

$$\vdots$$

$$A_n = \frac{2^n}{n! \prod_{k=0}^{n} (2k+1)}, \quad n \geq 0$$

그러므로 다음의 해를 얻는다.

$$y_2 = \sqrt{x} \sum_{n=0}^{\infty} \frac{2^n}{n! \prod_{k=0}^{n} (2k+1)} x^n$$

참고로 $\sqrt{x}$ 는 0 에서 비해석적이고, 멱급수 $\sum_{n=0}^{\infty} \frac{2^n}{n! \prod_{k=0}^{n} (2k+1)} x^n$ 는 해석적이다. 따라서 해 $y_2 = \sqrt{x} \sum_{n=0}^{\infty} \frac{2^n}{n! \prod_{k=0}^{n} (2k+1)} x^n$ 는 0 에서 비해석적이다.

한편 $y_1 = 1 + \sum_{n=1}^{\infty} \frac{2^n}{n! \prod_{k=1}^{n} (2k-1)} x^n$ 과 $y_2 = \sqrt{x} \sum_{n=0}^{\infty} \frac{2^n}{n! \prod_{k=0}^{n} (2k+1)} x^n$ 는 일

차 독립이므로 일반해는 다음과 같은 형태이다.

$$y = c_1 + c_1 \sum_{n=1}^{\infty} \frac{2^n}{n! \prod_{k=1}^{n}(2k-1)} x^n + c_2 \sqrt{x} \sum_{n=0}^{\infty} \frac{2^n}{n! \prod_{k=0}^{n}(2k+1)} x^n ,$$

(c_1, c_2는 임의상수)

이때 $c_1 + c_1 \sum_{n=1}^{\infty} \frac{2^n}{n! \prod_{k=1}^{n}(2k-1)} x^n$는 해의 해석적 부분이고,

$c_2 \sqrt{x} \sum_{n=0}^{\infty} \frac{2^n}{n! \prod_{k=0}^{n}(2k+1)} x^n$는 해의 비해석적 부분이다. ■

참고 지수의 차이가 $r_1 - r_2 = \sqrt{a^2 - 2a - 4b + 1} = m$(정수)이면, 두 급수해들

$$\begin{cases} y_1 = (x - x_0)^{r_2 + m} \sum_{n=0}^{\infty} A_n (x - x_0)^n \\ y_2 = (x - x_0)^{r_2} \sum_{n=0}^{\infty} B_n (x - x_0)^n \end{cases}$$

은 일차 종속이 될 가능성이 있다. 그래서 $r_1 - r_2$가 정수이고 y_1과 y_2가 일차 종속인 경우에, 일반해를 얻기 위해서 y_1과 일차 독립이 되는 해를 구하는 방법을 소개한다.

| 정리 6.4.6 | 정상 특이점 x_0에서 $a_2(x)y'' + a_1(x)y' + a_0(x)y = 0$의 지수를 $\begin{cases} r_1 = \frac{1}{2}(1 - a + \sqrt{a^2 - 2a - 4b + 1}\,) \\ r_2 = \frac{1}{2}(1 - a - \sqrt{a^2 - 2a - 4b + 1}\,) \end{cases}$ 라 하자. 그러면 $r_1 - r_2 =$ 정수일 때, 다음 두 경우를 얻는다.

(1) $r_1 - r_2 =$ 정수 > 0인 경우; 일차 독립인 다음 형태의 해들을 가진다.

$$\begin{cases} y_1 = \sum_{n=0}^{\infty} A_n (x - x_0)^{n + r_1}, \\ y_2 = C y_1(x) \ln(x - x_0) + \sum_{n=0}^{\infty} B_n (x - x_0)^{n + r_2} \end{cases} \quad (6.4.21)$$

단 $A_0 \neq 0$, $B_0 \neq 0$이고 C는 적당한 상수이다.

(2) $r_1 = r_2$ 경우; 일차 독립인 다음 형태의 급수해들을 가진다.

$$\begin{cases} y_1 = \sum_{n=0}^{\infty} A_n (x-x_0)^{n+r_1}, \\ y_2 = y_1(x)\ln(x-x_0) + \sum_{n=0}^{\infty} B_n (x-x_0)^{n+r_1} \end{cases} \quad (6.4.22)$$

단 $A_0 \neq 0$, $B_0 \neq 0$이다.

증명 엄밀한 증명은 복잡한 급수 전개와 그 수렴성 등의 내용이 포함되므로 생략하고 간단히 개요만 설명하자. 지수가 r_1, r_2 이므로 다음과 같이 인수분해된다.

$$\alpha_{K+2} r(r-1) + \beta_{K+1} r + \gamma_K = \alpha_{K+2}(r-r_1)(r-r_2)$$

(1) $r_1 - r_2 = m$ 가 양의 정수라 하자. (6.4.10)에서 $A_0 = r - r_2$ 라 두고, $A_n(r)$ 를 구하여 (6.4.9)에 대입하면 (6.4.11)은 다음과 같이 된다.

$$\boldsymbol{T}[y(x\,;\,r)] = \alpha_{K+2}(r-r_1)(r-r_2)^2(x-x_0)^{K+r} \quad (6.4.23)$$

따라서

$$y_1 \equiv y(x;\, r_1) = \sum_{n=0}^{\infty} A_n(r_1)(x-x_0)^{n+r_1} \text{ 과}$$

$$y_2 \equiv y(x;\, r_2) = \sum_{n=0}^{\infty} A_n(r_2)(x-x_0)^{n+r_2}$$

가 $\boldsymbol{T}[y] = 0$의 해들임을 알 수 있다. 만약 y_1과 y_2가 일차 독립이면, (6.4.21)의 형태($C = 0$일 때)가 된다.

이제 $y_1(x)$과 $y_2(x)$가 일차 종속이라 가정해보자. 그러면 $y_2 = Cy_1$이다(C는 적당한 상수). 여기서 $y(x;\, r) = \sum_{n=0}^{\infty} A_n(r)(x-x_0)^{n+r}$가 3번 연속 편미분 가능이면, 미분 순서를 호환할 수 있으므로 다음을 얻는다.

$$\begin{aligned} \boldsymbol{T}\left[\frac{\partial}{\partial r} y(x;\, r)\right] &= \frac{\partial}{\partial r}\boldsymbol{T}[y(x;\, r)] \\ &= \frac{\partial}{\partial r}[\alpha_{K+2}(r-r_1)(r-r_2)^2(x-x_0)^{K+r}] \\ &= \alpha_{K+2}[(r-r_2)^2 + 2(r-r_1)(r-r_2)](x-x_0)^{K+r} \\ &\quad + \alpha_{K+2}(r-r_1)(r-r_2)^2(x-x_0)^{K+r}\ln(x-x_0) \end{aligned}$$

따라서 $\boldsymbol{T}\left[\frac{\partial}{\partial r} y(x;\, r)\mid_{r=r_2}\right] = \frac{\partial}{\partial r}\boldsymbol{T}[y(x;\, r)]\mid_{r=r_2} = 0$이다. 그러므로 $y_3 \equiv$

$\frac{\partial}{\partial r}y(x;\, r_2)=\frac{\partial}{\partial r}y(x;\, r)\Big|_{r=r_2}$ 가 $\boldsymbol{T}[y]=0$의 해이다.

한편 $y(x;\, r)$를 r로 편미분하면 다음을 얻는다.

$$\begin{aligned}\frac{\partial}{\partial r}y(x;\, r)&=\frac{\partial}{\partial r}\sum_{n=0}^{\infty}A_n(r)(x-x_0)^{n+r}\\&=\sum_{n=0}^{\infty}A_n(r)(x-x_0)^{n+r}\ln(x-x_0)+\sum_{n=0}^{\infty}A_n{}'(r)(x-x_0)^{n+r}\\&=y(x;\, r)\ln(x-x_0)+\sum_{n=0}^{\infty}A_n{}'(r)(x-x_0)^{n+r}\end{aligned}\tag{6.4.24}$$

단 $A_0(r)=r-r_0$, $A_n{}'(r)=\frac{d}{dr}A_n(r)$ 이다. 따라서 해 $y_3=\frac{\partial}{\partial r}y(x;\, r_2)$는 다음과 같다.

$$\begin{aligned}y_3&=\frac{\partial}{\partial r}y(x;\, r_2)=y(x;\, r_2)\ln(x-x_0)+\sum_{n=0}^{\infty}A_n{}'(r_2)(x-x_0)^{n+r_2}\\&=y_2(x)\ln(x-x_0)+\sum_{n=0}^{\infty}A_n{}'(r_2)(x-x_0)^{n+r_2}\\&=Cy_1(x)\ln(x-x_0)+\sum_{n=0}^{\infty}A_n{}'(r_2)(x-x_0)^{n+r_2}\end{aligned}\tag{6.4.25}$$

그러므로 해 y_1과 y_3가 (6.4.21)의 형태가 된다.

(2) $r_1=r_2$라 하자. 그러면 $\alpha_{K+2}r(r-1)+\beta_{K+1}r+\gamma_K=\alpha_{K+2}(r-r_1)^2$ 이다. 따라서 (6.4.11)로부터 다음을 얻는다.

$$\boldsymbol{T}[y(x;\, r)]=A_0\alpha_{K+2}(r-r_1)^2(x-x_0)^{K+r}\tag{6.4.26}$$

그러므로 $y_1\equiv y(x;\, r_1)=\sum_{n=0}^{\infty}A_n(r_1)(x-x_0)^{n+r_1}$가 $\boldsymbol{T}[y]=0$의 해이다.

여기서 $y(x;\, r)=\sum_{n=0}^{\infty}A_n(r)(x-x_0)^{n+r}$가 3번 연속 편미분가능이면, 미분 순서를 호환할 수 있으므로 다음을 얻는다.

$$\begin{aligned}\boldsymbol{T}\left[\frac{\partial}{\partial r}y(x;\, r)\right]&=\frac{\partial}{\partial r}\boldsymbol{T}[y(x;\, r)]\\&=\frac{\partial}{\partial r}\left[A_0\alpha_{K+2}(r-r_1)^2(x-x_0)^{K+r}\right]\\&=A_0\alpha_{K+2}\left[2(r-r_1)(x-x_0)^{K+r}\right.\end{aligned}$$

$$+ (r-r_1)^2 (x-x_0)^{K+r} \ln(x-x_0) \Big]$$

그러므로 $\boldsymbol{T}\left[\frac{\partial}{\partial r} y(x;\, r) \mid_{r=r_1}\right] = \frac{\partial}{\partial r} \boldsymbol{T}[y(x;\, r)] \mid_{r=r_1} = 0$ 이다. 따라서 $y_2 \equiv \frac{\partial}{\partial r} y(x;\, r_1) = \frac{\partial}{\partial r} y(x;\, r) \Big|_{r=r_1}$ 도 $\boldsymbol{T}[y]=0$ 의 해이다. 즉 (6.4.24)로부터 해 $y_2(x)$ 는 다음과 같다.

$$y_2 = \frac{\partial}{\partial r} y(x;\, r_1) = y_1(x) \ln(x-x_0) + \sum_{n=0}^{\infty} A_n{}'(r_1)(x-x_0)^{n+r_1} \quad (6.4.27)$$

그러므로 해 y_1과 y_2는 (6.4.22)의 형태가 된다. ∎

다른 방법으로 일차 독립인 해를 구할 수도 있다. 일반적으로 하나의 해를 알고 있을 때, 다음과 같이 2번째 해를 구할 수 있다.

| 정리 6.4.7 | [계수 축소법(Reduction of Order)] y_1 이 $a_2(x)y'' + a_1(x)y' + a_0(x)y = 0$ 의 비자명해이면, 다음의 함수 y_2 도 해이고 더욱이 y_1과 y_2는 일차 독립이다.

$$y_2 = y_1(x) \int \frac{\exp(-\int p(x)dx)}{[y_1(x)]^2} dx \quad (6.4.28)$$

단 $p(x) = \frac{a_1(x)}{a_2(x)}$ 이고, $\exp(x) = e^x$ 이다.

증명 y_1 이 비자명해일 때 적당한 함수 $u(x)$ 를 택하면, $y_2 = y_1(x)u(x)$ 도 해가 될 수 있다고 가정하고 $u(x)$ 를 찾아보자. 즉 $y_2 = y_1(x)u(x)$ 를 $a_2(x)y'' + a_1(x)y' + a_0(x)y = 0$ 에 대입하여 등식이 성립하도록 $u(x)$ 를 찾아보자. 즉 $y_2 = y_1(x)u(x)$, $y_2{}' = y_1{}'u + y_1 u'$, $y_2{}'' = y_1{}''u + 2y_1 u' + y_1 u''$ 를 $a_2(x)y'' + a_1(x)y' + a_0(x)y = 0$ 에 대입하여 정리하면 다음을 얻는다.

$$a_2 y_1 u'' + (2a_2 y_1{}' + a_1 y_1)u' = 0$$

여기서 $w = u'$ 라 두면, 다음과 같이 w 의 1계 선형 방정식을 얻는다.

$$a_2 y_1 w' + (2a_2 y_1{}' + a_1 y_1)w = 0, \text{ 즉 } w' + \left(2\frac{y_1{}'}{y_1} + \frac{a_1}{a_2}\right)w = 0$$

이 방정식을 풀면 다음을 얻는다.

$$w = \frac{\exp(-\int p(x)dx)}{[y_1(x)]^2}$$

따라서 $u = \int w(x)dx = \int \frac{\exp(-\int p(x)dx)}{[y_1(x)]^2} dx$ 이고, 해 (6.4.28)을 얻는다.

한편 $u(x)$ 가 상수함수가 아니므로 y_1과 y_2는 일차 독립이다. ■

예 6.4.8 코시-오일러(Cauchy-Euler) 방정식 $x^2y'' + \beta xy' + \gamma y = 0$ 를 풀어보자(β, γ는 상수).

풀이 $a_2 = x^2$, $a_1 = \beta x$, $a_0 = \gamma$ 이므로 $a = \lim_{x \to 0} x\frac{a_1}{a_2} = \beta$, $b = \lim_{x \to 0} x^2 \frac{a_0}{a_2} = \gamma$ 이다. 따라서 0은 정상 특이점이고, 정리 6.4.3에 의해서 지표방정식은 $r(r-1) + \beta r + \gamma = 0$, 즉 $r^2 + (\beta - 1)r + \gamma = 0$ 이다. 따라서 지수는 다음과 같다.

$$r_1 = \frac{1-\beta+\sqrt{(1-\beta)^2 - 4\gamma}}{2}, \quad r_2 = \frac{1-\beta-\sqrt{(1-\beta)^2 - 4\gamma}}{2}$$

이제 비자명 급수해 $y = \sum_{n=0}^{\infty} A_n x^{n+r}$ 를 구해보자(단 $A_0 = 1$). (6.4.1), (6.4.2)와 (6.4.3)을 미분방정식에 대입하면 다음을 얻는다.

$$\sum_{n=0}^{\infty}(n+r)(n+r-1)A_n x^{n+r} + \sum_{n=0}^{\infty}(n+r)\beta A_n x^{n+r} + \sum_{n=0}^{\infty}\gamma A_n x^{n+r} = 0$$

따라서 계수를 비교하면, 다음을 얻는다. 모든 $n \geq 0$에 대해서,

$$(n+r)(n+r-1)A_n + (n+r)\beta A_n + \gamma A_n = 0,$$

즉
$$[(n+r)(n+r-1) + (n+r)\beta + \gamma]A_n = 0$$

그러므로 다음을 얻는다.

$$A_0 = 1, \ A_n = 0, \ n \geq 1$$

따라서 $y_1 = x^{r_1}$, $y_2 = x^{r_2}$가 각각 해이다. 다음 세 경우로 나누어 보자.

(1) $r_1 \neq r_2$ 인 실지수인 경우($(1-\beta)^2 - 4\gamma > 0$);

$y_1 = x^{r_1}$, $y_2 = x^{r_2}$는 일차 독립이다. 따라서 일반해는 다음과 같다.

$$y = c_1 x^{r_1} + c_2 x^{r_2}, \ (c_1, c_2 \text{ 는 임의상수})$$

(2) $r_1 \neq r_2$ 인 복소수지표인 경우($(1-\beta)^2 - 4\gamma < 0$);

이 경우 지수 r_1, r_2 는 복소수이다. 편의상 $\lambda = \dfrac{1-\beta}{2}$, $\mu = \dfrac{\sqrt{4\gamma - (1-\beta)^2}}{2}$ 라 두면, $r_1 = \lambda + \mu i$, $r_2 = \lambda - \mu i$ 이다. 그러면 (6.4.19)에 의해서 다음과 같이 일차 독립인 해를 가진다.

$$y_1 = x^{\lambda}\cos(\mu \ln x), \quad y_2 = x^{\lambda}\sin(\mu \ln x)$$

따라서 이 경우 일반해는 다음과 같다.

$$y = c_1 x^{\lambda}\cos(\mu \ln x) + c_2 x^{\lambda}\sin(\mu \ln x), \ (c_1,\ c_2 \text{ 는 임의상수})$$

(3) $r_1 = r_2 = \lambda = \dfrac{1-\beta}{2}$ 인 중복지수인 경우($(1-\beta)^2 - 4\gamma = 0$);

$y_1 = x^{r_1}$ 와 일차 독립인 해 y_2 를 정리 6.4.7에 의해서 ($p = \dfrac{a_1}{a_2} = \dfrac{\beta}{x}$ 이므로) 다음과 같이 구할 수 있다.

$$y_2 = y_1(x)\int \frac{\exp(-\int p(x)dx)}{[y_1(x)]^2}dx = x^{\lambda}\int \frac{e^{-\int \frac{\beta}{x}dx}}{x^{2\lambda}}dx$$

$$= x^{\lambda}\int \frac{x^{-\beta}}{x^{2\lambda}}dx = x^{\lambda}\int x^{-\beta-2\lambda}dx = x^{\lambda}\int x^{-1}dx = x^{\lambda}\ln x$$

따라서 $r_1 = r_2 = \lambda$ 인 경우 일반해는 다음과 같다.

$$y = x^{\lambda}(c_1 + c_2 \ln x), \ (c_1,\ c_2 \text{ 는 임의상수})$$

여기서 일반해 y 에서 x 의 범위는 $(0,\ \infty)$ 이다($[0,\ \infty)$ 인 경우도 있다).

한편 이 경우에 정리 6.4.6에 의해서도 제2의 해 y_2 를 구할 수 있다. 즉 (6.4.27)에 의해서 다음과 같이 구할 수 있다. $\dfrac{\partial}{\partial r}y_1(x;\ r) = \dfrac{\partial}{\partial r}x^r = x^r \ln x$ 이므로,

$$y_2 = \frac{\partial}{\partial r}x^r \Big|_{r=r_1} = x^{r_1}\ln x = x^{\lambda}\ln x$$ ■

연습문제 6.4

1. 다음 미분방정식의 정상 특이점 근방에서 급수해의 첫 4개 항까지 구하여라.
   (1) $xy''+y=0,\ x>0$
   (2) $2xy''+y'+xy=0,\ x>0$
   (3) $xy''+(1-x)y'-y=0,\ x>0$
   (4) $3x^2y''+2xy'+x^2y=0,\ x>0$
   (5) $xy''+4y'-xy=0,\ x>0$
   (6) $(x-1)y''+y=0,\ x>1$
   (7) $xy''+y'-y=0,\ x>0$
   (8) $x^2y''+xy'+(x-2)y=0,\ x>0$
   (9) $x^2y''+xy'+x^2y=0,\ x>0$
   (10) $xy''-y'-xy=0,\ x>0$
   (11) $xy''+(x-1)y'-2y=0,\ x>0$
   (12) $x^2y''-x(1+x)y'+y=0,\ x>0$
   (13) $x^2y''+x^2y'-2y=0,\ x>0$
   (14) $x^2y''+(x^2-x-6)y=0,\ x>0$

6.5 특수 미분방정식의 멱급수해

여기서는 특수 방정식의 예로써 물리학이나 공학 등의 응용에서 중요한 Legendre 방정식과 Bessel 방정식 등에 대해서 알아보자.

예 6.5.1 (Legendre 방정식) $(1-x^2)y''-2xy'+\alpha(\alpha+1)y=0$을 풀어보자($\alpha$는 상수).

풀이 $x_0=0$에서 $(1-x^2)y''-2xy'+\alpha(\alpha+1)y=0$의 급수해를 구해보자. $x_0=0$는 보통점이다. 따라서 Legendre 방정식은 정리 6.3.1에 의해서 급수해 $y=\sum_{n=0}^{\infty}A_nx^n$를 가진다. 이제 $y=\sum_{n=0}^{\infty}A_nx^n$를 Legendre 방정식에 대입하면 다음을 얻는다.

$$\sum_{n=2}^{\infty}n(n-1)A_nx^{n-2}-\sum_{n=2}^{\infty}n(n-1)A_nx^n-\sum_{n=1}^{\infty}2nA_nx^n+\sum_{n=0}^{\infty}\alpha(\alpha+1)A_nx^n=0$$

첨자를 통일하고 정리하면 다음의 항등식이 된다.

$$\sum_{n=0}^{\infty}[(n+1)(n+2)A_{n+2}-n(n+1)A_n+\alpha(\alpha+1)A_n]x^n=0$$

따라서 다음의 점화식을 얻는다. 모든 정수 $n \geq 0$에 대해서,

$$A_{n+2}=\frac{n(n+1)-\alpha(\alpha+1)}{(n+1)(n+2)}A_n=\frac{(n-\alpha)(n+1+\alpha)}{(n+1)(n+2)}A_n \tag{6.5.1}$$

A_0, A_1 의 값이 주어지면 (6.5.1)에 의해서 모든 A_n 의 값을 계산할 수 있다. 편의상 두 경우로 나누어 생각하자.

(1) $A_0 \neq 0$, $A_1=0$ 인 경우(편의상 $A_0=1$, $A_1=0$ 라 두자)

먼저 (6.5.1)에 의해서 다음을 얻는다. 모든 정수 $k \geq 0$에 대해서,

$$A_{2k+1}=0,$$
$$A_{2(k+1)}=\frac{(2k-\alpha)(2k+1+\alpha)}{(2k+1)(2k+2)}A_{2k} \tag{6.5.2}$$

(6.5.2)를 이용하여 A_{2k}를 구체적으로 계산해보자. 정수 $k \geq 1$에 대해서,

$$A_2=-\frac{\alpha(1+\alpha)}{1\cdot 2},$$
$$A_4=\frac{(2-\alpha)(3+\alpha)}{3\cdot 4}A_2=\frac{(-\alpha)(2-\alpha)(1+\alpha)(3+\alpha)}{4!},$$
$$A_6=\frac{(4-\alpha)(5+\alpha)}{5\cdot 6}A_4=\frac{(-\alpha)(2-\alpha)(4-\alpha)(1+\alpha)(3+\alpha)(5+\alpha)}{6!},$$
$$\vdots$$
$$A_{2k}=\frac{(-\alpha)(2-\alpha)\cdots(2k-2-\alpha)(1+\alpha)(3+\alpha)\cdots(2k-1+\alpha)}{(2k)!} \tag{6.5.3}$$

따라서 다음과 같은 해를 가진다.

$$y_1(x;\alpha)=$$
$$1+\sum_{k=1}^{\infty}\frac{(-\alpha)(2-\alpha)\cdots(2k-2-\alpha)(1+\alpha)(3+\alpha)\cdots(2k-1+\alpha)}{(2k)!}x^{2k} \tag{6.5.4}$$

(2) $A_0=0$, $A_1 \neq 0$ 인 경우(편의상 $A_0=0$, $A_1=1$ 이라 두자)

(6.5.1)에 의해서 다음을 얻는다. 모든 정수 $k \geqq 1$ 에 대해서,

$$A_{2k}=0,$$
$$A_{2k+1}=\frac{(2k-1-\alpha)(2k+\alpha)}{2k(2k+1)}A_{2k-1} \tag{6.5.5}$$

(6.5.5)를 이용하여 A_{2k+1} 을 구체적으로 계산해보자. 정수 $k \geq 1$ 에 대해서,

$$A_3 = \frac{(1-\alpha)(2+\alpha)}{2 \cdot 3},$$

$$A_5 = \frac{(3-\alpha)(4+\alpha)}{4 \cdot 5} A_3 = \frac{(1-\alpha)(3-\alpha)(2+\alpha)(4+\alpha)}{5!},$$

$$\vdots$$

$$A_{2k+1} = \frac{(1-\alpha)(3-\alpha)\cdots(2k-1-\alpha)(2+\alpha)(4+\alpha)\cdots(2k+\alpha)}{(2k+1)!} \quad (6.5.6)$$

따라서 다음과 같은 해를 가진다.

$$y_2(x;\ \alpha) =$$

$$x + \sum_{k=1}^{\infty} \frac{(1-\alpha)(3-\alpha)\cdots(2k-1-\alpha)(2+\alpha)(4+\alpha)\cdots(2k+\alpha)}{(2k+1)!} x^{2k+1} \quad (6.5.7)$$

이제 (1)과 (2)를 종합하면, 두 개의 해 (6.5.4)와 (6.5.7)은 짝수차 항과 홀수차 항으로 분리되어 있으므로 일차 독립이다(단 $A_0 \neq 0$, $A_1 \neq 0$). 그러므로 Legendre 방정식 $(1-x^2)y'' - 2xy' + \alpha(\alpha+1)y = 0$의 일반해는 다음과 같다.

$$y = c_1 y_1(x;\ \alpha) + c_2 y_2(x;\ \alpha) =$$

$$c_1 + c_1 \sum_{k=1}^{\infty} \frac{(-\alpha)(2-\alpha)\cdots(2k-2-\alpha)(1+\alpha)(3+\alpha)\cdots(2k-1+\alpha)}{(2k)!} x^{2k}$$

$$+ c_2 x + c_2 \sum_{k=1}^{\infty} \frac{(1-\alpha)(3-\alpha)\cdots(2k-1-\alpha)(2+\alpha)(4+\alpha)\cdots(2k+\alpha)}{(2k+1)!} x^{2k+1},$$

$$(c_1,\ c_2 \text{ 는 임의상수}) \quad (6.5.8)$$ ■

참고 $\alpha = n \geq 0$ 정수일 때, $(1-x^2)y'' - 2xy' + n(n+1)y = 0$로부터 아래와 같이 Legendre 다항식을 얻을 수 있다.

(1) $\alpha = n = 2m$ 짝수인 경우

(6.5.3)에서 모든 정수 $k \geq m+1$ 에 대해서 $A_k = 0$ 이다. 한편 모든 정수 $0 < k \leq m$ 에 대해서, 다음이 성립한다.

$$A_{2k} = \frac{-2^k m(1-m)\cdots(k-1-m)(1+2m)(3+2m)\cdots(2k-1+2m)}{(2k)!} A_0$$

$$= \frac{(-1)^k (2m+2k)!(m!)^2}{(2k)!(m-k)!(m+k)!(2m)!} A_0 \quad (6.5.9)$$

따라서 (6.5.4)로부터 다음 해를 얻는다.

$$y_1(x;\ 2m) = 1 + \frac{(m!)^2}{(2m)!} \sum_{k=1}^{m} \frac{(-1)^k (2m+2k)!}{(2k)!(m-k)!(m+k)!} x^{2k}$$

$$= \frac{(m!)^2}{(2m)!} \sum_{k=0}^{m} \frac{(-1)^k (2m+2k)!}{(2k)!(m-k)!(m+k)!} x^{2k} \tag{6.5.10}$$

여기서 $y_1(x;\, 2m)$은 $n = 2m$ 차 다항식이다.

$a_m y_1(1;\, 2m) \equiv 1$이 되도록 a_m의 값을 다음과 같이 정하자.

$$a_m \equiv \left[\frac{(m!)^2}{(2m)!} \sum_{k=0}^{m} \frac{(-1)^k (2m+2k)!}{(2k)!(m-k)!(m+k)!} \right]^{-1} \tag{6.5.11}$$

그러면 해 $a_m y_1(x;\, 2m)$은 다음과 같이 표기한다.

$$\begin{aligned} P_{2m}(x) &\equiv a_m y_1(x;\, 2m) \\ &= \left[\sum_{k=0}^{m} \frac{(-1)^k (2m+2k)!}{(2k)!(m-k)!(m+k)!} \right]^{-1} \times \sum_{k=0}^{m} \frac{(-1)^k (2m+2k)!}{(2k)!(m-k)!(m+k)!} x^{2k} \end{aligned} \tag{6.5.12}$$

(2) $\alpha = n = 2m+1$ 홀수인 경우

(6.5.6)에서 모든 정수 $0 < k \le m$에 대해서, 다음이 성립한다.

$$\begin{aligned} A_{2k+1} &= \frac{(-1)^k 2^k m!(3+2m)(5+2m)\cdots(2k+1+2m)}{(2k+1)!(m-k)!} \\ &= \frac{(-1)^k (2m+2k+1)!(m!)^2}{(2k+1)!(m-k)!(m+k)!(2m+1)!} \end{aligned} \tag{6.5.13}$$

따라서 (6.5.7)로부터 다음 해를 얻는다.

$$\begin{aligned} y_2(x;\, 2m+1) &= \sum_{k=0}^{m} \frac{(-1)^k (2m+2k+1)!(m!)^2}{(2k+1)!(m-k)!(m+k)!(2m+1)!} x^{2k+1} \\ &= \frac{(m!)^2}{(2m+1)!} \sum_{k=0}^{m} \frac{(-1)^k (2m+2k+1)!}{(2k+1)!(m-k)!(m+k)!} x^{2k+1} \end{aligned} \tag{6.5.14}$$

여기서 $y_2(x;\, 2m+1)$는 $n = 2m+1$ 차 다항식이다.

$b_m y_2(1;\, 2m+1) \equiv 1$이 되도록 b_m의 값을 다음과 같이 정하자.

$$b_m \equiv \left[\frac{(m!)^2}{(2m+1)!} \sum_{k=0}^{m} \frac{(-1)^k (2m+2k+1)!}{(2k+1)!(m-k)!(m+k)!} \right]^{-1} \tag{6.5.15}$$

그러면 해 $b_m y_2(x;\, 2m+1)$를 다음과 같이 표기한다.

$$\begin{aligned} P_{2m+1}(x) &\equiv b_m y_2(x; 2m+1) \\ &= \left[\sum_{k=0}^{m} \frac{(-1)^k (2m+2k+1)!}{(2k+1)!(m-k)!(m+k)!} \right]^{-1} \times \sum_{k=0}^{m} \frac{(-1)^k (2m+2k+1)!}{(2k+1)!(m-k)!(m+k)!} x^{2k+1} \end{aligned} \tag{6.5.16}$$

| 정의 6.5.2 | (6.5.12)와 (6.5.16)에서 정의된 $P_n(x)$를 n 차 Legendre 다항식이라 한다.

참고로 $0 \le n \le 5$ 일 때 $P_n(x)$을 구해보면 다음과 같다.

$$P_0 = 1,\ P_1 = x,$$

$$P_2 = \frac{1}{2}(3x^2 - 1),\ P_3 = \frac{1}{2}(5x^3 - 3x),$$

$$P_4 = \frac{1}{8}(35x^4 - 30x^2 + 3),\ P_5 = \frac{1}{8}(63x^5 - 70x^3 + 15x)$$

참고 Legendre 다항식 $P_n(x)$ 를 여러 방법으로 구할 수 있는데 예를 들면 다음과 같다(증명은 생략한다).

(1) Rodrigues 공식; $P_n(x) = \dfrac{1}{2^n n!}\dfrac{d^n}{dx^n}(x^2-1)^n,\ n \geq 0$ (6.5.17)

(2) 점화공식; $P_0 = 1,\ P_1 = x,\ P_{n+1} = \dfrac{(2n+1)xP_n - nP_{n-1}}{n+1},\ n \geq 1$ (6.5.18)

Legendre 다항식은 다음의 중요한 성질을 가진다.

| 정리 6.5.3 | [직교성] 모든 정수 $m,\ n \geq 0$에 대해서 다음이 성립한다.

$$\int_{-1}^{1} P_m(x)P_n(x)dx = \begin{cases} \dfrac{2}{2n+1}, & m = n \\ 0, & m \neq n \end{cases} \tag{6.5.19}$$

증명

(1) $m = n \geq 0$인 경우

편의상 $w = (x^2-1)^n$ 라 두자. 그러면 $w(\pm 1) = w'(\pm 1) = \cdots = w^{(n-1)}(\pm 1) = 0$이고 $w^{(2n)} = (2n)!$ 이다. 부분적분법을 n 번 사용하면 다음을 얻는다.

$$\begin{aligned}\int_{-1}^{1} w^{(n)}w^{(n)}dx &= \left[w^{(n-1)}(x)w^{(n)}(x)\right]_{-1}^{1} - \int_{-1}^{1} w^{(n-1)}w^{(n+1)}dx \\ &= -\int_{-1}^{1} w^{(n-1)}w^{(n+1)}dx = \cdots = (-1)^n\int_{-1}^{1} ww^{(2n)}dx \\ &= (-1)^n(2n)!\int_{-1}^{1} wdx = (2n)!\int_{-1}^{1}(1-x^2)^n dx \\ &= 2(2n)!\int_{0}^{1}(1-x^2)^n dx\end{aligned}$$

여기서 $x = \sin u$ 로 치환하면 다음을 얻는다.

$$\int_{-1}^{1} w^{(n)}w^{(n)}dx = 2(2n)!\int_{0}^{\frac{\pi}{2}} \cos^{2n+1}u du$$

$\int \cos^k u\,du = \frac{1}{k}\cos^{k-1}u\sin u + \frac{k-1}{k}\int \cos^{k-2}u\,du$ 를 이용하면, 다음을 얻는다.

$$\int_{0}^{\frac{\pi}{2}} \cos^{2n+1}u\,du = \frac{2n}{2n+1}\frac{2n-2}{2n-1}\cdots\frac{2}{3} = \frac{(2^n n!)^2}{(2n+1)!}$$

그러므로 $\int_{-1}^{1} w^{(n)}w^{(n)}dx = 2(2n)!\frac{(2^n n!)^2}{(2n+1)!} = \frac{2(2^n n!)^2}{2n+1}$ 이다. (6.5.17)에 의해서 $P_n(x) = \frac{1}{2^n n!}w^{(n)}$ 이므로 다음을 얻는다.

$$\int_{-1}^{1} P_n(x)P_n(x)dx = \left(\frac{1}{2^n n!}\right)^2 \int_{-1}^{1} w^n w^n dx = \frac{2}{2n+1}$$

(2) $m \neq n$ 인 경우

$(1-x^2)y'' - 2xy' + \alpha(\alpha+1)y = 0$를 편의상 다음 형태로 표현하자.

$$[(1-x^2)y']' + \alpha(\alpha+1)y = 0$$

그러면 P_m, P_n 이 각각 $\alpha = m$, $\alpha = n$ 인 Legendre 방정식의 해이므로 다음이 성립한다.

$$[(1-x^2)P_m{}']' + m(m+1)P_m = 0 \tag{6.5.20}$$

$$[(1-x^2)P_n{}']' + n(n+1)P_n = 0 \tag{6.5.21}$$

여기서 $[(6.5.20)\times P_n - (6.5.21)\times P_m]$를 계산하면 다음을 얻는다.

$$P_n[(1-x^2)P_m{}']' - P_m[(1-x^2)P_n{}']' + (m-n)(m+n+1)P_m P_n = 0 \tag{6.5.22}$$

한편 부분적분법을 사용하면 다음을 얻는다.

$$\int_{-1}^{1}\{P_n[(1-x^2)P_m{}']' - P_m[(1-x^2)P_n{}']'\}dx$$

$$= -\int_{-1}^{1}\{P_n{}'(1-x^2)P_m{}' - P_m{}'(1-x^2)P_n{}'\}dx = 0$$

따라서 (6.5.22)를 $[-1, 1]$상에서 적분하면 다음을 얻는다.

$$(m-n)(m+n+1)\int_{-1}^{1} P_m P_n \, dx = 0$$

여기서 $m \neq n$ 이므로 $\int_{-1}^{1} P_m P_n \, dx = 0$ 이다. ■

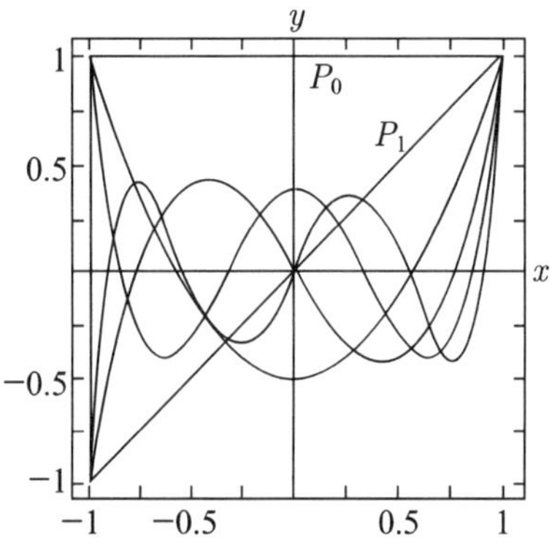

[그림 6.5.1]

참고 (6.5.19)의 성질로 인해서 근사다항식과 수치적분(특히 구적법) 이론에서 Legendre 다항식이 매우 편리하게 이용되고 있다.

이제 Bessel 방정식에 대해서 알아보자.

예 6.5.4 (ν차 Bessel 방정식) $x^2y'' + xy' + (x^2 - \nu^2)y = 0$을 풀어보자(단 $\nu \geq 0$는 상수).

풀이 $\boldsymbol{B}_\nu[y] = x^2y'' + xy' + (x^2 - \nu^2)y$, $a_2 = x^2$, $a_1 = x$, $a_0 = x^2 - \nu^2$라 두자. 그러면 $p = \dfrac{a_1}{a_2} = \dfrac{x}{x^2} = \dfrac{1}{x}$와 $q = \dfrac{a_0}{a_2} = \dfrac{x^2 - \nu^2}{x^2}$이므로, $\boldsymbol{B}_\nu[y] = 0$ 은 유일한 특이점 $x_0 = 0$을 가진다. 그러나 $xp = x\dfrac{x}{x^2} = 1$과 $x^2q = x^2\dfrac{x^2 - \nu^2}{x^2} = x^2 - \nu^2$가 $x_0 = 0$에서 해석적이므로, $x_0 = 0$은 $\boldsymbol{B}_\nu[y] = 0$의 유일한 정상 특이점이다.

따라서 정리 6.4.1(Frobenius)에 의하여 $x_0 = 0$에서 다음 형태의 해를 가진다.

$$y = \sum_{n=0}^{\infty} A_n x^{n+r}, \quad x > 0 \,(\text{단 } A_0 \neq 0) \tag{6.5.23}$$

여기서 $\boldsymbol{B}_\nu[y]$를 계산하면 다음과 같다.

$$\boldsymbol{B}_\nu[y] = \sum_{n=0}^{\infty} (n+r)(n+r-1)A_n x^{n+r} + \sum_{n=0}^{\infty} (n+r)A_n x^{n+r}$$

$$+\sum_{n=0}^{\infty} A_n x^{n+r+2} - \sum_{n=0}^{\infty} \nu^2 A_n x^{n+r}$$

$$= \sum_{n=0}^{\infty} (n+r)^2 A_n x^{n+r} + \sum_{n=2}^{\infty} A_{n-2} x^{n+r} - \sum_{n=0}^{\infty} \nu^2 A_n x^{n+r}$$

$$= (r^2 - \nu^2) A_0 x^r + \sum_{n=1}^{\infty} [(n+r)^2 - \nu^2] A_n x^{n+r} + \sum_{n=2}^{\infty} A_{n-2} x^{n+r} \quad (6.5.24)$$

편의상 $k<0$이면 $A_k=0$이라 두고, $A_n = A_n(r)$이라 하자. $\boldsymbol{B}_\nu[y]=0$이라 두면, (6.5.24)로부터 지표방정식 $r^2-\nu^2=0$과 다음을 얻는다.

$$[(n+r)^2 - \nu^2] A_n(r) + A_{n-2}(r) = 0, \quad n \ge 1 \quad (6.5.25)$$

따라서 지수는 $r_1=\nu$, $r_2=-\nu$이다. 여기서 간단한 비자명해를 구하기 위해서 편의상 $A_1=0$라 두자. 그러면 (6.5.25)에 의해서 다음을 알 수 있다.

$$A_{2k+1} = 0, \quad k \ge 0 \quad (6.5.26)$$

따라서 해 (6.5.23)은 다음과 같이 된다.

$$y(x;r) = \sum_{k=0}^{\infty} A_{2k} x^{2k+r}, \text{ (단 } A_0 \ne 0\text{)} \quad (6.5.27)$$

그리고 A_{2k}은 다음을 만족한다.

$$[(2k+r)^2 - \nu^2] A_{2k}(r) + A_{2(k-1)}(r) = 0, \quad k \ge 1 \quad (6.5.28)$$

(1) 지수가 $r=r_1=\nu>0$인 경우

(6.5.28)에서 다음 점화식을 얻는다. 모든 정수 $k \ge 1$에 대해서,

$$A_{2k}(\nu) = \frac{-A_{2k-2}(\nu)}{2k(2k+2\nu)} = \frac{-A_{2(k-1)}(\nu)}{k(k+\nu)2^2} \quad (6.5.29)$$

(6.5.29)를 이용하여 $A_{2k}=A_{2k}(\nu)$를 구체적으로 계산해보자.

$$A_2 = -\frac{A_0}{(1+\nu)2^2},$$

$$A_4 = -\frac{A_2}{2(2+\nu)2^2} = \frac{A_0}{2(1+\nu)(2+\nu)2^4},$$

$$A_6 = -\frac{A_4}{3(3+\nu)2^2} = -\frac{A_0}{2\cdot 3(1+\nu)(2+\nu)(3+\nu)2^6},$$

$$\vdots$$

$$A_{2k} = \frac{(-1)^k A_0}{(1+\nu)(2+\nu)\cdots(k+\nu)2^{2k}k!} \tag{6.5.30}$$

편의상 다음과 같은 기호를 사용하자. 임의의 실수 t와 정수 $m \geq 1$에 대해서, $\binom{t}{m} \equiv t(t-1)\cdots(t-m+1)$, $\binom{t}{0} \equiv 1$이라 두자. 그러면 (6.5.30)은 다음과 같이 된다. 모든 정수 $k \geq 0$에 대해서,

$$A_{2k} = \frac{(-1)^k A_0}{\binom{k+\nu}{k} 2^{2k}k!}$$

또한 감마 함수의 성질 $\Gamma(1+\alpha) = \alpha\Gamma(\alpha)$, $\alpha > 0$를 사용하고, 편의상 $A_0 = \frac{2^{-\nu}}{\Gamma(1+\nu)}$라 두면 다음을 얻는다. 모든 정수 $k \geq 0$에 대해서,

$$A_{2k} = \frac{(-1)^k A_0}{(1+\nu)(2+\nu)\cdots(k+\nu)2^{2k}k!} = \frac{(-1)^k}{\Gamma(k+1+\nu)2^{2k+\nu}k!} \tag{6.5.31}$$

따라서 해 (6.5.27)은 다음과 같이 표현된다.

$$y(x;\, \nu) = \sum_{k=0}^{\infty} \frac{(-1)^k}{\Gamma(k+1+\nu)k!}\left(\frac{x}{2}\right)^{2k+\nu} \tag{6.5.32}$$

여기서 (6.5.32)를 **제1종 ν차 Bessel 함수**(Bessel function of the first kind of order ν)라 하고 다음과 같이 표기한다.

$$J_\nu(x) \equiv \sum_{k=0}^{\infty} \frac{(-1)^k}{\Gamma(k+1+\nu)k!}\left(\frac{x}{2}\right)^{2k+\nu} \tag{6.5.33}$$

$J_\nu(x)$는 적어도 구간 $[0, \infty)$상에서 수렴한다.

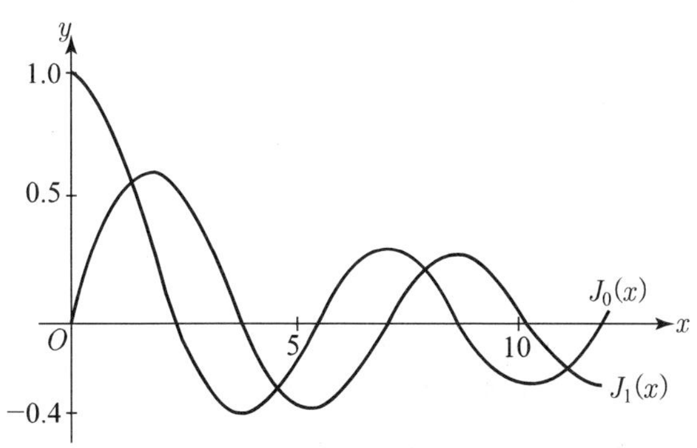

[그림 6.5.2]

이제 해 (6.5.32)와 일차 독립인 다른 해를 구해보자.

(2) 지수가 $r = r_2 = -\nu$ 인 경우

편의상 $A_{2k}^- \equiv A_{2k}(-\nu)$ 라 두면, (6.5.28)에서 다음 점화식을 얻는다.

$$[(2k-\nu)^2 - \nu^2]A_{2k}^- + A_{2(k-1)}^- = 0, \quad k \ge 1 \tag{6.5.34}$$

다음 두 경우로 분리해서 생각하자.

(2-1) [$\nu \ne$ 정수]인 경우;

모든 정수 $k \ge 1$에 대해서, $(2k-\nu)^2 - \nu^2 \ne 0$ 이므로 (6.5.34)로부터 다음을 얻는다.

$$A_{2k}^- = -\frac{A_{2(k-1)}^-}{k(k-\nu)2^2} \tag{6.5.35}$$

(6.5.35)를 이용하여 A_{2k}^- 를 구체적으로 계산해보자.

$$A_2^- = -\frac{A_0^-}{(1-\nu)2^2},$$

$$A_4^- = -\frac{A_2^-}{2(2-\nu)2^2} = \frac{A_0^-}{2(1-\nu)(2-\nu)2^4},$$

$$A_6^- = -\frac{A_4^-}{3(3-\nu)2^2} = -\frac{A_0^-}{2\cdot 3(1-\nu)(2-\nu)(3-\nu)2^6},$$

$$\vdots$$

$$A_{2k}^- = \frac{(-1)^k A_0^-}{(1-\nu)(2-\nu)\cdots(k-\nu)2^{2k}k!} = \frac{(-1)^k A_0^-}{\binom{k-\nu}{k}2^{2k}k!} \tag{6.5.36}$$

간단하게 표현하기 위해서 $A_0^- = \dfrac{2^\nu}{\Gamma(1-\nu)}$ 라 두면,

$A_{2k}^- = \dfrac{(-1)^k}{\Gamma(k+1-\nu)2^{2k-\nu}k!}$ 이고 해 (6.5.27)은 다음과 같이 표현된다.

$$y(x;-\nu) \equiv J_{-\nu}(x) = \sum_{k=0}^{\infty} \frac{(-1)^k}{\Gamma(k+1-\nu)k!}\left(\frac{x}{2}\right)^{2k-\nu} \tag{6.5.37}$$

$J_{-\nu}(x) \equiv \displaystyle\sum_{k=0}^{\infty} \frac{(-1)^k}{\Gamma(k+1-\nu)k!}\left(\frac{x}{2}\right)^{2k-\nu}$ 는 구간 $(0, \infty)$상에서 수렴한다.

한편 모든 $x > 0$ 에 대해서,

$$c_1 \sum_{k=0}^{\infty} \frac{(-1)^k}{\Gamma(k+1+\nu)k!}\left(\frac{x}{2}\right)^{2k+\nu} + c_2 \sum_{k=0}^{\infty} \frac{(-1)^k}{\Gamma(k+1-\nu)k!}\left(\frac{x}{2}\right)^{2k-\nu} = 0$$

라 하면, $[\nu \neq$ 정수$]$이므로 반드시 $c_1 = c_2 = 0$가 된다. 그러므로 $y(x;\ \nu) = J_\nu(x)$와 $y(x;\ -\nu) = J_{-\nu}(x)$는 일차 독립이다. 따라서 $[\nu \neq$ 정수$]$인 경우 $\boldsymbol{B}_\nu[y] = 0$의 일반해는 다음과 같이 표현될 수 있다.

$$y = c_1 J_\nu(x) + c_2 J_{-\nu}(x)\ ,\ (c_1,\ c_2 \text{ 는 임의상수}) \tag{6.5.38}$$

(2-2) $[\nu = m$ 정수$]$인 경우;

(6.5.34)는 다음과 같이 된다. 모든 정수 $k \geq 1$에 대해서,

$$[(2k-m)^2 - m^2]A_{2k}^- + A_{2(k-1)}^- = 0 \tag{6.5.39}$$

(6.5.39)에서 $k = m$이면, $A_{2(m-1)}^- = 0$이다. 따라서 (6.5.39)를 반복적으로 계산하면 다음을 알 수 있다.

$$A_{2(m-1)}^- = \cdots = A_2^- = A_0^- = 0 \tag{6.5.40}$$

한편 $[(2m-m)^2 - m^2] = 0$이므로 A_{2m}^-는 임의의 상수가 될 수 있다. 여기서 비자명해를 구해야 하므로 $A_{2m}^- = a \neq 0$이라 하자. 그러면 모든 정수 $k \geq m+1$에 대해서, $(2k-m)^2 - m^2 \neq 0$이므로 (6.5.39)로부터 다음 점화식을 얻는다.

$$A_{2k}^- = -\frac{A_{2(k-1)}^-}{k(k-m)2^2} \tag{6.5.41}$$

편의상 (6.5.41)에서 $n = k - m$라 두고 $C_{2n} = A_{2(n+m)}^- = A_{2(n+m)}(-m)$라 두면, 다음 점화식을 얻는다. 모든 정수 $n \geq 1$에 대해서,

$$C_{2n} = -\frac{C_{2(n-1)}}{n(n+m)2^2} \tag{6.5.42}$$

따라서 (6.5.42)는 (6.5.29)에서 $\nu = m$인 점화식과 동일하다. 그러므로 편의상 다음과 같이 두자.

$$C_0 = A_{2m}^- = (-1)^m A_0 = \frac{(-1)^m 2^{-m}}{\Gamma(1+m)}$$

그러면 모든 정수 $n \geq 1$에 대해서 $C_{2n} = (-1)^m A_{2n}(m)$이므로 다음을 얻는다.

$$C_{2n}=A^{-}_{2(n+m)}=A_{2(n+m)}(-m)=(-1)^m A_{2n}(m) \tag{6.5.43}$$

또한 (6.5.40)에 의해서 다음 해를 얻는다.

$$y(x;\,-m)=\sum_{k=0}^{\infty}A_{2k}(-m)x^{2k-m}=\sum_{k=m}^{\infty}A_{2k}(-m)x^{2k-m}$$

$n=k-m$ 으로 변환하면, (6.5.43)에 의해서 다음을 얻는다.

$$\begin{aligned}y(x;-m)&=\sum_{n=0}^{\infty}A_{2(n+m)}(-m)x^{2n+m}=(-1)^m\sum_{n=0}^{\infty}A_{2n}(m)x^{2n+m}\\&=(-1)^m\sum_{n=0}^{\infty}\frac{(-1)^n}{\Gamma(n+1+m)n!}\left(\frac{x}{2}\right)^{2n+m}\\&=(-1)^m J_m(x)=(-1)^m y(x;m)\end{aligned} \tag{6.5.44}$$

정수 $k\geq 0$ 에 대해서 $\Gamma(-k)\equiv\int_0^{\infty}x^{-k-1}e^{-x}dx=\infty$ 이므로, $\dfrac{1}{\Gamma(-k)}=0$ 이라 두자. 그러면 (6.5.33)에서 $\nu=-m$ 이라 두면, 다음을 얻는다.

$$\begin{aligned}J_{-m}(x)&=\sum_{k=0}^{\infty}\frac{(-1)^k}{\Gamma(k+1-m)k!}\left(\frac{x}{2}\right)^{2k-m}\\&=\sum_{k=m}^{\infty}\frac{(-1)^k}{\Gamma(k+1-m)k!}\left(\frac{x}{2}\right)^{2k-m}\\&=\sum_{n=0}^{\infty}\frac{(-1)^{n+m}}{\Gamma(n+1)(n+m)!}\left(\frac{x}{2}\right)^{2n+m}\\&=(-1)^m\sum_{n=0}^{\infty}\frac{(-1)^n}{\Gamma(n+1+m)n!}\left(\frac{x}{2}\right)^{2n+m}=(-1)^m J_m(x)\end{aligned}$$

즉 m 이 양의 정수이면, 다음을 얻는다. 모든 $x>0$에 대해서,

$$J_{-m}(x)=(-1)^m J_m(x)$$

따라서 (6.5.44)로부터 다음을 얻는다. 모든 $x>0$에 대해서,

$$y(x;\,-m)=J_{-m}(x)=(-1)^m J_m(x)=(-1)^m y(x;\,m)$$

즉 해 $y(x;\,m)$와 $y(x;\,-m)$는 일차 종속이다. 그러므로 다른 방법으로 두 번째 해를 구해야 한다.

당분간 [$\nu\neq$ 정수]라 가정하고, 다음의 함수를 생각하자.

$$Y_\nu(x) = \frac{J_\nu(x)\cos\nu\pi - J_{-\nu}(x)}{\sin\nu\pi} \tag{6.5.45}$$

그러면 $J_\nu(x)$와 $Y_\nu(x)$는 일차 독립임을 알 수 있다. 또한 $Y_\nu(x)$는 해 $y(x;\, m) = J_\nu(x)$와 $y(x;\, -m) = J_{-\nu}(x)$의 일차 결합이므로 $\boldsymbol{B}_\nu[y] = 0$의 해이다. 그러므로 $[\nu \neq \text{정수}]$이면, $J_\nu(x)$와 $Y_\nu(x)$는 $\boldsymbol{B}_\nu[y] = 0$의 일차 독립인 해들이다.

이제 $\nu = m$ 정수일 때에는 (6.5.45)의 극한을 생각해보자. 여기서 $J_m(x)\cos m\pi - J_{-m}(x) = \sin m\pi = 0$이므로 로피탈 정리를 이용하면, 다음의 극한이 존재함을 알 수 있다.

$$\lim_{\nu \to m} Y_\nu(x) = \lim_{\nu \to m} \frac{J_\nu(x)\cos\nu\pi - J_{-\nu}(x)}{\sin\nu\pi} \equiv Y_m(x)$$

이때 극한함수 $Y_m(x)$도 $\boldsymbol{B}_\nu[y] = 0$의 해이고 더욱이 $J_m(x)$와 $Y_m(x)$는 일차 독립인 해들이다. 따라서 종합하면 모든 $\nu > 0$에 대해서, $J_\nu(x)$와 $Y_\nu(x)$는 $\boldsymbol{B}_\nu[y] = 0$의 일차 독립인 해들이고 일반해는 다음의 일차 결합으로 표현될 수 있다.

$$y = c_1 J_\nu(x) + c_2 Y_\nu(x), \quad (c_1,\, c_2 \text{는 임의상수}) \tag{6.5.46}$$

여기서 $Y_\nu(x) = \dfrac{J_\nu(x)\cos\nu\pi - J_{-\nu}(x)}{\sin\nu\pi}$를 제2종 ν차 Bessel 함수(Bessel function of the second kind of order ν)라 한다. ■

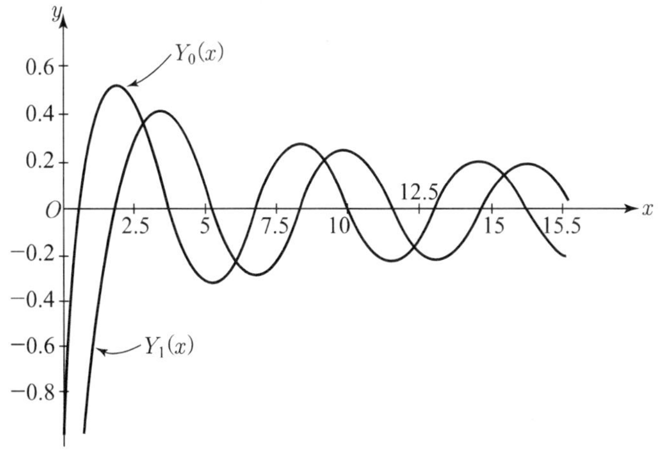

[그림 6.5.3]

예 6.5.5 $B_{\frac{1}{2}}[y]=x^2y''+xy'+\left(x^2-\frac{1}{4}\right)y=0$를 풀어보자.

풀이 $B_{\frac{1}{2}}[y]=x^2y''+xy'+\left(x^2-\frac{1}{4}\right)y=0$는 $\frac{1}{2}$차 Bessel 방정식이므로, 1종 Bessel 함수들 $J_{\frac{1}{2}}(x)$, $J_{-\frac{1}{2}}(x)$이 일차 독립인 해들이다. 한편 $J_{\frac{1}{2}}(x)$, $Y_{\frac{1}{2}}(x)$도 일차 독립인 해들이다. 따라서 일반해는 다음과 같이 표현된다.

$$y=c_1J_{\frac{1}{2}}(x)+c_2J_{-\frac{1}{2}}(x) \quad \text{또는} \quad y=c_1J_{\frac{1}{2}}(x)+c_2Y_{\frac{1}{2}}(x),$$

(c_1, c_2는 임의상수) ■

예 6.5.6 $B_1[y]=x^2y''+xy'+(x^2-1)y=0$를 풀어보자.

풀이 $B_1[y]=x^2y''+xy'+(x^2-1)y=0$는 일차 Bessel 방정식이므로, 1종 Bessel 함수들 $J_1(x)$, $J_{-1}(x)$이 일차 종속인 해들이다. 그러나 $J_1(x)$, $Y_1(x)$는 일차 독립인 해들이다. 따라서 일반해는 다음과 같이 표현된다.

$$y=c_1J_1(x)+c_2Y_1(x), \ (c_1,\ c_2 \text{는 임의상수})$$ ■

연습문제 6.5

1. 다음 미분방정식의 급수해에 대해서 계수의 점화식을 구하고 첫 4개 항까지 구하여라(단 α, β, γ는 임의의 상수, n은 임의의 자연수).
   (1) $(1-x^2)y''-xy'+y=0$ (Chebyshev방정식), $|x|<1$
   (2) $(1-x^2)y''-2xy'+2y=0$, $|x|<1$
   (3) $x^2y''+xy'+\left(x^2-\frac{9}{4}\right)y=0$, $x>0$
   (4) $x^2y''+xy'+(x^2-16)y=0$, $x>0$
   (5) $xy''+(1-x)y'+ny=0$ (Laguerre 방정식), $x>0$
   (6) $x(1-x)y''+[\gamma-(\alpha+\beta+1)x]y'-\alpha\beta y=0$ (초기하 방정식), $0<x<1$

CHAPTER 7

1계 선형 미분방정식계

자연과학, 공학과 사회과학 등의 문제에서 여러 개의 미지함수들이 하나의 등식에 포함되어 있는 경우가 많다. 이런 경우에 그 미지함수들이 연관되어 있다고 한다.

일반적으로 두 개 이상의 미지함수들이 서로 연관된 연립 형태의 미분방정식을 간단히 **미분방정식계**(system of differential equations) 또는 **벡터 미분방정식**이라 하며, 혼돈의 염려가 없을 때는 이들도 간단히 **미분방정식**이라 한다.

응용문제 등에서 상태(위치, 속도, 크기 등)의 변화를 다룰 때, 현재 시점의 상태에 의해서 직후 미래 시점의 상태가 결정되는 구조를 **동역학계**(dynamical system)라 한다. 동역학계를 수학적으로 표현하면, 독립변수가 연속적 시간인 경우에 미분방정식의 형태로 나타난다(이산적 시간인 경우에는 차분방정식(difference equation)의 형태). 7장에서는 해를 명시적으로 구할 수 있는 상수 계수 선형 미분방정식을 다루고, 8장에서는 일반적인 미분방정식의 성질을 다룬다. 여기에 필요한 벡터와 행렬 등의 기초 지식은 부록 A를 참조하기 바란다.

7.1 선형 미분방정식의 기초 성질

일반적으로 n개의 종속변수(미지함수)를 포함하는 선형 미분방정식계는 n개의 1계 선형 미분방정식들로 구성되어 있다.

예를 들어, 4.4절에서 다룬 선형 스프링의 운동을 나타내는 2계 방정식 $\frac{d^2x}{dt^2}+2r\frac{dx}{dt}+\omega^2x=f(t)$를 다시 보자($r$, ω는 상수). 여기서 x는 추의 위치인데 y를 추의 속도라 하면, 다음 등식이 성립한다.

$$\frac{dx}{dt}=y\,,\quad \frac{dy}{dt}=-\omega^2x-2r\frac{dx}{dt}+f(t)$$

따라서 선형 스프링의 운동은 다음과 같이 x와 y에 대한 1계 선형 미분방정식계로 표현될 수 있다.

$$\begin{cases}\dfrac{dx}{dt}=y\\[2mm] \dfrac{dy}{dt}=-\omega^2x-2ry+f(t)\end{cases}$$

이 예에서와 같이 흔히 독립변수를 t로 두고, 종속변수(미지함수)를 $x, y, z, \cdots$ 또는 $x_1, x_2, x_3, \cdots$으로 나타내며, 1계 선형 미분방정식계의 일반적 형태는 다음과 같다.

$$\begin{cases} \dfrac{dx_1}{dt} = a_{11}(t)x_1 + \cdots + a_{1n}(t)x_n + f_1(t) \\ \vdots \quad \vdots \quad \vdots \quad \vdots \\ \dfrac{dx_n}{dt} = a_{n1}(t)x_1 + \cdots + a_{nn}(t)x_n + f_n(t) \end{cases} \tag{7.1.1}$$

위에서 $a_{jk}(t)$는 실함수로서 계수라 하고, $f_j(t)$는 실함수로서 비제차항이라 하며, 종속변수 $x_1, \cdots, x_n$의 개수 n을 차원이라 한다.

선형 미분방정식 (7.1.1)을 열벡터와 행렬로 나타내면 간결하고 편리하다. 이제부터 편의상 다음과 같이 표기하자.

$\boldsymbol{R} \equiv (-\infty, \infty) = \{x \mid x \text{는 실수}\}$; 실수 집합,

$\boldsymbol{R}^n \equiv \left\{ \begin{pmatrix} x_1 \\ \vdots \\ x_n \end{pmatrix} \mid x_1, \cdots, x_n \text{는 실수} \right\}$; n차원 벡터공간,

$A(t) \equiv \begin{pmatrix} a_{11}(t) & \cdots & a_{1n}(t) \\ \vdots & & \vdots \\ a_{n1}(t) & \cdots & a_{nn}(t) \end{pmatrix}$; $n \times n$ 행렬함수,

$X \equiv \begin{pmatrix} x_1 \\ \vdots \\ x_n \end{pmatrix}$; n차원 벡터변수, $F(t) \equiv \begin{pmatrix} f_1(t) \\ \vdots \\ f_n(t) \end{pmatrix}$; n차원 벡터함수

참고 모든 성분함수가 연속인 벡터함수를 연속 벡터함수라 하고, 모든 성분함수가 미분가능인 벡터함수를 미분가능 벡터함수라 한다. 일반적으로 벡터함수와 행렬함수의 미분과 적분은 각 성분별로 미분과 적분을 하면 된다(미분적분학 참조). 즉

$$\frac{d}{dt}X(t) \equiv X'(t) \equiv \begin{pmatrix} x_1'(t) \\ \vdots \\ x_n'(t) \end{pmatrix}, \quad \int X(t)dt \equiv \begin{pmatrix} \int x_1(t)dt \\ \vdots \\ \int x_n(t)dt \end{pmatrix}$$

등이다. 그리고 벡터함수와 행렬함수에 대해서도 곱의 미분법 등과 부분적분법 등을 포함한 일반적인 미분적분 계산 법칙들이 대다수 성립한다.

행렬의 곱과 합을 이용하면, 미분방정식 (7.1.1)은 다음과 같이 간단히 표현된다.

$$\frac{d}{dt}X = A(t)X + F(t) \tag{7.1.2}$$

여기서 X를 종속변수 또는 미지함수라 하고, $A(t)$를 계수행렬이라 하며, $F(t)$를 비제차항이라 한다. 그리고 벡터 X의 차원 n을 미분방정식 (7.1.2)의 차원이라 한다.

$F(t)$ 가 0함수가 아닐 때 (7.1.2)를 선형 비제차 미분방정식이라 한다. 그리고 $F(t)$ 가 0함수일 때 (7.1.2)를 선형 제차 미분방정식이라 한다. 즉 선형 제차 미분방정식은 다음과 같이 표현된다.

$$\frac{d}{dt}X = A(t)X \tag{7.1.3}$$

한편 $n=1$ 인 경우에도 아래에 소개하는 성질은 그대로 성립하며, 2.5절과 4장에서 다룬 내용과 일치한다. 그래서 이 장에서는 $n \geq 2$ 인 경우를 다룬다.

예 7.1.1 선형 비제차 미분방정식 $\begin{cases} \dfrac{dx}{dt} = -x+2y+3 \\ \dfrac{dy}{dt} = 3x+4y+1 \end{cases}$ 을 벡터와 행렬로 표현해보자.

풀이 $\dfrac{d}{dt}\begin{pmatrix} x \\ y \end{pmatrix} = \begin{pmatrix} -1 & 2 \\ 3 & 4 \end{pmatrix}\begin{pmatrix} x \\ y \end{pmatrix} + \begin{pmatrix} 3 \\ 1 \end{pmatrix}$ ■

여기서 벡터함수들의 일차 독립과 일차 종속 개념을 복습해보자.

| 정의 7.1.2 | 구간 (a, b)상에서 연속인 n 차원 벡터함수들 $X_1(t), \cdots, X_m(t)$ 가 다음 조건을 만족할 때, (a, b)상에서 일차 독립이라 한다.

"모든 $t \in (a, b)$ 에 대해서 $c_1X_1(t) + \cdots + c_mX_m(t) = 0$ 이면,
반드시 $c_1 = \cdots = c_m = 0$ 이다."

한편 $X_1(t), \cdots, X_m(t)$가 일차 독립이 아니면, 일차 종속이라 한다.

벡터함수들에 대하여 일차 독립성을 행렬식으로 판단할 수 있는 방법을 보자.

| 정의 7.1.3 | 구간 (a, b)상에서 n 개의 연속인 n 차원 벡터함수들

$$X_1 = \begin{pmatrix} x_{11}(t) \\ \vdots \\ x_{n1}(t) \end{pmatrix}, \cdots, X_n = \begin{pmatrix} x_{1n}(t) \\ \vdots \\ x_{nn}(t) \end{pmatrix}$$

에 대해서, 다음의 n 차 행렬식을 (a, b)상에서 $X_1(t), \cdots, X_n(t)$ 의 Wronski 행렬식이라 한다.

$$\boldsymbol{W}(X_1(t),\ \cdots,\ X_n(t)) \equiv \det(X_1(t),\ \cdots,\ X_n(t)) = \begin{vmatrix} x_{11} & \cdots & x_{1n} \\ \vdots & & \vdots \\ x_{n1} & \cdots & x_{nn} \end{vmatrix} \tag{7.1.4}$$

| 정리 7.1.4 | $X_1(t),\ \cdots,\ X_n(t)$가 구간 $(a,\ b)$상에서 연속인 n차원 벡터함수들이라 하자. 그러면 Wronski 행렬식 $\boldsymbol{W}(X_1(t^*),\ \cdots,\ X_n(t^*)) \neq 0$가 되는 t^*가 $(a,\ b)$ 내에 존재하면, $\{X_1(t),\ \cdots,\ X_n(t)\}$가 $(a,\ b)$상에서 일차 독립이다.

증명 모든 $t \in (a,\ b)$에 대해서, $c_1X_1(t) + \cdots + c_nX_n(t) = 0$ 라 가정하자. 여기서 $t = t^*$ 를 대입하면, $c_1,\ \cdots,\ c_n$ 에 대한 다음의 제차 연립방정식을 얻는다.

$$c_1X_1(t^*) + \cdots + c_nX_n(t^*) = 0$$

그러면 Wronski 행렬식 $\boldsymbol{W}(X_1(t^*),\ \cdots,\ X_n(t^*))$가 이 연립방정식의 계수 행렬식이 된다. $\boldsymbol{W}(X_1(t^*),\ \cdots,\ X_n(t^*)) \neq 0$이므로, $c_1 = \cdots = c_n = 0$이다. 그러므로 $\{X_1(t),\ \cdots,\ X_n(t)\}$가 $(a,\ b)$에서 일차 독립이다. ■

| 정의 7.1.5 | 구간 $(a,\ b)$상에서 $\dfrac{d}{dt}X = A(t)X + F(t)$ 를 만족하는 미분가능 벡터함수 $X(t) = \begin{pmatrix} \varphi_1(t) \\ \vdots \\ \varphi_n(t) \end{pmatrix}$를 $(a,\ b)$상에서 $\dfrac{d}{dt}X = A(t)X + F(t)$ 의 해(또는 해벡터)라 한다(특별한 경우가 아니면, 해의 존재구간 $(a,\ b)$는 언급을 생략한다).

예 7.1.6 $X_1 = \begin{pmatrix} 2 \\ -1 \end{pmatrix}e^{-2t}$와 $X_2 = \begin{pmatrix} 1 \\ 3 \end{pmatrix}e^{5t}$가 $(-\infty,\ \infty)$상에서 $\dfrac{d}{dt}\begin{pmatrix} x \\ y \end{pmatrix} = \begin{pmatrix} -1 & 2 \\ 3 & 4 \end{pmatrix}\begin{pmatrix} x \\ y \end{pmatrix}$의 일차 독립인 해들이다.

풀이 $X_1 = \begin{pmatrix} 2e^{-2t} \\ -e^{-2t} \end{pmatrix}$와 $X_2 = \begin{pmatrix} e^{5t} \\ 3e^{5t} \end{pmatrix}$를 미분방정식계에 대입해보자. 그러면 모든 $t \in (-\infty,\ \infty)$에 대해서,

$$\frac{d}{dt}\begin{pmatrix} 2e^{-2t} \\ -e^{-2t} \end{pmatrix} = \begin{pmatrix} -4e^{-2t} \\ 2e^{-2t} \end{pmatrix} = \begin{pmatrix} -1 & 2 \\ 3 & 4 \end{pmatrix}\begin{pmatrix} 2e^{-2t} \\ -e^{-2t} \end{pmatrix}$$

이므로, X_1은 $(-\infty, \infty)$상에서 해이다. 또한 모든 $t \in (-\infty, \infty)$에 대해서,

$$\frac{d}{dt}\begin{pmatrix} e^{5t} \\ 3e^{5t} \end{pmatrix} = \begin{pmatrix} 5e^{5t} \\ 15e^{5t} \end{pmatrix} = \begin{pmatrix} -1 & 2 \\ 3 & 4 \end{pmatrix}\begin{pmatrix} e^{5t} \\ 3e^{5t} \end{pmatrix}$$

이므로, X_2도 $(-\infty, \infty)$상에서 해이다. 한편 $X_1(0) = \begin{pmatrix} 2 \\ -1 \end{pmatrix}$와 $X_2(0) = \begin{pmatrix} 1 \\ 3 \end{pmatrix}$이 일차 독립인 벡터들이므로, $X_1 = \begin{pmatrix} 2 \\ -1 \end{pmatrix} e^{-2t}$와 $X_2 = \begin{pmatrix} 1 \\ 3 \end{pmatrix} e^{5t}$가 일차 독립인 해벡터들이다. ■

선형 방정식에 적용되는 중첩의 원리가 선형 미분방정식계에도 적용된다.

| 정리 7.1.7 | $X_1(t), \cdots, X_m(t)$가 $\frac{d}{dt}X = A(t)X$의 해라 하자. 그러면 임의의 상수 $c_1, \cdots, c_m$에 대해서, 일차 결합 $c_1X_1(t) + \cdots + c_mX_m(t)$도 $\frac{d}{dt}X = A(t)X$의 해이다.

증명 $Y \equiv c_1X_1(t) + \cdots + c_mX_m(t)$라 두고 $\frac{d}{dt}X = A(t)X$에 대입하면, $\frac{d}{dt}Y = A(t)Y$가 성립함을 알 수 있다. 따라서 Y도 $\frac{d}{dt}X = A(t)X$의 해이다. ■

| 정리 7.1.8 | X_c가 $\frac{d}{dt}X = A(t)X$의 해라 하고, X_p가 $\frac{d}{dt}X = A(t)X + F(t)$의 해라 하자. 그러면 $X_c + X_p$도 $\frac{d}{dt}X = A(t)X + F(t)$의 해이다.

증명 $Y \equiv X_c + X_p$라 두면, $\frac{d}{dt}Y = A(t)Y + F(t)$가 성립함을 알 수 있다. 따라서 Y도 $\frac{d}{dt}X = A(t)X + F(t)$의 해이다. ■

선형 미분방정식 (7.1.2)의 초기치문제는 다음과 같은 형태이다.

$$\begin{cases} \frac{d}{dt}X = A(t)X + F(t) \\ X(t_0) = X_0 \end{cases} \tag{7.1.5}$$

단 $X_0 \in \boldsymbol{R}^n$ 는 초기치 벡터이다.

여기서 해의 존재성과 유일성에 대한 간단한 다음의 정리를 얻는다(증명은 이 책의 범위를 벗어나므로 생략한다).

| 정리 7.1.9 | $A(t)$와 $F(t)$가 구간 (a, b)상에서 연속이라 하자. 그러면 임의의 $t_0 \in (a, b)$와 임의의 초기치벡터 $X_0 \in \boldsymbol{R}^n$ 에 대해서, 초기치문제 $\begin{cases} \frac{d}{dt}X = A(t)X + F(t) \\ X(t_0) = X_0 \end{cases}$ 는 (a, b)상에서 유일한 해를 가진다. 이때 편의상 그 유일한 해를 $X(t; t_0; X_0)$로 표기하자(특히 $t_0 = 0$ 이면, $X(t; X_0) \equiv X(t; 0; X_0)$로 간단히 표기하자).

참고 $A(t)$와 $F(t)$가 (a, b)상에서 조각적 연속이라도 초기치문제 (7.1.5)는 유일한 해를 가진다.

| 따름정리 7.1.10 | $A(t)$가 구간 (a, b)상에서 연속인 $n \times n$ 행렬이라 하고 벡터함수들 $X_1(t), \cdots, X_n(t)$가 $\frac{d}{dt}X = A(t)X$ 의 (a, b)상에서 일차 독립인 해들이라 하자. 그러면 모든 $t \in (a, b)$에 대해서 $\boldsymbol{W}(X_1(t), \cdots, X_n(t)) \neq 0$이다.

증명 귀류법으로 증명해보자.

어떤 $t_0 \in (a, b)$에 대해서, $\boldsymbol{W}(X_1(t_0), X_2(t_0), \cdots, X_n(t_0)) = 0$라 가정하자. 그러면 $X_1(t_0), X_2(t_0), \cdots, X_n(t_0)$가 일차 종속이다. 그러므로 이들 중에서 한 벡터는 나머지 $n-1$ 개 벡터의 일차 결합으로 표현될 수 있다.

편의상 $X_1(t_0)$가 $X_2(t_0), \cdots, X_n(t_0)$의 일차 결합으로 표현될 수 있다고 하자. 즉 상수 $c_2, \cdots, c_n$ 가 존재해서 다음과 같다.

$$X_1(t_0) = c_2X_2(t_0) + \cdots + c_nX_n(t_0)$$

그러면 두 벡터함수 $X_1(t)$와 $c_2X_2(t) + \cdots + c_nX_n(t)$가 모두 다음 초기치문제의 해가 됨을 알 수 있다.

$$\begin{cases} \frac{d}{dt}X = A(t)X \\ X(t_0) = X_1(t_0) \end{cases}$$

한편 정리 7.1.9에 의해서 위의 초기치문제는 단 한 개의 해만 가진다. 따라서

$X_1(t)$와 $c_2X_2(t)+\cdots+c_nX_n(t)$는 동일한 벡터함수이다. 즉 모든 $t\in(a, b)$에 대해서, $X_1(t)\equiv c_2X_2(t)+\cdots+c_nX_n(t)$ 이다.

그러므로 모든 $t\in(a, b)$에 대해서 $X_1(t)-c_2X_2(t)-\cdots-c_nX_n(t)=0$ 이다. 이것은 $X_1(t)$, $X_2(t)$, $\cdots$, $X_n(t)$의 일차 독립성과 모순된다. ■

| 정리 7.1.11 | $A(t)$가 (a, b)상에서 연속인 $n\times n$ 행렬함수라 하자. 그러면 n차원 선형 제차 미분방정식 $\dfrac{d}{dt}X=A(t)X$는 (a, b)상에서 일차 독립인 n개의 해 $X_1(t)$, $\cdots$, $X_n(t)$를 가진다. 그리고 $\dfrac{d}{dt}X=A(t)X$의 모든 해는 $X_1(t)$, $\cdots$, $X_n(t)$의 일차 결합으로 다음과 같이 표현될 수 있다.

$$c_1X_1(t)+\cdots+c_nX_n(t) \tag{7.1.6}$$

증명 먼저 일차 독립인 n개의 해들을 구해보자.

편의상 $U_1=\begin{pmatrix}1\\0\\\vdots\\0\end{pmatrix}$, $\cdots$, $U_n=\begin{pmatrix}0\\0\\\vdots\\1\end{pmatrix}$라 두자. 즉 U_k는 k번째 성분만 1인 단위 벡터라 하자$(1\le k\le n)$. 그러면 U_1, $\cdots$, U_n은 일차 독립이다.

이제 임의의 $t_0\in(a, b)$에 대해서, 다음과 같이 n개의 초기치문제를 생각하자.

$$\begin{cases}\dfrac{d}{dt}X=A(t)X\\X(t_0)=U_k\end{cases} \tag{7.1.7}$$

정리 7.1.9에 의해서 각 $1\le k\le n$에 대해서 초기치문제 (7.1.7)은 (a, b)상에서 유일한 해 $X(t;\,t_0;\,U_k)$를 가진다. 편의상 $X_k(t)\equiv X(t;\,t_0;\,U_k)$라 두자.

한편 t_0에서 $X_1(t)$, $\cdots$, $X_n(t)$의 Wronski 행렬식은 1이다. 즉

$$\boldsymbol{W}(X_1(t_0),\ \cdots,\ X_n(t_0))=\det(U_1,\ \cdots,\ U_n)=1$$

따라서 정리 7.1.4에 의해서 $X_1(t)$, $\cdots$, $X_n(t)$가 일차 독립이다. 즉 $X_1(t)$, $\cdots$, $X_n(t)$가 (a, b)상에서 $\dfrac{d}{dt}X=A(t)X$의 일차 독립인 해이다.

이제 X를 $\dfrac{d}{dt}X=A(t)X$의 임의로 주어진 하나의 해라고 하자. 여기서 $X_0\equiv X(t_0)$라 두고, 그 성분을 상수 c_1, $\cdots$, c_n이라 하자. 즉 $X_0=c_1U_1+\cdots+c_nU_n$라

하자. 그러면 정리 7.1.9에 의해서 X는 다음 초기치문제의 유일한 해이다.

$$\begin{cases} \dfrac{d}{dt}X = A(t)X \\ X(t_0) = X_0 \end{cases} \tag{7.1.8}$$

한편 정리 7.1.7에 의해서 $c_1X_1(t)+\cdots+c_nX_n(t)$이 $\frac{d}{dt}X = A(t)X$의 해이다. 그리고 $t=t_0$에서 다음을 알 수 있다.

$$c_1X_1(t_0)+\cdots+c_nX_n(t_0) = c_1U_1+\cdots+c_nU_n = X_0$$

그러므로 $c_1X_1(t)+\cdots+c_nX_n(t)$도 초기치문제 (7.1.8)의 해이다.

정리 7.1.9에 의해서 초기치문제 (7.1.8)의 해는 유일하므로 X와 $c_1X_1(t)+\cdots+c_nX_n(t)$는 동일한 것이다. 즉 모든 $t\in(a, b)$에 대해서, $X(t)=c_1X_1(t)+\cdots+c_nX_n(t)$. ■

참고 정리 7.1.11의 증명에서 $\{U_1, \cdots, U_n\}$을 n개의 일차 독립인 다른 벡터들로 택하여도 같은 결과를 얻는다. 다만 그 선택에 따라서 일차 독립인 해들의 집합 $\{X_1(t), \cdots, X_n(t)\}$이 달라질 수 있다.

| 정의 7.1.12 | 구간 (a, b)상에서 $X_1(t), \cdots, X_n(t)$가 n차원 선형 제차 미분방정식 $\frac{d}{dt}X = A(t)X$의 일차 독립인 해들일 때, $\{X_1(t), \cdots, X_n(t)\}$를 (a, b)상에서 **기본해집합**이라 하고 각 $X_k(t)$를 기본해라고 한다.

그리고 기본해 $X_1(t), \cdots, X_n(t)$들의 임의의 일차 결합을 **일반해**라 한다. 즉 다음을 $\frac{d}{dt}X = A(t)X$의 일반해라 한다.

$$X = c_1X_1(t)+\cdots+c_nX_n(t), \quad (c_1, \cdots, c_n\text{는 임의상수}) \tag{7.1.9}$$

이때 $X_k(t)$를 k열로 하는 다음의 n차 정방행렬 $\Phi(t)$을 $\frac{d}{dt}X = A(t)X$의 **기본행렬**(fundamental matrix)이라 한다.

$$\Phi(t) = (X_1(t)\cdots X_n(t)), \quad t\in(a, b) \tag{7.1.10}$$

참고 $\{X_1(t), \cdots, X_n(t)\}$가 임의의 기본해집합이라 하자. 그러면 기본해들은 일차 독립이므로 따름정리 7.1.10에 의해서 모든 $t \in (a, b)$에 대하여 기본행렬 $\Phi(t) = (X_1(t) \cdots X_n(t))$은 정칙행렬이다. 즉 모든 t에 대해서 $\det(\Phi(t)) \neq 0$이고 역행렬 $\Phi^{-1}(t)$ 이 존재한다.

그리고 일반해 (7.1.9)는 기본행렬 $\Phi(t)$과 상수벡터 C의 곱으로 표현된다. 즉 $C = \begin{pmatrix} c_1 \\ \vdots \\ c_n \end{pmatrix}$라 두면, 일반해 (7.1.9)는 다음과 같이 표현된다.

$$X = c_1 X_1(t) + \cdots + c_n X_n(t) = \Phi(t) C$$

이제 초기치문제 $[\frac{d}{dt}X = A(t)X,\ X(t_0) = X_0]$의 해를 기본행렬 $\Phi(t)$로 표현해보자. 먼저 초기조건 $X(t_0) = X_0$를 일반해 $X = \Phi(t)C$에 대입하여 C의 값을 구하면, $X(t_0) = \Phi(t_0)C = X_0$ 이므로 $C = \Phi^{-1}(t_0)X_0$ 이다.

따라서 초기치문제 $[\frac{d}{dt}X = A(t)X,\ X(t_0) = X_0]$의 해는 다음과 같다.

$$X(t; t_0; X_0) = \Phi(t)\Phi^{-1}(t_0)X_0$$

이 내용을 정리하면 다음을 얻는다.

| 따름정리 7.1.13 | $A(t)$를 연속인 $n \times n$ 행렬함수라 하고, $\Phi(t)$를 $\frac{d}{dt}X = A(t)X$의 임의의 기본행렬이라 하자. 그러면 $\frac{d}{dt}X = A(t)X$의 일반해는 다음과 같다.

$$X = \Phi(t)C, \quad (C \in \boldsymbol{R}^n \text{ 는 임의상수 벡터}) \tag{7.1.11}$$

그리고 임의의 벡터 $X_0 \in \boldsymbol{R}^n$에 대해서,
초기치문제 $[\frac{d}{dt}X = A(t)X,\ X(t_0) = X_0]$의 해는 다음과 같다.

$$X(t;\ t_0;\ X_0) = \Phi(t)\Phi^{-1}(t_0)X_0 \tag{7.1.12}$$

중첩 원리에 의하여 다음을 얻는다.

| 정리 7.1.14 | X_c가 $\frac{d}{dt}X = A(t)X$의 일반해이고, X_p가 $\frac{d}{dt}X = A(t)X + F(t)$의 한 특수해라 하자. 그러면 $\frac{d}{dt}X = A(t)X + F(t)$의 일반해 X는 다음과 같다.

$$X = X_c + X_p \tag{7.1.13}$$

증명 X를 $\frac{d}{dt}X = A(t)X + F(t)$의 임의의 주어진 해라고 하자. 그리고 $Y = X - X_p$, 즉 $X = Y + X_p$라 두자. 그러면 $\frac{d}{dt}Y = A(t)X - A(t)X_p = A(t)(X - X_p) = A(t)Y$이다. 따라서 Y는 $\frac{d}{dt}X = A(t)X$의 특수해이다. 그러므로 Y는 $\frac{d}{dt}X = A(t)X$의 일반해 X_c에서 임의상수에 적당한 값을 대입한 것이다. 그러므로 X는 $X_c + X_p$의 형태이다. ■

참고 흔히 계수행렬 $A(t)$가 상수행렬일 때 (7.1.2)와 (7.1.3)을 자율(autonomous) 선형 미분방정식이라 하고, $A(t)$가 상수행렬이 아닐 때 (7.1.2)와 (7.1.3)을 비자율(nonautonomous) [또는 진화(evolutionary)] 선형 미분방정식이라 한다. 일반적으로 자율 선형 미분방정식의 해는 명시적으로 구할 수 있으나, 2차원 이상의 비자율 선형 미분방정식의 해는 그렇지 않다. 그래서 이제부터 특별한 언급이 없으면, 계수행렬 A를 상수 행렬이라 가정하고, 자율 선형 미분방정식에 대해서 다룬다.

예 7.1.15 $\frac{d}{dt}\begin{pmatrix} x \\ y \end{pmatrix} = \begin{pmatrix} -1 & 2 \\ 3 & 4 \end{pmatrix}\begin{pmatrix} x \\ y \end{pmatrix} + \begin{pmatrix} 3 \\ 1 \end{pmatrix}$, $\begin{pmatrix} x(0) \\ y(0) \end{pmatrix} = \begin{pmatrix} 5 \\ 4 \end{pmatrix}$의 해를 구해보자.

풀이 계수행렬 $A = \begin{pmatrix} -1 & 2 \\ 3 & 4 \end{pmatrix}$와 $F(t) = \begin{pmatrix} 3 \\ 1 \end{pmatrix}$는 각각 $(-\infty, \infty)$상에서 연속 행렬함수와 연속 벡터함수라 간주할 수 있다. 그러므로 정리 7.1.9에 의해서 위의 초기치 문제는 $(-\infty, \infty)$상에서 단 하나의 해를 가진다.

예 7.1.6에 의해서 $X_1 = \begin{pmatrix} 2e^{-2t} \\ -e^{-2t} \end{pmatrix}$와 $X_2 = \begin{pmatrix} e^{5t} \\ 3e^{5t} \end{pmatrix}$가 제차 미분방정식 $\frac{d}{dt}\begin{pmatrix} x \\ y \end{pmatrix} = \begin{pmatrix} -1 & 2 \\ 3 & 4 \end{pmatrix}\begin{pmatrix} x \\ y \end{pmatrix}$의 일차 독립인 해들이므로, 기본해집합이다. 그러면 정의 7.1.12에 의해서, 임의상수 c_1, c_2에 대하여 $X_c = c_1\begin{pmatrix} 2e^{-2t} \\ -e^{-2t} \end{pmatrix} + c_2\begin{pmatrix} e^{5t} \\ 3e^{5t} \end{pmatrix}$가 제차 미분방정식의 일반해이다.

한편 잘 관찰해보면, $X_p = \begin{pmatrix} 1 \\ -1 \end{pmatrix}$가 비제차 미분방정식 $\frac{d}{dt}\begin{pmatrix} x \\ y \end{pmatrix} = \begin{pmatrix} -1 & 2 \\ 3 & 4 \end{pmatrix}\begin{pmatrix} x \\ y \end{pmatrix} + \begin{pmatrix} 3 \\ 1 \end{pmatrix}$의 특수해임을 알 수 있다.

따라서 정리 7.1.14에 의해서, 일반해는 다음과 같다.

$$X = X_c + X_p = c_1\begin{pmatrix} 2e^{-2t} \\ -e^{-2t} \end{pmatrix} + c_2\begin{pmatrix} e^{5t} \\ 3e^{5t} \end{pmatrix} + \begin{pmatrix} 1 \\ -1 \end{pmatrix},\ (c_1,\ c_2 \text{ 는 임의상수})$$

여기서 초기조건을 만족하는 해를 구해보자. $X(0) = c_1\begin{pmatrix} 2 \\ -1 \end{pmatrix} + c_2\begin{pmatrix} 1 \\ 3 \end{pmatrix} + \begin{pmatrix} 1 \\ -1 \end{pmatrix} = \begin{pmatrix} 5 \\ 4 \end{pmatrix}$ 라 두고, c_1, c_2 의 값을 구하자.

$\begin{pmatrix} 2 \\ -1 \end{pmatrix}$와 $\begin{pmatrix} 1 \\ 3 \end{pmatrix}$이 일차 독립인 벡터이므로 연립방정식 $c_1\begin{pmatrix} 2 \\ -1 \end{pmatrix} + c_2\begin{pmatrix} 1 \\ 3 \end{pmatrix} = \begin{pmatrix} 4 \\ 5 \end{pmatrix}$를 풀면, 유일한 해 $c_1 = 1$, $c_2 = 2$ 를 가진다.

따라서 초기치문제의 유일한 해는 다음과 같다.

$$X\left(t\,;\begin{pmatrix} 5 \\ 4 \end{pmatrix}\right) = \begin{pmatrix} 2e^{-2t} \\ -e^{-2t} \end{pmatrix} + 2\begin{pmatrix} e^{5t} \\ 3e^{5t} \end{pmatrix} + \begin{pmatrix} 1 \\ -1 \end{pmatrix} = \begin{pmatrix} 2e^{-2t} + 2e^{5t} + 1 \\ -e^{-2t} + 6e^{5t} - 1 \end{pmatrix}$$ ■

자율 선형 제차 미분방정식의 해는 계수행렬 A 의 고유치 및 고유벡터와 관계가 있는데 그 기본 내용은 다음과 같다.

| 정리 7.1.16 | A 가 $n \times n$ 상수 행렬이라 하자($n \geq 1$ 정수). 그러면 상수 λ 와 n 차원 벡터 $V \neq 0$ 에 대해서, 함수 $X = e^{\lambda t} V$가 $\frac{d}{dt}X = AX$ 의 해가 되기 위한 필요충분조건은 다음과 같다.

$$AV = \lambda V \tag{7.1.14}$$

즉 (i) λ 가 A 의 고유치이고, (ii) V가 λ 에 대응되는 A 의 고유벡터이다.

증명 벡터함수 $X = e^{\lambda t} V$를 t 로 미분하면, $X' = \lambda e^{\lambda t} V$이다. 먼저 $X = e^{\lambda t} V$가 $\frac{d}{dt}X = AX$ 의 해라고 가정하자. 그러면 $X = e^{\lambda t} V$를 $\frac{d}{dt}X = AX$ 에 대입하면, 다음의 등식을 얻는다.

$$\lambda e^{\lambda t} V = e^{\lambda t} A V$$

$e^{\lambda t} \neq 0$이므로, 위의 등식은 다음과 동치이다.

$$AV = \lambda V$$

이때 λ 가 A 의 고유치이고, V가 λ 에 대응되는 A 의 고유벡터임을 알 수 있다.

역방향 함의도 성립함을 쉽게 알 수 있다. ■

참고 모든 정방행렬은 닮음변환에 의해서 Jordan 표준형으로 변환될 수 있다(부록 A 참조). 여기서

$J=P^{-1}AP$가 계수행렬 A의 Jordan 표준형이라 가정하자(단 P는 적당한 정칙행렬이다). 그리고 $Y=P^{-1}X$(즉 $X=PY$)로 변수변환하자. 그러면 P^{-1}가 상수 행렬이므로 $\frac{d}{dt}P^{-1}X=P^{-1}\frac{d}{dt}X$이다. 그리고 $PP^{-1}=I$(항등행렬)이므로 $\frac{d}{dt}X=AX$로부터 다음을 얻는다.

$$\frac{d}{dt}P^{-1}X=P^{-1}APP^{-1}X$$

따라서 $\frac{d}{dt}X=AX$는 $Y=P^{-1}X$의 미분방정식으로 다음과 같이 변환된다.

$$\frac{d}{dt}Y=JY \tag{7.1.15}$$

Jordan 표준형 미분방정식 $\frac{d}{dt}Y=JY$의 해 Y를 먼저 구하면, $\frac{d}{dt}X=AX$의 해 $X=PY$를 곧바로 얻을 수 있다. 더욱이 A와 $J=P^{-1}AP$의 고유치가 일치하고 고유벡터의 성질이 일치하므로, 정리 7.1.16에 의해서 $\frac{d}{dt}X=AX$와 $\frac{d}{dt}Y=JY$의 해의 성질이 일치한다. 그래서 $\frac{d}{dt}X=AX$의 해의 성질은 $\frac{d}{dt}Y=JY$의 해의 성질로 파악할 수 있다.

일반적으로 미분방정식의 **정성적**(qualitative) 성질이란 해곡선족의 위상적(특히 $t\to\infty$ 또는 $t\to-\infty$ 일 때) 성질을 의미한다(정성적 성질의 구체적인 내용은 8장 참조). 그런 의미에서 1계 상수 계수 선형 미분방정식의 정성적 성질은 계수행렬의 고유치와 고유벡터에 의해서 결정된다. 이제부터 편의상 미분방정식 $\frac{d}{dt}X=AX+F(t)$ 에서 독립변수 t는 시간변수라 간주하고, X는 공간 $\boldsymbol{R}^n$ 상에서 점의 위치를 나타내는 공간변수라 간주하자. 그리고 $\frac{d}{dt}X=AX+F(t)$ 는 공간 $\boldsymbol{R}^n$ 상에서 한 점(입자) X가 움직여나가는 운동(시간에 따른 위치의 변화)을 표현한다고 생각하면, 정성적 성질을 이해하는 데 많은 도움이 된다. 경우에 따라서는, 벡터를 공간 $\boldsymbol{R}^n$ 상에서 점의 좌표라 간주하고, 두 벡터 $X=(x_1, \cdots, x_n)^t$, $Y=(y_1, \cdots, y_n)^t\in\boldsymbol{R}^n$ 사이의 거리를 $\|X-Y\|=\sqrt{(x_1-y_1)^2+\cdots+(x_n-y_n)^2}$ 로 표기하자.

고차원 1계 상수 계수 선형 미분방정식을 소거법으로 푸는 수도 있으나, 차원이 큰 경우에 계산하기가 번거롭고 해의 성질을 파악하기가 불편하다. 그래서 일반적으로 정리 7.1.16을 이용하여 푼다.

7장에서는 직관적이고 기하학적으로 쉽게 이해할 수 있는 2차원과 3차원 선형 미분방정식을 다루기로 한다.

일반적인 n차원 선형 미분방정식에 대해서는 2차원과 3차원 선형 미분방정식과 유사하게 다룰 수 있으므로 생략한다.

연습문제 7.1

1. 다음 미분방정식을 행렬로 표현하여라.

(1) $\begin{cases} \dfrac{dx}{dt} = 3x - y \\ \dfrac{dy}{dt} = -x - 2y \end{cases}$ (2) $\begin{cases} \dfrac{dr}{dt} = 2r - \theta \\ \dfrac{d\theta}{dt} = r + 3\theta \end{cases}$

(3) $\begin{cases} \dfrac{dx}{dt} = 3x - y - t^2 \\ \dfrac{dy}{dt} = -x - 2y + 1 \end{cases}$ (4) $\begin{cases} \dfrac{dr}{dt} = 2r - \theta + \cos t \\ \dfrac{d\theta}{dt} = r + 3\theta - \sin t \end{cases}$

(5) $\begin{cases} \dfrac{dx}{dt} = 3x - y - 5z \\ \dfrac{dy}{dt} = -x - 2y + 3z \\ \dfrac{dz}{dt} = -x + 3y + 4z \end{cases}$ (6) $\begin{cases} \dfrac{dx}{dt} = x - y - z \\ \dfrac{dy}{dt} = x - y + z \\ \dfrac{dz}{dt} = -x - 2y \end{cases}$

(7) $\begin{cases} \dfrac{dx}{dt} = 3x - y - 5z - e^t \\ \dfrac{dy}{dt} = -x - 2y + 3z \\ \dfrac{dz}{dt} = -x + 3y + 4z + t \end{cases}$ (8) $\begin{cases} \dfrac{dx}{dt} = x - y - z + t^2 \\ \dfrac{dy}{dt} = x - y + z - t \\ \dfrac{dz}{dt} = -x - 2y + \sin t \end{cases}$

(9) $\begin{cases} \dfrac{dx}{dt} = -2x + y + e^t \\ \dfrac{dy}{dt} = -x - 4y \end{cases}$ (10) $\begin{cases} \dfrac{dx}{dt} = 8x - 8y \\ \dfrac{dy}{dt} = x + 4y \end{cases}$

2. 다음 고계 미분방정식을 1계 미분방정식계로 표현하여라.

(1) $\dfrac{d^2x}{dt^2} + 2\dfrac{dx}{dt} + 5x = 0$ (2) $w''' - 9w'' + 20w = 0$

(3) $\dfrac{d^2x}{dt^2} + 2\dfrac{dx}{dt} + 5x = 2t + \sin t$ (4) $\dfrac{d^2x}{dt^2} + t^2\dfrac{dx}{dt} + tx = 2$

(5) $w''' - 9w'' + 20w = e^{-t}$ (6) $x^{(4)} + 10x'' + 9x = 1 + \sin 3t$

(7) $y''' + 2y'' + 3y' + 4y = t^2$ (8) $y^{(4)} + y = 0$

(9) $\dfrac{d^nx}{dt^n} + a_{n-1}\dfrac{d^{n-1}x}{dt^{n-1}} + \cdots + a_1\dfrac{dx}{dt} + a_0 x = f(t)$, ($n \geq 2$ 정수)

3. 행렬의 고유치와 고유벡터를 이용하여 다음 미분방정식의 비자명해를 구하여라.

(1) $\begin{cases} \dfrac{dx}{dt} = x - 4y \\ \dfrac{dy}{dt} = -x - 2y \end{cases}$ (2) $\begin{cases} \dfrac{dr}{dt} = 2r - \theta \\ \dfrac{d\theta}{dt} = r + 3\theta \end{cases}$

(3) $\begin{cases} \dfrac{dx}{dt} = -4x + 2y \\ \dfrac{dy}{dt} = 2x - y \end{cases}$ (4) $\begin{cases} \dfrac{dx}{dt} = x + 5y \\ \dfrac{dy}{dt} = x - 3y \end{cases}$

(5) $\begin{cases} \dfrac{dx}{dt} = 3x - y - 6 \\ \dfrac{dy}{dt} = -x - 2y + 2 \end{cases}$ (6) $\begin{cases} \dfrac{dx}{dt} = x + 5y + 2 \\ \dfrac{dy}{dt} = x - 3y - 6 \end{cases}$

(7) $\begin{cases} \dfrac{dx}{dt} = x + 2y + 2z \\ \dfrac{dy}{dt} = 2x + 3z \\ \dfrac{dz}{dt} = 2x + 3y \end{cases}$ (8) $\begin{cases} \dfrac{dx}{dt} = x + 2y + 3z \\ \dfrac{dy}{dt} = y \\ \dfrac{dz}{dt} = 2x + y + 2z \end{cases}$

7.2 2차원 선형 제차 미분방정식

2차원 선형 미분방정식의 해와 그 정성적 성질은 고차원 선형 미분방정식의 해와 그 정성적 성질을 이해하는 데 기초가 되므로 먼저 상세히 살펴보자.

이 절에서는 $A = \begin{pmatrix} a_{11} & a_{12} \\ a_{21} & a_{22} \end{pmatrix}$, $X = \begin{pmatrix} x \\ y \end{pmatrix}$ 라 두고, 다음과 같이 1계 2차원 선형 제차 미분방정식을 생각하자.

$$\frac{d}{dt}X = AX, \quad 즉 \quad \frac{d}{dt}\begin{pmatrix} x \\ y \end{pmatrix} = \begin{pmatrix} a_{11} & a_{12} \\ a_{21} & a_{22} \end{pmatrix}\begin{pmatrix} x \\ y \end{pmatrix} \tag{7.2.1}$$

단 a_{11}, a_{12}, a_{21}, a_{22}는 실수인 상수이다.

(7.2.1)을 편의상 $X' = AX$로 표기하기로 하자. 정리 7.1.16을 (7.2.1)에 적용하면 다음을 얻는다.

| 정리 7.2.1 | 2차원 벡터 $\begin{pmatrix} u \\ v \end{pmatrix} \neq 0$에 대해서, 벡터함수 $e^{\lambda t}\begin{pmatrix} u \\ v \end{pmatrix}$가 $\dfrac{d}{dt}\begin{pmatrix} x \\ y \end{pmatrix} = \begin{pmatrix} a_{11} & a_{12} \\ a_{21} & a_{22} \end{pmatrix}\begin{pmatrix} x \\ y \end{pmatrix}$의 해가 되기 위한 필요충분조건은 다음과 같다.

$$\begin{pmatrix} a_{11} & a_{12} \\ a_{21} & a_{22} \end{pmatrix}\begin{pmatrix} u \\ v \end{pmatrix} = \lambda\begin{pmatrix} u \\ v \end{pmatrix}$$

즉 (i) λ 가 $\begin{pmatrix} a_{11} & a_{12} \\ a_{21} & a_{22} \end{pmatrix}$의 고유치이고, (ii) $\begin{pmatrix} u \\ v \end{pmatrix}$ 가 λ 에 대응되는 $\begin{pmatrix} a_{11} & a_{12} \\ a_{21} & a_{22} \end{pmatrix}$의 고유벡터이다.

참고 부록 A에 의해서 2×2 행렬 $A=\begin{pmatrix} a_{11} & a_{12} \\ a_{21} & a_{22} \end{pmatrix}$의 Jordan 표준형은 고유치와 고유벡터에 따라서 다음과 같이 두 가지로 분류할 수 있다.

(1) 일차 독립인 두 개의 고유벡터 존재(대각화 가능인 경우)

$$A=\begin{pmatrix} a_{11} & a_{12} \\ a_{21} & a_{22} \end{pmatrix} \sim \begin{pmatrix} \lambda_1 & 0 \\ 0 & \lambda_2 \end{pmatrix}, \ (\lambda_1,\ \lambda_2\text{는 실 고유치 또는 복소 고유치})$$

(2) 일차 독립인 1개의 고유벡터만 존재(대각화 불가능인 경우)

$$A=\begin{pmatrix} a_{11} & a_{12} \\ a_{21} & a_{22} \end{pmatrix} \sim \begin{pmatrix} \lambda_0 & 1 \\ 0 & \lambda_0 \end{pmatrix}, \ (\lambda_0\text{는 중복 실 고유치})$$

이제 위의 각 경우별로 $\dfrac{d}{dt}X = AX$의 일반해와 성질을 알아보자.

$A=\begin{pmatrix} a_{11} & a_{12} \\ a_{21} & a_{22} \end{pmatrix}$의 고유치를 구하기 위해서 특성방정식을 계산하면 다음과 같다.

$$\begin{aligned} \det(\lambda I - A) &= \det\begin{pmatrix} \lambda - a_{11} & -a_{12} \\ -a_{21} & \lambda - a_{22} \end{pmatrix} = (\lambda - a_{11})(\lambda - a_{22}) - a_{12}a_{21} \\ &= \lambda^2 - (a_{11}+a_{22})\lambda + a_{11}a_{22} - a_{12}a_{21} = 0 \end{aligned}$$

단 $I=\begin{pmatrix} 1 & 0 \\ 0 & 1 \end{pmatrix}$는 2차원 항등행렬이다.

여기서 편의상 다음과 같이 두자.

$$\tau = \tau(A) = a_{11} + a_{22}\ ;\ \text{트레이스(Trace)},$$
$$\Delta = \Delta(A) = a_{11}a_{22} - a_{12}a_{21}\ ;\ \text{행렬식}$$

그러면 $A=\begin{pmatrix} a_{11} & a_{12} \\ a_{21} & a_{22} \end{pmatrix}$의 특성방정식과 고유치는 다음과 같이 표현된다.

(i) 특성방정식; $\lambda^2 - \tau\lambda + \Delta = 0$,

(ii) 고유치; $\lambda_1 = \dfrac{\tau + \sqrt{\tau^2 - 4\Delta}}{2}$, $\lambda_2 = \dfrac{\tau - \sqrt{\tau^2 - 4\Delta}}{2}$ (7.2.2)

참고 2차 실 정방행렬 A의 특성방정식 $\det(\lambda I - A) = 0$은 실 계수인 2차 방정식이고 그 근들이 고유치 λ_1, λ_2이다. 그러므로 고유치 λ_1, λ_2는 모두 실수일 경우와 켤레 복소수인 경우로 나누어진다. 그리고 A가 실 행렬이므로, 실 고유치에 대응되는 고유벡터는 실 벡터이고, 복소 고유치에 대응되는 고유벡터는 복소 벡터이다.

7.2.1 일차 독립인 두 개의 고유벡터 존재(대각화 가능)

이 경우에는 실 고유벡터와 복소 고유벡터인 경우로 분리하여 다루자.

(1) 일차 독립인 두 개의 실 고유벡터 존재

$$\text{즉 } A = \begin{pmatrix} a_{11} & a_{12} \\ a_{21} & a_{22} \end{pmatrix} \sim \begin{pmatrix} \lambda_1 & 0 \\ 0 & \lambda_2 \end{pmatrix}, \ (\lambda_1, \lambda_2 \text{ 는 실 고유치})$$

실 고유치 λ_1, λ_2 에 대응되는 일차 독립인 실 고유벡터를 각각 V_1, V_2 라 하자. 즉

$$A V_1 = \lambda_1 V_1, A V_2 = \lambda_2 V_2 \tag{7.2.3}$$

그러면 정리 7.2.1에 의해서 벡터함수 $e^{\lambda_1 t} V_1$과 $e^{\lambda_2 t} V_2$가 $\frac{d}{dt}X = AX$의 해가 된다. 한편 $\{V_1, V_2\}$가 일차 독립이므로, $\{e^{\lambda_1 t} V_1, e^{\lambda_2 t} V_2\}$도 일차 독립이다. 그러므로 $\{e^{\lambda_1 t} V_1, e^{\lambda_2 t} V_2\}$가 기본해집합이 된다.

이 내용을 정리하면 다음을 얻는다.

| 정리 7.2.2 | 실 고유치 λ_1, λ_2 에 대응되는 A의 일차 독립인 실 고유벡터를 각각 V_1, V_2 라 하자. 그러면 $\left\{e^{\lambda_1 t} V_1, e^{\lambda_2 t} V_2\right\}$가 $\frac{d}{dt}X = AX$의 기본해집합이 되고, 일반해는 다음과 같다.

$$X = c_1 e^{\lambda_1 t} V_1 + c_2 e^{\lambda_2 t} V_2, \ (c_1, c_2 \text{ 는 임의상수}) \tag{7.2.4}$$

참고 서로 다른 실 고유치($\lambda_1 \neq \lambda_2$)이면, 일차 독립인 두 개의 실 고유벡터가 존재한다. 그러나 중복 고유치($\lambda_1 = \lambda_2$)이면 일차 독립인 두 개의 실 고유벡터가 존재하는 경우도 있고, 일차 독립인 1개의 실 고유벡터만 존재하는 경우도 있다(부록 A 참조). 계수행렬 $A = \begin{pmatrix} a_{11} & a_{12} \\ a_{21} & a_{22} \end{pmatrix}$가 일차 독립인 고유벡터 V_1, V_2를 가지는 경우에, $\frac{d}{dt}X = AX$의 해 (7.2.4)는 고유벡터 V_1, V_2의 성분으로 분해된다는 것을 나타낸다. 즉 초기치문제 $[\frac{d}{dt}X = AX, X(0) = X_0]$의 해는 다음과 같다.

$$X(t;\, X_0) = c_1 e^{\lambda_1 t} V_1 + c_2 e^{\lambda_2 t} V_2$$

단 c_1, c_2는 다음 연립방정식의 해이다.

$$c_1 V_1 + c_2 V_2 = X_0 \tag{7.2.5}$$

예 7.2.3 (1) $\frac{d}{dt}\begin{pmatrix} x \\ y \end{pmatrix} = \begin{pmatrix} 2x+4y \\ x-y \end{pmatrix}$의 일반해를 구해보자.

(2) 초기치문제 $[\frac{d}{dt}\begin{pmatrix} x \\ y \end{pmatrix} = \begin{pmatrix} 2x+4y \\ x-y \end{pmatrix},\ \begin{pmatrix} x(0)=2 \\ y(0)=3 \end{pmatrix}]$의 해를 구해보자.

풀이

(1) $\frac{d}{dt}\begin{pmatrix} x \\ y \end{pmatrix} = \begin{pmatrix} 2x+4y \\ x-y \end{pmatrix}$의 계수행렬은 $A = \begin{pmatrix} 2 & 4 \\ 1 & -1 \end{pmatrix}$이다. 그러면 $\tau = 1$, $\Delta = -6$ 이므로 A 의 고유치 λ는 다음 방정식의 근이다.

$$\lambda^2 - \lambda - 6 = 0$$

그러므로 A 는 두 개의 서로 다른 실 고유치 $\lambda_1 = 3$, $\lambda_2 = -2$ 을 가진다. 그러므로 일차 독립인 두 개의 실 고유벡터가 존재한다.

먼저 $\lambda_1 = 3$ 에 대응되는 고유벡터 $V_1 = \begin{pmatrix} x \\ y \end{pmatrix} \neq \begin{pmatrix} 0 \\ 0 \end{pmatrix}$를 구하자. 즉 $(A - \lambda_1 I) V_1 = \begin{pmatrix} 2-\lambda_1 & 4 \\ 1 & -1-\lambda_1 \end{pmatrix}\begin{pmatrix} x \\ y \end{pmatrix} = \begin{pmatrix} 0 \\ 0 \end{pmatrix}$라 하자. 그러면 $A - \lambda_1 I = \begin{pmatrix} -1 & 4 \\ 1 & -4 \end{pmatrix}$이므로, $\begin{pmatrix} -1 & 4 \\ 1 & -4 \end{pmatrix}\begin{pmatrix} x \\ y \end{pmatrix} = \begin{pmatrix} 0 \\ 0 \end{pmatrix}$이다. 즉 $V_1 = \begin{pmatrix} x \\ y \end{pmatrix}$는 $x - 4y = 0$의 비자명해이다. 따라서 $V_1 = \begin{pmatrix} 4 \\ 1 \end{pmatrix}$가 $\lambda_1 = 3$ 에 대응되는 하나의 고유벡터이다.

이제 $\lambda_2 = -2$ 에 대응되는 고유벡터 $V_2 = \begin{pmatrix} x \\ y \end{pmatrix} \neq \begin{pmatrix} 0 \\ 0 \end{pmatrix}$를 구하자. 즉 $(A - \lambda_2 I) V_2 = \begin{pmatrix} 2-\lambda_2 & 4 \\ 1 & -1-\lambda_2 \end{pmatrix}\begin{pmatrix} x \\ y \end{pmatrix} = \begin{pmatrix} 0 \\ 0 \end{pmatrix}$라 하자. 그러면 $A - \lambda_2 I = \begin{pmatrix} 2-\lambda_2 & 4 \\ 1 & -1-\lambda_2 \end{pmatrix} = \begin{pmatrix} 4 & 4 \\ 1 & 1 \end{pmatrix}$이므로, $\begin{pmatrix} 4 & 4 \\ 1 & 1 \end{pmatrix}\begin{pmatrix} x \\ y \end{pmatrix} = \begin{pmatrix} 0 \\ 0 \end{pmatrix}$이다. 따라서 $V_2 = \begin{pmatrix} x \\ y \end{pmatrix}$는 $x + y = 0$의 비자명해이다. 즉 $V_2 = \begin{pmatrix} 1 \\ -1 \end{pmatrix}$가 $\lambda_2 = -2$ 에 대응되는 하나의 고유벡터이다.

그러므로 정리 7.2.2에 의해서, $\left\{ e^{3t}\begin{pmatrix} 4 \\ 1 \end{pmatrix},\ e^{-2t}\begin{pmatrix} 1 \\ -1 \end{pmatrix} \right\}$가 기본해집합이 되고 일반해는 다음과 같이 이들의 일차 결합으로 표현된다.

$$X = c_1 e^{3t}\begin{pmatrix} 4 \\ 1 \end{pmatrix} + c_2 e^{-2t}\begin{pmatrix} 1 \\ -1 \end{pmatrix},\ (c_1,\ c_2 \text{ 는 임의상수})$$

(2) 초기조건 $\begin{pmatrix} x(0)=2 \\ y(0)=3 \end{pmatrix}$을 일반해에 대입하여 등식이 성립하도록 임의상수 c_1, c_2의 값을 구하자. 그러면 c_1, c_2에 관한 다음 연립방정식을 얻는다.

$$X(0) = c_1\begin{pmatrix} 4 \\ 1 \end{pmatrix} + c_2\begin{pmatrix} 1 \\ -1 \end{pmatrix} = \begin{pmatrix} 2 \\ 3 \end{pmatrix}$$

이 연립방정식은 계수행렬 $(V_1, V_2) = \begin{pmatrix} 4 & 1 \\ 1 & -1 \end{pmatrix}$이 정칙이므로, 한 개의 근을 가진다. 연립방정식을 풀면, $c_1 = 1$, $c_2 = -2$이다. 따라서 초기치문제의 해는 다음과 같다.

$$X(t; \begin{pmatrix} 2 \\ 3 \end{pmatrix}) = e^{3t}\begin{pmatrix} 4 \\ 1 \end{pmatrix} - 2e^{-2t}\begin{pmatrix} 1 \\ -1 \end{pmatrix}$$ ■

이제 A가 일차 독립인 두 개의 실 고유벡터 V_1, V_2를 가질 때, $\frac{d}{dt}X = AX$의 정성적 성질을 자세히 살펴보자.

초기벡터 X_0가 고유벡터 V_k인 경우(즉 $X_0 = V_k$) 정리 7.2.2에 의해서, 다음을 쉽게 알 수 있다.

초기치문제 $[\frac{d}{dt}X = AX,\ X(0) = V_k]$의 해는 다음과 같다.

$$X(t;\ V_k) = e^{\lambda_k t} V_k$$

한편 초기벡터 $X_0 = \begin{pmatrix} x_0 \\ y_0 \end{pmatrix} \in \boldsymbol{R}^2$에 대해서, $X_0 = c_1 V_1 + c_2 V_2$ (즉 X_0가 V_1과 V_2 성분으로 분해되면)이면, 초기치문제 $[\frac{d}{dt}X = AX,\ X(0) = X_0]$의 해는 정리 7.2.2에 의해서 V_1과 V_2 성분으로 다음과 같이 분해된다.

$$X(t;\ X_0) = c_1 e^{\lambda_1 t} V_1 + c_2 e^{\lambda_2 t} V_2$$

그러므로 해에서 다음의 선형성이 성립한다.

$$X(t;\ c_1 V_1 + c_2 V_2) = c_1 e^{\lambda_1 t} V_1 + c_2 e^{\lambda_2 t} V_2, \tag{7.2.6}$$

(c_1, c_2는 임의상수)

그래서 해 $X(t;\ c_1 V_1 + c_2 V_2)$의 성분벡터 $c_1 e^{\lambda_1 t} V_1$과 $c_2 e^{\lambda_2 t} V_2$는 각각 초기 성분벡터 $c_1 V_1$과 $c_2 V_2$로부터 성분별로 그 크기가 지수적으로 증가 또는 감소함을 알 수 있다. 그러므로 초기벡터 X_0가 각 고유벡터인 경우에 해의 성질을 알면, 일반해의 성질을 알 수 있다.

이 내용을 정리하면 다음을 얻는다.

| 정리 7.2.4 | A가 일차 독립인 두 개의 실 고유벡터 V_1, V_2를 가지는 경우에, $\frac{d}{dt}X = AX$의 정성적 성질은 고유치 λ_1, λ_2의 부호에 의해서 결정된다.

즉 초기치문제 $[\frac{d}{dt}X = AX,\ X(0) = V_k]$의 해와 정성적 성질은 다음과 같다.

$$X(t;\, V_k) = e^{\lambda_k t} V_k, \quad k = 1, 2$$

(1) $\lambda_k > 0$ 인 경우;

$$\lim_{t\to\infty} \| X(t;\, V_k) \| = \lim_{t\to\infty} \| e^{\lambda_k t} V_k \| = \lim_{t\to\infty} e^{\lambda_k t} \| V_k \| = \infty,$$

$$\lim_{t\to-\infty} \| X(t;\, V_k) \| = \lim_{t\to-\infty} \| e^{\lambda_k t} V_k \| = \lim_{t\to-\infty} e^{\lambda_k t} \| V_k \| = 0$$

(2) $\lambda_k < 0$ 인 경우;

$$\lim_{t\to\infty} \| X(t;\, V_k) \| = \lim_{t\to\infty} \| e^{\lambda_k t} V_k \| = \lim_{t\to\infty} e^{\lambda_k t} \| V_k \| = 0,$$

$$\lim_{t\to-\infty} \| X(t;\, V_k) \| = \lim_{t\to-\infty} \| e^{\lambda_k t} V_k \| = \lim_{t\to-\infty} e^{\lambda_k t} \| V_k \| = \infty$$

(3) $\lambda_k = 0$ 인 경우;

$X(t;\, V_k) = V_k$ 상수함수

참고 정리 7.2.4에서 A의 고유치 λ_1, λ_2가 실수일 때, 그 부호에 따라서 다음을 알 수 있다.

(i) $\lambda_1 < 0$, $\lambda_2 < 0$인 경우, $t \to \infty$ 일 때 모든 비자명해 $X(t;\, X_0)$의 궤적은 원점으로 수렴한다. 이때 원점을 **안정한 결절점**(stable node)이라 한다.

(ii) $\lambda_1 > 0$, $\lambda_2 > 0$인 경우, $t \to \infty$ 일 때 모든 비자명해 $X(t;\, X_0)$의 궤적은 원점에서 점점 멀어진다. 이때 원점을 **불안정한 결절점**(unstable node)이라 한다.

(iii) $\lambda_1 < 0 < \lambda_2$인 경우, $t \to \infty$ 일 때 비자명해 $X(t;\, X_0)$의 V_1 성분은 점점 축소되고 V_2 성분은 점점 커진다. 이때 원점을 (불안정한) **안장점**(saddle point)이라 한다.

예 7.2.5 다음 각 초기벡터에 대해서 초기치문제 $\frac{d}{dt}\begin{pmatrix} x \\ y \end{pmatrix} = \begin{pmatrix} 2x+4y \\ x-y \end{pmatrix}$, $\begin{pmatrix} x(0) \\ y(0) \end{pmatrix} = \begin{pmatrix} x_0 \\ y_0 \end{pmatrix}$의 해를 구해보자.

(1) $\begin{pmatrix} x_0 \\ y_0 \end{pmatrix} = \begin{pmatrix} 4 \\ 1 \end{pmatrix}$ (2) $\begin{pmatrix} x_0 \\ y_0 \end{pmatrix} = \begin{pmatrix} 1 \\ -1 \end{pmatrix}$ (3) $\begin{pmatrix} x_0 \\ y_0 \end{pmatrix} = \begin{pmatrix} 5 \\ 5 \end{pmatrix}$

풀이 예 7.2.3에서 $\frac{d}{dt}\begin{pmatrix}x\\y\end{pmatrix}=\begin{pmatrix}2x+4y\\x-y\end{pmatrix}$의 계수행렬은 $A=\begin{pmatrix}2 & 4\\1 & -1\end{pmatrix}$이고, 고유치는 $\lambda_1=3$, $\lambda_2=-2$ 이다. 각각 대응하는 고유벡터는 다음과 같다.

$$V_1=\begin{pmatrix}4\\1\end{pmatrix},\quad V_2=\begin{pmatrix}1\\-1\end{pmatrix}$$

따라서 다음을 얻는다.

(1) $X_1=X\left(t;\begin{pmatrix}4\\1\end{pmatrix}\right)=e^{3t}\begin{pmatrix}4\\1\end{pmatrix}$

(2) $X_2=X\left(t;\begin{pmatrix}1\\-1\end{pmatrix}\right)=e^{-2t}\begin{pmatrix}1\\-1\end{pmatrix}$

한편 $\begin{pmatrix}5\\5\end{pmatrix}=2\begin{pmatrix}4\\1\end{pmatrix}-3\begin{pmatrix}1\\-1\end{pmatrix}$이므로 (7.2.6)에 의해서 다음을 얻는다.

(3) $X_3=X\left(t;\begin{pmatrix}5\\5\end{pmatrix}\right)=X\left(t;2\begin{pmatrix}4\\1\end{pmatrix}-3\begin{pmatrix}1\\-1\end{pmatrix}\right)=2e^{3t}\begin{pmatrix}4\\1\end{pmatrix}-3e^{-2t}\begin{pmatrix}1\\-1\end{pmatrix}$ ■

(2) 일차 독립인 두 개의 복소 고유벡터 존재

$$즉\ \begin{pmatrix}a_{11} & a_{12}\\a_{21} & a_{22}\end{pmatrix}\sim\begin{pmatrix}\alpha-\beta i & 0\\0 & \alpha+\beta i\end{pmatrix}\sim\begin{pmatrix}\alpha & -\beta\\\beta & \alpha\end{pmatrix},\ (\alpha,\ \beta\text{는 실수, } \beta\neq 0)$$

이 경우에는 $A=\begin{pmatrix}a_{11} & a_{12}\\a_{21} & a_{22}\end{pmatrix}$가 다음과 같이 서로 다른 복소 고유치를 가진다.

$$\lambda_1=\frac{\tau+i\sqrt{4\Delta-\tau^2}}{2},\ \lambda_2=\frac{\tau-i\sqrt{4\Delta-\tau^2}}{2},\ \text{단 } i=\sqrt{-1}$$

여기서 $\begin{pmatrix}a_{11} & a_{12}\\a_{21} & a_{22}\end{pmatrix}$가 실 행렬이므로 λ_1, λ_2는 서로 켤레 복소수이다. 즉 $\overline{\lambda_1}=\lambda_2$.

편의상 실수부를 $\alpha=Re\,\lambda_1=\frac{\tau}{2}$, 허수부를 $\beta=Im\,\lambda_1=\frac{\sqrt{4\Delta-\tau^2}}{2}>0$라 두면, 고유치는 다음과 같이 간단히 표현된다.

$$\lambda_1=\alpha+\beta i,\ \lambda_2=\alpha-\beta i$$

그리고 $\begin{pmatrix}a_{11} & a_{12}\\a_{21} & a_{22}\end{pmatrix}\sim\begin{pmatrix}\alpha & -\beta\\\beta & \alpha\end{pmatrix}$이다(부록 A 참조).

이제 $\lambda_1=\alpha+\beta i$에 대응되는 A의 고유벡터를 V_c라 하자. 즉

$$AV_c=(\alpha+\beta i)V_c \tag{7.2.7}$$

그러면 A가 실 행렬이고 $\beta \neq 0$이므로, (7.2.7)로부터 고유벡터 V_c가 복소 벡터임을 알 수 있다. 즉 허수부 벡터 $Im\,V_c \neq 0$이다.

한편 (7.2.7)의 양변에 켤레($\bar{\ }$)를 취하자. 즉

$$\overline{A\,V_c} = \overline{(\alpha+\beta i)\,V_c}$$

그러면 A가 실 행렬이므로 $\overline{A} = A$ 이고, 켤레($\bar{\ }$)의 성질에 의해서 다음을 얻는다.

$$A\,\overline{V_c} = \overline{(\alpha+\beta i)}\,\overline{V_c} = (\alpha-\beta i)\,\overline{V_c}$$

따라서 $\overline{V_c}$가 $\lambda_2 = \overline{\lambda_1} = \alpha - \beta i$ 에 대응되는 A의 고유벡터가 된다.

한편 $\lambda_1 \neq \lambda_2$ 이므로, 부록에 의해서 V_c, $\overline{V_c}$ 는 일차 독립이다. 그리고 $e^{\lambda_1 t} \neq 0$ 와 $e^{\overline{\lambda_1} t} \neq 0$이므로, $e^{\lambda_1 t} V_c$, $e^{\overline{\lambda_1} t}\overline{V_c}$ 도 일차 독립이다. 그러므로 정리 7.2.1에 의해서 벡터함수 $\left\{e^{\lambda_1 t} V_c,\ e^{\overline{\lambda_1} t}\overline{V_c}\right\}$가 $\dfrac{d}{dt}X = AX$ 의 기본해집합이 된다.

이 내용을 정리하면 다음을 얻는다.

| 정리 7.2.6 | λ_1 이 $A = \begin{pmatrix} a_{11} & a_{12} \\ a_{21} & a_{22} \end{pmatrix}$의 하나의 복소 고유치이고, V_c는 대응되는 복소 고유벡터라 하자. 그러면 $\left\{e^{\lambda_1 t} V_c,\ e^{\overline{\lambda_1} t}\overline{V_c}\right\}$가 $\dfrac{d}{dt}X = AX$ 의 기본해집합이 되고, 일반해는 다음과 같다.

$$X = c_1 e^{\lambda_1 t} V_c + c_2 e^{\overline{\lambda_1} t}\overline{V_c}\,, \qquad (7.2.8.)$$

(c_1, c_2 는 (복소수) 임의상수)

참고 $e^{\lambda_1 t}$ 와 $e^{\overline{\lambda_1} t}$ 는 복소함수이므로 정리 7.2.6에서 일반해 (7.2.8)은 복소 벡터 함수로 표현되어 있다. 이 책에서는 실수 범위 내의 해만 다루므로 실함수로 이루어진 기본해집합을 구하고 일반해를 구해보자.

오일러 공식에 의해서, $e^{\lambda_1 t}$ 와 $e^{\overline{\lambda_1} t}$ 는 다음과 같다.

$$e^{\lambda_1 t} = e^{(\alpha+\beta i)t} = e^{\alpha t}(\cos\beta t + i\sin\beta t) = e^{\alpha t}\cos\beta t + ie^{\alpha t}\sin\beta t\,,$$
$$e^{\overline{\lambda_1} t} = e^{(\alpha-\beta i)t} = e^{\alpha t}(\cos\beta t - i\sin\beta t) = e^{\alpha t}\cos\beta t - ie^{\alpha t}\sin\beta t \qquad (7.2.9)$$

한편 V_c가 복소 벡터로서, V_c의 실수부 벡터를 U_r과 허수부 벡터를 U_i 라 두자. 즉 다음과 같이 두자.

$$V_c = U_r + iU_i\,, \quad U_r = Re\,V_c\,, \; U_i = Im\,V_c \qquad (7.2.10)$$

그러면 $U_r = \frac{1}{2}(V_c + \overline{V_c})$, $U_i = \frac{i}{2}(\overline{V_c} - V_c)$이고, $\{U_r, U_i\}$가 일차 독립인 실 벡터이다(연습문제). (7.2.9)~(7.2.10)을 일반해 (7.2.8)에 대입하면, 다음을 얻는다.

$$\begin{aligned} X &= c_1 e^{\lambda_1 t} V_c + c_2 e^{\overline{\lambda_1} t} \overline{V_c} \\ &= c_1 e^{\alpha t}(\cos\beta t + i\sin\beta t)(U_r + iU_i) + c_2 e^{\alpha t}(\cos\beta t - i\sin\beta t)(U_r - iU_i) \\ &= (c_1 + c_2)e^{\alpha t}(U_r\cos\beta t - U_i\sin\beta t) + i(c_1 - c_2)e^{\alpha t}(U_r\sin\beta t + U_i\cos\beta t), \\ &\quad (c_1,\ c_2\text{는 (복소수) 임의상수}) \end{aligned} \tag{7.2.11}$$

이제 (7.2.11)에서 $c_1 = c_2 = \frac{1}{2}$라 두면 특수해 $Y_r = e^{\alpha t}(U_r\cos\beta t - U_i\sin\beta t)$을 얻고, 또한 $c_1 = -\frac{i}{2}$, $c_2 = \frac{i}{2}$라 두면 특수해 $Y_i = e^{\alpha t}(U_r\sin\beta t + U_i\cos\beta t)$을 얻는다. $e^{\lambda_1 t}V_c$, $e^{\overline{\lambda_1} t}\overline{V_c}$가 일차 독립이므로, Y_r과 Y_i도 일차 독립이다.

한편 $e^{\lambda_1 t}V_c = e^{\alpha t}(\cos\beta t + i\sin\beta t)(U_r + iU_i)$이므로, Y_r은 $e^{\lambda_1 t}V_c$의 실수부 벡터함수이고, Y_i는 $e^{\lambda_1 t}V_c$의 허수부 벡터함수임을 알 수 있다. 즉 다음과 같다.

$$\begin{aligned} Y_r &= Re\left[e^{(\alpha+\beta i)t}(U_r + iU_i)\right] = e^{\alpha t}(U_r\cos\beta t - U_i\sin\beta t), \\ Y_i &= Im\left[e^{(\alpha+\beta i)t}(U_r + iU_i)\right] = e^{\alpha t}(U_r\sin\beta t + U_i\cos\beta t) \end{aligned}$$

위 내용을 정리하면 다음을 얻는다.

| 정리 7.2.7 | $\lambda_1 = \alpha + \beta i$가 $A = \begin{pmatrix} a_{11} & a_{12} \\ a_{21} & a_{22} \end{pmatrix}$의 하나의 복소 고유치이고 V_c가 대응되는 복소 고유벡터이며, $U_r = Re\,V_c$, $U_i = Im\,V_c$라 하자. 그러면 다음이 $\frac{d}{dt}X = AX$의 기본해집합이 된다.

$$\left\{e^{\alpha t}(U_r\cos\beta t - U_i\sin\beta t),\ e^{\alpha t}(U_r\sin\beta t + U_i\cos\beta t)\right\} \tag{7.2.12}$$

따라서 실 벡터함수 형태의 일반해는 다음과 같다.

$$X = c_1 e^{\alpha t}(U_r\cos\beta t - U_i\sin\beta t) + c_2 e^{\alpha t}(U_r\sin\beta t + U_i\cos\beta t), \quad (c_1,\ c_2\text{는 임의상수}) \tag{7.2.13}$$

이 경우 $\frac{d}{dt}X = AX$의 정성적 성질은 다음과 같다.

| 정리 7.2.8 | 정리 7.2.7에서 고유치의 실수부 α 의 부호에 의해서 $\frac{d}{dt}X = AX$ 의 정성적 성질이 결정된다. 즉 초기치문제 $[\frac{d}{dt}X = AX,\ X(0) = U_r]$의 해와 $[\frac{d}{dt}X = AX,\ X(0) = U_i]$의 해의 정성적 성질은 다음과 같다.

$$X(t;\ U_r) = e^{\alpha t}(U_r\cos\beta t - U_i\sin\beta t),$$
$$X(t;\ U_i) = e^{\alpha t}(U_r\sin\beta t + U_i\cos\beta t)$$

(1) $\alpha > 0$ 인 경우;

$$\lim_{t\to\infty}\| X(t;\ U_r)\| = \lim_{t\to\infty}e^{\alpha t}\| U_r\cos\beta t - U_i\sin\beta t\| = \infty,$$
$$\lim_{t\to\infty}\| X(t;\ U_i)\| = \lim_{t\to\infty}e^{\alpha t}\| U_r\sin\beta t + U_i\cos\beta t\| = \infty,$$
$$\lim_{t\to-\infty}\| X(t;\ U_r)\| = \lim_{t\to-\infty}e^{\alpha t}\| U_r\cos\beta t - U_i\sin\beta t\| = 0,$$
$$\lim_{t\to-\infty}\| X(t;\ U_i)\| = \lim_{t\to-\infty}e^{\alpha t}\| U_r\sin\beta t + U_i\cos\beta t\| = 0$$

(2) $\alpha < 0$인 경우;

$$\lim_{t\to\infty}\| X(t;\ U_r)\| = \lim_{t\to\infty}e^{\alpha t}\| U_r\cos\beta t - U_i\sin\beta t\| = 0,$$
$$\lim_{t\to\infty}\| X(t;\ U_i)\| = \lim_{t\to\infty}e^{\alpha t}\| U_r\sin\beta t + U_i\cos\beta t\| = 0,$$
$$\lim_{t\to-\infty}\| X(t;\ U_r)\| = \lim_{t\to-\infty}e^{\alpha t}\| U_r\cos\beta t - U_i\sin\beta t\| = \infty,$$
$$\lim_{t\to-\infty}\| X(t;\ U_i)\| = \lim_{t\to-\infty}e^{\alpha t}\| U_r\sin\beta t + U_i\cos\beta t\| = \infty$$

(3) $\alpha = 0$ 인 경우; 주기해

$$X(t;\ U_r) = U_r\cos\beta t - U_i\sin\beta t,$$
$$X(t;\ U_i) = U_r\sin\beta t + U_i\cos\beta t$$

참고 정리 7.2.7에서 A 의 고유치가 $\lambda_1 = \alpha + \beta i$, $\lambda_2 = \alpha - \beta i$ 일 때, 실수부 α 의 부호에 따라서 다음을 알 수 있다($\beta > 0$).

(i) $\alpha < 0$ 인 경우, $t \to \infty$ 일 때 모든 해 $X(t;\ X_0)$의 궤적은 회전하면서 원점으로 수렴한다. 그래서 이 경우에 원점을 **안정한 나선점**(stable spiral point)이라 한다.

(ii) $\alpha > 0$인 경우, $t \to \infty$ 일 때 모든 비자명해 $X(t;\ X_0)$의 궤적은 회전하면서 원점에서 멀어진다. 그래서 이 경우에 원점을 **불안정한 나선점**이라 한다.

(iii) $\alpha = 0$ 인 경우, 모든 비자명해 $X(t;\ X_0)$는 주기해이고 그 궤적은 단일 폐곡선이다. 그래서 이 경우 원점을 **중심**(center)이라 한다.

예 7.2.9 $\frac{d}{dt}\begin{pmatrix}x\\y\end{pmatrix}=\begin{pmatrix}2x+5y\\-x+4y\end{pmatrix}$의 일반해와 다음 각 초기벡터에 대해서 초기치문제 $[\frac{d}{dt}\begin{pmatrix}x\\y\end{pmatrix}=\begin{pmatrix}2x+5y\\-x+4y\end{pmatrix},\ \begin{pmatrix}x(0)\\y(0)\end{pmatrix}=\begin{pmatrix}x_0\\y_0\end{pmatrix}]$의 해를 구하여라:

(1) $\begin{pmatrix}x_0\\y_0\end{pmatrix}=\begin{pmatrix}1\\1\end{pmatrix}$ (2) $\begin{pmatrix}x_0\\y_0\end{pmatrix}=\begin{pmatrix}-2\\0\end{pmatrix}$ (3) $\begin{pmatrix}x_0\\y_0\end{pmatrix}=\begin{pmatrix}4\\2\end{pmatrix}$

풀이 $\frac{d}{dt}\begin{pmatrix}x\\y\end{pmatrix}=\begin{pmatrix}2x+5y\\-x+4y\end{pmatrix}$의 계수행렬은 $A=\begin{pmatrix}2&5\\-1&4\end{pmatrix}$이다. 그러면 트레이스와 행렬식은 각각 $\tau=6$, $\Delta=13$ 이므로 A 의 고유치 λ 는 다음 방정식의 근이다.

$$\lambda^2-6\lambda+13=0$$

그러므로 A 는 서로 다른 복소 고유치 $\lambda_1=3+2i,\lambda_2=3-2i$ 를 가진다. 따라서 일차 독립인 두 개의 복소 고유벡터가 존재한다.

먼저 $\lambda_1=3+2i$ 에 대응되는 고유벡터 $V_c=\begin{pmatrix}x\\y\end{pmatrix}\neq\begin{pmatrix}0\\0\end{pmatrix}$를 구하자. 즉 $(A-\lambda_1 I)V_c=\begin{pmatrix}2-\lambda_1&5\\-1&4-\lambda_1\end{pmatrix}\begin{pmatrix}x\\y\end{pmatrix}=\begin{pmatrix}0\\0\end{pmatrix}$라 하자. 그러면 $A-(3+2i)I=\begin{pmatrix}-1-2i&5\\-1&1-2i\end{pmatrix}$이므로, 다음과 같다.

$$\begin{pmatrix}-1-2i&5\\-1&1-2i\end{pmatrix}\begin{pmatrix}x\\y\end{pmatrix}=\begin{pmatrix}0\\0\end{pmatrix}$$

따라서 고유벡터 V_c는 $-x+(1-2i)y=0$ (또는 $(-1-2i)x+5y=0$)의 비자명해로 되어 있다. 즉 $V_c=\begin{pmatrix}1-2i\\1\end{pmatrix}$가 $\lambda_1=3+2i$ 에 대응되는 간단한 고유벡터이다. 그러면 $U_r=Re\,V_c=\begin{pmatrix}1\\1\end{pmatrix}$, $U_i=Im\,V_c=\begin{pmatrix}-2\\0\end{pmatrix}$ 이다. 그러므로 정리 7.2.7에 의해서, 다음이 기본해집합이 된다.

$$\left\{e^{3t}[\begin{pmatrix}1\\1\end{pmatrix}\cos 2t-\begin{pmatrix}-2\\0\end{pmatrix}\sin 2t],\ e^{3t}[\begin{pmatrix}1\\1\end{pmatrix}\sin 2t+\begin{pmatrix}-2\\0\end{pmatrix}\cos 2t]\right\}$$

따라서 일반해는 이들의 일차 결합으로 표현된다.

$$X=c_1e^{3t}\left[\begin{pmatrix}1\\1\end{pmatrix}\cos 2t-\begin{pmatrix}-2\\0\end{pmatrix}\sin 2t\right]+c_2e^{3t}\left[\begin{pmatrix}1\\1\end{pmatrix}\sin 2t+\begin{pmatrix}-2\\0\end{pmatrix}\cos 2t\right],$$

(c_1, c_2는 임의상수)

따라서 간단히 계산하면 다음과 같이 각 초기치문제의 해를 얻는다.

$$X_1=X\left(t;\begin{pmatrix}1\\1\end{pmatrix}\right)=e^{3t}\left[\begin{pmatrix}1\\1\end{pmatrix}\cos 2t-\begin{pmatrix}-2\\0\end{pmatrix}\sin 2t\right]=e^{3t}\begin{pmatrix}\cos 2t+2\sin 2t\\\cos 2t\end{pmatrix},$$

$$X_2 = X\left(t;\ \begin{pmatrix}-2\\0\end{pmatrix}\right) = e^{3t}\left[\begin{pmatrix}1\\1\end{pmatrix}\sin 2t + \begin{pmatrix}-2\\0\end{pmatrix}\cos 2t\right] = e^{3t}\begin{pmatrix}\sin 2t - 2\cos 2t\\ \sin 2t\end{pmatrix}$$

한편 $\begin{pmatrix}4\\2\end{pmatrix} = 2\begin{pmatrix}1\\1\end{pmatrix} - \begin{pmatrix}-2\\0\end{pmatrix}$이므로 다음을 얻는다.

$$\begin{aligned} X_3 &= X\left(t;\ \begin{pmatrix}4\\2\end{pmatrix}\right) = X\left(t;\ 2\begin{pmatrix}1\\1\end{pmatrix} - \begin{pmatrix}-2\\0\end{pmatrix}\right)\\ &= 2e^{3t}\left[\begin{pmatrix}1\\1\end{pmatrix}\cos 2t - \begin{pmatrix}-2\\0\end{pmatrix}\sin 2t\right] - e^{3t}\left[\begin{pmatrix}1\\1\end{pmatrix}\sin 2t + \begin{pmatrix}-2\\0\end{pmatrix}\cos 2t\right]\\ &= e^{3t}\begin{pmatrix}4\cos 2t + 3\sin 2t\\ 2\cos 2t - \sin 2t\end{pmatrix} \end{aligned}$$

■

7.2.2 일차 독립인 1개의 고유벡터만 존재하는 경우

$$\text{즉 } A = \begin{pmatrix}a_{11} & a_{12}\\ a_{21} & a_{22}\end{pmatrix} \sim \begin{pmatrix}\lambda_0 & 1\\ 0 & \lambda_0\end{pmatrix},\ (\lambda_0 \text{ 는 중복 실 고유치})$$

이 경우에는 중복 고유치 λ_0를 가지며, A의 일차 독립인 고유벡터는 한 개뿐인데 그것을 V_0라 하자. 즉

$$AV_0 = \lambda_0 V_0 \tag{7.2.14}$$

그러면 정리 7.2.1에 의해서 벡터함수 $X_1 = e^{\lambda_0 t}V_0$가 $\frac{d}{dt}X = AX$의 비자명해가 된다. 그런데 2차원 미분방정식의 기본해집합은 일차 독립인 두 개의 해들로 구성된다. 따라서 기본해집합을 구성하기 위해서, $X_1 = e^{\lambda_0 t}V_0$와 일차 독립이 되는 해를 하나 더 찾는 방법을 알아보자.

먼저 가장 간단한 Jordan 표준형 계수행렬인 경우의 예를 보자.

예 7.2.10 $\left\{e^{\lambda_0 t}\begin{pmatrix}1\\0\end{pmatrix},\ e^{\lambda_0 t}\left[t\begin{pmatrix}1\\0\end{pmatrix} + \begin{pmatrix}0\\1\end{pmatrix}\right]\right\}$가 $\frac{d}{dt}\begin{pmatrix}x\\y\end{pmatrix} = \begin{pmatrix}\lambda_0 & 1\\ 0 & \lambda_0\end{pmatrix}\begin{pmatrix}x\\y\end{pmatrix}$의 기본해집합임을 보이자($\lambda_0$는 상수).

풀이 $\frac{d}{dt}\begin{pmatrix}x\\y\end{pmatrix} = \begin{pmatrix}\lambda_0 & 1\\ 0 & \lambda_0\end{pmatrix}\begin{pmatrix}x\\y\end{pmatrix}$의 계수행렬은 $A = \begin{pmatrix}\lambda_0 & 1\\ 0 & \lambda_0\end{pmatrix}$이다. 그러면 A는 2중 고유치 $\lambda_1 = \lambda_2 = \lambda_0$를 가진 Jordan 표준형이다.

λ_0에 대응되는 고유벡터 $V = \begin{pmatrix}u\\v\end{pmatrix} \neq \begin{pmatrix}0\\0\end{pmatrix}$를 구하자. 즉 $AV = \lambda_0 V$라 하자. 그러면 $\begin{pmatrix}\lambda_0 u + v = \lambda_0 u\\ \lambda_0 v = \lambda_0 v\end{pmatrix}$가 성립한다. 따라서 $V_0 = \begin{pmatrix}1\\0\end{pmatrix}$가 간단한 고유벡터이고, 일차 독립인 고유벡터는 두 개가 있을 수 없다.

먼저 둘째 미분방정식 $y' = \lambda_0 y$ 를 2.5절의 1계 선형 미분방정식의 해법으로 풀면 일반해는 다음과 같다.

$$y = c_1 e^{\lambda_0 t}, \ (c_1 \text{은 임의상수})$$

$y = c_1 e^{\lambda_0 t}$ 을 첫째 미분방정식 $x' = \lambda_0 x + y$ 에 대입하면, 다음을 얻는다.

$$x' = \lambda_0 x + c_1 e^{\lambda_0 t}$$

이것을 2.5절의 매개변수 변분법으로 풀면, 일반해는 다음과 같다.

$$x = c_2 e^{\lambda_0 t} + e^{\lambda_0 t} \int e^{-\lambda_0 t} c_1 e^{\lambda_0 t} dt = c_2 e^{\lambda_0 t} + c_1 t e^{\lambda_0 t}, \ (c_2 \text{는 임의상수})$$

따라서 $\frac{d}{dt}\begin{pmatrix} x \\ y \end{pmatrix} = \begin{pmatrix} \lambda_0 & 1 \\ 0 & \lambda_0 \end{pmatrix}\begin{pmatrix} x \\ y \end{pmatrix}$ 의 일반해는 다음과 같이 벡터로 표현된다.

$$X = \begin{pmatrix} c_2 e^{\lambda_0 t} + c_1 t e^{\lambda_0 t} \\ c_1 e^{\lambda_0 t} \end{pmatrix} = c_2 e^{\lambda_0 t}\begin{pmatrix} 1 \\ 0 \end{pmatrix} + c_1 e^{\lambda_0 t}\left[t\begin{pmatrix} 1 \\ 0 \end{pmatrix} + \begin{pmatrix} 0 \\ 1 \end{pmatrix} \right], \ (c_1, c_2 \text{는 임의상수})$$

일반해에서 편의상 $c_1 = 0$, $c_2 = 1$ 이라 두면 특수해 $X_1 = e^{\lambda_0 t}\begin{pmatrix} 1 \\ 0 \end{pmatrix}$를 얻고, $c_1 = 1$, $c_2 = 0$ 라 두면 특수해 $X_2 = e^{\lambda_0 t}\left[t\begin{pmatrix} 1 \\ 0 \end{pmatrix} + \begin{pmatrix} 0 \\ 1 \end{pmatrix} \right]$ 를 얻는다. $\begin{pmatrix} 1 \\ 0 \end{pmatrix}$, $t\begin{pmatrix} 1 \\ 0 \end{pmatrix} + \begin{pmatrix} 0 \\ 1 \end{pmatrix}$가 일차 독립인 벡터함수이므로, $X_1 = e^{\lambda_0 t}\begin{pmatrix} 1 \\ 0 \end{pmatrix}$와 $X_2 = e^{\lambda_0 t}\left[t\begin{pmatrix} 1 \\ 0 \end{pmatrix} + \begin{pmatrix} 0 \\ 1 \end{pmatrix} \right]$는 일차 독립인 해들이다.

그러므로 $\left\{ e^{\lambda_0 t}\begin{pmatrix} 1 \\ 0 \end{pmatrix}, \ e^{\lambda_0 t}\left[t\begin{pmatrix} 1 \\ 0 \end{pmatrix} + \begin{pmatrix} 0 \\ 1 \end{pmatrix} \right] \right\}$가 기본해집합이다. ■

여기서 $X_1 = e^{\lambda_0 t} V_0$ 와 일차 독립인 다른 하나의 해를 A 의 일반화된 고유벡터로 설명할 수 있는데 생략하고 간단히 구하는 방법을 소개한다.

예 7.2.10의 기본해집합의 형태에서 힌트를 얻어서, 다음의 벡터함수 $X_2(t)$가 $\frac{d}{dt}X = AX$ 의 해가 되도록 벡터 $W \in \boldsymbol{R}^2$ 를 찾아보자.

$$X_2 = e^{\lambda_0 t}[t V_0 + W] = t e^{\lambda_0 t} V_0 + e^{\lambda_0 t} W \tag{7.2.15}$$

즉 $X_2 = t e^{\lambda_0 t} V_0 + e^{\lambda_0 t} W$를 $\frac{d}{dt}X = AX$ 에 대입하여 등식이 성립하도록 $W \in \boldsymbol{R}^2$ 를 찾아보자.

먼저 $X_2(t)$ 의 도함수를 구하면 다음과 같다.

$$\frac{d}{dt}X_2 = e^{\lambda_0 t}V_0 + \lambda_0 t e^{\lambda_0 t}V_0 + \lambda_0 e^{\lambda_0 t}W$$

따라서 $X_2(t)$를 $\frac{d}{dt}X = AX$에 대입하면 다음을 얻는다.

$$e^{\lambda_0 t}V_0 + \lambda_0 t e^{\lambda_0 t}V_0 + \lambda_0 e^{\lambda_0 t}W = te^{\lambda_0 t}AV_0 + e^{\lambda_0 t}AW$$

여기서 $e^{\lambda_0 t} \neq 0$이므로, 위 등식은 다음과 동치이다.

$$V_0 + \lambda_0 t V_0 + \lambda_0 W = tAV_0 + AW$$

한편 $AV_0 = \lambda_0 V_0$이므로, 위의 등식은 다음과 같다.

$$V_0 + \lambda_0 t V_0 + \lambda_0 W = t\lambda_0 V_0 + AW$$

따라서 $V_0 + \lambda_0 W = AW$를 얻는다. 보기 좋게 표현하면 W에 대한 다음 연립방정식을 얻는다.

$$(A - \lambda_0 I)W = V_0$$

$V_0 \neq 0$이므로 $W \neq 0$이고, 간단히 계산해보면 V_0와 W가 일차 독립임을 알 수 있다(이런 W를 A의 일반화된 고유벡터라 한다).

이 내용을 정리하면 다음을 얻는다.

| 정리 7.2.11 | $A = \begin{pmatrix} a_{11} & a_{12} \\ a_{21} & a_{22} \end{pmatrix} \sim \begin{pmatrix} \lambda_0 & 1 \\ 0 & \lambda_0 \end{pmatrix}$라 하자. V_0는 2중 고유치 λ_0에 대응되는 고유벡터라 하고, 벡터 W는 다음을 만족하는 일반화된 고유벡터라 하자.

$$(A - \lambda_0 I)W = V_0 \tag{7.2.16}$$

그러면 $\left\{e^{\lambda_0 t}V_0,\ e^{\lambda_0 t}[tV_0 + W]\right\}$가 $\frac{d}{dt}X = AX$의 기본해집합이 되고, 일반해는 다음과 같다.

$$\begin{aligned} X &= c_1 e^{\lambda_0 t}V_0 + c_2 e^{\lambda_0 t}[tV_0 + W] \\ &= (c_1 + c_2 t)e^{\lambda_0 t}V_0 + c_2 e^{\lambda_0 t}W, \end{aligned} \tag{7.2.17}$$

(단 c_1, c_2는 임의상수)

이 경우 $\frac{d}{dt}X = AX$의 정성적 성질은 비교적 간단하다.

| 정리 7.2.12 | $A \sim \begin{pmatrix} \lambda_0 & 1 \\ 0 & \lambda_0 \end{pmatrix}$인 경우에, 실 고유치 λ_0 의 부호와 고유벡터 V_0 및 일반화된 고유벡터 W에 의해서 $\frac{d}{dt}X = AX$의 정성적 성질이 결정된다. 즉 초기치문제 $[\frac{d}{dt}X = AX,\ X(0) = V_0]$와 $[\frac{d}{dt}X = AX,\ X(0) = W]$의 해의 정성적 성질은 다음과 같다.

$$X(t;\, V_0) = e^{\lambda_0 t} V_0,\ \ X(t;\, W) = e^{\lambda_0 t}[t V_0 + W]$$

(1) $\lambda_0 > 0$ 인 경우;

$$\lim_{t \to \infty} \| X(t;\, V_0) \| = \lim_{t \to \infty} \| e^{\lambda_0 t} V_0 \| = \lim_{t \to \infty} e^{\lambda_0 t} \| V_0 \| = \infty,$$

$$\lim_{t \to \infty} \| X(t;\, W) \| = \lim_{t \to \infty} e^{\lambda_0 t} \| t V_0 + W \| = \infty,$$

$$\lim_{t \to -\infty} \| X(t;\, V_0) \| = \lim_{t \to -\infty} \| e^{\lambda_0 t} V_0 \| = \lim_{t \to -\infty} e^{\lambda_0 t} \| V_0 \| = 0,$$

$$\lim_{t \to -\infty} \| X(t;\, W) \| = \lim_{t \to -\infty} e^{\lambda_0 t} \| t V_0 + W \| = 0$$

(2) $\lambda_0 < 0$ 인 경우;

$$\lim_{t \to \infty} \| X(t;\, V_0) \| = \lim_{t \to \infty} \| e^{\lambda_0 t} V_0 \| = \lim_{t \to \infty} e^{\lambda_0 t} \| V_0 \| = 0,$$

$$\lim_{t \to \infty} \| X(t;\, W) \| = \lim_{t \to \infty} e^{\lambda_0 t} \| t V_0 + W \| = 0,$$

$$\lim_{t \to -\infty} \| X(t;\, V_0) \| = \lim_{t \to -\infty} \| e^{\lambda_0 t} V_0 \| = \lim_{t \to -\infty} e^{\lambda_0 t} \| V_0 \| = \infty,$$

$$\lim_{t \to -\infty} \| X(t;\, W) \| = \lim_{t \to -\infty} e^{\lambda_0 t} \| t V_0 + W \| = \infty$$

(3) $\lambda_0 = 0$ 인 경우;

$X(t;\ V_0) = V_0$ 상수함수,

$X(t;\ W) = t V_0 + W$

참고 정리 7.2.12에서 A의 고유치 λ_0의 부호에 따라서, 다음을 알 수 있다.

(i) $\lambda_0 < 0$ 인 경우, $t \to \infty$ 일 때 모든 해 $X(t;\, X_0)$의 궤적은 원점으로 수렴한다. 그래서 이 경우도 원점을 안정한 결절점이라 한다.

(ii) $\lambda_0 > 0$ 인 경우, $t \to \infty$ 일 때 모든 비자명해 $X(t;\, X_0)$의 궤적은 원점에서 멀어진다. 그래서 이 경우도 원점을 불안정한 결절점이라 한다.

예 7.2.13 $\frac{d}{dt}\begin{pmatrix}x\\y\end{pmatrix}=\begin{pmatrix}x-4y\\x-3y\end{pmatrix}$의 일반해와 다음의 각 경우에 초기치문제 [$\frac{d}{dt}\begin{pmatrix}x\\y\end{pmatrix}=\begin{pmatrix}x-4y\\x-3y\end{pmatrix}$, $\begin{pmatrix}x(0)\\y(0)\end{pmatrix}=\begin{pmatrix}x_0\\y_0\end{pmatrix}$]의 해를 구해보자.

(1) $\begin{pmatrix}x_0\\y_0\end{pmatrix}=\begin{pmatrix}2\\1\end{pmatrix}$ (2) $\begin{pmatrix}x_0\\y_0\end{pmatrix}=\begin{pmatrix}1\\0\end{pmatrix}$ (3) $\begin{pmatrix}x_0\\y_0\end{pmatrix}=\begin{pmatrix}3\\2\end{pmatrix}$

풀이 $\frac{d}{dt}\begin{pmatrix}x\\y\end{pmatrix}=\begin{pmatrix}x-4y\\x-3y\end{pmatrix}$의 계수행렬은 $A=\begin{pmatrix}1&-4\\1&-3\end{pmatrix}$이다. 그러면 $\tau=-2$, $\Delta=1$이므로 A의 고유치 λ는 다음 방정식의 근이다.

$$\lambda^2+2\lambda+1=0$$

그러므로 A는 2중 고유치 $\lambda_1=\lambda_2=-1$을 가진다. 편의상 $\lambda_0=-1$라 두자.

먼저 $\lambda_0=-1$에 대응되는 고유벡터 $V=\begin{pmatrix}x\\y\end{pmatrix}\neq\begin{pmatrix}0\\0\end{pmatrix}$를 구하자. 즉 $(A-\lambda_0 I)V=\begin{pmatrix}2&-4\\1&-2\end{pmatrix}\begin{pmatrix}x\\y\end{pmatrix}=\begin{pmatrix}0\\0\end{pmatrix}$라 하자. 따라서 $V=\begin{pmatrix}x\\y\end{pmatrix}\neq\begin{pmatrix}0\\0\end{pmatrix}$는 $x-2y=0$를 만족하는 벡터이므로 일차 독립인 고유벡터는 두 개가 있을 수 없다(즉 $A=\begin{pmatrix}1&-4\\1&-3\end{pmatrix}\sim\begin{pmatrix}-1&1\\0&-1\end{pmatrix}$인 형태이다). 여기서 고유벡터로 $V_0=\begin{pmatrix}2\\1\end{pmatrix}$을 택하자.

이제 다음 방정식을 만족하는 가장 간단한 벡터 $W=\begin{pmatrix}x\\y\end{pmatrix}$를 구하자.

$$(A-\lambda_0 I)W=V_0,\ \text{즉}\ \begin{pmatrix}2&-4\\1&-2\end{pmatrix}\begin{pmatrix}x\\y\end{pmatrix}=\begin{pmatrix}2\\1\end{pmatrix}$$

따라서 $W=\begin{pmatrix}x\\y\end{pmatrix}$는 $x-2y=1$을 만족하는 벡터이다. 그러므로 일반화된 고유벡터로 $W=\begin{pmatrix}1\\0\end{pmatrix}$을 택하자. 그러면 정리 7.2.11에 의해서, $\left\{e^{-t}\begin{pmatrix}2\\1\end{pmatrix},\ e^{-t}\left[t\begin{pmatrix}2\\1\end{pmatrix}+\begin{pmatrix}1\\0\end{pmatrix}\right]\right\}$가 기본해집합이 되고 일반해는 다음과 같이 이들의 일차 결합으로 표현된다.

$$X=c_1e^{-t}\begin{pmatrix}2\\1\end{pmatrix}+c_2e^{-t}\left[t\begin{pmatrix}2\\1\end{pmatrix}+\begin{pmatrix}1\\0\end{pmatrix}\right]=e^{-t}\begin{pmatrix}2c_1+c_2+2c_2t\\c_1+c_2t\end{pmatrix},\ (\text{단 } c_1,\ c_2\text{는 임의상수})$$

따라서 간단히 계산하면 다음과 같이 각 초기치문제의 해를 얻는다.

$$X_1=X\left(t;\begin{pmatrix}2\\1\end{pmatrix}\right)=e^{-t}\begin{pmatrix}2\\1\end{pmatrix},\ X_2=X\left(t;\begin{pmatrix}1\\0\end{pmatrix}\right)=te^{-t}\begin{pmatrix}2\\1\end{pmatrix}+e^{-t}\begin{pmatrix}1\\0\end{pmatrix}$$

한편 $\begin{pmatrix}3\\2\end{pmatrix}=2\begin{pmatrix}2\\1\end{pmatrix}-\begin{pmatrix}1\\0\end{pmatrix}$이므로 다음을 얻는다.

$$X_3 = X\left(t;\ \begin{pmatrix}3\\2\end{pmatrix}\right) = X\left(t;\ 2\begin{pmatrix}2\\1\end{pmatrix} - \begin{pmatrix}1\\0\end{pmatrix}\right) = 2e^{-t}\begin{pmatrix}2\\1\end{pmatrix} - \left[te^{-t}\begin{pmatrix}2\\1\end{pmatrix} + e^{-t}\begin{pmatrix}1\\0\end{pmatrix}\right] \quad ■$$

참고 $\dfrac{d}{dt}\begin{pmatrix}x\\y\end{pmatrix} = \begin{pmatrix}a_{11}x + a_{12}y\\a_{21}x + a_{22}y\end{pmatrix}$를 소거법으로 풀 수도 있다. 즉 한 방정식에 한 개의 종속변수만 포함되도록 적절히 소거하여 아래와 같이 풀 수 있다.

(1) $a_{12} = 0$, $a_{21} = 0$인 경우(종속변수 분리)

$\dfrac{d}{dt}\begin{pmatrix}x\\y\end{pmatrix} = \begin{pmatrix}a_{11}x\\a_{22}y\end{pmatrix}$, 즉 $\begin{pmatrix}x' = a_{11}x\\y' = a_{22}y\end{pmatrix}$의 일반해는 2.5절을 참고하면 다음과 같다.

$$\begin{pmatrix}x\\y\end{pmatrix} = \begin{pmatrix}c_1 e^{a_{11}t}\\c_2 e^{a_{22}t}\end{pmatrix},\ (c_1,\ c_2\text{는 임의상수})$$

(2) $a_{12} \neq 0$ 또는 $a_{21} \neq 0$인 경우

편의상 $a_{12} \neq 0$라 하자. 그러면 첫째 방정식을 y에 대해서 풀면 다음과 같다.

$$y = \frac{1}{a_{12}}x' - \frac{a_{11}}{a_{12}}x \tag{7.2.18}$$

(7.2.18)을 둘째 방정식 $y' = a_{21}x + a_{22}y$에 대입하여 정리하면, y가 소거되고 x만의 2계 미분방정식을 다음과 같이 얻는다.

$$x'' - (a_{11} + a_{22})x' + (a_{11}a_{22} - a_{12}a_{21})x = 0 \tag{7.2.19}$$

(7.2.19)를 4.2절을 참고하여 풀어서 일반해 $x(t)$를 구한다. 이 일반해 $x(t)$를 (7.2.18)에 대입하면 일반해 $y(t)$를 구할 수 있다.

한편 $a_{21} \neq 0$인 경우에도 같은 요령으로 풀 수 있다.

예 7.2.14 $\dfrac{d}{dt}\begin{pmatrix}x\\y\end{pmatrix} = \begin{pmatrix}2x + 4y\\x - y\end{pmatrix}$을 풀어보자.

풀이 첫째 방정식에서 y에 대해서 풀면 $y = \frac{1}{4}x' - \frac{1}{2}x$를 얻는다. 그러므로 $y' = \frac{1}{4}x'' - \frac{1}{2}x'$이고 둘째 방정식 $y' = x - y$에 대입하여 정리하면 2계 미분방정식 $x'' - x' - 6x = 0$을 얻는다. 4.2절을 참고하면, $x'' - x' - 6x = 0$의 특성방정식이 $\lambda^2 - \lambda - 6 = 0$이므로 고유치는 $\lambda_1 = 3$, $\lambda_2 = -2$이다. 따라서 x의 일반해는 $x = c_1e^{3t} + c_2e^{-2t}$, ($c_1$, c_2는 임의상수)이다. 이것을 $y = \frac{1}{4}x' - \frac{1}{2}x$에 대입하여 정리하면, y의 일반해는 $y = \frac{1}{4}c_1e^{3t} - c_2e^{-2t}$이다. 따라서 일반해 벡터는 다음과 같다.

$$\begin{pmatrix}x\\y\end{pmatrix} = \begin{pmatrix}c_1e^{3t} + c_2e^{-2t}\\ \frac{1}{4}c_1e^{3t} - c_2e^{-2t}\end{pmatrix} = c_1e^{3t}\begin{pmatrix}1\\ \frac{1}{4}\end{pmatrix} + c_2e^{-2t}\begin{pmatrix}1\\-1\end{pmatrix},\ (c_1,\ c_2\text{는 임의상수})$$

또는 $\begin{pmatrix} x \\ y \end{pmatrix} = c_1 e^{3t}\begin{pmatrix} 4 \\ 1 \end{pmatrix} + c_2 e^{-2t}\begin{pmatrix} 1 \\ -1 \end{pmatrix}$, ($c_1$, c_2는 임의상수) (예 7.2.4 참조) ■

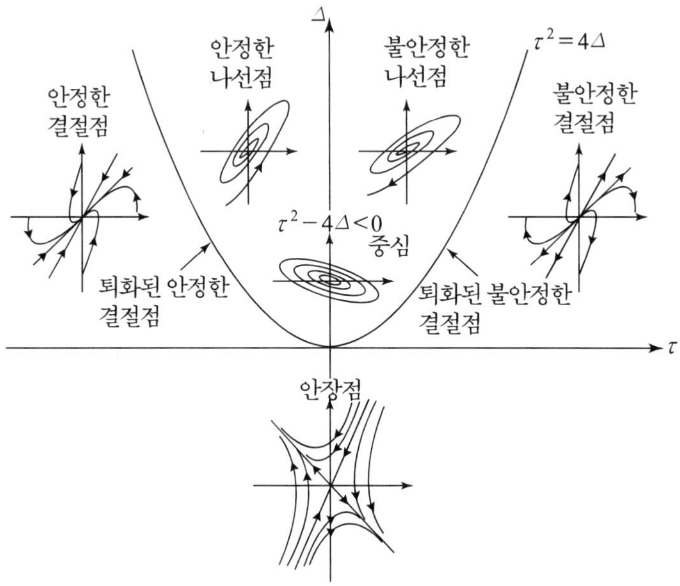

[그림 7.2.1]

참고 7.2절의 내용 중에서 정성적 성질에 관한 것을 간단히 요약해보자.

$\frac{d}{dt}X = AX$에서 해의 특성은 원점 $(0, 0)$의 근방에서 해의 궤적이 가지는 특성을 의미한다. 그런데 해의 궤적은 계수행렬 A의 고유치에 의해서 그 특성이 결정된다. 한편 2차원 정방행렬에서는 고유치의 부호와 복소수 여부는 그 트레이스와 행렬식에 의해서 결정될 수 있다. 그래서 계수행렬 $A = \begin{pmatrix} a_{11} & a_{12} \\ a_{21} & a_{22} \end{pmatrix}$의 트레이스 $\tau = \tau(A) = a_{11} + a_{22}$와 행렬식 $\Delta = \Delta(A) = a_{11}a_{22} - a_{12}a_{21}$에 의해서 해의 특성을 분류할 수 있다. 원점 $(0, 0)$의 근방에서 개략적인 그림으로 표현하면 다음과 같다.

(1) $\tau^2 - 4\Delta > 0$;
- (1-1) $\Delta > 0$; 원점은 결절점
  - (1-1-1) $\tau < 0$; 원점은 안정한 결절점
  - (1-1-2) $\tau > 0$; 원점은 불안정한 결절점
- (1-2) $\Delta \leq 0$; 원점은 안장점

(2) $\tau^2 - 4\Delta = 0$;
- (2-1) $\tau < 0$; 원점은 안정한 결절점
- (2-2) $\tau > 0$; 원점은 불안정한 결절점

(3) $\tau^2 - 4\Delta < 0$;
- (3-1) $\tau < 0$; 원점은 안정한 나선점

(3-2) $\tau=0$; 원점은 중심

(3-3) $\tau>0$; 원점은 불안정한 나선점

연습문제 7.2

1. 다음 미분방정식의 기본해집합과 일반해를 구하여라.

(1) $\begin{cases} \dfrac{dx}{dt}=2x-3y \\ \dfrac{dy}{dt}=x-2y \end{cases}$

(2) $\begin{cases} \dfrac{dr}{dt}=6r-3\theta \\ \dfrac{d\theta}{dt}=2r+\theta \end{cases}$

(3) $\begin{cases} \dfrac{dx}{dt}=-x+3y \\ \dfrac{dy}{dt}=-3x+5y \end{cases}$

(4) $\begin{cases} \dfrac{dx}{dt}=8x-4y \\ \dfrac{dy}{dt}=4x \end{cases}$

(5) $\begin{cases} \dfrac{dx}{dt}=x+\sqrt{3}\,y \\ \dfrac{dy}{dt}=\sqrt{3}\,x-y \end{cases}$

(6) $\begin{cases} \dfrac{dx}{dt}=-2x+y \\ \dfrac{dy}{dt}=x-2y \end{cases}$

(7) $\begin{cases} \dfrac{dx}{dt}=-x+y \\ \dfrac{dy}{dt}=8x+y \end{cases}$

(8) $\begin{cases} \dfrac{du}{dt}=5u+4v \\ \dfrac{dv}{dt}=-u \end{cases}$

(9) $\begin{cases} \dfrac{dx}{dt}=x+3y \\ \dfrac{dy}{dt}=3x+y \end{cases}$

(10) $\begin{cases} \dfrac{dx}{dt}=6x-3y \\ \dfrac{dy}{dt}=2x+y \end{cases}$

(11) $\begin{cases} \dfrac{dx}{dt}=3x-y \\ \dfrac{dy}{dt}=9x-3y \end{cases}$

(12) $\begin{cases} \dfrac{dx}{dt}=-6x+5y \\ \dfrac{dy}{dt}=-5x+4y \end{cases}$

(13) $\begin{cases} \dfrac{dx}{dt}=x+y \\ \dfrac{dy}{dt}=-2x-y \end{cases}$

(14) $\begin{cases} \dfrac{dx}{dt}=8x-4y \\ \dfrac{dy}{dt}=4x \end{cases}$

(15) $\begin{cases} \dfrac{dx}{dt}=5x+y \\ \dfrac{dy}{dt}=-2x+3y \end{cases}$

(16) $\begin{cases} \dfrac{du}{dt}=4u+5v \\ \dfrac{dv}{dt}=-2u+6v \end{cases}$

(17) $\begin{cases} \dfrac{dx}{dt}=6x-y \\ \dfrac{dy}{dt}=5x+4y \end{cases}$

(18) $\begin{cases} \dfrac{dx}{dt}=x+y \\ \dfrac{dy}{dt}=-2x-y \end{cases}$

(19) $\begin{cases} \dfrac{dx}{dt} = 6x - y \\ \dfrac{dy}{dt} = 5x + 2y \end{cases}$ (20) $\begin{cases} \dfrac{dx}{dt} = x - 8y \\ \dfrac{dy}{dt} = x - 3y \end{cases}$

(21) $\begin{cases} \dfrac{dx}{dt} = 8x - 8y \\ \dfrac{dy}{dt} = x + 4y \end{cases}$

2. 다음 초기치문제의 해를 구하고 해의 궤적을 위상평면상에 그려라.

(1) $\begin{cases} \dfrac{dx}{dt} = 2x - 3y \\ \dfrac{dy}{dt} = x - 2y \end{cases}, \begin{pmatrix} x(0) \\ y(0) \end{pmatrix} = \begin{pmatrix} 1 \\ -1 \end{pmatrix}$ (2) $\begin{cases} \dfrac{dx}{dt} = -x + 3y \\ \dfrac{dy}{dt} = -3x + 5y \end{cases}, \begin{pmatrix} x(0) \\ y(0) \end{pmatrix} = \begin{pmatrix} 1 \\ -1 \end{pmatrix}$

(3) $\begin{cases} \dfrac{dx}{dt} = 3x - y \\ \dfrac{dy}{dt} = 9x - 3y \end{cases}, \begin{pmatrix} x(0) \\ y(0) \end{pmatrix} = \begin{pmatrix} 1 \\ -1 \end{pmatrix}$ (4) $\begin{cases} \dfrac{dx}{dt} = -3y \\ \dfrac{dy}{dt} = 3x - 6y \end{cases}, \begin{pmatrix} x(0) \\ y(0) \end{pmatrix} = \begin{pmatrix} 1 \\ -1 \end{pmatrix}$

(5) $\begin{cases} \dfrac{dx}{dt} = x + y \\ \dfrac{dy}{dt} = -2x - y \end{cases}, \begin{pmatrix} x(0) \\ y(0) \end{pmatrix} = \begin{pmatrix} 1 \\ -1 \end{pmatrix}$ (6) $\begin{cases} \dfrac{dx}{dt} = 6x - y \\ \dfrac{dy}{dt} = 5x + 4y \end{cases}, \begin{pmatrix} x(0) \\ y(0) \end{pmatrix} = \begin{pmatrix} 1 \\ -1 \end{pmatrix}$

3. 상수 $r \geq 0$와 $\omega > 0$의 크기 관계에 따라 $\begin{cases} x' = y \\ y' = -\omega^2 x - 2ry \end{cases}$의 해의 성질을 조사하여라.

7.3 3차원 선형 제차 미분방정식

3차원 이상의 선형 미분방정식은 2차원 경우보다 유형의 개수가 많을 뿐이므로 유사한 방법으로 분석할 수 있다. 그 예로 이 절에서 3차원 미분방정식을 다룬다.

이 절에서는 $A = \begin{pmatrix} a_{11} & a_{12} & a_{13} \\ a_{21} & a_{22} & a_{23} \\ a_{31} & a_{32} & a_{33} \end{pmatrix}$, $X = \begin{pmatrix} x \\ y \\ z \end{pmatrix}$라 두고, 다음과 같이 1계 3차원 선형 제차 미분방정식을 생각하자.

$$\frac{d}{dt}X = AX, \quad 즉 \quad \frac{d}{dt}\begin{pmatrix} x \\ y \\ z \end{pmatrix} = \begin{pmatrix} a_{11} & a_{12} & a_{13} \\ a_{21} & a_{22} & a_{23} \\ a_{31} & a_{32} & a_{33} \end{pmatrix}\begin{pmatrix} x \\ y \\ z \end{pmatrix} \tag{7.3.1}$$

단 a_{ij} 는 실 상수(i, $j=1$, 2, 3)이다.

편의상 (7.3.1)은 $X' = AX$ 라 표현하기로 하자. 여기서 정리 7.1.16을 (7.3.1)에 적용하면 다음과 같다.

| 정리 7.3.1 | 벡터 $\begin{pmatrix} u \\ v \\ w \end{pmatrix} \neq 0$에 대해서, $e^{\lambda t}\begin{pmatrix} u \\ v \\ w \end{pmatrix}$가 $\dfrac{d}{dt}\begin{pmatrix} x \\ y \\ z \end{pmatrix} = \begin{pmatrix} a_{11} & a_{12} & a_{13} \\ a_{21} & a_{22} & a_{23} \\ a_{31} & a_{32} & a_{33} \end{pmatrix}\begin{pmatrix} x \\ y \\ z \end{pmatrix}$의 해가 되기 위한 필요충분조건은 다음과 같다.

$$\begin{pmatrix} a_{11} & a_{12} & a_{13} \\ a_{21} & a_{22} & a_{23} \\ a_{31} & a_{32} & a_{33} \end{pmatrix}\begin{pmatrix} u \\ v \\ w \end{pmatrix} = \lambda\begin{pmatrix} u \\ v \\ w \end{pmatrix}$$

즉 (i) λ 가 $\begin{pmatrix} a_{11} & a_{12} & a_{13} \\ a_{21} & a_{22} & a_{23} \\ a_{31} & a_{32} & a_{33} \end{pmatrix}$의 고유치이고, (ii) $\begin{pmatrix} u \\ v \\ w \end{pmatrix}$가 λ 에 대응되는 $\begin{pmatrix} a_{11} & a_{12} & a_{13} \\ a_{21} & a_{22} & a_{23} \\ a_{31} & a_{32} & a_{33} \end{pmatrix}$의 고유벡터이다.

정리 7.3.1에 의해서, $\dfrac{d}{dt}X = AX$ 의 기본해집합은 계수행렬 A 의 고유치와 고유벡터에 의해서 결정된다. 여기서도 행렬 A 를 대각화 가능인 경우와 대각화 불가능인 경우로 분류하여 다루면 편리하다(부록 A 참조). 즉 행렬 A 를 아래와 같이 3가지 경우로 분류해서 $\dfrac{d}{dt}X = AX$ 의 기본해집합을 구하고 정성적 성질을 알아보자.

(1) 일차 독립인 3개의 고유벡터 존재(대각화 가능인 경우)

$$A = \begin{pmatrix} a_{11} & a_{12} & a_{13} \\ a_{21} & a_{22} & a_{23} \\ a_{31} & a_{32} & a_{33} \end{pmatrix} \sim \begin{pmatrix} \lambda_1 & 0 & 0 \\ 0 & \lambda_2 & 0 \\ 0 & 0 & \lambda_3 \end{pmatrix}, \ (\lambda_1,\ \lambda_2,\ \lambda_3 \text{ 는 실 고유치 또는 복소 고유치})$$

(2) 일차 독립인 두 개의 고유벡터만 존재(대각화 불가능인 경우)

$$A = \begin{pmatrix} a_{11} & a_{12} & a_{13} \\ a_{21} & a_{22} & a_{23} \\ a_{31} & a_{32} & a_{33} \end{pmatrix} \sim \begin{pmatrix} \lambda_0 & 1 & 0 \\ 0 & \lambda_0 & 0 \\ 0 & 0 & \lambda_3 \end{pmatrix}, \ (\lambda_0,\ \lambda_3 \text{ 는 실 고유치})$$

(3) 일차 독립인 1개의 고유벡터만 존재(대각화 불가능인 경우)

$$A=\begin{pmatrix} a_{11} & a_{12} & a_{13} \\ a_{21} & a_{22} & a_{23} \\ a_{31} & a_{32} & a_{33} \end{pmatrix} \sim \begin{pmatrix} \lambda_0 & 1 & 0 \\ 0 & \lambda_0 & 1 \\ 0 & 0 & \lambda_0 \end{pmatrix},\ (\lambda_0 \text{ 는 중복 실 고유치})$$

7.3.1 일차 독립인 3개의 고유벡터 존재

$$\text{즉 } A=\begin{pmatrix} a_{11} & a_{12} & a_{13} \\ a_{21} & a_{22} & a_{23} \\ a_{31} & a_{32} & a_{33} \end{pmatrix} \sim \begin{pmatrix} \lambda_1 & 0 & 0 \\ 0 & \lambda_2 & 0 \\ 0 & 0 & \lambda_3 \end{pmatrix},\ (\lambda_1,\ \lambda_2,\ \lambda_3 \text{ 는 실 고유치 또는 복소 고유치})$$

이 경우에, A 는 λ_1, λ_2, λ_3 에 각각 대응되는 일차 독립인 3개의 고유벡터 V_1, V_2, V_3 를 가진다. 즉

$$A V_1 = \lambda_1 V_1,\ A V_2 = \lambda_2 V_2,\ A V_3 = \lambda_3 V_3 \tag{7.3.2}$$

그러므로 정리 7.3.1에 의해서 벡터함수 $e^{\lambda_1 t} V_1$, $e^{\lambda_2 t} V_2$, $e^{\lambda_3 t} V_3$ 가 $\frac{d}{dt}X = AX$ 의 일차 독립인 해가 되므로, $\left\{e^{\lambda_1 t} V_1,\ e^{\lambda_2 t} V_2,\ e^{\lambda_3 t} V_3\right\}$가 기본해집합이 된다.

이 내용을 정리하면 다음을 얻는다.

| 정리 7.3.2 | λ_1, λ_2, λ_3 가 A 의 고유치이고, V_1, V_2, V_3 는 각각 대응되는 일차 독립인 고유벡터라 하자. 그러면 $\left\{e^{\lambda_1 t} V_1,\ e^{\lambda_2 t} V_2,\ e^{\lambda_3 t} V_3\right\}$가 $\frac{d}{dt}X = AX$ 의 기본해집합이 되고, 일반해는 다음과 같다.

$$X = c_1 e^{\lambda_1 t} V_1 + c_2 e^{\lambda_2 t} V_2 + c_3 e^{\lambda_3 t} V_3,\ (c_1,\ c_2,\ c_3 \text{는 임의상수}) \tag{7.3.3}$$

참고 (7.3.3)에서 $\frac{d}{dt}X = AX$의 해는 세 개의 고유벡터 성분으로 분해된다. 그리고 초기치문제 $[\frac{d}{dt}X = AX,\ X(0) = X_0]$의 해는 다음과 같다.

$$X(t;\ X_0) = c_1 e^{\lambda_1 t} V_1 + c_2 e^{\lambda_2 t} V_2 + c_3 e^{\lambda_3 t} V_3$$

단 c_1, c_2, c_3는 다음 연립방정식의 해이다.

$$c_1 V_1 + c_2 V_2 + c_3 V_3 = X_0 \tag{7.3.4}$$

3차 실 정방행렬 A 의 특성방정식 $\det(\lambda I - A) = 0$은 실 계수인 3차 방정식이고 그 근들이 고유치 λ_1, λ_2, λ_3 이다. 그러므로 고유치 λ_1, λ_2, λ_3 는 모두 실수일 경

우와 한 개의 실수와 켤레 복소수인 경우로 나누어진다. 그리고 A가 실 행렬이므로, 실 고유치에 대응되는 고유벡터는 실 벡터이고, 복소 고유치에 대응되는 고유벡터는 복소 벡터이다. 그래서 아래와 같이 두 경우로 나누어 다루자.

(1) $\lambda_1, \lambda_2, \lambda_3$가 모두 실 고유치

이 경우에는 각각 대응되는 고유벡터 V_1, V_2, V_3가 모두 실 벡터이므로 기본해 $e^{\lambda_1 t}V_1$, $e^{\lambda_2 t}V_2$, $e^{\lambda_3 t}V_3$가 모두 실 벡터함수이다. 따라서 이 경우에 $\frac{d}{dt}X = AX$의 일반해 (7.3.3)는 실 벡터함수로서 그대로 사용할 수 있다.

(2) λ_1이 실 고유치이고, λ_2, λ_3가 켤레 복소 고유치

편의상 $\lambda_2 = \alpha + \beta i$, $\lambda_3 = \alpha - \beta i$라 두자($\beta > 0$, α는 실수). 그리고 V_1은 실 고유벡터이고, 7.2.1절의 (2)에서와 같이 V_2, V_3는 복소 고유벡터로서 켤레 벡터 $V_3 = \overline{V_2}$가 되도록 택하자. 그러면 기본해 $e^{\lambda_1 t}V_1$은 실 벡터함수이고, $e^{\lambda_2 t}V_2$, $e^{\lambda_3 t}V_3$는 복소 벡터함수로서 $e^{\lambda_3 t}V_3 = \overline{e^{\lambda_2 t}V_2} = e^{\overline{\lambda_2}t}\overline{V_2}$이다.

따라서 이 경우에 일반해 (7.3.3)은 복소 벡터함수의 형태이다. 그래서 7.2.1절 (2)의 2차원 미분방정식에서 복소 고유치를 가진 경우와 동일한 이유와 방법에 의해서, 복소 벡터 해 $e^{\lambda_2 t}V_2$, $e^{\overline{\lambda_2}t}\overline{V_2}$을 대신할 실 벡터 해인 두 개의 기본해를 구할 수 있다. 즉 $e^{\lambda_2 t}V_2$의 실수부 $Re[e^{\lambda_2 t}V_2]$와 허수부 $Im[e^{\lambda_2 t}V_2]$가 실 벡터함수로서 두 개의 기본해가 된다. 구체적으로 표현하면 다음과 같다. 먼저 $U_r = Re\,V_2$, $U_i = Im\,V_2$라 두자. 그러면 기본해 $e^{\lambda_2 t}V_2$의 실수부 $Y_r = e^{\alpha t}(U_r \cos\beta t - U_i \sin\beta t)$와 허수부 $Y_i = e^{\alpha t}(U_r \sin\beta t + U_i \cos\beta t)$가 일차 독립인 (실 벡터함수) 해가 된다.

따라서 $\frac{d}{dt}X = AX$의 실 기본해집합과 실 일반해는 다음과 같다.

기본해집합: $\left\{e^{\lambda_1 t}V_1,\ e^{\alpha t}(U_r\cos\beta t - U_i\sin\beta t),\ e^{\alpha t}(U_r\sin\beta t + U_i\cos\beta t)\right\}$

일반해: $X = c_1 e^{\lambda_1 t}V_1 + c_2 e^{\alpha t}(U_r\cos\beta t - U_i\sin\beta t) + c_3 e^{\alpha t}(U_r\sin\beta t + U_i\cos\beta t)$,

(c_1, c_2, c_3는 임의상수) (7.3.5)

예 7.3.3 (1) $\frac{d}{dt}\begin{pmatrix} x \\ y \\ z \end{pmatrix} = \begin{pmatrix} x + 2y - z \\ x + z \\ 4x - 4y + 5z \end{pmatrix}$의 일반해를 구해보자.

(2) 초기치문제 [$\frac{d}{dt}\begin{pmatrix} x \\ y \\ z \end{pmatrix} = \begin{pmatrix} x + 2y - z \\ x + z \\ 4x - 4y + 5z \end{pmatrix}$, $\begin{pmatrix} x(0) = 2 \\ y(0) = 3 \\ z(0) = 0 \end{pmatrix}$]의 해를 구해보자.

풀이

(1) 계수행렬 $A=\begin{pmatrix}1 & 2 & -1\\ 1 & 0 & 1\\ 4 & -4 & 5\end{pmatrix}$의 특성방정식은 다음과 같다.

$$\det(\lambda I - A)=\begin{vmatrix}\lambda-1 & -2 & 1\\ -1 & \lambda & -1\\ -4 & 4 & \lambda-5\end{vmatrix}=(\lambda-1)(\lambda-2)(\lambda-3)=0$$

단 $I=\begin{pmatrix}1&0&0\\0&1&0\\0&0&1\end{pmatrix}$는 3차 항등행렬이다. 따라서 A는 3개의 서로 다른 고유치 $\lambda_1=1$, $\lambda_2=2$, $\lambda_3=3$을 가진다.

먼저 $\lambda_1=1$에 대응되는 고유벡터 $V_1=\begin{pmatrix}x\\y\\z\end{pmatrix}\neq\begin{pmatrix}0\\0\\0\end{pmatrix}$를 구하자. 즉 $(A-\lambda_1 I)V_1=\begin{pmatrix}0 & 2 & -1\\ 1 & -1 & 1\\ 4 & -4 & 4\end{pmatrix}\begin{pmatrix}x\\y\\z\end{pmatrix}=\begin{pmatrix}0\\0\\0\end{pmatrix}$라 하자. 그러면 V_1은 $2y-z=0$, $x-y+z=0$의 비자명해이다. 따라서 $V_1=\begin{pmatrix}1\\-1\\-2\end{pmatrix}$가 $\lambda_1=1$에 대응되는 간단한 고유벡터이다.

이제 $\lambda_2=2$에 대응되는 고유벡터 $V_2=\begin{pmatrix}x\\y\\z\end{pmatrix}\neq\begin{pmatrix}0\\0\\0\end{pmatrix}$를 구하자. 즉 $(A-\lambda_2 I)V_2=\begin{pmatrix}-1 & 2 & -1\\ 1 & -2 & 1\\ 4 & -4 & 3\end{pmatrix}\begin{pmatrix}x\\y\\z\end{pmatrix}=\begin{pmatrix}0\\0\\0\end{pmatrix}$라 하자. 그러면 V_2는 $x-2y+z=0$, $4x-4y+3z=0$의 비자명해이다. 따라서 $V_2=\begin{pmatrix}2\\-1\\-4\end{pmatrix}$가 $\lambda_2=2$에 대응되는 간단한 고유벡터이다.

같은 요령으로 $(A-\lambda_3 I)V_3=\begin{pmatrix}-2 & 2 & -1\\ 1 & -3 & 1\\ 4 & -4 & 2\end{pmatrix}\begin{pmatrix}x\\y\\z\end{pmatrix}=\begin{pmatrix}0\\0\\0\end{pmatrix}$라 두고 계산하면, V_3는 $2x-2y+z=0$, $x-3y+z=0$의 비자명해이다. 따라서 $V_3=\begin{pmatrix}1\\-1\\-4\end{pmatrix}$가 $\lambda_3=3$에 대응되는 간단한 고유벡터이다. 여기서 V_1, V_2, V_3는 일차 독립이다.

그러므로 정리 7.3.2에 의해서, $\left\{e^t\begin{pmatrix}1\\-1\\-2\end{pmatrix},\ e^{2t}\begin{pmatrix}2\\-1\\-4\end{pmatrix},\ e^{3t}\begin{pmatrix}1\\-1\\-4\end{pmatrix}\right\}$가 기본해집합이 되고 일반해는 다음과 같이 이들의 일차 결합으로 표현된다.

$$X = c_1 e^t \begin{pmatrix} 1 \\ -1 \\ -2 \end{pmatrix} + c_2 e^{2t} \begin{pmatrix} 2 \\ -1 \\ -4 \end{pmatrix} + c_3 e^{3t} \begin{pmatrix} 1 \\ -1 \\ -4 \end{pmatrix}, \ (c_1, c_2, c_3\text{는 임의상수})$$

(2) 초기조건 $\begin{pmatrix} x(0)=2 \\ y(0)=3 \\ z(0)=0 \end{pmatrix}$을 일반해에 대입하여 등식이 성립하도록 임의상수 c_1, c_2, c_3의 값을 구하자. 그러면 c_1, c_2, c_3에 관한 다음 연립방정식을 얻는다.

$$X(0) = c_1 \begin{pmatrix} 1 \\ -1 \\ -2 \end{pmatrix} + c_2 \begin{pmatrix} 2 \\ -1 \\ -4 \end{pmatrix} + c_3 \begin{pmatrix} 1 \\ -1 \\ -4 \end{pmatrix} = \begin{pmatrix} 2 \\ 3 \\ 0 \end{pmatrix}$$

이 연립방정식을 풀면, $c_1 = -6$, $c_2 = 5$, $c_3 = -2$이다. 따라서 초기치문제의 해는 다음과 같다.

$$X\left(t; \begin{pmatrix} 2 \\ 3 \\ 0 \end{pmatrix}\right) = -6e^t \begin{pmatrix} 1 \\ -1 \\ -2 \end{pmatrix} + 5e^{2t} \begin{pmatrix} 2 \\ -1 \\ -4 \end{pmatrix} - 2e^{3t} \begin{pmatrix} 1 \\ -1 \\ -4 \end{pmatrix}$$ ■

예 7.3.4 (1) $\dfrac{d}{dt}\begin{pmatrix} x \\ y \\ z \end{pmatrix} = \begin{pmatrix} x-y+2z \\ -x+y \\ -x+z \end{pmatrix}$의 일반해를 구해보자.

(2) 초기치문제 $\left[\dfrac{d}{dt}\begin{pmatrix} x \\ y \\ z \end{pmatrix} = \begin{pmatrix} x-y+2z \\ -x+y \\ -x+z \end{pmatrix}, \begin{pmatrix} x(0)=2 \\ y(0)=4 \\ z(0)=1 \end{pmatrix}\right]$의 해를 구해보자.

풀이

(1) 계수행렬 $A = \begin{pmatrix} 1 & -1 & 2 \\ -1 & 1 & 0 \\ -1 & 0 & 1 \end{pmatrix}$의 고유치 λ는 다음 특성방정식의 근이다.

$$\det(\lambda I - A) = \begin{vmatrix} \lambda-1 & 1 & -2 \\ 1 & \lambda-1 & 0 \\ 1 & 0 & \lambda-1 \end{vmatrix} = (\lambda-1)^3 + (\lambda-1) = 0$$

따라서 A는 3개의 서로 다른 고유치 $\lambda_1 = 1$, $\lambda_2 = 1+i$, $\lambda_3 = 1-i$을 가진다.

먼저 $\lambda_1 = 1$에 대응되는 고유벡터 $V_1 = \begin{pmatrix} x \\ y \\ z \end{pmatrix} \neq \begin{pmatrix} 0 \\ 0 \\ 0 \end{pmatrix}$를 구하자. 그러면 $(A - \lambda_1 I)V_1$ $= \begin{pmatrix} 0 & -1 & 2 \\ -1 & 0 & 0 \\ -1 & 0 & 0 \end{pmatrix}\begin{pmatrix} x \\ y \\ z \end{pmatrix} = \begin{pmatrix} 0 \\ 0 \\ 0 \end{pmatrix}$이다. 즉 V_1은 $-y+2z=0$, $x=0$의 비자명해이다.

따라서 $V_1 = \begin{pmatrix} 0 \\ 2 \\ 1 \end{pmatrix}$가 $\lambda_1 = 1$에 대응되는 간단한 고유벡터이다.

이제 $\lambda_2 = 1+i$ 에 대응되는 고유벡터 $V_2 = \begin{pmatrix} x \\ y \\ z \end{pmatrix} \neq \begin{pmatrix} 0 \\ 0 \\ 0 \end{pmatrix}$를 구하자. 그러면 $(A-\lambda_2 I)V_2 = \begin{pmatrix} i & -1 & 2 \\ -1 & i & 0 \\ -1 & 0 & i \end{pmatrix}\begin{pmatrix} x \\ y \\ z \end{pmatrix} = \begin{pmatrix} 0 \\ 0 \\ 0 \end{pmatrix}$이다. 즉 V_2는 $ix - y + 2z = 0$, $-x + iy = 0$, $-x + iz = 0$의 비자명해이다. 따라서 $V_2 = \begin{pmatrix} i \\ 1 \\ 1 \end{pmatrix}$이 $\lambda_2 = 1+i$ 에 대응되는 간단한 고유벡터이다. 그러므로 $\overline{V_2} = \begin{pmatrix} -i \\ 1 \\ 1 \end{pmatrix}$이 $\lambda_3 = 1-i$ 에 대응되는 간단한 고유벡터이다.

그러므로 정리 7.3.2에 의해서, $\left\{ e^t \begin{pmatrix} 0 \\ 2 \\ 1 \end{pmatrix},\ e^{(1+i)t}\begin{pmatrix} i \\ 1 \\ 1 \end{pmatrix},\ e^{(1-i)t}\begin{pmatrix} -i \\ 1 \\ 1 \end{pmatrix} \right\}$가 기본해 집합이 되고 일반해는 이들의 일차 결합으로 표현된다.

$$X = c_1 e^t \begin{pmatrix} 0 \\ 2 \\ 1 \end{pmatrix} + c_2 e^{(1+i)t}\begin{pmatrix} i \\ 1 \\ 1 \end{pmatrix} + c_3 e^{(1-i)t}\begin{pmatrix} -i \\ 1 \\ 1 \end{pmatrix},\ (c_1,\ c_2,\ c_3\text{는 임의상수})$$

위의 일반해는 복소 벡터함수 형태이므로 실 벡터함수 형태로 표현해보자.

$$U_r = Re\begin{pmatrix} i \\ 1 \\ 1 \end{pmatrix} = \begin{pmatrix} 0 \\ 1 \\ 1 \end{pmatrix},\quad U_i = Im\begin{pmatrix} i \\ 1 \\ 1 \end{pmatrix} = \begin{pmatrix} 1 \\ 0 \\ 0 \end{pmatrix}$$

라 두자. 그러면 기본해 $e^{(1+i)t}\begin{pmatrix} i \\ 1 \\ 1 \end{pmatrix}$의 실수부 Y_r와 허수부 Y_i는 다음과 같다.

$$Y_r = \frac{1}{2}\left[e^{(1+i)t}\begin{pmatrix} i \\ 1 \\ 1 \end{pmatrix} + e^{(1-i)t}\begin{pmatrix} -i \\ 1 \\ 1 \end{pmatrix} \right] = \begin{pmatrix} 0 \\ 1 \\ 1 \end{pmatrix} e^t \cos t - \begin{pmatrix} 1 \\ 0 \\ 0 \end{pmatrix} e^t \sin t,$$

$$Y_i = \frac{1}{2i}\left[e^{(1+i)t}\begin{pmatrix} i \\ 1 \\ 1 \end{pmatrix} - e^{(1-i)t}\begin{pmatrix} -i \\ 1 \\ 1 \end{pmatrix} \right] = \begin{pmatrix} 0 \\ 1 \\ 1 \end{pmatrix} e^t \sin t + \begin{pmatrix} 1 \\ 0 \\ 0 \end{pmatrix} e^t \cos t$$

따라서 $\left\{ e^t \begin{pmatrix} 0 \\ 2 \\ 1 \end{pmatrix},\ Y_r,\ Y_i \right\}$가 기본해집합이 되고 일반해는 실 벡터함수로 다음과 같이 표현된다.

$$X = c_1 e^t \begin{pmatrix} 0 \\ 2 \\ 1 \end{pmatrix} + c_2 e^t \left[\begin{pmatrix} 0 \\ 1 \\ 1 \end{pmatrix} \cos t - \begin{pmatrix} 1 \\ 0 \\ 0 \end{pmatrix} \sin t \right] + c_3 e^t \left[\begin{pmatrix} 0 \\ 1 \\ 1 \end{pmatrix} \sin t + \begin{pmatrix} 1 \\ 0 \\ 0 \end{pmatrix} \cos t \right],$$

(c_1, c_2, c_3는 임의상수)

(2) 초기조건 $\begin{pmatrix} x(0)=2 \\ y(0)=4 \\ z(0)=1 \end{pmatrix}$을 실 벡터함수인 일반해에 대입하여 등식이 성립하도록 임의상수 c_1, c_2, c_3 의 값을 구하자. 그러면 c_1, c_2, c_3에 관한 다음 연립방정식을 얻는다.

$$X(0) = c_1\begin{pmatrix} 0 \\ 2 \\ 1 \end{pmatrix} + c_2\begin{pmatrix} 0 \\ 1 \\ 1 \end{pmatrix} + c_3\begin{pmatrix} 1 \\ 0 \\ 0 \end{pmatrix} = \begin{pmatrix} 2 \\ 4 \\ 1 \end{pmatrix}$$

연립방정식을 풀면, $c_1 = 3$, $c_2 = -2$, $c_3 = 2$ 이므로 초기치문제의 해는 다음과 같다.

$$X(t; \begin{pmatrix} 2 \\ 4 \\ 1 \end{pmatrix}) = 3e^t\begin{pmatrix} 0 \\ 2 \\ 1 \end{pmatrix} - 2e^t\left[\begin{pmatrix} 0 \\ 1 \\ 1 \end{pmatrix}\cos t - \begin{pmatrix} 1 \\ 0 \\ 0 \end{pmatrix}\sin t\right] + 2e^t\left[\begin{pmatrix} 0 \\ 1 \\ 1 \end{pmatrix}\sin t + \begin{pmatrix} 1 \\ 0 \\ 0 \end{pmatrix}\cos t\right]$$

$$= 3e^t\begin{pmatrix} 0 \\ 2 \\ 1 \end{pmatrix} + 2e^t(\sin t - \cos t)\begin{pmatrix} 0 \\ 1 \\ 1 \end{pmatrix} + 2e^t(\cos t + \sin t)\begin{pmatrix} 1 \\ 0 \\ 0 \end{pmatrix}$$ ■

3차원 미분방정식의 정성적 성질은 2차원 미분방정식의 경우와 같은 원리로 정리 7.3.2에 의해서 다음과 같다.

| 정리 7.3.5 | $A = \begin{pmatrix} a_{11} & a_{12} & a_{13} \\ a_{21} & a_{22} & a_{23} \\ a_{31} & a_{32} & a_{33} \end{pmatrix} \sim \begin{pmatrix} \lambda_1 & 0 & 0 \\ 0 & \lambda_2 & 0 \\ 0 & 0 & \lambda_3 \end{pmatrix}$이고 V_1, V_2, V_3는 각각 λ_1, λ_2, λ_3에 대응되는 일차 독립인 고유벡터 (7.3.2)라 하자. 그러면 $\frac{d}{dt}X = AX$의 정성적 성질은 λ_1, λ_2, λ_3에 의해서 결정된다. 초기치문제 $[\frac{d}{dt}X = AX$, $X(0) = V_k]$의 해와 정성적 성질은 다음과 같다.

$$X(t; V_k) = e^{\lambda_k t}V_k,\ k = 1,\ 2,\ 3$$

(1) $Re(\lambda_k) > 0$ 인 경우;

$$\lim_{t\to\infty} \| X(t; V_k) \| = \lim_{t\to\infty} \| e^{\lambda_k t}V_k \| = \lim_{t\to\infty} e^{Re(\lambda_k)t} \| V_k \| = \infty,$$

$$\lim_{t\to-\infty} \| X(t; V_k) \| = \lim_{t\to-\infty} \| e^{\lambda_k t}V_k \| = \lim_{t\to-\infty} e^{Re(\lambda_k)t} \| V_k \| = 0$$

(2) $Re(\lambda_k) < 0$ 인 경우;

$$\lim_{t\to\infty} \| X(t;V_k) \| = \lim_{t\to\infty} \| e^{\lambda_k t} V_k \| = \lim_{t\to\infty} e^{Re(\lambda_k)t} \| V_k \| = 0,$$

$$\lim_{t\to-\infty} \| X(t;V_k) \| = \lim_{t\to-\infty} \| e^{\lambda_k t} V_k \| = \lim_{t\to-\infty} e^{Re(\lambda_k)t} \| V_k \| = \infty$$

(3) $Re(\lambda_k) = 0$ 인 경우;

$X(t;V_k) = e^{\lambda_k t} V_k$ 는 주기함수 또는 상수함수이고,

$\| X(t;V_k) \| = \| V_k \|$

7.3.2 일차 독립인 2개의 고유벡터만 존재

$$\text{즉 } A = \begin{pmatrix} a_{11} & a_{12} & a_{13} \\ a_{21} & a_{22} & a_{23} \\ a_{31} & a_{32} & a_{33} \end{pmatrix} \sim \begin{pmatrix} \lambda_0 & 1 & 0 \\ 0 & \lambda_0 & 0 \\ 0 & 0 & \lambda_3 \end{pmatrix}, (\lambda_0, \lambda_3 \text{는 실 고유치})$$

이와 같은 경우에는 중복 고유치 λ_0에 대응되는 일차 독립인 고유벡터는 한 개만 있고, λ_3에 대응되는 고유벡터가 한 개 있다.

먼저 고유치 λ_3에 대응되는 A의 고유벡터를 V_3라 두자. 즉

$$A V_3 = \lambda_3 V_3$$

그러면 정리 7.3.1에 의해서 $X_3 = e^{\lambda_3 t} V_3$가 $\frac{d}{dt}X = AX$의 해가 된다.

한편 중복 고유치 λ_0에 대응되는 A의 일차 독립인 고유벡터는 한 개뿐인데 그것을 V_0라 하자. 즉

$$A V_0 = \lambda_0 V_0 \tag{7.3.6}$$

그러면 정리 7.3.1에 의해서 $X_1 = e^{\lambda_0 t} V_0$도 $\frac{d}{dt}X = AX$의 해가 된다.

그런데 3차원 미분방정식의 기본해집합은 일차 독립인 3개의 해들로 구성된다. 따라서 $X_1 = e^{\lambda_0 t} V_0$, $X_3 = e^{\lambda_3 t} V_3$와 일차 독립이 되는 해를 하나 더 찾아야 기본해집합을 구성하고 일반해를 구할 수 있다.

이제 중복 고유치 λ_0에 관련된 해를 하나 더 찾아보자.

7.2.2절의 2차원 미분방정식에서 일차 독립인 1개의 고유벡터만 있는 경우와 같은 이유로 다음의 벡터함수 $X_2(t)$가 $\frac{d}{dt}X = AX$의 해가 되도록 $W \in \boldsymbol{R}^3$를 찾아보자.

$$X_2 = e^{\lambda_0 t}(tV_0 + W) = te^{\lambda_0 t}V_0 + e^{\lambda_0 t}W \tag{7.3.7}$$

즉 $X_2 = te^{\lambda_0 t}V_0 + e^{\lambda_0 t}W$를 $\frac{d}{dt}X = AX$에 대입하여 등식이 성립하도록 $W \in \boldsymbol{R}^3$를 구해보자. $X_2(t)$의 도함수는 다음과 같다.

$$\frac{d}{dt}X_2 = e^{\lambda_0 t}V_0 + \lambda_0 te^{\lambda_0 t}V_0 + \lambda_0 e^{\lambda_0 t}W$$

따라서 $X_2(t)$를 $\frac{d}{dt}X = AX$에 대입하면 다음을 얻는다.

$$e^{\lambda_0 t}V_0 + \lambda_0 te^{\lambda_0 t}V_0 + \lambda_0 e^{\lambda_0 t}W = te^{\lambda_0 t}AV_0 + e^{\lambda_0 t}AW$$

여기서 $e^{\lambda_0 t} \neq 0$이므로, 위 등식은 다음과 동치이다.

$$V_0 + \lambda_0 tV_0 + \lambda_0 W = tAV_0 + AW$$

한편 $AV_0 = \lambda_0 V_0$이므로, 위의 등식은 다음과 같다.

$$V_0 + \lambda_0 tV_0 + \lambda_0 W = t\lambda_0 V_0 + AW$$

따라서 $V_0 + \lambda_0 W = AW$이다. 보기 좋게 표현하면 W에 대한 다음 연립방정식을 얻는다.

$$(A - \lambda_0 I)W = V_0$$

$V_0 \neq 0$이므로 $W \neq 0$이고, 간단히 계산해보면 V_0와 W가 일차 독립임을 알 수 있다(이런 W를 λ_0에 대응되는 A의 일반화된 고유벡터라 한다).

이 내용을 정리하면 다음 정리를 얻는다.

| 정리 7.3.6 | $A = \begin{pmatrix} a_{11} & a_{12} & a_{13} \\ a_{21} & a_{22} & a_{23} \\ a_{31} & a_{32} & a_{33} \end{pmatrix} \sim \begin{pmatrix} \lambda_0 & 1 & 0 \\ 0 & \lambda_0 & 0 \\ 0 & 0 & \lambda_3 \end{pmatrix}$일 때, 중복 고유치 λ_0에 대응되는 일차 독립인 1개뿐인 고유벡터를 V_0라 하고, 고유치 λ_3에 대응되는 고유벡터를 V_3라 하자. 그리고 벡터 W는 다음을 만족한다고 가정하자.

$$(A - \lambda_0 I)W = V_0 \tag{7.3.8}$$

그러면 $\left\{e^{\lambda_0 t}V_0,\ e^{\lambda_0 t}(tV_0 + W),\ e^{\lambda_3 t}V_3\right\}$가 $\frac{d}{dt}X = AX$의 기본해집합이 되고, 일반해는 다음과 같다.

$$X = c_1 e^{\lambda_0 t} V_0 + c_2 e^{\lambda_0 t}(t V_0 + W) + c_3 e^{\lambda_3 t} V_3 \tag{7.3.9}$$

단 c_1, c_2, c_3는 임의상수이다.

예 7.3.7 (1) $\dfrac{d}{dt}\begin{pmatrix} x \\ y \\ z \end{pmatrix} = \begin{pmatrix} 5x-4y \\ x+2z \\ 2y+5z \end{pmatrix}$의 일반해를 구해보자.

(2) 초기치문제 $[\dfrac{d}{dt}\begin{pmatrix} x \\ y \\ z \end{pmatrix} = \begin{pmatrix} 5x-4y \\ x+2z \\ 2y+5z \end{pmatrix},\ \begin{pmatrix} x(0)=1 \\ y(0)=-9 \\ z(0)=2 \end{pmatrix}]$의 해를 구해보자.

풀이

(1) 계수행렬 $A = \begin{pmatrix} 5 & -4 & 0 \\ 1 & 0 & 2 \\ 0 & 2 & 5 \end{pmatrix}$의 고유치 λ는 다음 특성방정식의 근이다.

$$\det(\lambda I - A) = \begin{vmatrix} \lambda-5 & 4 & 0 \\ -1 & \lambda & -2 \\ 0 & -2 & \lambda-5 \end{vmatrix} = \lambda(\lambda-5)^2 = 0$$

따라서 A는 2중 고유치 $\lambda_0 = 5$와 고유치 $\lambda_3 = 0$을 가진다. 먼저 $\lambda_3 = 0$에 대응되는 고유벡터 $V_3 = \begin{pmatrix} x \\ y \\ z \end{pmatrix} \neq \begin{pmatrix} 0 \\ 0 \\ 0 \end{pmatrix}$를 구하자. 즉 $(A-\lambda_3 I)V_3 = \begin{pmatrix} 5 & -4 & 0 \\ 1 & 0 & 2 \\ 0 & 2 & 5 \end{pmatrix}\begin{pmatrix} x \\ y \\ z \end{pmatrix} = \begin{pmatrix} 0 \\ 0 \\ 0 \end{pmatrix}$라 하자. 그러면 V_3은 $5x-4y=0$, $x+2z=0$, $2y+5z=0$의 비자명해이다. 따라서 $V_3 = \begin{pmatrix} 4 \\ 5 \\ -2 \end{pmatrix}$가 $\lambda_3 = 0$에 대응되는 간단한 고유벡터이다.

이제 2중 고유치 $\lambda_0 = 5$에 대응되는 고유벡터 $V_0 = \begin{pmatrix} x \\ y \\ z \end{pmatrix}$를 구하자. 즉 $(A-\lambda_0 I)V_0 = \begin{pmatrix} 0 & -4 & 0 \\ 1 & -5 & 2 \\ 0 & 2 & 0 \end{pmatrix}\begin{pmatrix} x \\ y \\ z \end{pmatrix} = \begin{pmatrix} 0 \\ 0 \\ 0 \end{pmatrix}$라 하자. 그러면 V_0는 $y=0$, $x-5y+2z=0$의 비자명해이다. 여기서 $y=0$, $x-5y+2z=0$의 일차 독립인 해는 1개뿐임을 알 수 있다. 따라서 $V_0 = \begin{pmatrix} 4 \\ 0 \\ -2 \end{pmatrix}$가 $\lambda_0 = 5$에 대응되는 간단한 고유벡터이다.

이제 $(A-\lambda_0 I)W = V_0$, 즉 $\begin{pmatrix} 0 & -4 & 0 \\ 1 & -5 & 2 \\ 0 & 2 & 0 \end{pmatrix}\begin{pmatrix} x \\ y \\ z \end{pmatrix} = \begin{pmatrix} 4 \\ 0 \\ -2 \end{pmatrix}$을 만족하는 일반화된 고유

벡터 $W=\begin{pmatrix}x\\y\\z\end{pmatrix}$를 구하자. 그러면 W는 $-4y=4$, $x-5y+2z=0$의 해이므로, $W=\begin{pmatrix}-5\\-1\\0\end{pmatrix}$가 일반화된 고유벡터가 된다. 그러므로 정리 7.3.6에 의해서, $\left\{e^{5t}\begin{pmatrix}4\\0\\-2\end{pmatrix},\ e^{5t}\left(t\begin{pmatrix}4\\0\\-2\end{pmatrix}+\begin{pmatrix}-5\\-1\\0\end{pmatrix}\right),\ \begin{pmatrix}4\\5\\-2\end{pmatrix}\right\}$가 기본해집합이 된다. 따라서 일반해는 다음과 같이 이들의 일차 결합으로 표현된다.

$$X=c_1e^{5t}\begin{pmatrix}4\\0\\-2\end{pmatrix}+c_2e^{5t}\left[t\begin{pmatrix}4\\0\\-2\end{pmatrix}+\begin{pmatrix}-5\\-1\\0\end{pmatrix}\right]+c_3\begin{pmatrix}4\\5\\-2\end{pmatrix},$$

(c_1, c_2, c_3는 임의상수)

(2) 초기조건 $\begin{pmatrix}x(0)=1\\y(0)=-9\\z(0)=2\end{pmatrix}$을 일반해에 대입하여 등식이 성립하도록 임의상수 c_1, c_2, c_3의 값을 구하자. 그러면 c_1, c_2, c_3에 관한 다음 연립방정식을 얻는다.

$$X(0)=c_1\begin{pmatrix}4\\0\\-2\end{pmatrix}+c_2\begin{pmatrix}-5\\-1\\0\end{pmatrix}+c_3\begin{pmatrix}4\\5\\-2\end{pmatrix}=\begin{pmatrix}1\\-9\\2\end{pmatrix}$$

이 연립방정식을 풀면, $c_1=1$, $c_2=-1$, $c_3=-2$이다. 따라서 초기치문제의 해는 다음과 같다.

$$X\left(t;\begin{pmatrix}1\\-9\\2\end{pmatrix}\right)=e^{5t}\begin{pmatrix}4\\0\\-2\end{pmatrix}-e^{5t}\left[t\begin{pmatrix}4\\0\\-2\end{pmatrix}-\begin{pmatrix}5\\1\\0\end{pmatrix}\right]-2\begin{pmatrix}4\\5\\-2\end{pmatrix}$$ ■

이 경우에 정성적 성질은 2차원 미분방정식의 경우와 동일한 원리로 정리 7.3.2에 의해서 다음과 같다.

| **정리 7.3.8** | 정리 7.3.6과 동일한 가정 하에서 $\frac{d}{dt}X=AX$의 정성적 성질은 고유치 λ_0, λ_3 및 고유벡터 V_0와 일반화된 고유벡터 W, 고유벡터 V_3에 의해서 결정된다. 초기치문제 $[\frac{d}{dt}X=AX,\ X(0)=V_0]$, $[\frac{d}{dt}X=AX,\ X(0)=W]$, $[\frac{d}{dt}X=AX,\ X(0)=V_3]$의 해와 정성적 성질은 각각 다음과 같다.

$$X(t;V_0)=e^{\lambda_0 t}V_0,\ \ X(t;W)=te^{\lambda_0 t}V_0+e^{\lambda_0 t}W,\ \ X(t;V_3)=e^{\lambda_3 t}V_3$$

(1) $\lambda_0>0$ 인 경우;

$$\lim_{t\to\infty}\|X(t;V_0)\|=\lim_{t\to\infty}\|e^{\lambda_0 t}V_0\|=\lim_{t\to\infty}e^{\lambda_0 t}\|V_0\|=\infty,$$

$$\lim_{t\to\infty}\|X(t;W)\|=\lim_{t\to\infty}e^{\lambda_0 t}\|tV_0+W\|=\infty,$$

$$\lim_{t\to-\infty}\|X(t;V_0)\|=\lim_{t\to-\infty}\|e^{\lambda_0 t}V_0\|=\lim_{t\to-\infty}e^{\lambda_0 t}\|V_0\|=0,$$

$$\lim_{t\to-\infty}\|X(t;W)\|=\lim_{t\to-\infty}e^{\lambda_0 t}\|tV_0+W\|=0$$

(2) $\lambda_0<0$ 인 경우;

$$\lim_{t\to\infty}\|X(t;V_0)\|=\lim_{t\to\infty}\|e^{\lambda_0 t}V_0\|=\lim_{t\to\infty}e^{\lambda_0 t}\|V_0\|=0,$$

$$\lim_{t\to\infty}\|X(t;W)\|=\lim_{t\to\infty}e^{\lambda_0 t}\|tV_0+W\|=0,$$

$$\lim_{t\to-\infty}\|X(t;V_0)\|=\lim_{t\to-\infty}\|e^{\lambda_0 t}V_0\|=\lim_{t\to-\infty}e^{\lambda_0 t}\|V_0\|=\infty,$$

$$\lim_{t\to-\infty}\|X(t;W)\|=\lim_{t\to-\infty}e^{\lambda_0 t}\|tV_0+W\|=\infty$$

(3) $\lambda_0=0$ 인 경우;

$X(t;V_0)=V_0$ 상수함수, $X(t;W)=tV_0+W$

(4) $\lambda_3>0$ 인 경우;

$$\lim_{t\to\infty}\|X(t;V_3)\|=\lim_{t\to\infty}\|e^{\lambda_3 t}V_3\|=\lim_{t\to\infty}e^{\lambda_3 t}\|V_3\|=\infty,$$

$$\lim_{t\to-\infty}\|X(t;V_3)\|=\lim_{t\to-\infty}\|e^{\lambda_3 t}V_3\|=\lim_{t\to-\infty}e^{\lambda_3 t}\|V_3\|=0$$

(5) $\lambda_3<0$ 인 경우;

$$\lim_{t\to\infty}\|X(t;V_3)\|=\lim_{t\to\infty}\|e^{\lambda_3 t}V_3\|=\lim_{t\to\infty}e^{\lambda_3 t}\|V_3\|=0,$$

$$\lim_{t\to-\infty}\|X(t;V_3)\|=\lim_{t\to-\infty}\|e^{\lambda_3 t}V_3\|=\lim_{t\to-\infty}e^{\lambda_3 t}\|V_3\|=\infty$$

(6) $\lambda_3=0$ 인 경우;

$X(t;V_3)=V_3$ 상수함수

7.3.3 일차 독립인 1개의 고유벡터만 존재

$$\text{즉 } A = \begin{pmatrix} a_{11} & a_{12} & a_{13} \\ a_{21} & a_{22} & a_{23} \\ a_{31} & a_{32} & a_{33} \end{pmatrix} \sim \begin{pmatrix} \lambda_0 & 1 & 0 \\ 0 & \lambda_0 & 1 \\ 0 & 0 & \lambda_0 \end{pmatrix}, \ (\lambda_0 \text{는 실 고유치})$$

이 경우 3중 고유치 λ_0에 대응되는 A의 일차 독립인 고유벡터는 한 개뿐인데 그것을 V_0라 하자. 즉

$$A V_0 = \lambda_0 V_0 \tag{7.3.10}$$

그러면 정리 7.3.1에 의해서 벡터함수 $X_1 = e^{\lambda_0 t} V_0$가 $\frac{d}{dt}X = AX$의 비자명해가 된다. 그런데 3차원 미분방정식의 기본해집합은 일차 독립인 3개의 해들로 구성된다. 따라서 $X_1 = e^{\lambda_0 t} V_0$와 일차 독립이 되는 해를 두 개 더 찾아야 기본해집합을 구성하고 일반해를 구할 수 있다.

이제 고유치 λ_0에 관련된 해를 두 개 더 찾아보자.

먼저 정리 7.3.6에서와 같은 방법으로 다음의 함수 $X_2(t)$가 $\frac{d}{dt}X = AX$의 해가 되도록 $W \in \boldsymbol{R}^3$를 찾자.

$$X_2 = e^{\lambda_0 t}(t V_0 + W)$$

즉 $X_2 = e^{\lambda_0 t}(t V_0 + W)$를 $\frac{d}{dt}X = AX$에 대입하여 등식이 성립하도록 W를 구해보자. 그러면 (7.3.7)~(7.3.9)에서와 같이 W는 다음 연립방정식의 해임을 알 수 있다.

$$(A - \lambda_0 I) W = V_0$$

또한 다음의 함수 $X_3(t)$가 $\frac{d}{dt}X = AX$의 해가 되도록 $Y \in \boldsymbol{R}^3$를 찾아보자.

$$X_3 = e^{\lambda_0 t}\left(\frac{t^2}{2} V_0 + t W + Y\right)$$

그러면 X_3의 도함수는 다음과 같다.

$$\frac{d}{dt}X_3 = \lambda_0 e^{\lambda_0 t}\left(\frac{t^2}{2} V_0 + t W + Y\right) + e^{\lambda_0 t}(t V_0 + W)$$

따라서 X_3를 $\frac{d}{dt}X = AX$에 대입하면 다음을 얻는다.

$$\lambda_0 e^{\lambda_0 t}\left(\frac{t^2}{2} V_0 + t W + Y\right) + e^{\lambda_0 t}(t V_0 + W) = e^{\lambda_0 t}\left(\frac{t^2}{2} A V_0 + t A W + A Y\right)$$

$e^{\lambda_0 t} \neq 0$이고 $AV_0 = \lambda_0 V_0$ 이므로, 간단히 하면 위의 등식은 다음과 같다.

$$\lambda_0(tW+Y)+tV_0+W=tAW+AY$$

즉 정리하면 다음 등식을 얻는다.

$$AY-\lambda_0 Y=t(\lambda_0 W-AW+V_0)+W$$

$(A-\lambda_0 I)W=AW-\lambda_0 W=V_0$ 이므로, Y는 다음 방정식의 해이다.

$$(A-\lambda_0 I)Y=W$$

$$\text{또는 } (A-\lambda_0 I)^2 Y=V_0$$

여기서 $V_0 \neq 0$이므로 $W \neq 0$와 $Y \neq 0$이고, 간단히 계산해보면, V_0, W, Y가 일차 독립임을 알 수 있다(이때 W와 Y를 A의 일반화된 고유벡터라 한다).

위 내용을 정리하면 다음을 얻는다.

| 정리 7.3.9 | $A=\begin{pmatrix} a_{11} & a_{12} & a_{13} \\ a_{21} & a_{22} & a_{23} \\ a_{31} & a_{32} & a_{33} \end{pmatrix} \sim \begin{pmatrix} \lambda_0 & 1 & 0 \\ 0 & \lambda_0 & 1 \\ 0 & 0 & \lambda_0 \end{pmatrix}$일 때, 3중 고유치 λ_0에 대응되는 1개뿐인 고유벡터를 V_0라 하자. 그리고 벡터 W, Y는 각각 다음을 만족한다고 가정하자.

$$(A-\lambda_0 I)W=V_0 \tag{7.3.11}$$

$$(A-\lambda_0 I)Y=W \tag{7.3.12}$$

그러면 $\left\{e^{\lambda_0 t}V_0,\ e^{\lambda_0 t}(tV_0+W),\ e^{\lambda_0 t}\left(\frac{t^2}{2}V_0+tW+Y\right)\right\}$가 $\frac{d}{dt}X=AX$의 기본해집합이 되고, 일반해는 다음과 같다.

$$X=e^{\lambda_0 t}\left[c_1 V_0+c_2(tV_0+W)+c_3\left(\frac{t^2}{2}V_0+tW+Y\right)\right] \tag{7.3.13}$$

단 c_1, c_2, c_3는 임의상수이다.

예 7.3.10 (1) $\frac{d}{dt}\begin{pmatrix} x \\ y \\ z \end{pmatrix}=\begin{pmatrix} 2x+y \\ -x+2y+z \\ y+2z \end{pmatrix}$의 일반해를 구해보자.

(2) 초기치문제 $\left[\frac{d}{dt}\begin{pmatrix} x \\ y \\ z \end{pmatrix}=\begin{pmatrix} 2x+y \\ -x+2y+z \\ y+2z \end{pmatrix},\ \begin{pmatrix} x(0)=1 \\ y(0)=2 \\ z(0)=4 \end{pmatrix}\right]$의 해를 구해보자.

풀이

(1) 계수행렬 $A=\begin{pmatrix} 2 & 1 & 0 \\ -1 & 2 & 1 \\ 0 & 1 & 2 \end{pmatrix}$의 고유치 λ는 다음 특성방정식의 근이다.

$$\det(\lambda I-A)=\begin{vmatrix} \lambda-2 & -1 & 0 \\ 1 & \lambda-2 & -1 \\ 0 & -1 & \lambda-2 \end{vmatrix}=(\lambda-2)^3=0$$

따라서 A는 3중 고유치 $\lambda_0=2$을 가진다. $\lambda_0=2$에 대응되는 고유벡터 $V_0=\begin{pmatrix} x \\ y \\ z \end{pmatrix}\neq\begin{pmatrix} 0 \\ 0 \\ 0 \end{pmatrix}$를 구하자. 즉 $(A-\lambda_0 I)V_0=\begin{pmatrix} 0 & 1 & 0 \\ -1 & 0 & 1 \\ 0 & 1 & 0 \end{pmatrix}\begin{pmatrix} x \\ y \\ z \end{pmatrix}=\begin{pmatrix} 0 \\ 0 \\ 0 \end{pmatrix}$라 하자. 그러면 V_0는 $y=0$, $-x+z=0$의 비자명해인데, 일차 독립인 해는 1개뿐이다.

따라서 일차 독립인 고유벡터는 1개뿐이고, $V_0=\begin{pmatrix} 1 \\ 0 \\ 1 \end{pmatrix}$이 $\lambda_0=2$에 대응되는 간단한 고유벡터이며, $A=\begin{pmatrix} 2 & 1 & 0 \\ -1 & 2 & 1 \\ 0 & 1 & 2 \end{pmatrix}\sim\begin{pmatrix} 2 & 1 & 0 \\ 0 & 2 & 1 \\ 0 & 0 & 2 \end{pmatrix}$이다.

여기서 일반화된 고유벡터를 구하자. 먼저 $(A-\lambda_0 I)W=V_0$, 즉 $\begin{pmatrix} 0 & 1 & 0 \\ -1 & 0 & 1 \\ 0 & 1 & 0 \end{pmatrix}\begin{pmatrix} x \\ y \\ z \end{pmatrix}=\begin{pmatrix} 1 \\ 0 \\ 1 \end{pmatrix}$을 만족하는 $W=\begin{pmatrix} x \\ y \\ z \end{pmatrix}$를 구하자. 그러면 W는 $y=1$, $-x+z=0$의 해이므로, $W=\begin{pmatrix} 0 \\ 1 \\ 0 \end{pmatrix}$가 간단한 일반화된 고유벡터이다. 이제 $(A-\lambda_0 I)Y=W$, 즉 $\begin{pmatrix} 0 & 1 & 0 \\ -1 & 0 & 1 \\ 0 & 1 & 0 \end{pmatrix}\begin{pmatrix} x \\ y \\ z \end{pmatrix}=\begin{pmatrix} 0 \\ 1 \\ 0 \end{pmatrix}$을 만족하는 일반화된 고유벡터 $Y=\begin{pmatrix} x \\ y \\ z \end{pmatrix}$를 구하자. 그러면 Y는 $y=0$, $-x+z=1$의 해이므로, $Y=\begin{pmatrix} 0 \\ 0 \\ 1 \end{pmatrix}$가 간단한 일반화된 고유벡터이다. 따라서 정리 7.3.9에 의해서, 다음이 기본해집합이 된다.

$$\left\{e^{2t}\begin{pmatrix} 1 \\ 0 \\ 1 \end{pmatrix},\ e^{2t}\left[t\begin{pmatrix} 1 \\ 0 \\ 1 \end{pmatrix}+\begin{pmatrix} 0 \\ 1 \\ 0 \end{pmatrix}\right],\ e^{2t}\left[\frac{t^2}{2}\begin{pmatrix} 1 \\ 0 \\ 1 \end{pmatrix}+t\begin{pmatrix} 0 \\ 1 \\ 0 \end{pmatrix}+\begin{pmatrix} 0 \\ 0 \\ 1 \end{pmatrix}\right]\right\}$$

그리고 일반해는 다음과 같이 이들의 일차 결합으로 표현된다.

$$X = c_1 e^{2t}\begin{pmatrix}1\\0\\1\end{pmatrix} + c_2 e^{2t}\left[t\begin{pmatrix}1\\0\\1\end{pmatrix} + \begin{pmatrix}0\\1\\0\end{pmatrix}\right] + c_3 e^{2t}\left[\frac{t^2}{2}\begin{pmatrix}1\\0\\1\end{pmatrix} + t\begin{pmatrix}0\\1\\0\end{pmatrix} + \begin{pmatrix}0\\0\\1\end{pmatrix}\right],$$

(c_1, c_2, c_3는 임의상수)

(2) 초기조건 $\begin{pmatrix}x(0)=1\\y(0)=2\\z(0)=4\end{pmatrix}$을 일반해에 대입하여 등식이 성립하도록 임의상수 c_1, c_2, c_3의 값을 구하자. 그러면 c_1, c_2, c_3에 관한 다음 연립방정식을 얻는다.

$$X(0) = c_1\begin{pmatrix}1\\0\\1\end{pmatrix} + c_2\begin{pmatrix}0\\1\\0\end{pmatrix} + c_3\begin{pmatrix}0\\0\\1\end{pmatrix} = \begin{pmatrix}1\\2\\4\end{pmatrix}$$

이 연립방정식을 풀면, $c_1 = 1$, $c_2 = 2$, $c_3 = 3$이다. 따라서 초기치문제의 해는 다음과 같다.

$$X\left(t;\begin{pmatrix}1\\2\\4\end{pmatrix}\right) = e^{2t}\begin{pmatrix}1\\0\\1\end{pmatrix} + 2e^{2t}\left[t\begin{pmatrix}1\\0\\1\end{pmatrix} + \begin{pmatrix}0\\1\\0\end{pmatrix}\right] + 3e^{2t}\left[\frac{t^2}{2}\begin{pmatrix}1\\0\\1\end{pmatrix} + t\begin{pmatrix}0\\1\\0\end{pmatrix} + \begin{pmatrix}0\\0\\1\end{pmatrix}\right]$$ ■

| 정리 7.3.11 | $A = \begin{pmatrix}a_{11} & a_{12} & a_{13}\\a_{21} & a_{22} & a_{23}\\a_{31} & a_{32} & a_{33}\end{pmatrix} \sim \begin{pmatrix}\lambda_0 & 1 & 0\\0 & \lambda_0 & 1\\0 & 0 & \lambda_0\end{pmatrix}$일 때, 3중 고유치 λ_0에 대응되는 1개뿐인 고유벡터를 V_0라 하자. 그리고 벡터 W, Y는 다음을 만족한다고 하자.

$$(A-\lambda_0 I)W = V_0, \quad (A-\lambda_0 I)Y = W$$

그러면 $\frac{d}{dt}X = AX$의 정성적 성질은 λ_0와 V_0, W, Y에 의해서 결정된다.

초기치문제 $[\frac{d}{dt}X = AX,\ X(0) = V_0]$, $[\frac{d}{dt}X = AX,\ X(0) = W]$, $[\frac{d}{dt}X = AX,\ X(0) = Y]$의 해와 정성적 성질은 다음과 같다.

$$X(t;V_0) = e^{\lambda_0 t}V_0, \quad X(t;W) = e^{\lambda_0 t}(tV_0 + W),$$

$$X(t;Y) = e^{\lambda_0 t}\left(\frac{t^2}{2}V_0 + tW + Y\right)$$

(1) $\lambda_0 > 0$인 경우;

$$\lim_{t\to\infty}\|X(t;V_0)\| = \lim_{t\to\infty}\|e^{\lambda_0 t}V_0\| = \lim_{t\to\infty}e^{\lambda_0 t}\|V_0\| = \infty,$$

$$\lim_{t\to\infty} \| X(t;W) \| = \lim_{t\to\infty} e^{\lambda_0 t} \| tV_0 + W \| = \infty,$$

$$\lim_{t\to\infty} \| X(t;Y) \| = \lim_{t\to\infty} e^{\lambda_0 t} \| \frac{t^2}{2} V_0 + tW + Y \| = \infty,$$

$$\lim_{t\to-\infty} \| X(t;V_0) \| = \lim_{t\to-\infty} \| e^{\lambda_0 t} V_0 \| = \lim_{t\to-\infty} e^{\lambda_0 t} \| V_0 \| = 0,$$

$$\lim_{t\to-\infty} \| X(t;W) \| = \lim_{t\to-\infty} e^{\lambda_0 t} \| tV_0 + W \| = 0,$$

$$\lim_{t\to-\infty} \| X(t;Y) \| = \lim_{t\to-\infty} e^{\lambda_0 t} \| \frac{t^2}{2} V_0 + tW + Y \| = 0$$

(2) $\lambda_0 < 0$인 경우;

$$\lim_{t\to\infty} \| X(t;V_0) \| = \lim_{t\to\infty} \| e^{\lambda_0 t} V_0 \| = \lim_{t\to\infty} e^{\lambda_0 t} \| V_0 \| = 0,$$

$$\lim_{t\to\infty} \| X(t;W) \| = \lim_{t\to\infty} e^{\lambda_0 t} \| tV_0 + W \| = 0,$$

$$\lim_{t\to\infty} \| X(t;Y) \| = \lim_{t\to\infty} e^{\lambda_0 t} \| \frac{t^2}{2} V_0 + tW + Y \| = 0,$$

$$\lim_{t\to-\infty} \| X(t;V_0) \| = \lim_{t\to-\infty} \| e^{\lambda_0 t} V_0 \| = \lim_{t\to-\infty} e^{\lambda_0 t} \| V_0 \| = \infty,$$

$$\lim_{t\to-\infty} \| X(t;W) \| = \lim_{t\to-\infty} e^{\lambda_0 t} \| tV_0 + W \| = \infty,$$

$$\lim_{t\to-\infty} \| X(t;Y) \| = \lim_{t\to-\infty} e^{\lambda_0 t} \| \frac{t^2}{2} V_0 + tW + Y \| = \infty$$

(3) $\lambda_0 = 0$ 인 경우;

$X(t;V_0) = V_0$ 상수함수,

$$X(t;W) = tV_0 + W, \quad X(t;Y) = \frac{t^2}{2} V_0 + tW + Y,$$

$$\lim_{t\to\pm\infty} \| X(t;W) \| = \lim_{t\to\pm\infty} \| tV_0 + W \| = \infty,$$

$$\lim_{t\to\pm\infty} \| X(t;Y) \| = \lim_{t\to\pm\infty} \| \frac{t^2}{2} V_0 + tW + Y \| = \infty$$

참고 3차원의 경우에도 $\frac{d}{dt}X = AX$를 소거법으로 풀 수 있다. 즉 한 방정식에 한 개의 종속변수만 포함되도록 적절히 소거하면, 3계 선형 제차 미분방정식을 얻고, 4장을 참고하여 구한 해를 차례로 대입하여 나머지 종속변수들을 구하는 방법으로 풀 수 있으나, 일반적인 경우에 이런 방법은 장점이 없다.

연습문제 7.3

1. 다음 미분방정식의 기본해집합과 일반해를 구하여라.

(1) $\begin{cases} \dfrac{dx}{dt} = -4x + y + z \\ \dfrac{dy}{dt} = x + 5y - z \\ \dfrac{dz}{dt} = y - 3z \end{cases}$ (2) $\begin{cases} \dfrac{d\rho}{dt} = 2\rho - 7\theta \\ \dfrac{d\theta}{dt} = 5\rho + 10\theta + 4\phi \\ \dfrac{d\phi}{dt} = 5\rho + 2\phi \end{cases}$

(3) $\begin{cases} \dfrac{dx}{dt} = -x + y \\ \dfrac{dy}{dt} = x + 2y + z \\ \dfrac{dz}{dt} = 3y - z \end{cases}$ (4) $\begin{cases} \dfrac{dx}{dt} = -x + 4y + z \\ \dfrac{dy}{dt} = 4x - y - 2z \\ \dfrac{dz}{dt} = 6z \end{cases}$

(5) $\begin{cases} \dfrac{dx}{dt} = 3x - y - z \\ \dfrac{dy}{dt} = x + y - z \\ \dfrac{dz}{dt} = x - y + z \end{cases}$ (6) $\begin{cases} \dfrac{dx}{dt} = 3x + 2y + 4z \\ \dfrac{dy}{dt} = x + z \\ \dfrac{dz}{dt} = 4x + 2y + 3z \end{cases}$

(7) $\begin{cases} \dfrac{dx}{dt} = x \\ \dfrac{dy}{dt} = 2x + 2y - z \\ \dfrac{dz}{dt} = y \end{cases}$ (8) $\begin{cases} \dfrac{dx}{dt} = 4x + y \\ \dfrac{dy}{dt} = 4y + z \\ \dfrac{dz}{dt} = 4y \end{cases}$

(9) $\begin{cases} \dfrac{dx}{dt} = 2x + 5y + z \\ \dfrac{dy}{dt} = -5x - 6y + 4z \\ \dfrac{dz}{dt} = 2z \end{cases}$ (10) $\begin{cases} \dfrac{dx}{dt} = 2x + y + 2z \\ \dfrac{dy}{dt} = 3x + 6z \\ \dfrac{dz}{dt} = -4x - 3z \end{cases}$

(11) $\begin{cases} \dfrac{dx}{dt} = x + 2z \\ \dfrac{dy}{dt} = 2y \\ \dfrac{dz}{dt} = x + y \end{cases}$ (12) $\begin{cases} \dfrac{dx}{dt} = x - y + 2z \\ \dfrac{dy}{dt} = -x + y \\ \dfrac{dz}{dt} = -x + z \end{cases}$

2. 다음 초기치문제의 해를 구하고 해의 성질을 조사하여라.

(1) $\begin{cases} \dfrac{dx}{dt} = -4x + y + z \\ \dfrac{dy}{dt} = x + 5y - z \\ \dfrac{dz}{dt} = y - 3z \end{cases}, \quad \begin{pmatrix} x(0) \\ y(0) \\ z(0) \end{pmatrix} = \begin{pmatrix} 1 \\ 0 \\ 1 \end{pmatrix}$

(2) $\begin{cases} \dfrac{dx}{dt} = -x + y \\ \dfrac{dy}{dt} = x + 2y + z \\ \dfrac{dz}{dt} = 3y - z \end{cases}, \quad \begin{pmatrix} x(0) \\ y(0) \\ z(0) \end{pmatrix} = \begin{pmatrix} 1 \\ 0 \\ 1 \end{pmatrix}$

(3) $\begin{cases} \dfrac{dx}{dt} = 3x - y - z \\ \dfrac{dy}{dt} = x + y - z \\ \dfrac{dz}{dt} = x - y + z \end{cases}, \quad \begin{pmatrix} x(0) \\ y(0) \\ z(0) \end{pmatrix} = \begin{pmatrix} 1 \\ 0 \\ 1 \end{pmatrix}$

(4) $\begin{cases} \dfrac{dx}{dt} = x \\ \dfrac{dy}{dt} = 2x + 2y - z \\ \dfrac{dz}{dt} = y \end{cases}, \quad \begin{pmatrix} x(0) \\ y(0) \\ z(0) \end{pmatrix} = \begin{pmatrix} 1 \\ 0 \\ 1 \end{pmatrix}$

(5) $\begin{cases} \dfrac{dx}{dt} = x + 2z \\ \dfrac{dy}{dt} = 2y \\ \dfrac{dz}{dt} = x + y \end{cases}, \quad \begin{pmatrix} x(0) \\ y(0) \\ z(0) \end{pmatrix} = \begin{pmatrix} 1 \\ 0 \\ 1 \end{pmatrix}$

(6) $\begin{cases} \dfrac{dx}{dt} = 2x + 5y + z \\ \dfrac{dy}{dt} = -5x - 6y + 4z \\ \dfrac{dz}{dt} = 2z \end{cases}, \quad \begin{pmatrix} x(0) \\ y(0) \\ z(0) \end{pmatrix} = \begin{pmatrix} 1 \\ 0 \\ 1 \end{pmatrix}$

7.4 행렬 지수함수

2장과 4장에서 상수 계수 선형 미분방정식의 해는 지수함수와 관련되어 있음을 보았다. 마찬가지로 고차원 상수 계수 선형 미분방정식의 해도 지수함수와 관련되어 있다. 앞 절에서 배운 고차원 상수 계수 선형 미분방정식의 해를 지수함수로 간단히 표현할 수 있다. 간단히 설명하기 위해서 2차원 미분방정식을 예로 들어 설명하자.

먼저 행렬 지수함수에 대해서 간단히 살펴보자. 앞에서 지수가 복소수 z 일 때에도 지수함수를 멱급수 $e^z \equiv \sum_{k=0}^{\infty} \frac{z^k}{k!}$ 로 정의하였다. 지수가 정방행렬일 때도 같은 방법으로 정의할 수 있다.

| 정의 7.4.1 | 상수 정방행렬 A에 대해서, 행렬 지수함수 e^{At} 를 다음과 같이 정의한다. 임의의 t에 대해서

$$\exp(At) \equiv e^{At} \equiv \sum_{k=0}^{\infty} \frac{(At)^k}{k!} = \sum_{k=0}^{\infty} \frac{A^k}{k!} t^k \tag{7.4.1}$$

참고 (7.4.1)에서 행렬급수의 수렴판정은 미분적분학에서 배운 급수의 수렴판정과 유사하게 할 수 있다. 다만 복소수의 절대치 개념과 유사한 행렬의 크기(norm)라는 개념을 사용해야 되는데 이 책의 범위를 벗어나므로 생략한다(해석학 참조).

그렇게 판정해보면 임의의 t에 대해서, 행렬급수 $\sum_{k=0}^{\infty} \frac{A^k}{k!} t^k$ 는 (절대) 수렴하고 연속함수임을 알 수 있다. 그리고 지수함수의 정의 7.4.1에 의해서 다음을 알 수 있다.

(i) 임의의 t에 대해서, $Ae^{At} = e^{At}A$

(ii) $t=0$이면 e^{At} 는 항등행렬이 된다(즉 $e^{A0} = e^{O} = I$).

행렬급수 $\sum_{k=0}^{\infty} \frac{A^k}{k!} t^k$ 가 절대 수렴하므로, 급수의 곱에 의해서 다음을 얻는다.

$$e^{At}e^{As} = \sum_{k=0}^{\infty} \frac{A^k}{k!} t^k \sum_{k=0}^{\infty} \frac{A^k}{k!} s^k = \sum_{n=0}^{\infty} \sum_{k=0}^{n} \frac{A^k}{k!} t^k \frac{A^{n-k}}{(n-k)!} s^{n-k}$$

$$= \sum_{n=0}^{\infty} \sum_{k=0}^{n} \frac{A^k}{k!} t^k \frac{A^{n-k}}{(n-k)!} s^{n-k} = \sum_{n=0}^{\infty} \frac{A^n}{n!} (t+s)^n = e^{A(t+s)}$$

즉 위 내용을 정리하면 다음과 같다.

| 정리 7.4.2 | $\exp(At) = e^{At}$ 는 다음과 같이 지수법칙을 만족한다. 임의의 s, t에 대해서,

$$e^{A(s+t)} = e^{As}e^{At} = e^{At}e^{As} \tag{7.4.2}$$

(7.4.2)에서 $s = -t$ 라 두면 다음을 얻는다.

$$e^{At}e^{-At} = e^{At}e^{A(-t)} = e^{A(t-t)} = e^{O} = I, \text{ 항등행렬}$$

즉 임의의 t 에 대해서, e^{At} 는 정칙행렬이고 역행렬은 다음과 같다.

$$(e^{At})^{-1} = e^{-At}$$

이제 행렬 지수함수 e^{At} 의 도함수를 계산해보자. (7.4.1)로부터 다음을 얻는다.

$$e^{Ah} - I = \sum_{k=1}^{\infty} \frac{A^k}{k!}h^k = Ah\sum_{k=1}^{\infty} \frac{A^{k-1}}{k!}h^{k-1} = Ah\sum_{k=0}^{\infty} \frac{A^k}{(k+1)!}h^k$$

한편 $\sum_{k=0}^{\infty} \frac{A^k}{k!}h^k$ 이 수렴하므로 비교판정법에 의해서 $\sum_{k=0}^{\infty} \frac{A^k}{(k+2)!}h^k$ 도 수렴한다. 그리고 e^{At} 가 연속함수이므로, $\lim_{h\to 0}\sum_{k=0}^{\infty} \frac{A^k}{k!}h^k = \lim_{h\to 0} e^{Ah} = e^{O} = I$ 이고 $\lim_{h\to 0}\sum_{k=0}^{\infty} \frac{A^k}{(k+2)!}h^k$ 도 수렴한다. 그러므로 $\lim_{h\to 0} h\sum_{k=0}^{\infty} \frac{A^k}{(k+2)!}h^k = O$ 영행렬이다. 그래서 다음의 극한을 얻는다.

$$\begin{aligned}\lim_{h\to 0}\frac{e^{A(t+h)} - e^{At}}{h} &= \lim_{h\to 0}\frac{e^{At}e^{Ah} - e^{At}}{h} = \lim_{h\to 0} e^{At}\,\frac{e^{Ah} - I}{h} \\ &= e^{At}A\lim_{h\to 0}\sum_{k=0}^{\infty}\frac{A^k}{(k+1)!}h^k \\ &= e^{At}A\left[I + \lim_{h\to 0}\sum_{k=1}^{\infty}\frac{A^k}{(k+1)!}h^k\right] \\ &= e^{At}A\left[I + A\lim_{h\to 0} h\sum_{k=0}^{\infty}\frac{A^k}{(k+2)!}h^k\right] = e^{At}A\end{aligned}$$

따라서 행렬 지수함수의 도함수는 다음과 같다.

| 정리 7.4.3 | 행렬 지수함수 $\exp(At) = e^{At}$ 는 임의의 t 에서 미분가능하고, 그 도함수는 다음과 같다.

$$\frac{d}{dt}e^{At} = Ae^{At} = e^{At}A \tag{7.4.3}$$

임의의 상수 벡터 $C = \begin{pmatrix} c_1 \\ c_2 \end{pmatrix} \in \boldsymbol{R}^2$ 에 대해서, $X(t) = e^{At}C$ 라 두자. 그러면 $X(t) = e^{At}C$ 는 $(-\infty, \infty)$ 상에서 연속 미분가능인 벡터함수이며 그 도함수는 다음과 같다.

$$\frac{d}{dt}X(t) = Ae^{At}C = AX(t) \tag{7.4.4}$$

위 내용을 정리하면 다음을 얻는다.

| 정리 7.4.4 | 미분방정식 $\frac{d}{dt}X = AX$ 의 일반해는 다음과 같이 표현된다.

$$X = e^{At}C \tag{7.4.5}$$

단 $C \in \boldsymbol{R}^2$ 는 임의상수 벡터이다. 즉 e^{At} 가 기본행렬이 됨을 알 수 있다.

$X = e^{At}C$에서 $X(0) = e^{O}C = C$이므로 다음을 얻는다.

| 따름정리 7.4.5 | 초기치문제 $[\frac{d}{dt}X = AX,\ X(0) = X_0]$의 해는 다음과 같다.

$$X(t;\ X_0) = e^{At}X_0 \tag{7.4.6}$$

참고 $\frac{d}{dt}X = AX$ 의 해공식 $X = e^{At}C$는 매우 간단하며, 더욱이 1차원(스칼라) 선형 미분방정식 $\frac{d}{dt}x = ax$ 의 해공식 $x = e^{at}c$ 와 형식상 일치하므로 기억하기 편리하다. 한편 $\Phi(t)$를 $\frac{d}{dt}X = AX$ 의 임의의 기본행렬이라 하자. 그러면 임의의 $X_0 \in \boldsymbol{R}^2$ 에 대해서 초기치문제 $[\frac{d}{dt}X = AX,$ $X(0) = X_0]$의 해는 따름정리 7.1.13에 의해서 다음과 같다.

$$X(t;X_0) = \Phi(t)\Phi^{-1}(0)X_0$$

$[\frac{d}{dt}X = AX,\ X(0) = X_0]$는 단 1개의 해만 가지므로, 따름정리 7.4.5에 의해서 $e^{At}X_0 = \Phi(t)\Phi^{-1}(0)X_0$ 이다. 즉 임의의 $X_0 \in \boldsymbol{R}^2$ 에 대해서 $e^{At}X_0 = \Phi(t)\Phi^{-1}(0)X_0$ 이다. 그러므로 $e^{At} = \Phi(t)\Phi^{-1}(0)$ 이다.

간단히 정리하면 다음을 얻는다.

| 따름정리 7.4.6 | $\frac{d}{dt}X = AX$ 의 임의의 기본행렬을 $\Phi(t)$라 하자. 그러면 다음이 성립한다. 임의의 t 에 대해서,

$$e^{At} = \Phi(t)\Phi^{-1}(0) \tag{7.4.7}$$

이제 행렬함수 e^{At} 를 닮은 행렬의 성질을 이용해서 구체적으로 구해보자.

임의의 정칙행렬 P에 대해서, $B=P^{-1}AP$ (즉 $A=PBP^{-1}$)라 두자. 그러면 $A^2=(PBP^{-1})(PBP^{-1})=PB(P^{-1}P)BP^{-1}=PB^2P^{-1}$ 등 간단히 계산해보면, 다음을 얻는다. 임의의 정수 $k \geq 0$에 대해서

$$A^k=PB^kP^{-1} \text{ 또는 } B^k=P^{-1}A^kP$$

따라서 $\displaystyle\sum_{k=0}^{\infty}\frac{A^k}{k!}t^k=\sum_{k=0}^{\infty}\frac{PB^kP^{-1}}{k!}t^k=P\left(\sum_{k=0}^{\infty}\frac{B^k}{k!}t^k\right)P^{-1}$이다. 그러므로 $A=PBP^{-1}$이면, e^{At}와 e^{Bt}의 관계는 다음과 같다.

$$e^{At}=Pe^{Bt}P^{-1} \text{ 또는 } e^{Bt}=P^{-1}e^{At}P \tag{7.4.8}$$

한편 행렬 $A=\begin{pmatrix}a_{11} & a_{12}\\ a_{21} & a_{22}\end{pmatrix}$는 적당한 정칙행렬 P에 의해서 $P^{-1}AP=\begin{pmatrix}\lambda_1 & 0\\ 0 & \lambda_2\end{pmatrix}$ 또는 $P^{-1}AP=\begin{pmatrix}\lambda_0 & 1\\ 0 & \lambda_0\end{pmatrix}$로 변환된다(부록 A 참조). 따라서 $e^{\begin{pmatrix}\lambda_1 & 0\\ 0 & \lambda_2\end{pmatrix}t}$와 $e^{\begin{pmatrix}\lambda_0 & 1\\ 0 & \lambda_0\end{pmatrix}t}$만 계산하면, (7.4.8)에 의해서 모든 $e^{\begin{pmatrix}a_{11} & a_{12}\\ a_{21} & a_{22}\end{pmatrix}t}$를 계산할 수 있다.

7.4.1 $B=\begin{pmatrix}\lambda_1 & 0\\ 0 & \lambda_2\end{pmatrix}$인 경우($\lambda_1$, λ_2는 실수 또는 복소수)

$e^{Bt}=\displaystyle\sum_{k=0}^{\infty}\frac{B^k}{k!}t^k$을 계산하기 위해서, 먼저 $B^k=\begin{pmatrix}\lambda_1 & 0\\ 0 & \lambda_2\end{pmatrix}^k$부터 계산해보자. $B^0=\begin{pmatrix}1 & 0\\ 0 & 1\end{pmatrix}$, $B^1=\begin{pmatrix}\lambda_1 & 0\\ 0 & \lambda_2\end{pmatrix}$, $B^2=\begin{pmatrix}\lambda_1 & 0\\ 0 & \lambda_2\end{pmatrix}^2=\begin{pmatrix}\lambda_1^2 & 0\\ 0 & \lambda_2^2\end{pmatrix}$ 등 귀납적으로 계산해보면, 다음을 얻는다. 정수 $k \geq 0$에 대해서,

$$B^k=\begin{pmatrix}\lambda_1 & 0\\ 0 & \lambda_2\end{pmatrix}^k=\begin{pmatrix}\lambda_1^k & 0\\ 0 & \lambda_2^k\end{pmatrix}$$

따라서 다음을 얻는다.

$$e^{Bt}=\sum_{k=0}^{\infty}\frac{B^k}{k!}t^k=\sum_{k=0}^{\infty}\frac{\begin{pmatrix}\lambda_1^k & 0\\ 0 & \lambda_2^k\end{pmatrix}}{k!}t^k=\sum_{k=0}^{\infty}\frac{\begin{pmatrix}\dfrac{\lambda_1^k t^k}{k!} & 0\\ 0 & \lambda_2^k t^k\end{pmatrix}}{k!}=\begin{pmatrix}\displaystyle\sum_{k=0}^{\infty}\frac{\lambda_1^k t^k}{k!} & 0\\ 0 & \displaystyle\sum_{k=0}^{\infty}\frac{\lambda_2^k t^k}{k!}\end{pmatrix}$$
$$=\begin{pmatrix}e^{\lambda_1 t} & 0\\ 0 & e^{\lambda_2 t}\end{pmatrix}$$

위 내용을 정리하면 다음을 얻는다.

| 정리 7.4.7 | λ_1, λ_2 를 임의의 복소수라 하자. 그러면 임의의 t 에 대해서, 다음이 성립한다.

$$e^{\begin{pmatrix}\lambda_1 & 0 \\ 0 & \lambda_2\end{pmatrix}t} = \begin{pmatrix} e^{\lambda_1 t} & 0 \\ 0 & e^{\lambda_2 t}\end{pmatrix} \tag{7.4.9}$$

예 7.4.8 $A = \begin{pmatrix}2 & 4 \\ 1 & -1\end{pmatrix}$일 때, 다음을 구해보자.

(1) e^{At} (2) $\dfrac{d}{dt}X = AX$ 의 해

풀이

(1) 먼저 A 의 표준형을 구하자. 예 7.2.3에 보면 A 는 서로 다른 고유치 $\lambda_1 = 3$, $\lambda_2 = -2$ 을 가진다. 그리고 $V_1 = \begin{pmatrix}4 \\ 1\end{pmatrix}$가 $\lambda_1 = 3$ 에 대응되는 고유벡터이고, $V_2 = \begin{pmatrix}-1 \\ 1\end{pmatrix}$가 $\lambda_2 = -2$ 에 대응되는 고유벡터이다. 그러므로 $A = \begin{pmatrix}2 & 4 \\ 1 & -1\end{pmatrix}$는 대각화 가능이다. 부록에서 보면, 정방행렬 $P = (V_1\ V_2) = \begin{pmatrix}4 & -1 \\ 1 & 1\end{pmatrix}$가 A 의 변환행렬이 된다. 이때 $P^{-1} = \dfrac{1}{5}\begin{pmatrix}1 & 1 \\ -1 & 4\end{pmatrix}$ 이고 다음을 만족한다.

$$A = P\begin{pmatrix}3 & 0 \\ 0 & -2\end{pmatrix}P^{-1} \quad \text{또는} \quad \begin{pmatrix}3 & 0 \\ 0 & -2\end{pmatrix} = P^{-1}AP$$

따라서 (7.4.8)과 (7.4.9)에 의해서 다음을 얻는다.

$$\begin{aligned} e^{At} &= e^{\begin{pmatrix}2 & 4 \\ 1 & -1\end{pmatrix}t} = Pe^{\begin{pmatrix}3 & 0 \\ 0 & -2\end{pmatrix}t}P^{-1} = P\begin{pmatrix}e^{3t} & 0 \\ 0 & e^{-2t}\end{pmatrix}P^{-1} \\ &= \begin{pmatrix}4 & -1 \\ 1 & 1\end{pmatrix}\begin{pmatrix}e^{3t} & 0 \\ 0 & e^{-2t}\end{pmatrix}\frac{1}{5}\begin{pmatrix}1 & 1 \\ -1 & 4\end{pmatrix} = \frac{1}{5}\begin{pmatrix}4e^{3t}+e^{-2t} & 4e^{3t}-4e^{-2t} \\ e^{3t}-e^{-2t} & e^{3t}+4e^{-2t}\end{pmatrix} \end{aligned}$$

(2) $e^{At} = \dfrac{1}{5}\begin{pmatrix}4e^{3t}+e^{-2t} & 4e^{3t}-4e^{-2t} \\ e^{3t}-e^{-2t} & e^{3t}+4e^{-2t}\end{pmatrix}$가 $\dfrac{d}{dt}X = AX$ 의 기본행렬이 되므로, 일반해는 다음과 같다. 임의의 상수 벡터 $K = \begin{pmatrix}\gamma_1 \\ \gamma_2\end{pmatrix}$에 대해서

$$X = \frac{1}{5}\begin{pmatrix} 4e^{3t}+e^{-2t} & 4e^{3t}-4e^{-2t} \\ e^{3t}-e^{-2t} & e^{3t}+4e^{-2t} \end{pmatrix}\begin{pmatrix} \gamma_1 \\ \gamma_2 \end{pmatrix}$$
$$= \frac{1}{5}\begin{pmatrix} \gamma_1(4e^{3t}+e^{-2t})+\gamma_2(4e^{3t}-4e^{-2t}) \\ \gamma_1(e^{3t}-e^{-2t})+\gamma_2(e^{3t}+4e^{-2t}) \end{pmatrix}$$
$$= \frac{1}{5}\begin{pmatrix} 4(\gamma_1+\gamma_2)e^{3t}+(\gamma_1-4\gamma_2)e^{-2t} \\ (\gamma_1+\gamma_2)e^{3t}-(\gamma_1-4\gamma_2)e^{-2t} \end{pmatrix}$$

또는 편의상 $c_1 = \frac{1}{5}(\gamma_1+\gamma_2)$, $c_2 = \frac{1}{5}(-\gamma_1+\gamma_2)$ 라 두면, 일반해는 예 7.2.3의 일반해와 일치한다. ■

예 7.4.9 $A = \begin{pmatrix} 2 & 5 \\ -1 & 4 \end{pmatrix}$일 때, 다음을 구해보자.

(1) e^{At} (2) $\frac{d}{dt}X = AX$의 해

풀이

(1) 먼저 A의 표준형을 구하자. 예 7.2.9에 보면 A는 복소수 고유치 $\lambda_1 = 3+2i$, $\lambda_2 = 3-2i$를 가진다. 그리고 $V_c = \begin{pmatrix} 1-2i \\ 1 \end{pmatrix}$가 $\lambda_1 = 3+2i$에 대응되는 간단한 고유벡터이고, $\overline{V_c} = \overline{\begin{pmatrix} 1-2i \\ 1 \end{pmatrix}} = \begin{pmatrix} 1+2i \\ 1 \end{pmatrix}$가 $\lambda_2 = \overline{\lambda_1} = 3-2i$에 대응되는 간단한 고유벡터이다. 그러므로 $A = \begin{pmatrix} 2 & 5 \\ -1 & 4 \end{pmatrix}$는 대각화 가능이다. 부록 A에서 보면, 정방행렬 $P = (V_c\ \overline{V_c}) = \begin{pmatrix} 1-2i & 1+2i \\ 1 & 1 \end{pmatrix}$가 A의 변환행렬이 된다. 이때 $P^{-1} = \frac{1}{4}\begin{pmatrix} i & 2-i \\ -i & 2+i \end{pmatrix}$이고 다음을 만족한다.

$$A = P\begin{pmatrix} 3+2i & 0 \\ 0 & 3-2i \end{pmatrix}P^{-1} \quad \text{또는} \quad \begin{pmatrix} 3+2i & 0 \\ 0 & 3-2i \end{pmatrix} = P^{-1}AP$$

따라서 (7.4.8)과 (7.4.9)에 의해서 다음을 얻는다.

$$e^{At} = e^{\begin{pmatrix} 2 & 5 \\ -1 & 4 \end{pmatrix}t} = Pe^{\begin{pmatrix} 3+2i & 0 \\ 0 & 3-2i \end{pmatrix}t}P^{-1} = P\begin{pmatrix} e^{(3+2i)t} & 0 \\ 0 & e^{(3-2i)t} \end{pmatrix}P^{-1}$$
$$= \begin{pmatrix} 1-2i & 1+2i \\ 1 & 1 \end{pmatrix}\begin{pmatrix} e^{(3+2i)t} & 0 \\ 0 & e^{(3-2i)t} \end{pmatrix}\frac{1}{4}\begin{pmatrix} i & 2-i \\ -i & 2+i \end{pmatrix}$$
$$= \begin{pmatrix} 2(e^{\lambda_0 t}+e^{\overline{\lambda_0}t})+i(e^{\lambda_0 t}-e^{\overline{\lambda_0}t}) & 5i(e^{\overline{\lambda_0}t}-e^{\lambda_0 t}) \\ i(e^{\lambda_0 t}-e^{\overline{\lambda_0}t}) & 2(e^{\lambda_0 t}+e^{\overline{\lambda_0}t})+i(e^{\overline{\lambda_0}t}-e^{\lambda_0 t}) \end{pmatrix}$$

한편 $e^{\lambda_0 t} = e^{(3+2i)t} = e^{3t+2ti} = e^{3t}(\cos 2t + i\sin 2t)$ 이므로 다음을 얻는다.

$$e^{\lambda_0 t} + e^{\overline{\lambda_0} t} = 2Re(e^{\lambda_0 t}) = 2e^{3t}\cos 2t,$$
$$i(e^{\overline{\lambda_0} t} - e^{\lambda_0 t}) = 2Im(e^{\lambda_0 t}) = 2e^{3t}\sin 2t$$

따라서 e^{At} 를 실 행렬로 간단히 표현하면 다음과 같다.

$$e^{At} = e^{3t}\begin{pmatrix} 4\cos 2t - 2\sin 2t & 10\sin 2t \\ -2\sin 2t & 4\cos 2t + 2\sin 2t \end{pmatrix}$$

(2) $e^{At} = e^{3t}\begin{pmatrix} 4\cos 2t - 2\sin 2t & 10\sin 2t \\ -2\sin 2t & 4\cos 2t + 2\sin 2t \end{pmatrix}$ 가 $\frac{d}{dt}X = AX$ 의 기본행렬이 되므로, 일반해는 다음과 같다. 임의의 상수벡터 $K = \begin{pmatrix} \gamma_1 \\ \gamma_2 \end{pmatrix}$ 에 대해서,

$$X = e^{3t}\begin{pmatrix} 4\cos 2t - 2\sin 2t & 10\sin 2t \\ -2\sin 2t & 4\cos 2t + 2\sin 2t \end{pmatrix}\begin{pmatrix} \gamma_1 \\ \gamma_2 \end{pmatrix}$$
$$= \begin{pmatrix} 4\gamma_1\cos 2t + (-2\gamma_1 + 10\gamma_2)\sin 2t \\ 4\gamma_2\cos 2t + (-2\gamma_1 + 2\gamma_2)\sin 2t \end{pmatrix}$$

또는 편의상 $c_1 = 4\gamma_2$, $c_2 = -2\gamma_1 + 2\gamma_2$ 라 두면, 일반해는 다음과 같이 예 7.2.9의 해와 일치한다. 임의의 상수벡터 $C = \begin{pmatrix} c_1 \\ c_2 \end{pmatrix}$ 에 대해서,

$$X = c_1 e^{3t}\left[\cos 2t\begin{pmatrix} 1 \\ 1 \end{pmatrix} - \sin 2t\begin{pmatrix} -2 \\ 0 \end{pmatrix}\right] + c_2 e^{3t}\left[\sin 2t\begin{pmatrix} 1 \\ 1 \end{pmatrix} + \cos 2t\begin{pmatrix} -2 \\ 0 \end{pmatrix}\right]$$ ■

7.4.2 $B = \begin{pmatrix} \lambda_0 & 1 \\ 0 & \lambda_0 \end{pmatrix}$ 인 경우(λ_0 는 실수)

먼저 $B^k = \begin{pmatrix} \lambda_0 & 1 \\ 0 & \lambda_0 \end{pmatrix}^k$ 부터 계산해보자($k \geq 0$는 정수). 편의상 $D \equiv \lambda_0 I = \begin{pmatrix} \lambda_0 & 0 \\ 0 & \lambda_0 \end{pmatrix}$, $U \equiv \begin{pmatrix} 0 & 1 \\ 0 & 0 \end{pmatrix}$ 라 두자. 그러면 $B = \begin{pmatrix} \lambda_0 & 1 \\ 0 & \lambda_0 \end{pmatrix}$ 가 다음과 같이 분해된다.

$$B = D + U, \text{ 즉 } \begin{pmatrix} \lambda_0 & 1 \\ 0 & \lambda_0 \end{pmatrix} = \begin{pmatrix} \lambda_0 & 0 \\ 0 & \lambda_0 \end{pmatrix} + \begin{pmatrix} 0 & 1 \\ 0 & 0 \end{pmatrix} \quad (7.4.10)$$

간단히 계산해보면 $D = \begin{pmatrix} \lambda_0 & 0 \\ 0 & \lambda_0 \end{pmatrix}$ 와 $U = \begin{pmatrix} 0 & 1 \\ 0 & 0 \end{pmatrix}$ 는 다음의 성질을 가진다.

(i) $D^k = \begin{pmatrix} \lambda_0^k & 0 \\ 0 & \lambda_0^k \end{pmatrix}$, ($k \geq 0$ 는 정수)

(ii) $U^k = \begin{pmatrix} 0 & 0 \\ 0 & 0 \end{pmatrix}$, ($k \geq 2$는 정수)

(iii) $DU = UD = \lambda_0 U$

그러므로 임의의 정수 $k \geq 1$에 대해서, $B^k = (D+U)^k$를 2항 전개하여 계산할 수 있으며 계산 결과는 다음과 같다.

$$B^k = (D+U)^k = \sum_{m=0}^{k} \binom{k}{m} D^{k-m} U^m = \sum_{m=0}^{1} \binom{k}{m} D^{k-m} U^m$$

$$= D^k + kD^{k-1}U = \lambda_0^k I + k\lambda_0^{k-1} U = \begin{pmatrix} \lambda_0^k & k\lambda_0^{k-1} \\ 0 & \lambda_0^k \end{pmatrix} \tag{7.4.11}$$

여기서 (7.4.11)은 $k=0$일 때도 성립함을 알 수 있다. 따라서 다음을 얻는다.

$$e^{Bt} = \sum_{k=0}^{\infty} \frac{B^k}{k!} t^k = \sum_{k=0}^{\infty} \begin{pmatrix} \lambda_0^k & k\lambda_0^{k-1} \\ 0 & \lambda_0^k \end{pmatrix} \frac{t^k}{k!}$$

$$= \begin{pmatrix} \displaystyle\sum_{k=0}^{\infty} \frac{\lambda_0^k t^k}{k!} & \displaystyle\sum_{k=0}^{\infty} \frac{k\lambda_0^{k-1} t^k}{k!} \\ 0 & \displaystyle\sum_{k=0}^{\infty} \frac{\lambda_0^k t^k}{k!} \end{pmatrix} = \begin{pmatrix} \displaystyle\sum_{k=0}^{\infty} \frac{\lambda_0^k t^k}{k!} & \displaystyle\sum_{k=1}^{\infty} \frac{\lambda_0^{k-1} t^k}{(k-1)!} \\ 0 & \displaystyle\sum_{k=0}^{\infty} \frac{\lambda_0^k t^k}{k!} \end{pmatrix}$$

$$= \begin{pmatrix} \displaystyle\sum_{k=0}^{\infty} \frac{\lambda_0^k t^k}{k!} & t\displaystyle\sum_{k=0}^{\infty} \frac{\lambda_0^k t^k}{k!} \\ 0 & \displaystyle\sum_{k=0}^{\infty} \frac{\lambda_0^k t^k}{k!} \end{pmatrix} = \begin{pmatrix} e^{\lambda_0 t} & te^{\lambda_0 t} \\ 0 & e^{\lambda_0 t} \end{pmatrix}$$

위 내용을 정리하면 다음을 얻는다.

| 정리 7.4.10 | λ_0를 임의의 실수라 하자. 그러면 임의의 t에 대해서, 다음이 성립한다.

$$e^{\begin{pmatrix} \lambda_0 & 1 \\ 0 & \lambda_0 \end{pmatrix} t} = \begin{pmatrix} e^{\lambda_0 t} & te^{\lambda_0 t} \\ 0 & e^{\lambda_0 t} \end{pmatrix} \tag{7.4.12}$$

예 7.4.11 $A = \begin{pmatrix} 1 & -4 \\ 1 & -3 \end{pmatrix}$일 때, 다음을 구해보자.

(1) e^{At}

(2) $\frac{d}{dt}X = AX$의 해

풀이

(1) 먼저 A 의 표준형을 구하자. 예 7.2.13에 보면 A 는 중복 고유치 $\lambda_0=-1$을 가진다. $\lambda_0=-1$에 대응되는 일차 독립인 고유벡터는 한 개만 있으며, $A=\begin{pmatrix}1&-4\\1&-3\end{pmatrix}\sim\begin{pmatrix}-1&1\\0&-1\end{pmatrix}$이다. $V_0=\begin{pmatrix}2\\1\end{pmatrix}$가 간단한 고유벡터이고, $(A+I)W=V_0$을 만족하는 간단한 일반화된 고유벡터는 $W=\begin{pmatrix}1\\0\end{pmatrix}$이다. 부록 A에 보면, 정방행렬 $P=(V_0\ W)=\begin{pmatrix}2&1\\1&0\end{pmatrix}$가 A 의 변환행렬이 된다. 이때 $P^{-1}=\begin{pmatrix}0&1\\1&-2\end{pmatrix}$이고 다음을 만족한다.

$$A=P\begin{pmatrix}-1&1\\0&-1\end{pmatrix}P^{-1}\quad\text{또는}\quad\begin{pmatrix}-1&1\\0&-1\end{pmatrix}=P^{-1}AP$$

따라서 (7.4.8)과 (7.4.9)에 의해서 다음을 얻는다.

$$\begin{aligned}e^{At}&=e^{\begin{pmatrix}1&-4\\1&-3\end{pmatrix}t}=Pe^{\begin{pmatrix}-1&1\\0&-1\end{pmatrix}t}P^{-1}=P\begin{pmatrix}e^{-t}&te^{-t}\\0&e^{-t}\end{pmatrix}P^{-1}\\&=\begin{pmatrix}2&1\\1&0\end{pmatrix}\begin{pmatrix}e^{-t}&te^{-t}\\0&e^{-t}\end{pmatrix}\begin{pmatrix}0&1\\1&-2\end{pmatrix}=\begin{pmatrix}e^{-t}+2te^{-t}&-4te^{-t}\\te^{-t}&e^{-t}-2te^{-t}\end{pmatrix}\end{aligned}$$

(2) $e^{At}=\begin{pmatrix}e^{-t}+2te^{-t}&-4te^{-t}\\te^{-t}&e^{-t}-2te^{-t}\end{pmatrix}$가 $\dfrac{d}{dt}X=AX$의 기본행렬이 되므로 일반해는 다음과 같다. 임의의 상수벡터 $K=\begin{pmatrix}\gamma_1\\\gamma_2\end{pmatrix}$에 대해서,

$$X=\begin{pmatrix}e^{-t}+2te^{-t}&-4te^{-t}\\te^{-t}&e^{-t}-2te^{-t}\end{pmatrix}\begin{pmatrix}\gamma_1\\\gamma_2\end{pmatrix}=e^{-t}\begin{pmatrix}\gamma_1+2(\gamma_1-2\gamma_2)t\\\gamma_2+(\gamma_1-2\gamma_2)t\end{pmatrix}$$

또는 편의상 $c_1=\gamma_2$, $c_2=\gamma_1-2\gamma_2$라 두면, 일반해는 다음과 같이 예 7.2.13의 해와 일치한다. 임의의 상수벡터 $C=\begin{pmatrix}c_1\\c_2\end{pmatrix}$에 대해서,

$$X=e^{-t}\begin{pmatrix}2c_1+c_2+2c_2t\\c_1+c_2t\end{pmatrix}$$ ■

참고 일반적으로 n차 정방행렬 A에 대해서도 행렬 지수함수 e^{At}는 2차 정방행렬의 경우와 같은 방법으로 정의한다. 즉 행렬급수 $\sum_{k=0}^{\infty}\frac{A^k}{k!}t^k$는 $(-\infty,\ \infty)$상에서 절대수렴하고, 행렬지수 함수 e^{At}는 다음과 같이 정의된다.

$$\exp(At)=e^{At}\equiv\sum_{k=0}^{\infty}\frac{A^k}{k!}t^k,\quad t\in(-\infty,\infty)$$

그러면 행렬 지수함수 e^{At}는 그 표현형식과 성질도 2차원 행렬 지수함수의 경우와 모두 동일하다. 그리고 e^{At}를 구체적으로 계산하는 방법도 2차원 경우와 유사하게 할 수 있다. 다만 차원 n이 더 크면, A의 표준형의 경우의 수가 더 많고 그 구조도 더 복잡하여 계산이 더 복잡해진다. 그러므로 이 책에서는 $n \geq 3$인 행렬 지수함수의 구체적인 내용을 생략한다.

연습문제 7.4

1. 다음 행렬 A에 대해서 지수함수 e^{At}를 구하여라.

(1) $\begin{pmatrix} 2 & 0 \\ 0 & 1 \end{pmatrix}$　　(2) $\begin{pmatrix} 0 & 2 \\ 2 & 0 \end{pmatrix}$

(3) $\begin{pmatrix} 4 & 3 \\ -4 & -4 \end{pmatrix}$　　(4) $\begin{pmatrix} 2 & -1 \\ 1 & 1 \end{pmatrix}$

(5) $\begin{pmatrix} 2 & 1 \\ -3 & 6 \end{pmatrix}$　　(6) $\begin{pmatrix} 5 & -9 \\ 1 & -1 \end{pmatrix}$

(7) $\begin{pmatrix} 2 & 1 & 1 \\ 1 & 2 & 1 \\ -2 & -2 & -1 \end{pmatrix}$　　(8) $\begin{pmatrix} 1 & 0 & 0 \\ 1 & 3 & 0 \\ 0 & 1 & 1 \end{pmatrix}$

(9) $\begin{pmatrix} 5 & -4 & 0 \\ 1 & 0 & 2 \\ 0 & 2 & 5 \end{pmatrix}$　　(10) $\begin{pmatrix} 0 & 1 & 0 \\ 0 & 0 & 1 \\ 0 & 3 & 3 \end{pmatrix}$

2. 1번 문제의 답을 이용하여 미분방정식계의 해를 구하여라.

(1) $\begin{cases} \dfrac{dx}{dt} = 2x \\ \dfrac{dy}{dt} = y \end{cases}$　　(2) $\begin{cases} \dfrac{dx}{dt} = 2y \\ \dfrac{dy}{dt} = 2x \end{cases}$

(3) $\begin{cases} \dfrac{dx}{dt} = 4x + 3y \\ \dfrac{dy}{dt} = -4x - 4y \end{cases}$　　(4) $\begin{cases} \dfrac{dx}{dt} = 2x - y \\ \dfrac{dy}{dt} = x + y \end{cases}$

(5) $\begin{cases} \dfrac{dx}{dt} = 2x + y \\ \dfrac{dy}{dt} = -3x + 6y \end{cases}$　　(6) $\begin{cases} \dfrac{dx}{dt} = 5x - 9y \\ \dfrac{dy}{dt} = x - y \end{cases}$

(7) $\begin{cases} \dfrac{dx}{dt} = 2x + y + z \\ \dfrac{dy}{dt} = x + 2y + z \\ \dfrac{dz}{dt} = -2x - 2y - z \end{cases}$　　(8) $\begin{cases} \dfrac{dx}{dt} = y \\ \dfrac{dy}{dt} = z \\ \dfrac{dz}{dt} = 3y + 3z \end{cases}$

7.5 선형 비제차 미분방정식

이제 n 차원 선형 비제차 미분방정식 $\frac{d}{dt}X = AX + F(t)$ 의 해를 구하는 일반적인 공식을 만들어 보자. 고차원($n \geq 2$) 선형 비제차 미분방정식의 해를 구하는 방법은 1차원($n = 1$)인 선형 비제차 미분방정식의 해를 구하는 방법과 근본적으로 같다. 이제부터 A 를 n 차 정방행렬이라 하자.

$\frac{d}{dt}X = AX + F(t)$ 의 일반해는 정리 7.1.14에 의해서 $\frac{d}{dt}X = AX$ 의 일반해 X_c 와 $\frac{d}{dt}X = AX + F(t)$ 의 한 특수해 X_p 의 합 $X = X_c + X_p$ 로 표현된다.

$\frac{d}{dt}X = AX$ 의 일반해 X_c 를 구하는 방법은 앞 절에서 이미 배웠다.

$\frac{d}{dt}X = AX + F(t)$ 가 간단한 경우에는 잘 관찰해서 직관적으로 특수해를 구할 수 있으나, 일반적인 경우에는 직관적으로 구할 수 없다. 그래서 $\frac{d}{dt}X = AX + F(t)$ 의 특수해를 구하는 일반적인 방법인 변분법에 대해서 소개한다.

여기서 $\Phi(t)$ 를 $\frac{d}{dt}X = AX$ 의 임의의 기본행렬이라 두자. 그러면 $\frac{d}{dt}X = AX$ 의 일반해는 따름정리 7.1.13에 의해서 다음과 같다.

$$X_c = \Phi(t)C, \ (C \in \boldsymbol{R}^n \text{ 는 임의상수 벡터}) \tag{7.5.1}$$

이제 1차원 경우에서와 유사한 변분방법으로 특수해 X_p 를 구해보자.

$X_c = \Phi(t)C$ 에서 상수벡터 C 에 적당한 벡터함수 $U(t)$ 를 대입한 $X_p = \Phi(t)U(t)$ 가 $\frac{d}{dt}X = AX + F(t)$ 의 특수해가 되도록 $U(t)$ 를 찾아보자. 즉 $X_p = \Phi(t)U(t)$ 를 $\frac{d}{dt}X = AX + F(t)$ 에 대입하여 등식이 성립하도록 벡터함수 $U(t)$ 를 구해보자. 임의의 $C \in \boldsymbol{R}^n$ 에 대해서, $X_c = \Phi(t)C$ 가 $\frac{d}{dt}X = AX$ 의 해이므로 $\frac{d}{dt}\Phi(t)C = A\Phi(t)C$ 이다. 그러므로 다음이 성립한다.

$$\frac{d}{dt}\Phi(t) = A\Phi(t) \tag{7.5.2}$$

한편 $X_p = \Phi(t)U(t)$ 의 도함수를 곱의 미분법으로 다음과 같이 얻는다.

$$\frac{d}{dt}X_p = \frac{d}{dt}[\Phi(t)U(t)] = \left[\frac{d}{dt}\Phi(t)\right]U(t) + \Phi(t)\frac{d}{dt}U(t)$$

$$= A\Phi(t)U(t) + \Phi(t)\frac{d}{dt}U(t) \tag{7.5.3}$$

따라서 $X_p = \Phi(t)U(t)$ 와 (7.5.3)을 $\frac{d}{dt}X = AX + F(t)$ 에 대입하여 정리하면 다음을 얻는다.

$$\Phi(t)\frac{d}{dt}U(t) = F(t)$$

위 식에 $\Phi(t)$ 의 역행렬 $\Phi^{-1}(t)$ 을 양변에 곱하면 다음과 같다.

$$\frac{d}{dt}U(t) = \Phi^{-1}(t)F(t)$$

즉 $U(t)$는 $\Phi^{-1}(t)F(t)$의 원시함수(적분)임을 알 수 있다. 그러므로 $U(t)$를 $\Phi^{-1}(t)F(t)$ 의 간단한 원시함수로 다음과 같이 표기하자.

$$U(t) \equiv \int \Phi^{-1}(t)F(t)\,dt \tag{7.5.4}$$

그러면 $\frac{d}{dt}X = AX + F(t)$ 의 간단한 특수해를 다음과 같이 얻는다.

$$X_p = \Phi(t)\int \Phi^{-1}(t)F(t)\,dt \tag{7.5.5}$$

따라서 $\frac{d}{dt}X = AX + F(t)$ 의 일반해는 (7.5.1)과 (7.5.5)의 합으로 얻어진다. 이 내용을 요약하면 다음 정리를 얻는다.

| 정리 7.5.1 | $\Phi(t)$를 $\frac{d}{dt}X = AX$ 의 임의의 기본행렬이라 두자. 그러면 $\frac{d}{dt}X = AX + F(t)$ 의 일반해는 다음과 같이 표현된다.

$$X = \Phi(t)C + \Phi(t)\int \Phi^{-1}(t)F(t)\,dt, \tag{7.5.6}$$

(단 $C \in \boldsymbol{R}^n$ 는 임의상수 벡터) 이것을 변분공식이라 한다.

참고 $U(t) = \int_0^t \Phi^{-1}(s)F(s)\,ds$ 가 $\Phi^{-1}(t)F(t)$ 의 하나의 원시함수이다. 따라서 다음과 같이 정적분으로 간단한 특수해를 얻는다.

$$X_p = \Phi(t)\int_0^t \Phi^{-1}(s)\,F(s)\,ds$$

그래서 $\frac{d}{dt}X = AX + F(t)$ 의 일반해는 다음과 같이 표현될 수도 있다.

$$X = \Phi(t)\,C + \Phi(t)\int_0^t \Phi^{-1}(s)\,F(s)\,ds, \qquad (7.5.7)$$

(단 $C \in \boldsymbol{R}^n$ 는 임의상수 벡터)

이제 초기치문제 [$\frac{d}{dt}X = AX + F(t)$, $X(0) = X_0$]을 풀어보자.

$\int_0^0 \Phi^{-1}(s)F(s)ds = 0$ 이므로 일반해 (7.5.7)에 초기조건 $X(0) = X_0$ 를 대입하면, $X(0) = \Phi(0)\,C = X_0$ 를 얻는다.

그러므로 초기치문제의 해에 대해서 다음을 얻는다.

| 따름정리 7.5.2 | $\Phi(t)$ 를 $\frac{d}{dt}X = AX$ 의 임의의 기본행렬이라 두자. 그러면 [$\frac{d}{dt}X = AX + F(t)$, $X(0) = X_0$]의 해는 다음과 같다.

$$X(t;\,X_0) = \Phi(t)\Phi^{-1}(0)X_0 + \Phi(t)\int_0^t \Phi^{-1}(s)F(s)\,ds \qquad (7.5.8)$$

이것을 초기치문제의 변분공식이라 한다.

참고 e^{At} 가 $\frac{d}{dt}X = AX$ 의 기본행렬이 되므로, $\frac{d}{dt}X = AX + F(t)$ 의 일반해[변분공식(7.5.6)과 (7.5.7)]는 다음과 같이 표현될 수 있다.

$$X = e^{At}C + e^{At}\int e^{-At}F(t)\,dt \qquad (7.5.9)$$

또는

$$X = e^{At}C + e^{At}\int_0^t e^{-As}F(s)\,ds$$

따라서 초기치문제 [$\frac{d}{dt}X = AX + F(t)$, $X(0) = X_0$]의 해는 다음과 같이 간단하게 표현될 수도 있다.

$$X(t;\,X_0) = e^{At}X_0 + e^{At}\int_0^t e^{-As}F(s)\,ds \qquad (7.5.10)$$

예 7.5.3 (1) $\begin{cases} x' = 2x + 4y + 2 \\ y' = x - y + 1 \end{cases}$ 의 일반해를 구해보자.

(2) 초기치문제 $\begin{cases} x' = 2x + 4y + 2 \\ y' = x - y + 1 \end{cases}$, $\begin{pmatrix} x(0) = 1 \\ y(0) = -1 \end{pmatrix}$의 해를 구해보자.

풀이

(1) $\begin{cases} x' = 2x + 4y + 2 \\ y' = x - y + 1 \end{cases}$의 행렬표현은 다음과 같다.

$$\frac{d}{dt}\begin{pmatrix} x \\ y \end{pmatrix} = \begin{pmatrix} 2 & 4 \\ 1 & -1 \end{pmatrix}\begin{pmatrix} x \\ y \end{pmatrix} + \begin{pmatrix} 2 \\ 1 \end{pmatrix}$$

예 7.2.3에 보면 $\left\{\begin{pmatrix} 4e^{3t} \\ e^{3t} \end{pmatrix}, \begin{pmatrix} -e^{-2t} \\ e^{-2t} \end{pmatrix}\right\}$가 제차 방정식 $\begin{cases} x' = 2x + 4y \\ y' = x - y \end{cases}$의 기본해 집합이 되므로, $\Phi(t) = \begin{pmatrix} 4e^{3t} & -e^{-2t} \\ e^{3t} & e^{-2t} \end{pmatrix}$가 기본행렬이 된다. 변분공식을 사용하기 위해서 역행렬 $\Phi^{-1}(t)$을 구하면 다음과 같다.

$$\Phi^{-1}(t) = \frac{1}{5}\begin{pmatrix} e^{-3t} & e^{-3t} \\ -e^{2t} & 4e^{2t} \end{pmatrix}$$

따라서 변분공식 (7.5.7)에 의해서 일반해는 다음과 같다.

$$\begin{aligned}
\begin{pmatrix} x \\ y \end{pmatrix} &= \begin{pmatrix} 4e^{3t} & -e^{-2t} \\ e^{3t} & e^{-2t} \end{pmatrix}\begin{pmatrix} c_1 \\ c_2 \end{pmatrix} + \begin{pmatrix} 4e^{3t} & -e^{-2t} \\ e^{3t} & e^{-2t} \end{pmatrix}\int_0^t \frac{1}{5}\begin{pmatrix} e^{-3s} & e^{-3s} \\ -e^{2s} & 4e^{2s} \end{pmatrix}\begin{pmatrix} 2 \\ 1 \end{pmatrix} ds \\
&= \begin{pmatrix} 4c_1e^{3t} - c_2e^{-2t} \\ c_1e^{3t} + c_2e^{-2t} \end{pmatrix} + \frac{1}{5}\begin{pmatrix} 4e^{3t} & -e^{-2t} \\ e^{3t} & e^{-2t} \end{pmatrix}\int_0^t \begin{pmatrix} 3e^{-3s} \\ 2e^{2s} \end{pmatrix} ds \\
&= \begin{pmatrix} 4c_1e^{3t} - c_2e^{-2t} \\ c_1e^{3t} + c_2e^{-2t} \end{pmatrix} + \frac{1}{5}\begin{pmatrix} 4e^{3t} & -e^{-2t} \\ e^{3t} & e^{-2t} \end{pmatrix}\begin{pmatrix} -e^{-3t} + 1 \\ e^{2t} - 1 \end{pmatrix} \\
&= \begin{pmatrix} 4c_1e^{3t} - c_2e^{-2t} \\ c_1e^{3t} + c_2e^{-2t} \end{pmatrix} + \frac{1}{5}\begin{pmatrix} 4e^{3t} + e^{-2t} \\ e^{3t} - e^{-2t} \end{pmatrix} + \begin{pmatrix} -1 \\ 0 \end{pmatrix} \\
&= \begin{pmatrix} 4(c_1 + \frac{1}{5})e^{3t} - (c_2 - \frac{1}{5})e^{-2t} \\ (c_1 + \frac{1}{5})e^{3t} + (c_2 - \frac{1}{5})e^{-2t} \end{pmatrix} + \begin{pmatrix} -1 \\ 0 \end{pmatrix}, \text{ (단 } c_1, c_2\text{는 임의상수)}
\end{aligned}$$

여기서 만약 상수 $c_1 + \frac{1}{5}$, $c_2 - \frac{1}{5}$을 각각 새로 c_1, c_2라 두면, 위의 일반해는 더 간단히 다음과 같이 표현된다.

$$\begin{pmatrix} x \\ y \end{pmatrix} = \begin{pmatrix} 4c_1e^{3t} - c_2e^{-2t} \\ c_1e^{3t} + c_2e^{-2t} \end{pmatrix} + \begin{pmatrix} -1 \\ 0 \end{pmatrix}, \text{ (}c_1, c_2\text{는 임의상수)}$$

또는 직관적으로 간단히 풀어보자. 이 비제차 방정식의 경우 잘 관찰해보면, 상수함수 $X_p=\begin{pmatrix}-1\\0\end{pmatrix}$가 특수해가 됨을 쉽게 알 수 있다. 즉 상수함수 $x=-1$, $y=0$가 $\begin{cases}x'=2x+4y+2\\y'=x-y+1\end{cases}$을 만족한다. 비제차 방정식의 일반해는 제차 방정식의 일반해와 비제차 방정식의 특수해로 표현되므로, 곧바로 다음의 일반해를 얻을 수 있다.

$$\begin{pmatrix}x\\y\end{pmatrix}=\begin{pmatrix}4e^{3t} & -e^{-2t}\\e^{3t} & e^{-2t}\end{pmatrix}\begin{pmatrix}c_1\\c_2\end{pmatrix}+\begin{pmatrix}-1\\0\end{pmatrix}=\begin{pmatrix}4c_1e^{3t}-c_2e^{-2t}\\c_1e^{3t}+c_2e^{-2t}\end{pmatrix}+\begin{pmatrix}-1\\0\end{pmatrix}$$

(2) 변분공식 (7.5.8)에 의해서 해는 다음과 같다.

$$\begin{aligned}\begin{pmatrix}x\\y\end{pmatrix}&=\begin{pmatrix}4e^{3t} & -e^{-2t}\\e^{3t} & e^{-2t}\end{pmatrix}\frac{1}{5}\begin{pmatrix}1 & 1\\-1 & 4\end{pmatrix}\begin{pmatrix}1\\-1\end{pmatrix}+\begin{pmatrix}4e^{3t} & -e^{-2t}\\e^{3t} & e^{-2t}\end{pmatrix}\int_0^t\frac{1}{5}\begin{pmatrix}e^{-3s} & e^{-3s}\\-e^{2s} & 4e^{2s}\end{pmatrix}\begin{pmatrix}2\\1\end{pmatrix}ds\\&=\frac{1}{5}\begin{pmatrix}4e^{3t}+e^{-2t} & 4e^{3t}-4e^{-2t}\\e^{3t}-e^{-2t} & e^{3t}+4e^{-2t}\end{pmatrix}\begin{pmatrix}1\\-1\end{pmatrix}+\frac{1}{5}\begin{pmatrix}4e^{3t} & -e^{-2t}\\e^{3t} & e^{-2t}\end{pmatrix}\int_0^t\begin{pmatrix}3e^{-3s}\\2e^{2s}\end{pmatrix}ds\\&=\begin{pmatrix}e^{-2t}\\-e^{-2t}\end{pmatrix}+\frac{1}{5}\begin{pmatrix}4e^{3t}+e^{-2t}\\e^{3t}-e^{-2t}\end{pmatrix}+\begin{pmatrix}-1\\0\end{pmatrix}=\frac{1}{5}\begin{pmatrix}4e^{3t}+6e^{-2t}-5\\e^{3t}-6e^{-2t}\end{pmatrix}\end{aligned}$$

또는 위의 일반해에 초기조건을 대입하여 상수 c_1, c_2의 값을 찾아서 해 $\begin{pmatrix}x\\y\end{pmatrix}=\frac{1}{5}\begin{pmatrix}4e^{3t}+6e^{-2t}-5\\e^{3t}-6e^{-2t}\end{pmatrix}$를 얻을 수도 있다. ■

예 7.5.4 (1) $\begin{cases}x'=x+2y-z-t\\y'=x+z+t\\z'=4x-4y+5z+4t\end{cases}$ 의 일반해를 구해보자.

(2) 초기치문제 $\begin{cases}x'=x+2y-z-t\\y'=x+z+t\\z'=4x-4y+5z+4t\end{cases}$, $\begin{pmatrix}x(0)=1\\y(0)=-1\\z(0)=-2\end{pmatrix}$의 해를 구해보자.

풀이

(1) 계수행렬은 $A=\begin{pmatrix}1 & 2 & -1\\1 & 0 & 1\\4 & -4 & 5\end{pmatrix}$이고 $F=\begin{pmatrix}-t\\t\\4t\end{pmatrix}$이다. 예 7.3.3에 보면 A의 고유치는 $\lambda_1=1$, $\lambda_2=2$, $\lambda_3=3$이고 대응되는 고유벡터는 각각 $V_1=\begin{pmatrix}-1\\1\\2\end{pmatrix}$, $V_2=\begin{pmatrix}-2\\1\\4\end{pmatrix}$, $V_3=\begin{pmatrix}-1\\1\\4\end{pmatrix}$이다. 따라서 $\left\{\begin{pmatrix}-e^t\\e^t\\2e^t\end{pmatrix},\begin{pmatrix}-2e^{2t}\\e^{2t}\\4e^{2t}\end{pmatrix},\begin{pmatrix}-e^{3t}\\e^{3t}\\4e^{3t}\end{pmatrix}\right\}$가 제차 방정식 $\begin{pmatrix}x'=x+2y-z\\y'=x+z\\z'=4x-4y+5z\end{pmatrix}$의 기본해집합이 되고 기본행렬 $\Phi(t)$는 다음과 같다.

$$\Phi(t)=\begin{pmatrix}-e^{t} & -2e^{2t} & -e^{3t}\\ e^{t} & e^{2t} & e^{3t}\\ 2e^{t} & 4e^{2t} & 4e^{3t}\end{pmatrix}$$

$Det(\Phi(t))=2e^{6t}$ 이므로 역행렬 $\Phi^{-1}(t)$을 구하면 다음과 같다.

$$\Phi^{-1}(t)=\frac{1}{2}\begin{pmatrix}0 & 4e^{-t} & -e^{-t}\\ -2e^{-2t} & -2e^{-2t} & 0\\ 2e^{-3t} & 0 & e^{-3t}\end{pmatrix}$$

따라서 변분공식 (7.5.7)에 의해서 일반해는 다음과 같다.

$$\begin{pmatrix}x\\y\\z\end{pmatrix}=\begin{pmatrix}-e^{t} & -2e^{2t} & -e^{3t}\\ e^{t} & e^{2t} & e^{3t}\\ 2e^{t} & 4e^{2t} & 4e^{3t}\end{pmatrix}\begin{pmatrix}c_1\\c_2\\c_3\end{pmatrix}$$

$$+\begin{pmatrix}-e^{t} & -2e^{2t} & -e^{3t}\\ e^{t} & e^{2t} & e^{3t}\\ 2e^{t} & 4e^{2t} & 4e^{3t}\end{pmatrix}\int_0^t\frac{1}{2}\begin{pmatrix}0 & 4e^{-s} & -e^{-s}\\ -2e^{-2s} & -2e^{-2s} & 0\\ 2e^{-3s} & 0 & e^{-3s}\end{pmatrix}\begin{pmatrix}-s\\s\\4s\end{pmatrix}ds$$

$$=\begin{pmatrix}-e^{t} & -2e^{2t} & -e^{3t}\\ e^{t} & e^{2t} & e^{3t}\\ 2e^{t} & 4e^{2t} & 4e^{3t}\end{pmatrix}\begin{pmatrix}c_1\\c_2\\c_3\end{pmatrix}+\frac{1}{9}\begin{pmatrix}-e^{3t}+3t+1\\ e^{3t}-3t-1\\ 4e^{3t}-12t-4\end{pmatrix},\ (\text{단 } c_1,\ c_2,\ c_3\text{는 임의상수})$$

(2) 변분공식 (7.5.8)에 의해서 해는 다음과 같다.

$$\begin{pmatrix}x\\y\\z\end{pmatrix}=\begin{pmatrix}-e^{t} & -2e^{2t} & -e^{3t}\\ e^{t} & e^{2t} & e^{3t}\\ 2e^{t} & 4e^{2t} & 4e^{3t}\end{pmatrix}\frac{1}{2}\begin{pmatrix}0 & 4 & -1\\ -2 & -2 & 0\\ 2 & 0 & 1\end{pmatrix}\begin{pmatrix}1\\-1\\-2\end{pmatrix}$$

$$+\begin{pmatrix}-e^{t} & -2e^{2t} & -e^{3t}\\ e^{t} & e^{2t} & e^{3t}\\ 2e^{t} & 4e^{2t} & 4e^{3t}\end{pmatrix}\int_0^t\frac{1}{2}\begin{pmatrix}0 & 4e^{-s} & -e^{-s}\\ -2e^{-2s} & -2e^{-2s} & 0\\ 2e^{-3s} & 0 & e^{-3s}\end{pmatrix}\begin{pmatrix}-s\\s\\4s\end{pmatrix}ds$$

$$=\begin{pmatrix}-e^{t} & -2e^{2t} & -e^{3t}\\ e^{t} & e^{2t} & e^{3t}\\ 2e^{t} & 4e^{2t} & 4e^{3t}\end{pmatrix}\begin{pmatrix}-1\\0\\0\end{pmatrix}+\frac{1}{9}\begin{pmatrix}-e^{3t}+3t+1\\ e^{3t}-3t-1\\ 4e^{3t}-12t-4\end{pmatrix}$$

$$=\begin{pmatrix}e^{t}\\-e^{t}\\-2e^{t}\end{pmatrix}+\frac{1}{9}\begin{pmatrix}-e^{3t}+3t+1\\ e^{3t}-3t-1\\ 4e^{3t}-12t-4\end{pmatrix}=\frac{1}{9}\begin{pmatrix}-e^{3t}+9e^{t}+3t+1\\ e^{3t}-9e^{t}-3t-1\\ 4e^{3t}-18e^{t}-12t-4\end{pmatrix}$$

■

연습문제 7.5

1. 변분공식을 이용하여 다음 미분방정식계의 해를 구하여라.

(1) $\begin{cases} \dfrac{dx}{dt} = y+1 \\ \dfrac{dy}{dt} = -x \end{cases}$

(2) $\begin{cases} \dfrac{dx}{dt} = x+y-t-1 \\ \dfrac{dy}{dt} = 4x+y-4t-2 \end{cases}$

(3) $\begin{cases} \dfrac{dx}{dt} = 2x-y+e^t \\ \dfrac{dy}{dt} = 3x-2y+t \end{cases}$

(4) $\begin{cases} \dfrac{dx}{dt} = y+\sin 3t \\ \dfrac{dy}{dt} = 2x+t \end{cases}$

(5) $\begin{cases} \dfrac{dx}{dt} = 6x+y-11 \\ \dfrac{dy}{dt} = 4x+3y-5 \end{cases}$

(6) $\begin{cases} \dfrac{dx}{dt} = 2x+y-\cos t \\ \dfrac{dy}{dt} = -3x+6y+1 \end{cases}$

(7) $\begin{cases} \dfrac{dx}{dt} = -x+1 \\ \dfrac{dy}{dt} = 2x-y+2t \end{cases}$

(8) $\begin{cases} \dfrac{dx}{dt} = -x+t^2 \\ \dfrac{dy}{dt} = 2x+2y+t+1 \end{cases}$

(9) $\begin{cases} \dfrac{dx}{dt} = 2x+y+2e^t \\ \dfrac{dy}{dt} = -3x-2y+4e^t \end{cases}$

(10) $\begin{cases} \dfrac{dx}{dt} = x+2y \\ \dfrac{dy}{dt} = 3x+2y+1 \end{cases}$

(11) $\begin{cases} \dfrac{dx}{dt} = x-2y+2z+2e^t \\ \dfrac{dy}{dt} = -2x+y+2z+4e^t \\ \dfrac{dz}{dt} = 2x+2y+z-2e^t \end{cases}$

(12) $\begin{cases} \dfrac{dx}{dt} = y+z+3e^t \\ \dfrac{dy}{dt} = x+z-e^t \\ \dfrac{dz}{dt} = x+y-e^t \end{cases}$

2. 변분공식을 이용하여 다음 초기치문제의 해를 구하여라.

(1) $\begin{cases} \dfrac{dx}{dt} = y+1 \\ \dfrac{dy}{dt} = -x \end{cases}, \quad \begin{pmatrix} x(0) \\ y(0) \end{pmatrix} = \begin{pmatrix} 1 \\ -1 \end{pmatrix}$

(2) $\begin{cases} \dfrac{dx}{dt} = x+y-t-1 \\ \dfrac{dy}{dt} = 4x+y-4t-2 \end{cases}, \quad \begin{pmatrix} x(0) \\ y(0) \end{pmatrix} = \begin{pmatrix} 1 \\ -1 \end{pmatrix}$

(3) $\begin{cases} \dfrac{dx}{dt} = 6x+y-11 \\ \dfrac{dy}{dt} = 4x+3y-5 \end{cases}, \quad \begin{pmatrix} x(0) \\ y(0) \end{pmatrix} = \begin{pmatrix} 1 \\ 0 \end{pmatrix}$

(4) $\begin{cases} \dfrac{dx}{dt} = 2x+y-\cos t \\ \dfrac{dy}{dt} = -3x+6y+1 \end{cases}, \quad \begin{pmatrix} x(0) \\ y(0) \end{pmatrix} = \begin{pmatrix} 1 \\ 0 \end{pmatrix}$

(5) $\begin{cases} \dfrac{dx}{dt} = -x+1 \\ \dfrac{dy}{dt} = 2x-y+2t \end{cases}, \quad \begin{pmatrix} x(0) \\ y(0) \end{pmatrix} = \begin{pmatrix} 0 \\ -1 \end{pmatrix}$

(6) $\begin{cases} \dfrac{dx}{dt} = -x+t^2 \\ \dfrac{dy}{dt} = 2x+2y+t+1 \end{cases}, \quad \begin{pmatrix} x(0) \\ y(0) \end{pmatrix} = \begin{pmatrix} 0 \\ -1 \end{pmatrix}$

(7) $\begin{cases} \dfrac{dx}{dt} = x-2y+2z+2e^t \\ \dfrac{dy}{dt} = -2x+y+2z+4e^t \\ \dfrac{dz}{dt} = 2x+2y+z-2e^t \end{cases}, \quad \begin{pmatrix} x(0) \\ y(0) \\ z(0) \end{pmatrix} = \begin{pmatrix} 1 \\ 0 \\ 1 \end{pmatrix}$

7.6 라플라스 변환 해법

라플라스 변환을 사용하여 고차원 상수 계수 선형 미분방정식의 초기치문제의 해를 구할 수도 있다. 이해하기 쉽도록 2차원 미분방정식을 예로 들어 설명하자.

일반적인 n 차원 상수 계수 선형 미분방정식에 대해서도 동일한 방법이 적용될 수 있다. 라플라스 변환에 대한 기본 성질은 5장을 참조하기 바란다.

1계 2차원 선형 미분방정식의 초기치문제를 다음과 같이 두자.

$$\begin{cases} \dfrac{dx}{dt} = a_{11}x + a_{12}y + f_1(t) \\ \dfrac{dy}{dt} = a_{21}x + a_{22}y + f_2(t) \end{cases}, \quad \begin{pmatrix} x(0) = x_0 \\ y(0) = y_0 \end{pmatrix} \tag{7.6.1}$$

또는

$$\frac{d}{dt}\begin{pmatrix} x \\ y \end{pmatrix} = \begin{pmatrix} a_{11} & a_{12} \\ a_{21} & a_{22} \end{pmatrix}\begin{pmatrix} x \\ y \end{pmatrix} + \begin{pmatrix} f_1(t) \\ f_2(t) \end{pmatrix}, \quad \begin{pmatrix} x \\ y \end{pmatrix}(0) = \begin{pmatrix} x_0 \\ y_0 \end{pmatrix}$$

단 $a_{11}, a_{12}, a_{21}, a_{22}$ 는 상수이고, $f_1(t)$, $f_2(t)$ 는 라플라스 변환가능 함수이다. 편의상 다음과 같이 두자.

$$A = \begin{pmatrix} a_{11} & a_{12} \\ a_{21} & a_{22} \end{pmatrix}, \quad X = \begin{pmatrix} x \\ y \end{pmatrix}, \quad F(t) = \begin{pmatrix} f_1(t) \\ f_2(t) \end{pmatrix}, \quad X_0 = \begin{pmatrix} x_0 \\ y_0 \end{pmatrix}$$

그리고 (7.6.1)을 $[\frac{d}{dt}X = AX + F(t),\ X(0) = X_0]$로 간단히 표현하자. 여기서 미지함수 $x(t)$, $y(t)$와 비제차항 $f_1(t)$, $f_2(t)$의 라플라스 변환을 각각 다음과 같이 두자.

$$\boldsymbol{x}(s) = \boldsymbol{L}[x](s) = \int_0^{\infty} e^{-st} x(t)dt, \quad \boldsymbol{y}(s) = \boldsymbol{L}[y](s) = \int_0^{\infty} e^{-st} y(t)dt,$$

$$\boldsymbol{f_k}(s) = \boldsymbol{L}[f_k](s) = \int_0^{\infty} e^{-st} f_k(t)dt, \ k = 1, 2$$

단 $s > a$ 이고, a 는 적당한 실수이다.

이제 (7.6.1)의 각 미분방정식을 라플라스 변환하면, 라플라스 변환은 선형 변환이므로 다음을 얻는다.

$$\begin{cases} \boldsymbol{L}\left[\dfrac{dx}{dt}\right](s) = a_{11}\boldsymbol{L}[x](s) + a_{12}\boldsymbol{L}[y](s) + \boldsymbol{L}[f_1](s) \\ \boldsymbol{L}\left[\dfrac{dy}{dt}\right](s) = a_{21}\boldsymbol{L}[x](s) + a_{22}\boldsymbol{L}[y](s) + \boldsymbol{L}[f_2](s) \end{cases}, \text{ (단 } s > a)$$

도함수의 라플라스 변환공식에 의해서 다음을 얻는다.

$$\begin{cases} s\boldsymbol{x} - x_0 = a_{11}\boldsymbol{x} + a_{12}\boldsymbol{y} + \boldsymbol{f_1} \\ s\boldsymbol{y} - y_0 = a_{21}\boldsymbol{x} + a_{22}\boldsymbol{y} + \boldsymbol{f_2} \end{cases}, \text{ (단 } s > a)$$

위의 식을 간단히 정리하면 다음과 같다.

$$\begin{cases} (s - a_{11})\boldsymbol{x} - a_{12}\boldsymbol{y} = \boldsymbol{f_1} + x_0 \\ -a_{21}\boldsymbol{x} + (s - a_{22})\boldsymbol{y} = \boldsymbol{f_2} + y_0 \end{cases}, \text{ (단 } s > a)$$

즉 행렬로 표현하면 다음을 얻는다.

$$\begin{pmatrix} s - a_{11} & -a_{12} \\ -a_{21} & s - a_{22} \end{pmatrix}\begin{pmatrix} \boldsymbol{x} \\ \boldsymbol{y} \end{pmatrix} = \begin{pmatrix} \boldsymbol{f_1} \\ \boldsymbol{f_2} \end{pmatrix} + \begin{pmatrix} x_0 \\ y_0 \end{pmatrix} \tag{7.6.2}$$

여기서 편의상 다음과 같이 두자.

$$\boldsymbol{X} \equiv \boldsymbol{L}[X] = \begin{pmatrix} \boldsymbol{L}[x] \\ \boldsymbol{L}[y] \end{pmatrix} = \begin{pmatrix} \boldsymbol{x} \\ \boldsymbol{y} \end{pmatrix}, \quad \boldsymbol{F} \equiv \boldsymbol{L}[F] = \begin{pmatrix} \boldsymbol{L}[f_1] \\ \boldsymbol{L}[f_2] \end{pmatrix} = \begin{pmatrix} \boldsymbol{f_1} \\ \boldsymbol{f_2} \end{pmatrix}$$

즉 벡터함수의 라플라스 변환은 각 성분함수를 라플라스 변환하여 얻어지는 벡터함수로 정의한다(벡터함수의 라플라스 역변환도 각 성분함수를 역변환하여 얻는다).

이 내용을 정리하면 다음을 얻는다.

| 정리 7.6.1 | 초기치문제 $[\frac{d}{dt}X = AX + F(t),\ X(0) = X_0]$의 라플라스 변환은 다음과 같다.

$$(sI - A)\boldsymbol{X} = \boldsymbol{F} + X_0, \ s > a \tag{7.6.3}$$

단 a 는 적당한 상수이다.

참고 (7.6.3)에서 s가 행렬 A의 고유치가 아니라고 가정하자. 그러면 $\det(sI-A)\neq 0$이므로, $sI-A$의 역행렬 $(sI-A)^{-1}$이 존재한다. 따라서 (7.6.3)으로부터 다음을 얻는다.

$$\boldsymbol{X}=(sI-A)^{-1}(\boldsymbol{F}+X_0),\ (\text{단 } s>a) \qquad (7.6.4)$$

여기서 a는 A의 모든 고유치 λ에 대해서 $a\geq Re(\lambda)$인 상수임을 알 수 있다. 즉 a가 될 수 있는 가장 작은 값은 다음과 같다.

$$a=\max\{Re(\lambda)\mid \lambda\text{는 } A\text{의 고유치}\}$$

| 정리 7.6.2 | 초기치문제 $[\frac{d}{dt}X=AX+F(t),\ X(0)=X_0]$의 해는 (7.6.4)를 라플라스 역변환하여 다음과 같이 얻을 수 있다.

$$X=\boldsymbol{L}^{-1}[(sI-A)^{-1}(\boldsymbol{F}+X_0)] \qquad (7.6.5)$$

예 7.6.3 $\begin{cases}x'=2x+4y+2\\ y'=x-y+1\end{cases}$, $\begin{pmatrix}x(0)=1\\ y(0)=-1\end{pmatrix}$를 라플라스 변환으로 풀어보자.

풀이 $\begin{cases}x'=2x+4y+2\\ y'=x-y+1\end{cases}$의 행렬 표현은 다음과 같다.

$$\frac{d}{dt}\begin{pmatrix}x\\ y\end{pmatrix}=\begin{pmatrix}2&4\\ 1&-1\end{pmatrix}\begin{pmatrix}x\\ y\end{pmatrix}+\begin{pmatrix}2\\ 1\end{pmatrix}$$

편의상 $A=\begin{pmatrix}2&4\\ 1&-1\end{pmatrix}$, $X=\begin{pmatrix}x\\ y\end{pmatrix}$, $F(t)=\begin{pmatrix}2\\ 1\end{pmatrix}$, $X_0=\begin{pmatrix}1\\ -1\end{pmatrix}$라 두자. 그러면 초기치 문제는 $[\frac{d}{dt}X=AX+F(t),\ X(0)=X_0]$이다.

한편 $\boldsymbol{L}[1](s)=\int_0^{\infty}e^{-st}dt=s^{-1}$, $s>0$이므로, 초기치문제의 라플라스 변환 $(sI-A)\boldsymbol{X}=\boldsymbol{F}+X_0$은 다음과 같다.

$$\begin{pmatrix}s-2&-4\\ -1&s+1\end{pmatrix}\begin{pmatrix}\boldsymbol{x}\\ \boldsymbol{y}\end{pmatrix}=\begin{pmatrix}2s^{-1}\\ s^{-1}\end{pmatrix}+\begin{pmatrix}1\\ -1\end{pmatrix},\ (\text{단 } s>a)$$

여기서 $sI-A=\begin{pmatrix}s-2&-4\\ -1&s+1\end{pmatrix}$의 역행렬을 구하자.

$\det\begin{pmatrix}s-2&-4\\ -1&s+1\end{pmatrix}=(s-2)(s+1)-4=(s+2)(s-3)$이므로 $sI-A$의 역행렬은 다음과 같다.

$$(sI-A)^{-1}=\frac{1}{(s+2)(s-3)}\begin{pmatrix}s+1&4\\ 1&s-2\end{pmatrix}$$

따라서 $\boldsymbol{X}=(sI-A)^{-1}(\boldsymbol{F}+X_0)$ 은 다음과 같다.

$$\begin{pmatrix} x \\ y \end{pmatrix} = \frac{1}{(s+2)(s-3)}\begin{pmatrix} s+1 & 4 \\ 1 & s-2 \end{pmatrix}\begin{pmatrix} 2s^{-1}+1 \\ s^{-1}-1 \end{pmatrix}$$

간단하게 계산하면 다음을 얻는다.

$$\begin{pmatrix} x \\ y \end{pmatrix} = \frac{1}{s(s+2)(s-3)}\begin{pmatrix} s^2-s+6 \\ -s^2+4s \end{pmatrix}$$

여기서 s 의 범위를 보면, 위 식에서 분모 $s(s+2)(s-3)$ 가 0이면 안 되므로(즉 $s(s+2)(s-3)\neq 0$), $s>3$ 이다. 라플라스 역변환하기 위해서 $x=\dfrac{s^2-s+6}{s(s+2)(s-3)}$, $y=\dfrac{-s+4}{(s+2)(s-3)}$ 를 부분분수로 분해하자.

먼저 $x=\dfrac{s^2-s+6}{s(s+2)(s-3)}=\dfrac{a_1}{s}+\dfrac{a_2}{s+2}+\dfrac{a_3}{s-3}$ 라 두고 항등식의 성질을 이용해서 a_1, a_2, a_3 를 구해보면, $a_1=-1$, $a_2=\dfrac{6}{5}$, $a_3=\dfrac{4}{5}$ 이다. 즉

$$x=-\frac{1}{s}+\frac{6}{5}\frac{1}{s+2}+\frac{4}{5}\frac{1}{s-3}$$

이번에는 $y=\dfrac{-s+4}{(s+2)(s-3)}=\dfrac{b_1}{s+2}+\dfrac{b_2}{s-3}$ 라 두고 항등식의 성질을 이용해서 b_1, b_2 를 구해보면, $b_1=-\dfrac{6}{5}$, $b_2=\dfrac{1}{5}$ 이다. 즉

$$y=-\frac{6}{5}\frac{1}{s+2}+\frac{1}{5}\frac{1}{s-3}$$

따라서 $x=\boldsymbol{L}^{-1}[x]$, $y=\boldsymbol{L}^{-1}[y]$ 는 다음과 같다.

$$\begin{aligned} x=\boldsymbol{L}^{-1}[x] &= -\boldsymbol{L}^{-1}\frac{1}{s}+\frac{6}{5}\boldsymbol{L}^{-1}\frac{1}{s+2}+\frac{4}{5}\boldsymbol{L}^{-1}\frac{1}{s-3} \\ &= -1+\frac{6}{5}e^{-2t}+\frac{4}{5}e^{3t}, \\ y=\boldsymbol{L}^{-1}[y] &= -\frac{6}{5}\boldsymbol{L}^{-1}\frac{1}{s+2}+\frac{1}{5}\boldsymbol{L}^{-1}\frac{1}{s-3}=-\frac{6}{5}e^{-2t}+\frac{1}{5}e^{3t} \end{aligned}$$

즉 해는 다음과 같다.

$$\begin{pmatrix} x \\ y \end{pmatrix} = \boldsymbol{L}^{-1}\begin{pmatrix} x \\ y \end{pmatrix} = \begin{pmatrix} -1+\frac{6}{5}e^{-2t}+\frac{4}{5}e^{3t} \\ -\frac{6}{5}e^{-2t}+\frac{1}{5}e^{3t} \end{pmatrix} = \frac{1}{5}\begin{pmatrix} 4e^{3t}+6e^{-2t}-5 \\ e^{3t}-6e^{-2t} \end{pmatrix}$$ ■

연습문제 7.6

1. 라플라스 변환을 이용하여 다음 초기치문제를 풀어라.

(1) $\begin{cases} \dfrac{dx}{dt} = 2x - 3y \\ \dfrac{dy}{dt} = x - 2y \end{cases}, \quad \begin{pmatrix} x(0) \\ y(0) \end{pmatrix} = \begin{pmatrix} 1 \\ -1 \end{pmatrix}$

(2) $\begin{cases} \dfrac{dx}{dt} = -x + 3y \\ \dfrac{dy}{dt} = -3x + 5y \end{cases}, \quad \begin{pmatrix} x(0) \\ y(0) \end{pmatrix} = \begin{pmatrix} 1 \\ -1 \end{pmatrix}$

(3) $\begin{cases} \dfrac{dx}{dt} = 3x - y \\ \dfrac{dy}{dt} = 9x - 3y \end{cases}, \quad \begin{pmatrix} x(0) \\ y(0) \end{pmatrix} = \begin{pmatrix} 1 \\ -1 \end{pmatrix}$

(4) $\begin{cases} \dfrac{dx}{dt} = -3y \\ \dfrac{dy}{dt} = 3x - 6y \end{cases}, \quad \begin{pmatrix} x(0) \\ y(0) \end{pmatrix} = \begin{pmatrix} 1 \\ -1 \end{pmatrix}$

(5) $\begin{cases} \dfrac{dx}{dt} = x + y \\ \dfrac{dy}{dt} = -2x - y \end{cases}, \quad \begin{pmatrix} x(0) \\ y(0) \end{pmatrix} = \begin{pmatrix} 1 \\ -1 \end{pmatrix}$

(6) $\begin{cases} \dfrac{dx}{dt} = 6x - y \\ \dfrac{dy}{dt} = 5x + 4y \end{cases}, \quad \begin{pmatrix} x(0) \\ y(0) \end{pmatrix} = \begin{pmatrix} 1 \\ -1 \end{pmatrix}$

(7) $\begin{cases} \dfrac{dx}{dt} = -4x + y + z \\ \dfrac{dy}{dt} = x + 5y - z \\ \dfrac{dz}{dt} = y - 3z \end{cases}, \quad \begin{pmatrix} x(0) \\ y(0) \\ z(0) \end{pmatrix} = \begin{pmatrix} 1 \\ 0 \\ 1 \end{pmatrix}$

2. 라플라스 변환을 이용하여 다음 초기치문제를 풀어라.

(1) $\begin{cases} \dfrac{dx}{dt} = y + 1 \\ \dfrac{dy}{dt} = -x \end{cases}, \quad \begin{pmatrix} x(0) \\ y(0) \end{pmatrix} = \begin{pmatrix} 1 \\ -1 \end{pmatrix}$

(2) $\begin{cases} \dfrac{dx}{dt} = x + y - t - 1 \\ \dfrac{dy}{dt} = 4x + y - 4t - 2 \end{cases}, \quad \begin{pmatrix} x(0) \\ y(0) \end{pmatrix} = \begin{pmatrix} 1 \\ -1 \end{pmatrix}$

(3) $\begin{cases} \dfrac{dx}{dt} = 6x + y - 11 \\ \dfrac{dy}{dt} = 4x + 3y - 5 \end{cases}$, $\begin{pmatrix} x(0) \\ y(0) \end{pmatrix} = \begin{pmatrix} 1 \\ 0 \end{pmatrix}$

(4) $\begin{cases} \dfrac{dx}{dt} = 2x + y - \cos t \\ \dfrac{dy}{dt} = -3x + 6y + 1 \end{cases}$, $\begin{pmatrix} x(0) \\ y(0) \end{pmatrix} = \begin{pmatrix} 1 \\ 0 \end{pmatrix}$

(5) $\begin{cases} \dfrac{dx}{dt} = x + y + te^{-2t} \\ \dfrac{dy}{dt} = 2y + 3e^{-2t} \end{cases}$, $\begin{pmatrix} x(0) \\ y(0) \end{pmatrix} = \begin{pmatrix} 0 \\ -1 \end{pmatrix}$

(6) $\begin{cases} \dfrac{dx}{dt} = -x + t^2 \\ \dfrac{dy}{dt} = 2x + 2y + t + 1 \end{cases}$, $\begin{pmatrix} x(0) \\ y(0) \end{pmatrix} = \begin{pmatrix} 0 \\ -1 \end{pmatrix}$

(7) $\begin{cases} \dfrac{dx}{dt} = x - 2y + 2z + 2e^t \\ \dfrac{dy}{dt} = -2x + y + 2z + 4e^t \\ \dfrac{dz}{dt} = 2x + 2y + z - 2e^t \end{cases}$, $\begin{pmatrix} x(0) \\ y(0) \\ z(0) \end{pmatrix} = \begin{pmatrix} 1 \\ 0 \\ 1 \end{pmatrix}$

CHAPTER 8

미분방정식의 정성적 성질

7장까지 비교적 간단한 미분방정식의 해를 명시적으로 직접 구하고 그 성질을 조사해 보았다. 8장에서는 1계 미분방정식의 해를 직접 구하지 아니하고도 그 해의 정성적 성질을 조사할 수 있는 방법들을 간단히 소개한다.

8.1 1계 미분방정식의 정성적 개념

주어진 현상을 분석하고 예측할 때 만나는 미분방정식 중에는, 그 미분방정식과 주어진 초기조건을 만족하는 해가 단 하나 존재한다는 것은 '존재성과 유일성 정리'를 통하여 이론상으로 알 수 있더라도 그 해를 명시적으로 구할 수 없는 경우가 많다. 그래서 비선형 미분방정식의 해를 구체적으로 찾아서 그 해의 성질을 조사하는 것은 불가능한 경우가 많다. 미분방정식의 해를 구체적으로 구하지 아니하고도, 해의 성질을 조사하는 방법과 이론을 많이 연구하였는데 이러한 분야를 **정성적 이론**(qualitative theory)이라 한다. 프랑스 수학자 Henri Poincare(1854-1912)는 19세기 후반에 태양계의 행성운동이 안정적인가 아닌가에 대한 천체역학 문제를 연구하는 과정에서 미분방정식의 정성적 성질을 연구하기 시작하였다. 과학과 공학의 이론이 더 정교해짐에 따라, Poincare에 의해서 시작된 미분방정식의 정성적 이론은 더욱 중요시되고 있다. 그래서 오늘날 미분방정식의 교육에서 수치적 해석과 더불어 정성적 해석의 비중이 점점 더 커지고 있다.

먼저 예로써 다음의 간단한 진자운동에 대한 수학적 모델을 보자.

예 8.1.1 **진자운동** 그림 8.1.1과 같이 길이 l 인 막대의 위쪽 끝이 벽에 자유롭게 회전할 수 있도록 회전핀으로 고정되어 있고 아래쪽 끝에는 질량 m 인 추가 매달려서 좌우로 진동하는 진자운동을 수학적으로 표현해보자.

편의상 막대의 질량은 추의 질량에 비해서 매우 작다고 가정하고 무시하자(즉 막대의 질량은 0이라 가정).

풀이 추의 진자운동을 분석하기 위하여 수직선과 막대 사이의 중심각을 x 라 두고, 중력가속도를 g_o 라 두자. 그러면 추가 아래쪽 수직위치에서 움직인 호의 길이가 lx 이므로, 속도는 $\frac{d}{dt}(lx)=l\frac{dx}{dt}$ 이고 가속도는 $l\frac{d^2x}{dt^2}$ 이다.

편의상 공기 등의 저항은 속도에 비례한다고 가정하고 비례상수를 $r \geq 0$라 두면, 저항은 속도와 반대 방향으로 작용하므로 $-rl\frac{dx}{dt}$ 이다. 또한 중력이 추의 진자운동에 작용하는 힘은 추의 궤적인 호의 접선방향 분력이므로 $-mg_o\sin x$ 이다

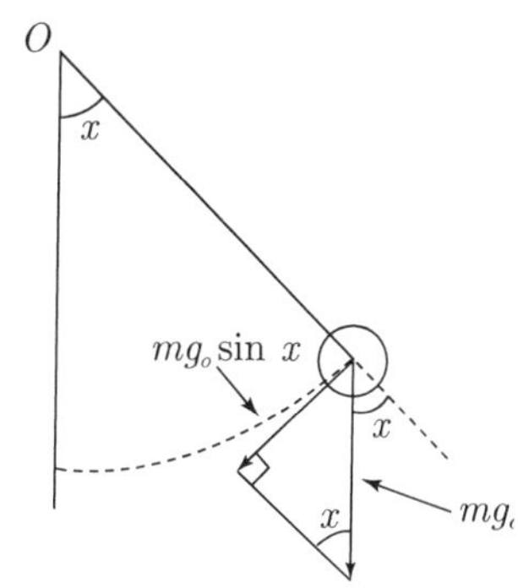

[그림 8.1.1]

(부호 '−'는 $x > 0$ 이면 왼쪽 방향으로, $x < 0$ 이면 오른쪽 방향으로 힘이 작용함을 의미한다).

이제 추에 작용하는 모든 힘을 뉴턴의 운동법칙으로 종합하면 다음의 비선형 2계 미분방정식을 얻는다.

$$ml\frac{d^2x}{dt^2} = -rl\frac{dx}{dt} - mg_o\sin x\,,\ \text{즉}\ \frac{d^2x}{dt^2} + \frac{r}{m}\frac{dx}{dt} + \frac{g_o}{l}\sin x = 0 \quad (8.1.1)$$

여기서 편의상 $\rho = \dfrac{r}{2m}$, $\omega = \sqrt{\dfrac{g_o}{l}}$ 라 두자.

이론적으로 보면, 임의로 주어진 초기조건 $x(0) = x_0$, $\dfrac{dx}{dt}(0) = y_0$을 만족하는 미분방정식 (8.1.1)의 해는 단 하나 존재한다. 그러나 이 미분방정식의 해를 명시적으로 구할 수는 없다. 다행히 이 경우 해의 정성적 성질을 자세히 알 수 있으며, 필요한 오차 범위 내로 수치해를 계산할 수 있다. 일반적으로 해의 정성적 성질을 파악할 때와 수치해를 계산하고 오차범위를 파악할 때에 고계 미분방정식의 형태보다는 1계 고차원 미분방정식의 형태가 유리하다. 그래서 $\dfrac{d^2x}{dt^2} + 2\rho\dfrac{dx}{dt} + \omega^2\sin x = 0$를 1계 미분방정식으로 변환하자. 각속도를 $y = \dfrac{dx}{dt}$ 라 두면, 각가속도는 $\dfrac{dy}{dt} = \dfrac{d^2x}{dt^2} = -\omega^2\sin x - 2\rho y$ 이다. 따라서 $\dfrac{d^2x}{dt^2} + 2\rho\dfrac{dx}{dt} + \omega^2\sin x = 0$ 와 동등한 다음의 1계 미분방정식을 얻는다.

$$\begin{pmatrix} \dfrac{dx}{dt} = y \\ \dfrac{dy}{dt} = -\omega^2\sin x - 2\rho y \end{pmatrix} \quad (8.1.2)$$

그러면 $\begin{pmatrix} x(t) \\ y(t) \end{pmatrix}$는 t 순간에 추의 각위치와 각속도를 나타내는 벡터로서 추의 상태를 나타낸다. 한편 $X=\begin{pmatrix} x \\ y \end{pmatrix}$와 $F(X)=\begin{pmatrix} y \\ -\omega^2 \sin x - 2\rho y \end{pmatrix}$라 두면, (8.1.2)는 $\frac{d}{dt}X = F(X)$로 간단히 표현될 수 있다. ■

일반적으로 미분방정식 $\frac{d}{dt}X = F(X)$에서 독립변수 t는 시간변수라 간주하고, 종속변수벡터 X는 공간에서 위치를 나타내는 공간변수 벡터라 간주하면 해의 성질을 이해하는 데 도움이 된다. 즉 $\frac{d}{dt}X = F(X)$는 공간상에서 한 점 X가 움직여 나가는 운동(시간에 따른 위치의 변화)의 법칙을 표현한다고 생각하면 이해하는 데 도움이 된다. 그러면 $F(X)$는 위치 X에서 점의 순간 속도를 의미하게 되며 흔히 **방향장**(direction field) 또는 **속도장**(velocity field)이라 한다.

참고로 해의 존재성과 유일성에 대하여 다음의 간단한 정리를 소개한다(증명은 이 책의 범위 밖이므로 생략한다[5, 8, 9]).

| 정리 8.1.2 | $\Omega \subset \boldsymbol{R}^n$를 n차원 개 연결 영역이라 하고, n차원 벡터함수 $F(X)$가 Ω상에서 연속 미분가능이라 하자($n \geq 1$ 정수). 그러면 임의의 $t_0 \in \boldsymbol{R}$와 임의의 $X_0 \in \Omega$에 대해서, 초기치문제 $[\frac{d}{dt}X = F(X),\ X(t_0) = X_0]$는 t_0를 포함하는 적당한 구간 $(t_l,\ t_r)$에서 유일한 해 $X(t)$를 가진다. 이때 $(t_l,\ t_r)$를 해 $X(t)$의 **존재구간**이라 한다. 편의상 그 유일한 해를 $X(t;\ t_0;\ X_0)$로 표기하고, 특히 $t_0 = 0$일 때, $X(t;\ X_0) \equiv X(t;\ 0;\ X_0)$로 간단히 표기한다.

해 $X(t;\ t_0;\ X_0)$가 존재하는 구간 중에서 최대인 것을 **최대 존재구간**이라 하는데, 편의상 $(t_-,\ t_+)$로 표기하자(t_-와 t_+는 방향장 $F(X)$와 초기치 X_0에 따라서 달라질 수 있다).

| 정의 8.1.3 | 방향장 $F(X)$가 정의역 Ω상에서 연속 미분가능이라 하자. 초기치문제 $[\frac{d}{dt}X = F(X),\ X(t_0) = X_0]$의 해 $X(t;\ t_0;\ X_0)$에 대해서, 곡선 $\mathcal{C}(t_0;\ X_0) \equiv \{X(t;\ t_0;\ X_0) \in \Omega \mid t_- < t < t_+\}$을 **궤도**(orbit)라 하고, 궤도곡선의 방향을 함께 고려한 유향 곡선을 **궤적**(trajectory)이라 한다(그러나 구분이 필요한 경우가 아니면 궤도와 궤적을 같은 의미로 사용한다).

자율 미분방정식의 초기치문제 [$\frac{d}{dt}X = F(X)$, $X(t_0) = X_0$]에서 해의 궤도는 초기치 X_0에 따라 결정되고 초기시점 t_0에는 상관없음을 다음 정리에서 알 수 있다.

| 정리 8.1.4 | $F(X)$가 Ω 상에서 연속 미분가능이라 하자. 그러면 임의의 t_0와 임의의 $X_0 \in \Omega$에 대해서, 초기치문제 [$\frac{d}{dt}X = F(X)$, $X(t_0) = X_0$]의 해 $X(t;\, t_0;\, X_0)$는 [$\frac{d}{dt}X = F(X)$, $X(0) = X_0$]의 해 $X(t;\, 0;\, X_0)$를 t_0 만큼 평행이동한 것이다. 즉 $X(t;\, t_0;\, X_0) = X(t - t_0;\, 0;\, X_0)$이다. 그래서 궤도 $\boldsymbol{C}(t_0;\, X_0)$와 궤도 $\boldsymbol{C}(0;\, X_0)$는 일치한다. 즉 $\boldsymbol{C}(t_0;\, X_0) = \boldsymbol{C}(0;\, X_0)$(그래서 편의상 $\boldsymbol{C}(X_0) \equiv \boldsymbol{C}(0;\, X_0) = \boldsymbol{C}(t_0;\, X_0)$라 표기하자).

증명 $Y(t) = X(t - t_0;\, 0;\, X_0)$라 두고 t로 미분하면 다음을 얻는다.

$$\frac{d}{dt}Y(t) = \frac{d}{dt}X(t - t_0;\, 0;\, X_0) = F(X(t - t_0;\, 0;\, X_0)) = F(Y(t))$$

또한 $Y(t_0) = X(0;\, 0;\, X_0) = X_0$이다. 그러므로 $Y(t)$는 초기치문제 [$\frac{d}{dt}X = F(X)$, $X(t_0) = X_0$]의 해가 된다.

정리 8.1.2에 의해서 주어진 초기치문제의 해는 단 한 개뿐이므로 다음을 알 수 있다.

$$Y(t) = X(t - t_0;\, 0;\, X_0) = X(t;\, t_0;\, X_0)$$

즉 $X(t;\, t_0;\, X_0)$는 $X(t;\, 0;\, X_0)$에서 t를 $t - t_0$로 바꾼 것이다(t_0 만큼 평행이동). 그래서 $X(t;\, t_0;\, X_0)$의 최대 존재구간은 $X(t;\, 0;\, X_0)$의 최대 존재구간을 t_0 만큼 평행이동한 것이다. 그리고 두 해 $X(t;\, 0;\, X_0)$와 $X(t;\, t_0;\, X_0)$의 궤도는 같은 것이다. 즉 $\boldsymbol{C}(t_0;\, X_0) = \boldsymbol{C}(0;\, X_0)$이다. ■

참고 위의 정리에 의해서 자율 미분방정식의 초기치문제에서 해의 유일성이 보장되면, 해의 성질은 초기시간에는 영향을 받지 않는다. 그래서 이제부터 특별한 경우가 아니면, 편의상 자율 미분방정식의 초기치문제에서 초기시간은 $t_0 = 0$라 둔다.

또한 자율 미분방정식의 초기치문제에서 해의 유일성이 보장되면, 임의의 두 해의 궤도는 완전히 일치하든지 또는 서로 만나지 않는다.

| 따름정리 8.1.5 | $F(X)$가 Ω 상에서 연속 미분가능이라 하자. 그러면 임의의 X_1, $X_2 \in \Omega$, $X_1 \neq X_2$에 대해서, 초기치문제 $[\frac{d}{dt}X = F(X),\ X(0) = X_1]$의 해 $X(t;\ X_1)$와 $[\frac{d}{dt}X = F(X),\ X(0) = X_2]$의 해 $X(t;\ X_2)$의 궤도는 완전히 일치하든지 서로 전혀 만나지 않는다. 즉 다음 두 경우 중 하나이다.

$$\mathcal{C}(X_1) = \mathcal{C}(X_2) \text{ 또는 } \mathcal{C}(X_1) \cap \mathcal{C}(X_2) = \varnothing$$

증명 $\frac{d}{dt}X = F(X)$의 두 해 $X(t;\ X_1)$와 $X(t;\ X_2)$의 궤도가 점 X_0에서 만난다고 가정하자. 즉 $X_0 \in \mathcal{C}(X_1) \cap \mathcal{C}(X_2)$라 가정하자. 그러면 $t_1 \geq 0$와 $t_2 \geq 0$가 존재해서 다음과 같다.

$$X(t_1;\ X_1) = X_0 = X(t_2;\ X_2)$$

한편 $X(t;\ X_1)$이 $\frac{d}{dt}X = F(X)$의 해이므로, $X(t;\ X_1)$이 초기치문제 $[\frac{d}{dt}X = F(X),\ X(t_1) = X_0]$의 해가 된다. 그러므로 정리 8.1.2(해의 유일성)에 의해서 $X(t;\ X_1) = X(t;\ t_1;\ X_0)$이다. 따라서 $\mathcal{C}(0;\ X_1) = \mathcal{C}(t_1;\ X_0)$이고, 정리 7.1.4에 의해서 다음을 얻는다.

$$\mathcal{C}(X_1) = \mathcal{C}(0;\ X_1) = \mathcal{C}(t_1;\ X_0) = \mathcal{C}(X_0)$$

같은 요령으로 하면, 다음을 얻는다.

$$\mathcal{C}(X_2) = \mathcal{C}(0;\ X_2) = \mathcal{C}(t_2;\ X_0) = \mathcal{C}(X_0)$$

그러므로 $\mathcal{C}(X_1) = \mathcal{C}(X_2)$이다. ■

예 8.1.6 **진자운동** 임의의 초기조건 $\begin{pmatrix} x(0) = x_0 \\ y(0) = y_0 \end{pmatrix}$에 대해서 초기치문제

$$\left[\begin{pmatrix} \frac{dx}{dt} = y \\ \frac{dy}{dt} = -\omega^2 \sin x - \rho y \end{pmatrix},\quad \begin{pmatrix} x(0) = x_0 \\ y(0) = y_0 \end{pmatrix}\right]$$

는 유일한 해를 가진다. 특히 초기치문제 [$\begin{pmatrix} \dfrac{dx}{dt} = y \\ \dfrac{dy}{dt} = -\omega^2 \sin x - \rho y \end{pmatrix}$, $\begin{pmatrix} x(0) = k\pi \\ y(0) = 0 \end{pmatrix}$]의 해는 상수벡터 $\begin{pmatrix} x(t) \\ y(t) \end{pmatrix} = \begin{pmatrix} k\pi \\ 0 \end{pmatrix}$이다(단 $k = 0, 1$).

풀이 방향장 $F(X) = \begin{pmatrix} p(x, y) \\ q(x, y) \end{pmatrix} = \begin{pmatrix} y \\ -\omega^2 \sin x - \rho y \end{pmatrix}$는 모든 실수 x, y에 대해서 정의되고 연속 미분가능이다. 즉 다음의 모든 편도함수들이 $\boldsymbol{R}^2$ 상에서 연속임을 알 수 있다.

$$\frac{\partial}{\partial x} p = 0, \quad \frac{\partial}{\partial y} p = 1, \quad \frac{\partial}{\partial x} q = -\omega^2 \cos x, \quad \frac{\partial}{\partial y} q = -\rho$$

그래서 $F(X) = \begin{pmatrix} p(x, y) \\ q(x, y) \end{pmatrix}$의 정의역 Ω는 전체 평면 $\boldsymbol{R}^2$이다. 따라서 임의의 $\begin{pmatrix} x_0 \\ y_0 \end{pmatrix} \in \boldsymbol{R}^2$에 대해서, 정리 8.1.2에 의하여 초기치문제 [$\begin{pmatrix} \dfrac{dx}{dt} = y \\ \dfrac{dy}{dt} = -\omega^2 \sin x - \rho y \end{pmatrix}$, $\begin{pmatrix} x(0) = x_0 \\ y(0) = y_0 \end{pmatrix}$]는 단 한개의 해를 가진다.

이제 특수한 초기조건을 가진 초기치문제를 보자. 편의상 $\overline{X_k}(t) = \begin{pmatrix} \overline{x_k}(t) \\ \overline{y_k}(t) \end{pmatrix} = \begin{pmatrix} k\pi \\ 0 \end{pmatrix}$라 두자(단 $k = 0, 1$). 그러면 $\overline{X_k}(t) = \begin{pmatrix} \overline{x_k}(t) \\ \overline{y_k}(t) \end{pmatrix}$는 상수벡터함수이므로, 도함수벡터는

$$\frac{d}{dt}\overline{X_k}(t) = \begin{pmatrix} \dfrac{d}{dt}\overline{x_k}(t) \\ \dfrac{d}{dt}\overline{y_k}(t) \end{pmatrix} = \begin{pmatrix} 0 \\ 0 \end{pmatrix} = 0$$

이다. 그리고 $\overline{X_k} = \begin{pmatrix} \overline{x_k} \\ \overline{y_k} \end{pmatrix} = \begin{pmatrix} k\pi \\ 0 \end{pmatrix}$를 $F(X) = \begin{pmatrix} p(x, y) \\ q(x, y) \end{pmatrix}$에 대입하면, $\sin k\pi = 0$이므로 다음을 얻는다.

$$F(\overline{X_k}) = \begin{pmatrix} p(\overline{x_k}, \overline{y_k}) \\ q(\overline{x_k}, \overline{y_k}) \end{pmatrix} = \begin{pmatrix} \overline{y_k} \\ -\omega^2 \sin \overline{x_k} - \rho \overline{y_k} \end{pmatrix} = \begin{pmatrix} 0 \\ 0 \end{pmatrix} = 0$$

즉 상수벡터함수 $\begin{pmatrix} \overline{x_k}(t) \\ \overline{y_k}(t) \end{pmatrix} = \begin{pmatrix} k\pi \\ 0 \end{pmatrix}$가 $\begin{pmatrix} \dfrac{dx}{dt} = y \\ \dfrac{dy}{dt} = -\omega^2 \sin x - \rho y \end{pmatrix}$의 해가 된다. 그리고

$\begin{pmatrix} \overline{x_k}(0) \\ \overline{y_k}(0) \end{pmatrix} = \begin{pmatrix} k\pi \\ 0 \end{pmatrix}$이므로, $\begin{pmatrix} \overline{x_k}(t) \\ \overline{y_k}(t) \end{pmatrix} = \begin{pmatrix} k\pi \\ 0 \end{pmatrix}$가 초기치문제 $\left[\begin{pmatrix} \dfrac{dx}{dt} = y \\ \dfrac{dy}{dt} = -\omega^2 \sin x - \rho y \end{pmatrix}, \begin{pmatrix} x(0) = k\pi \\ y(0) = 0 \end{pmatrix} \right]$의 유일한 해이다($k = 0, 1$). ■

참고 예 8.1.6에서 상수벡터 해(자명해)의 의미를 생각해보자.

진자운동은 한 시점(주로 처음 운동 시작 시점 또는 관찰 시작 시점)에서 진자의 상태(위치 x와 속도 y의 값)를 초기치로 하는 초기치문제의 해로써 파악할 수 있다.

상수벡터 해 $\overline{X_0}(t) = \begin{pmatrix} 0 \\ 0 \end{pmatrix}$는 진자가 아래쪽 수직 위치에 정지하고 있는 평형상태를 의미하고, 상수벡터 해 $\overline{X_1}(t) = \begin{pmatrix} \pi \\ 0 \end{pmatrix}$는 진자추가 위쪽 수직 위치에 정지하고 있는 평형상태를 의미한다.

한편 $X_0 = \begin{pmatrix} x_0 \\ y_0 \end{pmatrix} \neq \begin{pmatrix} k\pi \\ 0 \end{pmatrix}$, ($k$ 정수)인 경우에, 초기치문제 $\left[\begin{cases} \dfrac{dx}{dt} = y \\ \dfrac{dy}{dt} = -\dfrac{g_0}{l} \sin x - \dfrac{r}{m} y \end{cases}, \begin{pmatrix} x(0) = x_0 \\ y(0) = y_0 \end{pmatrix} \right]$의 해 $X(t;\, X_0)$는 비자명해(상수벡터가 아닌 해)가 되는데 명시적으로 구할 수는 없다.

이제부터 해의 존재성과 유일성을 보장하기 위해서 $F(X)$가 정의역 Ω 상에서 연속 미분가능인 벡터함수라 가정하자.

| 정의 8.1.7 | $F(\overline{X}) = 0$일 때, $\overline{X} \in \Omega$를 $\dfrac{d}{dt}X = F(X)$의 **고정점**(fixed point)(또는 **평형점**(equilibrium point))이라 한다. 즉 방향장이 0이 되는 점을 고정점(또는 평형점)이라 한다.

참고 $\overline{X}$가 $\dfrac{d}{dt}X = F(X)$의 고정점이면, $F(\overline{X}) = 0$이고 $\dfrac{d}{dt}\overline{X} = 0$이므로 상수벡터함수 $X(t) = \overline{X}$는 $\dfrac{d}{dt}X = F(X)$의 해가 된다. 이와 같이 상수(벡터) 해를 **자명해**(trivial solution)라 한다(자명해는 물리적으로 평형상태를 유지함을 의미한다). 그리고 상수(벡터) 해가 아닌 해를 **비자명해**(nontrivial solution)라 한다(비자명해는 물리적으로 변화하는 상태에 있음을 의미한다).

수학적 측면에서는 고정점이, 물리적 측면에서는 평형점이란 용어가 좀 더 익숙하다.

예 8.1.8 **포식자와 피식자** 생물계의 먹이 사슬에서 먹히는 동물(피식자)의 수(밀도) x와 잡아먹는 동물(포식자)의 수(밀도) y 사이의 관계를 간단히 표현하면 다음과 같다(Lotka-Volterra 방정식이라 함).

$$\begin{cases} \dfrac{dx}{dt} = \alpha x - \beta xy \\ \dfrac{dy}{dt} = -\gamma y + \delta xy \end{cases} \tag{8.1.3}$$

단 $\alpha > 0$, $\beta > 0$, $\gamma > 0$, $\delta > 0$ 는 주어진 상수들(Data)이다.

그러면 (8.1.3)의 임의의 초기치문제는 유일한 해를 가진다는 것을 보이고, (8.1.3)의 고정점을 찾아보자.

풀이 $X = \begin{pmatrix} x \\ y \end{pmatrix} \in \boldsymbol{R}^2$ 라 하자. 그러면 (8.1.3)에서 방향장은 다음과 같다.

$$F(X) = \begin{pmatrix} p(x,\ y) \\ q(x,\ y) \end{pmatrix} \equiv \begin{pmatrix} \alpha x - \beta xy \\ -\gamma y + \delta xy \end{pmatrix}$$

$F(X) = \begin{pmatrix} p(x,\ y) \\ q(x,\ y) \end{pmatrix}$ 의 각 성분함수 $p = \alpha x - \beta xy$ 와 $q = -\gamma y + \delta xy$ 는 평면 $\boldsymbol{R}^2$ 상에서 종속변수 x, y 에 대해서 연속 편미분가능이다. 즉 다음의 모든 편도함수들이 $\boldsymbol{R}^2$ 상에서 연속이다.

$$\frac{\partial}{\partial x} p = \alpha - \beta y, \quad \frac{\partial}{\partial y} p = -\beta x, \quad \frac{\partial}{\partial x} q = \delta y, \quad \frac{\partial}{\partial y} q = -\gamma + \delta x$$

따라서 $F(X) = \begin{pmatrix} p(x,\ y) \\ q(x,\ y) \end{pmatrix}$ 는 평면 $\boldsymbol{R}^2$ 상에서 연속 미분가능이다. 그러므로 임의의 $\begin{pmatrix} x_0 \\ y_0 \end{pmatrix} \in \boldsymbol{R}^2$ 에 대해서, 정리 8.1.3에 의하여 초기치문제 $\left[\begin{cases} \dfrac{dx}{dt} = \alpha x - \beta xy \\ \dfrac{dy}{dt} = -\gamma y + \delta xy \end{cases}, \begin{pmatrix} x(0) = x_0 \\ y(0) = y_0 \end{pmatrix} \right]$ 는 단 한 개의 해를 가진다.

이제 고정점을 찾기 위해서 $F(X) = 0$ 를 풀어보자. 즉 연립방정식 $p = \alpha x - \beta xy = 0$, $q = -\gamma y + \delta xy = 0$ 의 근이 고정점이다. 이 연립방정식을 풀어보면, 다음과 같이 두 개의 고정점이 있다.

$$\overline{X_0} = 0 = \begin{pmatrix} 0 \\ 0 \end{pmatrix}, \quad \overline{X_1} = \begin{pmatrix} \gamma/\delta \\ \alpha/\beta \end{pmatrix}$$ ■

참고 1계 미분방정식 $\dfrac{d}{dt}X = F(X)$ 의 고정점과 관련된 정성적 해석의 중요한 주제는 대체로 다음과 같다.

1. 안정성 문제; 초기치(점) X_0 가 고정점 $\overline{X}$ 의 근방에 있을 때, 초기치 문제의 해 $X(t;\ X_0)$ 는 $t \to \infty$ 일 때 어떻게 되는가?

2. 주기해 문제; 고정점 $\overline{X}$의 주위에 어떤 성질의 주기해가 존재하는가?
3. 분기 문제; 매개변수 μ가 포함된 방향장 $F(X;\mu)$일 때, 매개변수 μ의 값에 따라서 $\frac{d}{dt}X=F(X;\mu)$의 정성적 성질이 어떻게 변하는가?
4. 초기치문제 $[\frac{d}{dt}X=F(X),\ X(0)=X_0]$의 해 $X(t;X_0)$는 초기치 X_0에 얼마나 민감한가?

1계 2차원 미분방정식에 대해서 고정점의 정성적 성질은 좌표평면 $\boldsymbol{R}^2$상에 해의 궤적을 개략적으로 그려서 생각해볼 수 있으므로 이해하기 비교적 쉽다.

다음 절에서 1계 2차원 미분방정식을 중심으로 정성적 성질을 간단히 소개한다.

연습문제 8.1

1. 다음 초기치문제의 해의 존재성과 유일성을 조사하여라.

(1) $$\begin{cases} \dfrac{dx}{dt}=2x-3y \\ \dfrac{dy}{dt}=x-2y \end{cases},\quad \begin{pmatrix} x(0) \\ y(0) \end{pmatrix}=\begin{pmatrix} 1 \\ -1 \end{pmatrix}$$

(2) $$\begin{cases} \dfrac{dx}{dt}=x+y \\ \dfrac{dy}{dt}=1-4x^2 \end{cases},\quad \begin{pmatrix} x(0) \\ y(0) \end{pmatrix}=\begin{pmatrix} 1 \\ -1 \end{pmatrix}$$

(3) $$\begin{cases} \dfrac{dx}{dt}=x-xy \\ \dfrac{dy}{dt}=y+2xy \end{cases},\quad \begin{pmatrix} x(0) \\ y(0) \end{pmatrix}=\begin{pmatrix} 1 \\ -1 \end{pmatrix}$$

(4) $$\begin{cases} \dfrac{dx}{dt}=x^3-2y+1 \\ \dfrac{dy}{dt}=x-y \end{cases},\quad \begin{pmatrix} x(0) \\ y(0) \end{pmatrix}=\begin{pmatrix} 1 \\ -1 \end{pmatrix}$$

(5) $$\begin{cases} \dfrac{dx}{dt}=x^2-\sin y \\ \dfrac{dy}{dt}=y+x \end{cases},\quad \begin{pmatrix} x(0) \\ y(0) \end{pmatrix}=\begin{pmatrix} 0 \\ 0 \end{pmatrix}$$

(6) $$\begin{cases} \dfrac{dx}{dt}=y \\ \dfrac{dy}{dt}=x-x^3-y \end{cases},\quad \begin{pmatrix} x(0) \\ y(0) \end{pmatrix}=\begin{pmatrix} 1 \\ -1 \end{pmatrix}$$

(7) $\begin{cases} \dfrac{dx}{dt} = y \\ \dfrac{dy}{dt} = (1-x^2)y - x \end{cases}, \quad \begin{pmatrix} x(0) \\ y(0) \end{pmatrix} = \begin{pmatrix} 1 \\ -1 \end{pmatrix}$

(8) $\begin{cases} \dfrac{dx}{dt} = y \\ \dfrac{dy}{dt} = -x + \dfrac{x^3}{6} \end{cases}, \quad \begin{pmatrix} x(0) \\ y(0) \end{pmatrix} = \begin{pmatrix} 1 \\ -1 \end{pmatrix}$

(9) $\begin{cases} \dfrac{dx}{dt} = -x + y \\ \dfrac{dy}{dt} = x - y - xz \\ \dfrac{dz}{dt} = -z + xy \end{cases}, \quad \begin{pmatrix} x(0) \\ y(0) \\ z(0) \end{pmatrix} = \begin{pmatrix} 1 \\ 0 \\ 1 \end{pmatrix}$

2. 다음 미분방정식의 고정점을 구하여라.

(1) $\begin{cases} \dfrac{dx}{dt} = 2x - 3y \\ \dfrac{dy}{dt} = x - 2y \end{cases}$

(2) $\begin{cases} \dfrac{dx}{dt} = x + y \\ \dfrac{dy}{dt} = 1 - 4x^2 \end{cases}$

(3) $\begin{cases} \dfrac{dx}{dt} = x - xy \\ \dfrac{dy}{dt} = y + 2xy \end{cases}$

(4) $\begin{cases} \dfrac{dx}{dt} = x^3 - 2y + 1 \\ \dfrac{dy}{dt} = x - y \end{cases}$

(5) $\begin{cases} \dfrac{dx}{dt} = x^2 - \sin y \\ \dfrac{dy}{dt} = y + x \end{cases}$

(6) $\begin{cases} \dfrac{dx}{dt} = y \\ \dfrac{dy}{dt} = x - x^3 - y \end{cases}$

(7) $\begin{cases} \dfrac{dx}{dt} = y \\ \dfrac{dy}{dt} = (1-x^2)y - x \end{cases}$

(8) $\begin{cases} \dfrac{dx}{dt} = y \\ \dfrac{dy}{dt} = -x + \dfrac{x^3}{6} \end{cases}$

(9) $\begin{cases} \dfrac{dx}{dt} = -x + y \\ \dfrac{dy}{dt} = x - y - xz \\ \dfrac{dz}{dt} = -z + xy \end{cases}$

8.2 고정점의 정성적 성질

이 절에서는 1계 2차원 미분방정식을 예로 들어서 초보적인 정성적 이론을 간단히 소개한다. 벡터 표기법을 사용하면 편리하므로 다음과 같이 두자.

$$X = \begin{pmatrix} x \\ y \end{pmatrix}, \quad F(X) = \begin{pmatrix} p(x, y) \\ q(x, y) \end{pmatrix}$$

단 $p(x, y)$, $q(x, y)$는 정의역 $\Omega \subset \boldsymbol{R}^2$ 상에서 연속 편미분가능 함수이다, 즉 $p(x, y)$, $q(x, y)$의 모든 1계 편도함수가 Ω 상에서 연속이다.

이제부터 정의역 Ω 상에서 다음의 1계 2차원 벡터 미분방정식을 생각하자.

$$\begin{pmatrix} \dfrac{dx}{dt} = p(x, y) \\ \dfrac{dy}{dt} = q(x, y) \end{pmatrix}, \quad \text{즉} \quad \frac{d}{dt}X = F(X) \tag{8.2.1}$$

여기서 $\overline{X} = \begin{pmatrix} \overline{x} \\ \overline{y} \end{pmatrix} \in \Omega$가 $\dfrac{d}{dt}X = F(X)$의 고정점이라 가정하자. 그러면 $p(\overline{x}, \overline{y}) = 0$, $q(\overline{x}, \overline{y}) = 0$, 즉 $F(\overline{X}) = 0$이다.

| 정의 8.2.1 | $\overline{X}$를 $\dfrac{d}{dt}X = F(X)$의 고정점이라 가정하자.

(1) 임의의 상수 $\epsilon > 0$에 대하여, 다음이 성립하는 적당한 상수 $\delta > 0$가 존재할 때, $\overline{X}$를 안정한 고정점이라 한다.

$\| X_0 - \overline{X} \| < \delta$이면, 모든 $t > 0$에 대해서 $\| X(t; X_0) - \overline{X} \| < \epsilon$이다.

(2) $\overline{X}$가 안정한 고정점이면서 다음 조건을 만족할 때, $\overline{X}$를 점근적으로 안정한 고정점이라 한다.

$\overline{X}$의 적당한 근방에 있는 임의의 X_0에 대해서,

$$\lim_{t \to \infty} \| X(t; X_0) - \overline{X} \| = 0, \quad \text{즉} \quad \lim_{t \to \infty} X(t; X_0) = \overline{X}$$

(3) $\overline{X}$가 안정한 고정점이 아닌 경우에는 불안정한 고정점이라 한다.

단 $X(t; X_0)$는 $[\dfrac{d}{dt}X = F(X),\ X(0) = X_0]$의 해이다.

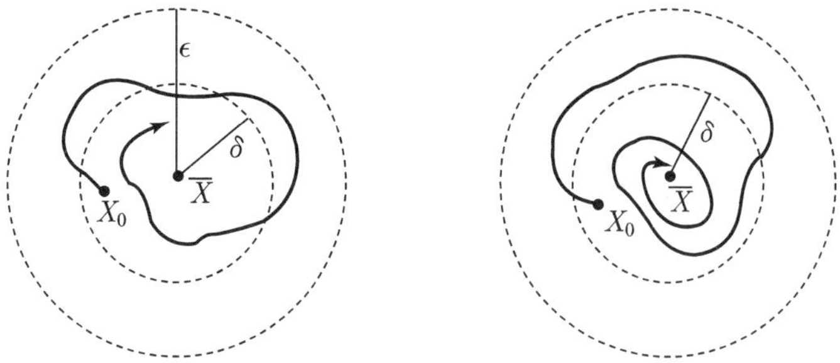

안전한 평형점 점근적으로 안정한 평형점

[그림 8.2.1]

참고 초기치문제 $[\frac{d}{dt}X = F(X),\ X(0) = X_0]$의 해 $X(t;\, X_0)$를 정의역 Ω 상에서 한 동점(動點)이 위치 X_0에서 출발해서 움직여 나가는 궤적함수라 간주하면 정성적 성질을 이해하는 데 도움이 된다. $\overline{X}$가 안정한 고정점이라는 것은 $\overline{X}$의 충분히 가까운 근방($\| X_0 - \overline{X} \| < \delta$)에서 출발한 동점은 그 후에 $\overline{X}$의 주어진 근방($\| X(t;\, X_0) - \overline{X} \| < \epsilon$) 안에 계속 머문다는 것을 의미한다. $\overline{X}$가 점근적으로 안정한 고정점이라는 것은 $\overline{X}$의 충분히 가까운 근방 ($\| X_0 - \overline{X} \| < \delta$)에서 출발한 동점은 $\overline{X}$의 주어진 근방 ($\| X(t;\, X_0) - \overline{X} \| < \epsilon$) 안에 계속 머물 뿐만 아니라 결국에는 고정점 $\overline{X}$로 수렴해간다($\lim_{t\to\infty} X(t;\, X_0) = \overline{X}$)는 것을 의미한다.

정의 8.2.1의 이해를 돕기 위해서 해를 구체적으로 구해서 정성적 성질을 직접 조사해볼 수 있는 선형 미분방정식을 먼저 예로 들어보자.

예 8.2.2 $\begin{pmatrix} \frac{dx}{dt} = y \\ \frac{dy}{dt} = -\omega^2 x \end{pmatrix}$에 대해서 $\overline{X} = 0$는 안정한 고정점이지만, 점근적으로 안정한 고정점은 아님을 보이자($\omega > 0$는 상수).

풀이 $y = 0,\ -\omega^2 x = 0$의 근이 고정점이므로, 원점 0이 유일한 고정점이다. 즉 $\overline{X} = 0$이다. 먼저 미분방정식의 해를 구해보자.

계수행렬 $A = \begin{pmatrix} 0 & 1 \\ -\omega^2 & 0 \end{pmatrix}$의 고유치는 $\det(\lambda I - A) = \lambda^2 + \omega^2 = 0$의 근이므로, $\lambda_1 = \omega i$, $\lambda_2 = -\omega i$이다. 간단히 계산하면 $\lambda_1 = \omega i$에 대응되는 고유벡터는 $V_c = \begin{pmatrix} 1 \\ \omega i \end{pmatrix}$이므로, $U_r = Re\, V_c = \begin{pmatrix} 1 \\ 0 \end{pmatrix}$, $U_i = Im\, V_c = \begin{pmatrix} 0 \\ \omega \end{pmatrix}$이다. 따라서 7.2절을 참고하면, 일반해는 다음과 같다.

$$\begin{pmatrix} x \\ y \end{pmatrix} = c_1[U_r\cos\omega t - U_i\sin\omega t] + c_2[U_r\sin\omega t + U_i\cos\omega t]$$

$$= \begin{pmatrix} c_1\cos\omega t + c_2\sin\omega t \\ -c_1\omega\sin\omega t + c_2\omega\cos\omega t \end{pmatrix}, \ (c_1,\ c_2\text{는 임의상수})$$

임의의 초기치 $X(0) = X_0 = \begin{pmatrix} x_0 \\ y_0 \end{pmatrix}$에 대해서, 해 $X(t;\ X_0)$를 계산해보자. $X(0) = \begin{pmatrix} c_1 \\ c_2\omega \end{pmatrix} = \begin{pmatrix} x_0 \\ y_0 \end{pmatrix}$이므로, $c_1 = x_0$, $c_2 = \dfrac{y_0}{\omega}$ 이다. 따라서 초기치문제의 해 $X(t;\ X_0)$는 다음과 같다.

$$X(t;\ X_0) = \begin{pmatrix} x_0\cos\omega t + \dfrac{y_0}{\omega}\sin\omega t \\ -x_0\omega\sin\omega t + y_0\cos\omega t \end{pmatrix} = \begin{pmatrix} x_0 \\ y_0 \end{pmatrix}\cos\omega t + \begin{pmatrix} \dfrac{y_0}{\omega} \\ -x_0\omega \end{pmatrix}\sin\omega t$$

여기서 $X(t;\ X_0)$의 크기($\overline{X}=0$에서 거리)를 계산해보자. 삼각부등식에 의해서 다음을 얻는다. 모든 $t>0$에 대해서,

$$\|X(t;\ X_0)\| \le \left\|\begin{pmatrix} x_0 \\ y_0 \end{pmatrix}\cos\omega t\right\| + \left\|\begin{pmatrix} \dfrac{y_0}{\omega} \\ -x_0\omega \end{pmatrix}\sin\omega t\right\|$$

$$\le \sqrt{x_0^2 + y_0^2} + \frac{1}{\omega}\sqrt{y_0^2 + x_0^2\omega^4}$$

편의상 $M = \max\left\{\omega,\ \dfrac{1}{\omega}\right\}$라 두면, $\dfrac{1}{\omega}\sqrt{y_0^2 + x_0^2\omega^4} \le M\sqrt{x_0^2 + y_0^2}$ 이다. 따라서 초기치 X_0와 해 $X(t;\ X_0)$의 크기(원점에서 거리) 관계에 대하여, 다음의 부등식을 얻는다. 모든 $t>0$에 대해서,

$$\|X(t;\ X_0)\| \le (M+1)\sqrt{x_0^2 + y_0^2} = (M+1)\|X_0\| \tag{8.2.2}$$

위의 부등식은, 동점이 평면상의 점 X_0에서 출발하면 그 이후에 동점 $X(t;\ X_0)$는 $\overline{X}=0$의 $(M+1)\|X_0\|$ 근방 안에 계속 머물고 있음을 나타낸다. 더욱이 위의 부등식은 동점이 고정점 $\overline{X}=0$의 δ 근방 안의 점 X_0에서 출발하면 그 이후에 동점 $X(t;\ X_0)$는 $\overline{X}=0$의 $(M+1)\delta$ 근방 안에 머물고 있음을 나타낸다. 즉 임의의 상수 $\epsilon>0$에 대해서 $\delta = \dfrac{\epsilon}{M+1}$라 두면, 다음이 성립한다.

$\|X_0 - 0\| = \|X_0\| < \delta$이면, 모든 $t>0$에 대하여
$\|X(t;\ X_0) - 0\| = \|X(t;\ X_0)\| \le (M+1)\|X_0\| < (M+1)\delta = \epsilon$ 이다.

그러므로 $\overline{X}=0$는 안정한 고정점이다. 그러나 $X(t;X_0)$는 주기함수이므로 $\lim_{t\to\infty}X(t;X_0)\neq 0$이다. 따라서 $\overline{X}=0$는 점근적으로 안정한 고정점은 아니다. ■

예 8.2.3 $\begin{pmatrix}\dfrac{dx}{dt}=y\\ \dfrac{dy}{dt}=-\omega^2x-2ry\end{pmatrix}$에서 $\overline{X}=0$가 점근적으로 안정한 고정점이다(단 $\omega>r>0$는 상수).

풀이 $y=0,\ -\omega^2x-2ry=0$ 의 근이 고정점이므로, 원점 $\overline{X}=0$이 유일한 고정점이다. 미분방정식의 해를 구체적으로 구해보자.

계수행렬 $A=\begin{pmatrix}0&1\\-\omega^2&-2r\end{pmatrix}$의 고유치는 $\det(\lambda I-A)=\lambda^2+2r\lambda+\omega^2=0$의 근이므로, $\lambda_1=-r+i\sqrt{\omega^2-r^2}$, $\lambda_2=-r-i\sqrt{\omega^2-r^2}$ 이다.

편의상 $\theta=\sqrt{\omega^2-r^2}$ 라 두자. 간단히 계산하면 $\lambda_1=-r+\theta i$에 대응되는 고유벡터는 $V_c=\begin{pmatrix}1\\-r+\theta i\end{pmatrix}$이고, $U_r=Re\,V_c=\begin{pmatrix}1\\-r\end{pmatrix}$, $U_i=Im\,V_c=\begin{pmatrix}0\\ \theta\end{pmatrix}$이다. 따라서 7.2절을 참고하면, 일반해는 다음과 같다.

$$\begin{pmatrix}x\\y\end{pmatrix}=c_1e^{-rt}\left[\begin{pmatrix}1\\-r\end{pmatrix}\cos\theta t-\begin{pmatrix}0\\ \theta\end{pmatrix}\sin\theta t\right]+c_2e^{-rt}\left[\begin{pmatrix}1\\-r\end{pmatrix}\sin\theta t+\begin{pmatrix}0\\ \theta\end{pmatrix}\cos\theta t\right],$$
$$(c_1,\ c_2\text{는 임의상수}) \qquad (8.2.3)$$

임의의 초기치 $X(0)=X_0=\begin{pmatrix}x_0\\y_0\end{pmatrix}$에 대해서, 해 $X(t;X_0)$를 계산해보자. $X(0)=c_1\begin{pmatrix}1\\-r\end{pmatrix}+c_2\begin{pmatrix}0\\ \theta\end{pmatrix}=\begin{pmatrix}x_0\\y_0\end{pmatrix}$이므로, $c_1=x_0$, $c_2=\dfrac{rx_0+y_0}{\theta}$이다. 따라서 (8.2.3)에 $c_1=x_0$, $c_2=\dfrac{rx_0+y_0}{\theta}$를 대입하여 정리하면, 초기치문제의 해 $X(t;X_0)$는 다음과 같다.

$$X(t;X_0)=e^{-rt}\left[\begin{pmatrix}x_0\\y_0\end{pmatrix}\cos\theta t+\begin{pmatrix}rx_0+y_0\\-(r^2+\theta^2)x_0-ry_0\end{pmatrix}\frac{\sin\theta t}{\theta}\right]$$

예 8.2.2에서와 유사한 방법으로 $X(t;X_0)$의 크기($\overline{X}=0$에서 거리)를 계산해보자. 삼각부등식에 의해서 다음을 얻는다. 모든 $t>0$에 대해서,

$$\|X(t;X_0)\|\le e^{-rt}\left[\left\|\begin{pmatrix}x_0\\y_0\end{pmatrix}\right\|\,|\cos\theta t|+\left\|\begin{pmatrix}rx_0+y_0\\-(r^2+\theta^2)x_0-ry_0\end{pmatrix}\right\|\,\left|\frac{\sin\theta t}{\theta}\right|\right]$$

$$\le e^{-rt}\left[\ \left\| \begin{pmatrix} x_0 \\ y_0 \end{pmatrix} \right\| + \left\| \begin{pmatrix} rx_0 + y_0 \\ -(r^2+\theta^2)x_0 - ry_0 \end{pmatrix} \right\| \frac{1}{\theta} \right] \tag{8.2.4}$$

한편 삼각부등식에 의해서 다음을 얻는다.

$$\begin{aligned} \left\| \begin{pmatrix} rx_0 + y_0 \\ -(r^2+\theta^2)x_0 - ry_0 \end{pmatrix} \right\| &= \left\| x_0 \begin{pmatrix} r \\ -r^2-\theta^2 \end{pmatrix} + y_0 \begin{pmatrix} 1 \\ -r \end{pmatrix} \right\| \\ &\le |x_0| \left\| \begin{pmatrix} r \\ -r^2-\theta^2 \end{pmatrix} \right\| + |y_0| \left\| \begin{pmatrix} 1 \\ -r \end{pmatrix} \right\| \\ &= |x_0| \sqrt{r^2+(r^2+\theta^2)^2} + |y_0| \sqrt{r^2+1} \end{aligned}$$

편의상 $M \equiv Max\left\{ \sqrt{r^2+(r^2+\theta^2)^2}\ ,\ \sqrt{r^2+1} \right\}$라 두면, 다음을 얻는다.

$$\begin{aligned} |x_0| \sqrt{r^2+(r^2+\theta^2)^2} + |y_0| \sqrt{r^2+1} &\le M(|x_0| + |y_0|) \\ &\le \sqrt{2}\, M \sqrt{x_0^2+y_0^2} = \sqrt{2}\, M \left\| \begin{pmatrix} x_0 \\ y_0 \end{pmatrix} \right\| \end{aligned}$$

따라서 다음 부등식을 얻는다.

$$\left\| \begin{pmatrix} rx_0 + y_0 \\ -(r^2+\theta^2)x_0 - ry_0 \end{pmatrix} \right\| \le \sqrt{2}\, M \left\| \begin{pmatrix} x_0 \\ y_0 \end{pmatrix} \right\| \tag{8.2.5}$$

(8.2.4)와 (8.2.5)로부터 다음을 얻는다.

$$\begin{aligned} \| X(t;\ X_0) \| &\le e^{-rt}\left[\ \left\| \begin{pmatrix} x_0 \\ y_0 \end{pmatrix} \right\| + \frac{\sqrt{2}\, M}{\theta} \left\| \begin{pmatrix} x_0 \\ y_0 \end{pmatrix} \right\| \right] \\ &= e^{-rt}\left[1 + \frac{\sqrt{2}\, M}{\theta}\right] \left\| \begin{pmatrix} x_0 \\ y_0 \end{pmatrix} \right\| = e^{-rt}\left[1 + \frac{\sqrt{2}\, M}{\theta}\right] \| X_0 \| \end{aligned}$$

여기서 편의상 $K \equiv 1 + \dfrac{\sqrt{2}\, M}{\theta}$라 두면, 다음 부등식을 얻는다.

$$\|X(t; X_0)\| \le K e^{-rt} \| X_0 \| \tag{8.2.6}$$

위의 부등식 (8.2.6)은 동점이 고정점 $\overline{X} = 0$의 δ 근방 안의 점 X_0에서 출발하면 그 이후에 $X(t;\ X_0)$은 $\overline{X} = 0$의 Ke^{-rt} 근방 안에 머물고 있음을 나타낸다. 즉 임의의 상수 $\epsilon > 0$에 대해서 $\delta = \dfrac{\epsilon}{K}$라 두면, 다음이 성립한다.

$\| X_0 \| < \delta$이면, 모든 $t > 0$에 대하여,

$\| X(t;\ X_0) \| \le Ke^{-rt} \| X_0 \| < Ke^{-rt}\delta \le K\delta = \epsilon$이다.

따라서 $\overline{X}=0$는 안정한 고정점이다.

한편 (8.2.6)으로부터 $\lim_{t\to\infty} \| X(t;\, X_0) \| \le \lim_{t\to\infty} Ke^{-rt} \| X_0 \| = 0$이다. 그러므로 $\overline{X}=0$는 점근적으로 안정한 고정점이다. ■

일반적으로 7장에서 보았듯이 1계 상수 계수 선형 미분방정식의 정성적 성질은 계수행렬의 고유치를 구해보면, 해를 구하지 않고도 완전히 알 수 있다. 그러나 일반적인 미분방정식의 정성적 성질을 파악하는 일은 대단히 어려운 경우가 많고 불가능인 경우도 있다.

정성적 성질에 대해서 기초적으로 다음과 같은 조사방법을 많이 이용한다.

1. 선형화 방법; 고정점의 근방에서 선형화하여 근사 선형 미분방정식으로 만들어 정성적 성질을 조사한다.
2. Lyapunov 방법; 해에 대하여 에너지와 유사한 개념을 도입해서 그 값의 변화를 조사한다.
3. Poincare 사상 방법; 해의 궤적이 고정점을 포함하는 특정 초평면(hyperplane)을 관통하는 점들의 특성을 조사한다.

연습문제 8.2

1. 다음 미분방정식의 고정점의 정성적 성질을 조사하여라.

(1) $\dfrac{dx}{dt}=-2x+4$ (2) $\dfrac{dx}{dt}=2x-4$

(3) $\dfrac{dx}{dt}=-x^2+2x+3$ (4) $\dfrac{dx}{dt}=x^2-2x-3$

(5) $\begin{cases} \dfrac{dx}{dt}=2x-3y \\ \dfrac{dy}{dt}=x-2y \end{cases}$ (6) $\begin{cases} \dfrac{dx}{dt}=-x+3y \\ \dfrac{dy}{dt}=-3x+5y \end{cases}$

(7) $\begin{cases} \dfrac{dx}{dt}=2x+4y \\ \dfrac{dy}{dt}=-x+6y \end{cases}$ (8) $\begin{cases} \dfrac{dx}{dt}=-3y \\ \dfrac{dy}{dt}=3x-6y \end{cases}$

(9) $\begin{cases} \dfrac{dx}{dt}=6x-y \\ \dfrac{dy}{dt}=5x+4y \end{cases}$ (10) $\begin{cases} \dfrac{dx}{dt}=x+y \\ \dfrac{dy}{dt}=-2x-y \end{cases}$

(11) $\begin{cases} \dfrac{dx}{dt} = x - xy \\ \dfrac{dy}{dt} = y + xy \end{cases}$ (12) $\begin{cases} \dfrac{dx}{dt} = y \\ \dfrac{dy}{dt} = -x + y \end{cases}$

(13) $\begin{cases} \dfrac{dx}{dt} = -x + y \\ \dfrac{dy}{dt} = x + 2y + z \\ \dfrac{dz}{dt} = 3y - z \end{cases}$ (14) $\begin{cases} \dfrac{dx}{dt} = 3x - y - z \\ \dfrac{dy}{dt} = x + y - z \\ \dfrac{dz}{dt} = x - y + z \end{cases}$

8.3 선형화 방법

고정점의 근방에서 비선형 미분방정식을 선형화하여 정성적 성질을 조사하는 방법을 선형화 방법이라 하는데, 이 방법은 간단하고 편리하나 단점으로는 국소적(고정점의 가까운 근방에서만) 성질을 조사할 수 있으며, 이 방법의 적용이 불가능한 경우도 있다.

다음과 같은 1계 2차원 미분방정식을 생각하자.

$$\begin{cases} \dfrac{dx}{dt} = p(x,y) \\ \dfrac{dy}{dt} = q(x,y) \end{cases} \tag{8.3.1}$$

단 $p(x,\ y)$, $q(x,\ y)$가 정의역 $\Omega \subset \boldsymbol{R}^2$ 상에서 2번 연속 편미분가능 함수이고 $p(\overline{x},\ \overline{y}) = 0$, $q(\overline{x},\ \overline{y}) = 0$라 가정하자. 그러면 $(\overline{x},\ \overline{y})$가 미분방정식 (8.3.1)의 고정점이다. 고정점 $(\overline{x},\ \overline{y})$에서 미분방정식 (8.3.1)의 선형화라는 것은 방향장 $\begin{pmatrix} p(x,\ y) \\ q(x,\ y) \end{pmatrix}$을 $(\overline{x},\ \overline{y})$에서 테일러 전개하여 선형(일차 항) 부분만 취하여 근사 선형 미분방정식을 만드는 것을 의미한다. 먼저 $p(x,\ y)$, $q(x,\ y)$를 고정점 $(\overline{x},\ \overline{y})$에서 테일러 급수 전개하면, 다음을 얻는다.

$$\begin{aligned} p(x,\ y) &= \frac{\partial p(\overline{x},\ \overline{y})}{\partial x}(x - \overline{x}) + \frac{\partial p(\overline{x},\ \overline{y})}{\partial y}(y - \overline{y}) \\ &\quad + \frac{1}{2}\frac{\partial^2 p(x_c,\ y_c)}{\partial x^2}(x - \overline{x})^2 + \frac{\partial^2 p(x_c,\ y_c)}{\partial x \partial y}(x - \overline{x})(y - \overline{y}) \\ &\quad + \frac{1}{2}\frac{\partial^2 p(x_c,\ y_c)}{\partial y^2}(y - \overline{y})^2, \end{aligned}$$

$$
\begin{aligned}
q(x,\ y) = {} & \frac{\partial q(\bar{x},\ \bar{y})}{\partial x}(x-\bar{x}) + \frac{\partial q(\bar{x},\ \bar{y})}{\partial y}(y-\bar{y}) \\
& + \frac{1}{2}\frac{\partial^2 q(x_c,\ y_c)}{\partial x^2}(x-\bar{x})^2 + \frac{\partial^2 q(x_c,\ y_c)}{\partial x \partial y}(x-\bar{x})(y-\bar{y}) \\
& + \frac{1}{2}\frac{\partial^2 q(x_c,\ y_c)}{\partial y^2}(y-\bar{y})^2
\end{aligned}
\tag{8.3.2}
$$

단 $(x_c,\ y_c)$는 점 $(\bar{x},\ \bar{y})$와 점 $(x,\ y)$ 사이에 있는 적당한 점이다.

$p(x,\ y)$, $q(x,\ y)$가 2번 연속 편미분가능이므로, $(\bar{x},\ \bar{y})$의 적당한 유계 근방에서 2계 편도함수들 $\frac{\partial^2 p(x,\ y)}{\partial x^2}$, $\frac{\partial^2 p(x,\ y)}{\partial x \partial y}$, $\frac{\partial^2 p(x,\ y)}{\partial y^2}$와 $\frac{\partial^2 q(x,\ y)}{\partial x^2}$, $\frac{\partial^2 q(x,\ y)}{\partial x \partial y}$, $\frac{\partial^2 q(x,\ y)}{\partial y^2}$가 모두 연속이고 유계이다. 즉 적당한 양수 $\rho > 0$와 $M > 0$이 존재하여, 다음과 같다.

$$
\| (x,\ y) - (\bar{x},\ \bar{y}) \| = \sqrt{(x-\bar{x})^2 + (y-\bar{y})^2} < \rho \text{ 이면,}
$$
$$
\left|\frac{\partial^2 p(x,\ y)}{\partial x^2}\right| \le M,\ \left|\frac{\partial^2 p(x,\ y)}{\partial x \partial y}\right| \le M,\ \left|\frac{\partial^2 p(x,\ y)}{\partial y^2}\right| \le M,
$$
$$
\left|\frac{\partial^2 q(x,\ y)}{\partial x^2}\right| \le M,\ \left|\frac{\partial^2 q(x,\ y)}{\partial x \partial y}\right| \le M,\ \left|\frac{\partial^2 q(x,\ y)}{\partial y^2}\right| \le M
$$

여기서 ρ가 1보다 충분히 작다고 가정하자($0 < \rho \ll 1$). 그러면 $\| (x,\ y) - (\bar{x},\ \bar{y}) \| = \sqrt{(x-\bar{x})^2 + (y-\bar{y})^2} < \rho$에 대해서, $p(x,\ y)$와 $q(x,\ y)$의 테일러 전개 (8.3.2)에서 2차 항들의 절대치는 모두 $2M\rho^2$ 보다 작으며 일차 항들에 비해서 0에 훨씬 더 가깝다. 그래서 고정점 $(\bar{x},\ \bar{y})$의 ρ 근방에서는 다음의 근사식을 얻는다.

$$
\begin{aligned}
p(x,\ y) &\simeq \frac{\partial p(\bar{x},\ \bar{y})}{\partial x}(x-\bar{x}) + \frac{\partial p(\bar{x},\ \bar{y})}{\partial y}(y-\bar{y}), \\
q(x,\ y) &\simeq \frac{\partial q(\bar{x},\ \bar{y})}{\partial x}(x-\bar{x}) + \frac{\partial q(\bar{x},\ \bar{y})}{\partial y}(y-\bar{y})
\end{aligned}
\tag{8.3.3}
$$

그러므로 고정점 $(\bar{x},\ \bar{y})$의 ρ 근방에서 미분방정식 $\begin{cases} \dfrac{dx}{dt} = p(x,\ y) \\ \dfrac{dy}{dt} = q(x,\ y) \end{cases}$ 의 근사 선형 미분방정식을 다음과 같이 얻는다.

$$\begin{pmatrix} \dfrac{dx}{dt} \\ \\ \dfrac{dy}{dt} \end{pmatrix} = \begin{pmatrix} \dfrac{\partial p(\bar{x},\ \bar{y})}{\partial x}(x-\bar{x}) + \dfrac{\partial p(\bar{x},\ \bar{y})}{\partial y}(y-\bar{y}) \\ \\ \dfrac{\partial q(\bar{x},\ \bar{y})}{\partial x}(x-\bar{x}) + \dfrac{\partial q(\bar{x},\ \bar{y})}{\partial y}(y-\bar{y}) \end{pmatrix} \tag{8.3.4}$$

이때 선형 미분방정식 (8.3.4)를 미분방정식 (8.3.1)의 **선형화 미분방정식**이라 한다.

한편 편의상 $X=\begin{pmatrix} x \\ y \end{pmatrix}$, $F(X)=F(x,\ y)=\begin{pmatrix} p(x,\ y) \\ q(x,\ y) \end{pmatrix}$라 두면, (8.3.4)의 계수행렬은 $\overline{X}=\begin{pmatrix} \bar{x} \\ \bar{y} \end{pmatrix}$에서 $F(X)$의 도함수(Jacobi 행렬)인데 간단히 $F_X(\overline{X})$로 표기하자(미분적분학 참조). 즉 다음과 같이 두자.

$$F_X(\overline{X}) = F_X(\bar{x},\ \bar{y}) = \begin{pmatrix} \dfrac{\partial p(\bar{x},\ \bar{y})}{\partial x} & \dfrac{\partial p(\bar{x},\ \bar{y})}{\partial y} \\ \\ \dfrac{\partial q(\bar{x},\ \bar{y})}{\partial x} & \dfrac{\partial q(\bar{x},\ \bar{y})}{\partial y} \end{pmatrix} \tag{8.3.5}$$

그러면 (8.3.4)는 다음과 같이 간단히 표현된다.

$$\frac{d}{dt}X = F_X(\overline{X})(X-\overline{X}) \tag{8.3.6}$$

즉 $\overline{X}$의 ρ 근방($\| X-\overline{X} \| < \rho$)에서, $\dfrac{d}{dt}X=F(X)$의 근사 선형 미분방정식(선형화 미분방정식) $\dfrac{d}{dt}X=F_X(\overline{X})(X-\overline{X})$를 얻는다. 여기서 다음과 같이 변수변환(평행이동)하면 편리하다.

$$u=x-\bar{x},\ v=y-\bar{y}$$

그러면 $\bar{x}$, $\bar{y}$가 상수이므로, u, v를 t로 미분하면 다음과 같다.

$$\frac{du}{dt}=\frac{dx}{dt},\ \frac{dv}{dt}=\frac{dy}{dt}$$

따라서 (8.3.3)과 (8.3.5)를 변수변환(평행이동)하여 다음을 얻는다.

$$\begin{cases} \dfrac{du}{dt} = \dfrac{\partial p(\bar{x},\ \bar{y})}{\partial x}u + \dfrac{\partial p(\bar{x},\ \bar{y})}{\partial y}v \\ \\ \dfrac{dv}{dt} = \dfrac{\partial q(\bar{x},\ \bar{y})}{\partial x}u + \dfrac{\partial q(\bar{x},\ \bar{y})}{\partial y}v \end{cases} \tag{8.3.7}$$

그러면 고정점의 성질은 평행이동하여도 변하지 않으므로, xy-평면에서 (8.3.4)

에 대한 고정점 $(\overline{x},\ \overline{y})$의 성질과 uv-평면에서 (8.3.7)에 대한 고정점 $(0,\ 0)$의 성질은 동일하다. 선형 미분방정식 (8.3.7)에 대한 고정점 $(0,\ 0)$의 성질을 조사해서, $\begin{pmatrix} \dfrac{dx}{dt} = p(x,\ y) \\ \dfrac{dy}{dt} = q(x,\ y) \end{pmatrix}$에 대한 고정점 $(\overline{x},\ \overline{y})$의 성질을 조사하는 것을 **선형화 방법**이라 한다.

참고 위의 내용을 벡터함수의 테일러 전개 형식으로 표현하면 아주 간단하고 편리하다. 즉 $F(X)$를 다음과 같이 표현할 수 있다.

$$F(X) = F_X(\overline{X})(X-\overline{X}) + G(X-\overline{X})$$

$$\text{단 } G(X-\overline{X}) = \frac{1}{2}\begin{pmatrix} [(x-\overline{x})\dfrac{\partial}{\partial x} + (y-\overline{y})\dfrac{\partial}{\partial y}]^2 p(x_c,\ y_c) \\ [(x-\overline{x})\dfrac{\partial}{\partial x} + (y-\overline{y})\dfrac{\partial}{\partial y}]^2 q(x_c,\ y_c) \end{pmatrix} \text{이다.}$$

여기서 $F_X(\overline{X})(X-\overline{X})$를 $\overline{X}$에서 $F(X)$의 **선형부분**이라 하고, $G(X-\overline{X})$를 $F(X)$의 **비선형부분**이라 한다. 그러면 $F(X)$가 2번 연속 편미분가능이라 가정했으므로, 적당한 양수 $0<\rho<1$와 $M>0$이 존재하여, 다음이 성립한다.

$$\| X-\overline{X} \| < \rho \text{이면, } \| G(X-\overline{X}) \| \le M \| X-\overline{X} \|^2 \text{이다.}$$

한편 $F_X(\overline{X})$가 상수 행렬이므로 적당한 양수 $C_1>0$가 존재하여, 항상 다음이 성립한다(선형대수 참조). $\| X-\overline{X} \| < \rho$에 대해서,

$$\| F_X(\overline{X})(X-\overline{X}) \| \le C_1 \| X-\overline{X} \|$$

일반적으로 $\rho>0$가 충분히 0에 가까우면$(0<\rho\ll 1)$, ρ^2이 ρ보다 훨씬 더 0에 가깝다 $(\rho^2 \ll \rho)$. 따라서 $\| X-\overline{X} \| < \rho$이면, $\| G(X-\overline{X}) \|$가 $\| F_X(\overline{X})(X-\overline{X}) \|$보다 훨씬 더 0에 가깝다(즉 $\| G(X-\overline{X}) \| \ll \| F_X(\overline{X})(X-\overline{X}) \|$). 그러므로 다음을 알 수 있다. $\| X-\overline{X} \| < \rho \ll 1$에 대해서,

$$F(X) = F_X(\overline{X})(X-\overline{X}) + G(X-\overline{X}) \simeq F_X(\overline{X})(X-\overline{X})$$

즉 $\| X-\overline{X} \| < \rho \ll 1$이면, 선형 함수 $F_X(\overline{X})(X-\overline{X})$가 $F(X)$의 (국소적) 근사 함수이다. 그래서 $\dfrac{d}{dt}X = F_X(\overline{X})(X-\overline{X})$를 $\dfrac{d}{dt}X = F(X)$의 **선형화 미분방정식**이라고 한다.

다음은 매우 편리한 정리 중의 하나인데 프랑스의 수학자 Poincare와 러시아의 수학자 Lyapunov가 발견하였다([6, 7, 11] 참조).

| 정리 8.3.1 | 고정점 $\overline{X}$ 에서 Jacobi 행렬 $F_X(\overline{X})$의 모든 고유치의 실수부가 0이 아니라 가정하자. 그러면 $\overline{X}$의 적당한 근방에서 $\frac{d}{dt}X = F(X)$ 의 정성적 성질은 원점 0 의 근방에서 $\frac{d}{dt}X = F_X(\overline{X})X$ 의 정성적 성질과 일치한다.

참고 정리 8.3.1의 가정이 참이라 하더라도 $\overline{X}$의 가까운 근방에서 벗어난 영역에서 $\frac{d}{dt}X = F(X)$ 의 정성적 성질과, 원점 0 의 가까운 근방에서 벗어난 영역에서 $\frac{d}{dt}X = F_X(\overline{X})X$ 의 정성적 성질이 일치한다는 보장은 없다.

그 이유는 일반적으로 테일러 전개는 기준점(전개점)에서 멀어질수록 오차가 크게 증가하기 때문이다. 흔히 어떤 점의 가까운 근방에서만 성립하는 성질을 국소적(local) 성질이라 하고, 주어진 영역 전체에서 성립하는 성질을 대역적(global) 성질이라 한다. 그런 의미에서 정리 8.3.1은 국소적 성질을 나타낸다.

예 8.3.2 **진자운동** $\begin{pmatrix} \frac{dx}{dt} = y \\ \frac{dy}{dt} = -\omega^2 \sin x - 2\rho y \end{pmatrix}$ 에 대해서,

(1) $\overline{X_0} = \begin{pmatrix} 0 \\ 0 \end{pmatrix}$ 는 점근적으로 안정한 고정점이다.

(2) $\overline{X_1} = \begin{pmatrix} \pi \\ 0 \end{pmatrix}$ 는 불안정한 고정점(안장점)이다.

(단 $\omega > \rho > 0$는 상수)

풀이 $y = 0$, $-\omega^2 \sin x - 2\rho y = 0$ 의 근이 평형점이므로, 모든 $\begin{pmatrix} k\pi \\ 0 \end{pmatrix}$가 고정점이다 (단 k는 정수). 여기서 k가 짝수이면 $\begin{pmatrix} k\pi \\ 0 \end{pmatrix}$는 진자추가 아래쪽 수직위치에서 정지한 상태를 나타내고, k가 홀수이면 $\begin{pmatrix} k\pi \\ 0 \end{pmatrix}$는 진자추가 위쪽 수직위치에서 정지한 상태를 나타낸다. 그래서 대표로서 $k = 0, 1$ 일 때만 조사해보자.

방향장 $F(X) = \begin{pmatrix} y \\ -\omega^2 \sin x - 2\rho y \end{pmatrix}$는 정의역 $\Omega = \boldsymbol{R}^2$ 상에서 연속 2번 편미분가능이고, Jacobi 행렬 $F_X(X)$는 다음과 같다.

$$F_X(X) = \begin{pmatrix} 0 & 1 \\ -\omega^2 \cos x & -2\rho \end{pmatrix}$$

(1) $\overline{X_0}=0$에서 Jacobi 행렬 $F_X(\overline{X_0})$는 다음과 같다.

$$F_X(\overline{X_0})=\begin{pmatrix}0 & 1\\ -\omega^2 & -2\rho\end{pmatrix}$$

먼저 $F_X(\overline{X_0})$의 고유치를 구해보자. 특성방정식 $\det(\lambda I-F_X(\overline{X_0}))=\det\begin{pmatrix}\lambda & -1\\ \omega^2 & \lambda+2\rho\end{pmatrix}=\lambda^2+2\rho\lambda+\omega^2=0$를 풀면, 다음과 같이 복소 고유치를 얻는다.

$$\lambda_1=-\rho+i\sqrt{\omega^2-\rho^2}\ ,\ \ \lambda_2=-\rho-i\sqrt{\omega^2-\rho^2}$$

$\rho>0$이므로 $Re(\lambda_1)=Re(\lambda_2)=-\rho<0$이다. 따라서 정리 8.3.1에 의해서, 원점 $\overline{X_0}=0$의 적당한 근방에서 $\begin{pmatrix}\dfrac{dx}{dt}=y\\ \dfrac{dy}{dt}=-\omega^2\sin x-2\rho y\end{pmatrix}$와 근사 선형 미분방정식 $\begin{pmatrix}\dfrac{dx}{dt}=y\\ \dfrac{dy}{dt}=-\omega^2 x-2\rho y\end{pmatrix}$의 정성적 성질은 일치한다. 한편 예 8.2.3을 참고하면, 원점 $\overline{X_0}=0$는 $\begin{pmatrix}\dfrac{dx}{dt}=y\\ \dfrac{dy}{dt}=-\omega^2 x-2\rho y\end{pmatrix}$의 점근적으로 안정한 고정점이다. 따라서 원점 $\overline{X_0}=0$는 $\begin{pmatrix}\dfrac{dx}{dt}=y\\ \dfrac{dy}{dt}=-\omega^2\sin x-2\rho y\end{pmatrix}$의 (국소적으로) 점근적으로 안정한 고정점이다.

(2) $\overline{X_1}=\begin{pmatrix}\pi\\0\end{pmatrix}$에서 Jacobi 행렬 $F_X(\overline{X_1})$은 다음과 같다.

$$F_X(\overline{X_1})=\begin{pmatrix}0 & 1\\ \omega^2 & -2\rho\end{pmatrix}$$

$F_X(\overline{X_1})$의 고유치를 구하면, 다음과 같이 서로 다른 실 고유치를 얻는다.

$$\lambda_1=-\rho+\sqrt{\rho^2+\omega^2}\ ,\ \ \lambda_2=-\rho-\sqrt{\rho^2+\omega^2}$$

$\rho>0$이고 $\omega>0$이므로, $\lambda_2<0<\lambda_1$이다. 따라서 정리 8.3.1에 의해서, $\overline{X_1}$

$= \begin{pmatrix} \pi \\ 0 \end{pmatrix}$의 적당한 근방에서 $\begin{pmatrix} \dfrac{dx}{dt} = y \\ \dfrac{dy}{dt} = -\omega^2 \sin x - 2\rho y \end{pmatrix}$의 정성적 성질과 원점 0의 근방에서 $\begin{pmatrix} \dfrac{dx}{dt} = y \\ \dfrac{dy}{dt} = \omega^2 x - 2\rho y \end{pmatrix}$의 정성적 성질은 일치한다. 그런데 원점 0는 $\begin{pmatrix} \dfrac{dx}{dt} = y \\ \dfrac{dy}{dt} = \omega^2 x - 2\rho y \end{pmatrix}$의 안장점(양의 고유치와 음의 고유치를 모두 가짐)이다. 그러므로 $\overline{X_1} = \begin{pmatrix} \pi \\ 0 \end{pmatrix}$는 $\begin{pmatrix} \dfrac{dx}{dt} = y \\ \dfrac{dy}{dt} = -\omega^2 \sin x - 2\rho y \end{pmatrix}$의 (국소적) 안장점이고, 따라서 불안정한 고정점이다. ■

참고 Jacobi 행렬 $F_X(\overline{X})$의 고유치 중에서 실수부가 0인 것이 있으면, $\overline{X}$의 근방에서 $\dfrac{d}{dt}X = F(X)$의 정성적 성질과 원점 0의 근방에서 $\dfrac{d}{dt}X = F_X(\overline{X})X$의 정성적 성질이 일치한다는 보장이 없다. 즉 일치할 경우도 있으나 일치하지 않을 경우도 있다. 그 이유는 이런 경우에 $\overline{X}$의 근방에서 $\dfrac{d}{dt}X = F(X)$의 정성적 성질은 방향장의 아주 작은 오차에도 매우 민감할 수 있기 때문이다(그래서 매우 복잡한 현상이 일어날 수도 있다).

한편 2차원 미분방정식에서 Jacobi 행렬 $F_X(\overline{X})$의 고유치가 순허수인 특별한 경우에는, 근사선형 미분방정식 $\dfrac{d}{dt}X = F_X(\overline{X})X$의 비자명해는 원점 0를 둘러싼 주기해이다. 이 경우에는 고정점 $\overline{X}$의 적당한 근방에서 $\dfrac{d}{dt}X = F(X)$의 비자명해는 고정점 $\overline{X}$를 둘러싸고 감아 도는 형태일 가능성이 있다. 그래서 이 경우에, $\dfrac{d}{dt}X = F(X)$에서 직교좌표인 공간변수 $X = \begin{pmatrix} x \\ y \end{pmatrix}$를 극좌표로 표현하면, 다루기 쉽게 되는 경우의 예도 있다.

이제 직교좌표 $X = \begin{pmatrix} x \\ y \end{pmatrix}$를 극좌표 $Z = \begin{pmatrix} r \\ \theta \end{pmatrix}$로 표현해보자. 즉 $x = r\cos\theta$, $y = r\sin\theta$이고 $r = \sqrt{x^2+y^2} \ge 0$, $\theta = \tan^{-1}\dfrac{y}{x}$라 두자. 그러면 $r = \sqrt{x^2+y^2} \ge 0$, $\theta = \tan^{-1}\dfrac{y}{x}$를 t로 미분하고 정리하면, 합성함수 미분법에 의해서 다음을 얻는다.

$$\frac{dr}{dt} = \frac{1}{r}\left(x\frac{dx}{dt} + y\frac{dy}{dt}\right), \quad \frac{d\theta}{dt} = \frac{1}{r^2}\left(-y\frac{dx}{dt} + x\frac{dy}{dt}\right)$$

따라서 다음과 같이 극좌표로 된 미분방정식을 얻는다.

$$\begin{cases} \dfrac{dr}{dt} = \dfrac{1}{r}[xp(x,\ y) + yq(x,\ y)] \\ \dfrac{d\theta}{dt} = \dfrac{1}{r^2}[-yp(x,\ y) + xq(x,\ y)] \end{cases},\ \text{즉}$$

$$\begin{cases} \dfrac{dr}{dt} = p(r\cos\theta,\ r\sin\theta)\cos\theta + q(r\cos\theta,\ r\sin\theta)\sin\theta \\ \dfrac{d\theta}{dt} = \dfrac{1}{r}[-p(r\cos\theta,\ r\sin\theta)\sin\theta + q(r\cos\theta,\ r\sin\theta)\cos\theta] \end{cases} \tag{8.3.8}$$

여기서 $\dfrac{d}{dt}\begin{pmatrix} x \\ y \end{pmatrix} = \begin{pmatrix} p(x,\ y) \\ q(x,\ y) \end{pmatrix}$의 비자명해 $X(t)$를 평면상에서 움직이는 동점의 t순간 위치(점)라 간주하자. 그러면 (8.3.8)은 원점(고정점)에서 동점 $X(t)$까지 길이인 **동경**(動徑) $r(t)$와 동점 $X(t)$의 **편각**(偏角) $\theta(t)$에 관한 미분방정식이다.

예 8.3.3 $\dfrac{d}{dt}\begin{pmatrix} x \\ y \end{pmatrix} = \begin{pmatrix} -y - x(x^2+y^2) \\ x - y(x^2+y^2) \end{pmatrix}$에 대해서, $\overline{X} = \begin{pmatrix} 0 \\ 0 \end{pmatrix}$는 점근적으로 안정한 고정점이다.

풀이 $-y - x(x^2+y^2) = 0$, $x - y(x^2+y^2) = 0$의 근이 고정점이므로, $\overline{X} = 0 \equiv \begin{pmatrix} 0 \\ 0 \end{pmatrix}$가 유일한 고정점이다.

방향장 $F(X) = \begin{pmatrix} -y - x(x^2+y^2) \\ x - y(x^2+y^2) \end{pmatrix}$의 Jacobi 행렬 $F_X(X)$는 다음과 같다.

$$F_X(X) = \begin{pmatrix} -3x^2 - y^2 & -1 - 2xy \\ 1 - 2xy & -x^2 - 3y^2 \end{pmatrix}$$

따라서 $\overline{X} = 0$에서 Jacobi행렬 $F_X(\overline{X})$는 다음과 같다.

$$F_X(\overline{X}) = \begin{pmatrix} 0 & -1 \\ 1 & 0 \end{pmatrix}$$

$F_X(\overline{X})$의 고유치를 구해보자. $\det(\lambda I - F_X(\overline{X})) = \lambda^2 + 1 = 0$를 풀면, 다음과 같이 순허수 고유치를 얻는다.

$$\lambda_1 = i\ ,\ \lambda_2 = -i$$

여기서 $Re(\lambda_1) = Re(\lambda_2) = 0$이므로, 정리 8.3.1을 적용할 수 없다. 즉 $\overline{X} = 0$의 적당한 근방에서 $\dfrac{d}{dt}\begin{pmatrix} x \\ y \end{pmatrix} = \begin{pmatrix} -y - x(x^2+y^2) \\ x - y(x^2+y^2) \end{pmatrix}$와 근사 선형 미분방정식 $\dfrac{d}{dt}\begin{pmatrix} x \\ y \end{pmatrix} = \begin{pmatrix} -y \\ x \end{pmatrix}$의 정성적 성질이 일치한다는 보장이 없다.

한편 근사 선형 미분방정식에서 고유치가 서로 다른 순허수이므로, 모든 비자명해는 고정점 $\overline{X} = 0$을 둘러싼 주기해이다. 그러므로 $\overline{X} = 0$의 적당한 근방에서 주어진 미분방정식의 비자명해는 $\overline{X}=0$을 둘러싸고 감아 도는 형태일 가능성이 있다. 그래서 공간변수 $X=\begin{pmatrix} x \\ y \end{pmatrix}$를 극좌표 $Z=\begin{pmatrix} r \\ \theta \end{pmatrix}$로 변환해서 살펴보자.

$x=r\cos\theta$, $y=r\sin\theta$ 라 두면, (8.3.8)에 의해서 $\frac{d}{dt}\begin{pmatrix} x \\ y \end{pmatrix}=\begin{pmatrix} -y-x(x^2+y^2) \\ x-y(x^2+y^2) \end{pmatrix}$는 다음과 같이 표현된다.

$$\frac{d}{dt}\begin{pmatrix} r \\ \theta \end{pmatrix}=\begin{pmatrix} -r^3 \\ 1 \end{pmatrix}$$

이 극형식 미분방정식은 각각 변수분리형으로 간단히 풀면 다음과 같다.

$$r^{-2}=2t+c_1, \quad \theta=t+c_2, \ (c_1, c_2 \text{는 임의상수})$$

즉 다음과 같이 일반해를 얻는다. $t \geq 0$에 대해서

$$r=\frac{1}{\sqrt{2t+c_1}}, \quad \theta=t+c_2, \ (c_1>0, \ c_2 \text{는 임의상수})$$

여기서 임의의 $c_1>0$에 대해서, 고정점 $\overline{X}=0$과 동점 $X(t)=\begin{pmatrix} x(t) \\ y(t) \end{pmatrix}$ 사이의 거리 $r(t)=\frac{1}{\sqrt{2t+c_1}}$는 감소하며 $\lim_{t\to\infty} r(t)=\lim_{t\to\infty}\frac{1}{\sqrt{2t+c_1}}=0$이다. 따라서 $\overline{X}=0$는 점근적으로 안정한 고정점이다.

한편 해의 동태(動態)를 기하학적으로 설명하면, 동점 $X(t)$의 편각이 $\theta=t+c_2$ (각속도 1)이므로, $X(t)$는 시간 t가 커짐에 따라 반시계 방향으로 고정점 0를 2π마다 한 번씩 감아 돌면서 0으로 수렴해간다. ■

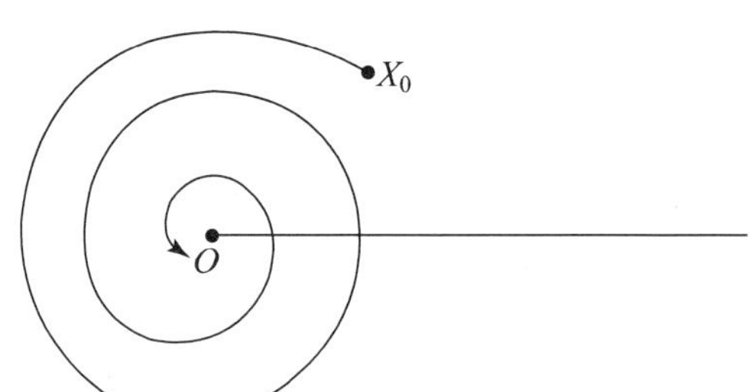

[그림 8.3.1]

예 8.3.4 $\frac{d}{dt}\begin{pmatrix} x \\ y \end{pmatrix}=\begin{pmatrix} -y+x(x^2+y^2) \\ x+y(x^2+y^2) \end{pmatrix}$에 대해서, 원점 $\overline{X}=\begin{pmatrix} 0 \\ 0 \end{pmatrix}$는 불안정한 고정점이다.

풀이 $-y+x(x^2+y^2)=0$, $x+y(x^2+y^2)=0$ 의 근이 고정점이므로, $\overline{X}=0\equiv\begin{pmatrix}0\\0\end{pmatrix}$ 가 유일한 고정점이다.

방향장 $F(X)=\begin{pmatrix}-y+x(x^2+y^2)\\x+y(x^2+y^2)\end{pmatrix}$의 Jacobi행렬 $F_X(X)$는 다음과 같다.

$$F_X(X)=\begin{pmatrix}3x^2+y^2 & -1+2xy\\1+2xy & x^2+3y^2\end{pmatrix}$$

따라서 $\overline{X}=0$ 에서 Jacobi행렬 $F_X(\overline{X})$는 다음과 같다.

$$F_X(\overline{X})=\begin{pmatrix}0 & -1\\1 & 0\end{pmatrix}$$

예 7.3.3에서와 같이 $F_X(\overline{X})$는 고유치 $\lambda_1=i$, $\lambda_2=-i$ 를 가진다. 여기서 $Re(\lambda_1)=Re(\lambda_2)=0$이므로, 정리 8.3.1을 적용할 수 없다. 즉 고정점 0의 적당한 근방에서 $\frac{d}{dt}\begin{pmatrix}x\\y\end{pmatrix}=\begin{pmatrix}-y+x(x^2+y^2)\\x+y(x^2+y^2)\end{pmatrix}$와 근사 선형 미분방정식 $\frac{d}{dt}\begin{pmatrix}x\\y\end{pmatrix}=\begin{pmatrix}-y\\x\end{pmatrix}$의 정성적 성질이 일치한다는 보장이 없다.

한편 근사 선형 미분방정식에서 고유치가 서로 다른 순허수이므로, 비자명해는 고정점 0를 둘러싼 주기해이다. 그래서 고정점 0의 적당한 근방에서 주어진 미분방정식의 비자명해는 고정점을 둘러싸고 감아 도는 형태일 가능성이 있다.

공간변수 $X=\begin{pmatrix}x\\y\end{pmatrix}$를 극좌표 $Z=\begin{pmatrix}r\\\theta\end{pmatrix}$로 변환해서 살펴보자. (8.3.8)에 의해서 $\frac{d}{dt}\begin{pmatrix}x\\y\end{pmatrix}=\begin{pmatrix}-y+x(x^2+y^2)\\x+y(x^2+y^2)\end{pmatrix}$는 다음과 같이 표현된다.

$$\frac{d}{dt}\begin{pmatrix}r\\\theta\end{pmatrix}=\begin{pmatrix}r^3\\1\end{pmatrix}$$

이 극형식 미분방정식은 각각 변수분리형 방정식으로 풀면 다음과 같다.

$$r^{-2}=-2t+c_1 \text{ 이며, } \theta=t+c_2,\ (c_1,\ c_2 \text{ 는 임의상수})$$

즉 다음과 같이 일반해를 얻는다.

$$r=\frac{1}{\sqrt{c_1-2t}},\quad \theta=t+c_2,\ (c_1>0,\ c_2 \text{ 는 임의상수}) \tag{8.3.9}$$

여기서 임의의 주어진 $c_1>0$에 대해서, $t_*=\frac{c_1}{2}$라 두자. 그러면 고정점 0와 동점 $X(t)$ 사이의 거리 $r=\frac{1}{\sqrt{c_1-2t}}$는 구간 $[0,\ t_*)$에서 증가하며, $\lim_{t\to t_*^-} r(t)=$

$\lim_{t \to t_*^-} \frac{1}{\sqrt{c_1 - 2t}} = \infty$ 이다. 따라서 원점 0는 불안정한 고정점이다. 이제 해의 동태를 기하학적으로 좀 더 자세히 설명해보자.

초기위치를 $X(0) = X_0 \equiv \begin{pmatrix} x_0 \\ y_0 \end{pmatrix} \neq 0$ 라 하면, 초기동경은 $r(0) = r_0 \equiv \sqrt{x_0^2 + y_0^2}$ 이고 초기편각은 $\theta(0) = \theta_0 \equiv \tan^{-1} \frac{y_0}{x_0}$ 이다. (8.3.9)에 초기조건을 대입하여 풀면, $c_1 = \frac{1}{r_0^2}$ 이고 $c_2 = \theta_0$ 이다. 그러므로 (8.3.9)에 의해서 초기조건 $X(0) = X_0$ 을 만족하는 해 $X(t;\ X_0)$ 의 극형식 표현은 다음과 같다.

$$r = \frac{r_0}{\sqrt{1 - 2r_0^2 t}}, \quad \theta = t + \theta_0$$

따라서 동점 $X(t;\ X_0)$ 은 초기위치 X_0 에서 출발하여 시간 t 가 커짐에 따라 반시계 방향으로 고정점 0를 2π 마다 한 번씩 감아 돌면서 0에서 점점 멀어져 가는데, t 가 $t_* = \frac{1}{2r_0^2}$ 에 가까워지면 무한히 멀어진다. ■

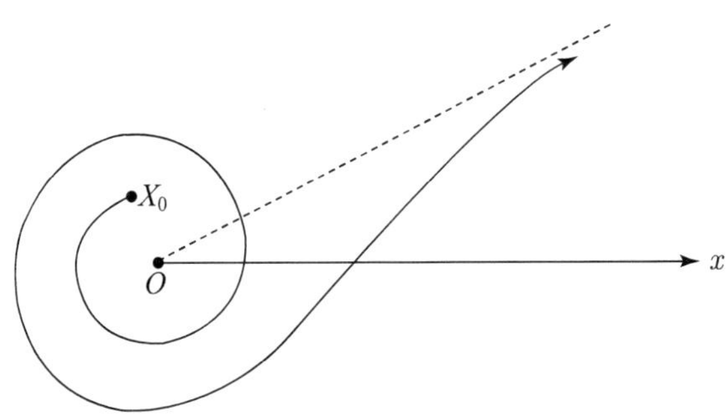

[그림 8.3.2]

참고 예 8.3.3과 예 8.3.4에서 보았듯이 고정점 $\overline{X}$ 에서 Jacobi 행렬 $F_X(\overline{X})$ 의 고유치의 실수부가 0인 경우, 고정점 $\overline{X}$ 의 근방에서 방향장 $F(X)$ 에 국소적으로 극히 작은 차이가 나더라도 정성적 성질은 판이하게 다를 수 있다.

예 8.3.4에서 $t_* = \frac{1}{2r_0^2}$ 를 해 $X(t;\ X_0)$ 의 **폭발시간**(blow-up time)이라 한다(이 경우 미분방정식은 **유한 폭발시간**을 가진다고 한다).

연습문제 8.3

1. 다음 미분방정식에 대해서 고정점의 안정성을 선형화 방법으로 조사하여라.

(1) $\begin{cases} \dfrac{dx}{dt} = x - xy \\ \dfrac{dy}{dt} = y + 2xy \end{cases}$

(2) $\begin{cases} \dfrac{dx}{dt} = x^3 - 2y + 1 \\ \dfrac{dy}{dt} = x - y \end{cases}$

(3) $\begin{cases} \dfrac{dx}{dt} = x^2 - \sin y \\ \dfrac{dy}{dt} = y + x \end{cases}$

(4) $\begin{cases} \dfrac{dx}{dt} = y \\ \dfrac{dy}{dt} = x - x^3 - y \end{cases}$

(5) $\begin{cases} \dfrac{dx}{dt} = y \\ \dfrac{dy}{dt} = (1 - x^2)y - x \end{cases}$

(6) $\begin{cases} \dfrac{dx}{dt} = y \\ \dfrac{dy}{dt} = -x + \dfrac{x^3}{6} \end{cases}$

(7) $\begin{cases} \dfrac{dx}{dt} = x + y \\ \dfrac{dy}{dt} = 1 - 4x^2 \end{cases}$

(8) $\begin{cases} \dfrac{dx}{dt} = -x + y + 2xy \\ \dfrac{dy}{dt} = -4x - y + x^2 - 2y^2 \end{cases}$

(9) $\begin{cases} \dfrac{dx}{dt} = (1 + x)\sin y \\ \dfrac{dy}{dt} = 1 - x - \cos y \end{cases}$

(10) $\begin{cases} \dfrac{dx}{dt} = x^2 + y \\ \dfrac{dy}{dt} = y + x \end{cases}$

(11) $\begin{cases} \dfrac{dx}{dt} = x - y^2 \\ \dfrac{dy}{dt} = x - 2y + x^2 \end{cases}$

(12) $\begin{cases} \dfrac{dx}{dt} = x - x^2 - xy \\ \dfrac{dy}{dt} = 3y - xy - 2y^2 \end{cases}$

(13) $\begin{cases} \dfrac{dx}{dt} = 1 - y \\ \dfrac{dy}{dt} = x^2 - y^2 \end{cases}$

(14) $\begin{cases} \dfrac{dx}{dt} = x + x^2 + y^2 \\ \dfrac{dy}{dt} = y - xy \end{cases}$

(15) $\begin{cases} \dfrac{dx}{dt} = -x + y \\ \dfrac{dy}{dt} = x - y - xz \\ \dfrac{dz}{dt} = -z + xy \end{cases}$

8.4 Lyapunov 직접방법

1계 미분방정식 $\frac{d}{dt}X = F(X)$ 의 정의역 Ω 상에 에너지와 유사한 성질을 가진 함수 $V(X)$ 를 도입하고, $V(X(t))$ 의 변화를 조사하여 해 $X(t)$ 의 정성적 성질을 파악하는 방법을 Lyapunov 직접방법(또는 제2방법)이라 한다.

1계 2차원 미분방정식 $\begin{pmatrix} \frac{dx}{dt} = p(x, y) \\ \frac{dy}{dt} = q(x, y) \end{pmatrix}$ 를 예로 들어 설명해보자.

편의상 $X = \begin{pmatrix} x \\ y \end{pmatrix}$ 와 $F(X) = \begin{pmatrix} p(x, y) \\ q(x, y) \end{pmatrix}$ 라 두고, $F(X)$ 가 Ω 상에서 단 한 개의 (고립된) 고정점 $\overline{X}$ 만을 가진다고 가정하자. 즉 $F(\overline{X}) = 0$ 이고, Ω 상에서 $X \neq \overline{X}$ 이면 $F(X) \neq 0$ 라 하자. 함수 $V: \Omega \to (-\infty, \infty)$ 가 연속이고 다음을 만족한다고 가정하자(에너지 함수와 유사한 성질).

$$V(\overline{X}) = 0 \text{ 이고, } X \neq \overline{X} \text{ 이면 } V(X) > 0 \text{ 이다.}$$

이제 $\frac{d}{dt}X = F(X)$ 의 해 $X(t) = \begin{pmatrix} x(t) \\ y(t) \end{pmatrix}$ 에 대해서, t 가 증가($t \to \infty$)할 때 함수 $V(X(t)) = V(x(t), y(t))$ 의 변화를 조사해보자. 여기서 편의상 $V(x, y)$ 가 편미분 가능 함수라 가정하고 t 로 $V(X(t))$ 를 미분하면, 합성함수 미분법에 의해서 다음을 얻는다.

$$\begin{aligned} \frac{d}{dt} V(x(t), y(t)) &= \frac{\partial V(x(t), y(t))}{\partial x} \frac{dx(t)}{dt} + \frac{\partial V(x(t), y(t))}{\partial y} \frac{dy(t)}{dt} \\ &= \frac{\partial V(x(t), y(t))}{\partial x} p(x(t), y(t)) + \frac{\partial V(x(t), y(t))}{\partial y} q(x(t), y(t)) \quad (8.4.1) \end{aligned}$$

이때 (8.4.1)을 해 $X(t)$ 를 따라서 $V(x, y)$ 의 도함수라 한다. 그러면 도함수의 기본적 성질에 의해서 다음을 알 수 있다.

(i) 모든 $t > 0$ 에 대해서 $\frac{d}{dt} V(x(t), y(t)) > 0$ 이면, V 의 값이 해 $X(t) = \begin{pmatrix} x(t) \\ y(t) \end{pmatrix}$ 을 따라 가면서 증가한다.

(ii) 모든 $t > 0$ 에 대해서 $\frac{d}{dt} V(x(t), y(t)) < 0$ 이면, V 의 값이 해 $X(t) = \begin{pmatrix} x(t) \\ y(t) \end{pmatrix}$ 을 따라 가면서 감소한다.

(iii) 모든 $t > 0$ 에 대해서 $\frac{d}{dt} V(x(t), y(t)) = 0$ 이면, V 의 값이 해 $X(t) = \begin{pmatrix} x(t) \\ y(t) \end{pmatrix}$ 을 따라 가면서 일정하다(변함 없다).

한편 $V_X = \nabla V = \left(\dfrac{\partial V}{\partial x}, \dfrac{\partial V}{\partial y}\right)$를 V의 그래디언트(gradient)라 두면, $V_X(X)F(X)$ $= \left(\dfrac{\partial V(x, y)}{\partial x}, \dfrac{\partial V(x, y)}{\partial y}\right)\begin{pmatrix} p(x, y) \\ q(x, y) \end{pmatrix}$이므로, 다음을 얻는다.

$$V_X(X)F(X) = \frac{\partial V(x, y)}{\partial x} p(x, y) + \frac{\partial V(x, y)}{\partial y} q(x, y) \tag{8.4.2}$$

따라서 (8.4.2)를 사용하여, (8.4.1)을 (간단히 표현하기 위해서 변수 t의 명시적 표기를 생략하고) 다음과 같이 표현할 수 있다.

$$\frac{d}{dt} V(X) = V_X(X)F(X) \tag{8.4.3}$$

그래서 $\dfrac{d}{dt}X = F(X)$의 Lyapunov 함수를 다음과 같이 정의한다.

| 정의 8.4.1 | $\overline{X}$가 개영역 Ω 상에서 $\dfrac{d}{dt}X = F(X)$의 고립된 고정점이라 하자. 함수 $V: \Omega \to (-\infty, \infty)$가 아래의 조건(L-1, L-2)을 만족할 때, V를 $\overline{X}$에서 $\dfrac{d}{dt}X = F(X)$의 Lyapunov 함수라 한다.

(L-1) $V(\overline{X}) = 0$이고, 모든 $X \in \Omega$, $X \neq \overline{X}$에 대해서 $V(X) > 0$이다.
(L-2) 모든 $X \in \Omega$에 대해서 $V_X(X)F(X) \leq 0$이다.

특히 조건 (L-2)보다 더 강한 다음 조건(L-3)을 만족할 때, V를 $\overline{X}$에서 $\dfrac{d}{dt}X = F(X)$의 강한 Lyapunov 함수라 한다.

(L-3) 모든 $X \in \Omega$, $X \neq \overline{X}$에 대해서 $V_X(X)F(X) < 0$이다.

참고 주어진 미분방정식의 Lyapunov 함수가 존재한다면 무수히 많이 존재한다(한 Lyapunov 함수에 임의의 양수를 곱해도 Lyapunov 함수이므로). 그러나 어떤 미분방정식에는 Lyapunov 함수가 존재하지 않을 수도 있다.

다음의 정리를 Lyapunov 직접방법(또는 제2방법)이라 한다(증명은 이 책의 범위 밖이므로 생략한다[11]).

| 정리 8.4.2 | Ω 상에서 $\overline{X}$가 $\frac{d}{dt}X = F(X)$의 고립된 고정점이라 하자.

(1) $\overline{X}$에서 $\frac{d}{dt}X = F(X)$의 Lyapunov 함수 $V(X)$가 존재하면, $\overline{X}$는 안정한 고정점이다. 더욱이 $\Sigma \equiv \{X \in \Omega \mid V_X(X)F(X) = 0\}$라 할 때, 어떠한 비자명해 $X(t)$도 Σ 안에 머물지 않는다면 $\overline{X}$는 점근적으로 안정한 고정점이다.

(2) $\overline{X}$에서 $\frac{d}{dt}X = F(X)$의 강한 Lyapunov 함수 $V(X)$가 존재하면, $\overline{X}$는 점근적으로 안정한 고정점이다.

참고 Lyapunov 직접방법은 $\frac{d}{dt}X = F(X)$의 해를 구하지 않고 방향장 $F(X)$을 이용해서 직접 고정점의 안정성을 조사하는 매우 편리한 방법이다. 상수 계수 선형 미분방정식에 대해서는 Lyapunov 함수의 존재여부를 쉽게 알 수 있고, Lyapunov 함수가 존재하면 그것을 관련된 행렬 방정식을 풀어서 찾을 수 있다. 그러나 일반적인 미분방정식에 대해서 Lyapunov 함수의 존재여부를 조사하는 것은 어려운 일이며 Lyapunov 함수가 존재하더라도 그것을 구체적으로 찾는 것도 어려운 일이다.

다음의 두 예는 선형 미분방정식이므로 그 정성적 성질을 이미 알고 있는데, 여기서는 Lyapunov 직접방법으로 다시 한번 분석해보자.

예 8.4.3 $\frac{d}{dt}\begin{pmatrix} x \\ y \end{pmatrix} = \begin{pmatrix} y \\ -\omega^2 x \end{pmatrix}$에 대해서 $\overline{X} = 0$가 안정한 고정점이 됨을 Lyapunov 정리를 이용하여 증명해보자($\omega > 0$ 상수).

풀이 $\overline{X} = 0$가 유일한 고정점이다. $V(x, y) = \omega^2 x^2 + y^2$라 두고 $\Omega = \boldsymbol{R}^2$라 하자. 그러면 $V(0, 0) = 0$이고, 모든 $(x, y) \neq (0, 0)$에 대해서 $V(x, y) = \omega^2 x^2 + y^2 > 0$이다. 따라서 (L-1)이 성립한다.

한편 $V_X(x, y) = (2\omega^2 x, 2y)$이고 $F(x, y) = \begin{pmatrix} y \\ -\omega^2 x \end{pmatrix}$이므로, 모든 (x, y)에 대해서 $V_X(x, y)F(x, y) = 2\omega^2 xy + 2y(-\omega^2 x) = 0$이다. 따라서 (L-2)가 성립한다. 그러므로 정리 8.4.2(1)에 의해서 $\overline{X} = 0$가 안정한 고정점이다. 특히 모든 $t > 0$에 대해서 다음이 성립한다.

$$\frac{d}{dt}V(x(t), y(t)) = V_X(x(t), y(t))F(x(t), y(t)) = 0$$

따라서 임의의 해 $X(t)=\begin{pmatrix} x(t) \\ y(t) \end{pmatrix}$의 궤도상에서 $V(x,\ y)=\omega^2x^2+y^2$는 변화가 없는 상수 값을 가진다. 즉 모든 $t>0$에 대해서 $V(x(t),\ y(t))=c$, ($c\ge 0$는 적당한 상수)이다. 그래서 어떠한 해든지 그 궤도는 $V(x,\ y)$의 적당한 준위곡선(타원 $V(x,\ y)=c$), ($c\ge 0$는 적당한 상수)에 포함된다. ■

예 8.4.4 $\dfrac{d}{dt}\begin{pmatrix} x \\ y \end{pmatrix}=\begin{pmatrix} y \\ -\omega^2x-ry \end{pmatrix}$에 대해서 $\overline{X}=0$가 점근적으로 안정한 고정점이 됨을 Lyapunov 정리를 이용하여 증명해보자($r>0,\ \omega>0$ 상수).

풀이 $\overline{X}=0$가 유일한 고정점이다. $V(x,\ y)=\omega^2x^2+y^2$라 두고 정의역을 $\Omega=\boldsymbol{R}^2$라 하자. 그러면 $V(0,\ 0)=0$이고, 모든 $(x,\ y)\neq(0,\ 0)$에 대해서 $V(x,\ y)=\omega^2x^2+y^2>0$이다. 따라서 (L-1)이 성립한다.

그리고 $V_X(x,\ y)=(2\omega^2x,\ 2y)$이고 $F(x,\ y)=\begin{pmatrix} y \\ -\omega^2x-ry \end{pmatrix}$이므로, 모든 $(x,\ y)$에 대해서 $V_X(x,\ y)F(x,\ y)=-2ry^2\le 0$이다. 따라서 (L-2)가 성립한다. 그러므로 정리 8.4.2(1)에 의해서 $\overline{X}=0$가 안정한 고정점이다.

한편 $\Sigma\equiv\left\{\begin{pmatrix} x \\ y \end{pmatrix}\ \middle|\ V_X(x,\ y)F(x,\ y)=-2ry^2=0\right\}$라 하자. 그러면 $\Sigma=\left\{\begin{pmatrix} x \\ 0 \end{pmatrix}\ \middle|\ -\infty<x<\infty\right\}$이고 좌표평면상에서 x축이다. 임의의 비자명해 $X(t)=\begin{pmatrix} x(t) \\ y(t) \end{pmatrix}$가, 어떤 순간 $t_*\ge 0$에 Σ (x축)와 만난다고 가정하자. 즉 $y(t_*)=0$이고, $X(t)=\begin{pmatrix} x(t) \\ y(t) \end{pmatrix}$가 비자명해이므로 $x(t_*)\neq 0$라 가정하자. 그러면 $\dfrac{dx(t_*)}{dt}=0$, $\dfrac{dy(t_*)}{dt}=-\omega^2x(t_*)\neq 0$이므로, t_*순간에 동점 $X(t_*)=\begin{pmatrix} x(t_*) \\ y(t_*) \end{pmatrix}=\begin{pmatrix} x(t_*) \\ 0 \end{pmatrix}$의 순간 속도벡터는 $\begin{pmatrix} 0 \\ -\omega^2x(t_*) \end{pmatrix}$이다. 따라서 해 $X(t)=\begin{pmatrix} x(t) \\ y(t) \end{pmatrix}$는 $x(t_*)>0$이면 t_*순간에 x축상에서 아래쪽 수직방향으로 움직이고, $x(t_*)<0$이면 t_*순간에 위쪽 수직방향으로 움직인다. 그러므로 어떻든 비자명해 $X(t)=\begin{pmatrix} x(t) \\ y(t) \end{pmatrix}$는 Σ (x축)와 만나면, Σ 내에 머물지 않고 즉시 Σ를 수직방향으로 이탈한다. 따라서 정리 8.4.2(1)에 의해서 $\overline{X}=0$가 점근적으로 안정한 고정점이다. ■

예 8.4.5 **진자운동** $\dfrac{d}{dt}\begin{pmatrix} x \\ y \end{pmatrix}=\begin{pmatrix} y \\ -\omega^2\sin x-2\rho y \end{pmatrix}$에 대해서 $\overline{X}=0$가 점근적으로 안정한

고정점이 됨을 Lyapunov 정리를 이용하여 증명해보자($\omega > 0$, $\rho > 0$ 상수).

풀이 $\overline{X}=0$의 근방에서 진자의 에너지 함수가 Lyapunov 함수가 됨을 보이자.

역학에서, $\frac{1}{2}\left(\frac{dx(t)}{dt}\right)^2$를 t 순간 진자의 운동 에너지라 하고 $\omega^2(1-\cos x(t))$를 t 순간 진자의 퍼텐셜 에너지라 하며, 이들의 합을 에너지라 한다. 즉

$$E(t)=\frac{1}{2}\left(\frac{dx}{dt}\right)^2+\omega^2(1-\cos x)$$

여기서 $\frac{dx}{dt}=y$ 이므로 에너지함수는 $\frac{1}{2}y^2+\omega^2(1-\cos x)$로 표현된다.

이제 에너지함수 $V(x,\ y)=\frac{1}{2}y^2+\omega^2(1-\cos x)$가 고정점 $\overline{X}=0$의 근방에서 Lyapunov 함수임을 보이자. 편의상 정의역 Ω를 고정점의 근방으로 한정하자. 즉 $\Omega=\left\{\begin{pmatrix}x\\y\end{pmatrix} \mid -\pi<x<\pi,\ -b<y<b\right\}$라 두자(단 $b>0$는 적당한 상수). 그러면 $V(0,\ 0)=0$이고, 모든 $\begin{pmatrix}0\\0\end{pmatrix}\neq\begin{pmatrix}x\\y\end{pmatrix}\in\Omega$에 대해서 $V(x,\ y)=\frac{1}{2}y^2+\omega^2(1-\cos x)>0$이다. 따라서 $V(x,\ y)$가 정의 8.4.1에서 조건 (L−1)을 만족한다. $V_X(x,\ y)=(\omega^2\sin x,\ y)$이고 $F(x,\ y)=\begin{pmatrix}y\\-\omega^2\sin x-2\rho y\end{pmatrix}$이므로 $V_X(x,\ y)F(x,\ y)=-2\rho y^2\le 0$이다. 즉 $V(x,\ y)$가 정의 8.4.1에서 조건 (L−2)을 만족한다. 그러므로 $V(x,\ y)=\frac{1}{2}y^2+\omega^2(1-\cos x)$가 Lyapunov 함수이다. 따라서 $\overline{X}=0$가 안정한 고정점이다.

한편 $\Sigma=\left\{\begin{pmatrix}x\\y\end{pmatrix}\in\Omega \mid V_X(x,\ y)F(x,\ y)=-2\rho y^2=0\right\}$라 하자. 그러면 $\Sigma=\left\{\begin{pmatrix}x\\0\end{pmatrix} \mid -\pi<x<\pi\right\}$는 x 축상의 선분이다. $X(t)=\begin{pmatrix}x(t)\\y(t)\end{pmatrix}$가 $\overline{X}=0$의 근방 Ω에서 임의의 비자명해라 하고, 어떤 순간 $t_*\ge 0$에 $X(t)$가 Σ와 만난다고 가정하자. 그러면 $y(t_*)=0$이고 $X(t)=\begin{pmatrix}x(t)\\y(t)\end{pmatrix}$가 비자명해이므로 $x(t_*)\neq 0$이며 $|x(t_*)|<\pi$이다. 따라서 $\frac{dx(t_*)}{dt}=0$, $\frac{dy(t_*)}{dt}=-\omega^2\sin x(t_*)\neq 0$ 이므로, t_* 순간에 동점 $X(t_*)=\begin{pmatrix}x(t_*)\\y(t_*)\end{pmatrix}=\begin{pmatrix}x(t_*)\\0\end{pmatrix}$의 순간 속도벡터는 $\begin{pmatrix}0\\-\omega^2\sin x(t_*)\end{pmatrix}$이다. 즉 동점 $\begin{pmatrix}x(t_*)\\y(t_*)\end{pmatrix}=\begin{pmatrix}x(t_*)\\0\end{pmatrix}$는 t_* 순간에 $x(t_*)>0$이면 아래쪽 수직방향으로 움직이고, $x(t_*)<0$이면 위쪽 수직방향으로 움직인다. 그러므로 어떻든 비자명해 $X(t)$는 Σ와 만나면, 머

묻지 않고 즉시 Σ를 수직방향으로 이탈한다. 따라서 정리 8.4.2(1)에 의해서 $\overline{X}=0$가 점근적으로 안정한 고정점이다. ■

참고 위의 예에서와 같이 Lyapunov 함수를 정의할 때, 선형 문제인 경우에는 정의역 Ω가 전체영역이 되고, 비선형 문제인 경우에는 일반적으로 고정점의 적당한 근방으로 한정된 영역이 된다.

예 8.4.6 다음 형태의 2계 미분방정식(진자 방정식 등)을 보자.

$$\frac{d^2x}{dt^2}+r\left(\frac{dx}{dt}\right)+f(x)=0 \tag{8.4.4}$$

단 $f(x)$, $r(x)$는 주어진 연속함수이다. 에너지함수를 구해보자.

풀이 이 경우에 (8.4.4)에 $\dfrac{dx}{dt}$를 곱하고 임의의 구간 $[0,\ \tau]$상에서 적분하면 에너지함수를 얻을 수 있다. 먼저 다음을 계산하자. 임의의 $\tau>0$에 대해서

$$\int_0^{\tau}\left[\frac{d^2x}{dt^2}\frac{dx}{dt}+r\frac{dx}{dt}\frac{dx}{dt}+f(x)\frac{dx}{dt}\right]dt=0\text{, 즉}$$

$$\int_0^{\tau}\frac{d^2x}{dt^2}\frac{dx}{dt}dt+\int_0^{\tau}f(x)\frac{dx}{dt}dt=-\int_0^{\tau}r\frac{dx}{dt}\frac{dx}{dt}dt \tag{8.4.5}$$

$\dfrac{d}{dt}\left(\dfrac{dx}{dt}\right)^2=2\dfrac{d^2x}{dt^2}\dfrac{dx}{dt}$ 이므로 다음을 얻는다.

$$\int_0^{\tau}\frac{d^2x}{dt^2}\frac{dx}{dt}dt=\int_0^{\tau}\frac{1}{2}\frac{d}{dt}\left(\frac{dx}{dt}\right)^2dt=\frac{1}{2}\left(\frac{dx(\tau)}{dt}\right)^2-\frac{1}{2}\left(\frac{dx(0)}{dt}\right)^2$$

한편 치환적분법에 의하면, 다음과 같다.

$$\int_0^{\tau}f(x(t))\frac{dx(t)}{dt}dt=\int_{x(0)}^{x(\tau)}f(x)dx$$

편의상 다음과 같이 두자.

$$P(x)=\int_0^{x}f(x)dx\,,\quad S(\tau)=\int_0^{\tau}r\frac{dx}{dt}\frac{dx}{dt}dt$$

그러면 (8.4.5)를 간단히 정리하고 편의상 $t=\tau$라 두면 다음을 얻는다.

$$\frac{1}{2}\left(\frac{dx(t)}{dt}\right)^2+P(x(t))=\frac{1}{2}\left(\frac{dx(0)}{dt}\right)^2+P(x(0))-S(t) \tag{8.4.6}$$

여기서 $K(t)=\frac{1}{2}\left(\frac{dx(t)}{dt}\right)^2$ 을 **운동 에너지**(kinetic energy)라 하고 $P(x)$를 **퍼텐셜 에너지**(potential energy)라 하며 이들의 합을 **전체 에너지**(total energy)라 한다. 즉 $E(t)=K(t)+P(x(t))$를 전체 에너지라 한다. ■

참고 에너지함수 (8.4.6)은 간단히 다음과 같이 표현된다.

$$\text{임의의 } t>0\text{에 대해서, } E(t)=E(0)-S(t) \tag{8.4.7}$$

특히 $r(x)\equiv 0$ 인 경우에, $S(t)\equiv 0$이므로 에너지 $E(t)$는 상수함수로서 임의의 $t>0$에 대해서 $E(t)=E(0)$이다(이 경우 에너지가 보존되므로 (8.4.4)를 **보존계**라 한다).

(8.4.4)에서 $y=\frac{dx}{dt}$라 두면, 다음과 같은 1계 미분방정식이 된다.

$$\begin{cases}\frac{dx}{dt}=y\\ \frac{dy}{dt}=-f(x)-r(y)\end{cases} \tag{8.4.8}$$

예 7.4.7 미분방정식 (8.4.8)에서 다음과 같이 가정하자.

(i) $f(0)=r(0)=0$

(ii) 모든 $0<|x|<\rho$에 대해서, $xf(x)>0$, $xr(x)\geq 0$.

그러면 다음의 에너지함수가 $\overline{X}=0$의 근방에서 Lyapunov 함수가 된다.

$$V(x,\ y)=\frac{1}{2}y^2+P(x) \tag{8.4.9}$$

따라서 $\overline{X}=0$가 (8.4.8)의 안정한 고정점이다.

풀이 $\Omega=\left\{\begin{pmatrix}x\\y\end{pmatrix}\ \middle|\ |x|<\rho,\ |y|<\rho\right\}$라 두자. $P(x)=\int_0^x f(x)dx$ 이므로, $P(0)=0$이고, (ii)에 의해서 모든 $0<|x|<\rho$에 대해서 $P(x)>0$이다. 그러므로 $V(x,\ y)=\frac{1}{2}y^2+P(x)$가 Ω 상에서 Lyapunov 함수의 조건 (L−1)을 만족한다. $V_X(x,\ y)=(f(x),\ y)$이고 $F(x,\ y)=\begin{pmatrix}y\\-f(x)-r(y)\end{pmatrix}$이므로, $V_X(x,\ y)F(x,\ y)=-yr(y)$이고 Ω 상에서 (ii)에 의해서 다음과 같다.

$$V_X(x,\ y)F(x,\ y)=-yr(y)\leq 0$$

즉 $V(x,\ y)=\frac{1}{2}y^2+P(x)$가 조건 (L−2)을 만족한다. 그러므로 $V(x,\ y)=\frac{1}{2}y^2+P(x)$가 Ω 상에서 (8.4.8)의 Lyapunov 함수이다.

따라서 정리 8.4.2에 의해서 $\overline{X}=0$가 (8.4.8)의 안정한 고정점이다. ■

연습문제 8.4

1. 2차 함수 $V(x,\ y)=ax^2+bxy+cy^2$가 '양의 정부호'가 될 필요충분조건은 '$a>0$와 $b^2-4ac<0$'임을 보여라.

2. $f(x,\ y)$가 원점 $(0,\ 0)$의 근방에서 $f(x,\ y)>0$이고 연속 편미분가능일 때, 2차 함수 $V(x,\ y)=x^2+y^2$가 원점 $(0,\ 0)$에서 다음 미분방정식의 Lyapunov 함수임을 보여라.

$$\begin{cases} \dfrac{dx}{dt}=y-xf(x,\ y) \\ \dfrac{dy}{dt}=-x-yf(x,\ y) \end{cases}$$

3. 다음 미분방정식에 대해서 고정점의 안정성을 Lyapunov 직접 방법으로 조사하여라.

(1) $\begin{cases} \dfrac{dx}{dt}=-x-xy^2 \\ \dfrac{dy}{dt}=-y-x^2y \end{cases}$

(2) $\begin{cases} \dfrac{dx}{dt}=x^3-y^3 \\ \dfrac{dy}{dt}=2xy^2+4x^2y+2y^3 \end{cases}$

(3) $\begin{cases} \dfrac{dx}{dt}=-x^3+xy^2 \\ \dfrac{dy}{dt}=-2x^2y-y^3 \end{cases}$

(4) $\begin{cases} \dfrac{dx}{dt}=-x^3+4xy^2 \\ \dfrac{dy}{dt}=-2y^3 \end{cases}$

(5) $\begin{cases} \dfrac{dx}{dt}=-x^3+2y^3 \\ \dfrac{dy}{dt}=-2xy^2 \end{cases}$

(6) $\begin{cases} \dfrac{dx}{dt}=y \\ \dfrac{dy}{dt}=-y-\sin x \end{cases}$

(7) $\begin{cases} \dfrac{dx}{dt}=-x-2y^2 \\ \dfrac{dy}{dt}=xy-y^3 \end{cases}$

(8) $\begin{cases} \dfrac{dx}{dt}=y \\ \dfrac{dy}{dt}=\beta(x^2-1)y-x,\ \beta>0 \text{ 상수} \end{cases}$

8.5 주기해와 극한 주기해

앞 절에서 미분방정식에 대하여 선형화 방법과 Lyapunov 방법으로 고정점의 정성적 성질을 조사해보았다. 천체의 주기적 운행, 기계적 진동, 전기적 진동, 생리적 주기현상, 생태적 주기현상, 경제적 주기현상 등 여러 가지 주기적인 것들과 우리의 삶은 관련되어 있다. 이러한 주기적인 현상을 수학적으로 표현한 미분방정식은 주기해를 가질 것으로 예상할 수 있다. 역으로 어떤 현상을 표현한 미분방정식이 주기해를 가진다면, 그 현상은 주기적일 수 있음을 의미한다. 그러므로 주기해에 대한 이론은 응용에서 중요하다.

8.5.1 주기해

이제부터 미분방정식의 주기해와 그 성질을 간단히 살펴보자.

| **정의 8.5.1** | $\dfrac{d}{dt}X = F(X)$ 의 해 $X(t)$가 다음을 만족할 때, **주기해**라 한다. 실수 $T>0$가 존재하여, 모든 $t \ge 0$에 대해서

$$X(t+T) = X(t) \tag{8.5.1}$$

이때 T를 $X(t)$의 **주기**(period)라 한다.

참고 자명해는 주기해라 할 수 있으나 앞 절에서 다루었으므로 특별한 경우가 아니면 여기서는 배제하고, (8.5.1)을 만족하는 가장 작은 양수 T를 주기라 하자.

주기해의 정의와 해의 유일성 정리(따름정리 8.1.5)에 의해서, 모든 비자명 주기해의 궤도는 단일 폐곡선(simple closed curve)이다. 역으로 자율 미분방정식에서 어떤 해의 궤도가 단일 폐곡선이면 그 해는 주기해이다.

일반적으로 고정점 $\overline{X}$의 적당한 근방에서 모든 비자명해가 주기해이고 그 궤도가 $\overline{X}$를 둘러싼 단일 폐곡선일 때, $\overline{X}$를 **중심**(center)이라 한다.

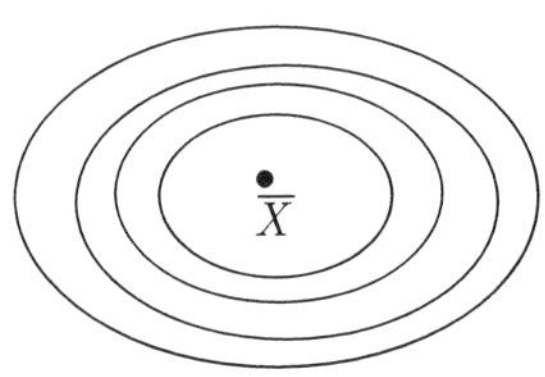

[그림 8.5.1]

7장에서 알 수 있듯이 상수 계수행렬 A가 순허수 고유치를 가지면, $\frac{d}{dt}X = AX$는 주기해를 가진다. 특히 A의 모든 고유치가 서로 다른 순허수이면 $\frac{d}{dt}X = AX$의 모든 비자명해는 주기해이고 그 궤도는 유일한 고정점 $\overline{X} = 0$를 둘러싸는 단일 폐곡선이다. 그러므로 이 경우에 $\overline{X} = 0$는 중심이 된다.

예 8.5.2 $\frac{d}{dt}\begin{pmatrix} x \\ y \end{pmatrix} = \begin{pmatrix} y \\ -x \end{pmatrix}$의 모든 비자명해는 주기해이고 그 궤도는 원점 $\overline{X} = 0$을 둘러싸는 단일 폐곡선이다(즉 $\overline{X} = 0$가 중심이다).

풀이 계수행렬 $A = \begin{pmatrix} 0 & 1 \\ -1 & 0 \end{pmatrix}$의 고유치는 $\det(\lambda I - A) = 0$의 근이므로, 순허수 $\lambda_1 = i$, $\lambda_2 = -i$이다. 여기서 $\lambda_1 = i$에 대응되는 고유벡터는 $V_c = \begin{pmatrix} 1 \\ i \end{pmatrix}$이므로, $U_r = Re\, V_c = \begin{pmatrix} 1 \\ 0 \end{pmatrix}$, $U_i = Im\, V_c = \begin{pmatrix} 0 \\ 1 \end{pmatrix}$이다. 따라서 7.2절을 참고하면, 일반해는 다음과 같다.

$$X = \begin{pmatrix} x \\ y \end{pmatrix} = c_1[U_r \cos t - U_i \sin t] + c_2[U_r \sin t + U_i \cos t]$$
$$= \begin{pmatrix} c_1 \cos t + c_2 \sin t \\ -c_1 \sin t + c_2 \cos t \end{pmatrix} = \begin{pmatrix} c_1 \\ c_2 \end{pmatrix} \cos t + \begin{pmatrix} c_2 \\ -c_1 \end{pmatrix} \sin t,\ (c_1,\ c_2\text{는 임의상수})$$

그러므로 $X(t)$는 주기가 $T = 2\pi$인 주기해이다.

한편 $[a \sin t + b \cos t = \sqrt{a^2 + b^2}\sin(t+\beta)$, 단 $\beta = \tan^{-1}\frac{b}{a}]$를 이용하여 간단히 하면, 다음을 얻는다.

$$X(t) = \sqrt{c_1^2 + c_2^2}\begin{pmatrix} \sin(t+\theta_0) \\ \cos(t+\theta_0) \end{pmatrix},\ \text{단 } \theta_0 = \tan^{-1}\frac{x_0}{y_0}$$

따라서 $X(t)$의 궤도 $\{X(t) \mid -\infty < t < \infty\}$는 평형점 $\overline{X} = 0$을 중심으로 반경 $\sqrt{c_1^2 + c_2^2}$인 원(단일 폐곡선)이다. 그러므로 $\overline{X} = 0$는 중심(center)이다. ■

예 8.5.3 $\frac{d}{dt}\begin{pmatrix} x \\ y \end{pmatrix} = \begin{pmatrix} -y + x(1 - \sqrt{x^2 + y^2}) \\ x + y(1 - \sqrt{x^2 + y^2}) \end{pmatrix}$가 주기해를 가지며 그 주기해의 궤도는 고정점 $\overline{X} = 0$을 둘러싸는 단일 폐곡선이다.

풀이 $X=\begin{pmatrix}x\\y\end{pmatrix}$, $F(X)=\begin{pmatrix}-y+x(1-\sqrt{x^2+y^2})\\x+y(1-\sqrt{x^2+y^2})\end{pmatrix}$라 두자.

고정점 $\overline{X}=0$에서 방향장 $F(X)$의 선형부분은 $\begin{pmatrix}x-y\\x+y\end{pmatrix}$이고, 계수행렬 $A=\begin{pmatrix}1&-1\\1&1\end{pmatrix}$은 복소수 고유치 $\lambda_1=1+i$, $\lambda_2=1-i$를 가진다. 따라서 $Re(\lambda_1)=Re(\lambda_2)=1$이므로 정리 8.3.1에 의해서 고정점 $\overline{X}=0$는 $\frac{d}{dt}X=F(X)$의 (국소적으로) 불안정한 나선점이다.

이제 좀 더 자세히 분석해보기 위해서 $\frac{d}{dt}X=F(X)$를 극좌표 방정식으로 변환해보자. 직교좌표 $X=\begin{pmatrix}x\\y\end{pmatrix}$를 극좌표 $Z=\begin{pmatrix}r\\\theta\end{pmatrix}$로 표현하면, $x=r\cos\theta$, $y=r\sin\theta$이고 $r=\sqrt{x^2+y^2}\geq 0$, $\theta=\tan^{-1}\frac{y}{x}$이다. 그러면 (8.3.8)에 의해서 $\frac{d}{dt}X=F(X)$는 다음과 같다.

$$\begin{cases}\dfrac{dr}{dt}=r(1-r)\\[2mm]\dfrac{d\theta}{dt}=1\end{cases}\tag{8.5.2}$$

여기서 $\frac{d}{dt}X=F(X)$의 비자명해 $X(t)$를 평면상에서 움직이는 동점의 t순간 위치(점)라 간주하자. 그러면 (8.5.2)는 원점(고정점)에서 동점 $X(t)$까지 거리인 동경 $r(t)$와 동점 $X(t)$의 편각 $\theta(t)$에 관한 미분방정식이다.

미분방정식 (8.5.2)는 간단한 변수분리형 방정식이므로 직접 해를 구하면, 일반해는 다음과 같다.

$$r=\frac{1}{1-c_1e^{-t}},\quad \theta=t+c_2,\ (\text{단 } c_1,\ c_2\text{는 임의상수})\tag{8.5.3}$$

이제 해 (8.5.3)의 동태를 기하학적으로 설명해보자. 임의의 초기치 $X(0)=X_0=\begin{pmatrix}x_0\\y_0\end{pmatrix}\neq\begin{pmatrix}0\\0\end{pmatrix}$에 대해서, 초기동경은 $r(0)=r_0=\sqrt{x_0^2+y_0^2}>0$이고 초기편각은 $\theta(0)=\theta_0=\tan^{-1}\frac{y_0}{x_0}$이므로 일반해로부터 $c_1=\frac{r_0-1}{r_0}$와 $c_2=\theta_0$를 얻는다. 그러므로 초기조건 $X(0)=X_0=\begin{pmatrix}x_0\\y_0\end{pmatrix}\neq\begin{pmatrix}0\\0\end{pmatrix}$을 만족하는 해 $X(t;\,X_0)$의 극형식 표현은 다음과 같다.

$$r = \frac{r_0}{r_0 - (r_0 - 1)e^{-t}}, \quad \theta = t + \theta_0 \tag{8.5.4}$$

즉 $X(t;\, X_0) = \dfrac{r_0}{r_0 - (r_0 - 1)e^{-t}} \begin{pmatrix} \cos(t+\theta_0) \\ \sin(t+\theta_0) \end{pmatrix}$이다. 그러므로 동점 $X(t;\, X_0)$는 초기위치 X_0에서 출발하여 시간 t가 커짐에 따라 반시계 방향으로 원점 0를 2π마다 한 번씩 감아 돌아간다. 그리고 $r_0 > 0$이므로 $\lim\limits_{t\to\infty} r(t) = \lim\limits_{t\to\infty} \dfrac{r_0}{r_0 - (r_0 - 1)e^{-t}}$ $= 1$이다.

좀 더 자세하게 다음 세 경우로 나누어 살펴보자.

(i) $0 < r(0) = r_0 = \sqrt{x_0^2 + y_0^2} < 1$인 경우

$r(t)$는 증가함수이고 다음과 같다.

$$r(t) = \frac{r_0}{r_0 - (r_0 - 1)e^{-t}} < 1, \quad \lim_{t\to\infty} r(t) = \lim_{t\to\infty} \frac{r_0}{r_0 - (r_0 - 1)e^{-t}} = 1$$

즉 이 경우 동점 $X(t;\, X_0)$는 반경 1인 원의 내부에 있는 초기점 X_0에서 출발하여 시간 t가 커짐에 따라 반시계 방향으로 원점 0를 2π마다 한 번씩 나선형으로 감아 돌면서 반경 1인 원에 수렴해간다.

(ii) $r(0) = r_0 = \sqrt{x_0^2 + y_0^2} > 1$인 경우

$r(t)$는 감소함수이고 다음과 같다.

$$r(t) = \frac{r_0}{r_0 - (r_0 - 1)e^{-t}} > 1, \quad \lim_{t\to\infty} r(t) = \lim_{t\to\infty} \frac{r_0}{r_0 - (r_0 - 1)e^{-t}} = 1$$

즉 이 경우 동점 $X(t;\, X_0)$는 반경 1인 원의 외부에 있는 초기점 X_0에서 출발하여 시간 t가 커짐에 따라 반시계 방향으로 원점 0를 2π마다 한 번씩 나선형으로 감아 돌면서 반경 1인 원에 수렴해간다.

(iii) $r(0) = r_0 = \sqrt{x_0^2 + y_0^2} = 1$인 경우

$r(t)$는 상수함수 1(즉 모든 t에 대해서 $r(t) = 1$)이다. 즉 이 경우 동점 $X(t;\, X_0)$는 반경 1인 원상에 있는 초기점 X_0에서 출발하여 시간 t가 커짐에 따라 반경 1인 원을 반시계 방향으로 2π마다 한 번씩 도는 주기해이다. 즉 $X(t;\, X_0) = \begin{pmatrix} \cos(t+\theta_0) \\ \sin(t+\theta_0) \end{pmatrix}$이다. ■

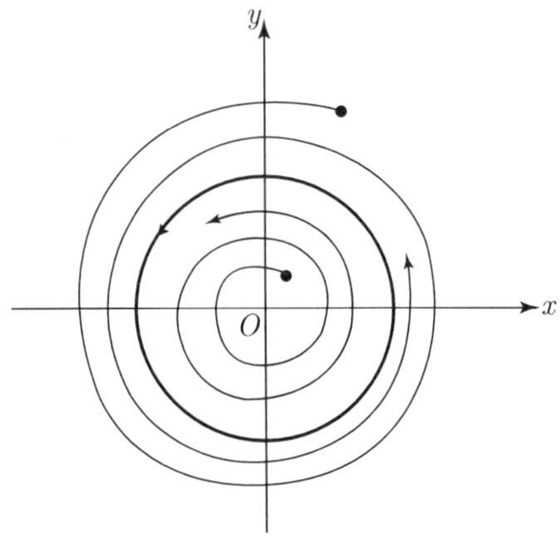

[그림 8.5.2]

예 8.5.4 $\frac{d}{dt}\begin{pmatrix} x \\ y \end{pmatrix} = \begin{pmatrix} -y - x(1-\sqrt{x^2+y^2}) \\ x - y(1-\sqrt{x^2+y^2}) \end{pmatrix}$가 주기해를 가지며 그 주기해의 궤도는 고정점 $\overline{X}=0$을 둘러싸는 단일 폐곡선이다.

풀이 $\overline{X}=0$에서 방향장 $F(X) = \begin{pmatrix} -y - x(1-\sqrt{x^2+y^2}) \\ x - y(1-\sqrt{x^2+y^2}) \end{pmatrix}$의 선형부분은 $\begin{pmatrix} -x-y \\ x-y \end{pmatrix}$이고, 그 계수행렬 $A = \begin{pmatrix} -1 & -1 \\ 1 & -1 \end{pmatrix}$은 고유치 $\lambda_1 = -1+i$, $\lambda_2 = -1-i$를 가진다. $Re(\lambda_1) = Re(\lambda_2) = -1$이므로 정리 8.3.1에 의해서 고정점 $\overline{X}=0$는 $\frac{d}{dt}X = F(X)$의 (국소적으로) 안정한 나선점이다.

이제 좀 더 자세히 보기 위해서 $\frac{d}{dt}X = F(X)$를 극좌표 방정식으로 표현하여 분석해보자.

$x = r\cos\theta$, $y = r\sin\theta$ (즉 $r = \sqrt{x^2+y^2} \geq 0$, $\theta = \tan^{-1}\frac{y}{x}$)라 두면, (8.3.8)에 의해서 $\frac{d}{dt}X = F(X)$는 다음과 같이 변환된다.

$$\begin{cases} \dfrac{dr}{dt} = r(r-1) \\ \dfrac{d\theta}{dt} = 1 \end{cases} \tag{8.5.5}$$

여기서 $\frac{d}{dt}X = F(X)$의 비자명해 $X(t)$를 평면상에서 움직이는 동점의 t순간 위치(점)라 간주하자. 그러면 (8.5.5)는 원점(고정점)에서 동점 $X(t)$까지 거리인 동경(動徑) $r(t)$와 동점 $X(t)$의 편각 $\theta(t)$에 관한 미분방정식이다.

미분방정식 (8.5.5)는 간단한 변수분리형 방정식이므로 직접 해를 구하면, 일반해는 다음과 같다.

$$r = \frac{1}{1 - c_1 e^t}, \quad \theta = t + c_2, \quad (\text{단 } c_1, c_2\text{는 임의상수})$$

이제 해의 동태를 기하학적으로 좀 더 자세히 살펴보자.

임의의 초기치 $X(0) = X_0 = \begin{pmatrix} x_0 \\ y_0 \end{pmatrix} \neq \begin{pmatrix} 0 \\ 0 \end{pmatrix}$에 대해서, 초기동경은 $r(0) = r_0 = \sqrt{x_0^2 + y_0^2} > 0$ 이고 초기편각은 $\theta(0) = \theta_0 = \tan^{-1}\frac{y_0}{x_0}$ 이므로 일반해로부터 $c_1 = \frac{r_0 - 1}{r_0}$와 $c_2 = \theta_0$ 를 얻는다. 그러므로 초기치문제의 해 $X(t;\, X_0)$의 극형식 표현은 다음과 같다.

$$r = \frac{r_0}{r_0 - (r_0 - 1)e^t}, \quad \theta = t + \theta_0 \tag{8.5.6}$$

즉 $X(t;\, X_0) = \frac{r_0}{r_0 - (r_0 - 1)e^t}\begin{pmatrix} \cos(t + \theta_0) \\ \sin(t + \theta_0) \end{pmatrix}$이다.

여기서 좀 더 자세하게 다음 세 경우로 나누어 살펴보자.

(i) $0 < r(0) = r_0 = \sqrt{x_0^2 + y_0^2} < 1$ 인 경우

$r(t)$는 감소함수이고 다음과 같다.

$$r(t) = \frac{r_0}{r_0 - (r_0 - 1)e^t} < 1, \quad \lim_{t \to \infty} r(t) = \lim_{t \to \infty} \frac{r_0}{r_0 - (r_0 - 1)e^t} = 0$$

즉 이 경우 동점 $X(t;\, X_0)$는 반경 1인 원의 내부에 있는 초기점 X_0에서 출발하여 시간 t가 커짐에 따라 반시계 방향으로 원점 0를 2π 마다 한 번씩 나선형으로 감아 돌면서 원점 0에 수렴해간다.

(ii) $r(0) = r_0 = \sqrt{x_0^2 + y_0^2} > 1$ 인 경우

$r(t)$는 증가함수이며 다음과 같다. $t_* = \ln\frac{r_0}{r_0 - 1}$ 에 대해서,

$$\lim_{t \to t_*^-} r(t) = \lim_{t \to t_*^-} \frac{r_0}{r_0 - (r_0 - 1)e^t} = \infty$$

즉 이 경우 동점 $X(t;\, X_0)$는 반경 1인 원의 외부에 있는 초기점 X_0에서 출발

하여 시간 t가 폭발시간 $t_* = \ln\dfrac{r_0}{r_0 - 1}$로 커짐에 따라 반시계 방향으로 원점 0를 2π마다 한 번씩 나선형으로 감아 돌다가 무한히 멀리 간다(즉 동경 $r(t)$가 폭발한다).

(iii) $r(0) = r_0 = \sqrt{x_0^2 + y_0^2} = 1$인 경우

$r(t)$는 상수함수 1(즉 모든 t에 대해서 $r(t) = 1$)이다. 즉 이 경우 동점 $X(t;\ X_0)$는 반경 1인 원상에 있는 초기점 X_0에서 출발하여 반경 1인 원을 시간 t가 커짐에 따라 반시계 방향으로 2π마다 한 번씩 도는 주기해이다. 즉 $X(t;\ X_0) = \begin{pmatrix} \cos(t+\theta_0) \\ \sin(t+\theta_0) \end{pmatrix}$이다.

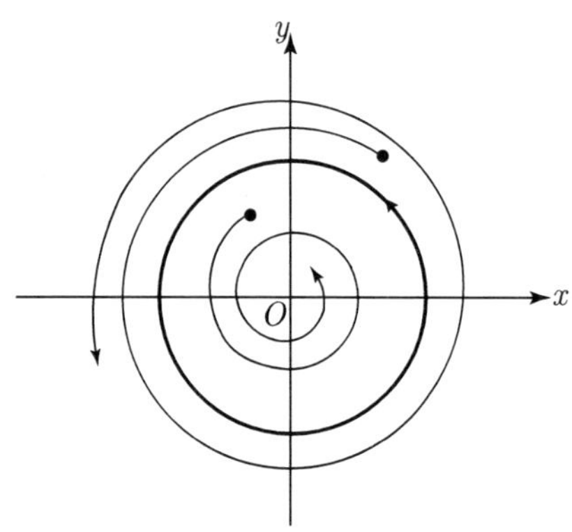

[그림 8.5.3]

8.5.2 극한 주기해

위의 예 8.5.3과 예 8.5.4에서 만난 주기해와 유사한 경우를 좀 더 자세히 살펴보자. 먼저 해곡선의 극한과 관련하여 극한점(limit point)과 극한집합(limit set)에 대한 개념을 알아보자.

| 정의 8.5.5 | $X(t)$를 $\dfrac{d}{dt}X = F(X)$의 해라고 하자.

(1) 다음이 성립하면, Z를 $X(t)$의 $\omega-$극한점이라 한다.
발산하는($\lim_{n\to\infty} t_n = \infty$) 증가수열 $\{t_n\}$이 존재하여, $\lim_{n\to\infty} X(t_n) = Z$이다.

(2) 다음이 성립하면, Z를 $X(t)$의 $\alpha-$극한점이라 한다.
발산하는($\lim_{n\to\infty} t_n = -\infty$) 감소수열 $\{t_n\}$이 존재하여, $\lim_{n\to\infty} X(t_n) = Z$이다.

(3) $X(t)$ 의 극한집합을 다음과 같이 정의한다.

ω − 극한집합; $L_\omega(X(t)) = \{Z \mid Z$는 $X(t)$ 의 ω − 극한점$\}$,

α − 극한집합; $L_\alpha(X(t)) = \{Z \mid Z$는 $X(t)$ 의 α − 극한점$\}$

참고 ω − 극한집합과 α − 극한집합은 공집합일 수도 있다. 그리고 예 8.5.2에서와 같이 $X(t)$ 가 주기해이면, 해 $X(t)$ 의 궤도 $\{X(t) \mid t \in (-\infty, \infty)\}$ 상의 모든 점이 ω − 극한점이며 동시에 α − 극한점이다. 그러므로 $X(t)$ 가 주기해이면, 다음이 성립한다.

$$L_\omega(X(t)) = L_\alpha(X(t)) = \{X(t) \mid t \in (-\infty, \infty)\}$$

쉽게 알 수 있는 선형 미분방정식으로 예를 들어보자.

예 7.5.6 $\frac{d}{dt}\begin{pmatrix} x \\ y \end{pmatrix} = \begin{pmatrix} x - y \\ x + y \end{pmatrix}$에 대해서, 임의의 비자명해 $X(t)$ 의 ω − 극한집합과 α − 극한집합을 구해보자.

풀이 계수행렬 $A = \begin{pmatrix} 1 & -1 \\ 1 & 1 \end{pmatrix}$은 고유치 $\lambda_1 = 1 + i$, $\lambda_2 = 1 - i$ 를 가진다. 정리 7.2.8에 의해서 $L_\omega(X(t))$ = 공집합이고 $L_\alpha(X(t)) = \{0\}$ 이다. ■

예 8.5.3에서 다음과 같이 재미있는 현상을 볼 수 있다(연습문제).

(i) $0 < \|X_0\| = r(0) = r_0 = \sqrt{x_0^2 + y_0^2} < 1$ 인 경우:

$L_\omega(X(t;\ X_0))$ = 반경 1인 원, $L_\alpha(X(t;\ X_0))$ = 원점

(ii) $\|X_0\| = r(0) = r_0 = \sqrt{x_0^2 + y_0^2} > 1$ 인 경우:

$L_\omega(X(t;\ X_0))$ = 반경 1인 원, $L_\alpha(X(t;\ X_0))$ = 공집합

(iii) $\|X_0\| = r(0) = r_0 = \sqrt{x_0^2 + y_0^2} = 1$ 인 경우:

$L_\omega(X(t;\ X_0))$ = 반경 1인 원(해 $X(t;\ X_0)$의 궤도),

$L_\alpha(X(t;\ X_0))$ = 반경 1인 원(해 $X(t;\ X_0)$의 궤도)

예 8.5.4에서도 다음과 같이 재미있는 현상을 볼 수 있다(연습문제).

(i) $0 < \|X_0\| = r(0) = r_0 = \sqrt{x_0^2 + y_0^2} < 1$ 인 경우:

$L_\omega(X(t;\ X_0))$ = 원점, $L_\alpha(X(t;\ X_0))$ = 반경 1인 원

(ii) $\|X_0\| = r(0) = r_0 = \sqrt{x_0^2 + y_0^2} > 1$ 인 경우:

$L_\omega(X(t;\ X_0))$ = 공집합, $L_\alpha(X(t;\ X_0))$ = 반경 1인 원

(iii) $\|X_0\| = r(0) = r_0 = \sqrt{x_0^2 + y_0^2} = 1$ 인 경우:

$L_\omega(X(t;\, X_0)) =$ 반경 1인 원(해 $X(t;\, X_0)$의 궤도),

$L_\alpha(X(t;\, X_0)) =$ 반경 1인 원(해 $X(t;\, X_0)$의 궤도)

특히 주기해 중에서 다음과 같은 성질을 가지면 극한 주기해라 하고 그 궤도를 극한 순환궤도라 한다.

| 정의 8.5.7 | $X_p(t)$를 $\frac{d}{dt}X = F(X)$의 주기 T인 주기해라 하고, 그 궤도를 $\Gamma = \{X_p(t) \mid 0 \le t \le T\}$라 하자. 만약 초기치문제 $[\frac{d}{dt}X = F(X),\ X(0) = X_0]$의 해 $X(t;\, X_0)$가 비주기해이고 $L_\omega(X(t;\, X_0)) = \Gamma$ 또는 $L_\alpha(X(t;\, X_0)) = \Gamma$가 되는 초기치 $X_0 \not\in \Gamma$가 존재하면, $X_p(t)$를 극한 주기해(limit cycle)라 한다. 이 경우에 Γ를 극한 순환궤도라 한다.

참고 예 8.5.2에서 모든 비자명해는 주기해이므로 극한 주기해가 존재하지 않는다. 그러나 예 8.5.3과 예 8.5.4에서 각각 한 개뿐인 주기해 $X_p(t) = \begin{pmatrix} \cos(t+\theta_0) \\ \sin(t+\theta_0) \end{pmatrix}$는 정의 8.5.7을 만족하므로 극한 주기해이고, 반경 1인 원이 극한 순환궤도이다.

이제 주기해의 안정성에 대해서 간단히 소개하자.

| 정의 8.5.8 | $X_p(t)$를 $\frac{d}{dt}X = F(X)$의 주기 T인 주기해라 하고 그 궤도를 $\Gamma = \{X_p(t) \mid 0 \le t \le T\}$라 하자.

(1) 다음 조건이 성립할 때, $X_p(t)$를 안정한 주기해라 한다.

임의의 $\epsilon > 0$에 대해서 $\delta > 0$가 존재해서, $dist(X_0,\, \Gamma) < \delta$이면 모든 $t \ge 0$에 대하여 $dist(X(t;\, X_0),\, \Gamma) < \epsilon$ 이다.

(2) 다음 조건이 성립할 때, $X_p(t)$를 점근적으로 안정한 주기해라 한다.

$X_p(t)$가 안정한 주기해이며, $\delta > 0$가 존재해서 $dist(X_0,\, \Gamma) < \delta$이면 $L_\omega(X(t;\, X_0)) = \Gamma$이다.

(3) $X_p(t)$가 안정하지 않으면 불안정하다고 한다.

단 $dist(X,\, \Gamma) = inf\{\, \| X - Y \| \mid Y \in \Gamma \}$는 점 X와 궤도 Γ 사이의 거리이다.

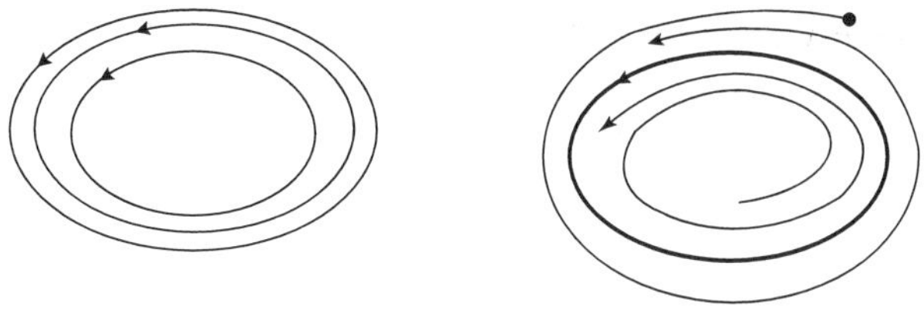

[그림 8.5.4]

참고 예 8.5.2에서 모든 주기해는 안정하지만 점근적으로 안정하지는 않다. 예 8.5.3에서 한 개뿐인 주기해 $X_p(t)=\begin{pmatrix}\cos(t+\theta_0)\\ \sin(t+\theta_0)\end{pmatrix}$는 점근적으로 안정하다. 그러나 예 8.5.4에서 한 개뿐인 주기해 $X_p(t)=\begin{pmatrix}\cos(t+\theta_0)\\ \sin(t+\theta_0)\end{pmatrix}$는 불안정하다.

정의 8.5.1, 정의 8.5.5, 정의 8.5.7과 정의 8.5.8에서 주기해와 극한 주기해에 대한 안정성과 점근적 안정성 등은 모든 차원의 미분방정식에 적용되는 개념이다.

이제 2차원 미분방정식에만 적용되는 주기해의 특성을 간단히 알아보자.

$p(x,\ y)$와 $q(x,\ y)$가 정의역 $\Omega\subset \boldsymbol{R}^2$상에서 연속 편미분가능인 함수라 가정하고, 다음의 2차원 미분방정식을 생각하자.

$$\frac{d}{dt}\begin{pmatrix}x\\ y\end{pmatrix}=\begin{pmatrix}p(x,\ y)\\ q(x,\ y)\end{pmatrix}\tag{8.5.7}$$

먼저 증명 없이 다음의 정리를 소개한다([6, 7] 참조).

| 정리 8.5.9 | $X_p(t)$를 미분방정식 (8.5.7)의 임의의 주기해라 하고, 그 단일 폐곡선 궤도를 $\Gamma=\{X_p(t)\ \mid\ 0\le t\le T\}$라 하자(단 T는 주기). 그러면 Γ의 안쪽에는 반드시 평형점이 존재한다(즉 Γ가 적어도 한 개의 고정점을 둘러싸고 있다). 특히 만약 Γ의 안쪽에 단 한 개의 고정점 $\overline{X}$만 존재한다면, $\overline{X}$는 안장점이 될 수 없다.

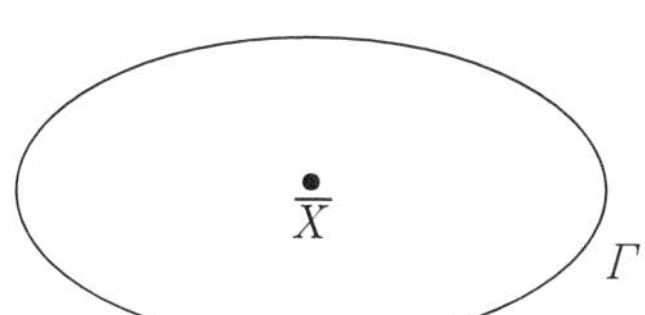

[그림 8.5.5]

예 8.5.10 **Lotka-Volterra 방정식** 예 8.1.8을 다시 보자. 다음 Lotka-Volterra 방정식의 주기해의 존재를 조사해보자.

$$\begin{cases} \dfrac{dx}{dt} = \alpha x - \beta xy \\ \dfrac{dy}{dt} = -\gamma y + \delta xy \end{cases} \tag{8.5.8}$$

단 $\alpha > 0,\ \beta > 0,\ \gamma > 0,\ \delta > 0$ 는 주어진 상수(data)이다.

풀이 방향장은 $F(X) = \begin{pmatrix} p(x,\ y) \\ q(x,\ y) \end{pmatrix} = \begin{pmatrix} \alpha x - \beta xy \\ -\gamma y + \delta xy \end{pmatrix}$이다. 간단히 계산해보면 다음과 같이 두 개의 고정점이 있다.

$$\overline{X_0} = \mathbf{0} = \begin{pmatrix} 0 \\ 0 \end{pmatrix}, \quad \overline{X_1} = \begin{pmatrix} \gamma/\delta \\ \alpha/\beta \end{pmatrix}$$

먼저 고정점의 가까운 근방을 선형화해서 살펴보자. 방향장 $F(X) = \begin{pmatrix} \alpha x - \beta xy \\ -\gamma y + \delta xy \end{pmatrix}$의 Jacobi 행렬은 다음과 같다.

$$F_X(X) = \begin{pmatrix} \alpha - \beta y & -\beta x \\ \delta y & -\gamma + \delta x \end{pmatrix}$$

(1) 고정점 $\overline{X_0}$ 에서 방향장 $F(X)$ 의 Jacobi 행렬 $F_X(\overline{X_0}) = \begin{pmatrix} \alpha & 0 \\ 0 & -\gamma \end{pmatrix}$는 서로 다른 부호의 실 고유치 $-\gamma$와 α를 가지므로, $\overline{X_0}$ 는 안장점이다. 따라서 정리 8.5.9에 의해서 가까운 근방에는 $\overline{X_0}$ 를 둘러싸는 주기해가 존재하지 않는다.

(2) $\overline{X_1}$ 에서 $F(X)$ 의 Jacobi 행렬은 간단히 계산하면 다음과 같다.

$$F_X(\overline{X_1}) = \begin{pmatrix} 0 & -\beta\gamma/\delta \\ \alpha\delta/\beta & 0 \end{pmatrix}$$

여기서 $F_X(\overline{X_1})$ 은 순허수 고유치 $\sqrt{\alpha\gamma}\, i,\ -\sqrt{\alpha\gamma}\, i$ 를 가진다. 따라서 선형화로는 $\overline{X_1}$ 의 안정성을 파악할 수 없으나, $\overline{X_1}$ 의 근방에 주기해가 존재할 가능성이 있다.

고정점 $\overline{X_1}$ 의 근방($x > 0,\ y > 0$)에서 (8.5.8)의 정성적 성질을 조사해보자.

$\begin{cases} \dfrac{dx}{dt} = \alpha x - \beta xy \\ \dfrac{dy}{dt} = -\gamma y + \delta xy \end{cases}$ 에서 t 를 매개변수라 간주하고 t 를 소거하면, x와 y의 직접 관계식을 다음과 같이 얻는다.

$$\frac{dy}{dx}=\frac{\frac{dy}{dt}}{\frac{dx}{dt}}=\frac{-\gamma y+\delta xy}{\alpha x-\beta xy}=\frac{(-\gamma+\delta x)y}{x(\alpha-\beta y)} \tag{8.5.9}$$

여기서 (8.5.9)는 (8.5.8)의 해의 궤도의 기울기(방향장)를 의미하므로, 미분방정식 (8.5.9)의 해는 (8.5.8)의 해의 궤도이다. (8.5.9)는 변수분리형 미분방정식으로서, 변수분리하여 정리하면 $\frac{\gamma-\delta x}{x}dx+\frac{\alpha-\beta y}{y}dy=0$이므로 풀면 다음을 얻는다.

$$\gamma\ln x-\delta x+\alpha\ln y-\beta y=c\text{, } (c\text{는 적당한 상수})$$

로그(ln)함수 표현을 지수함수 표현으로 바꾸면 다음을 얻는다.

$$x^{\gamma}y^{\alpha}e^{-\delta x-\beta y}=c\text{, } (c>0\text{는 적당한 상수}) \tag{8.5.10}$$

즉 1상한($x>0$, $y>0$)에서 (8.5.8)의 해의 궤도는 (8.5.10)의 형태이다. 편의상 $W(x,\ y)=x^{\gamma}y^{\alpha}e^{-\delta x-\beta y}$라 두자.

한편 $X(t)=\begin{pmatrix}x(t)\\y(t)\end{pmatrix}$를 1상한에서 (8.5.8)의 임의의 해라고 하자. 그러면 (8.5.10)에 의해서 모든 $t>0$에 대해서 다음을 얻는다.

$$W(x(t),\ y(t))=W(x(0),\ y(0))$$

따라서 간단히 계산해보면, 다음을 알 수 있다.

$$\frac{d}{dt}W(x,\ y)=\frac{\partial W}{\partial x}\frac{dx}{dt}+\frac{\partial W}{\partial y}\frac{dy}{dt}=0$$

그리고 다음을 알 수 있다.

임의의 $0<c<W\left(\frac{\gamma}{\delta},\ \frac{\alpha}{\beta}\right)=\left(\frac{\gamma}{\delta}\right)^{\gamma}\left(\frac{\alpha}{\beta}\right)^{\alpha}e^{-\alpha-\gamma}$에 대해서, $W(x,\ y)$의 준위곡선 $W(x,\ y)=x^{\gamma}y^{\alpha}e^{-\delta x-\beta y}=c$는 $\overline{X_1}$을 둘러싸는 단일 폐곡선이다.
따라서 $\overline{X_1}$는 중심 고정점이고, 1상한에서 (8.5.8)의 임의의 비자명해는 주기해이다. ■

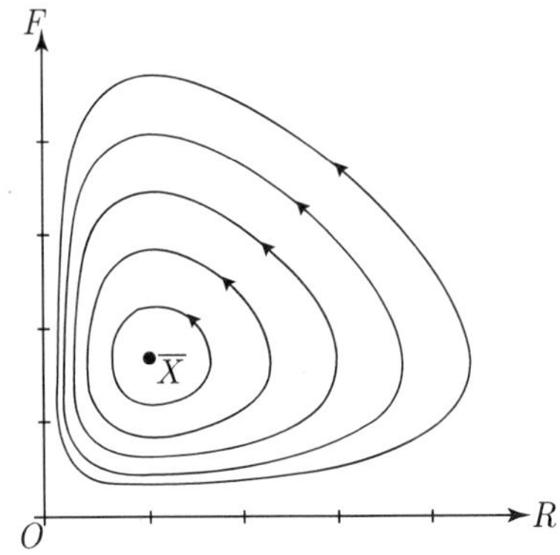

[그림 8.5.6]

다음은 2차원 미분방정식의 주기해의 존재성에 대한 가장 유명한 정리이다(증명은 이 책의 범위를 벗어나므로 생략한다).

| 정리 8.5.11 | [Poincare–Bendixson] 부분 집합 $\boldsymbol{D} \subset \Omega$ 는 유계 폐 연결 영역이며, $\frac{d}{dt}\begin{pmatrix} x \\ y \end{pmatrix} = \begin{pmatrix} p(x, y) \\ q(x, y) \end{pmatrix}$의 고정점을 포함하지 않는다고 가정하자. 만약 어떤 해 $X(t)$ 에 대해서, $T_0 > 0$ 가 존재하여 $\{X(t) \mid t \geq T_0\} \subset \boldsymbol{D}$ 이면 다음 중에 하나가 성립한다.

(1) $X(t)$ 는 주기해이든가, 또는

(2) $X(t)$ 는 $\boldsymbol{D}$ 내에서 어떤 극한 주기해에 수렴한다.

(어느 경우이든 $\boldsymbol{D}$ 는 주기해를 포함한다)

참고 Poincare–Bendixson 정리에 의하면, 고정점을 포함하지 않는 유계 폐 연결 영역 안에 $\frac{d}{dt}\begin{pmatrix} x \\ y \end{pmatrix} = \begin{pmatrix} p(x, y) \\ q(x, y) \end{pmatrix}$의 어떤 해가 어떤 시각 T_0 이후에 계속 머문다면, 그 영역 안에는 주기해가 반드시 존재한다. 그리고 Poincare–Bendixson 정리의 가정이 만족되어 $\boldsymbol{D}$가 주기해 $X_p(t)$ 를 포함한다면, $X_p(t)$ 의 궤도는 정리 8.5.9에 의해서 적어도 한 개의 고정점을 둘러싸야 하므로 영역 $\boldsymbol{D}$는 마치 CD 디스크처럼 반드시 내부에 (고정점을 포함된) 구멍이 뚫린 **원환**(annulus) 형태이다.

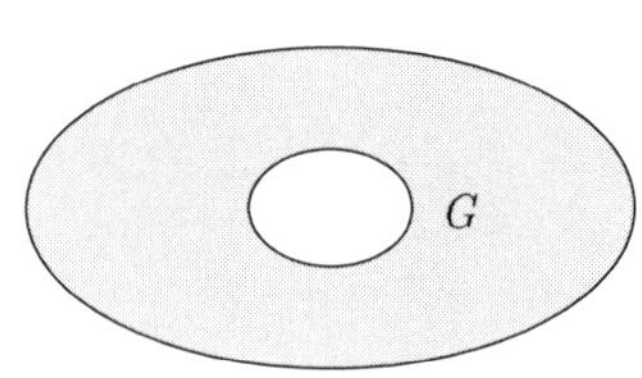

[그림 8.5.7]

예 8.5.12 $\dfrac{d^2x}{dt^2} - \left[1 - 4x^2 - 3\left(\dfrac{dx}{dt}\right)^2\right]\dfrac{dx}{dt} + x = 0$ 는 주기해를 가진다.

풀이 $y = \dfrac{dx}{dt}$ 라 두고 이 미분방정식을 다음과 같이 1계 벡터 미분방정식으로 표현하여 다루자.

$$\begin{cases} \dfrac{dx}{dt} = y \\ \dfrac{dy}{dt} = -x + (1 - 4x^2 - 3y^2)y \end{cases} \tag{8.5.11}$$

그러면 (8.5.11)은 고정점이 원점 0 뿐이다.

방향장 $F(X) = \begin{pmatrix} y \\ -x + (1 - 4x^2 - 3y^2)y \end{pmatrix}$의 Jacobi 행렬은 $F_X(X) = \begin{pmatrix} 0 & 1 \\ -1 - 8xy & 1 - 4x^2 - 9y^2 \end{pmatrix}$이므로, 평형점 0 에서 $F(X)$의 Jacobi 행렬은 $A = F_X(0) = \begin{pmatrix} 0 & 1 \\ -1 & 1 \end{pmatrix}$이고 그 고유치는 $\lambda^2 - \lambda + 1 = 0$의 근이므로 $\lambda_1 = \dfrac{1 + \sqrt{3}\,i}{2}$, $\lambda_2 = \dfrac{1 - \sqrt{3}\,i}{2}$ 이다. 따라서 정리 8.3.1의 선형화를 통하여 고정점 0 는 (8.5.11)의 불안정한 나선점임을 알 수 있다. 즉 고정점 0 의 아주 가까운 근방에서 출발한 모든 비자명해 $X(t)$는 $t \to \infty$ 일 때 나선형으로 회전하면서 고정점 0 에서 점점 멀어진다.

해의 동태를 좀 더 자세하게 분석하기 위해서 극형식으로 표현해보자. $x = r\cos\theta$, $y = r\sin\theta$이고 $r = \sqrt{x^2 + y^2} \geq 0$, $\theta = \tan^{-1}\dfrac{y}{x}$라 두자. 그러면 (8.3.8)에 의해서 (8.5.11)은 다음과 같다.

$$\begin{cases} \dfrac{dr}{dt} = r(1 - 3r^2 - r^2\cos^2\theta)\sin^2\theta \\ \dfrac{d\theta}{dt} = -1 + \dfrac{1}{2}(1 - 3r^2 - r^2\cos^2\theta)\sin 2\theta \end{cases} \tag{8.5.12}$$

여기서 (8.5.12)의 비자명해 $X(t)$ 를 평면상에서 움직이는 동점의 t 순간 위치(점)라 간주하자. 이 극형식 미분방정식 (8.5.12)는 r, θ 가 서로 연관되어 있고 복잡한 방정식이라 직접 해를 구할 수는 없다. 그러나 동점 $X(t)$가 고정점 0 에서 어느 정도로 멀어지는지 또는 가까워지는지를 (8.5.12)로부터 알 수 있고, 또한 고정점 0 를 중심으로 어느 정도로 회전하는지 짐작할 수 있다.

이제 해의 동태를 기하학적으로 좀 더 자세히 살펴보자. 모든 $r > 0$과 θ 에 대해서 다음을 알 수 있다.

$$\frac{d\theta}{dt} = -1 + \frac{1}{2}(1 - 3r^2 - r^2\cos^2\theta)\sin 2\theta \leq -\frac{1}{2}$$

따라서 모든 $r > 0$과 θ에 대해서 $\frac{d\theta}{dt} \leq -\frac{1}{2}$이므로, 동점 $X(t)$는 원점 $\mathbf{0}$를 적어도 4π시간 이내에 시계방향으로 한 번씩 감아 돈다.

한편 모든 $0 < r \leq \frac{1}{3}$과 θ에 대해서 다음을 알 수 있다.

$$\begin{aligned}\frac{dr}{dt} &= r(1 - 3r^2 - r^2\cos^2\theta)\sin^2\theta \geq r(1 - 4r^2)\sin^2\theta \\ &\geq r\left[1 - 4\left(\frac{1}{3}\right)^2\right]\sin^2\theta \geq \frac{5}{9}r\sin^2\theta\end{aligned}$$

따라서 모든 $0 < r \leq \frac{1}{3}$과 θ에 대해서 $\frac{dr}{dt} \geq \frac{5}{9}r\sin^2\theta$이므로, 원점 $\mathbf{0}$를 중심으로 반경 $\frac{1}{3}$인 원의 내부에 있는 동점 $X(t) \neq \mathbf{0}$는 $t \to \infty$일 때 이 원의 외부로 나간다. 즉 $0 < r(0) = \| X(0) \| \leq \frac{1}{3}$이면, $T_0 > 0$가 존재하여 모든 $t > T_0$에 대해서 $r(t) = \| X(t) \| \geq \frac{1}{3}$이다.

또한 모든 $r \geq 1$과 θ에 대해서 다음을 알 수 있다.

$$\frac{dr}{dt} = r(1 - 3r^2 - r^2\cos^2\theta)\sin^2\theta \leq r(1 - 3r^2)\sin^2\theta \leq -2r\sin^2\theta \leq 0$$

따라서 모든 $r \geq 1$과 θ에 대해서 $\frac{dr}{dt} \leq -2r\sin^2\theta$이므로, 원점 $\mathbf{0}$를 중심으로 반경 1인 원의 외부에 있는 동점 $X(t)$는 $t \to \infty$일 때 이 원의 내부로 들어간다. 즉 $r(0) = \| X(0) \| \geq 1$이면, $T_1 > 0$가 존재하여 모든 $t > T_1$에 대해서 $r(t) = \| X(t) \| \leq 1$이다.

여기서 $\mathbf{0}$를 중심으로 반경 $\frac{1}{3}$인 원과 반경 1인 원의 사이에 있는 원환 영역을 $\boldsymbol{D} = \left\{ X \in \boldsymbol{R}^2 \mid \frac{1}{3} \leq \| X \| \leq 1 \right\}$라 두자. 그러면 $X(0) \in \boldsymbol{D}$인 경우에, 모든 $t \geq 0$에 대해서 $X(t) \in \boldsymbol{D}$임을 알 수 있다. 따라서 Poincare-Bendixson 정리에 의해서 원환 $\boldsymbol{D}$ 내에 적어도 한 개의 주기해가 존재한다. ■

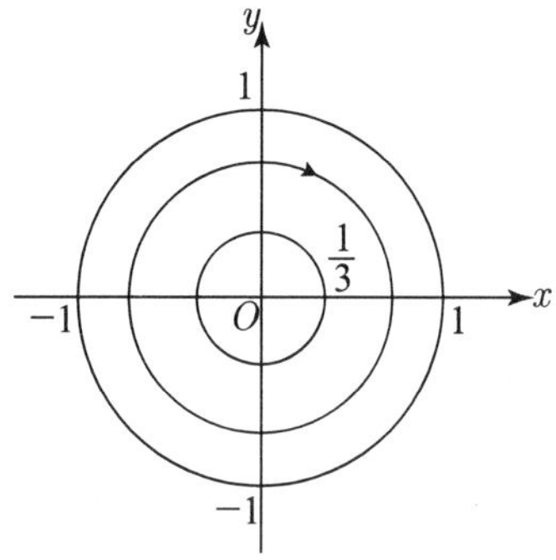

[그림 8.5.8]

참고 예 8.5.12의 미분방정식은 실제로 단 한 개의 주기해를 가지는데 간단한 계산으로 증명할 수는 없으나 이론적으로 알 수 있으며, 초보적으로 원환 D 내에서 몇 개의 수치해를 구해보면 짐작할 수 있다.

삼극관(triode) 발진기 등 응용에서 자주 만나는 다음과 같은 특수한 형태의 미분방정식을 **Lienard 방정식**이라 한다.

$$\frac{d^2x}{dt^2} + r(x)\frac{dx}{dt} + f(x) = 0 \tag{8.5.13}$$

단 $f(x)$, $r(x)$는 $(-\infty, \infty)$상에서 연속함수이다.

다음은 Lienard 방정식의 주기해에 관한 대표적인 정리이다(Poincare–Bendixson 정리를 써서 증명하는데 여기서는 생략한다).

| **정리 8.5.13** | 다음의 조건이 모두 만족되면, Lienard 방정식 (8.5.13)은 단 한 개의 주기해를 가진다.

(i) $r(x)$는 우함수이다.

(ii) $f(x)$는 기함수이다.

(iii) $R(x) = \int_0^x r(u)du$ 라 두자.

$a > 0$가 존재하여, 모든 $0 < x < a$에 대해서 $R(x) < 0$이고, 모든 $x > a$에 대해서 $R(x) > 0$이며, $x \to \infty$일 때 단조 증가하면서 $R(x) \to \infty$이다.

(iv) $x \to \infty$일 때, $F(x) = \int_0^x f(u)du \to \infty$이다.

참고 Lienard 방정식 중에서 특별히 다음을 van der Pol 방정식이라 한다.

$$\frac{d^2x}{dt^2}+\mu(x^2-1)\frac{dx}{dt}+x=0, \quad (\mu>0\text{는 상수}) \tag{8.5.14}$$

예 8.5.14 van der Pol 방정식 (8.5.14)는 유일한 주기해를 가진다($\mu>0$ 상수).

풀이 $r(x)=\mu(x^2-1)$, $f(x)=x$ 라 두고, 다음과 같이 두자.

$$R(x)=\int_0^x \mu(v^2-1)dv=\frac{\mu}{3}x^3-\mu x\,,\ F(x)=\int_0^x vdv=\frac{x^2}{2}$$

그러면 다음이 성립한다.

(i) $r(x)=\mu(x^2-1)$는 우함수이다.

(ii) $f(x)=x$는 기함수이다.

(iii) 모든 $0<x<\sqrt{3}$ 에 대하여 $R(x)=\frac{\mu}{3}x^3-\mu x<0$이고, 모든 $x>\sqrt{3}$ 에 대하여 $R(x)=\frac{\mu}{3}x^3-\mu x>0$이며, $x\to\infty$ 일 때 단조 증가하면서 $R(x)=\frac{\mu}{3}x^3-\mu x\to\infty$ 이다.

(iv) $x\to\infty$ 일 때 $F(x)=\frac{x^2}{2}\to\infty$ 이다.

따라서 정리 8.5.13에 의해서 $\frac{d^2x}{dt^2}+\mu(x^2-1)\frac{dx}{dt}+x=0$는 단 한 개의 주기해를 가진다. ■

연습문제 8.5

1. $\frac{d}{dt}\begin{pmatrix}x\\y\end{pmatrix}=\begin{pmatrix}x+y-x(x^2+y^2)\\-x+y-y(x^2+y^2)\end{pmatrix}$에 대해서,

(1) 고정점의 안정성을 조사하여라.

(2) 주기해의 존재를 조사하여라.

(3) 주기해가 존재한다면 안정성을 조사하여라.

2. $X(t)$가 주기해이면, 다음이 성립함을 보여라.

$$L_\omega(X)=L_\alpha(X)=X(t)\text{ 의 궤도}$$

3. 예 8.5.3에서 다음을 증명하여라.

(1) $0 < r(0) = r_0 = \sqrt{x_0^2 + y_0^2} < 1$ 인 경우:

$L_\omega(X(t;\ X_0)) =$ 반경 1인 원, $L_\alpha(X(t;\ X_0)) =$ 원점(고정점)

(2) $r(0) = r_0 = \sqrt{x_0^2 + y_0^2} > 1$ 인 경우:

$L_\omega(X(t;\ X_0)) =$ 반경 1인 원, $L_\alpha(X(t;\ X_0)) =$ 공집합

(3) $r(0) = r_0 = \sqrt{x_0^2 + y_0^2} = 1$ 인 경우:

$L_\omega(X(t;\ X_0)) =$ 반경 1인 원(해 $X(t;\ X_0)$의 궤도),

$L_\alpha(X(t;\ X_0)) =$ 반경 1인 원(해 $X(t;\ X_0)$의 궤도)

4. 예 8.5.4에서 다음을 증명하여라.

(1) $0 < r(0) = r_0 = \sqrt{x_0^2 + y_0^2} < 1$ 인 경우:

$L_\omega(X(t;\ X_0)) =$ 원점(고정점), $L_\alpha(X(t;\ X_0)) =$ 반경 1인 원

(2) $r(0) = r_0 = \sqrt{x_0^2 + y_0^2} > 1$ 인 경우:

$L_\omega(X(t;\ X_0)) =$ 공집합, $L_\alpha(X(t;\ X_0)) =$ 반경 1인 원

(3) $r(0) = r_0 = \sqrt{x_0^2 + y_0^2} = 1$ 인 경우:

$L_\omega(X(t;\ X_0)) =$ 반경 1인 원(해 $X(t;\ X_0)$의 궤도),

$L_\alpha(X(t;\ X_0)) =$ 반경 1인 원(해 $X(t;\ X_0)$의 궤도)

5. 극좌표로 표현된 다음 미분방정식에 대해서 주기해와 그 안정성을 조사하고 그래프를 그려라.

(1) $\begin{cases} \dfrac{dr}{dt} = r^2(1-r^2) \\ \dfrac{d\theta}{dt} = 1 \end{cases}$　　(2) $\begin{cases} \dfrac{dr}{dt} = r(1-r)(r-2) \\ \dfrac{d\theta}{dt} = -1 \end{cases}$

(3) $\begin{cases} \dfrac{dr}{dt} = \sin \pi r \\ \dfrac{d\theta}{dt} = 1 \end{cases}$　　(4) $\begin{cases} \dfrac{dr}{dt} = r(1-r)^2 \\ \dfrac{d\theta}{dt} = 1 \end{cases}$

(5) $\begin{cases} \dfrac{dr}{dt} = r(1-r)(3-r) \\ \dfrac{d\theta}{dt} = 1 \end{cases}$　　(6) $\begin{cases} \dfrac{dr}{dt} = r|r-2|(r-3) \\ \dfrac{d\theta}{dt} = -1 \end{cases}$

(7) $\begin{cases} \dfrac{dx}{dt} = x - x^3 + y \\ \dfrac{dy}{dt} = -x + y - y^3 \end{cases}$ (8) $\begin{cases} \dfrac{dx}{dt} = x - y - x\left(x^2 + \dfrac{3}{2}y^2\right) \\ \dfrac{dy}{dt} = x + y - y\left(x^2 + \dfrac{1}{2}y^2\right) \end{cases}$

6. van der Pol 방정식 $\dfrac{d^2x}{dt^2} + (x^2 - 1)\dfrac{dx}{dt} + x = 0$을 1계 벡터 미분방정식으로 표현하고 주기해를 조사하여라.

7. 이변수 함수 $p(x,\ y)$와 $q(x,\ y)$가 단순 연결 영역 $\Omega \subset \boldsymbol{R}^2$상에서 연속 편미분 가능이라 가정하자. 만약 $\dfrac{\partial}{\partial x}p(x,\ y) + \dfrac{\partial}{\partial y}q(x,\ y)$가 Ω 상에서 동일한 부호를 가지면(즉 값의 부호가 변치 않으면), $\begin{cases} \dfrac{dx}{dt} = p(x,\ y) \\ \dfrac{dy}{dt} = q(x,\ y) \end{cases}$는 Ω 안에 포함된 주기해를 가질 수 없음을 보여라(미분적분학의 그린 정리를 이용하여 귀류법으로 증명할 수 있다).

8. $\dfrac{d^2x}{dt^2} - \mu\left[1 - \dfrac{1}{3}\left(\dfrac{dx}{dt}\right)^2\right]\dfrac{dx}{dt} + x = 0$ (Rayleigh 방정식이라 함)을 1계 벡터 미분방정식으로 표현하고 주기해를 조사하여라($\mu > 0$는 상수).

8.6 분기

유체의 운동과 화학반응 등에는 매개변수의 값이 증가할 때 어떤 특정 값에서 정성적 성질(고정점, 주기해의 존재성과 안정성, 해의 특성 등)이 갑자기 변하는 현상을 많이 볼 수 있다. 이런 문제를 수학적으로 표현하면, 대체로 다음과 같이 매개변수를 포함하는 미분방정식의 형태가 된다.

$$\frac{d}{dt}X = F(X;\ \mu) \tag{8.6.1}$$

단 μ는 매개변수이고 그 범위 구간을 $(a,\ b)$라 하자(즉 $a < \mu < b$).

매개변수 μ의 값이 변화(증가)할 때, $\dfrac{d}{dt}X = F(X;\ \mu)$의 정성적 성질의 변화를 다루는 분야를 분기(bifurcation) 이론이라 한다.

참고 매개변수를 포함한 미분방정식 $\frac{d}{dt}X = F(X;\,\mu)$는 실제로 무수히 많은 미분방정식들의 집합 $\left\{\frac{d}{dt}X = F(X;\,\mu)\ \mid\ \mu \in (a,\,b)\right\}$을 의미한다. 이제부터 특별히 필요한 경우가 아니면, 편의상 매개변수 μ의 범위구간의 표기를 생략한다.

| 정의 8.6.1 | 적당한 $\epsilon > 0$이 존재하여, $\mu - \epsilon < \mu < \mu_0$일 때 $\frac{d}{dt}X = F(X;\mu)$의 정성적 성질과 $\mu_0 < \mu < \mu_0 + \epsilon$일 때 $\frac{d}{dt}X = F(X;\,\mu)$의 정성적 성질이 서로 다른 경우에 $\mu = \mu_0$에서 **분기(bifurcation)**가 일어났다고 한다. 이 때 μ_0를 $\frac{d}{dt}X = F(X;\,\mu)$의 **분기점(또는 분기값)**이라 한다.

먼저 비교적 간단한 선형 미분방정식의 예를 보자.

예 8.6.2 $\frac{d}{dt}\begin{pmatrix} x \\ y \end{pmatrix} = \begin{pmatrix} -y \\ x + 2\mu y \end{pmatrix}$에 대해서 매개변수 μ의 값이 증가할 때 정성적 성질의 변화를 조사해보자.

풀이 모든 μ에 대해서 고정점은 원점 0뿐임을 알 수 있다. 계수행렬 $A(\mu) = \begin{pmatrix} 0 & -1 \\ 1 & 2\mu \end{pmatrix}$의 고유치는 $\lambda(\lambda - 2\mu) + 1 = \lambda^2 - 2\mu\lambda + 1 = 0$의 근이므로 다음과 같다.

$$\lambda_1 = \mu + \sqrt{\mu^2 - 1}\,,\quad \lambda_2 = \mu - \sqrt{\mu^2 - 1}$$

그러면 μ의 값에 따라서 고정점 0의 성질은 다음과 같다(7.2절 참조).

(1) $\mu < -1$인 경우; $\lambda_2 < \lambda_1 < 0$이므로, 0는 (점근적으로) 안정한 결절점이다.

(2) $-1 < \mu < 0$인 경우; λ_1과 λ_2는 실수부가 음인 복소수이므로, 0는 (점근적으로) 안정한 나선점이다.

(3) $0 < \mu < 1$인 경우; λ_1과 λ_2는 실수부가 양인 복소수이므로, 0는 불안정한 나선점이다.

(4) $1 < \mu$인 경우; $0 < \lambda_2 < \lambda_1$이므로, 0는 불안정한 결절점이다.

그러므로 $\mu_1 = -1$, $\mu_2 = 0$, $\mu_3 = 1$이 각각 분기점(또는 분기값)이다.

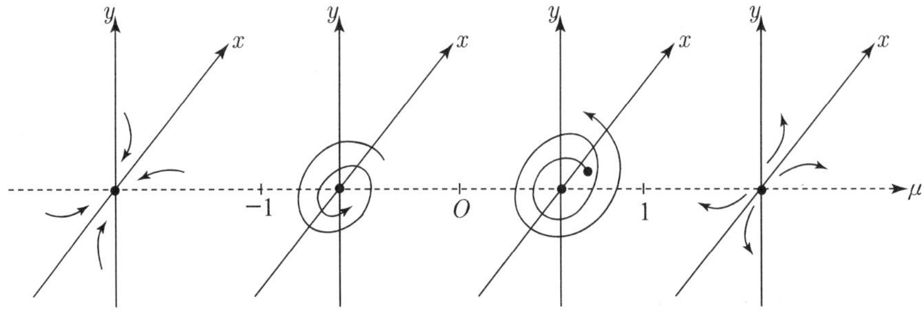

[그림 8.6.1]

이런 내용을 보기 쉽게 그림 8.6.1과 같이 가로축을 매개변수(μ)축으로 두고, μ 축에 수직인 평면을 xy 평면으로 잡고, 그림으로 그린 것을 **분기도표**라 한다. ■

참고 예 8.6.2를 보면, $\mu_1 = -1$의 좌우에서 고정점 0 의 패턴은 (결절점에서 나선점으로) 변하지만 점근적 안정함은 변하지 않는다. 이런 경우에 안정성 위주로 분기를 파악할 땐, $\mu_1 = -1$이 분기점이 아니라고 할 수 있다. $\mu_3 = 1$ 에 대해서도 같은 설명이 적용된다. 이 책에서는 특별한 언급이 없으면 분기를 파악할 때, 패턴과 안정성을 모두 고려하며, 분기점에서 고정점의 정성적 분석은 편의상 생략한다.

몇 가지 특별한 형태의 분기에 대한 예를 보자. 먼저 간단한 1차원 예를 보자.

예 8.6.3 $\dfrac{dx}{dt} = (\mu - 1)x - x^3$에 대해서 매개변수 μ 의 값이 증가할 때 정성적 성질의 변화를 조사해보자.

풀이 $f(x;\, \mu) \equiv (\mu - 1)x - x^3 = 0$를 풀어서 고정점을 구하자.
그러면 μ 의 값에 따라서 다음과 같이 두 경우로 나누어서 고정점을 얻는다.

(1) $\mu < 1$ 인 경우; 한 개의 고정점 $x_1 = 0$ 만 존재한다. 이 경우 선형화를 통하여 안정성을 조사해보자. $f_x = (\mu - 1) - 3x^2$ 이므로, $x_1 = 0$ 에서 선형화 방정식은 $\dfrac{dx}{dt} = f_x(x_1;\, \mu)x = (\mu - 1)x$ 이고, 계수(행렬)은 $f_x(x_1;\, \mu) = \mu - 1 < 0$이므로, $x_1 = 0$ 는 점근적으로 안정하다.

(2) $\mu > 1$ 인 경우; 3개의 고정점 $x_1 = 0$, $x_2 = \sqrt{\mu - 1}$, $x_3 = -\sqrt{\mu - 1}$ 이 존재한다. 먼저 $x_1 = 0$ 에서 선형화 미분방정식의 계수(행렬)은 $f_x(x_1;\, \mu) = \mu - 1 > 0$ 이다. 따라서 $x_1 = 0$ 는 불안정한 고정점이다. 한편 고정점 $x_2 = \sqrt{\mu - 1}$ 에서 선형화 미분방정식의 계수(행렬)은 $f_x(x_2;\, \mu) = -2(\mu - 1) < 0$이다. 따라서 $x_2 = \sqrt{\mu - 1}$ 는 점근적으로 안정하다.

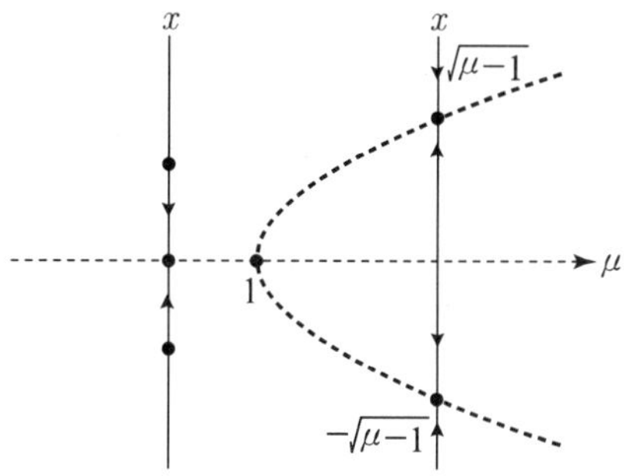

[그림 8.6.2]

끝으로, $x_3 = -\sqrt{\mu-1}$ 에서 선형화 미분방정식의 계수(행렬)은 $f_x(x_3;\mu) = -2(\mu-1) < 0$이다. 따라서 $x_3 = -\sqrt{\mu-1}$ 는 점근적으로 안정한 고정점이다.

종합하면, $\mu = 1$을 경계로 좌우에서 $\dfrac{dx}{dt} = (\mu-1)x - x^3$의 정성적 성질이 다르므로, $\mu_0 = 1$이 분기점이다. 그림 8.6.2는 이런 내용을 보기 쉽게 가로축을 매개변수(μ)축, 세로축을 상태변수(x)축으로 잡고 그린 분기도표이다. ■

참고 예 8.6.3에서 분기도표를 보면, 한 개의 평형점($x_1 = 0$)이 매개변수(μ)축을 따라 양의 방향으로 이동하다가 분기점($\mu_0 = 1$)을 지나면 고정점($x_1 = 0$)과 두 개의 새로운 고정점 $x_2 = \sqrt{\mu-1}$ 과 $x_3 = -\sqrt{\mu-1}$ 로 분화한다. 이런 형태의 분기를 **삼지창**(pitchfork) **분기**라 한다(그림이 삼지창(포크)을 닮았으므로 붙였음).

예 8.6.4 $\dfrac{d}{dt}\begin{pmatrix} x \\ y \end{pmatrix} = \begin{pmatrix} x \\ \mu - y^2 \end{pmatrix}$에 대해서 매개변수 μ의 값이 증가할 때 정성적 성질의 변화를 조사해보자.

풀이 $F(x, y; \mu) \equiv \begin{pmatrix} x \\ \mu - y^2 \end{pmatrix} = \begin{pmatrix} 0 \\ 0 \end{pmatrix}$을 풀어서 고정점을 구하자.

그러면 μ의 값에 따라서 다음과 같이 두 경우로 나누어서 고정점을 얻는다.

(1) $\mu < 0$인 경우; 고정점이 존재하지 않는다. 이 경우 $t \to \infty$ 일 때, 모든 해의 x 성분은 절대치가 지수함수 e^t에 비례해서 증가하고 y 성분은 $-\infty$로 단조 감소한다.

(2) $\mu > 0$인 경우; 두 개의 고정점 $X_1 = \begin{pmatrix} 0 \\ \sqrt{\mu} \end{pmatrix}$, $X_2 = \begin{pmatrix} 0 \\ -\sqrt{\mu} \end{pmatrix}$가 존재한다. 고정점의 안정성을 조사하기 위해서 방향장 $F = \begin{pmatrix} x \\ \mu - y^2 \end{pmatrix}$의 Jacobi 행렬 $F_X = \begin{pmatrix} 1 & 0 \\ 0 & -2y \end{pmatrix}$을 이용해서 선형화해보자. 그러면 $X_1 = \begin{pmatrix} 0 \\ \sqrt{\mu} \end{pmatrix}$에서 선형화 미분방정

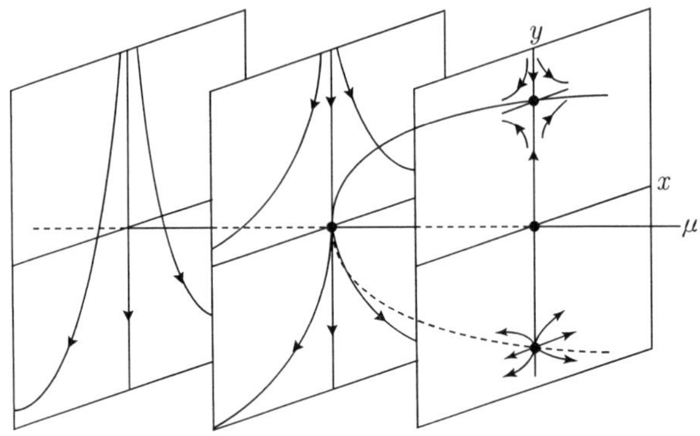

[그림 8.6.3]

식의 계수행렬은 $F_X(X_1) = \begin{pmatrix} 1 & 0 \\ 0 & -2\sqrt{\mu} \end{pmatrix}$ 이고, 고유치는 1, $-2\sqrt{\mu}$ 이다. 따라서 X_1 는 불안정한 안장점이다.

한편 $X_2 = \begin{pmatrix} 0 \\ -\sqrt{\mu} \end{pmatrix}$ 에서 선형화 미분방정식의 계수행렬은 $F_X(X_2) = \begin{pmatrix} 1 & 0 \\ 0 & 2\sqrt{\mu} \end{pmatrix}$ 이고, 고유치는 1, $2\sqrt{\mu}$ 이다. 따라서 X_2 는 불안정한 결절점이다.

그러므로 $\mu_0 = 0$ 가 분기점이다. 가로축을 매개변수(μ)축으로 두고, μ 축에 수직인 평면을 xy 평면으로 잡고 3차원 분기도표를 그리면 그림 8.6.3과 같다. ■

참고 예 8.6.4에서 분기도표를 보면, μ 가 증가해갈 때 분기점 $\mu_0 = 0$ 을 지나면 안장점 $X_1 = \begin{pmatrix} 0 \\ \sqrt{\mu} \end{pmatrix}$ 과 결절점 $X_2 = \begin{pmatrix} 0 \\ -\sqrt{\mu} \end{pmatrix}$ 이 동시에 생기면서 분기된다. 이런 형태의 분기를 **안장점–결절점(saddle-node) 분기**라 한다.

예 8.6.5 $\frac{d}{dt}\begin{pmatrix} x \\ y \end{pmatrix} = \begin{pmatrix} \mu x - y - x(x^2+y^2) \\ x + \mu y - y(x^2+y^2) \end{pmatrix}$ 에 대해서 매개변수 μ 의 값이 증가할 때 정성적 성질의 변화를 조사해보자.

풀이 $x = r\cos\theta$, $y = r\sin\theta$ 라 두고 (8.3.8)을 이용해서 극형식으로 표현하면 다음의 미분방정식을 얻는다. $r > 0$ 에 대해서,

$$\begin{pmatrix} r' = r(\mu - r^2) \\ \theta' = 1 \end{pmatrix} \tag{8.6.2}$$

따라서 μ 의 값에 따라서 (8.6.2)의 정성적 성질은 다음과 같이 나누어진다.

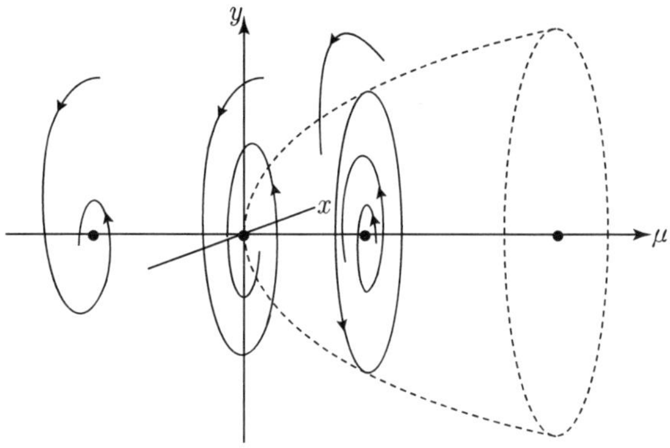

[그림 8.6.4]

(1) $\mu < 0$ 인 경우; $r = 0$ 인 한 개의 고정점(원점 0)만 존재한다. 이 경우 $\frac{dr}{dt} = r(\mu - r^2) < 0$ 이므로 $r(t)$는 감소함수이고 $\lim_{t \to \infty} r(t) = 0$ 이다. 그리고 $\theta(t) = t + \theta_0$ 이므로 고정점 0는 점근적으로 안정한 나선점(흡입점)이다.

(2) $\mu > 0$ 인 경우; $r_0 = 0$ 인 한 개의 고정점(원점 0)과 $r_1 = \sqrt{\mu}$ 인 순환궤도(원 $x^2 + y^2 = \mu$)가 존재한다. 이 경우 $0 < r < \sqrt{\mu}$ 이면 $\frac{dr}{dt} = r(\mu - r^2) > 0$ 이고, $\lim_{t \to \infty} r(t) = \sqrt{\mu}$ 이다. 그리고 $r > \sqrt{\mu}$ 이면 $\frac{dr}{dt} = r(\mu - r^2) < 0$ 이고, $\lim_{t \to \infty} r(t) = \sqrt{\mu}$ 이다. 또한 $\theta(t) = t + \theta_0$ 이므로 고정점 0는 불안정한 나선점(원천점)이며, 순환궤도(원 $x^2 + y^2 = \mu$)는 안정한 극한 순환궤도이다. 그러므로 $\mu_0 = 0$ 가 분기점이다. 가로축을 매개변수(μ)축으로 두고, μ 축에 수직인 평면을 xy 평면으로 잡고 3차원 분기도표를 그리면 그림 8.6.4와 같다. ■

참고 예 8.6.5에서 분기도표를 보면 μ가 매개변수(μ)축을 따라 양의 방향으로 증가해갈 때, 흡입점 0는 분기점($\mu_0 = 0$)을 지나면서 나선형 원천점 0과 극한 순환궤도로 분기된다. 이런 형태의 분기를 Hopf 분기라 한다. 간단한 분기의 예를 보았는데 이외에도 분기의 형태는 여러 가지가 있다. 어떤 조건을 만족할 때 어떤 형태의 분기가 일어나는가 하는 문제는 현재도 활발히 연구가 진행되고 있다. 자세한 내용은 이 책의 범위를 벗어나므로 생략하고, Hopf 분기에 대해서 잘 알려진 간단한 정리 하나를 소개한다([6] 참조).

| 정리 8.6.6 | [Hopf 분기 정리] $\frac{d}{dt}X = F(X;\ \mu)$가 매개변수 μ의 모든 값에 대해서, 하나의 고정점 $\overline{X}$만 가진다고 가정하자. 그리고 F의 Jacobi 행렬

$F_X(\overline{X};\,\mu)$의 고유치 $\lambda_1(\mu)$와 $\lambda_2(\mu)$가, $\mu=\mu_0$에서 순허수라 가정하자. 즉 $\lambda_1(\mu_0)=\beta i$, $\lambda_2(\mu_0)=-\beta i$, $(\beta>0)$. 또한 고유치의 실수부 $Re(\lambda_1(\mu))$가 다음의 부등식을 만족한다고 하자.

$$\frac{d}{d\mu}Re(\lambda_1(\mu))|_{\mu=\mu_0}>0$$

그리고 $\mu=\mu_0$일 때, $\overline{X}$는 점근적으로 안정한 고정점이라 하자. 그러면 다음이 성립한다(Hopf 분기).

(i) $\mu=\mu_0$가 분기점이다.

(ii) 적당한 $\mu_1<\mu_0$가 존재하여, 모든 $\mu\in(\mu_1,\,\mu_0)$에 대해서 $\overline{X}$이 점근적으로 안정한 고정점이다.

(iii) 적당한 $\mu_2>\mu_0$가 존재하여, 모든 $\mu\in(\mu_0,\,\mu_2)$에 대해서 $\overline{X}$은 불안정한 나선점이며, μ가 증가함에 따라 크기가 증가하는 안정한 극한 순환궤도에 의해서 둘러싸인다.

예 8.6.7 $\frac{d}{dt}\begin{pmatrix}x\\y\end{pmatrix}=\begin{pmatrix}y+x(\mu-x^2-y^2)\\-x+y(\mu-x^2-y^2)\end{pmatrix}$에 대해서 매개변수 μ의 값이 증가할 때 정성적 성질의 변화를 조사해보자.

풀이 $X=\begin{pmatrix}x\\y\end{pmatrix}$, $F(x,\,y;\,\mu)=\begin{pmatrix}y+x(\mu-x^2-y^2)\\-x+y(\mu-x^2-y^2)\end{pmatrix}$라 두자. 그러면 모든 μ에 대해서, 고정점은 원점 0뿐이다. $F(X;\,\mu)$의 Jacobi 행렬은 아래와 같다.

$$F_X(X;\,\mu)=\begin{pmatrix}\mu-3x^2-y^2 & 1-2xy\\-1-2xy & \mu-x^2-3y^2\end{pmatrix}$$

고정점 $\overline{X}=0$에서 계산하면, Jacobi 행렬은 μ의 함수로써 다음과 같다.

$$F_X(0;\,\mu)=\begin{pmatrix}\mu & 1\\-1 & \mu\end{pmatrix}$$

이 행렬의 특성방정식은 아래와 같다.

$$(\lambda-\mu)^2+1=0$$

따라서 고유치는 다음과 같다.

$$\lambda=\mu\pm i$$

이제 정리 8.6.6에서 Hopf 분기조건이 만족되는지 살펴보자. 먼저 만약 $\mu=0$이면, Jacobi 행렬 $F_X(0;\ 0)$의 고유치는 순허수 $\lambda = \pm i$ 이다. 그래서 $\mu_0 = 0$ 라 두자. 한편 $Re(\lambda(\mu)) = \mu$ 이므로, 다음과 같다.

$$\frac{d}{d\mu} Re(\lambda(\mu))|_{\mu=\mu_0} = 1$$

이제 $\mu_0 = 0$ 에 대해서, 고정점 $\overline{X} = 0$ 이 점근적으로 안정한지 조사해보자. $\mu_0 = 0$ 에서 고유치는 순허수이므로, $\overline{X} = 0$ 는 선형화 방법으로 판단 불가능하다. 여기서 Lyapunov의 직접방법을 시도해보자. 다음의 함수를 생각하자.

$$V(X;\ \mu) = \frac{1}{2}(x^2 + y^2)$$

그러면 다음을 얻는다.

$$\frac{d}{dt} V(X;\ \mu) = x\frac{dx}{dt} + y\frac{dy}{dt} = (x^2 + y^2)[\mu - (x^2 + y^2)]$$

그러므로 $\mu_0 = 0$ 에서, 다음과 같다.

$$\frac{d}{dt} V(X;\ 0) = -(x^2 + y^2)^2$$

따라서 정리 8.4.2에 의해서, $\mu_0 = 0$ 에서 고정점 $\overline{X} = 0$ 는 점근적으로 안정하다.

그러므로 정리 8.6.6에 의해서, $\mu_0 = 0$ 가 분기점이다. 그리고 $\mu > \mu_0$ 에 대해서 $\overline{X} = 0$ 는 불안정한 나선점이며, μ 가 증가함에 따라 증가하는 극한 순환궤도에 의해서 둘러싸인다. ■

연습문제 8.6

1. $\dfrac{dx}{dt} = f(x;\ \mu) = x^2 - 2x + \mu$ 에 대하여 μ 의 값에 따라서 분기를 조사하여라.

2. $\dfrac{dx}{dt} = f(x;\ \mu) = x^2 - \mu x + 1$ 에 대하여 μ 의 값에 따라서 분기를 조사하여라.

3. $\dfrac{dx}{dt} = f(x;\ \mu) = x^2 - \mu$ 에 대하여 μ 의 값에 따라서 분기를 조사하여라.

4. $\dfrac{dx}{dt} = f(x;\ \mu) = rx\left(1 - \dfrac{x}{K}\right) - \mu$ 에 대하여 μ 의 값에 따라서 분기를 조사하여라

(단 $r > 0$와 $K > 0$는 상수이다).

5. 매개변수 μ를 가진 미분방정식에 대하여 분기를 조사하여라.

(1) $\begin{cases} \dfrac{dx}{dt} = -x + 3y \\ \dfrac{dy}{dt} = \mu x + 5y \end{cases}$ (2) $\begin{cases} \dfrac{dx}{dt} = 8x - 4y \\ \dfrac{dy}{dt} = x - \mu \end{cases}$

(3) $\begin{cases} \dfrac{dx}{dt} = \mu x + 3y \\ \dfrac{dy}{dt} = 3x + y \end{cases}$ (4) $\begin{cases} \dfrac{dx}{dt} = 6x - 3y \\ \dfrac{dy}{dt} = 2x + \mu y \end{cases}$

(5) $\begin{cases} \dfrac{dx}{dt} = -x + \mu y \\ \dfrac{dy}{dt} = -3x + 5y \end{cases}$ (6) $\begin{cases} \dfrac{dx}{dt} = 6x - y \\ \dfrac{dy}{dt} = \mu x + 4y \end{cases}$

(7) $\begin{cases} \dfrac{dx}{dt} = \mu x - xy^2 \\ \dfrac{dy}{dt} = -y - x^2 y \end{cases}$ (8) $\begin{cases} \dfrac{dx}{dt} = x^2 - 2y + \mu \\ \dfrac{dy}{dt} = x - y \end{cases}$

(9) $\begin{cases} \dfrac{dx}{dt} = x - xy \\ \dfrac{dy}{dt} = \mu y + 2xy \end{cases}$ (10) $\begin{cases} \dfrac{dx}{dt} = y \\ \dfrac{dy}{dt} = x^2 - \mu x - y \end{cases}$

(11) $\begin{cases} \dfrac{dx}{dt} = y \\ \dfrac{dy}{dt} = \mu(1 - x^2)y - x \end{cases}$ (12) $\begin{cases} \dfrac{dx}{dt} = \mu y \\ \dfrac{dy}{dt} = -x + \dfrac{x^3}{6} \end{cases}$

(13) $\begin{cases} \dfrac{dx}{dt} = \mu x + y - x(x^2 + y^2) \\ \dfrac{dy}{dt} = -x + \mu y - y(x^2 + y^2) \end{cases}$ (14) $\begin{cases} \dfrac{dx}{dt} = y \\ \dfrac{dy}{dt} = -x + (\mu - x^2 - y^2)y \end{cases}$

8.7 기이한 끌개의 예

미분방정식 $\dfrac{d}{dt}X = F(X)$에 대해서, 어떤 유계 집합 K의 가까운 근방에서 출발한 모든 해 $X(t)$의 궤도 $\Gamma_T = \{X(t) \mid t \geq T\}$가 $T \to \infty$일 때 점근적으로 집합 K에 수렴하면 K를 끌개(attractor)라 한다.

앞 절에서 이미 소개한 점근적으로 안정한 고정점과 점근적으로 안정한 극한 순환궤도가 끌개의 예이다. 3차원 이상의 어떤 미분방정식 $\frac{d}{dt}X = F(X)$ 에는 매우 기이한 성질을 가진 해가 존재하는 경우가 있다.

여기서 '기이한' 성질을 가진 해라는 것은 어떤 "유계 영역 안에 머물며, 고정점에 점근적으로 수렴하지도 않고, 극한 순환궤도에 점근적으로 수렴하지도 않고, 초기치에 매우 민감한" 비주기해를 의미한다. 이때 "해가 초기치에 민감하다"는 것은 초기치문제 $[\frac{d}{dt}X = F(X),\ X(0) = X_0]$에서 초기치 X_0의 미세한 차이에도 t가 커지면 해 $X(t;\ X_0)$의 차이가 크게 날 수 있음을 의미한다(그래서 현실적으로 초기상태를 알아도 미래 상태를 예측하기가 거의 불가능하다. 이런 경우를 흔히 혼돈이라 한다). 즉 두 초기치 $X_1 \neq X_2$의 차이 $\|X_1 - X_2\|$가 0에 아무리 가깝더라도, t가 커지면 해의 차이 $\|X(t;\ X_1) - X(t;\ X_2)\|$가 비교적 큰 값이 될 수 있음을 의미한다. 이러한 '기이한 해'의 $\omega-$극한집합은 하나의 끌개가 되는데, 이와 같은 끌개를 **기이한 끌개**(strange attractor) 또는 **끌개 혼돈 집합**(attracting chaotic set)이라 한다. 일반적으로 기이한 끌개는 매우 복잡한 프랙털(fractal) 집합으로 되어 있다. 여기서 말하는 프랙털 집합이란 점, 선 등이 조밀하게 분포된 그러나 빈 곳(부분)도 조밀하게 분표되어 있는 집합으로, 기하학적으로 정수 차원을 가지지 않는다.

한편 '기이한 비주기해'는 정리 1.3.4(해의 존재성과 유일성)에 의해서 1계 1차원 미분방정식에는 존재할 수 없으며, [Poincare-Bendixson 정리 8.5.11]에 의해서 1계 2차원 자율 미분방정식에도 존재할 수 없다.

즉 1계 1차원 미분방정식과 1계 2차원 자율 미분방정식에는 '기이한 끌개'가 존재하지 않는다. 그러나 어떤 1계 2차원 비자율 미분방정식 또는 어떤 1계 3차원 이상의 미분방정식에서는 '기이한 끌개'가 존재한다는 것이 알려져 있다. Poincare가 1900년경에 3체 문제(three-body problem)에서 유계 영역 안에 머물며, 고정점에 점근적으로 수렴하지도 않고, 극한 순환궤도에 점근적으로 수렴하지도 않는 비주기해를 처음 발견하였다. 그러나 1963년 Lorenz가 기이한 끌개를 가지는 간단한 1계 3차원 미분방정식의 예를 들면서 (정밀한 수치적 계산능력의 발전에 힘입어) 기이한 끌개와 혼돈현상이 주목받기 시작하였다.

이제 Lorenz 방정식과 주기함수 비제차항을 가진 Duffing 방정식을 예로 들어 기이한 끌개와 혼돈을 간략히 소개한다.

8.7.1 Lorenz 방정식

기상학자 Lorenz가 1963년에 간단한 기상현상의 수학적 모델(Lorenz 방정식이라 함)에서 '기이한 끌개'가 존재한다는 것을 보였다. 기이한 끌개(또는 혼돈)를 수학적으로 다룰 때 주로 드는 예가 Lorenz 방정식이다.

예 8.7.1 **Lorenz 방정식** 다음의 1계 3차원 자율 미분방정식을 Lorenz 방정식이라 하는데, 해의 존재성과 유일성을 조사하고 고정점을 구해보자.

$$\frac{d}{dt}\begin{pmatrix} x \\ y \\ z \end{pmatrix} = \begin{pmatrix} \mu(y-x) \\ rx - y - xz \\ xy - bz \end{pmatrix} \tag{8.7.1}$$

단 $\mu > 0$, $r > 0$, $b > 0$ 는 상수(매개변수)이다.

풀이 $F(x,\ y,\ z) \equiv \begin{pmatrix} \mu(y-x) \\ rx - y - xz \\ xy - bz \end{pmatrix}$가 공간 $\boldsymbol{R}^3$상에서 연속 편미분가능이므로 존재정리 8.1.2에 의해서, 임의의 초기치 $X_0 = (x_0,\ y_0,\ z_0)^t$에 대해 다음의 초기치문제 (8.7.2)는 유일한 해 $X(t;\ X_0) = (x(t),\ y(t),\ z(t))^t$를 가진다.

$$\frac{d}{dt}\begin{pmatrix} x \\ y \\ z \end{pmatrix} = \begin{pmatrix} \mu(y-x) \\ rx - y - xz \\ xy - bz \end{pmatrix}, \quad \begin{pmatrix} x(0) \\ y(0) \\ z(0) \end{pmatrix} = \begin{pmatrix} x_0 \\ y_0 \\ z_0 \end{pmatrix} \tag{8.7.2}$$

그러나 초기치문제 (8.7.2)는 매우 간단해 보이지만 일반적으로 해 $X(t;\ X_0)$를 직접 구할 수는 없다.

한편 Lyapunov 직접방법과 유사한 방법으로 분석하면, 초기치문제 (8.7.2)의 해 $X(t;\ X_0)$는 유계임을 알 수 있다(연습문제). 즉 임의의 초기치 $X_0 \in \boldsymbol{R}^3$에 대해서 양수 $M(X_0)$가 존재하여, 다음을 만족한다.

$$\text{모든 } t \geq 0 \text{에 대해서, } \| X(t;\ X_0) \| \leq M(X_0) \tag{8.7.3}$$

이제 Lorenz 방정식 (8.7.1)의 고정점을 계산해보자. $\begin{pmatrix} \mu(y-x) = 0 \\ rx - y - xz = 0 \\ xy - bz = 0 \end{pmatrix}$를 풀면 $y = x$, $x(r-1-z) = 0$, $bz = x^2$ 이므로, (8.7.1)의 고정점은 다음과 같다.

(i) $r \leq 1$ 인 경우 1개의 고정점만 존재; $\overline{X_1} = (0,\ 0,\ 0)^t$

(ii) $r > 1$ 인 경우 3개의 고정점이 존재;

$$\overline{X_1} = (0,\ 0,\ 0)^t, \quad \overline{X_2} = (-\sqrt{b(r-1)},\ -\sqrt{b(r-1)},\ r-1)^t,$$
$$\overline{X_3} = (\sqrt{b(r-1)},\ \sqrt{b(r-1)},\ r-1)^t$$

따라서 매개변수 $r > 0$ 이 증가해갈 때, $0 < r \leq 1$에서 하나의 고정점 $\overline{X_1}$ 이 $r > 1$에서 3개의 고정점 $\overline{X_1}$, $\overline{X_2}$, $\overline{X_3}$ 으로 분화된다. 따라서 $r = 1$ 이 분기점이다. ■

예 8.7.2 Lorenz 방정식 (8.7.1)의 고정점 $\overline{X_1} = (0,\ 0,\ 0)^t$를 선형화 방법으로 분석해보자.

풀이 (8.7.1)을 선형화하여 고정점 $\overline{X_1} = (0,\ 0,\ 0)^t$의 국소적 성질을 분석하기 위해서 Jacobi(도함수) 행렬 $F_X(\overline{X_1})$의 고유치를 조사해보자.

$F(x,\ y,\ z)$의 Jacobi(도함수) 행렬 $F_X(x,\ y,\ z)$는 다음과 같다.

$$F_X(x,\ y,\ z) = \begin{pmatrix} -\mu & \mu & 0 \\ r-z & -1 & -x \\ y & x & -b \end{pmatrix} \tag{8.7.4}$$

$A_1 \equiv F_X(0,\ 0,\ 0) = \begin{pmatrix} -\mu & \mu & 0 \\ r & -1 & 0 \\ 0 & 0 & -b \end{pmatrix}$의 고유치 λ를 구해보면 다음과 같다.

$$\det(\lambda I - A_1) = \begin{vmatrix} \lambda+\mu & -\mu & 0 \\ -r & \lambda+1 & 0 \\ 0 & 0 & \lambda+b \end{vmatrix} = (\lambda+b)[\lambda^2 + (\mu+1)\lambda + \mu - \mu r] = 0$$

따라서 위의 3차 방정식을 풀면 다음의 고유치를 얻는다.

$$\lambda_1 = -b, \quad \lambda_2 = \frac{-(\mu+1) - \sqrt{(\mu+1)^2 - 4(1-r)\mu}}{2},$$
$$\lambda_3 = \frac{-(\mu+1) + \sqrt{(\mu+1)^2 - 4(1-r)\mu}}{2} \tag{8.7.5}$$

여기서 다음을 알 수 있다.

(i) $0 < r < 1$ 인 경우; $\lambda_1 < 0$, $\lambda_2 < 0$, $\lambda_3 < 0$ 이므로, $\overline{X_1} = (0,\ 0,\ 0)^t$는 점근적으로 안정한 결절점이다.

(ii) $r = 1$ 인 경우; $\lambda_1 < 0$, $\lambda_2 < 0$, $\lambda_3 = 0$ 이므로, $\overline{X_1} = (0,\ 0,\ 0)^t$는 선형화 방법으로는 판정불가이다.

(iii) $r > 1$ 인 경우; $\lambda_1 < 0$, $\lambda_2 < 0$, $\lambda_3 > 0$ 이므로, $\overline{X_1} = (0,\ 0,\ 0)^t$는 불안정한 안장점이다.

따라서 $r = 1$ 이 분기점이다. ■

참고 (8.7.1)에 보면, 매개변수 $(\mu,\ b,\ r)$가 많아서 분기가 매우 복잡하므로 이제 r만 매개변수로 남기고, 나머지 μ와 b에는 다음과 같이 특정 값을 대입하여 상수로 만들어서 다루자.

$$\mu = 10, \quad b = \frac{8}{3}$$

그러면 다음과 같이 한 개의 매개변수만 가진 방정식으로 한정된다.

예 8.7.3 $r > 1$ 인 경우에, 다음 Lorenz 방정식의 고정점 $\overline{X_1}$, $\overline{X_2}$, $\overline{X_3}$ 를 선형화 방법으로 분석해보자.

$$\frac{d}{dt}\begin{pmatrix} x \\ y \\ z \end{pmatrix} = \begin{pmatrix} 10(y-x) \\ rx - y - xz \\ xy - \frac{8}{3}z \end{pmatrix} \tag{8.7.6}$$

풀이 (8.7.6)은 다음과 같이 3개의 고정점을 가진다.

$$\overline{X_1} = (0,\ 0,\ 0)^t, \quad \overline{X_2} = \left(-\sqrt{\frac{8}{3}(r-1)},\ -\sqrt{\frac{8}{3}(r-1)},\ r-1\right)^t,$$
$$\overline{X_3} = \left(\sqrt{\frac{8}{3}(r-1)},\ \sqrt{\frac{8}{3}(r-1)},\ r-1\right)^t$$

그러면 (8.7.5)에 의해서 $\overline{X_1} = (0,\ 0,\ 0)^t$ 는 (불안정한) 안장점임을 알 수 있다.

한편 $\overline{X_2}$ 에서 Jacobi 행렬 $F_X(\overline{X_2})$는 다음과 같다.

$$A_2 \equiv F_X(\overline{X_2}) = \begin{pmatrix} -10 & 10 & 0 \\ 1 & -1 & \sqrt{\frac{8}{3}(r-1)} \\ -\sqrt{\frac{8}{3}(r-1)} & -\sqrt{\frac{8}{3}(r-1)} & -\frac{8}{3} \end{pmatrix}$$

그러므로 A_2 의 고유방정식은 다음과 같다.

$$\det(\lambda I - A_2) = \begin{vmatrix} \lambda+10 & -10 & 0 \\ -1 & \lambda+1 & -\sqrt{\frac{8}{3}(r-1)} \\ \sqrt{\frac{8}{3}(r-1)} & \sqrt{\frac{8}{3}(r-1)} & \lambda+\frac{8}{3} \end{vmatrix}$$
$$= \lambda^3 + \frac{41}{3}\lambda^2 + \frac{8}{3}(r+10)\lambda + \frac{160}{3}(r-1) = 0$$

또한 $\overline{X_3}$ 에서 Jacobi 행렬 $F_X(\overline{X_3})$는 다음과 같다.

$$A_3 \equiv F_X(\overline{X_3}) = \begin{pmatrix} -10 & 10 & 0 \\ 1 & -1 & -\sqrt{\frac{8}{3}(r-1)} \\ \sqrt{\frac{8}{3}(r-1)} & \sqrt{\frac{8}{3}(r-1)} & -\frac{8}{3} \end{pmatrix}$$

그러므로 A_3 의 고유방정식은 다음과 같다.

$$\det(\lambda I - A_3) = \begin{vmatrix} \lambda+10 & -10 & 0 \\ -1 & \lambda+1 & \sqrt{\frac{8}{3}(r-1)} \\ -\sqrt{\frac{8}{3}(r-1)} & -\sqrt{\frac{8}{3}(r-1)} & \lambda+\frac{8}{3} \end{vmatrix}$$

$$= \lambda^3 + \frac{41}{3}\lambda^2 + \frac{8}{3}(r+10)\lambda + \frac{160}{3}(r-1) = 0$$

즉 A_2, A_3 의 고유방정식은 다음과 같이 동일하다.

$$\det(\lambda I - A_2) = \det(\lambda I - A_3) = \lambda^3 + \frac{41}{3}\lambda^2 + \frac{8}{3}(r+10)\lambda + \frac{160}{3}(r-1) = 0$$

3차 방정식 $p(\lambda) = \lambda^3 + \frac{41}{3}\lambda^2 + \frac{8}{3}(r+10)\lambda + \frac{160}{3}(r-1) = 0$의 근(고유치 λ_1, λ_2, λ_3)을 수치적으로 분석해보면, 두 개의 무리수 $r_0 = 1.34\cdots$, $r_1 = 24.73\cdots$에서 다음과 같이 분기됨을 볼 수 있다.

(1) $1 < r < r_0$ 인 경우; 3개의 실 고유치 $\lambda_1 < 0$, $\lambda_2 < 0$, $\lambda_3 < 0$

(2) $r_0 < r < r_1$ 인 경우; 1개의 실 고유치 λ_1 과 두 개의 복소 고유치 $\overline{\lambda_2} = \lambda_3$로서,

$$\lambda_1 < 0,\ Re\lambda_2 = Re\lambda_3 < 0,\ Im\lambda_2 = -Im\lambda_3 \neq 0$$

(3) $r_1 < r$ 인 경우; 1개의 실 고유치 λ_1 과 두 개의 복소 고유치 $\overline{\lambda_2} = \lambda_3$로서,

$$\lambda_1 < 0,\ Re\lambda_2 = Re\lambda_3 > 0,\ Im\lambda_2 = -Im\lambda_3 \neq 0 \tag{8.7.7}$$

따라서 종합하면 다음의 분기를 알 수 있다.

(1) $1 < r < r_0$ 인 경우; $\overline{X_1}$ 은 불안정한 안장점이고, $\overline{X_2}$, $\overline{X_3}$ 는 점근적으로 안정한 결절점이다.

(2) $r_0 < r < r_1$ 인 경우; $\overline{X_1}$ 은 불안정한 안장점이고, $\overline{X_2}$, $\overline{X_3}$ 는 점근적으로 안정하다.

(3) $r_1 < r$ 인 경우; $\overline{X_1}$ 은 불안정한 안장점이고, $\overline{X_2}$, $\overline{X_3}$ 도 불안정하다. ■

참고 $r_1 < r$ 인 경우, (8.7.6)의 모든 고정점 $\overline{X_1}$, $\overline{X_2}$, $\overline{X_3}$ 는 불안정하지만 (8.7.3)에 의해서 모든 해는 유계이므로 매우 흥미롭다.

예로써 (8.7.6)에서 $r = 28 > r_1$ 이라 두고 좀 더 자세히 살펴보자.

예 8.7.4 다음의 특정 Lorenz 방정식을 분석해보자.

$$\frac{d}{dt}\begin{pmatrix} x \\ y \\ z \end{pmatrix} = \begin{pmatrix} 10(y-x) \\ 28x - y - xz \\ xy - \frac{8}{3}z \end{pmatrix} \tag{8.7.8}$$

풀이 (8.7.8)은 예 8.7.3에 의해서 다음과 같이 불안정한 3개의 고정점을 가진다.

$$\overline{X_1} = (0,\ 0,\ 0)^t, \quad \overline{X_2} = (-6\sqrt{2},\ -6\sqrt{2},\ 27)^t, \quad \overline{X_3} = (6\sqrt{2},\ 6\sqrt{2},\ 27)^t$$

여기서 (8.7.5)와 (8.7.7)에 의해서 다음을 알 수 있다.

(1) $\overline{X_1}$ 의 근방에서 해 $X(t)$ 는 $\overline{X_1}$ 로 수렴하는 두 개의 성분과 발산하는 1개의 성분으로 분해된다.

(2) $\overline{X_2}$ 의 근방에서 해 $X(t)$ 는 $\overline{X_2}$ 로 수렴하는 1개의 성분과 나선형으로 발산하는 두 개의 성분으로 분해된다.

(3) $\overline{X_3}$ 의 근방에서 해 $X(t)$ 는 $\overline{X_3}$ 로 수렴하는 1개의 성분과 나선형으로 발산하는 두 개의 성분으로 분해된다.

여기서 초기치문제의 구체적인 예 3개를 살펴보자. 간단한 초기치 $X_{01} = (0,\ 1,\ 0)^t$, $X_{02} = (0,\ 1.001,\ 0)^t$, $X_{03} = (10,\ -1,\ 14)^t$ 에 대해서 각각 초기치문제의 해 $X(t;\ X_{01})$, $X(t;\ X_{02})$, $X(t;\ X_{03})$는 (8.7.3)에 의해서 유계이고 각 해의 $\omega-$극한 집합이 존재하며, 모두 일치한다(수학적으로 증명하는 것은 매우 어려우므로 근사적인 그래프로 짐작하기 바람). 즉

$$\Gamma_\infty \equiv L_\omega(X(t;\ X_{01})) = L_\omega(X(t;\ X_{02})) = L_\omega(X(t;\ X_{03})) \tag{8.7.9}$$

수치적으로 계산하고 그래프로 그려보면 다음과 같다.

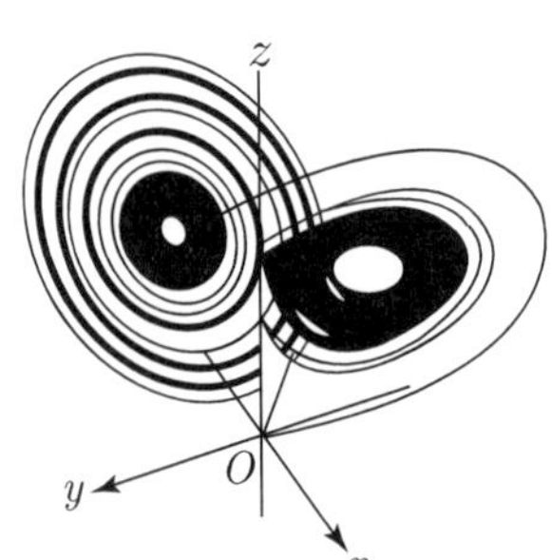

[그림 8.7.1] ■

참고 (8.7.9)에서 ω-극한집합 Γ_∞는 하나의 끌개이다. 즉 Γ_∞의 근방에서 시작한 해의 궤도는 점근적으로 Γ_∞에 수렴한다. 여기서 끌개 Γ_∞는 매우 복잡한 구조(프랙털 구조)를 가진 집합으로 '기이한 끌개'의 대표적 예가 된다. 한편 (8.7.9)에서 두 해 $X(t;\ X_{01})$, $X(t;\ X_{02})$를 간단히 살펴보자.

초기치는 매우 비슷하지만, 즉 $X(0;\ X_{01}) = X_{01} \simeq X_{02} = X(0;\ X_{02})$이지만, 한참 시간이 경과한 후($T>0$)에는 두 해의 차이 $X(T;\ X_{01}) - X(T;\ X_{02})$가 상당히 커질 수 있다(두 해의 그래프의 동영상을 보면 금방 알 수 있다).

즉 시작할 때의 매우 미세한 차이가 상당히 시간이 경과한 후에는 매우 다른 결과를 초래할 수 있음을 보여준다(이 현상을 물리학자들은 흔히 나비효과라 부른다). 이런 경우에는 현재의 상태를 바탕으로 미래의 상태를 (허용 오차범위 내에서) 예측하기가 불가능하다. 그래서 이런 현상을 흔히 '혼돈'이라 한다.

8.7.2 주기적 가진(加振)항이 포함된 Duffing 방정식

1계 2차원 비자율 미분방정식 중에는 기이한 끌개를 가지는 경우가 있다. 먼저 비자율 미분방정식을 자율 미분방정식으로 변환하는 예를 보자.

1계 n차원 비자율 미분방정식 $\dfrac{d}{dt}X = F(t,\ X)$는 다음과 같은 1계 $(n+1)$차원 자율 미분방정식으로 간주할 수 있다.

$$\begin{cases} \dfrac{d}{dt}\tau = 1 \\ \dfrac{d}{dt}X = F(\tau,\ X) \end{cases} \tag{8.7.10}$$

(8.7.10)에서 벡터 종속변수는 $(\tau,\ X)$이다. 그리고 $\tau(0) = 0$라 두면, $\tau = t$이므로 (8.7.10)은 $\dfrac{d}{dt}X = F(t,\ X)$와 일치한다. 그러므로 1계 2차원 비자율 미분방정식은 1계 3차원 자율 미분방정식으로 간주할 수 있으며, 그 중에는 기이한 끌개를 가지는 경우가 있다. 주기적인 가진항이 포함된 Duffing 방정식이 그 예이다.

예 8.7.5 다음과 같은 주기적인 가진항이 포함된 Duffing 방정식을 1계 벡터 미분방정식으로 표현하고, 해의 존재성과 유일성을 조사해보자.

$$\frac{d^2x}{dt^2} + r\frac{dx}{dt} + x + x^3 = \rho\sin\omega t \tag{8.7.11}$$

단 $r > 0$, $\rho > 0$, $\omega > 0$는 매개변수이다.

풀이 2차원 미분방정식으로 표현하면 다음과 같다.

$$\begin{cases} \dfrac{dx}{dt} = y \\ \dfrac{dy}{dt} = -x - x^3 - ry + \rho\sin\omega t \end{cases}$$

$F(t,\ x,\ y) \equiv \begin{pmatrix} y \\ -x - x^3 - ry + \rho\sin\omega t \end{pmatrix}$이 종속변수 $\begin{pmatrix} x \\ y \end{pmatrix}$에 대해서 연속 편미분가능이므로, 정리 8.1.2에 의하여 임의의 초기치 $X_0 = \begin{pmatrix} x_0 \\ y_0 \end{pmatrix} \in \boldsymbol{R}^2$ 에 대해서 다음의 초기치문제는 유일한 해 $X(t;\ X_0) = \begin{pmatrix} x(t) \\ y(t) \end{pmatrix}$를 가진다.

$$\frac{d}{dt}\begin{pmatrix} x \\ y \end{pmatrix} = \begin{pmatrix} y \\ -x - x^3 - ry + \rho\sin\omega t \end{pmatrix}, \quad \begin{pmatrix} x(0) \\ y(0) \end{pmatrix} = \begin{pmatrix} x_0 \\ y_0 \end{pmatrix} \qquad (8.7.12)$$

초기치문제 (8.7.12)는 간단하지만, 해 $X(t;\ X_0)$를 직접 구할 수는 없다.

한편 방향장 $F(t,\ x,\ y) \equiv \begin{pmatrix} y \\ -x - x^3 - ry + \rho\sin\omega t \end{pmatrix}$가 t-주기함수이고 주기가 $\dfrac{2\pi}{\omega}$ 이다. 즉 임의의 $x,\ y \in \boldsymbol{R}^2$와 $t \in (-\infty, \infty)$에 대해서, 다음이 성립한다.

$$F(t + \frac{2\pi}{\omega},\ x,\ y) = F(t,\ x,\ y)$$

그러므로 이와 같이 t-주기 방향장을 가진 경우에, t는 한 주기구간 $[0,\ \dfrac{2\pi}{\omega}]$ 내에서 반복적으로 0에서 $\dfrac{2\pi}{\omega}$까지 변하는 변수라 간주할 수 있다. 그림으로 설명하면, 시간 t는 반경 $\dfrac{1}{\omega}$(원주의 길이가 $T_0 = \dfrac{2\pi}{\omega}$)인 원을 반시계방향으로 각속도 1로 회전하고 있다고 간주할 수 있다. 따라서 이 경우에 t는 유계라 간주할 수 있다. ■

이제 (8.7.12)를 3차원 자율 미분방정식으로 표현하면 다음을 얻는다.

$$\frac{d}{dt}\begin{pmatrix} \tau \\ x \\ y \end{pmatrix} = \begin{pmatrix} 1 \\ y \\ -x - x^3 - ry + \rho\sin\omega\tau \end{pmatrix}, \quad \begin{pmatrix} \tau(0) \\ x(0) \\ y(0) \end{pmatrix} = \begin{pmatrix} 0 \\ x_0 \\ y_0 \end{pmatrix} \qquad (8.7.13)$$

(8.7.13)에서 t가 유계라 간주하면, $\tau = t$도 유계라 간주된다. 그러므로 (8.7.13)에서 유계 영역에 갇힌 '기이한 해'가 존재할 가능성이 있다. (8.7.12)와 (8.7.13)은 동등하므로, (8.7.12)가 '기이한 해'를 가질 가능성이 있다.

이제 (8.7.12)에서 기이한 해의 존재가능성을 조사해보자. 편의상 $X = \begin{pmatrix} x \\ y \end{pmatrix}$,

$F(t,\ x,\ y) = \begin{pmatrix} y \\ -x - x^3 - ry + \rho\sin\omega t \end{pmatrix}$라 두고, 다음과 같이 (8.7.12)를 간단히 표현하자.

$$\frac{d}{dt}X = F(t,\ X),\ \ X(0) = X_0 \tag{8.7.14}$$

그러면 $F(t,\ X)$는 t-주기가 $T_0 = \dfrac{2\pi}{\omega}$ 인 t-주기함수이다. 즉

$$\text{모든 } t \ge 0 \text{ 에 대해서, } F(t,\ X) = F(t + \frac{2\pi}{\omega},\ X) \tag{8.7.15}$$

이와 같이 $F(t,\ X)$가 t-주기함수인 경우에는 그 주기 T_0 마다 해의 값 $X(nT_0;\ X_0)$을 계산해보면, 해 $X(t;\ X_0)$의 궤도에 대한 정보를 얻을 수 있다. 이런 계산은 초기치문제의 해의 유일성에 의해서 단순화될 수 있다.

먼저 사상(寫像) $\boldsymbol{P}$: $\boldsymbol{R}^2 \to \boldsymbol{R}^2$ 를 다음과 같이 정의하자.

$$X_0 \in \boldsymbol{R}^2 \text{ 에 대해서, } \boldsymbol{P}(X_0) \equiv X(T_0;\ X_0) \tag{8.7.16}$$

이런 $\boldsymbol{P}$를 $\dfrac{d}{dt}X = F(t,\ X)$의 Poincare 사상이라 한다.

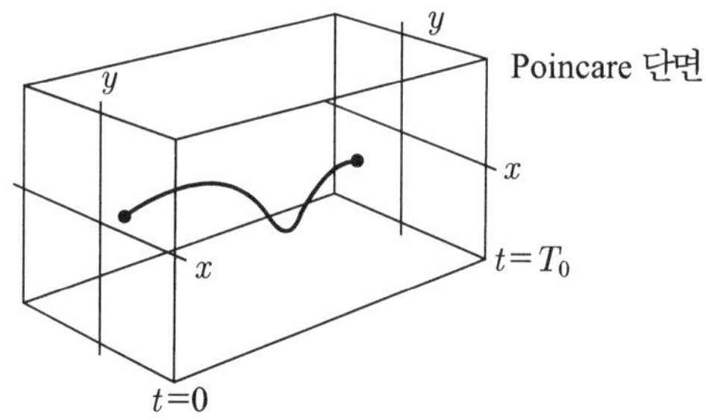

[그림 8.7.2]

한편 t의 값을 고정하고 해 $X(t;\ X_0)$를 X_0의 함수라 간주하면, $X(t;\ X_0)$가 초기치 $X_0 \in \boldsymbol{R}^2$ 에 대해서 연속사상이다. 그러므로 Poincare 사상 $\boldsymbol{P}$: $\boldsymbol{R}^2 \to \boldsymbol{R}^2$ 는 연속 사상이다. 이제 $\boldsymbol{P}$: $\boldsymbol{R}^2 \to \boldsymbol{R}^2$ 의 기하학적 의미를 살펴보자. 편의상 3차원 공간상에 해 $X(t;\ X_0)$의 그래프를 다음과 같이 두자.

$$\Gamma(X_0) \equiv \{(t,\ X(t,\ X_0)) \in \boldsymbol{R}^3 \mid 0 \le t\}$$

txy-공간 $\boldsymbol{R}^3$에서 (8.7.14)의 해 $X(t;\ X_0)$의 그래프 $\Gamma(X_0)$를 평면 $t=0$로 절단하면 그 절단점이 $X(0;\ X_0) = X_0$이고, 평면 $t = T_0$로 절단하면 그 절단점이 $\boldsymbol{P}(X_0) = X(T_0;\ X_0)$이다(이때 txy-공간 $\boldsymbol{R}^3$에서 절단면 $t = T_0$를 Poincare 단면이라 한다).

초기치문제의 해의 유일성 정리와 Poincare 사상의 정의에 의해서 다음을 얻는다.

| 정리 8.7.6 | (8.7.14)의 해 $X(t;\ X_0)$와 Poincare 사상 $\boldsymbol{P}$에 대해서,
$\boldsymbol{P}^n(X_0) = X(nT_0;\ X_0)$이고($n \geq 1$ 정수), 다음을 얻는다.

(1) $\boldsymbol{P}(X_0) = X_0$, 즉 X_0가 $\boldsymbol{P}$의 고정점인 경우;
$X(t;\ X_0)$는 주기해이고 주기가 T_0이다.

(2) $\boldsymbol{P}^n(X_0) = X_0$이고, $\boldsymbol{P}^k(X_0) \neq X_0$, $1 \leq k \leq n-1$인 경우;
$X(t;\ X_0)$는 주기해이고 주기가 nT_0이다.

참고 정리 8.7.6을 보면, 다음을 알 수 있다.

(1) $\boldsymbol{P}^n$가 고정점을 가지는 자연수 n이 존재하면, $\frac{d}{dt}X = F(t,\ X)$는 주기가 nT_0인 주기해를 가진다.

(2) 모든 자연수 n에 대해서 $\boldsymbol{P}^n$가 고정점을 가지지 않는다면, $\frac{d}{dt}X = F(t,\ X)$는 주기해를 가지지 않는다.

따라서 $\frac{d}{dt}X = F(t,\ X)$의 주기해를 조사하는 것은 $\boldsymbol{P}^n$의 고정점을 조사하는 것과 동치이다. $\boldsymbol{P}^n$의 고정점을 조사하는 이론적인 여러 방법이 있으나 아래와 같이 Poincare 수열을 이용하는 것도 현실적인 하나의 조사방법이다.

주어진 $X_0 = \begin{pmatrix} x_0 \\ y_0 \end{pmatrix} \in \boldsymbol{R}^2$에 대해서, 귀납적으로 다음과 같이 두자.

$$X_{n+1} = \boldsymbol{P}(X_n), \quad (n = 0,\ 1,\ 2,\ \cdots)$$

즉 초기치문제 $[\frac{d}{dt}X = F(t,\ X),\ X(0) = X_n]$의 해 $X(t;\ X_n)$에서, $X_{n+1} = X(T_0;\ X_n)$라 두자. 그러면 주기성 (8.7.16)과 해의 유일성에 의해서, $X_n = \boldsymbol{P}^n(X_0)$이다($n \geq 1$ 정수). 이때 $\{X_n\}_0^\infty$를 Poincare **수열**이라 하는데 이 수열에 의해서 $\boldsymbol{P}^n$의 고정점의 존재여부를 알 수 있다. 일반적으로 $X(t;\ X_n)$를 정확하게 구할 수 없으므로, X_{n+1}을 정확하게 구할 수 없다. 그래서 이론적으로 조사를 하거나, 초기치문제 $[\frac{d}{dt}X = F(t,\ X),\ X(0) = X_n]$의 해 $X(t;\ X_n)$를 구간 $[0,\ T_0]$에서 Runge–Kutta 방법 등을 이용하여 수치적으로 계산해서 $X(T_0;\ X_n)$의 근삿값을 X_{n+1}로 간주한다.

이런 방법으로 적당히 많은 개수의 항들 $\{X_n \mid 0 \leq n \leq N\}$을 구해서, $\boldsymbol{P}^k$의 고정점의 존재여부를 추측하고 해 $X(t;\ X_0)$의 성질을 추측한다.

예 8.7.7 적당히 초기치 $X(0) = X_0 \in \boldsymbol{R}^2$를 택하고 수치적으로 여러 경우에 (8.7.14)의

Poincare 수열 $\{X_n \mid 0 \le n \le N\}$ 을 계산해보자.

풀이 예를 들어, 아래의 4가지 경우에 계산해보자.

1) $r = 0.3$, $\omega = 1.2$, $\rho = 0.2$ 인 경우; $\{X_n\}$ 은 초기치 $X_0 \neq 0$ 에 상관없이 한 점에 수렴해간다. 그러므로 (8.7.14)는 주기가 $T_0 = \dfrac{2\pi}{\omega}$ 인 해를 가진다.
2) $r = 0.3$, $\omega = 1.2$, $\rho = 0.28$ 인 경우; 홀수항 $\{X_{2k+1}\}$과 짝수항 $\{X_{2k}\}$은 초기치 $X_0 \neq 0$ 에 상관없이 각각 서로 다른 점에 수렴해간다. 그러므로 (8.7.14)는 주기가 $2T_0$ 인 해를 가진다.
3) $r = 0.3$, $\omega = 1.2$, $\rho = 0.29$ 인 경우; 부분수열 $\{X_{4k}\}$, $\{X_{4k+1}\}$, $\{X_{4k+2}\}$, $\{X_{4k+3}\}$은 초기치 $X_0 \neq 0$ 에 상관없이 각각 서로 다른 점에 수렴해간다. 그러므로 (8.7.14)는 주기가 $4T_0$ 인 해를 가진다.
4) $r = 0.3$, $\omega = 1.2$, $\rho = 0.5$ 인 경우; 이 경우에는 초기치 $X_0 \neq 0$ 에 상관없이 X_n 이 대단히 불규칙적으로 나타난다. 더욱이 충분히 큰 정수 $M \ll N$을 택하면 (N은 M보다 충분히 더 큰 정수), $\{X_n \mid M \le n \le N\}$ 은 초기치에 상관없이 평면상에서 매우 기이한 형태(프랙털 구조)를 가진 하나의 집합 K에 수렴해간다. 즉 이론적으로 $M \to \infty$ 일 때, $\{X_n \mid M \le n\} \to K$이다.

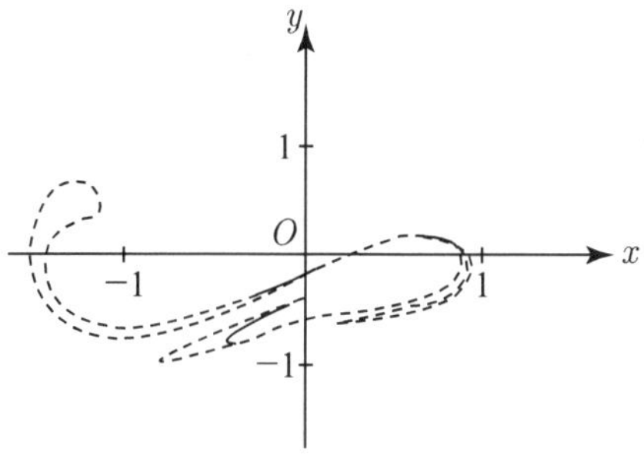

[그림 8.7.3]

연습문제 8.7

1. $$\begin{cases} \dfrac{dx}{dt} = \mu(y - x) \\ \dfrac{dy}{dt} = rx - y - xz \\ \dfrac{dz}{dt} = -bz + xy \end{cases}$$ 에서 $0 < r < 1$ 일 때,

   $V(x, y, z) = x^2 + \mu y^2 + \mu z^2$ 가 고정점 $(0, 0, 0)$에 대해서 강한 Lyapunov 함수가 됨을 보여라.

2. Lorenz 방정식에 대해서

(1) $V(x, y, z) = rx^2 + \mu y^2 + \mu(z-2r)^2$ 일 때, $\frac{dV}{dt}$ 를 구하여라.

(2) $\rho > 0$이 아주 크면, 타원체 $V(x, y, z) = rx^2 + \mu y^2 + \mu(z-2r)^2 = \rho^2$와 만나는 Lorenz 방정식의 모든 해의 궤적은 그 타원체 내부로 향하게 됨을 보여라.

(3) 타원체 $V(x, y, z) = 28x^2 + 10y^2 + 10(z-56)^2 = \rho^2$와 만나는 Lorenz 방정식의 모든 해의 궤적이 그 타원체 내부로 향하도록 충분히 큰 ρ의 값을 구하여라.

3. 비가진(非加振) Duffing 방정식 $\frac{d^2x}{dt^2} + x - x^3 = 0$에 대해서, 1계 벡터 미분방정식으로 표현하고, $\begin{pmatrix} x_0 \\ y_0 \end{pmatrix}$를 지나는 해의 궤도를 구하여라.

4. Duffing 방정식 $\frac{d^2x}{dt^2} + x - x^3 = \epsilon \sin t$ 에 대해서,

(1) 1계 벡터 미분방정식으로 표현하여라.

(2) Poincare 단면과 사상에 대하여 설명하여라.

(3) $\epsilon = \frac{1}{2}$ 일 때, 초기조건 $X_0 = \begin{pmatrix} 1.6 \\ 0 \end{pmatrix}$ 하에서 Poincare 사상 $\boldsymbol{P}$의 수열을 수치적으로 100회까지 계산하여 평면에 표시하여라.

5. $\begin{cases} \frac{dx}{dt} = x + y - x(x^2 + y^2) \\ \frac{dy}{dt} = -x + y - y(x^2 + y^2) \end{cases}$ 에서 Poincare 단면 Σ를 양의 x축이라 하자.

즉 $\Sigma = \{(x, 0) \mid x \geq 0\}$. Poincare 사상 P를 구하여라.

CHAPTER 9

2계 선형 미분방정식의 경계치문제

9장에서는 2계 선형 미분방정식의 경계치문제를 간단히 소개한다.

여기서 다루는 2계 선형 미분방정식의 경계치문제는 주로 2계 선형 편미분방정식의 경계치문제를 변수분리할 때 등에서 만나는 문제이다. 그래서 편의상 독립변수는 x 로, 종속변수는 u 로 두자. 1장에서 n 계 미분방정식의 일반해는 n 개의 임의상수를 포함하고 있으므로, 하나의 특수해를 결정하기 위해서 일반적으로 n 개의 보조조건이 필요하다는 것을 보았다. 따라서 2계 미분방정식의 경계치문제는 일반적으로 두 개의 경계조건을 가진다.

2계 선형 경계치문제의 일반적인 형태는 다음과 같다.

$$\text{(미분방정식)}\quad p_2(x)u'' + p_1(x)u' + p_0(x)u = f(x), \qquad a < x < b$$

$$\text{(경계조건)}\quad \begin{pmatrix} \alpha_{11}u(a) + \alpha_{12}u'(a) + \beta_{11}u(b) + \beta_{12}u'(b) = \gamma_1 \\ \alpha_{21}u(a) + \alpha_{22}u'(a) + \beta_{21}u(b) + \beta_{22}u'(b) = \gamma_2 \end{pmatrix}$$

단 $p_2(x)$, $p_1(x)$, $p_0(x)$와 $f(x)$는 구간 (a, b)상에서 연속함수이고, α_{ij}, β_{ij}와 γ_i는 상수이며, $u' = \dfrac{du}{dx}$, $u'' = \dfrac{d^2u}{dx^2}$ 이다.

경계조건에서 $\gamma_1 = \gamma_2 = 0$이면 제차 경계조건이라 하고, $\gamma_1 \neq 0$ 또는 $\gamma_2 \neq 0$이면 비제차 경계조건이라 한다. 비제차 경계조건인 경우에 종속변수 u를 적절히 변환하면 제차 경계조건으로 변환할 수 있다. 그래서 $\gamma_1 = \gamma_2 = 0$라 두고 제차 경계조건에 대해서만 다루도록 한다. 편의상 개구간 (a, b)상에서 n번 연속 미분가능인 함수의 집합을 $\boldsymbol{C}^n(a, b)$라 표기하자. 즉 다음과 같이 표기하자($n \geq 0$ 정수).

$$\boldsymbol{C}^n(a, b) \equiv \{f : (a, b) \to (-\infty, \infty) \mid f, f', \cdots, f^{(n)} \text{가 } (a, b)\text{상에서 연속}\},$$

단 $f^{(k)}$는 f의 k계 도함수이다.

특히 $n = 0$일 때, 다음과 같이 간단히 표기한다.

$$\boldsymbol{C}(a, b) \equiv \boldsymbol{C}^0(a, b) = \{f : (a, b) \to (-\infty, \infty) \mid f\text{가 } (a, b)\text{상에서 연속}\}$$

같은 요령으로 폐구간 $[a, b]$상에서도 다음과 같이 두자.

$$\boldsymbol{C}^n[a, b] \equiv \{f : [a, b] \to (-\infty, \infty) \mid f, f', \cdots, f^{(n)} \text{가 } [a, b]\text{상에서 연속}\}$$

단 폐구간 $[a, b]$의 경계점 $x = a$와 $x = b$에서 f의 도함수는 각각 다음과 같다.

$$f^{(k+1)}(a) = \lim_{x \to a^+} \frac{f^{(k)}(x) - f^{(k)}(a)}{x - a}, \quad f^{(k+1)}(b) = \lim_{x \to b^-} \frac{f^{(k)}(x) - f^{(k)}(b)}{x - b}, \quad k \geq 0$$

9.1 선형 제차 미분방정식의 경계치문제

2계 선형 제차 경계치문제의 일반적인 형태는 다음과 같다.

$$p_2(x)u'' + p_1(x)u' + p_0(x)u = 0, \quad a < x < b \tag{9.1.1}$$

$$\begin{cases} \alpha_{11}u(a) + \alpha_{12}u'(a) + \beta_{11}u(b) + \beta_{12}u'(b) = 0 \\ \alpha_{21}u(a) + \alpha_{22}u'(a) + \beta_{21}u(b) + \beta_{22}u'(b) = 0 \end{cases} \tag{9.1.2}$$

단 $p_2(x)$, $p_1(x)$, $p_0(x)$는 구간 $[a, b]$에서 연속함수이고, α_{ij}, β_{ij}는 상수이다.

자주 만나는 제차 경계조건의 특수한 형태는 다음과 같다.

Dirichlet 경계조건; $\quad u(a) = 0, \ u(b) = 0 \quad$ (9.1.3)

Neumann 경계조건; $\quad u'(a) = 0, \ u'(b) = 0 \quad$ (9.1.4)

Robin 경계조건; $\quad \begin{cases} \alpha_1 u(a) + \alpha_2 u'(a) = 0 \\ \beta_1 u(b) + \beta_2 u'(b) = 0 \end{cases} \quad$ (9.1.5)

주기 경계조건; $\quad u(a) = u(b), \ u'(a) = u'(b) \quad$ (9.1.6)

참고 (a, b)가 무한구간(즉 $a = -\infty$ 또는 $b = \infty$)인 경우 경계조건은 극한 $\lim_{x \to \pm\infty} u(x)$, $\lim_{x \to \pm\infty} u'(x)$ 등에 대한 조건으로 구성된다.

예 9.1.1 $[u'' + \omega^2 u = 0, \ u(0) = 0, \ u(\pi) = 0]$을 풀어보자($\omega \neq$ 정수).

풀이 이 문제는 $u'' + \omega^2 u = 0$의 일반해를 구할 수 있으므로 쉽게 풀 수 있다. 그래서 $u'' + \omega^2 u = 0$의 일반해를 4장에서 배운 방법으로 풀면 다음과 같다.

$$u = c_1 \cos \omega x + c_2 \sin \omega x, \quad \text{단 } c_1, \ c_2\text{는 임의상수}$$

이 일반해에 경계조건을 대입하여 c_1, c_2의 값을 정하면 경계치문제의 해를 얻을 수 있다. 경계조건으로부터 다음을 얻는다.

$$u(0) = c_1 = 0, \quad u(\pi) = c_1 \cos \omega\pi + c_2 \sin \omega\pi = c_2 \sin \omega\pi = 0$$

한편 ω는 정수가 아니라고 가정했으므로 $\sin \omega\pi \neq 0$이다. 그러므로 $c_1 = c_2 = 0$이다. 따라서 이 경계치문제는 자명해($u \equiv 0$)만 가진다. ■

예 9.1.2 $[u'' + n^2 u = 0, \ u(0) = 0, \ u(\pi) = 0]$을 풀어보자($n \geq 1$ 정수).

풀이 미분방정식 $u'' + n^2 u = 0$의 일반해를 구하면 다음과 같다.

$$u = c_1 \cos nx + c_2 \sin nx \text{ , 단 } c_1, c_2 \text{는 임의상수}$$

이 일반해에 경계조건을 대입하여 c_1, c_2의 값을 정하면 경계치문제의 해를 얻을 수 있다. 경계조건으로부터 다음을 얻는다.

$$u(0) = c_1 = 0 \text{ , } u(\pi) = c_1 \cos n\pi + c_2 \sin n\pi = c_2 0 = 0$$

따라서 $c_1 = 0$ 이고, c_2 는 어떤 값이라도 경계조건을 만족한다. 그래서 이 경계치문제는 다음과 같이 무수히 많은 해를 가진다.

$$u = c_2 \sin nx \text{ , 단 } c_2 \text{ 는 임의상수}$$ ■

예 9.1.3 $[u'' + n^2 u = 0,\ u'(0) = 0,\ u'(\pi) = 0]$을 풀어보자($n \geq 1$ 정수).

풀이 $u'' + n^2 u = 0$ 의 일반해는 다음과 같다.

$$u = c_1 \cos nx + c_2 \sin nx \text{ , 단 } c_1, c_2 \text{는 임의상수}$$

$u' = -nc_1 \sin nx + nc_2 \cos nx$ 에 경계조건을 대입하여 c_1, c_2의 값을 정하자.

$$u'(0) = nc_2 = 0 \text{ , } u'(\pi) = -nc_1 \sin n\pi + nc_2 \cos n\pi = 0$$

따라서 $c_2 = 0$이고 c_1은 어떤 값이라도 경계조건을 만족한다. 그래서 이 경계치문제는 다음과 같이 무수히 많은 해를 가진다.

$$u = c_1 \cos nx \text{ , 단 } c_1 \text{은 임의상수}$$ ■

참고 일반적으로 2계 미분방정식 (9.1.1)의 초기치문제는 계수 함수 $p_2(x)$, $p_1(x)$, $p_0(x)$가 연속이고 $p_2(x) \neq 0$이면, 유일한 해를 가진다. 그러나 위의 예들에서 보듯이 선형 제차 경계치문제 (9.1.1), (9.1.2)는 유일한 해를 가지는 경우와 두 개 이상의 해를 가지는 경우가 있다. 그래서 미분방정식이나 경계조건이 조금만 변해도 경계치문제의 성질은 크게 달라질 수 있음을 알 수 있다. 이제부터 $[a, b]$상에서 $p_2(x) > 0$라 하자. 이 경우에 $M(x) = \dfrac{1}{p_2(x)} e^{\int \frac{p_1(x)}{p_2(x)} dx}$ 라 두면, $[a, b]$ 상에서 $M(x) > 0$이다.

$M(x)$ 를 $p_2(x)u'' + p_1(x)u' + p_0(x)u = 0$ 의 양변에 곱하면 다음과 같다.

$$e^{\int \frac{p_1(x)}{p_2(x)} dx} u'' + \frac{p_1(x)}{p_2(x)} e^{\int \frac{p_1(x)}{p_2(x)} dx} u' + \frac{p_0(x)}{p_2(x)} e^{\int \frac{p_1(x)}{p_2(x)} dx} u = 0$$

곱의 미분법을 이용하여 u'' 항과 u' 항을 하나의 항으로 묶으면 다음과 같다.

$$\left(e^{\int \frac{p_1(x)}{p_2(x)}dx} u'\right)' + \frac{p_0(x)}{p_2(x)} e^{\int \frac{p_1(x)}{p_2(x)}dx} u = 0$$

여기서 편의상 $p(x) = e^{\int \frac{p_1(x)}{p_2(x)}dx}$, $q(x) = \frac{p_0(x)}{p_2(x)} e^{\int \frac{p_1(x)}{p_2(x)}dx}$ 라 두자. 그러면 $p_2(x)u'' + p_1(x)u' + p_0(x)u = 0$ 는 다음과 같이 간단한 형태의 미분방정식으로 표현할 수 있다.

$$(p(x)u')' + q(x)u = 0 \tag{9.1.7}$$

9장에서는 2계 선형 미분방정식을 (9.1.7)의 형태로 표현하면 편리할 경우가 있다.

이제 특별한 형태의 경계치문제인 Sturm–Liouville 문제를 보자.

| 정의 9.1.4 | 다음과 같은 2계 선형 미분방정식의 경계치문제를 제차 Sturm–Liouville (경계치)문제라 한다(λ는 매개변수).

$$(p(x)u')' + q(x)u + \lambda r(x)u = 0, \quad a < x < b \tag{9.1.8}$$

$$\begin{cases} \alpha_1 u(a) + \alpha_2 u'(a) = 0 \\ \beta_1 u(b) + \beta_2 u'(b) = 0 \end{cases} \tag{9.1.9}$$

단 $p(x)$는 연속 미분가능함수이고, $q(x)$와 $r(x)$는 연속함수이다. 그리고 α_i, β_i는 상수로서 $|\alpha_1| + |\alpha_2| \neq 0$, $|\beta_1| + |\beta_2| \neq 0$이다.

Sturm–Liouville 문제 (9.1.8), (9.1.9)는 다음과 같이 두 종류로 분류된다.

(1) 정상(regular) Sturm–Liouville 문제:

$p \in \boldsymbol{C}^1[a, b]$이고 $q, r \in \boldsymbol{C}[a, b]$이며, 폐구간 $[a, b]$상에서 $p(x) > 0$이고 $r(x) > 0$이다.

(2) 특이(singular) Sturm–Liouville 문제:

$p \in \boldsymbol{C}^1(a, b)$이고 $q, r \in \boldsymbol{C}(a, b)$이며, 개구간 (a, b)상에서 $p(x) > 0$이고 $r(x) > 0$이며, 다음 조건 중에서 적어도 하나가 성립한다.

$$\lim_{x \to a^+} p(x) = 0, \quad \lim_{x \to b^-} p(x) = 0,$$

$$\lim_{x \to a^+} q(x) = \pm\infty, \quad \lim_{x \to b^-} q(x) = \pm\infty,$$

$$\lim_{x \to a^+} r(x) = \infty, \quad \lim_{x \to b^-} r(x) = \infty,$$

$a = -\infty$ 또는 $b = \infty$

이 책에서는 유한 구간상의 문제(즉 $-\infty < a < b < \infty$)만 소개한다.

예 9.1.5 $[u'' + \lambda u = 0,\ u(0) = 0,\ u(b) = 0]$을 풀어보자(단 $b > 0$).

풀이 매개변수 λ의 값에 따라서 다음 세 경우로 나누어 조사해보자.

(i) $\lambda < 0$인 경우

편의상 $\theta = \sqrt{-\lambda}$라 두고 $u'' - \theta^2 u = 0$를 풀면, 일반해는 다음과 같다.

$$u = c_1 e^{-\theta x} + c_2 e^{\theta x}, \text{ 단 } c_1,\ c_2\text{는 임의상수}$$

이 일반해에 경계조건을 대입하면 다음과 같다.

$$u(0) = c_1 + c_2 = 0,\ u(b) = e^{-\theta b} c_1 + e^{\theta b} c_2 = 0$$

여기서 $\theta > 0$이므로 연립방정식을 풀면 $c_1 = c_2 = 0$이다. 따라서 이 경우 Sturm-Liouville 문제는 자명해 $u \equiv 0$만 가진다.

(ii) $\lambda = 0$인 경우

$u'' = 0$를 풀면, 일반해는 다음과 같다.

$$u = c_1 + c_2 x, \text{ 단 } c_1,\ c_2\text{는 임의상수}$$

이 일반해에 경계조건을 대입하면 다음과 같다.

$$u(0) = c_1 = 0,\ u(b) = c_1 + c_2 b = 0$$

그러므로 $c_1 = c_2 = 0$이다. 따라서 이 경우 Sturm-Liouville 문제는 자명해 $u \equiv 0$만 가진다.

(iii) $\lambda > 0$인 경우

편의상 $\theta = \sqrt{\lambda}$라 두고 $u'' + \theta^2 u = 0$를 풀면, 일반해는 다음과 같다.

$$u = c_1 \cos\theta x + c_2 \sin\theta x, \text{ 단 } c_1,\ c_2\text{는 임의상수}$$

이 일반해에 경계조건을 대입하면 다음과 같다.

$$u(0) = c_1 = 0,\ u(b) = c_1 \cos\theta b + c_2 \sin\theta b = 0$$

그러므로 다음을 얻는다.

$$c_1 = c_2 \sin\theta b = 0$$

여기서 다음 두 경우로 나누어 생각하자.

(iii-1) $\theta \neq \frac{n\pi}{b}$ 인 경우($n > 0$은 정수), 즉 $\sin\theta b \neq 0$ 인 경우, $c_1 = c_2 = 0$이므로, Sturm-Liouville 문제는 자명해 $u \equiv 0$만 가진다.

(iii-2) $\theta = \frac{n\pi}{b}$ 인 경우($n > 0$은 정수), $\sin n\pi = 0$ 이므로 임의의 상수 c_2 에 대해서 $u = c_2 \sin\frac{n\pi x}{b}$ 가 Sturm-Liouville 문제의 해이다. 즉 이 경우 Sturm-Liouville 문제는 다음과 같이 무수히 많은 해를 가진다. $\lambda = \frac{n^2\pi^2}{b^2}$ 일 때, 임의상수 c 에 대해서

$$u = c\sin\frac{n\pi x}{b}$$ ■

위의 예 9.1.5에서 보듯이 Sturm-Liouville 문제 (9.1.8), (9.1.9)는 매개변수 λ 가 특정 값일 때만 비자명해를 가진다.

| 정의 9.1.6 | Sturm-Liouville 문제 (9.1.8), (9.1.9)를 흔히 **고유치문제**(eigenvalue problem)라 하는데, 비자명해가 존재하는 매개변수 λ 의 값을 **고유치**(eigenvalue)라 하고, 그 비자명해를 고유치 λ 에 대응되는 **고유함수**(eigenfunction)라 한다.

참고 고유치문제 (9.1.8), (9.1.9)는 선형 제차 미분방정식과 선형 제차 경계조건으로 이루어져 있으므로 고유치 λ 에 대응되는 한 고유함수에 0이 아닌 임의의 상수를 곱하여도 고유함수가 됨을 중첩원리에 의해서 알 수 있다.

예 9.1.7 고유치문제 $[u'' + \lambda u = 0,\ u(0) = 0,\ u(b) = 0]$는 다음과 같이 고유치의 수열 $\{\lambda_n\}$ 과 대응되는 고유함수열 $\{\varphi_n\}$ 을 가진다.

$$\lambda_n = \frac{n^2\pi^2}{b^2},\quad \varphi_n = \sin\frac{n\pi x}{b},\ (n \geq 1 \text{ 정수})$$

풀이 예 9.1.5에서 보면, $\lambda = \theta^2 = \frac{n^2\pi^2}{b^2}$ 인 경우($n > 0$ 정수)만 고유치문제는 다음과 같은 비자명해를 가진다.

$$u = c\sin\frac{n\pi x}{b},\quad c \neq 0\text{는 임의상수}$$

따라서 고유치문제 $[u''+\lambda u=0,\ u(0)=0,\ u(b)=0]$는 무한개의 고유치 $\lambda_n=\dfrac{n^2\pi^2}{b^2}$, $(n\ge 1$ 정수)을 가지며, 각 $\lambda_n=\dfrac{n^2\pi^2}{b^2}$에 대응되는 간단한 고유함수는 $\varphi_n=\sin\dfrac{n\pi x}{b}$이다. ■

예 9.1.8 $[u''+\lambda u=0,\ u'(0)=0,\ u'(b)=0]$는 다음과 같이 고유치의 수열 $\{\lambda_n\}$과 대응되는 고유함수열 $\{\psi_n\}$을 가진다.

$$\lambda_n=\frac{n^2\pi^2}{b^2},\quad \psi_n=\cos\frac{n\pi x}{b},\ (n\ge 0\ \text{정수})$$

풀이 예 9.1.5에서와 같이 매개변수 λ의 값에 따라서 다음 세 경우로 나누어 조사해보자.

(i) $\lambda<0$인 경우

편의상 $\theta=\sqrt{-\lambda}$라 두고 $u''-\theta^2u=0$를 풀면, 일반해는 다음과 같다.

$$u=c_1e^{-\theta x}+c_2e^{\theta x},\ \text{단 } c_1,\ c_2\text{는 임의상수}$$

그러므로 $u'=-c_1\theta e^{-\theta x}+c_2\theta e^{\theta x}$에 경계조건을 대입하면 다음과 같다.

$$u'(0)=-\theta c_1+\theta c_2=0,\ u'(b)=-\theta e^{-\theta b}c_1+\theta e^{\theta b}c_2=0$$

여기서 $\theta>0$이므로 연립방정식을 풀면 $c_1=c_2=0$이다. 따라서 이 경우 Sturm-Liouville 문제는 자명해 $u\equiv 0$만 가진다.

(ii) $\lambda=0$인 경우

$u''=0$를 풀면, 일반해는 다음과 같다.

$$u=c_1+c_2x,\ \text{단 } c_1,\ c_2\text{는 임의상수}$$

그러므로 $u'=c_2$에 경계조건을 대입하면 다음과 같다.

$$u'(0)=c_2=0,\ u'(b)=c_2=0$$

이 경우 Sturm-Liouville 문제는 다음과 같은 비자명해를 가진다.

$$u(x)=c,\ c\ne 0\text{는 임의상수}$$

따라서 이 경우 간단한 비자명해는 $\psi_0=1$이다.

(iii) $\lambda > 0$인 경우

편의상 $\theta = \sqrt{\lambda}$라 두고 $u'' + \theta^2 u = 0$를 풀면, 일반해는 다음과 같다.

$$u = c_1 \cos\theta x + c_2 \sin\theta x, \text{ 단 } c_1, c_2\text{는 임의상수}$$

여기서 $u' = -c_1\theta\sin\theta x + c_2\theta\cos\theta x$에 경계조건을 대입하면 다음과 같다.

$$u'(0) = c_2\theta = 0, \ u'(b) = -c_1\theta\sin\theta b + c_2\theta\cos\theta b = 0$$

따라서 $c_2 = 0$, $c_1\sin\theta b = 0$이다. 여기서 다음 두 경우로 나누어 생각하자.

(iii-1) $\theta \neq \dfrac{n\pi}{b}$인 경우($n > 0$ 정수), 즉 $\sin\theta b \neq 0$인 경우 $c_1 = c_2 = 0$이므로 Sturm-Liouville 문제는 자명해 $u \equiv 0$만 가진다.

(iii-2) $\theta = \dfrac{n\pi}{b}$인 경우($n \geq 0$ 정수), $\sin\theta b = \sin n\pi = 0$이므로 임의상수 $c \neq 0$에 대해서, $u = c\cos n\pi x$는 Sturm-Liouville 문제의 비자명해이다.

(ii)와 (iii)을 요약하면, 고유치문제 $[u'' + \lambda u = 0, u'(0) = 0, u'(b) = 0]$는 무한개의 고유치 $\lambda_n = \dfrac{n^2\pi^2}{b^2}$, ($n \geq 0$ 정수)을 가지며, 각 $\lambda_n = \dfrac{n^2\pi^2}{b^2}$에 대응되는 간단한 고유함수는 $\psi_n = \cos\dfrac{n\pi x}{b}$이다. ■

Robin 경계조건을 가진 고유치문제는 조금 더 생각하게 한다.

예 9.1.9 $\begin{pmatrix} u'' + \lambda u = 0, & 0 < x < \pi \\ u(0) + u'(0) = 0, & u(\pi) = 0 \end{pmatrix}$는 다음과 같이 고유치의 수열 $\{\lambda_n\}$과 대응되는 고유함수열 $\{\varphi_n\}$을 구하여라.

풀이 예 9.1.5에서와 같이 매개변수 λ의 값에 따라서 다음 세 경우로 나누어 조사해보자.

(i) $\lambda < 0$인 경우

편의상 $\theta = \sqrt{-\lambda} > 0$라 두고 $u'' - \theta^2 u = 0$를 풀면, 일반해는 다음과 같다.

$$u = c_1 e^{-\theta x} + c_2 e^{\theta x}, \text{ 단 } c_1, c_2\text{는 임의상수}$$

그러므로 u에 경계조건을 대입하면 다음과 같다.

$$u(0) + u'(0) = c_1 + c_2 + (-\theta c_1 + \theta c_2) = 0,$$
$$u(\pi) = e^{-\theta\pi}c_1 + e^{\theta\pi}c_2 = 0$$

$$\text{즉 } (1-\theta)c_1 + (1+\theta)c_2 = 0, \quad e^{-\theta\pi}c_1 + e^{\theta\pi}c_2 = 0$$

여기서 $\theta > 0$이므로 연립방정식을 풀면 $c_1 = c_2 = 0$이다. 따라서 이 경우 Sturm-Liouville 문제는 자명해 $u \equiv 0$만 가진다.

(ii) $\lambda = 0$인 경우

$u'' = 0$를 풀면, 일반해는 다음과 같다.

$$u = c_1 + c_2 x, \text{ 단 } c_1, c_2\text{는 임의상수}$$

그러므로 u에 경계조건을 대입하면 다음과 같다.

$$u(0) + u'(0) = c_1 + c_2 = 0, \quad u(\pi) = c_1 + \pi c_2 = 0$$

연립방정식을 풀면 $c_1 = c_2 = 0$이다. 따라서 이 경우 Sturm-Liouville 문제는 자명해 $u \equiv 0$만 가진다.

(iii) $\lambda > 0$인 경우

편의상 $\theta = \sqrt{\lambda} > 0$라 두고 $u'' + \theta^2 u = 0$를 풀면, 일반해는 다음과 같다.

$$u = c_1\cos\theta x + c_2\sin\theta x, \text{ 단 } c_1, c_2\text{는 임의상수}$$

여기서 u에 경계조건을 대입하면 다음과 같다.

$$u(0) + u'(0) = c_1 + c_2\theta = 0, \quad u(\pi) = c_1\cos\theta\pi + c_2\sin\theta\pi = 0$$

따라서 $c_1 = -\theta c_2$, $(\sin\theta x - \theta\cos\theta x)c_2 = 0$. 여기서 다음 두 경우로 나누어 생각하자.

(iii-1) $\sin\theta\pi - \theta\cos\theta\pi \neq 0$, 즉 $\tan\theta\pi \neq \theta$인 경우 $c_1 = c_2 = 0$이므로 Sturm-Liouville 문제는 자명해 $u \equiv 0$만 가진다.

(iii-2) $\sin\theta\pi - \theta\cos\theta\pi = 0$, 즉 $\tan\theta\pi = \theta$인 경우 임의상수 $c \neq 0$에 대해서, $u = c(\sin\theta x - \theta\cos\theta x)$는 Sturm-Liouville 문제의 비자명해이다. 한편 θ의 방정식 $\tan\theta\pi = \theta$는 자연수 개수만큼 많은 양수 근 θ_n을 가지며, $\lim_{n\to\infty}\theta_n = \infty$이다(그래프를 이용하여 쉽게 알 수 있다).

$$\text{즉 } \tan\theta_n\pi = \theta_n, \quad 0 < \theta_1 < \theta_2 < \cdots < \theta_n < \cdots \to \infty$$

(i), (ii)와 (iii)을 요약하면, 고유치문제 $\begin{pmatrix} u'' + \lambda u = 0, & 0 < x < \pi \\ u(0) + u'(0) = 0, & u(\pi) = 0 \end{pmatrix}$는 무한개의 고유치 $\lambda_n = \theta_n^2$, ($n \geq 1$ 정수)을 가지며, 각 고유치에 대응되는 간단한 고유함수는 $\varphi_n = \sin\theta_n x - \theta_n\cos\theta_n x$이다. ■

참고 고유치문제 (9.1.8), (9.1.9)의 고유치와 대응되는 고유함수는 그 성질이 경계조건(Dirichlet 조건, Neumann 조건과 Robin 조건 등)에 따라서 크게 달라진다는 것을 위의 예들에서 볼 수 있다. 예 9.1.9에서 고유치 $\lambda_n = \theta_n^2$ 는 이론적으로 그 존재를 알 수 있으며 수치적으로 근사치를 계산할 수 있으나 정확한 값은 계산할 수 없다.

이제부터 편의상 $\boldsymbol{L}$ 을 다음과 같은 미분작용소라 하자.

$$\boldsymbol{L}[u(x)] \equiv (p(x)u'(x))' + q(x)u(x) \tag{9.1.10}$$

그리고 B 를 다음과 같은 경계 작용소라 두자.

$$B[u] = \begin{pmatrix} \alpha_1 u(a) + \alpha_2 u'(a) \\ \beta_1 u(b) + \beta_2 u'(b) \end{pmatrix} \tag{9.1.11}$$

그러면 Sturm–Liouville 문제 (9.1.8), (9.1.9)는 다음과 같이 표현된다.

$$\begin{cases} \boldsymbol{L}[u] + \lambda r(x)u = 0, \quad a < x < b \\ B[u] = 0 \end{cases} \tag{9.1.12}$$

| 정리 9.1.10 | [Lagrange 항등식] 2번 미분가능인 함수 $u(x)$, $v(x)$ 에 대해서 (9.1.10)의 미분작용소 $\boldsymbol{L}$ 은 다음을 만족한다.

$$u\boldsymbol{L}[v] - \boldsymbol{L}[u]v = (p\boldsymbol{W}[u,v])' \tag{9.1.13}$$

단 $\boldsymbol{W}[u,v] = \det\begin{pmatrix} u & v \\ u' & v' \end{pmatrix}$는 u, v 의 Wronski 행렬식이다.

증명 곱의 미분법에 의해서 다음을 알 수 있다.

$$\begin{aligned} u\boldsymbol{L}[v] - \boldsymbol{L}[u]v &= u[(pv')' + qv] - v[(pu')' + qu] \\ &= u(pv')' - v(pu')' = puv'' + p'uv' - pvu'' - p'vu' \end{aligned}$$

한편 곱의 미분법에 의해서 다음을 얻는다.

$$\begin{aligned} \frac{d}{dx}(p\boldsymbol{W}[u,\ v]) &= (p\boldsymbol{W}[u,\ v])' = [p(uv' - v'u)]' \\ &= u(pv')' - v(pu')' = puv'' + p'uv' - pvu'' - p'vu' \end{aligned}$$

따라서 (9.1.13)이 성립한다. ■

연습문제 9.1

1. 다음 경계치문제에 대해서 비자명해가 존재하는가?

(1) $u''+u=0,\ u'(0)=0,\ u(1)=0$

(2) $u''-u'+2u=0,\ u(0)=0,\ u(1)=0$

(3) $y''+4y=0,\ y(-\pi)=y(\pi),\ y'(-\pi)=y'(\pi)$

(4) $y''+4y=0,\ y(-2)=y(2),\ y'(-2)=y'(2)$

(5) $y''+4y=0,\ y(0)=0,\ y(2)=y'(2)$

(6) $u''+4u'+8u=0,\ u(0)=0,\ u(2)=0$

(7) $u''+4u'+8u=0,\ u'(0)=0,\ u'(\pi)=0$

(8) $u''+4u'+8u=0,\ u'(0)=0,\ u(\pi)=0$

(9) $y''+4y'+13y=0,\ y(0)=0,\ y(\pi)=0$

(10) $y''+4y'+13y=0,\ y(0)=0,\ y'(\pi)=0$

(11) $y''+4y'+13y=0,\ y'(0)=0,\ y(\pi)=0$

(12) $u''+4u=0,\ u(0)+2u'(0)=0,\ u(\pi)=0$

(13) $u''+(n\pi)^2u=0, u(0)=0,\ u(1)=0$

2. 다음 경계치문제의 고유치와 고유함수를 구하여라.

(1) $u''+\lambda u=0,\ u'(0)=0,\ u(1)=0$

(2) $u''-u'+\lambda u=0,\ u(0)=0,\ u(1)=0$

(3) $y''+\lambda y=0,\ y(-\pi)=y(\pi),\ y'(-\pi)=y'(\pi)$

(4) $y''+\lambda y=0,\ y(-2)=y(2),\ y'(-2)=y'(2)$

(5) $y''+\lambda y=0,\ y(0)=0,\ y(2)=y'(2)$

(6) $u''+4u'+\lambda u=0,\ u(0)=0,\ u(1)=0$

(7) $u''+4u'+\lambda u=0,\ u'(0)=0,\ u'(1)=0$

(8) $u''+4u'+\lambda u=0,\ u'(0)=0,\ u(1)=0$

(9) $u''+\lambda u=0,\ u(0)+2u'(0)=0,\ u(1)=0$

(10) $u''+\lambda u=0,\ u(0)=0,\ u(1)+u'(1)=0$

9.2 제차 정상 Sturm-Liouville 문제

이 절에서 제차 정상 Sturm-Liouville 문제의 성질을 살펴보자.

9.2.1 정상 Sturm–Liouville 문제의 기본 성질

다음의 정상 Sturm–Liouville (고유치) 문제를 생각하자.

$$(p(x)u')' + q(x)u + \lambda r(x)u = 0, \quad a < x < b \tag{9.2.1}$$

$$\begin{cases} \alpha_1 u(a) + \alpha_2 u'(a) = 0 \\ \beta_1 u(b) + \beta_2 u'(b) = 0 \end{cases} \tag{9.2.2}$$

단 $p(x) \in \boldsymbol{C}^1[a, b]$, $q(x)$, $r(x) \in \boldsymbol{C}[a, b]$이며, $[a, b]$상에서 $p(x) > 0$, $r(x) > 0$이다. $|\alpha_1| + |\alpha_2| \neq 0$, $|\beta_1| + |\beta_2| \neq 0$이다.

(9.1.10), (9.1.11)의 기호를 사용하면 Sturm–Liouville 문제 (9.2.1), (9.2.2)는 다음과 같이 간단히 표현된다.

$$\begin{cases} \boldsymbol{L}[u] + \lambda r(x)u = 0, \quad a < x < b \\ \boldsymbol{B}[u] = 0 \end{cases}$$

다음 정리를 작용소 $\boldsymbol{L}$에 대한 그린 공식이라 한다.

| 정리 9.2.1 | [그린 공식] $[a, b]$상에서 2번 연속 미분가능 함수 $u(x)$와 $v(x)$에 대해서, 다음이 성립한다.

$$\int_a^b (u\boldsymbol{L}[v] - \boldsymbol{L}[u]v)dx = [\,p\boldsymbol{W}[u, v]\,]_a^b \tag{9.2.3}$$

$$= p(b)\boldsymbol{W}[u, v](b) - p(a)\boldsymbol{W}[u, v](a)$$

$$= p(b)[u(b)v'(b) - v(b)u'(b)] - p(a)[u(a)v'(a) - v(a)u'(a)]$$

단 $\boldsymbol{W}[u, v]$는 u, v의 Wronski 행렬식이다.

증명 Lagrange 항등식 (9.1.13)을 $[a, b]$상에서 적분하면, (9.2.3)을 얻는다. 즉

$$\int_a^b (u\boldsymbol{L}[v] - \boldsymbol{L}[u]v)dx = \int_a^b \frac{d}{dx}(p\boldsymbol{W}[u, v])dx = [\,p\boldsymbol{W}[u, v]\,]_a^b \quad \blacksquare$$

참고 $[a, b]$상에서 조각적 연속인 함수 $f(x)$, $g(x)$의 곱의 정적분을 이제부터 다음과 같이 두자.

$$(f, g) \equiv \int_a^b f(x)g(x)dx$$

그러면 $(\cdot, \cdot)$는 '벡터의 내적'(선형대수 참조)과 같은 성질을 가진다. 그래서 $(f, g) = \int_a^b f(x)g(x)dx$를 함수 $f(x)$, $g(x)$의 내적이라 한다.

| 정리 9.2.2 | $[a,\ b]$상에서 2번 연속 미분가능 함수 $u(x)$, $v(x)$가 모두 경계조건 (9.2.2)를 만족하면, 다음이 성립한다.

$$\int_a^b u\boldsymbol{L}[v]dx = \int_a^b \boldsymbol{L}[u]v dx,\ \text{즉}\ (u,\ \boldsymbol{L}[v]) = (\boldsymbol{L}[u],\ v) \qquad (9.2.4)$$

증명 $u(x)$, $v(x)$가 경계조건 (9.2.2)를 만족하므로, 다음이 성립한다.

$$\begin{cases} \alpha_1 u(a) + \alpha_2 u'(a) = 0 \\ \beta_1 u(b) + \beta_2 u'(b) = 0 \end{cases},\quad \begin{cases} \alpha_1 v(a) + \alpha_2 v'(a) = 0 \\ \beta_1 v(b) + \beta_2 v'(b) = 0 \end{cases}$$

여기서 α_i, β_i는 상수로서 $|\alpha_1| + |\alpha_2| \neq 0$, $|\beta_1| + |\beta_2| \neq 0$이다.

먼저 $\alpha_1 \neq 0$, $\beta_1 \neq 0$인 경우를 보자. 그러면 다음을 얻는다.

$$\begin{aligned} u(a) &= -\frac{\alpha_2}{\alpha_1}u'(a),\ u(b) = -\frac{\beta_2}{\beta_1}u'(b), \\ v(a) &= -\frac{\alpha_2}{\alpha_1}v'(a),\ v(b) = -\frac{\beta_2}{\beta_1}v'(b) \end{aligned}$$

이 경계조건을 그린 공식 (9.2.3)에 대입하면, 다음과 같다.

$$\begin{aligned} \int_a^b (u\boldsymbol{L}[v] - \boldsymbol{L}[u]v)dx &= p(b)\boldsymbol{W}[u,\ v](b) - p(a)\boldsymbol{W}[u,\ v](a) \\ &= p(b)[u(b)v'(b) - v(b)u'(b)] - p(a)[u(a)v'(a) - v(a)u'(a)] \\ &= p(b)\left[-\frac{\beta_2}{\beta_1}u'(b)v'(b) + \frac{\beta_2}{\beta_1}u'(b)v'(b)\right] \\ &\quad - p(a)\left[-\frac{\alpha_2}{\alpha_1}u'(a)v'(a) + \frac{\alpha_2}{\alpha_1}u'(a)v'(a)\right] = 0 \end{aligned}$$

따라서 $\int_a^b u\boldsymbol{L}[v]dx = \int_a^b \boldsymbol{L}[u]v dx$이다.

그 외에 여러 경우가 있으나 위와 같은 요령으로 증명할 수 있다. ■

참고 경계치문제 (9.2.1), (9.2.2)와 관련하여 미분작용소 $\boldsymbol{L}$의 정의역 $\boldsymbol{D_L}$을 $[a,\ b]$상에서 2번 연속 미분가능하고 경계조건 (9.2.2)를 만족하는 모든 함수의 집합으로 한정하자. 즉 다음과 같이 두자.

$$\boldsymbol{D_L} \equiv \{u \in \boldsymbol{C}^2[a,\ b] \mid u\text{가 경계조건 (9.2.2)를 만족, 즉 } \boldsymbol{B}[u] = 0\}$$

그리고 이제부터 작용소 $\boldsymbol{L}$은 정의역 $\boldsymbol{D_L}$에서 공변역 $\boldsymbol{C}[a,\ b]$로 대응되는 사상이라 간주하자. 즉 다음과 같이 생각하자.

$$L: D_L \to C[a, b] \tag{9.2.5}$$

그러면 $L: D_L \to C[a, b]$은 경계치문제 (9.2.1), (9.2.2)(미분방정식 (9.2.1)과 경계조건 (9.2.2))를 나타내는 작용소(사상)라 간주할 수 있다. 즉 Sturm-Liouville 문제 (9.2.1), (9.2.2)를 작용소 L로 간단히 표현할 수 있다. 이와 같이 경계치문제와 관련된 미분작용소는 그 정의역을 경계조건을 만족하는 모든 함수의 집합으로 한정하여 사용하면 매우 편리하다. 이런 의미에서 Sturm-Liouville 문제 (9.2.1), (9.2.2)의 고유치와 고유함수를 흔히 작용소 L의 **고유치**와 **고유함수**라 한다.

일반적으로 미분작용소 중에서 정의역을 경계조건 등의 보조조건으로 한정하지 않은 것을 **형식적**(formal) 미분작용소라 한다. 즉 형식적 미분작용소란 미분작용소에 경계조건이 부가되어 있지 않다는 것을 의미한다(그래서 4장에서 다룬 미분작용소는 이런 의미에서 형식적 미분작용소이다).

한편 정리 9.2.2에 의해서 다음을 알 수 있다.

$$\text{임의의 } u,\ v \in D_L\text{에 대해서, } (L[u],\ v) = (u,\ L[v]) \tag{9.2.6}$$

예 9.2.3 $L[u] = u'' + ku$ 라 두고, L의 정의역 D_L을 다음과 같이 두면, L은 (9.2.6)을 만족한다(k는 임의의 주어진 상수).

$$D_L \equiv \{u \in C^2[0,\ 1] \mid u(0) = u(1) = 0\}$$

풀이 $u,\ v \in D_L$에 대해서 $(u,\ L[v]) = \int_0^1 uL[v]dx$, $(L[u],\ v) = \int_0^1 L[u]vdx$를 계산하자.

$$\begin{aligned}
\int_0^1 uL[v]dx &= \int_0^1 u(x)[v''(x) + kv(x)]dx \\
&= \int_0^1 u(x)v''(x)dx + \int_0^1 ku(x)v(x)dx \\
&= [u(x)v'(x)]_0^1 - \int_0^1 u'(x)v'(x)dx + \int_0^1 ku(x)v(x)dx \text{ (부분적분법 이용)} \\
&= [u(1)v'(1) - u(0)v'(0)] - \int_0^1 u'(x)v'(x)dx + \int_0^1 ku(x)v(x)dx \\
&= -\int_0^1 u'(x)v'(x)dx + \int_0^1 ku(x)v(x)dx \text{ } (u(0) = u(1) = 0 \text{ 이용}) \\
&= -[u'(x)v(x)]_0^1 + \int_0^1 u''(x)v(x)dx + \int_0^1 ku(x)v(x)dx \text{ (부분적분법 이용)} \\
&= \int_0^1 u''(x)v(x)dx + \int_0^1 ku(x)v(x)dx \text{ } (v(0) = v(1) = 0 \text{ 이용})
\end{aligned}$$

$$= \int_0^1 [u''(x)v(x) + ku(x)]v(x)dx = \int_0^1 \boldsymbol{L}[u]vdx$$

따라서 $\boldsymbol{L}$은 (9.2.6)을 만족한다. ■

예 9.2.4 $\boldsymbol{L}[u] = u'' + ku$ 라 두고, $\boldsymbol{L}$의 정의역 $\boldsymbol{D}_L$을 다음과 같이 두면, $\boldsymbol{L}$은 (9.2.6)을 만족하지 않는다(k는 임의의 주어진 상수).

$$\boldsymbol{D}_L = \{u \in \boldsymbol{C}^2[0,\ 1] \mid u(0) = u(1)\}$$

풀이 $u,\ v \in \boldsymbol{D}_L$에 대해서, $\int_0^1 u\boldsymbol{L}[v]dx$, $\int_0^1 \boldsymbol{L}[u]vdx$를 계산하자.

$$\int_0^1 u\boldsymbol{L}[v]dx = \int_0^1 u(x)v''(x)dx + \int_0^1 ku(x)v(x)dx$$

$$= [u(x)v'(x)]_0^1 - \int_0^1 u'(x)v'(x)dx + \int_0^1 ku(x)v(x)dx \text{ (부분적분법 이용)}$$

$$= [u(1)v'(1) - u(0)v'(0)] - \int_0^1 u'(x)v'(x)dx + \int_0^1 ku(x)v(x)dx$$

$$= u(0)[v'(1) - v'(0)] - \int_0^1 u'(x)v'(x)dx + \int_0^1 ku(x)v(x)dx$$

한편 같은 방법으로 계산하면, 다음과 같다.

$$\int_0^1 \boldsymbol{L}[u]vdx = \int_0^1 u''(x)v(x)dx + \int_0^1 ku(x)v(x)dx$$

$$= v(0)[u'(1) - u'(0)] - \int_0^1 u'(x)v'(x)dx + \int_0^1 ku(x)v(x)dx$$

따라서 모든 $u,\ v \in \boldsymbol{D}_L$에 대해서, 다음을 얻는다.

$$(u,\ \boldsymbol{L}[v]) - (\boldsymbol{L}[u],\ v) = u(0)[v'(1) - v'(0)] - v(0)[u'(1) - u'(0)]$$

그러므로 $\boldsymbol{L}$은 (9.2.6)을 만족하지 않는다. ■

위의 예에서 보듯이 형식적 미분작용소는 동일하더라도 정의역이 다르면(부과된 경계조건이 다르면) 완전히 다른 미분작용소이다. 경계치문제에서 미분작용소의 정의역은 경계조건에 의해서 결정되므로, 경계조건이 다르면 다른 미분작용소이다.

이제 Sturm-Liouville 문제의 고유치와 고유함수의 성질을 알아보자.

| 정리 9.2.5 | 정상 Sturm–Liouville 문제 (9.2.1), (9.2.2)의 고유치는 다음의 성질을 가진다.

(1) 모든 고유치는 실수이며, 대응되는 실 고유함수를 가진다.

(2) 모든 고유치는 단순(simple) 고유치이다.

증명 λ를 정상 Sturm–Liouville 문제 (9.2.1), (9.2.2)의 고유치라 가정하고 $\varphi(x)$를 대응되는 고유함수라 하자. 그러면 $\varphi(x)$는 0함수가 아니며, 다음을 만족한다. $a<x<b$에 대해서,

$$\boldsymbol{L}[\varphi(x)]+\lambda r(x)\varphi(x)=[p(x)\varphi'(x)]'+q(x)\varphi(x)+\lambda r(x)\varphi(x)=0 \quad (9.2.7)$$

$$\begin{cases}\alpha_1 u(a)+\alpha_2 u'(a)=0\\ \beta_1 u(b)+\beta_2 u'(b)=0\end{cases} \quad (9.2.8)$$

(1) (9.2.7)~(9.2.8)의 양변에 켤레 복소수를 취하면, p, q, r가 실함수이고 α_1, α_2, β_1, β_2가 실수이므로 다음을 얻는다. $a<x<b$에 대해서,

$$\boldsymbol{L}[\overline{\varphi(x)}]+\overline{\lambda}r(x)\overline{\varphi}(x)=0 \quad (9.2.9)$$

$$\begin{cases}\alpha_1\overline{\varphi}(a)+\alpha_2\overline{\varphi}'(a)=0\\ \beta_1\overline{\varphi}(b)+\beta_2\overline{\varphi}'(b)=0\end{cases}$$

따라서 $\overline{\lambda}$도 (9.2.1)~(9.2.2)의 고유치이고 $\overline{\varphi}(x)$가 대응되는 고유함수이다. φ와 $\overline{\varphi}$가 경계조건을 만족하므로, 정리 9.2.2에 의해서 다음과 같다.

$$\int_a^b \boldsymbol{L}[\varphi(x)]\,\overline{\varphi}(x)dx=\int_a^b \varphi(x)\boldsymbol{L}[\overline{\varphi}(x)]dx$$

한편 (9.2.7)과 (9.2.9)에 의해서, 다음을 얻는다.

$$\int_a^b \boldsymbol{L}[\varphi(x)]\,\overline{\varphi}(x)dx=-\lambda\int_a^b r(x)\varphi(x)\overline{\varphi}(x)dx=-\lambda\int_a^b r(x)|\varphi(x)|^2dx,$$

$$\int_a^b \varphi(x)\boldsymbol{L}[\overline{\varphi}(x)]dx=-\overline{\lambda}\int_a^b r(x)\varphi(x)\,\overline{\varphi}(x)dx=-\overline{\lambda}\int_a^b r(x)|\varphi(x)|^2dx$$

그러므로 다음 등식을 얻는다.

$$\lambda\int_a^b r(x)|\varphi(x)|^2dx=\overline{\lambda}\int_a^b r(x)|\varphi(x)|^2dx$$

$[a,\ b]$상에서 $r(x)>0$이고 $\varphi(x)$는 0함수가 아니므로, $\int_a^b r(x)|\varphi(x)|^2dx>0$

이다. 따라서 $\lambda = \overline{\lambda}$, 즉 λ는 실수이다. 한편 $\varphi(x)$의 실수부 $Re(\varphi(x))$와 허수부 $Im(\varphi(x))$는 0함수가 아니면 각각 고유함수가 되므로 λ에 대응되는 실고유함수가 존재함을 알 수 있다.

(2) $\varphi(x)$와 $\psi(x)$가 모두 고유치 λ에 대응되는 고유함수라 가정하자. 그러면 $\varphi(x)$와 $\psi(x)$가 모두 (9.2.1)~(9.2.2)를 만족하는 비자명해이다. 그러므로 $\begin{pmatrix} \alpha_1\varphi(a)+\alpha_2\varphi'(a)=0 \\ \alpha_1\psi(a)+\alpha_2\psi'(a)=0 \end{pmatrix}$이다. 여기서 α_1과 α_2가 동시에 0은 아니므로, 두 벡터 $\begin{pmatrix} \varphi(a) \\ \varphi'(a) \end{pmatrix}$와 $\begin{pmatrix} \psi(a) \\ \psi'(a) \end{pmatrix}$는 일차 종속이 된다. 이제 다음과 같은 2계 제차 미분방정식의 초기치문제를 보자.

$$L[u(x)]+\lambda r(x)u(x)=0,\ u(a)=u_0,\ u'(a)=u_1 \tag{9.2.10}$$

여기서 $p(x)>0$이므로, 임의의 초기치 벡터 $(u_0,\ u_1)$에 대해서, 초기치문제 (9.2.10)은 유일한 해를 가진다.

따라서 $(u_0,\ u_1)=(\varphi(a),\ \varphi'(a))$일 때 (9.2.10)의 해는 $\varphi(x)$이고, $(u_0,\ u_1)=(\psi(a),\ \psi'(a))$일 때 (9.2.10)의 해는 $\psi(x)$이다.

고유함수 $\varphi(x)$와 $\psi(x)$는 각각 비자명해이므로, 초기치 벡터 $(\varphi(a),\ \varphi'(a))$와 $(\psi(a),\ \psi'(a))$는 각각 0벡터가 아니다.

한편 초기치 벡터 $(\varphi(a),\ \varphi'(a))$와 $(\psi(a),\ \psi'(a))$가 일차 종속이므로, 각각의 해 $\varphi(x)$와 $\psi(x)$도 일차 종속이다. 즉 상수 $k\neq 0$가 존재해서, $(\psi(a),\ \psi'(a))=k(\varphi(a),\ \varphi'(a))$이고 $\psi(x)=k\varphi(x)$이다.

그러므로 고유치 λ에 대응되는 일차 독립인 고유함수는 한 개뿐이다.

따라서 고유치 λ는 단순 고유치이다. ■

참고 $[a,\ b]$상에서 $w(x)$가 조각적 연속함수이고 $w(x)>0$라 하자. $[a,\ b]$상에서 조각적 연속함수 $f(x)$, $g(x)$에 대해서 다음과 같이 두자.

$$(f,\ g)_w \equiv (f,\ gw)=\int_a^b f(x)g(x)w(x)dx \tag{9.2.11}$$

그러면 $(\cdot,\cdot)_w$도 '벡터의 내적'과 같은 성질을 가진다. 그래서 $(f,\ g)_w \equiv (f,\ gw)$를 $f(x)$, $g(x)$의 $w-$가중 내적이라 한다.

다음 정리는 서로 다른 고유치들에 대응되는 고유함수들은 $r(x)-$가중 내적에 의해서 직교(orthogonal)한다는 것을 의미한다.

| 정리 9.2.6 | 정상 Sturm–Liouville 문제 (9.2.1), (9.2.2)의 서로 다른 고유치 $\lambda \neq \mu$ 에 대응되는 고유함수를 각각 $\varphi_\lambda(x)$, $\varphi_\mu(x)$라 하자. 그러면 다음이 성립한다.

$$(\varphi_\lambda, \varphi_\mu)_r = (\varphi_\lambda, \varphi_\mu r) = \int_a^b \varphi_\lambda(x)\varphi_\mu(x)r(x)dx = 0 \qquad (9.2.12)$$

증명 고유함수 $\varphi_\lambda(x)$, $\varphi_\mu(x)$는 (9.2.1), (9.2.2)의 비자명해이므로, 경계조건 (9.2.2)를 만족한다. 그러므로 정리 9.2.2에 의해서 다음을 얻는다.

$$\int_a^b (\varphi_\lambda \boldsymbol{L}[\varphi_\mu] - \boldsymbol{L}[\varphi_\lambda]\varphi_\mu)dx = 0$$

한편 $\varphi_\lambda(x)$, $\varphi_\mu(x)$는 (9.2.1)의 해이므로 다음을 만족한다.

$$\boldsymbol{L}[\varphi_\lambda(x)] = -\lambda r(x)\varphi_\lambda(x), \quad \boldsymbol{L}[\varphi_\mu(x)] = -\mu r(x)\varphi_\mu(x)$$

따라서 다음을 얻는다.

$$\begin{aligned} 0 &= \int_a^b (\varphi_\lambda \boldsymbol{L}[\varphi_\mu] - \boldsymbol{L}[\varphi_\lambda]\varphi_\mu)dx \\ &= \int_a^b [-\varphi_\lambda(x)\mu r(x)\varphi_\mu(x) + \lambda r(x)\varphi_\lambda(x)\varphi_\mu(x)]dx \\ &= (\lambda - \mu)\int_a^b \varphi_\lambda(x)\varphi_\mu(x)r(x)dx \end{aligned}$$

여기서 $\lambda \neq \mu$이므로 $\int_a^b \varphi_\lambda(x)\varphi_\mu(x)r(x)dx = 0$이다. ■

예 9.2.7 $[u'' + \lambda u = 0,\ u'(0) = 0,\ u'(1) = 0]$에 대해서 정리 9.2.5와 정리 9.2.6의 내용을 확인해보자.

풀이 예 9.1.8에서 보면, $[u'' + \lambda u = 0,\ u'(0) = 0,\ u'(1) = 0]$는 고유치 $\lambda_n = n^2\pi^2$ ($n \geq 0$ 정수)을 가지며, 각 $\lambda_n = n^2\pi^2$에 대응되는 일차 독립인 고유함수는 $u_n = \cos n\pi x$ 임을 알았다. 그러므로 정리 9.2.5의 내용이 성립한다.

임의의 정수 $k \neq n$에 대해서, $\int_0^1 \cos k\pi x \cos n\pi x\, dx$을 계산해보자. 먼저 두 정수 중에서 한 개가 0인 경우($k \neq n = 0$)

$$\int_0^1 \cos k\pi x dx = \left[\frac{1}{k\pi}\sin k\pi x\right]_0^1 = 0$$

두 정수 모두 0이 아닌 경우($0 \neq k \neq n \neq 0$)

$$\int_0^1 \cos k\pi x \cos n\pi x dx = \int_0^1 \frac{1}{2}[\cos(k-n)\pi x + \cos(k+n)\pi x]dx$$

$$= \frac{1}{2}\left[\frac{1}{(k-n)\pi}\sin(k-n)\pi x + \frac{1}{(k+n)\pi}\sin(k+n)\pi x\right]_0^1 = 0$$

따라서 정리 9.2.6의 내용이 성립한다. ■

참고 위의 예 9.2.7에서 보면 고유치 수열 $\{n^2\pi^2\}$은 단조 증가하고 $\lim_{n\to\infty} n^2\pi^2 = \infty$ 임을 알 수 있다. 일반적으로 다음의 정리가 성립한다(증명은 이 책의 범위를 벗어나므로 생략한다).

| 정리 9.2.8 | 정상 Sturm-Liouville 문제 (9.2.1), (9.2.2)는 다음과 같이 단조 증가하는 비유계인($\lim_{n\to\infty} \lambda_n = \infty$) 고유치 수열 $\{\lambda_n\}$을 가진다.

$$\lambda_1 < \lambda_2 < \cdots < \lambda_n < \cdots \to \infty \tag{9.2.13}$$

9.2.2 고유함수와 Fourier 급수

주어진 함수를 고유함수들로 급수 전개하는 것은 마치 벡터공간 $\boldsymbol{R}^n$에서 주어진 벡터를 직교 기저벡터들로 전개하는 것과 같은 원리이다.

정상 Sturm-Liouville 문제 (9.2.1), (9.2.2)의 단조 증가하는 고유치 수열을 $\{\lambda_n\}$라 하고, 각 λ_n에 대응되는 고유함수를 $\varphi_n(x)$라 하자. 그러면 정리 9.2.6에 의해서 고유함수들 $\varphi_n(x)$은 $r(x)$-가중 내적에 의하여 직교한다. 즉 임의의 자연수 n에 대해서,

$$\begin{cases} (\varphi_k, \varphi_n)_r = \int_a^b \varphi_k(x)\varphi_n(x)r(x)dx = 0, \quad k \neq n \\ (\varphi_n, \varphi_n)_r = \int_a^b \varphi_n^2(x)r(x)dx > 0 \end{cases} \tag{9.2.14}$$

즉 $\{\varphi_n(x) \mid n$은 자연수$\}$는 내적$(\cdot, \cdot)_r$ 하에서 직교(orthogonal) 집합이다.

이제 (a, b)상에 정의된 함수 $f(x)$가 어떤 조건을 만족하면, 고유함수들 $\{\varphi_n(x)\}$의 일차 결합으로 표현될 수 있는지 간단히 알아보자.

| 정의 9.2.9 | $f(x)$가 $[a, b]$상에서 조각적 연속함수라 하자. 다음의 급수를 (a, b)상에서 $\{\varphi_n(x)\}$에 의한 $f(x)$의 Fourier 급수라 한다.

$$\sum_{n=1}^{\infty} c_n \varphi_n(x), \quad x \in (a, b) \tag{9.2.15}$$

단 $c_n = \dfrac{(f, \varphi_n)_r}{(\varphi_n, \varphi_n)_r} = \dfrac{1}{(\varphi_n, \varphi_n)_r} \displaystyle\int_a^b f(x)\varphi_n(x)r(x)dx$

Fourier 급수 $\displaystyle\sum_{n=1}^{\infty} c_n \varphi_n(x)$ 의 수렴성에 대해서 다음 성질이 있다(증명은 [9] 참조).

| 정리 9.2.10 | $f(x)$와 $f'(x)$가 $[a, b]$상에서 조각적 연속함수라 하자. 그러면 고유함수 $\{\varphi_n(x)\}$에 의한 f 의 Fourier 급수 (9.2.15)는 (a, b)상에서 다음과 같이 수렴한다.

$$\sum_{n=1}^{\infty} c_n \varphi_n(x) = \frac{1}{2}\left[\lim_{t \to x-} f(t) + \lim_{t \to x+} f(t)\right], \quad x \in (a, b) \tag{9.2.16}$$

단 $c_n = \dfrac{(f, \varphi_n)_r}{(\varphi_n, \varphi_n)_r} = \dfrac{1}{(\varphi_n, \varphi_n)_r} \displaystyle\int_a^b f(x)\varphi_n(x)r(x)\, dx$. 이런 경우 $\{\varphi_n(x)\}$을 직교계(orthogonal system)라 한다.

참고 (a, b)의 양 끝점인 $x = a$, $x = b$에서는 등식 (9.2.16)이 일반적으로 성립하지 않고 (9.2.16)에서 f가 $x \in (a, b)$에서 연속이면, 좌우 극한치가 동일하므로($\displaystyle\lim_{t \to x-} f(t) = \lim_{t \to x+} f(t) = f(x)$), $\displaystyle\sum_{n=1}^{\infty} c_n \varphi_n(x) = f(x)$이 성립한다.

이제부터 $f(x)$와 $f'(x)$가 $[a, b]$상에서 조각적 연속함수로서, 불연속인 점이 기껏해야 유한개라고 가정한다. 그래서 그 불연속인 점들은 무시하고, (9.2.16)에서 통상 다음과 같이 표현한다.

$$\sum_{n=1}^{\infty} c_n \varphi_n(x) = f(x), \quad x \in (a, b) \tag{9.2.17}$$

단 $c_n = \dfrac{(f, \varphi_n)_r}{(\varphi_n, \varphi_n)_r}$이다. 그러면 고유함수를 행렬의 고유벡터와 유사하게 취급할 수 있다.

$\varphi_n(x)$를 직교기저벡터로 간주하고, (9.2.17)에서 $c_n = \dfrac{(f, \varphi_n)_r}{(\varphi_n, \varphi_n)_r}$를 $f(x)$의 $\varphi_n(x)$–성분이라 한다.

편의상 $\psi_n = \dfrac{1}{\sqrt{(\varphi_n, \varphi_n)_r}}\varphi_n(x)$ 라 두면, 아래와 같이 정규 직교화된다. 즉 $\psi_n(x)$ 가 λ_n 에 대응되는 (9.2.1)~(9.2.2)의 고유함수이고, 다음이 성립한다.

임의의 정수 k, n 에 대해서,

$$(\psi_k, \psi_n)_r = \int_a^b \psi_k(x)\psi_n(x)r(x)\,dx = \delta_{kn} = \begin{cases} 1, & k=n \\ 0, & k \neq n \end{cases}$$

그러므로 $\{\psi_n(x)\}$는 내적 $(\cdot, \cdot)_r$ 하에서 **정규 직교계**(orthonormal system)가 된다. 그리고 $f(x)$ 의 급수 (9.2.15)는 다음과 같이 아주 간단히 표현된다.

$$\sum_{n=1}^{\infty} \gamma_n \psi_n(x), \quad x \in (a, b) \tag{9.2.18}$$

단 $\gamma_n = (f, \psi_n)_r = \int_a^b f(x)\psi_n(x)r(x)\,dx$. 이때 $f(x)$ 가 조각적 연속함수이면, $\lim_{n\to\infty}\gamma_n = 0$ 이다(증명은 [5, 8] 참조).

예 9.2.11 $[u'' + \lambda u = 0,\ u(0) = 0,\ u(\pi) = 0]$의 고유함수로, $f(x) = x$ 를 $(0, \pi)$상에서 Fourier 급수 전개해보자.

풀이 예 9.1.7에서 $b = \pi$라 두면, 고유치는 $\lambda_n = n^2$ 이고, 고유함수는 $\varphi_n = \sin nx$, $x \in [0, \pi]$ 이다(n은 자연수). 한편 $r(x) = 1$ 이므로 다음을 얻는다. $n = 1, 2, 3, \cdots$,

$$d_n = (\varphi_n, \varphi_n) = \int_0^\pi \sin^2 nx\,dx = \int_0^\pi \frac{1-\cos 2nx}{2}dx = \frac{\pi}{2},$$

$$c_n = \frac{(f, \varphi_n)}{(\varphi_n, \varphi_n)} = \frac{2}{\pi}\int_0^\pi x\sin nx\,dx$$

$$= \frac{2}{\pi}\left\{\left[x\frac{-\cos nx}{n}\right]_0^\pi + \int_0^\pi \frac{\cos nx}{n}dx\right\} = \frac{2(-1)^{n+1}}{n}$$

따라서 $f(x) = x$ 의 급수는 다음과 같다.

$$\sum_{n=1}^{\infty} \frac{2(-1)^{n+1}}{n}\sin nx, \quad x \in (0, \pi)$$

$f(x) = x$ 가 $(0, \pi)$상에서 연속이므로, 모든 $x \in (0, \pi)$에 대해서 $\sum_{n=1}^{\infty} \frac{2(-1)^{n+1}}{n}\sin nx$ 는 $f(x) = x$ 에 수렴한다. 즉 다음과 같다.

$$x = \sum_{n=1}^{\infty} \frac{2(-1)^{n+1}}{n}\sin nx, \quad x \in (0, \pi)$$

■

참고 위의 예에서 $\varphi_n = \sin nx$를 정규화하여, $\psi_n = \sqrt{\dfrac{2}{\pi}} \sin nx$를 이용해도 동일한 결과를 얻는다. 아래에서 주기적인 경계조건을 가진 정상 Sturm-Liouville 문제의 예를 보자.

예 9.2.12 $[u'' + \lambda u = 0,\ \ u(0) = u(b),\ u'(0) = u'(b)]$는 다음과 같이 고유치의 수열 $\{\lambda_n\}$과 고유함수열 $\{\varphi_{n1},\ \varphi_{n2}\}$을 가진다.

$$\lambda_0 = 0\ ;\ \varphi_0 = 1\,,$$
$$\lambda_n = \left(\frac{2n\pi}{b}\right)^2;\quad \varphi_{n1} = \cos\frac{2n\pi x}{b},\quad \varphi_{n2} = \sin\frac{2n\pi x}{b}\,,\ (n \geq 1)$$

풀이 매개변수 λ의 값에 따라서 다음 세 경우로 나누어 조사해보자.

(i) $\lambda < 0$인 경우

편의상 $\omega = \sqrt{-\lambda}$ 라 두자. 그러면 $\lambda = -\omega^2$이다. $u'' - \omega^2 u = 0$를 풀면, 일반해는 다음과 같다.

$$u = c_1 e^{-\omega x} + c_2 e^{\omega x},\ \text{단 } c_1,\ c_2\text{는 임의상수}$$
$$u'(x) = -c_1 \omega e^{-\omega x} + c_2 \omega e^{\omega x}$$

그러므로 $u(x),\ u'(x)$에 경계조건을 대입하면 다음을 얻는다.

$$u(0) = c_1 + c_2 = e^{-\omega b} c_1 + e^{\omega b} c_2 = u(b),$$
$$u'(0) = -\omega c_1 + \omega c_2 = -\omega e^{-\omega b} c_1 + \omega e^{\omega b} c_2 = u'(b)$$

여기서 $\omega > 0$이고 $b > 0$이므로 연립방정식을 풀면, $c_1 = c_2 = 0$이다.

따라서 이 경우 Sturm-Liouville 문제는 자명해 $u \equiv 0$만 가진다.

(ii) $\lambda = 0$인 경우

$u'' = 0$를 풀면, 일반해는 다음과 같다.

$$u = c_1 + c_2 x\,,\ (c_1,\ c_2\text{는 임의상수})$$

그러므로 $u(x),\ u'(x)$에 경계조건을 대입하면 다음을 얻는다.

$$u(0) = c_1 = c_1 + bc_2 = u(b),\ \ u'(0) = c_2 = u'(b)$$

따라서 c_1은 임의의 상수이고, $c_2 = 0$이다.

이 경우 Sturm-Liouville 문제는 다음과 같은 간단한 비자명해를 가진다.

$$\varphi_0 = 1$$

(iii) $\lambda > 0$인 경우

편의상 $\omega = \sqrt{\lambda}$ 라 두자. 그러면 $\lambda = \omega^2$이다. $u'' + \omega^2 u = 0$를 풀면, 일반해는 다음과 같다.

$$u = c_1 \cos\omega x + c_2 \sin\omega x\,,\ (c_1,\ c_2\text{는 임의상수}) \tag{9.2.19}$$
$$u' = -c_1\omega\sin\omega x + c_2\omega\cos\omega x$$

여기서 $u(x)$, $u'(x)$에 경계조건을 대입하면 다음을 얻는다.

$$u(0) = c_1 = c_1\cos\omega b + c_2\sin\omega b = u(b),$$
$$u'(0) = c_2\,\omega = -c_1\omega\sin\omega b + c_2\omega\cos\omega b = u'(b)$$

그러므로 다음과 같이 c_1, c_2의 연립방정식을 얻는다.

$$c_1 = c_1\cos\omega b + c_2\sin\omega b\,,\ \ c_2 = -c_1\sin\omega b + c_2\cos\omega b$$

간단히 정리하면 다음과 같다.

$$\begin{cases} c_1(1-\cos\omega b) - c_2\sin\omega b = 0 \\ c_1\sin\omega b + c_2(1-\cos\omega b) = 0 \end{cases} \tag{9.2.20}$$

여기서 c_1, c_2의 연립방정식 (9.2.20)이 비자명해를 가지면, 일반해 (9.2.19)는 비자명해가 될 수 있다. 한편 연립방정식 (9.2.20)이 비자명해를 가지기 위한 필요충분조건은 계수 행렬식이 0이다. 즉 다음을 얻는다.

$$\det\begin{pmatrix} (1-\cos\omega b) & -\sin\omega b \\ \sin\omega b & (1-\cos\omega b) \end{pmatrix} = (1-\cos\omega b)^2 + \sin^2\omega b$$
$$= 2 - 2\cos\omega b = 0$$

따라서 연립방정식 (9.2.20)이 비자명해를 가지기 위한 필요충분조건은 다음과 같다.

$$\cos\omega b = 1,\ \text{즉}\ \omega = \frac{2n\pi}{b}\,,\ (n \ge 1\ \text{정수})$$

그러므로 일반해 (9.2.19)가 비자명해가 될 필요충분조건은 다음과 같다.

$$n \ge 1\text{에 대해서},\ \omega_n \equiv \frac{2n\pi}{b}\ \text{이고}\ c_1,\ c_2\text{는 (9.2.20)의 비자명해이다.}$$

즉 $n \ge 1$에 대해서, $\omega_n = \dfrac{2n\pi}{b}$ 일 때 (9.2.20)의 가장 간단한 일차 독립인 해 벡터는 $(c_1,\ c_2) = (1,\ 0)$와 $(c_1,\ c_2) = (0,\ 1)$이다. 따라서 모든 정수 $n \ge 1$

에 대해서, $\lambda_n = \omega_n^2 = \left(\frac{2n\pi}{b}\right)^2$ 일 때 위의 Sturm-Liouville 문제는 다음과 같이 일차 독립인 한 쌍의 비자명해를 가진다.

$$\varphi_{n1} = \cos\frac{2n\pi x}{b}, \quad \varphi_{n2} = \sin\frac{2n\pi x}{b}$$

이상의 내용을 정리하면 다음을 얻는다.

$[u'' + \lambda u = 0,\ u(0) = u(b),\ u'(0) = u'(b)]$의 고유치는 $\lambda_n = \left(\frac{2n\pi}{b}\right)^2$, ($n \geq 1$ 정수)이며 대응되는 간단한 고유함수는 다음과 같다.

$$\lambda_0 = 0\ ;\ \varphi_0 = 1,$$
$$\lambda_n = \left(\frac{2n\pi}{b}\right)^2;\quad \varphi_{n1} = \cos\frac{2n\pi x}{b}, \quad \varphi_{n2} = \sin\frac{2n\pi x}{b}, \ (n \geq 1)$$

즉 $\lambda_0 = 0$ 는 단순 고유치이고, $\lambda_n = \left(\frac{2n\pi}{b}\right)^2$, ($n \geq 1$)는 중복 고유치(중복도 2)이다. 그리고 고유함수의 집합은 내적 $(\cdot\,,\,\cdot)$ 하에서 직교 집합이다. 즉 다음은 직교 집합이 된다(연습문제).

$$\left\{\cos\frac{2n\pi x}{b}\ \middle|\ n \geq 0 \text{ 정수}\right\} \cup \left\{\sin\frac{2n\pi x}{b}\ \middle|\ n \geq 1 \text{ 정수}\right\}$$ ■

참고 정의 9.2.9에서 우리는 Fourier 급수란 용어를 넓은 의미로 사용하고 있다. 그러나 전통적으로 구간 $(0, b)$ 에서 Fourier 급수란 용어는 $r(x) \equiv 1$ 이고, 다음과 같이 고유함수가 삼각함수인 세 가지 경우에 사용한다.

(1) 고유함수; $\cos\frac{2m\pi x}{b}$, $\sin\frac{2n\pi x}{b}$, ($m \geq 0$, $n \geq 1$ 정수).

(2) 고유함수; $\cos\frac{n\pi x}{b}$, ($n \geq 0$ 정수).

(3) 고유함수; $\sin\frac{n\pi x}{b}$, ($n \geq 1$ 정수).

이제부터 Fourier 급수란 용어는 고유함수가 삼각함수인 경우에 사용하자.

| 정의 9.2.13 | $f(x)$가 $[0, b]$에서 조각적 연속함수라 하자. $(0, b)$에서 Fourier 급수를 다음과 같이 정의한다.

(1) $(0, b)$에서 $f(x)$의 Fourier sine-cosine 급수;

$$a_0 + \sum_{n=1}^{\infty}\left[a_n \cos\frac{2n\pi x}{b} + c_n \sin\frac{2n\pi x}{b}\right] \tag{9.2.21}$$

단 $a_0 = \dfrac{(f(x),\ 1)}{(1,\ 1)} = \dfrac{1}{b}\displaystyle\int_0^b f(x)dx$ 이고, $n \geq 1$ 일 때

$$a_n = \frac{\left(f(x),\ \cos\frac{2n\pi x}{b}\right)}{\left(\cos\frac{2n\pi x}{b},\ \cos\frac{2n\pi x}{b}\right)} = \frac{2}{b}\int_0^b f(x)\cos\frac{2n\pi x}{b}dx,$$

$$c_n = \frac{\left(f(x),\ \sin\frac{2n\pi x}{b}\right)}{\left(\sin\frac{2n\pi x}{b},\ \sin\frac{2n\pi x}{b}\right)} = \frac{2}{b}\int_0^b f(x)\sin\frac{2n\pi x}{b}dx$$

(2) $(0,\ b)$에서 $f(x)$의 Fourier cosine 급수;

$$a_0 + \sum_{n=1}^{\infty} a_n \cos\frac{n\pi x}{b} \tag{9.2.22}$$

단 $a_0 = \dfrac{(f(x),\ 1)}{(1,\ 1)} = \dfrac{1}{b}\displaystyle\int_0^b f(x)dx$ 이고, $n \geq 1$ 일 때

$$a_n = \frac{\left(f(x),\ \cos\frac{n\pi x}{b}\right)}{\left(\cos\frac{n\pi x}{b},\ \cos\frac{n\pi x}{b}\right)} = \frac{2}{b}\int_0^b f(x)\cos\frac{n\pi x}{b}dx$$

(3) $(0,\ b)$에서 $f(x)$의 Fourier sine 급수;

$$\sum_{n=1}^{\infty} c_n \sin\frac{n\pi x}{b} \tag{9.2.23}$$

단 $c_n = \dfrac{\left(f(x),\ \sin\frac{n\pi x}{b}\right)}{\left(\sin\frac{n\pi x}{b},\ \sin\frac{n\pi x}{b}\right)} = \dfrac{2}{b}\displaystyle\int_0^b f(x)\sin\frac{n\pi x}{b}dx$

참고 Fourier 급수를 $(-\infty,\ \infty)$상의 주기함수로 다음과 같이 간주할 수 있다.

(1) 위의 정의에서 Fourier sine-cosine 급수 (9.2.21)은 주기가 b인 함수로 다음과 같이 확장될 수 있다. $[0,\ b]$에서 정의된 $f(x)$를 $(-\infty,\ \infty)$상에 정의된 주기가 b인 함수로 다음과 같이 확장하자.

$$f_p(x) \equiv f(x - nb),\ x \in [nb,\ (n+1)b),\ n \text{ 정수}$$

그러면 (9.2.21)을 주기가 b인 함수 $f_p(x)$의 Fourier 급수로 간주할 수 있다.

(2) 위의 정의에서 Fourier cosine 급수 (9.2.22)는 주기가 $2b$인 우함수로 다음과 같이 확장될 수 있다. $[0, b]$에서 정의된 $f(x)$를 주기가 $2b$인 우함수로 다음과 같이 확장하자.

$$f_e(x) \equiv \begin{cases} f(-x), & x \in [-b, 0) \\ f(x), & x \in [0, b] \end{cases},$$

$$f_{ep}(x) \equiv f_e(x-2nb),\ x \in [(2n-1)b, (2n+1)b),\ n \text{ 정수}$$

그러면 (9.2.22)를 주기가 $2b$인 우함수 $f_{ep}(x)$의 Fourier 급수로 간주할 수 있다.

(3) 위의 정의에서 Fourier sine 급수 (9.2.23)은 주기가 $2b$인 기함수로 다음과 같이 확장될 수 있다. $[0, b]$에서 정의된 $f(x)$를 주기가 $2b$인 기함수로 다음과 같이 확장하자.

$$f_o(x) \equiv \begin{cases} -f(-x), & x \in [-b, 0) \\ f(x), & x \in [0, b] \end{cases},$$

$$f_{op}(x) \equiv f_o(x-2nb),\quad x \in [(2n-1)b, (2n+1)b),\ n \text{ 정수}$$

그러면 (9.2.23)을 주기가 $2b$인 기함수 $f_{op}(x)$의 Fourier 급수로 간주할 수 있다.

Fourier 급수 이론은 경계치문제에서 중요한 도구이다. 또한 Fourier 급수 이론은 함수의 근사 이론, 미분방정식의 (유한 요소) 근사해, 함수의 주기성 분석, 수치 자료의 주기성 분석 등에 다양하게 응용되는 분야인데, 여기서는 다루지 않는다.

정리 9.2.10에 의해서 다음을 얻을 수 있는데, sine과 cosine 함수의 성질을 이용하여 수렴성을 구체적으로 증명할 수도 있다(해석학[19, 20] 참조).

| 정리 9.2.14 | $f(x)$와 $f'(x)$가 $[0, b]$에서 조각적 연속함수라 하자. 그러면 $f(x)$의 Fourier 급수 (9.2.21)~(9.2.23)은 다음과 같이 $(0, b)$상에서 수렴한다. $x \in (0, b)$에 대해서,

(1) $$a_0 + \sum_{n=1}^{\infty}\left[a_n\cos\frac{2n\pi x}{b} + c_n\sin\frac{2n\pi x}{b}\right] = \frac{1}{2}[f(x^-) + f(x^+)] \qquad (9.2.24)$$

(2) $$a_0 + \sum_{n=1}^{\infty} a_n\cos\frac{n\pi x}{b} = \frac{1}{2}[f(x^-) + f(x^+)] \qquad (9.2.25)$$

(3) $$\sum_{n=1}^{\infty} a_n\sin\frac{n\pi x}{b} = \frac{1}{2}[f(x^-) + f(x^+)] \qquad (9.2.26)$$

단 $f(x^-) = \lim_{t \to x-} f(t)$, $f(x^+) = \lim_{t \to x+} f(t)$이다.

참고 f가 $x \in (0, b)$에서 연속이면, $f(x^-) = f(x^+) = f(x)$이므로 $\frac{1}{2}[f(x^-) + f(x^+)] = f(x)$이다. 그래서 $f(x)$와 $f'(x)$가 $[0, b]$에서 연속인 점에서 위의 각 Fourier 급수는 $f(x)$에 수렴한다.

예 9.2.15 $f(x)=x$ 를 $(0,\ \pi)$에서 다양하게 Fourier 급수 전개하면 다음과 같다. 모든 $x\in(0,\ \pi)$에 대해서,

(1) Fourier cosine 급수; $x=\dfrac{\pi}{2}+\displaystyle\sum_{n=1}^{\infty}\frac{2[(-1)^n-1]}{n^2\pi}\cos nx$

(2) Fourier sine 급수; $x=\displaystyle\sum_{n=1}^{\infty}\frac{2(-1)^{n+1}}{n}\sin nx$

(3) Fourier sine-cosine 급수; $x=\dfrac{\pi}{2}-\displaystyle\sum_{n=1}^{\infty}\frac{1}{n}\sin 2nx$

풀이

(1) $a_0=\dfrac{1}{\pi}\displaystyle\int_0^{\pi}x\,dx=\frac{\pi}{2}$,

$$a_n=\frac{2}{\pi}\int_0^{\pi}x\cos nx\,dx=-\frac{2}{n\pi}\int_0^{\pi}\sin nx\,dx$$

$$=\frac{2}{n^2\pi}[\cos nx]_0^{\pi}=\frac{2[(-1)^n-1]}{n^2\pi},\ (n\geq 1)$$

따라서 $f(x)=x$ 가 $(0,\ \pi)$에서 연속이므로 Fourier cosine 급수는 다음과 같다.

$$x=\frac{\pi}{2}+\sum_{n=1}^{\infty}\frac{2[(-1)^n-1]}{n^2\pi}\cos nx,\quad x\in(0,\pi)$$

(2) $f(x)=x$ 가 $(0,\ \pi)$에서 연속이므로 예 9.2.11에서 $x=\displaystyle\sum_{n=1}^{\infty}\frac{2(-1)^{n+1}}{n}\sin nx$, $x\in(0,\ \pi)$.

(3) $a_0=\dfrac{\pi}{2}$는 (1)에서와 동일하다. $n\geq 1$ 일 때,

$$a_n=\frac{2}{\pi}\int_0^{\pi}x\cos 2nx\,dx=0,\quad c_n=\frac{2}{\pi}\int_0^{\pi}x\sin 2nx\,dx=-\frac{1}{n}$$

따라서 $f(x)=x$ 가 $(0,\ \pi)$에서 연속이므로 다음과 같다.

$$x=\frac{\pi}{2}-\sum_{n=1}^{\infty}\frac{1}{n}\sin 2nx,\quad x\in(0,\ \pi)$$

■

예 9.2.16 $f(x)=\begin{cases}-1, & 0<x<\pi\\ 1, & \pi<x<2\pi\end{cases}$를 $(0,\ 2\pi)$에서 Fourier 급수 전개하면 다음과 같다. $x\in(0,\ 2\pi)$에 대해서,

(1) Fourier cosine 급수;

$$\sum_{n=0}^{\infty}\frac{4(-1)^{n+1}}{(2n+1)\pi}\cos(2n+1)x=\begin{cases}f(x), & 0<x<\pi,\ \pi<x<2\pi\\ 0, & x=\pi\end{cases}$$

(2) Fourier sine 급수;

$$-\sum_{n=0}^{\infty}\frac{4}{(2n+1)\pi}\sin(2n+1)x=\begin{cases}f(x), & 0<x<\pi,\ \pi<x<2\pi\\ 0, & x=\pi\end{cases} \qquad (9.2.27)$$

풀이

(1) $a_0=\dfrac{1}{2\pi}\displaystyle\int_0^{2\pi}f(x)dx=0,$

$$a_n=\frac{1}{\pi}\left[\int_0^{\pi}-\cos\frac{nx}{2}dx+\int_{\pi}^{2\pi}\cos\frac{nx}{2}dx\right]=-\frac{4}{n\pi}\sin\frac{n\pi}{2},\ (n\geq 1)$$

즉 $a_{2k}=0,\quad a_{2k+1}=\dfrac{4(-1)^{k+1}}{(2k+1)\pi},\ (k\geq 0)$

따라서 $f(x)$의 Fourier cosine 급수는 다음과 같다.

$$\sum_{k=0}^{\infty}\frac{4(-1)^{k+1}}{(2k+1)\pi}\cos(2k+1)x,\quad x\in(0,\ 2\pi)$$

(2) $c_n=\dfrac{1}{\pi}\displaystyle\int_0^{2\pi}f(x)\sin\frac{nx}{2}dx=\frac{1}{\pi}\left[\int_0^{\pi}-\sin\frac{nx}{2}dx+\int_{\pi}^{2\pi}\sin\frac{nx}{2}dx\right]$

$$=\frac{2}{n\pi}\left[2\cos\frac{n\pi}{2}-1-(-1)^n\right],\ (n\geq 1)$$

즉 $c_{2k-1}=0,\quad c_{2k}=\dfrac{2[(-1)^k-1]}{k\pi},\ (k\geq 1)$

따라서 $f(x)$의 Fourier sine 급수는 다음과 같다.

$$\sum_{k=1}^{\infty}\frac{2[(-1)^k-1]}{k\pi}\sin kx,\quad x\in(0,\ 2\pi)$$

위의 급수에서 k가 짝수일 때 항은 0이므로, 다음을 얻는다.

$$-\sum_{n=0}^{\infty}\frac{4}{(2n+1)\pi}\sin(2n+1)x,\quad x\in(0,2\pi)$$ ■

참고 $f(x)$의 점프–불연속인 점에서 Fourier 급수는 Gibbs 현상을 가지는데, 예 9.2.16의 sine 급수를 이용해서 설명해보자.

Fourier sine 급수 (9.2.27)에서 부분합을 다음과 같이 두자.

$$S_N(x) \equiv -\sum_{n=0}^{N} \frac{4}{(2n+1)\pi} \sin(2n+1)x, \quad x \in (0, 2\pi) \tag{9.2.28}$$

그러면 정리 9.2.14에 의해서 다음을 알 수 있다.

$$\lim_{N\to\infty} S_N(x) = \begin{cases} -1, & 0 < x < \pi \\ 0, & x = \pi \\ 1, & \pi < x < 2\pi \end{cases}$$

여기서 $f(x)$의 불연속인 점 $x_0 = \pi$의 좌우에서 $S_N(x)$의 수렴성을 살펴보면 다음과 같은 특성이 있다. 모든 $N \geq 1$에 대해서,

(i) $S_N(\pi) = \frac{1}{2}[f(\pi^-) + f(\pi^+)] = 0$

(ii) N에 관계없는 적당한 양수 $\epsilon > 0$과, N에 관계있는 적당한 양수 $\delta_N > 0$가 존재하여 $\lim_{N\to\infty} \delta_N = 0$이고 다음을 만족한다.

$$S_N(\pi - \delta_N) \leq f(\pi^-) - \epsilon = -1 - \epsilon, \quad S_N(\pi + \delta_N) \geq f(\pi^+) + \epsilon = 1 + \epsilon$$

즉 불연속점 π의 좌측과 우측의 점들 $\pi - \delta_N$, $\pi + \delta_N$에서 $S_N(\pi - \delta_N)$이 좌극한 $f(\pi^-) = -1$보다 작고 $S_N(\pi + \delta_N)$이 우극한 $f(\pi^+) = 1$보다 크다.

이와 같은 특성 (i), (ii)을 Gibbs 현상(phenomenon)이라 한다. 증명은 이 책의 범위 밖이므로 생략한다.

(9.2.28)에서 예를 들어 $S_2(x)$, $S_3(x)$, $S_{15}(x)$ 등의 그래프를 개략적으로 그려보면 이를 짐작할 수 있다.

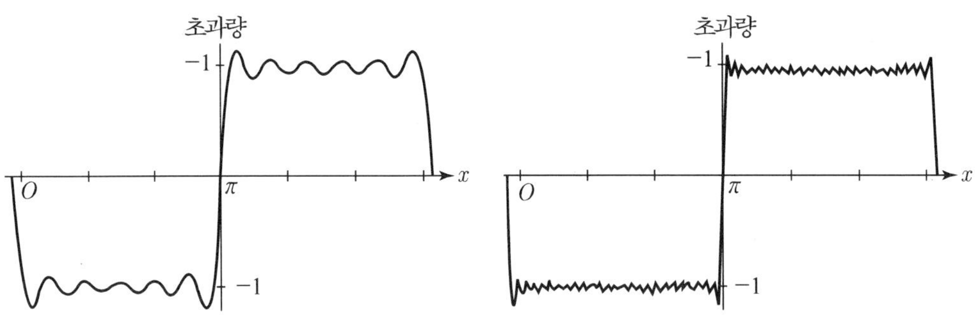

[그림 9.2.1]

연습문제 9.2

1. $w(x)$가 $[a, b]$에서 연속이고 $w(x) > 0$라 할 때, (9.2.11)에서 $w-$가중내적 $(\cdot, \cdot)_w$가 벡터의 내적 정의를 만족함을 증명하여라.

2. $(0, b)$상에서 다음 함수의 집합이 내적 $(\cdot, \cdot)$하에서 직교집합임을 보여라.

(1) $\left\{ \sin\frac{n\pi x}{b} \mid n \geq 1 \text{ 정수} \right\}$

(2) $\left\{\cos\dfrac{n\pi x}{b} \mid n \ge 0 \text{ 정수}\right\}$

(3) $\left\{\cos\dfrac{2n\pi x}{b} \mid n \ge 0 \text{ 정수}\right\} \cup \left\{\sin\dfrac{2n\pi x}{b} \mid n \ge 1 \text{ 정수}\right\}$

3. 다음 경계치 문제의 고유함수로 주어진 구간 $(a,\ b)$에서 함수 $f(x)=1$, $g(x)=x$ 의 고유함수 급수를 구하여라.
   (1) $u''+\lambda u=0$, $u(0)=0$, $u(2)=0$
   (2) $u''+\lambda u=0$, $u'(0)=0$, $u'(2)=0$
   (3) $u''+\lambda u=0$, $u'(0)=0$, $u(1)=0$
   (4) $u''+\lambda u=0$, $u(0)=0$, $u'(1)=0$
   (5) $u''+4u+\lambda u=0$, $u(0)=0$, $u(\pi)=0$
   (6) $u''+4u+\lambda u=0$, $u'(0)=0$, $u'(\pi)=0$

4. $(0,\ b)$상에서 $f(x)$의 Fourier (sine–cosine) 급수를 구하여라.
   (1) $(0,\ \pi)$에서 $f(x)=1$ 의 Fourier sine 급수
   (2) $(0,\ \pi)$에서 $f(x)=1$ 의 Fourier cosine 급수
   (3) $(0,\ \pi)$에서 $f(x)=1$ 의 Fourier sine–cosine 급수
   (4) $(0,\ \pi)$에서 $f(x)=\begin{cases} 1, & 0<x<\dfrac{\pi}{2} \\ -1, & \dfrac{\pi}{2}\le x<\pi \end{cases}$ 의 Fourier cosine 급수
   (5) $(0,\ \pi)$에서 $f(x)=\begin{cases} 1, & 0<x<\dfrac{\pi}{2} \\ -1, & \dfrac{\pi}{2}\le x<\pi \end{cases}$ 의 Fourier sine 급수
   (6) $(0,\ \pi)$에서 $f(x)=\begin{cases} 1, & 0<x<\dfrac{\pi}{2} \\ -1, & \dfrac{\pi}{2}\le x<\pi \end{cases}$ 의 Fourier sine–cosine 급수
   (7) $(0,\ \pi)$에서 $f(x)=x(\pi-x)$ 의 Fourier sine 급수
   (8) $(0,\ \pi)$에서 $f(x)=x(\pi-x)$ 의 Fourier sine–cosine 급수
   (9) $(0,\ \pi)$에서 $f(x)=x(\pi-x)$ 의 Fourier cosine 급수

9.3 선형 비제차 경계치문제와 수반문제

이 절에서 2계 선형 비제차 경계치문제의 해의 존재성에 대해서 간단히 소개한다. $[a,\ b]$에서 2계 선형 비제차 경계치문제의 일반형태는 다음과 같다.

$$p_2(x)u''+p_1(x)u'+p_0(x)u=f(x),\quad a<x<b \tag{9.3.1}$$

$$\begin{cases}\alpha_{11}u(a)+\alpha_{12}u'(a)+\beta_{11}u(b)+\beta_{12}u'(b)=0\\ \alpha_{21}u(a)+\alpha_{22}u'(a)+\beta_{21}u(b)+\beta_{22}u'(b)=0\end{cases} \tag{9.3.2}$$

단 $[a,\ b]$에서 $p_2(x)$, $p_1(x)$, $p_0(x)$는 연속함수이고 $f(x)$는 조각적 연속함수이며, α_{ij}, β_{ij}는 주어진 상수이다.

이 절에서는 편의상 형식적 미분작용소 $\boldsymbol{L}$을 다음과 같이 두자.

$$\boldsymbol{L}[u]=p_2u''+p_1u'+p_0u \tag{9.3.3}$$

그리고 경계작용소 $\boldsymbol{B}$를 다음과 같이 두자.

$$\boldsymbol{B}[u]=\begin{pmatrix}\alpha_{11}u(a)+\alpha_{12}u'(a)+\beta_{11}u(b)+\beta_{12}u'(b)\\ \alpha_{21}u(a)+\alpha_{22}u'(a)+\beta_{21}u(b)+\beta_{22}u'(b)\end{pmatrix} \tag{9.3.4}$$

그러면 경계치문제 (9.3.1), (9.3.2)는 다음과 같이 간단히 표현된다.

$$\begin{cases}\boldsymbol{L}[u]=f(x),\quad a<x<b\\ \boldsymbol{B}[u]=0\end{cases} \tag{9.3.5}$$

경계치문제 (9.3.1), (9.3.2)를 다룰 때, 9.2절에서 정의한 내적 $(\cdot,\cdot)$과 부분적분법을 이용하여 좀 더 다루기 좋은 형태의 문제로 바꿀 수 있는 경우를 생각하자.

이제 (9.3.3)에서 $p_2\in\boldsymbol{C}^2[a,\ b]$, $p_1\in\boldsymbol{C}^1[a,\ b]$, $p_0\in\boldsymbol{C}[a,\ b]$라 가정하자. 경계조건 (9.3.4)를 만족하는 $u\in\boldsymbol{C}^2[a,\ b]$에 대해서, 어떤 경계조건을 만족하는 $v\in\boldsymbol{C}^2[a,\ b]$를 택해서 내적 $(\boldsymbol{L}[u],\ v)$을 부분적분법을 이용하여 변형해보자.

$$\begin{aligned}(\boldsymbol{L}[u],\ v)&=\int_a^b(p_2u''+p_1u'+p_0u)v\,dx=\int_a^b(p_2u''v+p_1u'v+p_0uv)dx\\ &=[u'(p_2v)]_a^b-\int_a^b u'(p_2v)'dx+[u(p_1v)]_a^b-\int_a^b u(p_1v)'dx+\int_a^b p_0uv\,dx\end{aligned}$$

여기서 $[u'(p_2v)]_a^b=0$, $[u(p_1v)]_a^b=0$가 되도록 v의 경계조건을 적절히 주자. 그러면 $(\boldsymbol{L}[u],\ v)=-\int_a^b u'(p_2v)'dx-\int_a^b u(p_1v)'dx+\int_a^b p_0uv\,dx$이다.

$\int_a^b u'(p_2 v)' dx$에 한 번 더 부분적분법을 적용하면, 다음을 얻는다.

$$-\int_a^b u'(p_2 v)' dx = -[u(p_2 v)']_a^b + \int_a^b u(p_2 v)'' dx$$

여기서 역시 $[u(p_2 v)']_a^b = 0$가 되도록 v의 경계조건을 적절히 주자. 그러면 v의 적절한 경계조건 하에서, 다음의 등식을 얻는다.

$$(\boldsymbol{L}[u],\ v) = \int_a^b u[(p_2 v)'' - (p_1 v)' + p_0 v] dx = (u,\ (p_2 v)'' - (p_1 v)' + p_0 v)$$

이와 같은 이유에서, $\boldsymbol{L}$의 형식적 수반작용소를 다음과 같이 정의한다.

| 정의 9.3.1 | 다음의 $\boldsymbol{L}^*$를 $\boldsymbol{L}$의 형식적 수반작용소(formal adjoint)라 한다.

$$\boldsymbol{L}^*[u] = (p_2 u)'' - (p_1 u)' + p_0 u \tag{9.3.6}$$

참고 일반적으로 '형식적 미분작용소'란 용어에서 '형식적'이라 함은 미분작용소에 경계조건이 부가되어 있지 않다는 것을 의미하며, 따라서 미분작용소의 정의역은 제한되지 않고 필요한 만큼 미분가능한 모든 함수의 집합이 된다.

예를 들어 (9.3.3)과 (9.3.6)에서 $\boldsymbol{L}$과 $\boldsymbol{L}^*$는 경계조건이 없으므로 모두 형식적 미분작용소이고, 그 정의역은 $C^2[a,\ b]$이다.

형식적 수반작용소 $\boldsymbol{L}^*$는 다음의 성질을 가진다.

| 정리 9.3.2 | 임의의 $u,\ v \in C^2[a,\ b]$에 대해서, 다음이 성립한다.

(1) Lagrange 항등식; $\boldsymbol{L}[u]v - u\boldsymbol{L}^*[v] = \dfrac{d}{dx}E(u,\ v)$ (9.3.7)

(2) 그린 공식; $(\boldsymbol{L}[u],\ v) - (u,\ \boldsymbol{L}^*[v]) = [E(u,\ v)]_a^b$ (9.3.8)

$$\text{즉 } \int_a^b (\boldsymbol{L}[u]v - u\boldsymbol{L}^*[v]) dx = [E(u, v)]_a^b$$

단 $E(u,\ v) = u' p_2 v - u(p_2 v)' + u p_1 v$

증명 (9.3.7)은 곱의 미분법으로 바로 증명할 수 있으므로 생략한다.
(9.3.8)은 (9.3.7)을 $[a,\ b]$상에서 적분하여 얻는다. ■

예 9.3.3 $L[u]=u''+4u'+5u$ 의 형식적 수반작용소 L^* 을 구하고 Lagrange 항등식과 그린 공식을 확인하여라.

풀이

(1) $p_2=1$, $p_1=4$, $p_0=5$이므로 $L^*[u]=u''-4u'+5u$ 이고, $E(u,\ v)=u'v-uv'+4uv$이다. 그러므로 다음을 얻는다.

$$L[u]v=(u''+4u'+5u)v=u''v+4u'v+5uv$$

따라서 $L[u]v-uL^*[v]=u''v-uv''+4(u'v+uv')$이다.
한편 곱의 미분법에 의해서 다음을 얻는다.

$$uL^*[v]=u(v''-4v'+5v)=uv''-4uv'+5uv$$
$$\frac{d}{dx}E(u,\ v)=(u'v-uv'+4uv)'=u''v-uv''+4(u'v+uv')$$

그러므로 Lagrange 항등식 (9.3.7)이 성립한다.

(2) $(L[u],\ v)-(u,\ L^*[v])=[E(u,\ v)]_a^b=[u'v-uv'+4uv]_a^b$
$=u'(b)v(b)-u(b)v'(b)+4u(b)v(b)-u'(a)v(a)+u(a)v'(a)-4u(a)v(a)$ ■

예 9.3.4 $L[u]=x^2u''-xu'-3u$ 의 형식적 수반작용소 L^* 을 구하고 Lagrange 항등식과 그린 공식을 확인하여라.

풀이

(1) $p_2=x^2$, $p_1=-x$, $p_0=-3$ 이므로, 다음을 얻는다.

$$L^*[v]=(x^2v)''-(-xv)'-3v=x^2v''+5xv',$$
$$E(u,\ v)=u'x^2v-u(x^2v)'+u(-x)v=x^2(u'v-uv')-3xuv$$

그러므로 다음을 얻는다.

$$L[u]v=(x^2u''-xu'-3u)v=x^2u''v-xu'v-3uv,$$
$$uL^*[v]=u(x^2v''+5xv')=x^2uv''+5xuv'$$

따라서 $L[u]v-uL^*[v]=x^2(u''v-uv'')-x(u'v+5uv')-3uv$ 이다.
한편 곱의 미분법에 의해서 다음을 얻는다.

$$\frac{d}{dx}E(u,\ v)=[x^2(u'v-uv')-3xuv]'$$
$$=x^2(u''v-uv'')-x(u'v+5uv')-3uv$$

그러므로 Lagrange 항등식 (9.3.7)이 성립한다.

(2) $(\boldsymbol{L}[u],\ v)-(u,\ \boldsymbol{L}^*[v])=[x^2(u'v-uv')-3xuv]_a^b$

$$=b^2[u'(b)v(b)-u(b)v'(b)]-3bu(b)v(b)$$
$$-a^2[u'(a)v(a)-u(a)v'(a)]+3au(a)v(a)$$ ■

참고 작용소는 '정의역과 공변역 그리고 대응관계'로 이루어진다.

이제부터 (9.3.3)에서 정의된 형식적 미분작용소 $\boldsymbol{L}$의 정의역 $\boldsymbol{D_L}$을 $[a,\ b]$상에서 2번 연속 미분가능하고 경계조건 (9.3.2)를 만족하는 함수들의 집합으로 한정하고, 공변역을 연속함수의 집합 $\boldsymbol{C}[a,\ b]$으로 다음과 같이 정의하자.

$$\begin{pmatrix} \boldsymbol{D_L}=\{u\in \boldsymbol{C}^2[a,\ b]\ \mid\ \boldsymbol{B}[u]=0\}, \\ \boldsymbol{L}: \boldsymbol{D_L}\to \boldsymbol{C}[a,\ b] \end{pmatrix} \tag{9.3.9}$$

즉 이제부터 $\boldsymbol{L}$은 정의역 $\boldsymbol{D_L}$을 가진 미분작용소 (9.3.9)라 간주한다. 미분방정식의 이론에서 미분작용소란 정의역과 공변역을 동시에 가진 것을 주로 의미한다.

그리고 형식적 수반작용소 (9.3.6) $\boldsymbol{L}^*$에 정의역을 적절히 추가하여(즉 수반경계조건을 추가하여) $\boldsymbol{L}$의 '수반작용소'를 정의한다. 즉 아래와 같이 수반경계조건과 수반경계작용소 $\boldsymbol{B}^*$를 정의한다. 개략적으로 설명하면, $\boldsymbol{D_{L^*}}$을 어떤 함수들의 집합으로서, 다음이 성립하도록 정의한다.

"모든 $u\in\boldsymbol{D_L}$, $v\in\boldsymbol{D_{L^*}}$에 대해서, $(\boldsymbol{L}[u],\ v)=(u,\ \boldsymbol{L}^*[v])$이 성립되도록 v에 대한 경계조건(수반경계조건)을 정한다."

| 정의 9.3.5 | 모든 $u\in\boldsymbol{D_L}$에 대해서, $(\boldsymbol{L}[u],\ v)=(u,\ \boldsymbol{L}^*[v])$(즉 $[E(u,\ v)]_a^b=[u'p_2v-u(p_2v)'+up_1v]_a^b=0$)가 되기 위한 $v\in\boldsymbol{C}^2[a,\ b]$의 경계조건을 수반경계조건이라 한다. 이때 수반경계조건을 $\boldsymbol{B}^*[v]=0$로 표기할 수 있는데, $\boldsymbol{B}^*$를 $\boldsymbol{L}$의 수반경계작용소라 한다. 즉 $\boldsymbol{B}^*$를 다음과 같이 정의한다. $v\in\boldsymbol{C}^2[a,\ b]$에 대해서,

$$\boldsymbol{B}^*[v]=0 \Leftrightarrow \left[\text{모든 } u\in\boldsymbol{D_L}\text{에 대해서, } [E(u,\ v)]_a^b=0\right] \tag{9.3.10}$$

그리고 $\boldsymbol{L}^*$의 정의역 $\boldsymbol{D_{L^*}}$를 다음과 같이 정의한다.

$$\boldsymbol{D_{L^*}}\equiv\{v\in\boldsymbol{C}^2[a,\ b]\ \mid\ \boldsymbol{B}^*[v]=0\}$$

| 정의 9.3.6 | 미분작용소 $\begin{pmatrix} \boldsymbol{D_L}=\{u\in \boldsymbol{C}^2[a,\ b]\ \mid\ \boldsymbol{B}[u]=0\}, \\ \boldsymbol{L}: \boldsymbol{D_L}\to \boldsymbol{C}[a,\ b] \end{pmatrix}$의 수반작용소는 다음과 같다.

$$\begin{pmatrix} D_{L^*} = \{v \in C^2[a,\ b] \ \mid \ B^*[v] = 0\}, \\ L^* : D_{L^*} \to C[a,\ b] \end{pmatrix} \tag{9.3.11}$$

·단 $L[u] = p_2u'' + p_1u' + p_0u$, $L^*[v] = (p_2v)'' - (p_1v)' + p_0v$ 이다. 특히 $L = L^*$ 인 경우에, L을 자기수반(self adjoint) 작용소라 한다. (즉 L과 L^*가 형식적으로 동일하고 그 정의역도 동일($D_L = D_{L^*}$)할 때, L을 자기수반작용소라 한다.)

참고 $[L^*[v] = 0,\ B^*[v] = 0]$를 $[L[u] = 0,\ B[u] = 0]$의 **수반경계치문제**(adjoint boundary value problem)라 한다.

예로서 (9.1.10), (9.1.11)의 경계치문제 $\{L[u] = [p(x)u']' + q(x)u = 0,\ a < x < b,$ $B[u] \equiv \begin{pmatrix} \alpha_1 u(a) + \alpha_2 u'(a) \\ \beta_1 u(b) + \beta_2 u'(b) \end{pmatrix} = \begin{pmatrix} 0 \\ 0 \end{pmatrix}\}$의 수반경계치문제는 자기 자신과 동일하므로, 여기의 미분작용소 L은 자기수반작용소이다(정리 9.2.2와 연습문제 9.3의 3 참조).

위의 내용을 요약하면, L과 L^*의 중요한 관계는 다음과 같다.

| 정리 9.3.7 | L^*를 미분작용소 L의 수반작용소라 하자. 그러면 다음이 성립한다. 모든 $u \in D_L$와 $v \in D_{L^*}$에 대해서,

$$(L[u],\ v) = (u,\ L^*[v]) \tag{9.3.12}$$

증명 정리 9.3.2와 정의 9.3.5에 의해서, (9.3.12)가 성립한다. ■

예 9.3.8 $L[u] = u'' + 4u' + 5u$, $B[u] = \begin{pmatrix} u(0) \\ u(\pi) \end{pmatrix} = \begin{pmatrix} 0 \\ 0 \end{pmatrix}$일 때,

(1) 수반작용소 L^*을 구하여라.

(2) 수반경계치문제를 구하여라.

풀이

(1) 경계조건이 $[u(0) = 0,\ u(\pi) = 0]$이므로, L의 정의역은 다음과 같다.

$$D_L = \{u \in C^2[0,\ \pi] \ \mid \ u(0) = 0,\ u(\pi) = 0\}$$

예 9.3.3을 보면 $L^*[v] = v'' - 4v' + 5v$ 이고, $E(u,\ v) = u'v - uv' + 4uv$이다. 여기서 경계조건을 이용하면 다음을 얻는다.

$$\begin{aligned}[E(u,\ v)]_0^{\pi} &= [u'v - uv' + 4uv]_0^{\pi} \\ &= u'(\pi)v(\pi) - u(\pi)v'(\pi) + 4u(\pi)v(\pi) \\ &\quad - u'(0)v(0) + u(0)v'(0) - 4u(0)v(0) \\ &= u'(\pi)v(\pi) - u'(0)v(0)\end{aligned}$$

따라서 모든 $u \in \boldsymbol{D}_L$에 대해서, $[E(u,\ v)]_0^{\pi} = u'(\pi)v(\pi) - u'(0)v(0) = 0$가 성립되도록 하는 $v \in \boldsymbol{C}^2[0,\ \pi]$의 경계조건은 $[v(0) = 0,\ v(\pi) = 0]$이다. 따라서 수반경계조건은 $B^*[v] = \begin{pmatrix} v(0) \\ v(\pi) \end{pmatrix} = \begin{pmatrix} 0 \\ 0 \end{pmatrix}$이다. 그러므로 $\boldsymbol{L}^*$의 정의역 $\boldsymbol{D}_{L^*}$는 다음과 같다.

$$\boldsymbol{D}_L^* = \{v \in \boldsymbol{C}^2[0,\ \pi] \mid v(0) = 0,\ v(\pi) = 0\}$$

즉 $\boldsymbol{L}^*$는 다음과 같이 정의된다.

$$v \in \boldsymbol{D}_{L^*}\text{에 대해서 } \boldsymbol{L}^*[v] = v'' - 4v' + 5v$$

(2) 수반경계치문제는 다음과 같다.

$$[\boldsymbol{L}^*[v] = 0,\ \boldsymbol{B}^*[v] = 0],\ \text{즉 } [v'' - 4v' + 5v = 0,\ v(0) = 0,\ v(\pi) = 0]$$ ■

예 9.3.9 $\boldsymbol{L}[u] = x^2u'' - xu' - 3u$, $\boldsymbol{B}[u] = \begin{pmatrix} u(1) \\ u(3) \end{pmatrix} = \begin{pmatrix} 0 \\ 0 \end{pmatrix}$일 때,

(1) 수반작용소 $\boldsymbol{L}^*$을 구하여라.

(2) 수반경계치문제를 구하여라.

풀이

(1) 경계조건이 $[u(1) = 0,\ u(3) = 0]$이므로, $\boldsymbol{L}$의 정의역은 다음과 같다.

$$\boldsymbol{D}_L = \{u \in \boldsymbol{C}^2[1,\ 3] \mid u(1) = 0,\ u(3) = 0\}$$

예 9.3.4를 보면, 다음을 알 수 있다.

$$\boldsymbol{L}^*[v] = x^2v'' + 5xv',\quad E(u,\ v) = x^2(u'v - uv') - 3xuv$$

여기서 경계조건 $[u(1) = 0,\ u(3) = 0]$을 이용하면 다음을 얻는다.

$$\begin{aligned}[E(u,\ v)]_1^3 &= 9[u'(3)v(3) - u(3)v'(3)] - 9u(3)v(3) \\ &\quad - [u'(1)v(1) - u(1)v'(1)] + 3u(1)v(1) \\ &= 9u'(3)v(3) - u'(1)v(1)\end{aligned}$$

모든 $u \in \boldsymbol{D}_L$에 대해서, $[E(u, v)]_1^3 = 9u'(3)v(3) - u'(1)v(1) = 0$가 되도록 하는 $v \in \boldsymbol{C}^2[1, 3]$의 경계조건은 $[v(1) = 0, v(3) = 0]$이다. 따라서 수반경계조건은 $\boldsymbol{B}^*[u] = \begin{pmatrix} u(1) \\ u(3) \end{pmatrix} = \begin{pmatrix} 0 \\ 0 \end{pmatrix}$이다. 그러므로 $\boldsymbol{L}^*$의 정의역 $\boldsymbol{D}_{L^*}$는 다음과 같다.

$$\boldsymbol{D}_{L^*} = \{v \in \boldsymbol{C}^2[1, 3] \mid v(1) = 0, v(3) = 0\}$$

즉 $\boldsymbol{L}^*$는 다음과 같이 정의된다.

$$\boldsymbol{L}^*[v] = x^2v'' + 5xv', \quad v \in \boldsymbol{D}_{L^*}$$

(2) 수반경계치문제는 다음과 같다.

$$[\boldsymbol{L}^*[v] = 0, \ \boldsymbol{B}^*[v] = 0], \text{ 즉 } [x^2v'' + 5xv = 0, \ v(1) = 0, \ v(3) = 0]$$ ■

다음은 비제차 경계치문제의 해의 존재성에 관한 유명한 정리이다.

| 정리 9.3.10 | [Fredholm 교대(Alternative) 정리] $f(x)$를 $[a, b]$상에서 연속함수라 하자. 그러면 다음의 (1)과 (2)는 동치이다.

(1) 비제차 경계치문제 $\begin{pmatrix} \boldsymbol{L}[u] = f(x), & a < x < b \\ \boldsymbol{B}[u] = 0 & \end{pmatrix}$가 해를 가진다.

(2) 제차 수반경계치문제 $\begin{pmatrix} \boldsymbol{L}^*[v] = 0, & a < x < b \\ \boldsymbol{B}^*[v] = 0 & \end{pmatrix}$의 모든 해 $v(x)$에 대해서,

$(f, v) = \int_a^b f(x)v(x)dx = 0$이다.

증명 (2) ⇒ (1)의 증명은 이 책의 범위를 넘는 내용이므로 생략한다. 그러나 (1) ⇒ (2)의 증명은 간단하므로, 소개해보자.

$u(x)$를 $\begin{pmatrix} \boldsymbol{L}[u] = f(x), & a < x < b \\ \boldsymbol{B}[u] = 0 & \end{pmatrix}$의 임의의 해라고 하고,

$v(x)$를 $\begin{pmatrix} \boldsymbol{L}^*[v] = 0, & a < x < b \\ \boldsymbol{B}^*[v] = 0 & \end{pmatrix}$의 임의의 해라고 하자.

여기서 $(f, v) = \int_a^b f(x)v(x)dx$를 계산해보자. $\boldsymbol{L}[u] = f(x), \ a < x < b$이므로, $(f, v) = (L[u], v)$이다. 따라서 정리 8.3.7에 의해서 다음을 얻는다.

$$(f,\ v)=(\boldsymbol{L}[u],\ v)=(u,\ \boldsymbol{L}^*[v])=(u,\ 0)=\int_a^b 0dx=0$$ ■

참고 제차 경계치문제 $\begin{pmatrix}\boldsymbol{L}^*[v]=0, & a<x<b\\ \boldsymbol{B}^*[v]=0 & \end{pmatrix}$는 비제차 경계치문제 $\begin{pmatrix}\boldsymbol{L}[u]=f(x), & a<x<b\\ \boldsymbol{B}[u]=0 & \end{pmatrix}$보다 일반적으로 다루기 쉽다. 그래서 Fredholm 교대 정리는 비제차 경계치문제의 해의 존재성을 파악하는 데 매우 효과적인 도구가 된다.

Fredholm 교대 정리에 의해서 다음을 곧 바로 알 수 있다.

| 따름정리 9.3.11 | 만약 수반경계치문제 $\begin{pmatrix}\boldsymbol{L}^*[v]=0, & a<x<b\\ \boldsymbol{B}^*[v]=0 & \end{pmatrix}$가 자명해 $v=0$만을 가지면, $[a,\ b]$상에서 임의의 연속함수 $f(x)$에 대해서 경계치문제 $\begin{pmatrix}\boldsymbol{L}[u]=f(x), & a<x<b\\ \boldsymbol{B}[u]=0 & \end{pmatrix}$가 해를 가진다.

예 9.3.12 $[u''+4u'+5u=f(x),\ 0<x<\pi,\ u(0)=0,\ u(\pi)=0]$가 해를 가지기 위한 $f(x)$의 조건을 찾아보자.

풀이 $\boldsymbol{L}[u]=u''+4u'+5u$, $\boldsymbol{B}[u]=\begin{pmatrix}u(0)\\u(\pi)\end{pmatrix}=\begin{pmatrix}0\\0\end{pmatrix}$라 하자. 예 9.3.8을 보면 $\boldsymbol{L}^*[v]=v''-4v'+5v$이고, $\boldsymbol{B}^*[v]=\begin{pmatrix}v(0)\\v(\pi)\end{pmatrix}=\begin{pmatrix}0\\0\end{pmatrix}$이다. 그리고 수반경계치문제는 다음과 같다.

$$v''-4v'+5v=0,\ v(0)=0,\ v(\pi)=0$$

한편 선형 제차 방정식 $v''-4v'+5v=0$의 일반해는 다음과 같다.

$$v=e^{2x}(c_1\cos x+c_2\sin x),\quad (c_1,\ c_2\text{는 임의상수})$$

경계조건을 대입하면, $v(0)=c_1=0$, $v(\pi)=e^{2\pi}c_1\cos\pi=0$이므로 $c_1=0$이고 c_2는 임의의 상수이다. 따라서 수반경계치문제는 다음과 같이 무수히 많은 해를 가진다.

$$v=ce^{2x}\sin x,\ (c\text{는 임의의 상수})$$

그래서 Fredholm 교대 정리에 의해서, 비제차 경계치문제의 해가 존재할 필요충분조건은 다음과 같다.

$$\int_0^\pi f(x)e^{2x}\sin x dx=0$$ ■

예 9.3.13 $[x^2u'' - xu' - 3u = f(x),\ 1 < x < 3,\ u(1) = 0,\ u(3) = 0]$가 해를 가지기 위한 $f(x)$의 조건을 찾아보자.

풀이 $\boldsymbol{L}[u] = x^2u'' - xu' - 3u$, $\boldsymbol{B}[u] = \begin{pmatrix} u(1) \\ u(3) \end{pmatrix} = \begin{pmatrix} 0 \\ 0 \end{pmatrix}$라 하자. 예 9.3.9를 보면 $\boldsymbol{L}^*[v] = x^2v'' + 5xv'$이고, $\boldsymbol{B}^*[u] = \begin{pmatrix} u(1) \\ u(3) \end{pmatrix} = \begin{pmatrix} 0 \\ 0 \end{pmatrix}$이다. 그리고 수반경계치문제는 다음과 같다.

$$x^2v'' + 5xv' = 0,\ v(1) = 0,\ v(3) = 0$$

한편 선형 제차 방정식 $x^2v'' + 5xv' = 0$의 일반해는 6장의 급수해법 등으로 풀면 다음과 같다.

$$v = c_1 + c_2x^{-4},\ (c_1,\ c_2\text{는 임의상수})$$

경계조건을 대입하면, $v(1) = c_1 + c_2 = 0$, $v(3) = c_1 + c_2 3^{-4} = 0$이므로 $c_1 = 0$, $c_2 = 0$이다. 따라서 수반경계치문제는 자명해 $v = 0$만을 가진다.

그러므로 따름정리 9.3.11에 의하여, 구간 $[1,\ 3]$상에서 연속인 모든 함수 $f(x)$에 대해서 $[x^2u'' - xu' - 3u = f(x),\ 1 < x < 3,\ u(1) = 0,\ u(3) = 0]$가 해를 가진다. ■

참고 수반미분작용소 $\boldsymbol{L}^*$는 실 행렬에서 전치 행렬과 유사한 측면이 있으며, 자기수반작용소는 대칭 행렬과 유사한 측면이 있다.

연습문제 9.3

1. 다음의 형식적 수반작용소를 구하여라.
   (1) $L[u] = u'' + 4u$
   (2) $L[u] = u'' + 2u' + 5u$
   (3) $L[u] = x^2u'' + 2xu' + 4u$
   (4) $L[u] = (1 - x^2)u'' - 2xu' + 6u$
   (5) $L[u] = x^2u'' + xu' + 4u$
   (6) $L[u] = xu'' + (2 - x^2)u' + 3u$
   (7) $L[u] = x^2u'' + 3xu' + 2u$
   (8) $L[u] = x^2u'' - 2e^xu' + u$

2. 다음 경계치문제에서 작용소 L의 수반 작용소 L^*와 수반 경계조건을 구하여라.
   (1) $L[u]=u''+4u=0$, $u(0)=0$, $u(2)=0$
   (2) $L[u]=u''+4u=0$, $u'(0)=0$, $u(2)=0$
   (3) $L[u]=u''+4u=0$, $u(0)=0$, $u'(2)=0$
   (4) $L[u]=u''+4u=0$, $u'(0)=0$, $u'(2)=0$
   (5) $L[u]=u''+4u=0$, $u(0)=u(2)$, $u'(0)=u'(2)$
   (6) $L[u]=u''+2u'+5u=0$, $u(0)=0$, $u(2)=0$
   (7) $L[u]=u''+2u'+5u=0$, $u'(0)=0$, $u'(2)=0$
   (8) $L[u]=(x^2+1)u''-2xu'+6u=0$, $u'(0)=0$, $u'(1)=0$
   (9) $L[u]=(x^2+1)u''+xu'+4u=0$, $u(0)=0$, $u'(1)=0$
   (10) $L[u]=x^2u''+2xu'+4u=0$, $u(1)=0$, $u(2)=0$

3. 경계치문제 $\left[(p(x)u')'+q(x)u=0,\ a<x<b,\ \begin{cases}\alpha_1 u(a)+\alpha_2 u'(a)=0\\ \beta_1 u(b)+\beta_2 u'(b)=0\end{cases}\right]$의 수반문제를 구하여라.

4. 다음의 비제차 경계치문제가 해를 가질 조건을 구하여라.
   (1) $L[u]=u''+4u=f(x)$, $u(0)=0$, $u(2)=0$
   (2) $L[u]=u''+4u=f(x)$, $u'(0)=0$, $u'(2)=0$
   (3) $L[u]=u''-2u'+10u=f(x)$, $u(0)=0$, $u(\pi)=0$
   (4) $L[u]=u''+2u'+5u=f(x)$, $u(0)=0$, $u(2)=0$
   (5) $L[u]=u''+2u'+5u=f(x)$, $u'(0)=0$, $u'(2)=0$
   (6) $L[u]=x^2u''+2xu'+4u=f(x)$, $u(1)=0$, $u(2)=0$
   (7) $L[u]=x^2u''+xu'+4u=f(x)$, $u(1)=0$, $u(e^\pi)=0$
   (8) $L[u]=2x^2u''+4xu'+u=f(x)$, $u(1)=0$, $u(4)=0$
   (9) $L[u]=2x^2u''+3xu'-u=f(x)$, $u(1)=0$, $u(4)=0$
   (10) $L[u]=x^2u''+3xu'+2u=f(x)$, $u'(1)=0$, $u'(e^\pi)=0$

9.4 비제차 정상 Sturm–Liouville 문제의 해

앞 절에서 선형 비제차 미분방정식의 경계치문제에 대해서 해의 존재성을 알아보았는데, 여기서는 해가 존재하는 경우에 그 해를 구하는 방법에 대해서 알아보자.

Sturm–Liouville 문제의 고유함수 급수 전개를 이용하는 해법과 그린 함수를 이용하는 해법을 간단히 소개한다.

$[a, b]$상에서 다음의 정상 Sturm-Liouville 문제를 생각하자.

$$[p(x)u']' + q(x)u + \rho r(x)u = f(x), \quad a < x < b \tag{9.4.1}$$

$$\begin{cases} \alpha_1 u(a) + \alpha_2 u'(a) = 0 \\ \beta_1 u(b) + \beta_2 u'(b) = 0 \end{cases} \tag{9.4.2}$$

단 $p(x) \in \boldsymbol{C}^1[a, b]$이고 $q(x), r(x) \in \boldsymbol{C}[a, b]$이다. $[a, b]$상에서 $p(x) > 0$이고 $r(x) > 0$이다. ρ는 상수이고, $f(x)$는 $[a, b]$상에서 조각적 연속함수이다. α_i, β_i는 상수로서 $|\alpha_1| + |\alpha_2| \neq 0$, $|\beta_1| + |\beta_2| \neq 0$이다.

편의상 $\boldsymbol{L}$을 다음과 같이 두자.

$$\boldsymbol{L}[u] = [p(x)u']' + q(x)u, \quad a < x < b \tag{9.4.3}$$

그리고 경계작용소 $\boldsymbol{B}$를 다음과 같이 두자.

$$\boldsymbol{B}[u] = \begin{pmatrix} \alpha_1 u(a) + \alpha_2 u'(a) \\ \beta_1 u(b) + \beta_2 u'(b) \end{pmatrix} \tag{9.4.4}$$

그러면 (9.4.1), (9.4.2)는 다음과 같이 간단히 표현된다.

$$\boldsymbol{L}[u] + \rho r u = f, \quad \boldsymbol{B}[u] = 0 \tag{9.4.5}$$

여기서 $\boldsymbol{L}$의 정의역은 $\boldsymbol{D_L} = \{u \in \boldsymbol{C}^2[a, b] \mid \boldsymbol{B}[u] = 0\}$이다. 그리고 정리 9.2.2에 의해서 $\boldsymbol{L}$은 자기수반작용소가 됨을 알 수 있다.

9.4.1 해의 고유함수 급수전개

비제차 경계치문제 (9.4.5)의 해를 고유치문제 $\{\boldsymbol{L}[u] + \lambda r u = 0, \boldsymbol{B}[u] = 0\}$의 고유함수들의 급수로 표현해보자.

먼저 정리 9.2.5, 정리 9.2.6과 정리 9.2.8에 의해서 다음 정리를 얻는다.

| 정리 9.4.1 | 고유치문제 $\{\boldsymbol{L}[u] + \lambda r u = 0, \boldsymbol{B}[u] = 0\}$는 단조 증가하는 비유계($\lim_{n \to \infty} \lambda_n = \infty$) 실 고유치 λ_n과 대응하는 실 고유함수 φ_n을 다음과 같이 가진다. 모든 자연수 $n \geq 1$에 대해서,

(1) $\lambda_n < \lambda_{n+1}$, $\lim_{n \to \infty} \lambda_n = \infty$

(2) $\boldsymbol{L}[\varphi_n] + \lambda r \varphi_n = 0$, $\boldsymbol{B}[\varphi_n] = 0$ (9.4.6)

$$(3)\ \begin{cases} (\varphi_k,\ \varphi_n)_r = \int_a^b \varphi_k(x)\varphi_n(x)r(x)\ dx = 0, & k \neq n \\ (\varphi_n,\ \varphi_n)_r = \int_a^b \varphi_n^2(x)r(x)\ dx > 0 \end{cases} \tag{9.4.7}$$

여기서 비제차 경계치문제 (9.4.5)의 해 $u(x)$는 고유함수 φ_n의 급수로 다음과 같이 전개되며, "항별로 미분과 적분이 가능"하다고 가정하자(이론적 근거는 이 책의 범위를 벗어남, [19, 20] 참조).

$$u(x) = \sum_{k=1}^{\infty} c_k \varphi_k(x), \quad a < x < b \tag{9.4.8}$$

이제 급수 (9.4.8)의 계수 c_k를 구해보자. 먼저 $\boldsymbol{L}$, $\boldsymbol{B}$는 선형이며 $\boldsymbol{L}[\varphi_k] + \lambda_k r \varphi_k = 0$ 이므로, 다음을 얻는다.

$$\boldsymbol{L}[u] = \boldsymbol{L}\left[\sum_{k=1}^{\infty} c_k \varphi_k\right] = \sum_{k=1}^{\infty} c_k \boldsymbol{L}[\varphi_k] = \sum_{k=1}^{\infty} - c_k \lambda_k \varphi_k r \tag{9.4.9}$$

$$\boldsymbol{B}[u] = \boldsymbol{B}\left[\sum_{k=1}^{\infty} c_k \varphi_k\right] = \sum_{k=1}^{\infty} c_k \boldsymbol{B}[\varphi_k] = \sum_{k=1}^{\infty} c_k 0 = 0 \tag{9.4.10}$$

그러므로 (9.4.8)을 (9.4.5)에 대입하면, 다음을 얻는다.

$$\boldsymbol{L}[u] + \rho r u = \sum_{k=1}^{\infty} (\rho - \lambda_k) c_k \varphi_k r = f \tag{9.4.11}$$

(9.4.11)의 양변에 고유함수 φ_n을 곱하고 구간 $[a,\ b]$상에서 적분하면, 다음을 얻는다.

$$\int_a^b \sum_{k=1}^{\infty} (\rho - \lambda_k) c_k \varphi_k(x) \varphi_n(x) r(x)\ dx = \int_a^b f(x)\varphi_n(x) dx = (f,\ \varphi_n), \quad n \geq 1$$

한편 다음을 얻는다.

$$\int_a^b \sum_{k=1}^{\infty} (\rho - \lambda_k) c_k \varphi_k(x) \varphi_n(x) r(x)\ dx = \sum_{k=1}^{\infty} (\rho - \lambda_k) c_k \int_a^b \varphi_k(x) \varphi_n(x) r(x) dx$$

$$= \sum_{k=1}^{\infty} (\rho - \lambda_k) c_k (\varphi_k,\ \varphi_n)_r = (\rho - \lambda_n) c_n (\varphi_n,\ \varphi_n)_r \qquad [(9.4.7)\ \text{이용}]$$

따라서 간단히 정리하면, 다음을 얻는다. 모든 정수 $n \geq 1$에 대해서,

$$(\rho-\lambda_n)c_n(\varphi_n, \varphi_n)_r=(f, \varphi_n) \tag{9.4.12}$$

여기서 편의상 $\mu_n \equiv \dfrac{(f, \varphi_n)}{(\varphi_n, \varphi_n)_r}=\dfrac{\int_a^b f(x)\varphi_n(x)dx}{\int_a^b \varphi_n^2(x)r(x)dx}$ 라 두자. 그러면 (9.4.12)는 다음과 같이 c_n의 간단한 일차 방정식이 된다.

$$(\rho-\lambda_n)c_n=\mu_n, \quad n\geq 1 \text{ 정수} \tag{9.4.13}$$

위의 방정식 (9.4.13)을 다음의 두 경우로 나누어 풀어보자.

(i) ρ가 고유치가 아닌 경우(모든 $n\geq 1$에 대해서 $\rho\neq\lambda_n$):

$$c_n=\frac{\mu_n}{\rho-\lambda_n}, \quad n\geq 1 \text{ 정수}$$

따라서 이 경우 (9.4.5)의 해는 단 하나 존재한다.

(ii) ρ가 어떤 고유치인 경우(어떤 m에 대해서 $\rho=\lambda_m$):

다시 다음과 같이 두 경우로 나누어진다.

(ii-1) $\mu_m\neq 0$인 경우; $0c_m=\mu_m\neq 0$이므로, 계수 c_m은 존재하지 않는다. 따라서 이 경우 (9.4.5)의 해는 존재하지 않는다.

(ii-2) $\mu_m=0$인 경우; $0c_m=\mu_m=0$이므로, 계수 c_m은 임의의 실수이다. 따라서 이 경우 (9.4.5)의 해는 무수히 많이 존재한다.

위 내용을 정리하면 다음을 얻는다.

| 정리 9.4.2 | [고유함수 급수전개] $f(x)$를 $[a, b]$상에서 조각적 연속함수라 하자. 그러면 비제차 경계치문제 $\{\boldsymbol{L}[u]+\rho ru=f,\ \boldsymbol{B}[u]=0\}$에 대해서 다음이 성립한다.

(i) ρ가 고유치가 아닌 경우, 즉 모든 n에 대해서 $\rho\neq\lambda_n$인 경우, 유일한 해가 존재하고 다음과 같다.

$$u=\sum_{n=1}^{\infty}\frac{\mu_n}{\rho-\lambda_n}\varphi_n(x) \tag{9.4.14}$$

(ii) ρ가 어떤 고유치인 경우, 즉 어떤 m에 대해서 $\rho=\lambda_m$인 경우 다음과 같이 두 경우로 나누어진다.

(ii-1) $\mu_m\neq 0$인 경우, 해가 존재하지 않는다.

(ii-2) $\mu_m = 0$ 인 경우, 해가 무수히 많이 존재한다.

$$u = c_m \varphi_m(x) + \sum_{n \neq m}^{\infty} \frac{\mu_n}{\rho - \lambda_n} \varphi_n(x), \quad c_m \text{ 은 임의상수} \qquad (9.4.15)$$

단 $\mu_n = \dfrac{(f,\ \varphi_n)}{(\varphi_n,\ \varphi_n)_r}$, $n \geq 1$ 정수

예 9.4.3 $\{u'' + 5u = x,\ 0 < x < \pi,\ u(0) = 0,\ u(\pi) = 0\}$의 해가 존재하면, 해를 구해보자.

풀이 $\boldsymbol{L}[u] = u''$, $\boldsymbol{B}[u] = \begin{pmatrix} u(0) \\ u(\pi) \end{pmatrix} = \begin{pmatrix} 0 \\ 0 \end{pmatrix}$, $r = 1$이다.

먼저 고유치문제 $\{u'' + \lambda u = 0,\ u(0) = 0,\ u(\pi) = 0\}$의 고유치와 고유함수를 구해보자. 예 9.2.11에 보면, 고유치는 $\lambda_n = n^2$이고, 고유함수는 $\varphi_n = \sin nx$, $x \in [0,\ \pi]$이다(n은 자연수). 그래서 모든 $n \geq 1$에 대해서 $\rho = 5 \neq \lambda_n$이므로, 정리 9.4.2에 의해서 $\{u'' + 5u = x,\ 0 < x < \pi,\ u(0) = 0,\ u(\pi) = 0\}$는 유일한 해를 가진다.

한편 예 9.2.11에 보면, $\mu_n = \dfrac{\displaystyle\int_0^{\pi} x \sin nx\ dx}{\displaystyle\int_0^{\pi} \sin^2 nx\ dx} = \dfrac{2(-1)^{n+1}}{n}$이다. 따라서 (9.4.14)에 의해서 해는 다음과 같다.

$$u = \sum_{n=1}^{\infty} \frac{2(-1)^{n+1}}{n(5 - n^2)} \sin nx$$

■

예 9.4.4 $\{u'' + 4u = x,\ 0 < x < \pi,\ u(0) = 0,\ u(\pi) = 0\}$의 해가 존재하면, 해를 구해보자.

풀이 $\boldsymbol{L}$, $\boldsymbol{B}$, r은 예 9.4.3과 같다. 따라서 고유치는 $\lambda_n = n^2$이고, 고유함수는 $\varphi_n = \sin nx$, $x \in [0,\ \pi]$이다(n은 자연수). 여기서 $\rho = 4 = \lambda_2$이므로, 정리 9.4.2에 의해서 해가 존재하지 않든지 또는 무수히 많든지 두 경우 중에 하나이다.

예 9.2.11에 보면, $\mu_2 = \dfrac{\displaystyle\int_0^{\pi} x \sin 2x\ dx}{\displaystyle\int_0^{\pi} \sin^2 2x\ dx} = -1 \neq 0$이다. 따라서 정리 9.4.2에 의해서 해가 존재하지 않는다.

■

예 9.4.5 $\{u'' + 4u = \sin x,\ 0 < x < \pi,\ u(0) = 0,\ u(\pi) = 0\}$의 해가 존재하면, 해를 구해보자.

풀이 L, B, r은 예 9.4.3과 같다. 따라서 고유치는 $\lambda_n = n^2$이고, 고유함수는 $\varphi_n = \sin nx$, $x \in [0, \pi]$이다(n은 자연수). 여기서 $\rho = 4 = \lambda_2$이므로, 정리 9.4.2에 의해서 해가 존재하지 않든지 또는 무수히 많든지 두 경우 중에 하나이다.

한편 $\mu_n = \dfrac{\int_0^\pi \sin x \sin nx\, dx}{\int_0^\pi \sin^2 nx\, dx}$을 계산해보면 다음과 같다.

$\mu_1 = \dfrac{\int_0^\pi \sin^2 x\, dx}{\int_0^\pi \sin^2 x\, dx} = 1$이고, 모든 정수 $n \ge 2$에 대해서

$$\mu_n = \frac{\int_0^\pi \sin x \sin nx\, dx}{\int_0^\pi \sin^2 nx\, dx} = \frac{\int_0^\pi \frac{1}{2}[\cos(1-n)x - \cos(1+n)x]dx}{\int_0^\pi \frac{1}{2}[1 - \cos 2nx]dx} = 0$$

따라서 $\mu_2 = 0$이므로, 정리 9.4.2에 의해서 해가 무수히 많고 다음과 같다.

$$u = c\sin 2x + \sum_{n=1,\, n\neq 2}^{\infty} \frac{\mu_n}{4-n^2}\sin nx = c\sin 2x + \frac{1}{3}\sin x,\quad c\text{는 임의상수}$$ ■

9.4.2 그린 함수와 해

이제 Sturm–Liouville 문제가 유일한 해를 가지는 경우에 그 해를 적분 형태로 표현하는 방법을 간단히 살펴보자. 편의상 Sturm–Liouville 문제 (9.4.1), (9.4.2)에서 $\rho = 0$가 고유치가 아니라고 가정하자. 즉 $\{\boldsymbol{L}[u] = 0,\ B[u] = 0\}$가 비자명해를 가지지 않는다고 가정하자. 그래서 편의상 (9.4.1)에서 $\rho = 0$인 경우에, $[a, b]$상에서 다음 형태의 정상 Sturm–Liouville 문제를 생각하자.

$$\boldsymbol{L}[u] \equiv [p(x)u']' + q(x)u = f(x),\quad a < x < b \tag{9.4.16}$$

$$\begin{cases} \alpha_1 u(a) + \alpha_2 u'(a) = 0 \\ \beta_1 u(b) + \beta_2 u'(b) = 0 \end{cases} \tag{9.4.17}$$

즉

$$\boldsymbol{L}[u] = f,\quad B[u] = 0 \tag{9.4.18}$$

그러면 다음의 정리를 얻는다.

| 정리 9.4.6 | 0가 $\boldsymbol{L}$의 고유치가 아니라고 가정하자. 그러면 이변수 함수 $G(x, y)$가 존재하여, (9.4.18)의 유일한 해 $u(x)$는 다음과 같이 적분으로 표현될 수 있다.

$$u(x) = \int_a^b G(x, y) f(y)\, dy\,, \quad a \le x \le b \tag{9.4.19}$$

이때 $G(x, y)$를 (9.4.18)(또는 (9.4.16, 9.4.17))의 그린 함수라 한다.

위 정리의 증명은 그린 함수 $G(x, y)$를 구체적으로 구하는 것으로 대신하자. $\boldsymbol{L}[u] = [p(x)u']' + q(x)u = p(x)u'' + p'(x)u' + q(x)u$ 이고, 계수함수 $p(x)$, $p'(x)$와 $q(x)$는 $[a, b]$에서 연속함수이며 $p(x) > 0$ 이다.

그러므로 다음의 초기치문제는 $[a, b]$에서 유일한 해를 가진다(1계 벡터 미분방정식으로 변환해서 해의 존재정리를 이용하면 알 수 있다).

임의의 실수 u_1, v_1에 대해서,

$$\begin{cases} p(x)u'' + p'(x)u' + q(x)u = 0 \\ u(a) = u_1, \ u'(a) = v_1 \end{cases} \tag{9.4.20}$$

편의상 (9.4.20)의 유일한 해를 $u(x; a; u_1, v_1)$라 두자.

또한 다음의 초기치문제도 $[a, b]$에서 유일한 해를 가진다.

임의의 실수 u_2, v_2에 대해서,

$$\begin{cases} p(x)u'' + p'(x)u' + q(x)u = 0 \\ u(b) = u_2, \ u'(b) = v_2 \end{cases} \tag{9.4.21}$$

편의상 (9.4.21)의 유일한 해를 $u(x; b; u_2, v_2)$라 두자.

여기서 초기치문제들 (9.4.20)과 (9.4.21)에서 각각 초기치 벡터 $(u_1, v_1) \ne (0, 0)$와 $(u_2, v_2) \ne (0, 0)$가 다음의 조건들을 만족하도록 택하자.

$$\alpha_1 u_1 + \alpha_2 v_1 = 0\,, \quad \beta_1 u_2 + \beta_2 v_2 = 0\,,$$
$$u(x; a; u_1, v_1) \text{와 } u(x; b; u_2, v_2) \text{가 일차 독립}$$

편의상 $\psi_1(x) = u(x; a; u_1, v_1)$, $\psi_2(x) = u(x; b; u_2, v_2)$라 두자. 그러면 $\psi_1(x)$, $\psi_2(x)$는 다음을 만족한다.

$$\begin{cases} p(x)\psi_1'' + p'(x)\psi_1' + q(x)\psi_1 = 0 \\ \alpha_1\psi_1(a) + \alpha_2\psi_1'(a) = 0 \end{cases},$$
$$\begin{cases} p(x)\psi_2'' + p'(x)\psi_2' + q(x)\psi_2 = 0 \\ \beta_1\psi_2(b) + \beta_2\psi_2'(b) = 0 \end{cases} \tag{9.4.22}$$

한편 $\psi_1(x)$, $\psi_2(x)$가 $p(x)u''+p'(x)u'+q(x)u=0$의 일차 독립인 해들이므로 그 일반해는 다음과 같다.

$$u=c_1\psi_1(x)+c_2\psi_2(x), \quad c_1, c_2 \text{는 임의상수} \tag{9.4.23}$$

이제 비제차 방정식 $p(x)u''+p'(x)u'+q(x)u=f(x)$의 특수해를 매개변수 변분법(3.4절 참조)으로 구해보자. 즉 (9.4.23)에서 임의상수 c_1, c_2를 적당한 함수 $z_1(x)$, $z_2(x)$로 대체하면, $p(x)u''+p'(x)u'+q(x)u=f(x)$의 특수해가 된다고 가정하고 $z_1(x)$, $z_2(x)$를 찾아보자. 즉 다음 함수가 $p(x)u''+p'(x)u'+q(x)u=f(x)$의 해라고 가정하자.

$$u=z_1(x)\psi_1(x)+z_2(x)\psi_2(x), \quad a\le x\le b \tag{9.4.24}$$

여기서 $u'=z_1'\psi_1+z_2'\psi_2+z_1\psi_1'+z_2\psi_2'$에서 다음과 같이 가정하자.

$$z_1'\psi_1+z_2'\psi_2=0$$

그러면 다음을 얻는다.

$$u'=z_1\psi_1'+z_2\psi_2', \quad u''=z_1'\psi_1'+z_2'\psi_2'+z_1\psi_1''+z_2\psi_2''$$

따라서 u, u'와 u''를 $p(x)u''+p'(x)u'+q(x)u=f(x)$에 대입하여 간단히 정리하면, 다음을 얻는다.

$$z_1[p\psi_1''+p'\psi_1'+q\psi_1]+z_2[p\psi_2''+p'\psi_2'+q\psi_2]+p[z_1'\psi_1'+z_2'\psi_2']=f$$

여기서 $p\psi_1''+p'\psi_1'+q\psi_1=0$, $p\psi_2''+p'\psi_2'+q\psi_2=0$이고 $p>0$이므로 다음을 얻는다.

$$z_1'\psi_1'+z_2'\psi_2'=\frac{f}{p}$$

따라서 종합하면 다음과 같이 z_1', z_2'의 연립 방정식을 얻는다.

$$\begin{cases} z_1'\psi_1+z_2'\psi_2=0 \\ z_1'\psi_1'+z_2'\psi_2'=\dfrac{f}{p} \end{cases} \tag{9.4.25}$$

한편 ψ_1, ψ_2가 $[a, b]$상에서 일차 독립인 해이므로, ψ_1, ψ_2의 Wronski 행렬식은 0이 아니다. 즉 $p(x)u''+p'(x)u'+q(x)u=0$를 1계 벡터 미분방정식으로 변환하여 따름정리 7.1.10을 적용하면 다음을 알 수 있다. 모든 $x\in[a, b]$에 대해서,

$$\boldsymbol{W}(\psi_1(x),\ \psi_2(x)) = \det\begin{pmatrix}\psi_1(x) & \psi_2(x)\\ \psi_1'(x) & \psi_2'(x)\end{pmatrix} = \psi_1(x)\psi_2'(x) - \psi_1'(x)\psi_2(x) \neq 0$$

그러므로 (9.4.25)는 $[a,\ b]$에서 유일한 해를 가지며, 풀면 다음과 같다.

$$z_1' = \frac{-f\psi_2}{p\boldsymbol{W}(\psi_1,\ \psi_2)} = \frac{-f\psi_2}{p(\psi_1\psi_2' - \psi_1'\psi_2)},$$

$$z_2' = \frac{f\psi_1}{p\boldsymbol{W}(\psi_1,\ \psi_2)} = \frac{f\psi_1}{p(\psi_1\psi_2' - \psi_1'\psi_2)}$$

편의상 $h(x) \equiv p(x)\boldsymbol{W}(\psi_1(x),\ \psi_2(x))$라 두고, $h(x)$가 $[a,\ b]$상에서 상수임을 보이자. 즉 $(a,\ b)$상에서 $h'(x) \equiv 0$ 임을 보이자.

간단히 계산하면, (9.4.22)에 의해서 다음을 얻는다. $(a,\ b)$상에서,

$$\begin{aligned} h' &= p'[\psi_1\psi_2' - \psi_1'\psi_2] + p[\psi_1\psi_2' - \psi_1'\psi_2]' \\ &= p'[\psi_1\psi_2' - \psi_1'\psi_2] + p[\psi_1'\psi_2' + \psi_1\psi_2'' - \psi_1''\psi_2 - \psi_1'\psi_2'] \\ &= p'[\psi_1\psi_2' - \psi_1'\psi_2] + p[\psi_1\psi_2'' - \psi_1''\psi_2] \\ &= \psi_1[p\psi_2'' + p'\psi_2'] - \psi_2[p\psi_1'' + p'\psi_1'] = 0 \end{aligned}$$

그러므로 $h(x)$가 $[a,\ b]$상에서 상수이다. $h(x)$가 $[a,\ b]$상에서 연속이므로, $[a,\ b]$상에서도 상수이다. 편의상 다음과 같이 두자. 모든 $a \le x \le b$에 대해서,

$$h(x) = p(x)\boldsymbol{W}(\psi_1,\ \psi_2)(x) \equiv M \text{ 상수}$$

따라서 $z_1',\ z_2'$를 적분하고, $z_1(b)=0,\ z_2(a)=0$가 되도록 적분상수를 적절히 택하면 $z_1,\ z_2$의 형태는 다음과 같이 간단히 표현될 수 있다.

$$z_1 = \int_x^b \frac{f(y)\psi_2(y)}{M}dy, \quad z_2 = \int_a^x \frac{f(y)\psi_1(y)}{M}dy \tag{9.4.26}$$

이제 (9.4.26)을 (9.4.24)에 대입하면 다음을 얻는다. $a \le x \le b$에 대해서,

$$\begin{aligned} u &= z_1(x)\psi_1(x) + z_2(x)\psi_2(x) \\ &= \psi_1(x)\int_x^b \frac{f(y)\psi_2(y)}{M}dy + \psi_2(x)\int_a^x \frac{f(y)\psi_1(y)}{M}dy \\ &= \int_x^b \frac{\psi_1(x)\psi_2(y)}{M}f(y)dy + \int_a^x \frac{\psi_2(x)\psi_1(y)}{M}f(y)dy \end{aligned} \tag{9.4.27}$$

여기서 (9.4.22)와 (9.4.24)에 의해서, (9.4.27)이 경계치문제 (9.4.16)~(9.4.17)의 해가 됨을 알 수 있다. (9.4.27)에서 두 정적분을 하나로 표현하기 위해서 다음과

같이 두자.

$$G(x,\ y) \equiv \begin{cases} \dfrac{\psi_2(x)\psi_1(y)}{M}, & a \le y < x \le b \\ \dfrac{\psi_1(x)\psi_2(y)}{M}, & a \le x \le y \le b \end{cases} \tag{9.4.28}$$

그러면 $G(x,\ y)$는 정사각형 $[a,\ b] \times [a,\ b]$상에서 연속함수이고, 경계치문제 (9.4.16), (9.4.17), 즉 (9.4.18)의 해 (9.4.27)은 다음과 같이 간단히 표현된다.

$$u(x) = \int_a^b G(x,\ y)f(y)dy \tag{9.4.29}$$

그러므로 (9.4.28)이 경계치문제 (9.4.16), (9.4.17), 즉 (9.4.18)의 그린 함수이다.

위의 내용을 요약하여 정리하면 다음과 같다.

[그린 함수와 해를 구하는 과정]

$\left(\begin{array}{l} [p(x)u']' + q(x)u = f(x),\ a < x < b \\ \alpha_1 u(a) + \alpha_2 u'(a) = 0, \\ \beta_1 u(b) + \beta_2 u'(b) = 0 \end{array}\right)$에 대해서,

(i) 다음 두 초기치문제의 일차 독립인 해를 구한다.

$\left(\begin{array}{l} [p(x)u']' + q(x)u = 0 \\ \alpha_1 u(a) + \alpha_2 u'(a) = 0 \end{array}\right)$와 $\left(\begin{array}{l} [p(x)u']' + q(x)u = 0 \\ \beta_1 u(b) + \beta_2 u'(b) = 0 \end{array}\right)$의 일차 독립인 해를 각각 $\psi_1(x)$와 $\psi_2(x)$라 하자.

(ii) $h(x) = p(x)\boldsymbol{W}(\psi_1(x),\ \psi_2(x)) \equiv M$(상수)를 계산한다.

(iii) 그린 함수를 구성한다.

$$G(x,\ y) \equiv \begin{cases} \dfrac{\psi_2(x)\psi_1(y)}{M}, & a \le y < x \le b \\ \dfrac{\psi_1(x)\psi_2(y)}{M}, & a \le x \le y \le b \end{cases}$$

(iv) 적분으로 해를 구한다.

$$u(x) = \int_a^b G(x,\ y)f(y)dy$$

예 9.4.7 $\{u'' + 5u = x,\ 0 < x < \pi,\ u(0) = 0,\ u(\pi) = 0\}$의 그린 함수와 해를 구해보자.

풀이 첫 번째 경계조건이 $u(0) = 0$이므로 $u'(0)$는 0이 아닌 임의의 상수가 될 수 있다. 편의상 $u'(0) = \sqrt{5}$ 라 하고, 초기치문제 $\left(\begin{array}{c} u'' + 5u = 0 \\ u(0) = 0,\ u'(0) = \sqrt{5} \end{array}\right)$를 4.2절을 참고하여 풀면 해 ψ_1는 다음과 같다.

$$\psi_1 = \sin\sqrt{5}\,x$$

또한 두 번째 경계조건이 $u(\pi)=0$이므로 $u'(\pi)$는 0이 아닌 임의의 상수가 될 수 있다. 편의상 $u'(\pi)=\sqrt{5}$ 라 하고, 초기치문제 $\begin{pmatrix} u''+5u=0 \\ u(\pi)=0,\ u'(\pi)=\sqrt{5} \end{pmatrix}$를 4.2절을 참고하여 풀면 해 ψ_2는 다음과 같다.

$$\psi_2 = -\sin\sqrt{5}\,\pi\cos\sqrt{5}\,x + \cos\sqrt{5}\,\pi\sin\sqrt{5}\,x = \sin\sqrt{5}\,(x-\pi)$$

그러면 $\psi_1 = \sin\sqrt{5}\,x$ 와 $\psi_2 = \sin\sqrt{5}\,(x-\pi)$ 는 $[0,\ \pi]$에서 일차 독립이다.

한편 $h(x) = \boldsymbol{W}(\psi_1,\ \psi_2) = \det\begin{pmatrix} \sin\sqrt{5}\,x & \sin\sqrt{5}\,(x-\pi) \\ \sqrt{5}\cos\sqrt{5}\,x & \sqrt{5}\cos\sqrt{5}\,(x-\pi) \end{pmatrix}$

$$= \sqrt{5}\,[\sin\sqrt{5}\,x\cos\sqrt{5}\,(x-\pi) - \cos\sqrt{5}\,x\sin\sqrt{5}\,(x-\pi)]$$

$$= \sqrt{5}\sin[\sqrt{5}\,x - \sqrt{5}\,(x-\pi)] = \sqrt{5}\sin\sqrt{5}\,\pi = M$$

따라서 그린 함수는 다음과 같다.

$$G(x,\ y) = \begin{cases} \dfrac{\sin\sqrt{5}\,(x-\pi)\sin\sqrt{5}\,y}{\sqrt{5}\sin\sqrt{5}\,\pi}, & 0 \le y < x \le \pi \\ \dfrac{\sin\sqrt{5}\,x\sin\sqrt{5}\,(y-\pi)}{\sqrt{5}\sin\sqrt{5}\,\pi}, & 0 \le x \le y \le \pi \end{cases}$$

그러므로 해는 다음과 같다.

$$u(x) = \int_0^\pi G(x,\ y)y\,dy = \int_0^x G(x,\ y)y\,dy + \int_x^\pi G(x,\ y)y\,dy$$

$$= \int_0^x \frac{\sin\sqrt{5}\,(x-\pi)\sin\sqrt{5}\,y}{\sqrt{5}\sin\sqrt{5}\,\pi}y\,dy + \int_x^\pi \frac{\sin\sqrt{5}\,x\sin\sqrt{5}\,(y-\pi)}{\sqrt{5}\sin\sqrt{5}\,\pi}y\,dy$$

$$= \frac{\sin\sqrt{5}\,(x-\pi)}{\sqrt{5}\sin\sqrt{5}\,\pi}\int_0^x y\sin\sqrt{5}\,y\,dy + \frac{\sin\sqrt{5}\,x}{\sqrt{5}\sin\sqrt{5}\,\pi}\int_x^\pi y\sin\sqrt{5}\,(y-\pi)\,dy$$

여기서 $\displaystyle\int_0^x y\sin\sqrt{5}\,y\,dy$ 와 $\displaystyle\int_x^\pi y\sin\sqrt{5}\,(y-\pi)\,dy$를 계산해보자.

$$\int_0^x y\sin\sqrt{5}\,y\,dy = \left[-\frac{y}{\sqrt{5}}\cos\sqrt{5}\,y\right]_0^x + \frac{1}{\sqrt{5}}\int_0^x \cos\sqrt{5}\,y\,dy$$

$$= \frac{1}{5}\sin\sqrt{5}\,x - \frac{x}{\sqrt{5}}\cos\sqrt{5}\,x\ ,$$

$$\int_x^\pi y\sin\sqrt{5}\,(y-\pi)\,dy = \left[-\frac{y}{\sqrt{5}}\cos\sqrt{5}\,(y-\pi)\right]_x^\pi + \frac{1}{\sqrt{5}}\int_x^\pi \cos\sqrt{5}\,(y-\pi)\,dy$$

$$= \frac{x}{\sqrt{5}} \cos \sqrt{5}(x-\pi) - \frac{\pi}{\sqrt{5}} - \frac{1}{5} \sin \sqrt{5}(x-\pi)$$

따라서 해는 다음과 같이 표현된다.

$$\begin{aligned} u &= \frac{\sin \sqrt{5}(x-\pi)}{\sqrt{5} \sin \sqrt{5}\pi} \left[\frac{1}{5} \sin \sqrt{5}x - \frac{x}{\sqrt{5}} \cos \sqrt{5}x \right] \\ &\quad + \frac{\sin \sqrt{5}x}{\sqrt{5} \sin \sqrt{5}\pi} \left[\frac{x}{\sqrt{5}} \cos \sqrt{5}(x-\pi) - \frac{\pi}{\sqrt{5}} - \frac{1}{5} \sin \sqrt{5}(x-\pi) \right] \\ &= \frac{x[\sin \sqrt{5}x \cos \sqrt{5}(x-\pi) - \sin \sqrt{5}(x-\pi) \cos \sqrt{5}x]}{5 \sin \sqrt{5}\pi} - \frac{\pi \sin \sqrt{5}x}{5 \sin \sqrt{5}\pi} \\ &= \frac{x}{5} - \frac{\pi \sin \sqrt{5}x}{5 \sin \sqrt{5}\pi} \end{aligned}$$

■

참고 예 9.4.3과 예 9.4.7은 같은 문제이므로 해도 동일하다. 그러므로 다음을 알 수 있다. $0 < x < \pi$에 대해서,

$$u = \sum_{n=1}^{\infty} \frac{2(-1)^{n+1}}{n(5-n^2)} \sin nx = \frac{x}{5} - \frac{\pi \sin \sqrt{5}x}{5 \sin \sqrt{5}\pi}$$

끝으로 그린 함수 $G(x, y)$의 성질을 간단히 소개한다(증명은 생략한다[8]).

| 정리 9.4.8 | 정상 Sturm-Liouville 문제 (9.4.16), (9.4.17)의 그린 함수 $G(x,y)$는 다음 성질을 가진다.

(i) $G(x, y)$는 정사각형 $[a, b] \times [a, b]$상에서 연속이다.

(ii) 각 $y \in (a, b)$에 대해서, 편도함수 $G_x(x, y)$와 $G_{xx}(x, y)$가 $x \in (a, b)$, $x \neq y$에서 연속이다.

(iii) 각 $y \in (a, b)$에 대해서,

$$\lim_{x \to y+} G_x(x, y) - \lim_{x \to y-} G_x(x, y) = \frac{1}{p(y)}$$

(iv) 각 $y \in (a, b)$에 대해서, $G(x, y)$는 $x \in (a, b)$의 함수로서 다음을 만족한다. $x \in (a, b)$, $x \neq y$에 대해서,

$$\boldsymbol{L}[G(\cdot, y)](x) = 0, \quad \boldsymbol{B}[G(\cdot, y)] = 0$$

(v) 위의 네 성질 (i)-(iv)를 만족하는 함수는 한 개뿐이다.

(vi) $G(x, y)$는 대칭이다, 즉 모든 $(x, y) \in [a, b] \times [a, b]$에 대해서 $G(y, x) = G(x, y)$이다.

참고 일반적으로 그린 함수 $G(x, y)$가 대칭일 필요충분조건은 미분작용소 L이 자기수반작용소이다. 한편 해공식 $u(x) = \int_a^b G(x, y)f(y)dy$의 물리적 의미를 살펴보자. 편의상 미분방정식 $L[u] = p(x)u'' + p'(x)u' + q(x)u = f(x)$에서 $f(x)$를 점 x에 작용하는 외부 가진력이라 간주하자. 그러면 $G(x, y)f(y)$는, 점 y에 작용하는 외부 가진력 $f(y)$에 의해서 발생하는 영향(반응) 중에서, 점 x에서 받는 영향의 크기라 간주할 수 있다.

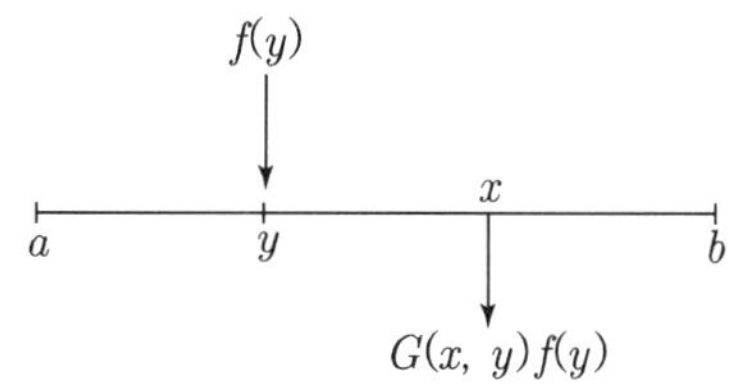

[그림 9.4.1]

그래서 점 x에서 해 $u(x) = \int_a^b G(x, y)f(y)dy$의 값은, 모든 점 y에 작용하는 가진력 $f(y)$의 영향 중에서, 점 x에서 받는 영향 $G(x, y)f(y)$의 총량을 의미한다. 그래서 흔히 $G(x, y)$를 영향(influence)함수라 하고, 수학적 용어로는 핵(kernel) 함수라 한다.

연습문제 9.4

1. 다음의 경계치문제의 해가 유일하게 존재하면, 고유함수 급수 전개하여라.
   (1) $u'' + u = 5\sin 3x$, $u(0) = 0$, $u(\pi) = 0$
   (2) $u'' + u = f(x)$, $u(0) = 0$, $u'(\pi) = 0$, 단 $f(x) = \begin{cases} 1, & 0 \le x < \dfrac{\pi}{2} \\ -1, & \dfrac{\pi}{2} \le x \le \pi \end{cases}$
   (3) $u'' - u = \sin 4x$, $u(0) = 0$, $u(\pi) = 0$
   (4) $u'' + 4u = \sin 8x$, $u(0) = 0$, $u(\pi) = 0$
   (5) $u'' + 4u = \cos 2x$, $u'(0) = 0$, $u'(\pi) = 0$
   (6) $u'' + u = x^2 - 2\pi x$, $u(0) = 0$, $u'(\pi) = 0$
   (7) $u'' + 3u = x$, $u(0) = 0$, $u(\pi) = 0$,
   (8) $u'' + u = x$, $u(0) = u(\pi)$, $u'(0) = u'(\pi)$

2. 다음의 비제차 경계치문제의 해가 유일하게 존재하면, 그린 함수를 구하고 해를 그린 함수로 표현하여라.
   (1) $u'' + 5u = \sin 3x$, $u(0) = 0$, $u(\pi) = 0$

(2) $u''+u=f(x)$, $u(0)=0$, $u'(\pi)=0$, 단 $f(x)=\begin{cases} 1, & 0 \le x < \frac{\pi}{2} \\ -1, & \frac{\pi}{2} \le x \le \pi \end{cases}$

(3) $u''-u=\sin 4x$, $u(0)=0$, $u(\pi)=0$

(4) $u''+4u=\sin 8x$, $u(0)=0$, $u(\pi)=0$

(5) $u''+2u=1$, $u'(0)=0$, $u'(\pi)=0$

(6) $u''+u=x^2-2\pi x$, $u(0)=0$, $u'(\pi)=0$

(7) $u''+3u=x$, $u(0)=0$, $u(\pi)=0$,

(8) $u''+u=x$, $u(0)=u(\pi)$, $u'(0)=u'(\pi)$

9.5 특이 Sturm-Liouville 문제

이 절에서는 특이 Sturm-Liouville 문제에 대해서 간략히 소개한다.

다음을 특이 Sturm-Liouville 문제라 가정하자(λ는 매개변수).

$$\boldsymbol{L}[u] \equiv [p(x)u']' + q(x)u + \lambda r(x)u = 0, \quad a < x < b \tag{8.5.1}$$

$$[a\text{와 } b\text{에서 적당한 경계조건}] \tag{8.5.2}$$

단 개구간 (a, b)상에서 $p(x)$는 연속 미분가능이며 $q(x)$와 $r(x)$는 연속함수이고, $p(x)>0$이고 $r(x)>0$이다. 이때 $p(x)$, $q(x)$, $r(x)$에 대한 경계조건은 다음의 조건들 중에서 적당한 조합으로 되어 있다.

$$\lim_{x\to a^+} p(x)=0, \quad \lim_{x\to b^-} p(x)=0, \quad \lim_{x\to a^+} q(x)=\pm\infty, \quad \lim_{x\to b^-} q(x)=\pm\infty,$$
$$\lim_{x\to a^+} r(x)=\infty, \quad \lim_{x\to b^-} r(x)=\infty$$

일반적으로 정상 Sturm-Liouville 문제 (9.2.1), (9.2.2)의 해는 폐구간 $[a, b]$에서 연속이다. 그러나 특이 Sturm-Liouville 문제 (9.5.1), (9.5.2)의 해는 개구간 (a, b)에서는 연속이지만, 경계점 a와 b에서 연속성이 보장되는 것은 아니다.

개구간 (a, b)에서 연속인 함수에 관하여 그린 공식을 보자. 정리 9.1.9의 Lagrange 항등식 (9.1.13)은 개구간 (a, b)에서 2번 연속 미분가능 함수 $u(x)$와 $v(x)$에 대해서도 성립한다.

$$u\boldsymbol{L}[v] - \boldsymbol{L}[u]v = \frac{d}{dx}(p\boldsymbol{W}[u, v]) \tag{9.5.3}$$

그래서 정리 9.2.1과 같은 요령으로 다음을 알 수 있다.

| 정리 9.5.1 | (a, b)상에서 2번 연속 미분가능 함수 $u(x)$와 $v(x)$에 대해서, 다음이 성립한다.

$$\begin{aligned}\int_a^b (u\boldsymbol{L}[v] - \boldsymbol{L}[u]v)dx &= \lim_{x \to b^-}(p\boldsymbol{W}[u, v])(x) - \lim_{x \to a^+}(p\boldsymbol{W}[u, v])(x) \\ &= \lim_{x \to b^-} p(x)[u(x)v'(x) - v(x)u'(x)] \\ &\quad - \lim_{x \to a^+} p(x)[u(x)v'(x) - v(x)u'(x)] \end{aligned} \tag{9.5.4}$$

단 $\boldsymbol{W}[u, v]$는 u, v의 Wronski 행렬식이다.

특이 Sturm–Liouville 문제 (9.5.1), (9.5.2)에서 미분작용소 $\boldsymbol{L}$이 자기수반작용소이면, 정상 Sturm–Liouville 문제에서와 유사한 성질을 가진다.

이제 미분작용소 $\boldsymbol{L}$이 자기수반작용소($\boldsymbol{L}^* = \boldsymbol{L}$이고 $B^* = B$)가 되도록 적당한 경계조건을 구해보자. 즉 (9.5.4)에서 다음이 성립하도록 최소(가장 약한) 경계조건 B을 찾아보자. 모든 u, $v \in \boldsymbol{D}_L$에 대해서,

$$\begin{aligned}(u, \boldsymbol{L}[v]) - (\boldsymbol{L}[u], v) &= \int_a^b (u\boldsymbol{L}[v] - \boldsymbol{L}[u]v)dx \\ &= \lim_{x \to b^-} p(x)[u(x)v'(x) - v(x)u'(x)] \\ &\quad - \lim_{x \to a^+} p(x)[u(x)v'(x) - v(x)u'(x)] = 0 \end{aligned} \tag{9.5.5}$$

여기서 다음의 두 경우는 (9.5.5)가 성립하는 간단한 경계조건 $B[u]$의 예들이다.

(1) $\begin{pmatrix} \lim_{x \to a^+} p(x) = 0, \\ \lim_{x \to b^-} p(x) = 0 \end{pmatrix}$인 경우;

$$B[u] \equiv \begin{pmatrix} x \to a^+ \text{ 일 때 } u(x)\text{와 } u'(x)\text{가 유계}, \\ x \to b^- \text{ 일 때 } u(x)\text{와 } u'(x)\text{가 유계} \end{pmatrix} \tag{9.5.6}$$

(2) $\begin{pmatrix} x \to a^+ \text{ 일 때 } p(x)\text{가 유계}, \\ x \to b^- \text{ 일 때 } p(x)\text{가 유계} \end{pmatrix}$인 경우;

$$B[u] \equiv \begin{pmatrix} \lim_{x \to a^+} [\alpha_1 u(x) + \alpha_2 u'(x)] = 0, \\ \lim_{x \to b^-} [\beta_1 u(x) + \beta_2 u'(x)] = 0 \end{pmatrix} \tag{9.5.7}$$

단 α_i, β_i는 상수로서 $|\alpha_1|+|\alpha_2| \neq 0$, $|\beta_1|+|\beta_2| \neq 0$이다. 즉 $(\alpha_1, \alpha_2) \neq (0, 0)$와 $(\beta_1, \beta_2) \neq (0, 0)$는 상수벡터이다.

6.5절에서 다룬 Legendre 방정식 $(1-x^2)u'' - 2xu' + \alpha(\alpha+1)u = 0$와 Bessel 방정식 $x^2u'' + xu' + (x^2 - \nu^2)u = 0$ 등에 대한 경계치문제가 특이 Sturm- Liouville 문제의 예들이다.

예 9.5.2 Legendre 방정식 $(1-x^2)u'' - 2xu' + \alpha(\alpha+1)u = 0$에서 편의상 $\boldsymbol{L}[u] = [(1-x^2)u']'$라 두고 $\lambda = \alpha(\alpha+1)$라 하자. 다음 Legendre 방정식의 경계치문제를 분석해보자.

$$\boldsymbol{L}[u] + \lambda u = [(1-x^2)u']' + \lambda u = 0, \quad -1 < x < 1 \tag{9.5.8}$$

$$[x \to \pm 1 \text{일 때 } u(x)\text{와 } u'(x)\text{가 유계}] \tag{9.5.9}$$

풀이 $p(x) \equiv 1 - x^2$이고 $\lim_{x \to \pm 1} p(x) = 0$이므로 경계치문제 (9.5.8)~(9.5.9)는 특이 Sturm-Liouville 경계치문제임을 알 수 있다. 한편 $\boldsymbol{L}$의 정의역 $\boldsymbol{D_L}$은 다음과 같다.

$$\boldsymbol{D_L} = \{u \in \boldsymbol{C}^2(-1, 1) \mid x \to \pm 1 \text{일 때 } u(x)\text{와 } u'(x)\text{가 유계}\}$$

그러면 (9.5.5)로부터 $\boldsymbol{L}^* = \boldsymbol{L}$이고 $\boldsymbol{B}^* = \boldsymbol{B}$ 임을 알 수 있다. 즉 경계치문제 (9.5.8), (9.5.9)는 자기수반이다. 그러므로 정리 9.2.5에서와 같이 경계치문제 (9.5.8), (9.5.9)는 실 고유치와 실 고유함수를 가진다.

한편 6.5절의 멱급수해에서 보면, 고유치는 $\lambda_n = n(n+1)$이고 대응되는 고유함수는 Legendre 다항식 $P_n(x)$ 임을 알 수 있다($n \geq 0$ 정수). 즉 각 정수 $n \geq 0$에 대해서, $\lambda_n = n(n+1)$이 고유치이고 대응되는 고유함수는 다음과 같다.

(i) 짝수 $n = 2m$ 일 때,

$$P_{2m} = \left[\sum_{k=0}^{m} \frac{(-1)^k(2m+2k)!}{(2k)!(m-k)!(m+k)!}\right]^{-1} \sum_{k=0}^{m} \frac{(-1)^k(2m+2k)!}{(2k)!(m-k)!(m+k)!} x^{2k}$$

(ii) 홀수 $n = 2m+1$ 일 때,

$$P_{2m+1} = \left[\sum_{k=0}^{m} \frac{(-1)^k(2m+2k+1)!}{(2k+1)!(m-k)!(m+k)!}\right]^{-1} \times$$

$$\sum_{k=0}^{m} \frac{(-1)^k(2m+2k+1)!}{(2k+1)!(m-k)!(m+k)!} x^{2k+1}$$ ■

참고 Legendre 다항식 급수 $\sum_{n=0}^{\infty} c_n P_n(x)$의 수렴성도 정리 9.2.10의 성질과 유사하다. 즉 Legendre 다항식 집합 $\{P_n(x)\}$도 하나의 직교계이고, $[-1,\ 1]$상에서 연속함수 $f(x)$에 대해서, 다음과 같이 급수(Legendre 다항식 급수) 전개할 수 있다.

$$\sum_{n=0}^{\infty} c_n P_n(x) \tag{9.5.10}$$

단 $c_n = \dfrac{(f\,,\ P_n)}{(P_n\,,\ P_n)} = \dfrac{\int_{-1}^{1} f(x) P_n(x)dx}{\int_{-1}^{1} P_n^2(x)dx}$ 이다.

예 9.5.3 Bessel 방정식 $x^2u'' + xu' + (x^2 - \nu^2)u = 0$은 편의상 $x = \sqrt{\lambda}\,t$와 $u(t) = y(\sqrt{\lambda}\,t)$로 변환하면, $[tu']' - \dfrac{\nu^2}{t}u + \lambda tu = 0$로 변환된다$(\nu \geq 0)$. 여기서 $\boldsymbol{L}[u] = [tu']' - \dfrac{\nu^2}{t}u$라 두고, 다음 Bessel 방정식의 경계치문제를 분석해보자.

$$\boldsymbol{L}[u] + \lambda tu = [tu']' - \frac{\nu^2}{t}u + \lambda tu = 0\,,\quad 0 < t < 1 \tag{9.5.11}$$

$$[t \to 0^+ \text{ 일 때 } u(t)\text{와 } u'(t)\text{가 유계이고, } u(1) = 0] \tag{9.5.12}$$

풀이 $p(t) = t,\ q(t) = -\dfrac{\nu^2}{t}$이고 $\lim_{t\to 0^+} p(t) = 0,\ \lim_{t \to 0^+} q(t) = -\infty$이므로 경계치문제 (9.5.11), (9.5.12)는 특이 경계치문제이다. 한편 $\boldsymbol{L}$의 정의역 $\boldsymbol{D_L}$은 다음과 같다.

$$\boldsymbol{D_L} = \{u \in \boldsymbol{C}^2(0,\ 1) \mid t \to 0 \text{ 일 때 } u(t)\text{와 } u'(t)\text{가 유계이고, } u(1) = 0\}$$

그러면 (9.5.5)로부터 다음을 얻는다. 임의의 $u,\, v \in \boldsymbol{D_L}$에 대해서,

$$(u,\ \boldsymbol{L}[v]) - (\boldsymbol{L}[u],\ v) = 0$$

따라서 경계치문제 (9.5.11), (9.5.12) (즉 $\boldsymbol{L}$)는 자기수반이므로, 실 고유치와 실 고유함수를 가진다. 한편 6.5절의 급수해에서 Bessel 방정식 $x^2u'' + xu' + (x^2 - \nu^2)u = 0$의 일반해는 다음과 같다.

$$y = c_1 J_\nu(x) + c_2 Y_\nu(x)\,,\ (c_1,\ c_2\text{는 임의상수})$$

단 $J_\nu(x)$는 제1종 ν차 Bessel 함수이고 $Y_\nu(x)$는 제2종 ν차 Bessel 함수로서 다음과 같다. $x \in [0,\ \infty)$에 대해서,

$$J_\nu(x) = \sum_{k=0}^{\infty} \frac{(-1)^k}{\Gamma(k+1+\nu)k!}\left(\frac{x}{2}\right)^{2k+\nu},$$

$$Y_\nu(x) = \frac{J_\nu(x)\cos\nu\pi - J_{-\nu}(x)}{\sin\nu\pi}$$

그러므로 $L[u] + \lambda tu = [tu']' - \dfrac{\nu^2}{t}u + \lambda tu = 0$ 의 일반해는 다음과 같다.

$$u(t) = y(\sqrt{\lambda}\,t) = c_1 J_\nu(\sqrt{\lambda}\,t) + c_2 Y_\nu(\sqrt{\lambda}\,t), \quad (c_1,\ c_2\text{는 임의상수}) \qquad (9.5.13)$$

여기서 경계조건 (9.5.12)를 대입하면 다음과 같다.

$t \to 0^+$ 일 때 $J_\nu(x)$ 와 $J_\nu'(x)$ 는 유계이고 $Y_\nu(\sqrt{\lambda}\,t)$ 는 유계가 아니므로, $u(t)$ 와 $u'(t)$ 가 유계가 되기 위해서는 $c_2 = 0$ 이다. 편의상 $c_1 = 1$ 이라 하자. 그러면 λ 가 고유치가 되기 위한 필요충분조건은 $u(1) = J_\nu(\sqrt{\lambda}) = 0$ 이다.

한편 방정식 $J_\nu(x) = 0$ 는 다음과 같은 무한개의 근 z_n 을 가진다고 이론적으로 알려져 있다.

$$J_\nu(z_n) = 0 \text{ 이고, } 0 < z_1 < z_2 < \cdots < z_n < \cdots$$

그러므로 경계치문제 (9.5.11), (9.5.12)는 고유치 $\lambda_n = z_n^2$ 와 대응하는 고유함수 $u_n = J_\nu(z_n t)$ 를 가진다. ■

참고 Bessel 함수 급수 $\sum_{n=1}^{\infty} c_n J_\nu(z_n t)$ 의 수렴성도 정리 9.2.10의 성질과 유사하다. 즉 Bessel 함수 집합 $\{J_\nu(z_n t)\}$도 하나의 직교계이다. 그래서 $[0, 1]$상에서 연속함수 $f(t)$ 에 대해서, 다음과 같이 급수(Bessel 함수 급수) 전개할 수 있다.

$$\sum_{n=1}^{\infty} c_n J_\nu(z_n t) \qquad (9.5.14)$$

단 $c_n = \dfrac{(f,\ J_n(z_n t))_t}{(J_n(z_n t),\ J_n(z_n t))_t} = \dfrac{\int_0^1 f(t) J_n(z_n t)\,t\,dt}{\int_0^1 J_n^2(z_n t)\,t\,dt}$ 이다.

연습문제 9.5

1. 다음 Legendre 경계치문제에서 작용소 L 이 자기수반임을 보여라.

$$L[u] + \lambda u = [(1-x^2)u']' + \lambda u = 0, \quad -1 < x < 1,$$
$$x \to \pm 1 \text{ 일 때 } u(x) \text{ 와 } u'(x) \text{ 가 유계}$$

2. Bessel 방정식 $x^2y''+xy'+(x^2-\nu^2)y=0$에서 $x=\sqrt{\lambda}\,t$와 $u(t)=y(\sqrt{\lambda}\,t)$라 두면, $[tu']'-\dfrac{\nu^2}{t}u+\lambda tu=0$로 변환됨을 보여라.

3. 다음 Bessel 경계치문제에서 작용소 $\boldsymbol{L}$이 자기수반임을 보여라.

$$\boldsymbol{L}[u]+\lambda tu=[tu']'-\frac{\nu^2}{t}u+\lambda tu=0,\quad 0<t<1,$$

$t\to 0^+$ 일 때 $u(t)$와 $u'(t)$가 유계이고, $u(1)=0$

4. Chebyshev 방정식 $(1-x^2)u''-xu'+\lambda u=0$가 다음과 같이 표현될 수 있음을 보여라.

$$\left[\sqrt{1-x^2}\,u'\right]'+\lambda\sqrt{1-x^2}\,u=0$$

5. 다음 Chebyshev 경계치문제에서 작용소 $\boldsymbol{L}$이 자기수반임을 보여라.

$$\boldsymbol{L}[u]+\lambda\sqrt{1-x^2}\,u=\left[\sqrt{1-x^2}\,u'\right]'+\lambda\sqrt{1-x^2}\,u=0,\quad -1<x<1,$$

$x\to\pm 1$일 때 $u(x)$와 $u'(x)$가 유계

6. 다음 Chebyshev 고유치문제에서 고유치와 고유함수를 구하여라.

$$\boldsymbol{L}[u]+\lambda\sqrt{1-x^2}\,u=\left[\sqrt{1-x^2}\,u'\right]'+\lambda\sqrt{1-x^2}\,u=0,\quad -1<x<1,$$

$x\to\pm 1$일 때 $u(x)$와 $u'(x)$가 유계

CHAPTER 10

2계 상수 계수 선형 편미분방정식

독립변수가 두 개 이상 있으며 종속변수(미지함수)의 편도함수를 포함하는 미분방정식을 **편미분방정식**이라 하는데, 편미분방정식의 해의 존재성과 유일성과 그 정성적 성질에 대한 내용은 여기서 다루는 것이 부적절하다.

그러나 간단한 2계 상수 계수 선형 편미분방정식의 변수분리 해법은 지금까지 배운 상미분방정식에 대한 기초적 지식으로 이해할 수 있고 계산할 수 있으므로 여기에서 소개한다.

2계 선형 편미분방정식의 예는 **확산 문제**(diffusion problem), **파동 문제**(wave problem)와 **퍼텐셜 문제**(potential problem)의 수학적 모델에서 볼 수 있다. 이 세 종류의 문제로부터 얻어지는 편미분방정식은 각각의 종류별로 서로 다른 성질을 가지는데, 이들을 각각 **포물형**(parabolic) 편미분방정식, **쌍곡형**(hyperbolic) 편미분방정식과 **타원형**(elliptic) 편미분방정식이라 한다. 좀 더 상세하고 깊이 있는 내용은 참고문헌[14, 15, 16]을 보기 바란다.

편의상 편도함수들을 $u_t = \dfrac{\partial u}{\partial t}$, $u_x = \dfrac{\partial u}{\partial x}$, $u_{tt} = \dfrac{\partial^2 u}{\partial t^2}$, $u_{xx} = \dfrac{\partial^2 u}{\partial x^2}$ 등으로 간단히 표현하자.

10.1 2계 선형 편미분방정식의 예

확산 문제, 파동 문제와 퍼텐셜 문제의 수학적 모델을 간단히 살펴보자.

10.1.1. 확산 문제

물질이나 에너지 등이 밀도(또는 농도)가 높은 쪽에서 낮은 쪽으로 퍼져나가는 현상을 **확산**이라 하는데, 열(heat)과 화학물질의 확산이 대표적이다. 그래서 열 확산 문제를 예로 들어보자.

길이가 b 이고 단면적은 A 인 금속막대의 밀도를 ρ, 열전도율을 K, 비열을 γ 라 가정하자. 막대의 측면으로는 열이 통과하지 못하도록 단열시킨 상태에서, 막대의 온도 분포와 변화에 대한 수학적 모델을 만들어보자.

문제를 단순화하기 위해서 막대가 균일한 물질로 균일한 굵기로 되어 있다고 하자. 즉 밀도 $\rho > 0$, 열전도율 $K > 0$, 비열 $\gamma > 0$와 단면적 $A > 0$가 모두 상수라 가정하자. 그리고 편의상 막대 내부에서 생성 또는 소멸되는 열은 없다고 가정한다.

막대를 구간 $\Omega = (0,\ b)$로 표현하고, 그림 10.1.1과 같이 막대에서 점의 위치(좌표)를 x 라 하고 시간을 t 라 하자. 위치 x 에서 t 순간의 온도를 $u(x,\ t)$라 두고 t 에 대해서 한 번 연속 편미분가능이고 x 에 대해서 2번 연속 편미분가능하다고 가정하자.

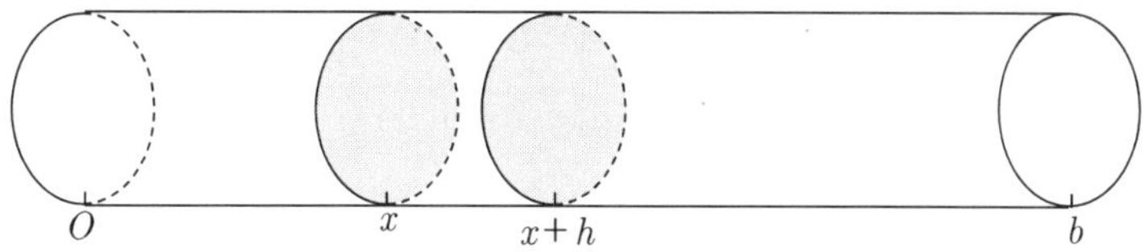

[그림 10.1.1]

구간 $(0, b)$에서 임의로 한 점 x를 택하고, Δx를 매우 작은 양수 $0 < x+\Delta x < b$라 하자.

그러면 t 순간에 막대의 토막구간 $(x, x+\Delta x)$의 열량 $H(x, t; \Delta x)$은 근사적으로 다음과 같다.

$$H(x, t; \Delta x) \simeq \gamma\rho A \Delta x\, u(x, t)$$

[단위 시간당 열량 $H(x, t; \Delta x)$의 변화량](변화율)은 $H(x, t; \Delta x)$의 $t-$편도함수이다. 그러므로 다음을 얻는다.

$$\frac{\partial}{\partial t}H(x, t; \Delta x) \simeq \gamma\rho A \Delta x \frac{\partial}{\partial t}u(x, t) \tag{10.1.1}$$

한편 이 변화량 $H_t(x, t; \Delta x)$은 x에서 단면을 통과하는 열량과 $x+\Delta x$에서 단면을 통과하는 열량의 차이에 의해서 발생한다. 그리고 단면의 단위 면적당 통과하는 열량은 단면의 양쪽 온도의 차이(온도 u의 $x-$편도함수)에 비례한다. 그래서 t 순간에 x에서 단면을 통과하는 열량 $E(x, t)$와 $x+\Delta x$에서 단면을 통과하는 열량 $E(x+\Delta x, t)$는 각각 다음과 같다.

$$E(x, t) = -KAu_x(x, t), \quad E(x+\Delta x, t) = -KAu_x(x+\Delta x, t) \tag{10.1.2}$$

여기서 음의 부호(−)는 온도가 높은 쪽에서 낮은 쪽으로 열이 이동함을 의미한다. (10.1.1)과 (10.1.2)로부터 다음의 근사식을 얻는다.

$$\gamma\rho A \Delta x\, u_t(x, t) \simeq E(x, t) - E(x+\Delta x, t) = KAu_x(x+\Delta x, t) - KAu_x(x, t)$$

따라서 간단히 하면 다음과 같다.

$$u_t(x, t) \simeq \frac{K}{\gamma\rho}\frac{u_x(x+\Delta x, t) - u_x(x, t)}{\Delta x}$$

여기서 극한($\Delta x \to 0$)을 취하면, 위의 근사식으로부터 온도 함수 $u(x, t)$가 만족해야 되는 다음의 2계 선형 편미분방정식이 된다.

$$u_t(x, t) = \frac{K}{\gamma\rho}u_{xx}(x, t) \tag{10.1.3}$$

그래서 (10.1.3)과 같은 형태의 편미분방정식을 흔히 (1차원) **열 방정식**(heat equation) 또는 **확산 방정식**(diffusion equation)이라 하고, $\dfrac{K}{\gamma\rho}$을 **확산율**(diffusivity)이라 한다.

편의상 $\omega = \sqrt{\dfrac{K}{\gamma\rho}}$ 라 두고, x와 t의 표기를 생략하고 다음과 같이 간단히 표현하자.

$$u_t = \omega^2 u_{xx}, \quad 0 < x < b, \ t > 0 \tag{10.1.4}$$

(10.1.4)에 의해서 u_t와 u_{xx}는 같은 부호를 가지므로 다음을 알 수 있다.

| 정리 10.1.1 | 확산 방정식 $u_t = \omega^2 u_{xx}$ 에서,

(1) $u_{xx}(x, t) > 0$이면, $u(x, t)$는 시간에 따라 증가한다.
(2) $u_{xx}(x, t) < 0$이면, $u(x, t)$는 시간에 따라 감소한다.

즉 점 x 에서 온도 $u(x, t)$는 x 의 주위 온도의 평균보다 낮으면 시간에 따라서 증가하고, x 의 주위 온도의 평균보다 높으면 시간에 따라서 감소한다.

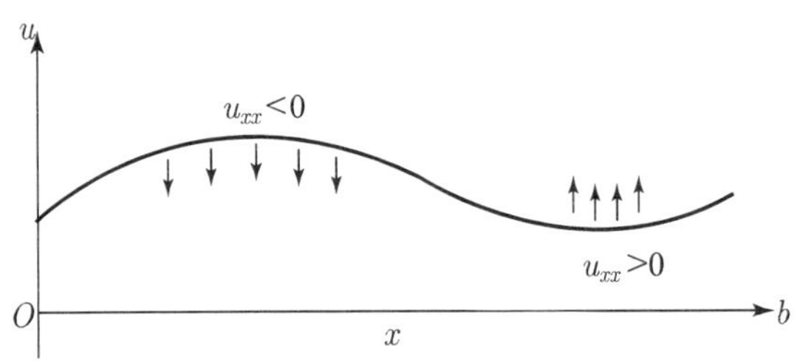

[그림 10.1.2]

참고 편미분방정식 $u_t = \omega^2 u_{xx}$를 만족하는 함수는 무수히 많다. 즉 해가 무수히 많다. 예를 들면, 상수함수, $e^{-\omega^2 t}\sin x$, $e^{-\omega^2 t}\cos x$, $e^{-t}\sin\dfrac{x}{\omega}$, $e^{-t}\cos\dfrac{x}{\omega}$ 등은 모두 $u_t = \omega^2 u_{xx}$의 해이다. 그래서 $u_t = \omega^2 u_{xx}$ 만으로 실제의 온도분포 함수(특수해) $u(x, t)$를 구할 수는 없다. 그러므로 실제의 온도분포 함수 $u(x, t)$를 구하기 위해서는 적절한 보조조건이 필요하다. $u_t = \omega^2 u_{xx}$는 x에 대해서 2계 미분방정식이고 t에 대해서 1계 미분방정식이므로 하나의 특정한 해를 구하기 위해서는 일반적으로 x에 관한 두 개의 보조조건과 t에 관한 1개의 보조조건이 필요하다.
$u(x, t)$가 만족해야 할 보조조건은 일반적으로 다음과 같다.

(i) x에 관한 조건: **경계조건**($\Omega = (0, b)$의 경계점 $x = 0$와 $x = b$에서 조건)
(ii) t에 관한 조건: **초기조건**(초기시점 $t = 0$에서 조건)

즉 경계조건(BC)은 막대의 양 끝점의 온도상태에 의해서 주어지는 조건이고, 초기조건(IC)은 막대의 초기 온도상태에 의해서 주어지는 조건이다. 대체로 경계조건은 9장에서와 같이 Dirichlet 경계조건, Neumann 경계조건, Robin 경계조건(혼합 경계조건이라고도 함) 등으로 분류할 수 있다.

간단한 제차 경계조건의 예들 들면 다음과 같다.

$$\text{Dirichlet 경계조건: } u(0,\ t)=0,\ u(b,\ t)=0,\quad t>0 \tag{10.1.5}$$

$$\text{Neumann 경계조건: } u_x(0,\ t)=0,\ u_x(b,\ t)=0,\quad t>0 \tag{10.1.6}$$

$$\text{Robin 경계조건: } \begin{cases} \alpha_1 u(0,\ t)+\alpha_2 u_x(0,\ t)=0 \\ \beta_1 u(b,\ t)+\beta_2 u_x(b,\ t)=0 \end{cases},\quad t>0 \tag{10.1.7}$$

그리고 초기조건은 실험(또는 관찰) 시작 시점($t=0$)에서 막대의 온도상태에 의해서 주어지는 조건으로 다음과 같다.

$$u(x,\ 0)=f(x),\quad 0<x<b \tag{10.1.8}$$

단 $f(x)$는 막대 $\Omega=(0,\ b)$의 초기 온도 분포함수이다.

일반적으로 [편미분방정식과 경계조건과 초기조건]으로 구성된 것을 **초기-경계치문제**(initial-boundary value problem)라 하는데, 열방정식의 초기-경계치문제의 간단한 예를 들면 다음과 같다.

(1) Dirichlet 초기-경계치문제; Dirichlet 경계조건을 가진 경우

$$\begin{cases} (\text{DE}) & u_t=\omega^2 u_{xx}, & 0<x<b,\ t>0 \\ (\text{BC}) & u(0,\ t)=0,\ \ u(b,\ t)=0, & t>0 \\ (\text{IC}) & u(x,\ 0)=f(x), & 0<x<b \end{cases} \tag{10.1.9}$$

(2) Neumann 초기-경계치문제; Neumann 경계조건을 가진 경우

$$\begin{cases} (\text{DE}) & u_t=\omega^2 u_{xx}, & 0<x<b,\ t>0 \\ (\text{BC}) & u_x(0,\ t)=0,\ \ u_x(b,\ t)=0, & t>0 \\ (\text{IC}) & u(x,\ 0)=f(x), & 0<x<b \end{cases} \tag{10.1.10}$$

(3) Robin 초기-경계치문제; Robin 경계조건을 가진 경우

$$\begin{cases} (\text{DE}) & u_t=\omega^2 u_{xx}, & 0<x<b,\ t>0 \\ (\text{BC}) & \begin{cases} \alpha_1 u(0,\ t)+\alpha_2 u_x(0,\ t)=0 \\ \beta_1 u(b,\ t)+\beta_2 u_x(b,\ t)=0 \end{cases}, & t>0 \\ (\text{IC}) & u(x,0)=f(x), & 0<x<b \end{cases} \tag{10.1.11}$$

xt 평면에 초기-경계치문제를 표시하면 그림 10.1.3과 같다.

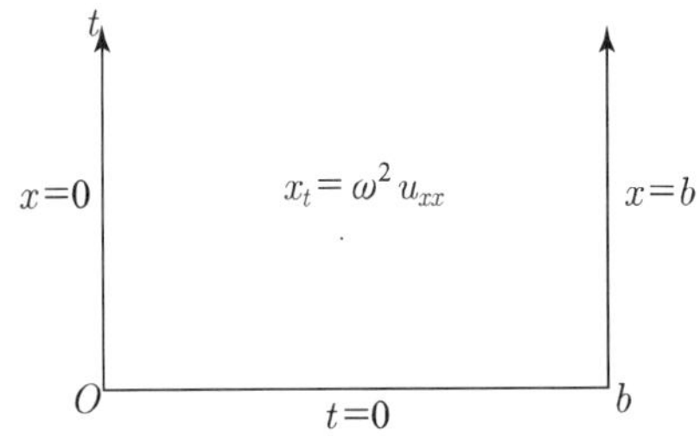

[그림 10.1.3]

위의 초기-경계치문제 (10.1.9), (10.1.10)과 (10.1.11)은 각각 유일한 해를 가지며(증명은 이 책의 범위를 벗어남), 다음 절에서 소개할 변수분리 해법으로 그 해를 직접 구할 수 있다.

참고 길이 b인 막대는 수학적으로 구간 $(0, b)$로 표현되며, 점의 위치가 하나의 변수 x로 표현되므로 위의 문제는 1차원 확산(열) 문제라 한다.

만약 열 확산 실험의 대상이 사각형 면 $\Omega=(0, b)\times(0, \ell)$이면, 점의 위치가 두 변수 (x, y)로 표현되므로 2차원 문제가 된다. 이 경우 온도 $u(x, y, t)$의 편미분방정식은, 간단한 예를 들면, 다음과 같은 형태이다.

$$u_t=\omega^2[u_{xx}+u_{yy}],\quad (x,y)\in\Omega,\ t>0 \tag{10.1.12}$$

사각형 면 Ω의 경계 $\partial\Omega$는 사각형 면의 테두리이므로 다음과 같다.

$$\begin{aligned}\partial\Omega=&\{(x, 0) \mid 0\le x\le b\}\cup\{(x, \ell) \mid 0\le x\le b\}\\ &\cup\{(0, y) \mid 0\le y\le \ell\}\cup\{(b, y) \mid 0\le y\le \ell\}\end{aligned}$$

그러면 이 경우 간단한 경계조건의 예는 다음과 같다.

$$\text{Dirichlet 경계조건: } u(x, y, t)=0,\ (x, y)\in\partial\Omega,\ t>0 \tag{10.1.13}$$

$$\text{Neumann 경계조건: } \frac{\partial}{\partial n}u(x, y, t)=0,\ (x, y)\in\partial\Omega,\ t>0 \tag{10.1.14}$$

$$\begin{aligned}\text{Robin 경계조건: } &\alpha(x, y)u(x, y, t)+\frac{\partial}{\partial n}u(x, y, t)=0,\\ &(x, y)\in\partial\Omega,\ t>0\end{aligned} \tag{10.1.15}$$

여기서 $\dfrac{\partial}{\partial n}u(x, y, t)$는 경계점 $(x, y)\in\partial\Omega$에서 외법선 방향도함수이다. 즉 경계점 $(x, y)\in\partial\Omega$에서 다음과 같다.

$$\frac{\partial}{\partial n}u(x, y, t)=\nu_1(x, y)u_x(x, y, t)+\nu_2(x, y)u_y(x, y, t),$$

단 $n(x, y)=(\nu_1, \nu_2)$는 경계점 (x, y)에서 외향 단위 법벡터이다.

3차원 문제도 같은 요령으로 표현할 수 있으며, 일반적으로 차원이 높아질수록 문제가 훨씬 더 복잡하게 된다.

10.1.2. 파동 문제

가장 간단한 파동의 예로 현(피아노 현 등)의 진동 현상을 보자.

균일한 선밀도(단위 길이 당 질량) ρ를 가진 현이 팽팽하게 당겨져 상하로 진동하고 있다고 가정하자(현의 길이는 b이고 장력은 T라 하자). 이제 현의 장력에 의한 진동의 수학적 모델을 만들어보자.

정지한 상태의 현을 구간 $\Omega=(0,\ b)$로 표현하고 점의 좌표를 x라 하자. 점 x에서 t순간에 현의 상하 방향의 변위(displacement)를 $u(x,\ t)$라 두자. 그리고 진폭($|u(x,\ t)|$)은 현의 길이 b에 비해서 매우 작다고 가정하자. 또한 $u(x,\ t)$가 x와 t에 대해서 연속 2번 편미분가능이라 가정하자.

편의상 $\theta(x,\ t)$는 점 x에서 t순간에 현의 기울기 각(현의 접선과 x축의 사잇각)이라 하자. 즉 $\tan\theta(x,\ t)=u_x(x,\ t)$. 그러면 진폭이 현의 길이에 비해서 매우 작으므로 $\theta(x,\ t)\simeq 0$이다. 따라서 $\sin\theta(x,\ t)\simeq\tan\theta(x,\ t)=u_x(x,\ t)$이다.

구간 $(0,\ b)$에서 임의로 한 점 x를 택하고, Δx를 매우 작은 양수 $0<x+\Delta x<b$라 하자.

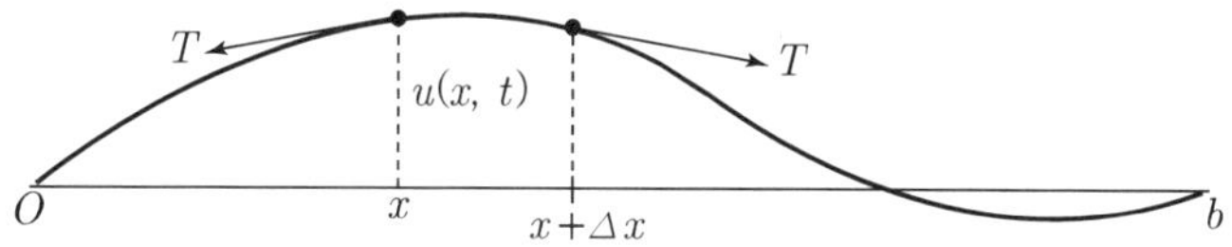

[그림 10.1.4]

그러면 t순간에 구간 $(x,\ x+\Delta x)$상에서 현의 토막부분이 장력에 의하여 상하로 받는 힘 $F(x;\ \Delta x,\ t)$은 근사적으로 다음과 같다.

$$\begin{aligned} F(x;\ \Delta x,\ t) &\simeq T\sin\theta(x+\Delta x,\ t)-T\sin\theta(x,\ t) \\ &\simeq Tu_x(x+\Delta x,\ t)-Tu_x(x,\ t) \end{aligned}$$

한편 뉴턴의 운동법칙에 의해서, t순간에 구간 $(x,\ x+\Delta x)$상에서 현의 토막부분의 운동에 의한 힘은 가속도 $u_{tt}(x,\ t)$와 질량 $\rho\Delta x$의 곱 $\rho\Delta x\, u_{tt}(x,\ t)$과 같다. 따라서 $\Delta x>0$가 매우 작은 값이므로 다음의 근사식을 얻는다.

$$\rho\Delta x\, u_{tt}(x,\ t)\simeq F(x;\ \Delta x,\ t)\simeq Tu_x(x+\Delta x,\ t)-Tu_x(x,\ t)$$

간단히 정리하면 다음과 같다.

$$u_{tt}(x,\ t) \simeq \frac{T}{\rho}\frac{u_x(x+\Delta x,\ t) - u_x(x,\ t)}{\Delta x} \tag{10.1.16}$$

(10.1.16)에서 극한($\Delta x \to 0$)을 취하면, 현의 변위 $u(x,\ t)$가 만족해야 되는 다음과 같은 2계 선형 편미분방정식을 얻는다.

$$u_{tt}(x,\ t) = \frac{T}{\rho}u_{xx}(x,\ t) \tag{10.1.17}$$

그래서 (10.1.17)과 같은 형태의 편미분방정식을 흔히 (1차원) **파동 방정식**(wave equation)이라 한다. 이제부터 편의상 $\omega = \sqrt{\dfrac{T}{\rho}}$ 라 두고, x와 t의 표기를 생략하고 다음과 같이 쓰자.

$$u_{tt} = \omega^2 u_{xx},\quad 0 < x < b,\ t > 0 \tag{10.1.18}$$

(10.1.18)에 의해서 u_{tt}와 u_{xx}는 같은 부호를 가지므로 다음을 알 수 있다.

| 정리 10.1.2 | 파동 방정식 $u_{tt} = \omega^2 u_{xx}$ 에서,

(1) $u_{xx}(x,\ t) > 0$이면, $u_t(x,\ t)$는 시간에 따라 증가한다.
(2) $u_{xx}(x,\ t) < 0$이면, $u_t(x,\ t)$는 시간에 따라 감소한다.

즉 x 점에서 변위 $u(x,\ t)$가 x의 주위 변위의 평균보다 낮으면 시간에 따라서 가속하고, x의 주위 변위의 평균보다 높으면 시간에 따라서 감속한다.

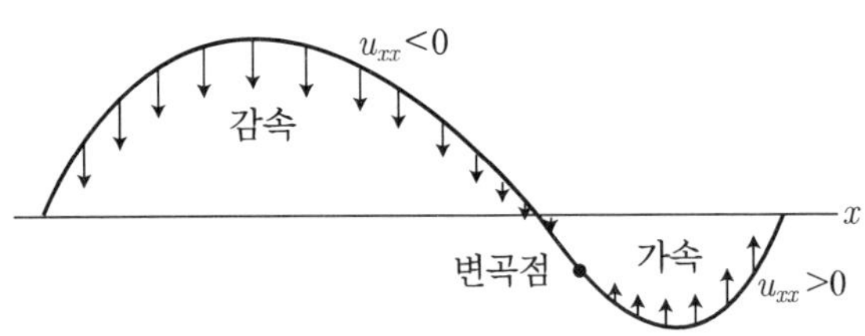

[그림 10.1.5]

$u_{tt} = \omega^2 u_{xx}$을 만족하는 함수는 무수히 많다(즉 해는 무수히 많다). 예를 들면, 상수함수, $\sin\omega t\sin x$, $\sin\omega t\cos x$, $\cos\omega t\sin x$, $\cos\omega t\cos x$ 등은 모두 $u_{tt} = \omega^2 u_{xx}$의 해이다. 그러므로 (10.1.18)만으로 현의 실제 변위 함수(특수해) $u(x,\ t)$를 구할 수는 없다. 그래서 실제의 변위 함수 $u(x,\ t)$를 구하기 위해서는 적절한 보조조건이 필요하다. $u_{tt} = \omega^2 u_{xx}$는 x에 대해서 2계 미분방정식이고 t에 대해서 2계 미분방정식이므로 하나의 특수해를 구하기 위해서는 일반적으로 x에 관한 두 개의 보조조

건과 t에 관한 두 개의 보조조건이 필요하다.

일반적으로 $u(x,\ t)$가 만족해야 할 보조조건은 다음과 같다.

(i) x에 관한 조건: 경계조건($\Omega=(0,\ b)$의 경계점 $x=0$와 $x=b$에서 조건)
(ii) t에 관한 조건: 초기조건(초기시점 $t=0$에서 조건)

즉 경계조건(BC)은 현의 양 끝점의 상태에 의해서 주어지는 조건으로서, 9장의 경계조건과 같이 Dirichlet 경계조건, Neumann 경계조건, Robin 경계조건 등으로 분류할 수 있다.

간단한 제차 경계조건의 예들 들면 다음과 같다.

$$\text{Dirichlet 경계조건: } u(0,\ t)=0,\ u(b,\ t)=0,\ t>0 \tag{10.1.19}$$

$$\text{Neumann 경계조건: } u_x(0,\ t)=0,\ u_x(b,\ t)=0,\ t>0 \tag{10.1.20}$$

$$\text{Robin 경계조건: } \begin{cases}\alpha_1 u(0,\ t)+\alpha_2 u_x(0,\ t)=0\\ \beta_1 u(b,\ t)+\beta_2 u_x(b,\ t)=0\end{cases},\ t>0 \tag{10.1.21}$$

초기조건은 실험(또는 관찰) 시작 시점($t=0$)에서 현의 상태에 의해서 주어지는 조건으로 다음과 같다.

$$\begin{cases}u(x,\ 0)=f(x)\\ u_t(x,\ 0)=g(x)\end{cases},\quad 0<x<b \tag{10.1.22}$$

그래서 파동방정식의 초기-경계치문제의 간단한 예를 들면 다음과 같다.

(1) Dirichlet 초기-경계치문제; Dirichlet 경계조건을 가진 경우

$$\begin{cases}(\text{DE}) & u_{tt}=\omega^2 u_{xx}, & 0<x<b,\ t>0\\ (\text{BC}) & u(0,\ t)=0,\ u(b,\ t)=0, & t>0\\ (\text{IC}) & \begin{cases}u(x,\ 0)=f(x)\\ u_t(x,\ 0)=g(x)\end{cases}, & 0<x<b\end{cases} \tag{10.1.23}$$

(2) Neumann 초기-경계치문제; Neumann 경계조건을 가진 경우

$$\begin{cases}(\text{DE}) & u_{tt}=\omega^2 u_{xx}, & 0<x<b,\ t>0\\ (\text{BC}) & u_x(0,\ t)=0,\ u_x(b,\ t)=0, & t>0\\ (\text{IC}) & \begin{cases}u(x,\ 0)=f(x)\\ u_t(x,\ 0)=g(x)\end{cases}, & 0<x<b\end{cases} \tag{10.1.24}$$

(3) Robin 초기-경계치문제; Robin 경계조건을 가진 경우

$$\begin{cases}(\text{DE}) & u_{tt}=\omega^2 u_{xx}, & 0<x<b,\ t>0\\ (\text{BC}) & \begin{cases}\alpha_1 u(0,\ t)+\alpha_2 u_x(0,\ t)=0\\ \beta_1 u(b,\ t)+\beta_2 u_x(b,\ t)=0\end{cases}, & t>0\\ (\text{IC}) & \begin{cases}u(x,\ 0)=f(x)\\ u_t(x,\ 0)=g(x)\end{cases}, & 0<x<b\end{cases} \tag{10.1.25}$$

위의 초기-경계치문제 (10.1.23), (10.1.24)와 (10.1.25)는 각각 유일한 해를 가지며(증명은 이 책의 범위를 벗어남), 다음 절에서 소개할 변수분리 해법으로 그 해를 구할 수 있다.

참고 길이 b인 현은 수학적으로 구간 $(0, b)$로 표현되며, 점의 위치가 하나의 변수 x로 표현되므로 1차원 파동 문제라 한다. 만약 파동 실험의 대상이 사각형 면 $\Omega=(0, b)\times(0, \ell)$이면, 점의 위치가 두 변수 (x, y)로 표현되므로 2차원 파동 문제가 된다. 이 경우 변위 $u(x, y, t)$의 편미분 방정식은, 간단한 예를 들면, 다음과 같은 형태이다.

$$u_{tt}=\omega^2(u_{xx}+u_{yy}),\ (x, y)\in\Omega,\ t>0$$

그리고 경계조건의 예는 열방정식의 경우와 유사하다.

10.1.3. 라플라스 방정식

영역 $\Omega\subset \boldsymbol{R}^2$ 상의 2차원 열 확산 문제에서 시간(t)이 충분히 지나면, 각 점 $(x, y)\in\Omega$의 온도 $u(x, y, t)$는 시간 t에 따른 변화가 더 이상 일어나지 않는 경우를 생각해보자.

그러면 $u(x, y, t)$는 t에 대해서 상수이므로, $u_t(x, y, t)\equiv 0$이고 온도 u는 위치 변수 $(x, y)\in\Omega$만의 함수가 된다. 그러므로 (10.1.12)로부터 온도분포함수 $u(x, y)$의 편미분방정식은 다음과 같은 형태가 된다.

$$u_{xx}+u_{yy}=0,\quad (x, y)\in\Omega \tag{10.1.26}$$

흔히 $\Delta u\equiv\nabla^2 u\equiv u_{xx}+u_{yy}$라 두며, (10.1.26)과 같이 각 변수에 대한 2계 편도함수의 합이 0인 형태의 편미분방정식을 **라플라스 방정식**이라 한다.

이 경우 간단한 경계조건의 예는 아래와 같다.

Dirichlet 경계조건: $u(x, y)=h(x, y),\ (x, y)\in\partial\Omega$ (10.1.27)

Neumann 경계조건: $\dfrac{\partial}{\partial \boldsymbol{n}}u(x, y)=h(x, y),\ (x, y)\in\partial\Omega$ (10.1.28)

Robin 경계조건: $\alpha(x, y)u(x, y)+\dfrac{\partial}{\partial \boldsymbol{n}}u(x, y)=h(x, y),\ (x,y)\in\partial\Omega$ (10.1.29)

단 $\alpha(x, y)\neq 0$이고, $h(x, y)$는 경계 $\partial\Omega$상에서 조각적 연속함수이다. 그래서 라플라스 방정식의 경계치문제의 간단한 예를 들면 다음과 같다.

Dirichlet 경계치문제;

$$\begin{cases}(\text{DE}) & u_{xx}+u_{yy}=0, & (x, y)\in\Omega\\ (\text{BC}) & u(x, y)=h(x, y), & (x, y)\in\partial\Omega\end{cases} \tag{10.1.30}$$

Neumann 경계치문제;

$$\begin{cases} \text{(DE)} & u_{xx}+u_{yy}=0, \qquad\qquad (x,\ y)\in \Omega \\ \text{(BC)} & \dfrac{\partial}{\partial n}u(x,\ y)=h(x,\ y),\ (x,\ y)\in \partial\Omega \end{cases} \tag{10.1.31}$$

Robin 경계치문제;

$$\begin{cases} \text{(DE)} & u_{xx}+u_{yy}=0, & (x,\ y)\in \Omega \\ \text{(BC)} & \alpha(x,\ y)u(x,\ y)+\dfrac{\partial}{\partial n}u(x,\ y)=h(x,\ y), & (x,\ y)\in \partial\Omega \end{cases} \tag{10.1.32}$$

$\Omega \subset \boldsymbol{R}^2$가 볼록 다각형판이나 타원판 등과 같은 영역이면 위의 경계치문제 (10.1.30), (10.1.31)과 (10.1.32)는 각각 유일한 해를 가지며(증명은 이 책의 범위를 벗어남), 특히 직사각형판이나 원판이면 다음 절에서 소개할 변수분리 해법으로 그 해를 구할 수 있다.

참고 위의 예들에서 본 바와 같이, 일반적으로 편미분방정식에서 위치를 나타내는 변수(x, y 등)의 범위 Ω는 개집합(개구간이나 개영역)으로 표현한다. 그리고 Ω의 경계 $\partial\Omega$에서는 편미분방정식과 별도로 경계조건이 주어진다.

또한 2차원 확산 방정식과 파동 방정식에서 시간(t)를 매개변수라 간주하고 하나의 값에 고정시키면(즉 t를 상수로 간주하면), 라플라스 방정식이 됨을 볼 수 있다.

이런 의미에서 라플라스 방정식의 이론은 편미분방정식 이론의 매우 중요한 부분이다.

연습문제 10.1

1. 확산 방정식 $u_t(x,\ t)=\dfrac{K}{\gamma\rho}u_{xx}(x,\ t)$에서 밀도 ρ, 열전도율 K와 비열 γ의 증감에 따라서 온도 변화는 어떻게 되겠는가 예측해보아라.

2. 열 문제에서 막대의 내부에 열이 발생하고 있으면, 수학적 모델이 어떻게 되겠는가?

3. 파동 방정식 $u_{tt}(x,\ t)=\dfrac{T}{\rho}u_{xx}(x,\ t)$에서 선밀도 ρ와 장력 T의 증감에 따라서 현의 변위는 어떻게 되겠는가 예측해보아라.

4. 파동 문제에서 현의 외부로부터 힘이 작용하고 있으면, 수학적 모델이 어떻게 변하겠는가?

5. 3차원 라플라스 방정식은 어떻게 되겠는가?

10.2 초기-경계치문제의 변수분리 해법

편미분방정식의 초기-경계치문제를 각 독립변수의 상미분방정식으로 분리하여 푸는 방법을 변수분리 해법이라 한다. 이때 분리된 공간변수의 미분방정식은 고유치 문제(Sturm-Liouville 경계치문제)가 되며, 시간변수의 미분방정식은 초기치문제가 된다. 그리고 초기-경계치문제의 해는 고유함수들의 일차 결합(즉 고유함수 급수)으로 표현된다.

변수분리 해법은 18세기 중반에 D'Alembert, D. Bernoulli와 오일러 등에 의해서 연구되기 시작하여 역사가 250년이나 되었는데 지금도 가장 많이 이용되는 기본적인 해법이다.

변수분리 해법은 영역이 4각형 또는 원판 등인, 상수 계수 선형 제차 편미분방정식의 초기-경계치 문제에 아주 잘 적용된다. 이제 구체적인 예를 살펴보자.

10.2.1. 확산 방정식 문제

확산 방정식의 초기-경계치문제의 예를 풀어보자.

예 10.2.1 다음 확산 방정식의 Dirichlet 초기-경계치문제를 풀어보자.

$$\begin{cases} \text{(DE)} & u_t = \omega^2 u_{xx}, & 0 < x < b,\ t > 0 \\ \text{(BC)} & u(0,\ t) = 0,\ u(b,\ t) = 0, & t > 0 \\ \text{(IC)} & u(x,\ 0) = f(x), & 0 < x < b \end{cases} \tag{10.2.1}$$

단 $f(x)$는 구간 $[0, b]$에서 조각적 연속함수이며, $\omega > 0$는 상수이다.

풀이 먼저 $u(x,\ t) = X(x)T(t)$가 편미분방정식 (DE)와 경계조건 (BC)를 만족하는 비자명해라 가정하고 구해보자(단 X는 x만의 함수이고 T는 t만의 함수로서, 0 함수는 아니다). $u(x,\ t) = X(x)T(t)$를 (DE)와 (BC)에 대입해서 X의 미분방정식과 T의 미분방정식으로 분리하자. 각 편도함수를 계산하면 다음과 같다(변수 x와 t의 표기는 생략).

$$u_t = \frac{\partial(XT)}{\partial t} = X\frac{dT}{dt},\quad u_{xx} = \frac{\partial^2(XT)}{\partial x^2} = T\frac{d^2X}{dx^2}$$

이것들을 편미분방정식 (DE)에 대입하면 다음을 얻는다.

$$X\frac{dT}{dt} = \omega^2 T\frac{d^2X}{dx^2},\quad 0 < x < b,\ t > 0$$

위 등식의 양변을 $\omega^2 XT$로 나누면 다음을 얻는다.

$$\frac{\frac{dT}{dt}}{\omega^2 T} = \frac{\frac{d^2X}{dx^2}}{X}, \quad 0 < x < b, \; t > 0 \tag{10.2.2}$$

위 등식에서 좌변은 t 만의 함수이고 우변은 x 만의 함수인데 x 와 t 는 서로 독립적인 변수이므로, (10.2.2)는 적당한 상수이다. 그러므로 다음과 같이 둘 수 있다.

$$\frac{\frac{dT}{dt}}{\omega^2 T} = \frac{\frac{d^2X}{dx^2}}{X} = -\lambda, \quad 0 < x < b, \; t > 0$$

단 λ 는 적당한 상수이며, 앞에 음의 부호(−)는 편의상 관례적으로 붙인 것이다.

그러면 다음과 같이 두 개로 서로 분리된 X 와 T 의 상미분방정식을 얻는다.

$$\frac{dT}{dt} + \omega^2 \lambda T = 0, \quad t > 0 \tag{10.2.3}$$

$$\frac{d^2X}{dx^2} + \lambda X = 0, \quad 0 < x < b \tag{10.2.4}$$

이제 $u(x, t) = X(x)T(t)$ 를 경계조건 (BC)에 대입하면 다음을 얻는다.

"모든 $t > 0$ 에 대해서 $X(0)T(t) = 0$, $X(b)T(t) = 0$"

$T(t)$ 가 0함수가 아니므로, $X(x)$ 에 대하여 다음의 경계조건 (xBC)을 얻는다.

$$X(0) = 0, \; X(b) = 0 \tag{10.2.5}$$

따라서 (10.2.4)와 (10.2.5)로부터 다음의 고유치문제(경계치문제)를 얻는다.

$$\begin{cases} \dfrac{d^2X}{dx^2} + \lambda X = 0, & 0 < x < b \\ X(0) = 0, \quad X(b) = 0 \end{cases} \tag{10.2.6}$$

여기서 (10.2.6)은 9장의 예 9.1.5와 같다. 예 9.1.5를 보면, (10.2.6)은 고유치 λ_n 과 고유함수 φ_n 를 다음과 같이 가진다.

$$\lambda_n = \frac{n^2\pi^2}{b^2}, \; (n \geq 1 \text{ 정수}) \tag{10.2.7}$$

$$\varphi_n = \sin\frac{n\pi x}{b}, \; (n \geq 1 \text{ 정수}) \tag{10.2.8}$$

즉 $\lambda_n = \dfrac{n^2\pi^2}{b^2}$ 일 때, (10.2.6)은 비자명해 $X_n = \sin\dfrac{n\pi x}{b}$ 를 가진다.

한편 (10.2.7)을 (10.2.3)에 대입하면 다음을 얻는다.

$$\frac{dT}{dt} + \frac{n^2\pi^2\omega^2}{b}T = 0, \quad t > 0, \ (n \geq 1 \ \text{정수}) \qquad (10.2.9)$$

그러므로 (10.2.9)를 풀면 간단한 비자명해를 다음과 같이 얻는다(3장 참조).

$$T_n = e^{-(\frac{n\omega\pi}{b})^2 t}, \quad t > 0, \ (n \geq 1 \ \text{정수}) \qquad (10.2.10)$$

따라서 (10.2.8)과 (10.2.10)을 결합하여 [편미분방정식 (DE)와 경계조건 (BC)]의 비자명해를 다음과 같이 얻는다. 모든 정수 $n \geq 1$에 대해서

$$u_n = T_n X_n = e^{-\left(\frac{n\omega\pi}{b}\right)^2 t} \sin\frac{n\pi x}{b}, \quad 0 < x < b, \ t > 0$$

여기서 경계치문제 (DE와 BC)도 제차 방정식이므로 중첩 원리가 성립한다.

그러므로 다음과 같이 $u_n = T_n X_n$의 일차 결합도 적절히 수렴하는 경우에는, 경계치문제 (DE와 BC)의 해가 된다.

$$u = \sum_{n=1}^{\infty} c_n u_n = \sum_{n=1}^{\infty} c_n e^{-\left(\frac{n\omega\pi}{b}\right)^2 t} \sin\frac{n\pi x}{b}, \quad 0 < x < b, \ t > 0, \quad (10.2.11)$$

(c_n 은 적당한 상수)

실제로 (10.2.11)의 수렴성은 대단히 좋다(해석학[19, 20] 참조).

끝으로 (10.2.11)이 초기조건 (IC)를 만족하도록 상수 c_n 을 정하자. (10.2.11)을 초기조건 (IC)에 대입하면 다음을 얻는다.

$$u(x, 0) = \sum_{n=1}^{\infty} c_n \sin\frac{n\pi x}{b} = f(x), \quad 0 < x < b \qquad (10.2.12)$$

(10.2.12)는 9.2절에서 소개한 $f(x)$ 의 Fourier sine 급수임을 알 수 있다.

따라서 정의 9.2.13에 의해서 상수 c_n 은 다음과 같고, $\lim_{n\to\infty} c_n = 0$이다.

$$c_n = \frac{2}{b}\int_0^b f(z)\sin\frac{n\pi z}{b}dz, \quad n \geq 1 \text{정수}$$

위의 내용을 종합하면, 초기-경계치문제 (10.2.1)의 해는 다음과 같이 얻는다.

$$u = \sum_{n=1}^{\infty} c_n e^{-\left(\frac{n\omega\pi}{b}\right)^2 t} \sin\frac{n\pi x}{b}, \quad 0 < x < b, \ t > 0 \qquad (10.2.13)$$

$\lim_{n \to \infty} c_n = 0$이므로 모든 $0 < x < b$에 대해서 $\lim_{t \to \infty} u(x,\ t) = 0$이다. 즉 시간이 지나면 모든 점에서 온도는 0에 수렴한다. ■

예 10.2.2 확산 방정식의 Neumann 초기-경계치문제를 풀어보자.

$$\begin{cases} \text{(DE)} & u_t = \omega^2 u_{xx}, & 0 < x < b,\ t > 0 \\ \text{(BC)} & u_x(0,\ t) = 0,\ u_x(b,\ t) = 0, & t > 0 \\ \text{(IC)} & u(x,\ 0) = f(x), & 0 < x < b \end{cases} \tag{10.2.14}$$

단 $f(x)$는 구간 $[0, b]$에서 조각적 연속함수이다.

풀이 먼저 $u(x,\ t) = X(x)T(t)$가 편미분방정식 (DE)와 경계조건 (BC)를 만족하는 비자명해라 가정하고 구해보자(단 X는 x만의 함수이고, T는 t만의 함수로서 0함수는 아니다). $u(x,\ t) = X(x)T(t)$를 (DE)와 (BC)에 대입해서 X의 미분방정식과 T의 미분방정식으로 분리하자. 예 10.2.1에서와 같은 방법으로 계산하면, 다음과 같이 분리된 X와 T의 상미분방정식을 얻는다(λ는 적당한 상수).

$$\frac{dT}{dt} + \omega^2 \lambda T = 0, \quad t > 0 \tag{10.2.15}$$

$$\frac{d^2X}{dx^2} + \lambda X = 0, \quad 0 < x < b \tag{10.2.16}$$

한편 $u(x,\ t) = X(x)T(t)$를 (BC)에 대입하면 다음을 얻는다.

$$T(t)\frac{dX(0)}{dx} = 0, \quad T(t)\frac{dX(b)}{dx} = 0, \quad t > 0$$

$T(t)$가 0함수가 아니므로 $X(x)$에 대하여 다음의 경계조건 (xBC)을 얻는다.

$$\frac{dX(0)}{dx} = 0, \quad \frac{dX(b)}{dx} = 0 \tag{10.2.17}$$

이제 (10.2.16)과 (10.2.17)로부터 다음의 고유치문제를 얻는다.

$$\begin{cases} \dfrac{d^2X}{dx^2} + \lambda X = 0, \quad 0 < x < b \\ \dfrac{dX(0)}{dx} = 0, \quad \dfrac{dX(b)}{dx} = 0 \end{cases} \tag{10.2.18}$$

여기서 (10.2.18)은 9장의 예 9.1.8과 같다. 예 9.1.8을 보면, (10.2.18)은 고유치 λ_n과 고유함수 φ_n을 다음과 같이 가진다.

$$\lambda_n = \frac{n^2\pi^2}{b^2},\ (n \geq 0 \ \text{정수}) \tag{10.2.19}$$

$$\varphi_n = \cos\frac{n\pi x}{b},\ (n \geq 0 \ \text{정수}) \tag{10.2.20}$$

즉 $\lambda_n = \dfrac{n^2\pi^2}{b^2}$ 일 때, (10.2.18)은 비자명해 $X_n = \cos\dfrac{n\pi x}{b}$ 를 가진다.

한편 (10.2.19)를 (10.2.15)에 대입하면 다음을 얻는다.

$$\frac{dT}{dt} + \frac{n^2\pi^2\omega^2}{b}T = 0, \quad t > 0,\ (n \geq 0 \ \text{정수})$$

위의 미분방정식을 풀면 간단한 비자명해를 다음과 같이 얻는다(3장 참조).

$$T_n = e^{-\left(\frac{n\omega\pi}{b}\right)^2 t}, \quad t > 0,\ (n \geq 0 \ \text{정수}) \tag{10.2.21}$$

따라서 (10.2.20)과 (10.2.21)를 결합하여 [편미분방정식 (DE)와 경계조건 (BC)]의 비자명해를 다음과 같이 얻는다. 모든 정수 $n \geq 0$에 대해서

$$u_n = T_n X_n = e^{-\left(\frac{n\omega\pi}{b}\right)^2 t}\cos\frac{n\pi x}{b}, \quad 0 < x < b,\ \ t > 0$$

한편 경계치문제 (DE와 BC)도 제차 방정식이므로 중첩 원리가 성립한다.

그러므로 다음과 같은 $u_n = T_n X_n$의 일차 결합도 적절히 수렴하는 경우에는, 경계치문제 (DE와 BC)의 해가 된다.

$$u = \sum_{n=0}^{\infty} c_n u_n = \sum_{n=0}^{\infty} c_n e^{-\left(\frac{n\omega\pi}{b}\right)^2 t}\cos\frac{n\pi x}{b}, \quad 0 < x < b,\ \ t > 0, \tag{10.2.22}$$

(c_n 은 적당한 상수)

실제로 (10.2.22)의 수렴성도 대단히 좋다(해석학[19, 20] 참조).

끝으로 (10.2.22)가 초기조건 (IC)를 만족하도록 상수 c_n 을 정하자. (10.2.22)를 초기조건 (IC)에 대입하면 다음을 얻는다.

$$u(x,0) = \sum_{n=0}^{\infty} c_n\cos\frac{n\pi x}{b} = f(x), \quad 0 < x < b \tag{10.2.23}$$

(10.2.23)은 9.2절에서 소개한 $f(x)$ 의 Fourier cosine 급수임을 알 수 있다.

따라서 정의 9.2.13에 의해서 상수 c_n 은 다음과 같고, $\lim_{n\to\infty} c_n = 0$이다.

$$c_0 = \frac{1}{b}\int_0^b f(z)dz\,,\ \ c_n = \frac{2}{b}\int_0^b f(z)\cos\frac{n\pi z}{b}dz,\ (n \ge 1\text{정수}) \tag{10.2.24}$$

위의 내용을 종합하면, 초기-경계치문제 (10.2.14)의 해는 다음과 같다.

$$u = c_0 + \sum_{n=1}^{\infty} c_n e^{-\left(\frac{n\omega\pi}{b}\right)^2 t}\cos\frac{n\pi x}{b},\quad 0 < x < b,\ \ t > 0 \tag{10.2.25}$$

$\lim_{n\to\infty} c_n = 0$이므로, 모든 $0 < x < b$에 대해서 $\lim_{t\to\infty} u(x,\ t) = c_0$임을 알 수 있다.

즉 시간이 충분히 지나면, $u(x,\ t)$는 평균 온도 $c_0 = \frac{1}{b}\int_0^b f(z)dz$가 된다. ■

예 10.2.3 다음 Dirichlet 초기-경계치문제를 풀어보자.

$$\begin{cases} \text{(DE)} & u_t = 4u_{xx}, & 0 < x < \pi,\ t > 0 \\ \text{(BC)} & u(0,\ t) = 0,\ u(\pi,\ t) = 0, & t > 0 \\ \text{(IC)} & u(x,\ 0) = 1, & 0 < x < \pi \end{cases}$$

풀이 (10.2.7)~(10.2.8)에 의해서 고유치와 고유함수는 다음과 같다.

$$\lambda_n = n^2,\quad X_n = \sin nx\,,\quad (n \ge 1\ \text{정수})$$

따라서 (10.2.13)에 의해서 초기-경계치 문제의 해는 다음과 같다.

$$u = \frac{2}{\pi}\sum_{n=1}^{\infty}\left[\int_0^{\pi}\sin nz\,dz\right]e^{-4n^2 t}\sin nx\,,\ \ 0 < x < \pi,\ \ t > 0$$

한편 $\int_0^{\pi}\sin nz dz = -\left[\frac{\cos nz}{n}\right]_0^{\pi} = \frac{1-(-1)^n}{n} = \begin{cases} 0, & n\text{ 짝수} \\ \frac{2}{n}, & n\text{ 홀수}\end{cases}$이므로, 해는 다음과 같이 표현된다.

$$u = \frac{4}{\pi}\sum_{k=0}^{\infty}\frac{1}{2k+1}e^{-4(2k+1)^2 t}\sin(2k+1)x\,,\quad 0 < x < \pi\,,\ \ t > 0$$

여기서 모든 $0 < x < \pi$에 대해서 $\lim_{t\to\infty} u(x,t) = 0$임을 알 수 있다. ■

예 10.2.4 다음 Neumann 초기-경계치문제를 풀어보자.

$$\begin{cases} \text{(DE)} & u_t = 4u_{xx}, & 0 < x < \pi,\ t > 0 \\ \text{(BC)} & u_x(0,\ t) = 0,\ u_x(\pi,\ t) = 0, & t > 0 \\ \text{(IC)} & u(x,\ 0) = 1, & 0 < x < \pi \end{cases}$$

풀이 (10.2.19)~(10.2.20)에 의해서 고유치와 고유함수는 다음과 같다.

$$\lambda_n = n^2, \quad X_n = \cos nx, \ (n \geq 0 \ \text{정수})$$

따라서 (10.2.25)에 의해서 초기-경계치문제의 해는 다음과 같다.

$$u = \frac{1}{\pi}\int_0^{\pi} dz + \frac{2}{\pi}\sum_{n=1}^{\infty}\left(\int_0^{\pi}\cos nz\, dz\right)e^{-4n^2 t}\cos nx, \ 0 < x < \pi, \ t > 0$$

여기서 $\frac{1}{\pi}\int_0^{\pi} dz = 1$ 이고, $\frac{2}{\pi}\int_0^{\pi}\cos nz\, dz = 0$ 이므로($n \geq 1$ 정수), 해는 다음과 같이 상수함수이다. 모든 $0 < x < \pi$, $t > 0$에 대해서

$$u(x, t) = 1$$

이 결과는 경험에 의해서 충분히 예상할 수 있는 것이다. ■

예 10.2.5 확산 방정식의 Robin 초기-경계치문제를 풀어보자.

$$\begin{cases} \text{(DE)} & u_t = \omega^2 u_{xx}, & 0 < x < \pi, \ t > 0 \\ \text{(BC)} & \begin{cases} u(0, t) + u_x(0, t) = 0 \\ u(\pi, t) = 0 \end{cases}, & t > 0 \\ \text{(IC)} & u(x, 0) = 1, & 0 < x < \pi \end{cases} \tag{10.2.26}$$

풀이 먼저 $u(x, t) = X(x)T(t)$가 편미분방정식 (DE)와 경계조건 (BC)를 만족하는 비자명해라 가정하고 구해보자(단 X는 x만의 함수이고, T는 t만의 함수로서 0함수는 아니다). $u(x, t) = X(x)T(t)$를 (DE)와 (BC)에 대입해서 X의 미분방정식과 T의 미분방정식으로 분리하자. 예 10.2.1에서와 같은 방법으로 계산하면, 다음과 같이 분리된 X와 T의 상미분방정식을 얻는다(λ는 적당한 상수).

$$\frac{dT}{dt} + \omega^2\lambda T = 0, \quad t > 0 \tag{10.2.15}$$

$$\frac{d^2X}{dx^2} + \lambda X = 0, \quad 0 < x < \pi \tag{10.2.16}$$

한편 $u(x, t) = X(x)T(t)$를 (BC)에 대입하면 다음을 얻는다.

$$T(t)X(0) + T(t)\frac{dX(0)}{dx} = 0, \quad T(t)X(\pi) = 0, \ t > 0$$

$T(t)$가 0함수가 아니므로 $X(x)$에 대하여 다음의 경계조건(xBC)을 얻는다.

$$X(0) + \frac{dX(0)}{dx} = 0, \quad X(\pi) = 0 \tag{10.2.17}$$

이제 (10.2.16)과 (10.2.17)로부터 다음의 고유치문제를 얻는다.

$$\begin{cases} \dfrac{d^2X}{dx^2} + \lambda X = 0, & 0 < x < \pi \\ X(0) + \dfrac{dX(0)}{dx} = 0, & X(\pi) = 0 \end{cases} \tag{10.2.18}$$

여기서 (10.2.18)은 9장의 예 9.1.9와 같다. 예 9.1.9를 보면, (10.2.18)은 고유치 λ_n과 고유함수 φ_n을 다음과 같이 가진다. 방정식 $\tan\theta\pi = \theta$는 자연수 개수만큼 많은 양의 근 $\theta_n > 0$을 가진다. 즉 $\tan\theta_n\pi = \theta_n$, $0 < \theta_1 < \theta_2 < \cdots < \theta_n < \cdots \to \infty$라 하자. 그러면 고유치와 대응되는 간단한 고유함수는 다음과 같다($n \geq 1$ 정수).

$$\lambda_n = \theta_n^2, \tag{9.2.19}$$

$$X_n = \sin\theta_n x - \theta_n \cos\theta_n x \tag{9.2.20}$$

한편 (10.2.19)를 (10.2.15)에 대입하면 다음을 얻는다.

$$\frac{dT}{dt} + \omega^2\theta_n^2 T = 0, \quad t > 0, \ (n \geq 1 \ \text{정수})$$

위의 미분방정식을 풀면 간단한 비자명해를 다음과 같이 얻는다(3장 참조).

$$T_n = e^{-(\omega\theta_n)^2 t}, \quad t > 0, \ (n \geq 1 \ \text{정수}) \tag{10.2.21}$$

따라서 (10.2.20)과 (10.2.21)를 결합하여 [편미분방정식 (DE)와 경계조건 (BC)]의 비자명해를 다음과 같이 얻는다. 모든 정수 $n \geq 1$에 대해서

$$u_n = T_n X_n = e^{-(\omega\theta_n)^2 t}(\sin\theta_n x - \theta_n\cos\theta_n x), \quad 0 < x < \pi, \ t > 0$$

한편 경계치문제 (DE와 BC)도 제차 방정식이므로 중첩 원리가 성립한다. 그러므로 다음과 같이 $u_n = T_n X_n$의 일차 결합도 적절히 수렴하는 경우에는, 경계치문제 (DE와 BC)의 해가 된다.

$$u = \sum_{n=1}^{\infty} c_n u_n = \sum_{n=1}^{\infty} c_n e^{-(\omega\theta_n)^2 t}(\sin\theta_n x - \theta_n\cos\theta_n x), \quad 0 < x < \pi, \ t > 0,$$
$$(c_n \text{ 은 적당한 상수}) \tag{10.2.22}$$

실제로 (10.2.22)의 수렴성도 대단히 좋다(해석학[19, 20] 참조).

끝으로 (10.2.22)가 초기조건 (IC)를 만족하도록 상수 c_n을 정하자. (10.2.22)를 초기조건 (IC)에 대입하면 다음을 얻는다.

$$u(x,\ 0) = \sum_{n=1}^{\infty} c_n (\sin\theta_n x - \theta_n \cos\theta_n x) = 1\ , \quad 0 < x < \pi \tag{10.2.23}$$

(10.2.23)은 9.2절에서 소개한 $f(x) \equiv 1$ 의 일반화된 Fourier 급수임을 알 수 있다. 이때 정리 9.2.10에 의해서 상수 c_n 은 다음과 같다($n \ge 1$ 정수).

$$b_n = \int_0^{\pi} (\sin\theta_n z - \theta_n \cos\theta_n z)^2 dz\ , \tag{10.2.24}$$

$$c_n = \frac{1}{b_n} \int_0^{\pi} (\sin\theta_n z - \theta_n \cos\theta_n z) dz \tag{10.2.25}$$

여기서 b_n, c_n 은 이론적으로 그 존재를 알 수 있으며 수치적으로 근삿값을 계산할 수 있으나 정확한 값은 계산할 수 없다. ■

10.2.2. 파동 방정식 문제

파동 방정식의 초기-경계치문제를 풀어보자.

예 10.2.5 파동 방정식의 Dirichlet 초기-경계치문제를 풀어보자.

$$\begin{cases} (\mathrm{DE}) & u_{tt} = \omega^2 u_{xx}, & 0 < x < b,\ t > 0 \\ (\mathrm{BC}) & u(0,\ t) = 0,\ u(b,\ t) = 0, & t > 0 \\ (\mathrm{IC}) & \begin{cases} u(x,\ 0) = f(x) \\ u_t(x,\ 0) = g(x) \end{cases}, & 0 < x < b \end{cases} \tag{10.2.26}$$

단 $f(x)$와 $g(x)$는 구간 $[0,\ b]$에서 조각적 연속함수이다.

풀이 먼저 $u(x,\ t) = X(x)T(t)$가 [편미분방정식 (DE)와 경계조건 (BC)]를 만족하는 비자명해라 가정하고 구해보자(단 X는 x만의 함수이고, T는 t만의 함수로서 0함수는 아니다). $u(x,\ t) = X(x)T(t)$를 (DE)와 (BC)에 대입해서 X의 미분방정식과 T의 미분방정식으로 분리하자. 여기서 (DE)에 대입하면 다음을 얻는다.

$$X\frac{d^2T}{dt^2} = \omega^2 T \frac{d^2X}{dx^2}\ , \quad 0 < x < b\ , \ t > 0$$

위 등식의 양변을 $\omega^2 XT$로 나누면 다음을 얻는다.

$$\frac{\dfrac{d^2T}{dt^2}}{\omega^2 T} = \frac{\dfrac{d^2X}{dx^2}}{X}\ , \quad 0 < x < b\ , \ t > 0 \tag{10.2.27}$$

(10.2.27)에서 좌변은 t의 함수이고 우변은 x의 함수인데 x와 t는 서로 독립된

변수이므로, (10.2.27)은 적당한 상수이다. 그러므로 다음과 같이 둘 수 있다.

$$\frac{\dfrac{d^2T}{dt^2}}{\omega^2 T} = \frac{\dfrac{d^2X}{dx^2}}{X} = -\lambda, \text{ (적당한 상수)}$$

위 식에서 λ 앞에 음의 부호(−)는 편의상 관례적으로 붙인 것이다. 그러면 다음과 같이 분리된 X와 T의 상미분방정식을 얻는다.

$$\frac{d^2T}{dt^2} + \omega^2\lambda T = 0, \quad t > 0 \tag{10.2.28}$$

$$\frac{d^2X}{dx^2} + \lambda X = 0, \quad 0 < x < b \tag{10.2.29}$$

한편 $u(x,\ t) = X(x)T(t)$를 경계조건 (BC)에 대입하면 다음을 얻는다.

$$\text{모든 } t > 0\text{에 대해서, } X(0)T(t) = 0, \ X(b)T(t) = 0$$

$T(t)$는 0함수가 아니므로 $X(x)$에 대하여 다음의 경계조건을 얻는다.

$$X(0) = 0, \ X(b) = 0 \tag{10.2.30}$$

따라서 (10.2.29)와 (10.2.30)으로부터 다음의 고유치문제를 얻는다.

$$\begin{cases} \dfrac{d^2X}{dx^2} + \lambda X = 0, & 0 < x < b \\ X(0) = 0, \ X(b) = 0 \end{cases} \tag{10.2.31}$$

(10.2.31)은 예 10.2.1에서 (10.2.6)과 같다. (10.2.6)에서 보면, (10.2.31)의 고유치와 고유함수는 다음과 같다($n \ge 1$ 정수).

$$\lambda_n = \frac{n^2\pi^2}{b^2}, \tag{10.2.32}$$

$$\varphi_n = \sin\frac{n\pi x}{b} \tag{10.2.33}$$

먼저 (10.2.32)를 (10.2.28)에 대입하여 다음을 얻는다.

$$\frac{d^2T}{dt^2} + \left(\frac{n\omega\pi}{b}\right)^2 T = 0$$

위의 미분방정식을 간단히 풀면(4장 참조), $T(t)$는 다음과 같다.

$$T_n = a_n\cos\frac{n\omega\pi t}{b} + c_n\sin\frac{n\omega\pi t}{b}, \quad t > 0, \tag{10.2.34}$$

$$(a_n,\ c_n\text{은 임의상수})$$

여기서 (10.2.33)과 (10.2.34)를 결합하여 [편미분방정식 (DE)와 경계조건 (BC)]의 비자명해를 다음과 같이 얻는다. 모든 정수 $n \geq 1$에 대해서

$$u_n = T_n X_n = \left[a_n \cos\frac{n\omega\pi t}{b} + c_n \sin\frac{n\omega\pi t}{b}\right]\sin\frac{n\pi x}{b}, \quad 0 < x < b, \ t > 0 \tag{10.2.35}$$

경계치문제 (DE와 BC)도 제차 방정식이므로 중첩 원리가 성립한다. 그래서 다음의 일차 결합도 적절히 수렴하는 경우에는, 경계치문제 (DE와 BC)의 해가 된다.

$$u = \sum_{n=1}^{\infty}\left[a_n \cos\frac{n\omega\pi t}{b} + c_n \sin\frac{n\omega\pi t}{b}\right]\sin\frac{n\pi x}{b}, \quad 0 < x < b, \ t > 0, \tag{10.2.36}$$

((10.2.36)의 수렴성은 해석학[19, 20] 참조)

끝으로 (10.2.36)이 초기조건 (IC)를 만족하도록 상수 a_n, c_n을 정하자. (10.2.36)을 초기조건 (IC)에 대입하면 다음을 얻는다.

$$u(x, 0) = \sum_{n=1}^{\infty} a_n \sin\frac{n\pi x}{b} = f(x), \quad 0 < x < b \tag{10.2.37}$$

$$u_t(x, 0) = \sum_{n=1}^{\infty} c_n \frac{n\omega\pi}{b}\sin\frac{n\pi x}{b} = g(x), \quad 0 < x < b \tag{10.2.38}$$

여기서 (10.2.37)은 $f(x)$의 Fourier sine 급수이고, (10.2.38)은 $g(x)$의 Fourier sine 급수임을 알 수 있다. 따라서 정의 9.2.13에 의해서 상수 a_n, c_n은 다음과 같이 계산할 수 있다.

$$\begin{cases} a_n = \dfrac{2}{b}\displaystyle\int_0^b f(z)\sin\frac{n\pi z}{b}dz, \\ c_n = \dfrac{2}{n\omega\pi}\displaystyle\int_0^b g(z)\sin\frac{n\pi z}{b}dz \end{cases}, \quad (n \geq 1 \text{ 정수})$$

위 내용을 종합하면, (10.2.26)의 해는 다음과 같다. $0 < x < b$, $t > 0$에 대해서

$$u = \sum_{n=1}^{\infty}\left[a_n \cos\frac{n\omega\pi t}{b} + c_n \sin\frac{n\omega\pi t}{b}\right]\sin\frac{n\pi x}{b} \tag{10.2.39}$$

■

예 10.2.6 파동 방정식의 Neumann 초기-경계치문제를 풀어보자.

$$\begin{cases} \text{(DE)} & u_{tt} = \omega^2 u_{xx}, & 0 < x < b,\ t > 0 \\ \text{(BC)} & u_x(0,\ t) = 0,\ u_x(b,\ t) = 0, & t > 0 \\ \text{(IC)} & \begin{cases} u(x,\ 0) = f(x) \\ u_t(x,\ 0) = g(x) \end{cases}, & 0 < x < b \end{cases} \tag{10.2.40}$$

단 $f(x)$와 $g(x)$는 구간 $[0,\ b]$에서 조각적 연속함수이다.

풀이 먼저 $u(x,\ t) = X(x)T(t)$가 편미분방정식 (DE)와 경계조건 (BC)를 만족하는 비자명해라 가정하고 구해보자(단 X는 x만의 함수이고, T는 t만의 함수로서 0함수는 아니다). $u(x,\ t) = X(x)T(t)$를 (DE)와 (BC)에 대입해서 X의 미분방정식과 T의 미분방정식을 구하자. 파동 방정식의 Dirichlet 초기-경계치문제에서와 동일하게 다음을 얻는다.

$$\frac{d^2T}{dt^2} + \omega^2\lambda T = 0, \quad t > 0 \tag{10.2.41}$$

$$\frac{d^2X}{dx^2} + \lambda X = 0, \quad 0 < x < b \tag{10.2.42}$$

한편 $u(x,\ t) = X(x)T(t)$를 경계조건 (BC)에 대입하여 정리하면 다음을 얻는다.

$$\frac{dX(0)}{dx} = 0, \quad \frac{dX(b)}{dx} = 0$$

따라서 다음의 고유치문제를 얻는다.

$$\begin{cases} \dfrac{d^2X}{dx^2} + \lambda X = 0, & 0 < x < b \\ \dfrac{dX(0)}{dx} = 0, & \dfrac{dX(b)}{dx} = 0 \end{cases} \tag{10.2.43}$$

(10.2.43)은 예 10.2.2에서 (10.2.18)과 같다. 예 9.1.8을 보면, (10.2.43)의 고유치와 고유함수는 다음과 같다($n \geq 0$ 정수).

$$\lambda_n = \frac{n^2\pi^2}{b^2}, \tag{10.2.44}$$

$$\varphi_n = \cos\frac{n\pi x}{b} \tag{10.2.45}$$

이제 (10.2.44)를 (10.2.41)에 대입하면 다음 미분방정식을 얻는다.

$$\frac{d^2T}{dt^2} + \frac{n^2\omega^2\pi^2}{b^2}T = 0$$

위의 미분방정식을 간단히 풀면, $T(t)$는 다음과 같다. $t>0$에 대해서

$$n=0\text{인 경우; } T_0 = a_0 + c_0 t$$

$$n \geq 1\text{인 경우; } T_n = a_n \cos\frac{n\omega\pi t}{b} + c_n \sin\frac{n\omega\pi t}{b}, \ (a_n,\ c_n\text{은 임의상수}) \tag{10.2.46}$$

따라서 (10.2.45)와 (10.2.46)을 결합하여 편미분방정식 (DE)와 경계조건 (BC)의 비자명해를 다음과 같이 얻는다. $0<x<b$, $t>0$에 대해서

$$n=0\text{인 경우; } u_0 = X_0 T_0 = a_0 + c_0 t$$

$$n \geq 1\text{인 경우; } u_n = T_n X_n = \left[a_n \cos\frac{n\omega\pi t}{b} + c_n \sin\frac{n\omega\pi t}{b}\right]\cos\frac{n\pi x}{b} \tag{10.2.47}$$

한편 경계치문제 (DE와 BC)도 제차 방정식이므로 중첩 원리가 성립한다. 그러므로 다음의 일차 결합도 적절히 수렴하는 경우에는, 경계치문제 (DE와 BC)의 해가 된다. $0<x<b$, $t>0$에 대해서

$$u = a_0 + c_0 t + \sum_{n=1}^{\infty}\left[a_n \cos\frac{n\omega\pi t}{b} + c_n \sin\frac{n\omega\pi t}{b}\right]\cos\frac{n\pi x}{b}, \tag{10.2.48}$$

(급수 (10.2.48)의 수렴성은 해석학[19, 20] 참조)

이제 끝으로 (10.2.48)이 초기조건 (IC)를 만족하도록 상수 a_n, c_n을 정하자. (10.2.48)을 초기조건 (IC)에 대입하면 다음을 얻는다.

$$u(x,\ 0) = a_0 + \sum_{n=1}^{\infty} a_n \cos\frac{n\pi x}{b} = f(x), \quad 0<x<b \tag{10.2.49}$$

$$u_t(x,\ 0) = c_0 + \sum_{n=1}^{\infty} c_n \frac{n\omega\pi}{b}\cos\frac{n\pi x}{b} = g(x), \quad 0<x<b \tag{10.2.50}$$

(10.2.49)는 $f(x)$의 Fourier cosine 급수이고, (10.2.50)은 $g(x)$의 Fourier cosine 급수임을 알 수 있다. 따라서 정의 9.2.13에 의해서 상수 a_n, c_n은 다음과 같이 계산할 수 있다.

$$a_0 = \frac{1}{b}\int_0^b f(z)dz, \quad c_0 = \frac{1}{b}\int_0^b g(z)dz,$$

$$a_n = \frac{2}{b}\int_0^b f(z)\cos\frac{n\pi z}{b}dz, \quad c_n = \frac{2}{n\omega\pi}\int_0^b g(z)\cos\frac{n\pi z}{b}dz, \ (n \geq 1\text{ 정수})$$

위 내용을 종합하면, (10.2.40)의 해는 다음과 같다. $0<x<b$, $t>0$에 대해서

$$u = a_0 + c_0 t + \sum_{n=1}^{\infty}\left[a_n \cos\frac{n\omega\pi t}{b} + c_n \sin\frac{n\omega\pi t}{b}\right]\cos\frac{n\pi x}{b} \qquad (10.2.51)$$

■

예 10.2.7 다음 Dirichlet 초기-경계치문제를 풀어보자.

$$\begin{cases} \text{(DE)} & u_{tt} = 4u_{xx}, & 0 < x < \pi,\ t > 0 \\ \text{(BC)} & u(0,\ t) = 0,\ u(\pi,\ t) = 0, & t > 0 \\ \text{(IC)} & \begin{cases} u(x,\ 0) = 0 \\ u_t(x,\ 0) = 1 \end{cases}, & 0 < x < \pi \end{cases}$$

풀이 (10.2.32)~(10.2.33)에 의해서 고유치와 고유함수는 다음과 같다.

$$\lambda_n = n^2, \quad X_n = \sin nx\ ,\ (n \geq 1 \text{ 정수})$$

따라서 Dirichlet 초기-경계치문제의 해는 다음과 같다.

$$u = \sum_{n=1}^{\infty}\left\{\left(\frac{1}{n\pi}\int_0^{\pi}\sin nz\,dz\right)\sin 2nt\right\}\sin nx\,, \quad 0 < x < \pi\,,\ t > 0$$

한편 $\dfrac{1}{n\pi}\displaystyle\int_0^{\pi}\sin nz dz = \frac{1}{n\pi}\left[-\frac{\cos nz}{n}\right]_0^{\pi} = \frac{1-(-1)^n}{n^2\pi}$ 이므로 해는 (10.2.39)에 의해서 다음과 같이 표현된다.

$$\begin{aligned} u &= \sum_{n=1}^{\infty}\frac{1-(-1)^n}{n^2\pi}\sin 2nt\sin nx \\ &= \sum_{k=0}^{\infty}\frac{2}{(2k+1)^2\pi}\sin 2(2k+1)t\sin(2k+1)x \end{aligned}$$

■

예 10.2.8 다음 Neumann 초기-경계치문제를 풀어보자.

$$\begin{cases} \text{(DE)} & u_{tt} = 4u_{xx}, & 0 < x < \pi,\ t > 0 \\ \text{(BC)} & u_x(0,\ t) = 0,\ u_x(\pi,\ t) = 0, & t > 0 \\ \text{(IC)} & \begin{cases} u(x,\ 0) = \sin x \\ u_t(x,\ 0) = 0 \end{cases}, & 0 < x < \pi \end{cases}$$

풀이 (10.2.44)~(10.2.45)에 의해서 고유치와 고유함수는 다음과 같다.

$$\lambda_n = n^2, \quad X_n = \cos nx\ ,\ (n \geq 0 \text{ 정수})$$

따라서 Neumann 초기-경계치 문제의 해는 (10.2.51)에 의해서 다음과 같다.

$$u = \frac{1}{\pi}\int_0^{\pi} \sin z dz + \sum_{n=1}^{\infty}\left(\frac{2}{\pi}\int_0^{\pi} \sin z \cos nz\, dz\right)\cos 2nt \cos nx$$
$$= \frac{2}{\pi} - \frac{2}{\pi}\sum_{n=2}^{\infty}\frac{1+(-1)^n}{(n-1)(n+1)}\cos 2nt \cos nx$$
$$= \frac{2}{\pi} - \frac{4}{\pi}\sum_{k=1}^{\infty}\frac{1}{(2k-1)(2k+1)}\cos 4kt \cos 2kx, \quad 0 < x < \pi, \ t > 0$$ ■

연습문제 10.2

1. 다음의 확산 문제를 풀어라.

(1) $\begin{cases} u_t = 3u_{xx}, & 0 < x < \pi,\ t > 0 \\ u(0, t) = 0,\ u(\pi, t) = 0, & t > 0 \\ u(x, 0) = x, & 0 < x < \pi \end{cases}$

(2) $\begin{cases} u_t = 2u_{xx}, & 0 < x < 1,\ t > 0 \\ u(0, t) = 0,\ u(1, t) = 0, & t > 0 \\ u(x, 0) = x(1-x), & 0 < x < 1 \end{cases}$

(3) $\begin{cases} u_t = 3u_{xx}, & 0 < x < \pi,\ t > 0 \\ u_x(0, t) = 0,\ u_x(\pi, t) = 0, & t > 0 \\ u(x, 0) = x, & 0 < x < \pi \end{cases}$

(4) $\begin{cases} u_t = 2u_{xx}, & 0 < x < 1,\ t > 0 \\ u_x(0, t) = 0,\ u_x(1, t) = 0, & t > 0 \\ u(x, 0) = x(1-x), & 0 < x < 1 \end{cases}$

(5) $\begin{cases} u_t = 3u_{xx}, & 0 < x < \pi,\ t > 0 \\ u(0, t) = 0,\ u_x(\pi, t) = 0, & t > 0 \\ u(x, 0) = x, & 0 < x < \pi \end{cases}$

(6) $\begin{cases} u_t = 2u_{xx}, & 0 < x < 1,\ t > 0 \\ u(0, t) = 0,\ u_x(1, t) = 0, & t > 0 \\ u(x, 0) = x(1-x), & 0 < x < 1 \end{cases}$

(7) $\begin{cases} u_t = 3u_{xx}, & 0 < x < \pi,\ t > 0 \\ u_x(0, t) = 0,\ u(\pi, t) = 0, & t > 0 \\ u(x, 0) = x, & 0 < x < \pi \end{cases}$

(8) $\begin{cases} u_t = 2u_{xx}, & 0 < x < 1,\ t > 0 \\ u_x(0, t) = 0,\ u(1, t) = 0, & t > 0 \\ u(x, 0) = x(1-x), & 0 < x < 1 \end{cases}$

(9) $\begin{cases} u_t = 3u_{xx}, & 0 < x < \pi,\ t > 0 \\ u(0, t) = 0,\ u(\pi, t) = 1, & t > 0 \\ u(x, 0) = x, & 0 < x < \pi \end{cases}$

(10) $\begin{cases} u_t = 2u_{xx}, & 0 < x < 1,\ t > 0 \\ u(0,\ t) = 1,\ u(1,\ t) = 0, & t > 0 \\ u(x,\ 0) = x(1-x), & 0 < x < 1 \end{cases}$

(11) $\begin{cases} u_t = 3u_{xx} - u, & 0 < x < \pi,\ t > 0 \\ u(0,\ t) = 0,\ u(\pi,\ t) = 0, & t > 0 \\ u(x,\ 0) = x, & 0 < x < \pi \end{cases}$

(12) $\begin{cases} u_t = 3u_{xx} - u_x, & 0 < x < \pi,\ t > 0 \\ u(0,\ t) = 0,\ u(\pi,\ t) = 0, & t > 0 \\ u(x,\ 0) = x, & 0 < x < \pi \end{cases}$

2. 다음 파동 문제를 풀어라.

(1) $\begin{cases} u_{tt} = 9u_{xx}, & 0 < x < \pi,\ t > 0 \\ u(0,\ t) = 0,\ u(\pi,\ t) = 0, & t > 0 \\ \begin{cases} u(x,\ 0) = 0 \\ u_t(x,\ 0) = \sin x \end{cases}, & 0 < x < \pi \end{cases}$

(2) $\begin{cases} u_{tt} = 9u_{xx}, & 0 < x < \pi,\ t > 0 \\ u_x(0,\ t) = 0,\ u_\pi(\pi,\ t) = 0, & t > 0 \\ \begin{cases} u(x,\ 0) = \sin x \\ u_t(x,\ 0) = 0 \end{cases}, & 0 < x < \pi \end{cases}$

(3) $\begin{cases} u_{tt} = u_{xx}, & 0 < x < \pi,\ t > 0 \\ u(0,\ t) = 0,\ u_x(\pi,\ t) = 0, & t > 0 \\ \begin{cases} u(x,\ 0) = \dfrac{1}{8}x(\pi - x) \\ u_t(x,\ 0) = 0 \end{cases}, & 0 < x < \pi \end{cases}$

(4) $\begin{cases} u_{tt} = u_{xx}, & 0 < x < \pi,\ t > 0 \\ u(0,\ t) = 0,\ u_x(\pi,\ t) = 0, & t > 0 \\ \begin{cases} u(x,\ 0) = \dfrac{1}{8}x(\pi - x) \\ u_t(x,\ 0) = 0 \end{cases}, & 0 < x < \pi \end{cases}$

(5) $\begin{cases} u_{tt} = u_{xx}, & 0 < x < \pi,\ t > 0 \\ u_x(0,\ t) = 0,\ u_x(\pi,\ t) = 0, & t > 0 \\ \begin{cases} u(x,\ 0) = \dfrac{1}{8}x(\pi - x) \\ u_t(x,\ 0) = 0 \end{cases}, & 0 < x < \pi \end{cases}$

(6) $\begin{cases} u_{tt} = u_{xx}, & 0 < x < \pi,\ t > 0 \\ u_x(0,\ t) = 0,\ u(\pi,\ t) = 0, & t > 0 \\ \begin{cases} u(x,\ 0) = \dfrac{1}{8}x(\pi - x) \\ u_t(x,\ 0) = 0 \end{cases}, & 0 < x < \pi \end{cases}$

(7) $\begin{cases} u_{tt} = u_{xx}, & 0 < x < \pi,\ t > 0 \\ u(0,\ t) = 0,\ u_x(\pi,\ t) = 0, & t > 0 \\ \begin{cases} u(x,\ 0) = 0 \\ u_t(x,\ 0) = 1 \end{cases}, & 0 < x < \pi \end{cases}$

(8) $\begin{cases} u_{tt} = u_{xx}, & 0 < x < \pi,\ t > 0 \\ u(0,\ t) = 0,\ u_x(\pi,\ t) = 0, & t > 0 \\ \begin{cases} u(x,\ 0) = \dfrac{1}{8}x(\pi - x) \\ u_t(x,\ 0) = 0 \end{cases}, & 0 < x < \pi \end{cases}$

(9) $\begin{cases} u_{tt} + u_t + u = a^2 u_{xx}, & 0 < x < b,\ t > 0 \\ u(0,\ t) = 0,\ u(b,\ t) = 0, & t > 0 \\ \begin{cases} u(x,\ 0) = f(x) \\ u_t(x,\ 0) = 0 \end{cases}, & 0 < x < b \end{cases}$

(10) $\begin{cases} u_{tt} = u_{xx} - 2u_x, & 0 < x < 1,\ t > 0 \\ u(0,\ t) = 0,\ u(1,\ t) = 0, & t > 0 \\ \begin{cases} u(x,\ 0) = \sin x \\ u_t(x,\ 0) = 0 \end{cases}, & 0 < x < 1 \end{cases}$

10.3 라플라스 방정식의 경계치문제의 변수분리 해법

라플라스 방정식에는 독립변수로서 시간변수가 없고 위치변수만 있으므로, 보조조건은 경계조건만으로 구성되어 있다. 이 절에서는 정의역이 직사각형 $\Omega = (0,\ b) \times (0,\ \ell)$인 경우와 원판 $\Omega = \{(x,\ y) \mid x^2 + y^2 < b^2\}$인 경우에 라플라스 방정식 $u_{xx} + u_{yy} = 0$의 간단한 경계치문제를 변수분리 해법으로 풀어보자.

10.3.1 직교좌표상의 라플라스 방정식

여기서는 라플라스 방정식 $u_{xx} + u_{yy} = 0$에서 독립변수 x, y의 영역이 직사각형 $\Omega = (0,\ b) \times (0,\ \ell) \equiv \{(x,\ y) \mid 0 < x < b,\ 0 < y < \ell\}$이라 가정하자. 이때 영역 Ω의 경계 $\partial\Omega$는 사각형 Ω의 변들(테두리)을 의미한다. 즉

$$\partial\Omega = ([0,\ b] \times \{0\}) \cup ([0,\ b] \times \{\ell\}) \cup (\{0\} \times [0,\ \ell]) \cup (\{b\} \times [0,\ \ell])$$

먼저 Ω의 3변에서는 제차 경계조건이고, 1변에서만 비제차 경계조건인 경우를 살펴보자.

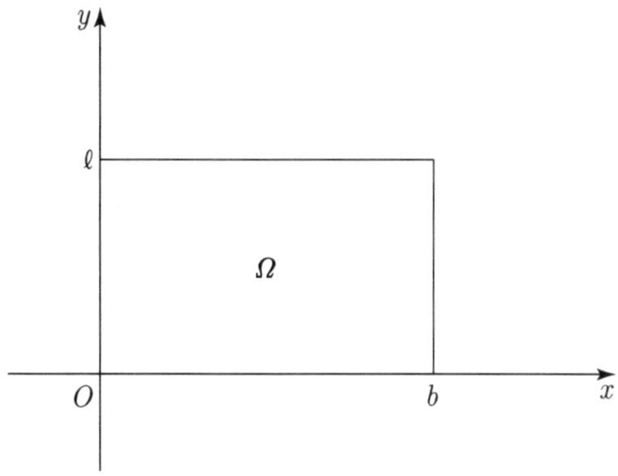

[그림 10.3.1]

예 10.3.1 영역 Ω상에서 다음의 Dirichlet 경계치문제를 풀어보자.

$$\begin{cases} (\text{DE}) & u_{xx}+u_{yy}=0, \quad 0<x<b, \ 0<y<\ell \\ (\text{BC}) & \begin{cases} u(x,\ 0)=f(x), \ u(x,\ \ell)=0, & 0<x<b \\ u(0,\ y)=0, \quad u(b,\ y)=0, & 0<y<\ell \end{cases} \end{cases} \tag{10.3.1}$$

단 $f(x)$는 구간 $[0,\ b]$에서 조각적 연속함수이다.

풀이 $u(x,\ y)=X(x)\,Y(y)$가 편미분방정식 (DE)와 (경계조건 (BC) 중에서) 다음의 제차 경계조건 (h−BC)을 만족하는 비자명해라 가정하자(단 X는 x만의 함수이고, Y는 y만의 함수로서 0함수는 아니다).

$$(\text{h}-\text{BC}) \ \begin{cases} u(x,\ \ell)=0, & 0<x<b \\ u(0,\ y)=0, \ u(b,\ y)=0, & 0<y<\ell \end{cases}$$

여기서 $u(x,\ y)=X(x)\,Y(y)$를 (DE)와 (h−BC)에 대입해서 X의 미분방정식과 Y의 미분방정식으로 분리하자. (DE)에 대입하면 다음을 얻는다.

$$Y\frac{d^2X}{dx^2}+X\frac{d^2Y}{dy^2}=0, \quad 0<x<b, \ 0<y<\ell$$

여기서 양변을 $u=XY$로 나누면 다음을 얻는다.

$$\frac{\dfrac{d^2X}{dx^2}}{X}=-\frac{\dfrac{d^2Y}{dy^2}}{Y} \tag{10.3.2}$$

위의 등식에서 좌변은 x의 함수이고 우변은 y의 함수인데 x와 y는 서로 독립인 변수이므로, (10.3.2)는 적당한 상수이다. 그러므로 다음과 같이 둘 수 있다.

$$\frac{\frac{d^2X}{dx^2}}{X} = -\frac{\frac{d^2Y}{dy^2}}{Y} = -\lambda, \text{(적당한 상수)}$$

그러면 다음과 같이 분리된 X와 Y의 상미분방정식을 얻는다.

$$\frac{d^2X}{dx^2} + \lambda X = 0, \quad 0 < x < b \tag{10.3.3}$$

$$\frac{d^2Y}{dy^2} - \lambda Y = 0, \quad 0 < y < \ell \tag{10.3.4}$$

이제 $u(x, y) = X(x)Y(y)$를 (h−BC)에 대입하면 다음을 얻는다. 임의의 $0 < x < b$, $0 < y < \ell$에 대해서,

$$X(x)Y(\ell) = 0, \quad X(0)Y(y) = 0, \quad X(b)Y(y) = 0$$

$X(x)$와 $Y(y)$는 0함수가 아니므로 다음의 경계조건을 얻는다.

$$X(0) = 0, \quad X(b) = 0, \quad Y(\ell) = 0 \tag{10.3.5}$$

그러면 (10.3.3)과 (10.3.5)로부터 다음의 Dirichlet 경계치문제(고유치문제)를 얻는다.

$$\begin{cases} \dfrac{d^2X}{dx^2} + \lambda X = 0, \quad 0 < x < b \\ X(0) = 0, \quad X(b) = 0 \end{cases} \tag{10.3.6}$$

여기서 (10.3.6)은 예 10.2.1에서 (10.2.6)과 같은 형태이다. (10.2.7)~(10.2.8)에서 보면, (10.3.6)의 고유치와 고유함수는 다음과 같다.

$$\lambda_n = \left(\frac{n\pi}{b}\right)^2, \quad X_n = \sin\frac{n\pi x}{b}, \text{ } (n \geq 1 \text{ 정수}) \tag{10.3.7}$$

한편 (10.3.4)에 λ_n를 대입하면 다음 미분방정식의 초기치문제를 얻는다.

$$\begin{cases} \dfrac{d^2Y}{dy^2} - \left(\dfrac{n\pi}{b}\right)^2 Y = 0, \quad 0 < y < \ell \\ Y(\ell) = 0 \end{cases}$$

여기서 $\dfrac{d^2Y}{dy^2} - \left(\dfrac{n\pi}{b}\right)^2 Y = 0$의 일반해 Y_n는 다음과 같다.

$$Y_n = c_1 e^{-\frac{n\pi y}{b}} + c_2 e^{\frac{n\pi y}{b}}, \text{ } (c_1, c_2 \text{는 임의상수})$$

쌍곡선 함수 $\cosh z = \dfrac{e^{z}+e^{-z}}{2}$, $\sinh z = \dfrac{e^{z}-e^{-z}}{2}$를 사용하면, 일반해는 다음과 같이 간단하게 표현할 수 있다.

$$Y_n = \alpha \cosh \frac{n\pi y}{b} + \beta \sinh \frac{n\pi y}{b}, \ (\alpha,\ \beta \text{는 임의상수}) \tag{10.3.8}$$

보조조건 $Y(\ell)=0$을 이용하면 상수 α, β의 관계를 다음과 같이 얻는다.

$$Y_n(\ell) = \alpha \cosh \frac{n\pi\ell}{b} + \beta \sinh \frac{n\pi\ell}{b} = 0, \ \text{즉} \ \alpha = -\beta \tanh \frac{n\pi\ell}{b}$$

따라서 α를 (10.3.8)에 대입하여 계산하면 다음을 얻는다.

$$\begin{aligned} Y_n &= -\frac{\beta}{\cosh \frac{n\pi\ell}{b}} \left[\sinh \frac{n\pi\ell}{b} \cosh \frac{n\pi y}{b} - \cosh \frac{n\pi\ell}{b} \sinh \frac{n\pi y}{b} \right] \\ &= -\frac{\beta}{\cosh \frac{n\pi\ell}{b}} \sinh \frac{n\pi(\ell - y)}{b} \end{aligned}$$

편의상 상수 $\beta = -\cosh \dfrac{n\pi\ell}{b}$라 두면, 초기치문제 $[\dfrac{d^2Y}{dy^2} - \lambda_n Y = 0,\ Y(\ell)=0]$의 간단한 비자명해를 다음과 같이 얻는다.

$$Y_n = \sinh \frac{n\pi(\ell - y)}{b} \tag{10.3.9}$$

따라서 (10.3.7)과 (10.3.9)를 결합하여, [편미분방정식 (DE)와 제차 경계조건 (h-BC)]의 비자명해를 다음과 같이 얻는다.

$$u_n = X_n Y_n = \sin \frac{n\pi x}{b} \sinh \frac{n\pi(\ell - y)}{b}, \ (n \geq 1 \ \text{정수}) \tag{10.3.10}$$

경계치문제 (DE)와 (h-BC)도 제차 방정식이므로 중첩 원리가 성립한다. 그러므로 다음의 일차 결합도 적절히 수렴하는 경우에는, 경계치문제 (DE)와 (h-BC)의 해가 된다. $0 < x < b$, $0 < y < \ell$에 대해서

$$u = \sum_{n=1}^{\infty} c_n \sin \frac{n\pi x}{b} \sinh \frac{n\pi(\ell - y)}{b}, \tag{10.3.11}$$

(급수의 수렴성은 해석학[19, 20] 참조)

이제 (10.3.11)이 다음의 비제차 경계조건 (nh-BC)도 만족하도록 상수 c_n의 값을 정하자.

$$u(x,0) = f(x),\ \ 0 < x < b$$

여기서 (10.3.11)을 비제차 경계조건 (nh−BC)에 대입하면 다음을 얻는다.

$$u(x,0) = \sum_{n=1}^{\infty} c_n \sinh\frac{n\pi\ell}{b}\sin\frac{n\pi x}{b} = f(x),\quad 0 < x < b \qquad (10.3.12)$$

위의 (10.3.12)는 $f(x)$ 의 Fourier sine 급수임을 알 수 있다. 따라서 정의 9.2.13에 의해서, 상수 c_n 은 다음과 같이 계산된다.

$$c_n = \frac{2}{b\sinh\frac{n\pi\ell}{b}}\int_0^b f(z)\sin\frac{n\pi z}{b}dz,\ (n \geq 1\text{정수}) \qquad (10.3.13)$$

위 내용을 종합하면, (10.3.1)의 해는 다음과 같다.

$$u = \sum_{n=1}^{\infty} c_n \sin\frac{n\pi x}{b}\sinh\frac{n\pi(\ell - y)}{b},\quad 0 < x < b,\ 0 < y < \ell \qquad (10.3.14)$$

■

예 10.3.2 다음 라플라스 방정식의 Dirichlet 경계치문제를 풀어보자.

$$\begin{cases} (\text{DE}) & u_{xx} + u_{yy} = 0,\quad 0 < x < \pi,\ 0 < y < \pi \\ (\text{BC}) & \begin{cases} u(x,\ 0) = 1, & u(x,\ \pi) = 0, \quad 0 < x < \pi \\ u(0,\ y) = 0, & u(\pi,\ y) = 0, \quad 0 < y < \pi \end{cases} \end{cases}$$

풀이 (10.3.7)에 의해서 $\begin{cases} \dfrac{d^2X}{dx^2} + \lambda X = 0,\ 0 < x < \pi \\ X(0) = 0,\ X(\pi) = 0 \end{cases}$ 의 고유치와 고유함수는 다음과 같다.

$$\lambda_n = n^2,\ \ X_n = \sin nx,\ (n \geq 1\text{정수})$$

따라서 Dirichlet 경계치문제의 해는 (10.3.14)에 의해서 다음과 같다.

$$0 < x < \pi,\ 0 < y < \pi \text{ 에 대해서, } u = \sum_{n=1}^{\infty} c_n \sin nx \sinh n(\pi - y)$$

여기서 c_n 은 다음과 같이 계산된다.

$$c_n = \frac{2}{\pi\sinh n\pi}\int_0^{\pi}\sin nz\ dz = \frac{2[1-(-1)^n]}{n\pi\sinh n\pi},\ (n \geq 1\text{정수})$$

그러므로 해는 다음과 같다.

$$u = \frac{2}{\pi}\sum_{n=1}^{\infty}\frac{1-(-1)^n}{n\sinh n\pi}\sin nx \sinh n(\pi - y)$$

$$= \frac{4}{\pi}\sum_{k=0}^{\infty}\frac{1}{(2k+1)\sinh(2k+1)\pi}\sin(2k+1)x\sinh(2k+1)(\pi - y)$$ ■

참고 일반적인 Dirichlet 경계조건을 가진 경계치문제는 비제차 문제의 중첩 원리를 이용하여 풀 수 있다. 즉 다음과 같이 나누어서 풀 수 있다.

영역 $\Omega = (0, b) \times (0, \ell)$상에서 다음의 Dirichlet 경계치문제를 생각하자.

$$\begin{cases} \text{(DE)} & u_{xx} + u_{yy} = 0, \quad 0 < x < b, \ 0 < y < \ell \\ \text{(BC)} & \begin{cases} u(x, 0) = f_1(x), & u(x, \ell) = f_2(x), \quad 0 < x < b \\ u(0, y) = f_3(x), & u(b, y) = f_4(x), \quad 0 < y < \ell \end{cases} \end{cases} \tag{10.3.15}$$

Ω의 경계 $\partial\Omega$(4변들) 중에서 3변에서는 제차 경계조건을 가지며 한 변에서만 비제차 경계조건을 가진 4개의 Dirichlet 경계치문제로 (10.3.15)를 다음과 같이 분해하자.

$$\begin{cases} \text{(DE)} & u_{xx} + u_{yy} = 0, \quad 0 < x < b, \ 0 < y < \ell \\ \text{(BC)} & \begin{cases} u(x, 0) = f_1(x), & u(x, \ell) = 0, \quad 0 < x < b \\ u(0, y) = 0, & u(b, y) = 0, \quad 0 < y < \ell \end{cases} \end{cases} \tag{10.3.16}$$

$$\begin{cases} \text{(DE)} & u_{xx} + u_{yy} = 0, \quad 0 < x < b, \ 0 < y < \ell \\ \text{(BC)} & \begin{cases} u(x, 0) = 0, & u(x, \ell) = f_2(x), \quad 0 < x < b \\ u(0, y) = 0, & u(b, y) = 0, \quad 0 < y < \ell \end{cases} \end{cases} \tag{10.3.17}$$

$$\begin{cases} \text{(DE)} & u_{xx} + u_{yy} = 0, \quad 0 < x < b, \ 0 < y < \ell \\ \text{(BC)} & \begin{cases} u(x, 0) = 0, & u(x, \ell) = 0, \quad 0 < x < b \\ u(0, y) = f_3(x), & u(b, y) = 0, \quad 0 < y < \ell \end{cases} \end{cases} \tag{10.3.18}$$

$$\begin{cases} \text{(DE)} & u_{xx} + u_{yy} = 0, \quad 0 < x < b, \ 0 < y < \ell \\ \text{(BC)} & \begin{cases} u(x, 0) = 0, & u(x, \ell) = 0, \quad 0 < x < b \\ u(0, y) = 0, & u(b, y) = f_4(x), \quad 0 < y < \ell \end{cases} \end{cases} \tag{10.3.19}$$

위의 간단한 Dirichlet 경계치문제 (10.3.16)~(10.3.19)를 예 10.3.1과 같은 방법으로 각각 풀어서 그 해를 u_1, u_2, u_3와 u_4라 하자. 그러면 비제차 문제의 중첩 원리에 의해서 u_1, u_2, u_3와 u_4의 합이 경계치문제 (10.3.15)의 해 u이다. 즉 (10.3.15)의 해 u는 다음과 같다.

$$u = u_1 + u_2 + u_3 + u_4 \tag{10.3.20}$$

직사각형 $\Omega = (0, b) \times (0, \ell)$상에서 라플라스 방정식의 Neumann 경계치문제에 대해서도 Dirichlet 경계치문제에서와 같은 요령으로 해를 구할 수 있다.

일반적으로 경계조건은 Dirichlet 경계조건과 Neumann 경계조건 외에도 물리적 상황에 따라서 다양하게 주어질 수 있다. 예를 들면 경계 $\partial\Omega$의 일부에는 Dirichlet 경계조건이고 나머지 부분에는 Neumann 경계조건인 경우도 있다. 이런 경우에도 같은 요령으로 해를 구할 수 있다.

10.3.2 극좌표상의 라플라스 방정식

이제 라플라스 방정식 $u_{xx}+u_{yy}=0$ 에서 독립변수 $(x,\ y)$의 영역이 원판(disk) $\Omega=\{(x,\ y)\ |\ x^2+y^2<b^2\}$이라 가정하자($b>0$는 상수). 이때 영역 Ω의 경계 $\partial\Omega$는 Ω의 테두리(원)을 의미한다. 즉

$$\partial\Omega=\{(x,\ y)\ |\ x^2+y^2=b^2\}$$

이 경우 직교좌표 독립변수 $(x,\ y)$를 극좌표 독립변수 $(r,\ \theta)$로 변환하여 다루는 것이 편리하다. 여기서 직교좌표 $(x,\ y)$를 다음과 같이 극좌표 $(r,\ \theta)$로 변환하자 $(r\geq 0)$.

$$x=r\cos\theta,\ y=r\sin\theta,\ \text{즉 } r=\sqrt{x^2+y^2},\ \theta=\tan^{-1}\frac{y}{x}$$

편도함수에 대한 연쇄법칙을 사용하면, 다음을 얻는다.

$$\frac{\partial u}{\partial x}=\frac{\partial u}{\partial r}\frac{\partial r}{\partial x}+\frac{\partial u}{\partial\theta}\frac{\partial\theta}{\partial x}=\frac{\partial u}{\partial r}\cos\theta-\frac{\partial u}{\partial\theta}\frac{\sin\theta}{r},$$

$$\frac{\partial u}{\partial y}=\frac{\partial u}{\partial r}\frac{\partial r}{\partial y}+\frac{\partial u}{\partial\theta}\frac{\partial\theta}{\partial y}=\frac{\partial u}{\partial r}\sin\theta+\frac{\partial u}{\partial\theta}\frac{\cos\theta}{r}$$

다시 연쇄법칙을 사용하면, 다음을 얻는다.

$$\begin{aligned}\frac{\partial^2 u}{\partial x^2}&=\frac{\partial^2 u}{\partial r^2}\cos^2\theta-\frac{\partial^2 u}{\partial r\partial\theta}\frac{2\sin\theta\cos\theta}{r}\\&\quad+\frac{\partial^2 u}{\partial\theta^2}\frac{\sin^2\theta}{r^2}+\frac{\partial u}{\partial r}\frac{\sin^2\theta}{r}+\frac{\partial u}{\partial\theta}\frac{2\sin\theta\cos\theta}{r},\\\frac{\partial^2 u}{\partial y^2}&=\frac{\partial^2 u}{\partial r^2}\sin^2\theta+\frac{\partial^2 u}{\partial r\partial\theta}\frac{2\sin\theta\cos\theta}{r}\\&\quad+\frac{\partial^2 u}{\partial\theta^2}\frac{\cos^2\theta}{r^2}+\frac{\partial u}{\partial r}\frac{\cos^2\theta}{r}-\frac{\partial u}{\partial\theta}\frac{2\sin\theta\cos\theta}{r}\end{aligned}$$

따라서 라플라스 방정식 $\Delta u=u_{xx}+u_{yy}=0$ 은 다음과 같이 변환된다.

$$\Delta u=u_{rr}+\frac{1}{r}u_r+\frac{1}{r^2}u_{\theta\theta}=0, \qquad (10.3.21)$$

(이것을 극형식 라플라스 방정식이라 한다.)

참고 극형식 라플라스 방정식 (10.3.21)은 원점($r=0$)에서는 정의되지 않는다. 그러나 (10.3.21)의 해 $u(r,\ \theta)$는 원판 $\Omega=\{(r,\ \theta)\ |\ 0\leq r<b\}$상에서 연속함수(실제로는 조화함수; [21] 참조)이다. 그래서 원판 $\Omega=\{(r,\ \theta)\ |\ 0\leq r<b\}$상에서 라플라스 방정식을 다룰 때는 원점을 제외한 영역 $\Omega_0=\{(r,\ \theta)\ |\ 0<r<b\}$상에서 다루어도 같은 결과가 된다. 따라서 원판 Ω상에

서 라플라스 방정식 (10.3.21)의 Dirichlet 경계치문제는 다음의 형태이다.

$$\begin{cases} \text{(DE)} & u_{rr} + \dfrac{1}{r}u_r + \dfrac{1}{r^2}u_{\theta\theta} = 0, & 0 < r < b,\ 0 < \theta < 2\pi \\ \text{(BC)} & u(b,\ \theta) = f(\theta), & 0 \le \theta \le 2\pi \end{cases}$$

단 $f(\theta)$는 구간 $[0,\ 2\pi]$에서 조각적 연속함수이다.

한편 원판 Ω의 임의의 경계점 $(x,\ y) \in \partial\Omega$에서 외향 단위법벡터는 $\boldsymbol{n}(x,\ y) = \left(\dfrac{x}{\sqrt{x^2+y^2}},\ \dfrac{y}{\sqrt{x^2+y^2}}\right) = (\cos\theta,\ \sin\theta)$이다. 따라서 $(x,\ y) \in \partial\Omega$에서 외향 법도함수 $\dfrac{\partial}{\partial \boldsymbol{n}}u(x,\ y)$는 다음과 같이 극좌표로 표현된다.

$$\frac{\partial}{\partial \boldsymbol{n}}u(x,\ y) = \nabla u(x,\ y) \cdot \boldsymbol{n}(x,\ y) = u_x\cos\theta + u_y\sin\theta = u_r(r,\ \theta)$$

그래서 $(x,\ y) \in \partial\Omega$에 대해서 $r = \sqrt{x^2+y^2} = b$ 이므로, $\dfrac{\partial}{\partial \boldsymbol{n}}u(x,\ y) = u_r(b,\ \theta)$이다. 그러므로 원판 Ω상에서 라플라스 방정식 (10.3.21)의 Neumann 경계치문제는 다음과 같다.

$$\begin{cases} \text{(DE)} & u_{rr} + \dfrac{1}{r}u_r + \dfrac{1}{r^2}u_{\theta\theta} = 0, & 0 < r < b,\ 0 < \theta < 2\pi \\ \text{(BC)} & u_r(b,\ \theta) = g(\theta), & 0 \le \theta \le 2\pi \end{cases}$$

단 $g(\theta)$는 구간 $[0,\ 2\pi]$에서 조각적 연속함수이다.

원판 Ω 상의 경계조건은 Dirichlet 경계조건과 Neumann 경계조건 외에도 물리적 상황에 따라서 다양하게 주어질 수 있다. 예를 들면 경계 $\partial\Omega$의 일부에는 Dirichlet 경계조건이고 나머지 부분에는 Neumann 경계조건인 경우도 있다. 그래서 라플라스 방정식 (10.3.21)의 다양한 형태의 경계치문제가 존재하는데 여기서는 간단한 Dirichlet 경계치문제의 해법을 소개한다. Neumann 경계치문제도, 유사한 방법으로 다룰 수 있다.

예 10.3.3 원판 Ω 상에서 다음의 Dirichlet 경계치문제를 풀어보자.

$$\begin{cases} \text{(DE)} & u_{rr} + \dfrac{1}{r}u_r + \dfrac{1}{r^2}u_{\theta\theta} = 0, & 0 < r < b,\ 0 < \theta < 2\pi \\ \text{(BC)} & u(b,\ \theta) = f(\theta), & 0 \le \theta \le 2\pi \end{cases} \tag{10.3.22}$$

단 $f(x)$는 구간 $[0,\ 2\pi]$에서 조각적 연속함수이다.

풀이 경계치문제 (10.3.22)의 해 $u(r,\ \theta)$는, 폐 원판 $\overline{\Omega} = \{(r,\ \theta) \mid 0 \le r \le b\}$

상에서 연속이므로, $\Omega_0 = \{(r,\ \theta)\ |\ 0 < r < b\}$상에서 유계함수이다.

이제 $u(r,\ \theta) = X(r)Y(\theta)$가 라플라스 방정식 (DE)를 만족하는 유계인 비자명해라 가정하고 구해보자(단 X은 r만의 유계 함수이고 Y는 θ만의 유계 함수로서 0 함수는 아니다).

$u(r,\ \theta) = X(r)Y(\theta)$를 (DE)에 대입해서 X의 미분방정식과 Y의 미분방정식으로 분리하자. $u(r,\ \theta) = X(r)Y(\theta)$를 (DE)에 대입하면 다음을 얻는다.

$$Y\frac{d^2X}{dr^2} + \frac{1}{r}Y\frac{dX}{dr} + \frac{1}{r^2}X\frac{d^2Y}{d\theta^2} = 0$$

위 등식의 양변을 r^2으로 곱하고, $u = XY$로 나누면 다음을 얻는다.

$$r^2\frac{\frac{d^2X}{dr^2}}{X} + r\frac{\frac{dX}{dr}}{X} = -\frac{\frac{d^2Y}{d\theta^2}}{Y} \tag{10.3.23}$$

(10.3.23)에서 좌변은 r의 함수이고 우변은 θ의 함수인데 r과 θ는 서로 독립인 변수이므로, (10.3.23)은 적당한 상수이다. 그러므로 다음과 같이 둘 수 있다.

$$r^2\frac{\frac{d^2X}{dr^2}}{X} + r\frac{\frac{dX}{dr}}{X} = -\frac{\frac{d^2Y}{d\theta^2}}{Y} = \lambda, \quad (\text{적당한 상수})$$

그러면 다음과 같이 분리된 상미분방정식을 얻는다.

$$\frac{d^2Y}{d\theta^2} + \lambda Y = 0, \quad 0 < \theta < 2\pi \tag{10.3.24}$$

$$r^2\frac{d^2X}{dr^2} + r\frac{dX}{dr} - \lambda X = 0, \quad 0 < r < b \tag{10.3.25}$$

한편 $u(r,\ \theta)$는 Ω_0상에서 연속 편미분가능 함수이므로 다음을 얻는다.

$$\lim_{\theta \to 0+} u(r,\ \theta) = \lim_{\theta \to 2\pi-} u(r,\ \theta), \quad \lim_{\theta \to 0+} u_\theta(r,\ \theta) = \lim_{\theta \to 2\pi-} u_\theta(r,\ \theta), \quad 0 < r < b$$

그러므로 다음의 등식을 얻는다.

$$u(r,\ 0) = u(r,\ 2\pi), \quad u_\theta(r,\ 0) = u_\theta(r,\ 2\pi), \quad 0 < r < b$$

즉 다음 등식을 얻는다.

$$X(r)Y(0) = X(r)Y(2\pi), \quad X(r)\frac{dY(0)}{d\theta} = X(r)\frac{dY(2\pi)}{d\theta}, \quad 0 < r < b$$

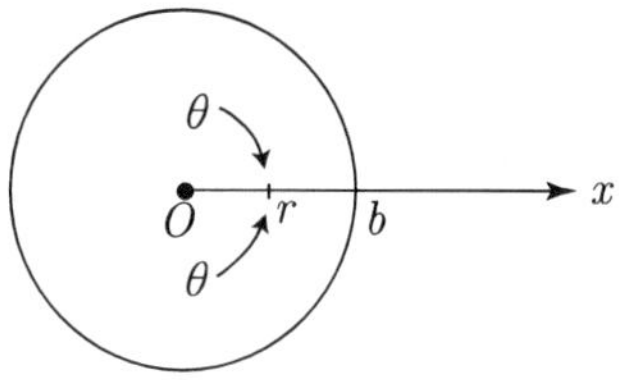

[그림 10.3.2]

$X(r)$ 이 0함수가 아니므로, $Y(\theta)$ 에 대해서 다음과 같은 주기-조건(경계조건)을 얻는다.

$$Y(0) = Y(2\pi), \quad \frac{dY(0)}{d\theta} = \frac{dY(2\pi)}{d\theta} \tag{10.3.26}$$

이제 (10.3.24)와 (10.3.26)으로부터 다음의 경계치문제(고유치문제)를 얻는다.

$$\begin{cases} \dfrac{d^2Y}{d\theta^2} + \lambda Y = 0, & 0 < \theta < 2\pi \\ Y(0) = Y(2\pi), & \dfrac{dY(0)}{d\theta} = \dfrac{dY(2\pi)}{d\theta} \end{cases} \tag{10.3.27}$$

고유치문제 (10.3.27)은 9.2절의 예 9.2.12의 특수한 경우이다. 예 9.2.12에서 보면, (10.3.27)의 고유치와 고유함수는 다음과 같다.

$$\lambda_0 = 0\,;\ Y_0 = 1, \ (n = 0)$$
$$\lambda_n = n^2\,;\ Y_{n1} = \cos n\theta, \quad Y_{n2} = \sin n\theta, \ (n \geq 1 \text{ 정수}) \tag{10.3.28}$$

따라서 (10.3.27)의 해는 다음의 형태로 표현된다. $\lambda_n = n^2$ 일 때,

$$Y_n = a\cos n\theta + c\sin n\theta, \quad 0 \leq \theta < 2\pi, \ (n \geq 0 \text{ 정수}) \tag{10.3.29}$$

(a, c 는 임의 상수)

이제 (10.3.25)에 $\lambda_n = n^2$ 를 대입하면, 다음의 코시-오일러 방정식을 얻는다.

$$r^2\frac{d^2X}{dr^2} + r\frac{dX}{dr} - n^2X = 0, \quad 0 < r < b \tag{10.3.30}$$

6.4절의 예 6.4.8을 참조하여 (10.3.30)의 유계인 비자명해를 구해보자.

$\lambda_0 = 0$ 인 경우, $r^2\dfrac{d^2X}{dr^2} + r\dfrac{dX}{dr} = 0$ 의 일반해는 다음과 같다.

$$X_0 = a + c\ln r, \ (a, \ c \text{ 는 임의 상수})$$

여기서 $\lim_{r \to 0^+} \ln r = -\infty$ 이므로 $\ln r$ 는 $(0, b)$상에서 비유계이다. 그런데 $X_0 = a + c\ln r$ 은 $(0, b)$상에서 유계인 비자명해이므로 $a \neq 0$, $c = 0$ 이다. 따라서 $\lambda_0 = 0$ 일 때, (편의상 $a = 1$로 두면) 간단한 비자명해 $X_0 = 1$ 을 얻는다.

$\lambda_n = n^2 > 0$ 인 경우, $r^2 \dfrac{d^2X}{dr^2} + r\dfrac{dX}{dr} - n^2X = 0$ 의 일반해는 다음과 같다.

$$X_n = ar^n + cr^{-n}, \ (a, c \text{는 임의 상수})$$

여기서도 $X_n = ar^n + cr^{-n}$ 이 $(0, b)$상에서 유계인 비자명해이므로 $a \neq 0$, $c = 0$ 이다. 따라서 $\lambda_n = n^2 > 0$ 일 때, (편의상 $a = 1$로 두면) 간단한 고유함수 $X_n = r^n$ 을 얻는다. 즉 다음과 같이 $r^2 \dfrac{d^2X}{dr^2} + r\dfrac{dX}{dr} - n^2X = 0$ 의 유계인 비자명해를 얻는다.

$$X_n = r^n, \ (n \geq 0 \text{ 정수}) \tag{10.3.31}$$

이제 (10.3.29)와 (10.3.31)로부터 Ω_0상에서 (DE)의 유계인 비자명해를 다음과 같이 얻는다. 정수 $n \geq 0$ 에 대해서,

$$u_n = X_n Y_n = r^n(a_n \cos n\theta + c_n \sin n\theta), \quad 0 < r < b, \ 0 \leq \theta < 2\pi \tag{10.3.32}$$

한편 (DE)도 제차 선형 방정식이므로 중첩 원리가 성립한다. 그러므로 다음의 일차 결합도 적절히 수렴하는 경우에는, (DE)의 해가 된다.

$$u = a_0 + \sum_{n=1}^{\infty} r^n(a_n \cos n\theta + c_n \sin n\theta), \quad 0 < r < b, \ 0 \leq \theta < 2\pi \tag{10.3.33}$$

끝으로 (10.3.33)이 경계조건 (BC)를 만족하도록 상수 a_n, c_n 을 정하자. (10.3.33)을 경계조건 (BC)에 대입하면 다음을 얻는다.

$$u(b, \theta) = a_0 + \sum_{n=1}^{\infty} b^n(a_n \cos n\theta + c_n \sin n\theta) = f(\theta), \quad 0 \leq \theta < 2\pi \tag{10.3.34}$$

여기서 (10.3.34)는 $f(\theta)$ 의 Fourier 급수임을 알 수 있다. 따라서 정의 9.2.13에 의해서 상수 a_n, c_n 은 다음과 같이 계산할 수 있다.

$$a_0 = \frac{1}{2\pi}\int_0^{2\pi} f(\theta)d\theta, \quad a_n = \frac{1}{\pi b^n}\int_0^{2\pi} f(\theta)\cos n\theta d\theta,$$

$$c_n = \frac{1}{\pi b^n}\int_0^{2\pi} f(\theta)\sin n\theta d\theta, \ (n \geq 1 \text{ 정수}) \tag{10.3.35}$$

■

참고 경계치문제 (10.3.22)의 해 (10.3.36)으로부터 다음과 같은 사실을 알 수 있다.

"원판 Ω의 중심($r=0$)에서 해의 값 $u(0, \theta)$는 원주 $\partial\Omega$상의 해의 값 $f(\theta)$ 의 평균 $u(0, \theta) = \frac{1}{2\pi}\int_0^{2\pi} f(\theta)d\theta$이다."

더욱이 같은 요령으로 분석하면 다음을 알 수 있다.

"원판 Ω의 중심($r=0$)에서 해의 값 $u(0, \theta)$는 임의의 반경 $0<\rho<b$에 대해서 원주 $\{(\rho, \theta) \mid 0 \le \theta < 2\pi\}$상의 값 $u(\rho, \theta)$의 평균이다. 즉 임의의 $0<\rho<b$에 대해서, $u(0, \theta) = \frac{1}{2\pi}\int_0^{2\pi} u(\rho, \theta)\ d\theta$이다."

이와 같은 성질은 **조화함수**(harmonic function)의 특성이다(조화함수의 자세한 성질은 복소해석학[21] 참조).

예 10.3.4 원판 Ω상에서 다음의 Dirichlet 경계치문제를 풀어보자.

$$\begin{cases} \text{(DE)} & u_{rr} + \dfrac{1}{r}u_r + \dfrac{1}{r^2}u_{\theta\theta} = 0, \quad 0<r<1,\ 0<\theta<2\pi \\ \text{(BC)} & u(1, \theta) = \sin\theta, \quad 0 \le \theta \le 2\pi \end{cases}$$

풀이 (10.3.33)과 (10.3.35)에 의해서 해는 다음과 같다.

$$u = a_0 + \sum_{n=1}^{\infty} r^n (a_n \cos n\theta + c_n \sin n\theta)$$

단 a_n, c_n은 다음과 같이 계산할 수 있다.

$$a_0 = \frac{1}{2\pi}\int_0^{2\pi} \sin\theta d\theta = \frac{1}{2\pi}[-\cos\theta]_0^{2\pi} = 0,$$

$$a_n = \frac{1}{\pi}\int_0^{2\pi} \sin\theta\cos n\theta d\theta = 0,\ (n \ge 1)$$

$$c_n = \frac{1}{\pi}\int_0^{2\pi} \sin\theta\sin n\theta\, d\theta = \begin{cases} 1, & n=1 \\ 0, & n \ge 2 \end{cases}$$

따라서 해는 다음과 같다.

$$u = r\sin\theta,\ 0 \le r \le 1,\ 0 \le \theta < 2\pi$$

■

연습문제 10.3

1. 다음 경계치 문제를 풀어라.

(1) $\begin{cases} u_{xx}+u_{yy}=0, & 0<x<\pi,\ 0<y<\pi \\ \begin{cases} u(x,0)=0,\ u(x,\pi)=0 \\ u(0,y)=1,\ u(\pi,y)=0 \end{cases}, & 0<x<\pi,\ 0<y<\pi \end{cases}$

(2) $\begin{cases} u_{xx}+u_{yy}=0, & 0<x<\pi,\ 0<y<\pi \\ \begin{cases} u(x,0)=0,\ u(x,\pi)=0 \\ u(0,y)=0,\ u(\pi,y)=1 \end{cases}, & 0<x<\pi,\ 0<y<\pi \end{cases}$

(3) $\begin{cases} u_{xx}+u_{yy}=0, & 0<x<\pi,\ 0<y<1 \\ \begin{cases} u(x,0)=\cos 7x,\ u(x,1)=0 \\ u(0,y)=0,\ u_x(\pi,y)=0 \end{cases}, & 0<x<\pi,\ 0<y<1 \end{cases}$

(4) $\begin{cases} u_{xx}+u_{yy}=0, & 0<x<\pi,\ 0<y<\pi \\ \begin{cases} u_y(x,0)=1,\ u(x,\pi)=0 \\ u(0,y)=0,\ u(\pi,y)=0 \end{cases}, & 0<x<\pi,\ 0<y<\pi \end{cases}$

(5) $\begin{cases} u_{xx}+u_{yy}=0, & 0<x<\pi,\ 0<y<1 \\ \begin{cases} u(x,0)=-\cos 3x,\ u(x,1)=\cos 2x \\ u_x(0,y)=0,\ u_x(\pi,y)=0 \end{cases}, & 0<x<\pi,\ 0<y<1 \end{cases}$

(6) $\begin{cases} u_{xx}+u_{yy}=0, & 0<x<\pi,\ 0<y<1 \\ \begin{cases} u(x,0)=\sin x,\ u(x,1)=\sin 2x \\ u_x(0,y)=0,\ u_x(\pi,y)=0 \end{cases}, & 0<x<\pi,\ 0<y<1 \end{cases}$

2. 다음 경계치 문제를 풀어라.

(1) $\begin{cases} u_{rr}+\dfrac{1}{r}u_r+\dfrac{1}{r^2}u_{\theta\theta}=0, & 0<r<1,\ 0\le\theta<2\pi \\ u(1,\theta)=k(\text{상수}), & 0\le\theta<2\pi \end{cases}$

(2) $\begin{cases} u_{rr}+\dfrac{1}{r}u_r+\dfrac{1}{r^2}u_{\theta\theta}=0, & 0<r<2,\ 0\le\theta<2\pi \\ u(2,\theta)=k(\text{상수}), & 0\le\theta<2\pi \end{cases}$

(3) $\begin{cases} u_{rr}+\dfrac{1}{r}u_r+\dfrac{1}{r^2}u_{\theta\theta}=0, & 0<r<1,\ 0\le\theta<2\pi \\ u(1,\theta)=\cos\theta, & 0\le\theta<2\pi \end{cases}$

(4) $\begin{cases} u_{rr}+\dfrac{1}{r}u_r+\dfrac{1}{r^2}u_{\theta\theta}=0, & 0<r<1,\ 0\le\theta<2\pi \\ u(1,\theta)=\begin{cases} 100, & 0<\theta<\pi \\ 0, & \pi<\theta<2\pi \end{cases} \end{cases}$

(5) $\begin{cases} u_{rr}+\dfrac{1}{r}u_r+\dfrac{1}{r^2}u_{\theta\theta}=0, & 0<r<2,\ 0\le\theta<2\pi \\ u(1,\theta)=\sin 4\theta-\cos\theta, & 0\le\theta<2\pi \\ u(2,\theta)=\sin\theta, & 0\le\theta<2\pi \end{cases}$

$$(6)\ \begin{cases} u_{rr} + \dfrac{1}{r}u_r + \dfrac{1}{r^2}u_{\theta\theta} = 0, & 0 < r < 3,\ 0 \le \theta < 2\pi \\ u(1,\ \theta) = 0, & 0 \le \theta < 2\pi \\ u(3,\ \theta) = 1, & 0 \le \theta < 2\pi \end{cases}$$

10.4 파동 방정식의 초기치문제

현의 길이가 무한히 긴 경우(현실적으로는 현이 매우 길어서 관심을 가진 시간 동안에 파동이 현의 끝까지 전달되지 않는 경우)에 파동 문제를 생각하자.

이 경우 현을 무한구간 $\Omega = (-\infty, \infty)$로 표현할 수 있으며, Ω에는 경계점이 없다. 그래서 이런 경우의 파동 문제를 수학적으로 표현하면, 경계조건이 없고 초기조건만 있는 [파동 방정식의 초기치문제]가 된다.

| 정리 10.4.1 | 다음 파동 방정식의 초기치문제를 보자.

$$\begin{cases} \text{(DE)} & u_{tt} = \omega^2 u_{xx}, & -\infty < x < \infty,\ t > 0 \\ \text{(IC)} & \begin{cases} u(x,\ 0) = f(x) \\ u_t(x,\ 0) = g(x) \end{cases}, & -\infty < x < \infty \end{cases} \tag{10.4.1}$$

단 $f(x)$와 $g(x)$는 $(-\infty,\ \infty)$상에서 주어진 함수이다. 그러면 (10.4.1)의 해는 다음과 같다. $-\infty < x < \infty,\ t > 0$에 대해서

$$u(x,\ t) = \frac{1}{2}[f(x+\omega t) + f(x-\omega t)] + \frac{1}{2\omega}\int_{x-\omega t}^{x+\omega t} g(s)ds \tag{10.4.2}$$

(이것을 D'Alembert 해공식이라 한다)

증명 $u_{tt} = \omega^2 u_{xx}$를 간단히 표현하기 위해서 다음과 같이 변수변환하자.

$$y = x + \omega t,\ \ z = x - \omega t \tag{10.4.3}$$

편의상 $u(x,\ t) \equiv v(y,\ z)$라 표기하자. 그러면 합성함수 미분법에 의해서 다음을 얻는다.

$$\begin{aligned} u_x &= v_y + v_z,\ \ u_t = \omega(v_y - v_z), \\ u_{xx} &= v_{yy} + 2v_{yz} + v_{zz},\ \ u_{tt} = \omega^2(v_{yy} - 2v_{yz} + v_{zz}) \end{aligned} \tag{10.4.4}$$

(10.4.4)를 $u_{tt} = \omega^2 u_{xx}$에 대입하면 다음과 같이 간단한 방정식을 얻는다.

$$v_{yz} = 0 \tag{10.4.5}$$

여기서 $v_{yz}=0$를 편적분하여 풀면, 해 $v(y,\ z)$는 다음의 형태이다.

$$v(y,\ z)=\varphi(y)+\psi(z) \tag{10.4.6}$$

단 $\varphi(y)$와 $\psi(z)$는 임의의 미분가능 함수이다. 따라서 $u_{tt}=\omega^2 u_{xx}$의 해 $u(x,\ t)$는 다음과 같다.

$$u(x,\ t)=v(y,\ z)=\varphi(y)+\psi(z)=\varphi(x+\omega t)+\psi(x-\omega t) \tag{10.4.7}$$

이제 (10.4.7)을 초기조건 $\begin{cases} u(x,\ 0)=f(x) \\ u_t(x,\ 0)=g(x) \end{cases}$에 대입하면 다음을 얻는다.

$$\begin{cases} u(x,\ 0)=\varphi(x)+\psi(x)=f(x) \\ u_t(x,\ 0)=\omega\varphi'(x)-\omega\psi'(x)=g(x) \end{cases} \tag{10.4.8}$$

임의의 $x_0\in(-\infty,\ \infty)$를 택하고 $\omega\varphi'(x)-\omega\psi'(x)=g(x)$를 x_0에서 x까지 적분하면, 다음을 얻는다. 임의의 $x\in(-\infty,\ \infty)$에 대해서

$$\omega\varphi(x)-\omega\psi(x)=\int_{x_0}^{x} g(s)ds+\omega\varphi(x_0)-\omega\psi(x_0)$$

따라서 다음의 연립방정식을 얻는다.

$$\begin{cases} \varphi(x)+\psi(x)=f(x) \\ \varphi(x)-\psi(x)=\dfrac{1}{\omega}\displaystyle\int_{x_0}^{x} g(s)ds+\varphi(x_0)-\psi(x_0) \end{cases} \tag{10.4.9}$$

편의상 $c_0\equiv\phi(x_0)-\psi(x_0)$라 두고, (10.4.9)를 풀면 다음을 얻는다.

$$\begin{cases} \varphi(x)=\dfrac{1}{2}f(x)+\dfrac{1}{2\omega}\displaystyle\int_{x_0}^{x} g(s)ds+\dfrac{c_0}{2} \\ \psi(x)=\dfrac{1}{2}f(x)-\dfrac{1}{2\omega}\displaystyle\int_{x_0}^{x} g(s)ds-\dfrac{c_0}{2} \end{cases} \tag{10.4.10}$$

그러므로 (10.4.7)과 (10.4.10)으로부터, (10.4.1)의 해는 다음과 같다.

$$\begin{aligned} u(x,\ t) &= \varphi(x+\omega t)+\psi(x-\omega t) \\ &= \frac{1}{2}[f(x+\omega t)+f(x-\omega t)]+\frac{1}{2\omega}\int_{x_0}^{x+\omega t} g(s)ds-\frac{1}{2\omega}\int_{x_0}^{x-\omega t} g(s)ds \end{aligned}$$

여기서 $\displaystyle\int_{x_0}^{x-\omega t} g(s)ds=-\int_{x-\omega t}^{x_0} g(s)ds$ 이므로, 다음과 같이 해를 얻는다.

$$u(x,\ t) = \frac{1}{2}[f(x+\omega t) + f(x-\omega t)] + \frac{1}{2\omega}\int_{x-\omega t}^{x+\omega t} g(s)ds,$$

$$-\infty < x < \infty,\ t \geq 0$$ ■

참고 D'Alembert 해공식 (10.4.2)는 18세기 중반에 변수분리 해법보다 조금 앞서 D'Alembert, 오일러, D. Bernoulli, Lagrange 등에 의해서 연구되기 시작하여 역사가 250년이나 되었는데 지금도 파동을 이해하는 데 있어서 기본적인 공식이다.

D'Alembert 해공식 (10.4.2)로부터 다음을 쉽게 알 수 있다.

xt-평면상에서 임의의 주어진 점 $(x_0,\ t_0)$에 대해서 $x_1 = x_0 - \omega t_0$, $x_2 = x_0 + \omega t_0$라 두면, $u(x_0,\ t_0) = \frac{1}{2}[f(x_1) + f(x_2)] + \frac{1}{2\omega}\int_{x_1}^{x_2} g(s)ds$ 이다. 즉 임의의 위치 x_0에서 임의의 순간 $t_0 > 0$에 파동의 크기 $u(x_0,\ t_0)$는 구간 $[x_0 - \omega t_0,\ x_0 + \omega t_0]$상의 초기조건(초기변위 $f(x)$와 초기속도 $g(x)$)에 의해서 결정된다. 그래서 구간 $[x_0 - \omega t_0,\ x_0 + \omega t_0]$를 점 $(x_0,\ t_0)$의 **종속영역**(domain of dependence)이라 한다.

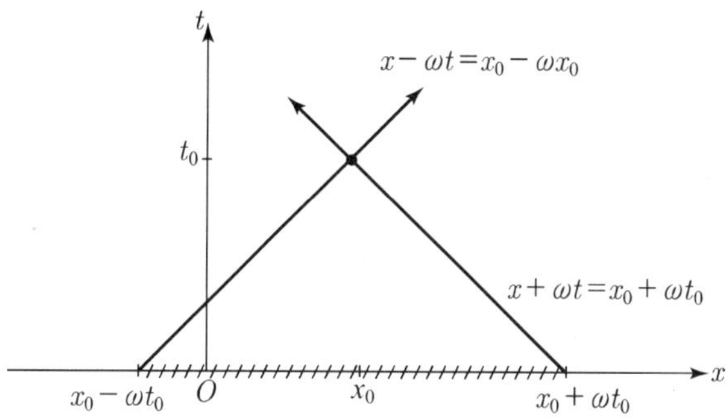

[그림 10.4.1]

예 10.4.2 다음 파동 방정식의 초기치문제를 풀어보자.

$$\begin{cases} \text{(DE)} & u_{tt} = \omega^2 u_{xx}, & -\infty < x < \infty,\ t > 0 \\ \text{(IC)} & \begin{cases} u(x,\ 0) = f(x) \\ u_t(x,\ 0) = 0 \end{cases}, & -\infty < x < \infty \end{cases} \tag{10.4.11}$$

단 $f(x) = \begin{cases} a, & -1 < x < 1 \\ 0, & \text{그 외} \end{cases}$ 이다(a 상수).

풀이 (10.4.2)에 의해서 간단히 계산하면, 해는 다음과 같이 표현된다.

$$u(x,\ t) = \frac{1}{2}[f(x+\omega t) + f(x-\omega t)]$$

$$= \begin{cases} a, & -1 < x-\omega t < x+\omega t < 1 \\ \dfrac{a}{2}, & x-\omega t < -1 < x+\omega t < 1 \\ \dfrac{a}{2}, & -1 < x-\omega t < 1 < x+\omega t \\ 0, & x-\omega t < -1 < 1 < x+\omega t \\ 0, & x+\omega t < -1 \text{ 또는 } x-\omega t > 1 \end{cases} \tag{10.4.12}$$

■

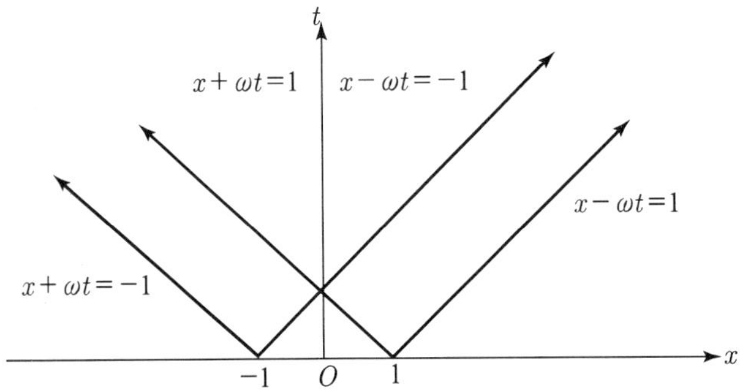

[그림 10.4.2]

예 10.4.3 다음 파동 방정식의 초기치문제를 풀어보자.

$$\begin{cases} (\text{DE}) & u_{tt} = \omega^2 u_{xx}, & -\infty < x < \infty,\ t > 0 \\ (\text{IC}) & \begin{cases} u(x,\ 0) = 0 \\ u_t(x,\ 0) = g(x) \end{cases}, & -\infty < x < \infty \end{cases} \tag{10.4.13}$$

단 $g(x) = \begin{cases} k, & -1 < x < 1 \\ 0, & \text{그외} \end{cases}$ 이다(k 상수).

풀이 (10.4.2)에 의해서 간단히 계산하면, 해는 다음과 같이 표현된다.

$$u(x,\ t) = \frac{1}{2\omega}\int_{x-\omega t}^{x+\omega t} g(s)ds$$

$$= \begin{cases} kt, & -1 < x-\omega t < x+\omega t < 1 \\ \dfrac{k(1+\omega t+x)}{2\omega}, & x-\omega t < -1 < x+\omega t < 1 \\ \dfrac{k(1+\omega t-x)}{2\omega}, & -1 < x-\omega t < 1 < x+\omega t \\ \dfrac{k}{\omega}, & x-\omega t < -1 < 1 < x+\omega t \\ 0, & x+\omega t < -1 \text{ 또는 } x-\omega t > 1 \end{cases} \tag{10.4.14}$$

■

참고 예 10.4.2에서 파동 방정식의 초기치문제 (10.4.11)의 해 (10.4.12)를 분석해보자.

초기치문제 (10.4.11)은 수직선 $(-\infty, \infty)$상에서 원점 0의 근방 $(-1, 1)$에서 처음 발생한 높이 a인 파동 $f(x)=\begin{cases} a, & -1<x<1 \\ 0, & \text{그외} \end{cases}$의 진행상황을 나타내는 것이다.

해 $u(x, t)=\dfrac{1}{2}[f(x+\omega t)+f(x-\omega t)]=\begin{cases} a, & -1<x-\omega t<x+\omega t<1 \\ \dfrac{a}{2}, & x-\omega t<-1<x+\omega t<1 \\ \dfrac{a}{2}, & -1<x-\omega t<1<x+\omega t \\ 0, & x-\omega t<-1<1<x+\omega t \\ 0, & x+\omega t<-1 \text{ 또는 } x-\omega t>1 \end{cases}$ 를 간단히 살펴보면, 다음을 알 수 있다.

"초기 파동 $f(x)$의 크기가 반$(\frac{1}{2})$으로 나누어져서, 그 반 $\frac{1}{2}f(x+\omega t)$는 좌측으로 단위 시간당 ω만큼씩 이동하고 다른 반 $\frac{1}{2}f(x-\omega t)$는 우측으로 단위 시간당 ω만큼씩 이동한다." 이와 같은 성질을 가진 파를 **진행파**(traveling wave)라 하고, 이때 ω를 파의 **진행속도**라 한다. 진행파와 비교해서 10.2.2절의 예에서와 같이 유한 구간 $[0, b]$ 안에서 진동하는 파를 **정재파**(standing wave) 또는 **정상파**(stationary wave)라 한다.

자세한 내용은 편미분방정식[14, 15]을 참조하기 바란다.

예 10.4.4 다음 파동 방정식의 초기치문제를 보자.

$$\begin{cases} \text{(DE)} & u_{tt}=\omega^2 u_{xx}, & -\infty<x<\infty, t>0 \\ \text{(IC)} & \begin{cases} u(x, 0)=f(x) \\ u_t(x, 0)=g(x) \end{cases}, & -\infty<x<\infty \end{cases}$$

단 $f(x)=\begin{cases} a, & -1<x<1 \\ 0, & \text{그외} \end{cases}$, $g(x)=\begin{cases} k, & -1<x<1 \\ 0, & \text{그외} \end{cases}$ 이다(a, k는 상수).

풀이 중첩 원리에 의해서, 해는 (10.4.11)과 (10.4.13)의 해의 합으로 다음과 같이 표현된다. 즉 해는 (10.4.12)와 (10.4.14)의 합으로 표현된다.

$$u(x, t)=\frac{1}{2}[f(x+\omega t)+f(x-\omega t)]+\frac{1}{2\omega}\int_{x-\omega t}^{x+\omega t} g(s)ds$$

$$=\begin{cases} a+kt, & -1<x-\omega t<x+\omega t<1 \\ \dfrac{a}{2}+\dfrac{k(1+\omega t+x)}{2\omega}, & x-\omega t<-1<x+\omega t<1 \\ \dfrac{a}{2}+\dfrac{k(1+\omega t-x)}{2\omega}, & -1<x-\omega t<1<x+\omega t \\ \dfrac{k}{\omega}, & x-\omega t<-1<1<x+\omega t \\ 0, & x+\omega t<-1 \text{ 또는 } x-\omega t>1 \end{cases}$$

■

연습문제 10.4

1. 다음 초기치문제의 해를 구하고 해의 그래프를 그려라.

(1) $\begin{cases} u_{tt} = \omega^2 u_{xx}, & -\infty < x < \infty,\ t > 0 \\ \begin{cases} u(x,\ 0) = f(x) \\ u_t(x,\ 0) = 0 \end{cases}, & -\infty < x < \infty \end{cases}$, 단 $f(x) = \begin{cases} 1, & -\pi < x < \pi \\ 0, & \text{그외} \end{cases}$

(2) $\begin{cases} u_{tt} = u_{xx}, & -\infty < x < \infty,\ t > 0 \\ \begin{cases} u(x,\ 0) = e^{-x^2} \\ u_t(x,\ 0) = 0 \end{cases}, & -\infty < x < \infty \end{cases}$

(3) $\begin{cases} u_{tt} = \omega^2 u_{xx}, & -\infty < x < \infty,\ t > 0 \\ \begin{cases} u(x,\ 0) = 0 \\ u_t(x,\ 0) = \cos x \end{cases}, & -\infty < x < \infty \end{cases}$

(4) $\begin{cases} u_{tt} = u_{xx}, & -\infty < x < \infty,\ t > 0 \\ \begin{cases} u(x,\ 0) = e^{-x^2} \\ u_t(x,\ 0) = f(x) \end{cases}, & -\infty < x < \infty \end{cases}$, $f(x) = \begin{cases} 1, & -1 < x < 1 \\ 0, & \text{그외} \end{cases}$

(5) $\begin{cases} u_{tt} = 4u_{xx}, & -\infty < x < \infty,\ t > 0 \\ \begin{cases} u(x,\ 0) = \sin x \\ u_t(x,\ 0) = 1 \end{cases}, & -\infty < x < \infty \end{cases}$

(6) $\begin{cases} u_{tt} = u_{xx}, & 0 < x < \infty,\ t > 0 \\ \begin{cases} u(x,\ 0) = f(x) \\ u_t(x,\ 0) = 0 \end{cases}, & 0 < x < \infty \end{cases}$, 단 $f(x) = \begin{cases} 1, & 0 < x < 1 \\ 0, & \text{그외} \end{cases}$

부록

A. 벡터와 행렬

B. 미분방정식에 필요한 Matlab 명령어

A. 벡터와 행렬

A1. 벡터와 행렬의 기초

상수 계수 선형 미분방정식계를 공부하는 데 필요한 행렬의 성질에 대해서 간단히 살펴보자(자세한 내용은 선형대수 문헌을 참조하기 바란다).

편의상 $\boldsymbol{R}$를 모든 실수의 집합이라 하고, m, n은 자연수라 하자. n개의 실수 $x_1, x_2, \cdots, x_n \in \boldsymbol{R}$에 대해서, $\begin{pmatrix} x_1 \\ x_2 \\ \vdots \\ x_n \end{pmatrix}$을 n차원 **열벡터**(column vector)라 하고, $(x_1, x_2, \cdots, x_n)$을 n차원 **행벡터**(row vector)라 한다.

열벡터와 행벡터는 근본적으로 같은 것인데, 다만 필요에 따라서 편의상의 표현 차이만 있다. 일반적으로 모든 n차원 (열)벡터들의 집합을 $\boldsymbol{R}^n$이라 하고, 이것을 n차원 유클리드(Euclid) 공간이라 한다. 즉

$$\boldsymbol{R}^n = \left\{ \begin{pmatrix} x_1 \\ x_2 \\ \vdots \\ x_n \end{pmatrix} \mid x_1, x_2, \cdots, x_n \in \boldsymbol{R} \right\} \tag{부1.1}$$

특히 $\boldsymbol{R}^2$를 좌표평면이라 하고, $\boldsymbol{R}^3$를 (3차원) 좌표공간이라 한다. $\begin{pmatrix} x_1 \\ x_2 \\ \vdots \\ x_n \end{pmatrix}$와 $(x_1, x_2, \cdots, x_n)$는 하나의 n차원 벡터를 의미하기도 하고, 동시에 유클리드 공간 $\boldsymbol{R}^n$ 상의 한 점의 좌표를 의미하기도 한다.

벡터의 크기를 노옴(norm)이라 하는데 다음과 같이 정의한다.

$$\left\| \begin{pmatrix} x_1 \\ x_2 \\ \vdots \\ x_n \end{pmatrix} \right\| = \sqrt{x_1^2 + x_2^2 + \cdots + x_n^2}\ ;\ \text{원점 } 0\text{와 점 } \begin{pmatrix} x_1 \\ x_2 \\ \vdots \\ x_n \end{pmatrix} \text{ 사이의 거리}$$

특히 벡터 $X, Y \in \boldsymbol{R}^n$를 공간 $\boldsymbol{R}^n$ 상의 점의 좌표라 간주하면, $\|X - Y\|$는 두 점 X와 Y 사이의 거리를 의미한다. 그래서 노옴의 성질은 다음과 같다.

임의의 벡터 $X, Y \in \boldsymbol{R}^n$와 실수 $c \in \boldsymbol{R}$에 대해서,

(1) $X \neq 0$이면 $\|X\| > 0$이고, $\|0\| = 0$,

(2) $\|cX\| = |c|\,\|X\|$,

(3) $\|X + Y\| \leq \|X\| + \|Y\|$ (삼각 부등식이라 함)

이제 일차 독립, 일차 종속 개념과 그 성질을 보자(선형대수 참조).

| 정의 A1.1 | n 차원 벡터 X_1, X_2, ⋯, X_m 가 다음 조건을 만족하면, 일차 독립이라 한다.

"$c_1X_1 + c_2X_2 + \cdots + c_mX_m = 0$ 이면, 반드시 $c_1 = c_2 = \cdots = c_m = 0$ 이다."

X_1, X_2, ⋯, X_m 가 일차 독립이 아닌 경우에는 일차종속이라 한다.

| 정리 A1.2 | 임의의 벡터 X_1, X_2, ⋯, $X_m \in \boldsymbol{R}^n$ 에 대해서, 다음이 성립한다.

(1) $m < n$ 이고 $\{X_1, X_2, \cdots, X_m\}$이 일차 독립이면, $\{X_1, X_2, \cdots, X_m\} \cup \{X_{m+1}, \cdots, X_n\}$이 일차 독립이 되는 $n-m$ 개의 벡터 X_{m+1}, X_{m+2}, ⋯, $X_n \in \boldsymbol{R}^n$ 이 존재한다.

(2) $m > n$ 이면, $\{X_1, X_2, \cdots, X_m\}$은 항상 일차 종속이다.

(3) $m = n$ 이고 $\{X_1, X_2, \cdots, X_n\}$이 일차 독립이면, 모든 벡터 $X \in \boldsymbol{R}^n$ 는 X_1, X_2, ⋯, X_n의 일차 결합으로 표현된다. 즉 상수 c_1, c_2, ⋯, c_n가 (일의적으로) 존재하여, 다음과 같이 표현될 수 있다.

$$X = c_1X_1 + c_2X_2 + \cdots + c_nX_n$$

(이런 의미에서 일차 독립인 벡터 집합 $\{X_1, X_2, \cdots, X_n\}$을 $\boldsymbol{R}^n$ 의 기저(basis)라 하고, n 을 차원이라 한다.)

$m \times n$ 개의 숫자나 문자의 4각형 배열을 행렬이라 하고 다음과 같이 표현한다.

$$A \equiv \begin{pmatrix} a_{11} & a_{12} & \cdots & a_{1n} \\ a_{21} & a_{22} & \cdots & a_{2n} \\ \vdots & \vdots & & \vdots \\ a_{m1} & a_{m2} & \cdots & a_{mn} \end{pmatrix} \qquad \text{(부1.2)}$$

이때 a_{jk}를 행렬 A의 jk **원소**(entry 또는 element)라 한다. 모든 원소가 실수이면 **실 행렬**이라 하고, 복소수 원소가 포함되어 있으면 **복소 행렬**이라 한다.

이제부터 특별한 언급이 없으면 모든 행렬은 실 행렬이라 가정한다.

$A(j,) \equiv (a_{j1}, a_{j2}, \cdots, a_{jn})$를 A의 j **행** 또는 j **행벡터**라 하고, $A(,k) \equiv \begin{pmatrix} a_{1k} \\ a_{2k} \\ \vdots \\ a_{mk} \end{pmatrix}$를

A의 k열 또는 k열벡터라 한다. 그러면 행렬 A는 다음과 같이 간단히 표기한다.

$$A = [A(,1),\ A(,2),\ \cdots,\ A(,n)] = \begin{pmatrix} A(1,) \\ A(2,) \\ \vdots \\ A(m,) \end{pmatrix} = [a_{jk}]_m^n \qquad (부1.3)$$

이때 $m \times n$을 행렬 A의 크기(size)라 한다. 특히 $m = n$일 때, A를 n차 정방(square)행렬이라 한다.

| 정의 A1.3 | $m \times n$ 행렬 $A = [a_{jk}]_m^n$와 $B = [b_{jk}]_m^n$ 및 복소수 c에 대해서, 다음과 같이 상등관계와 연산들을 정의한다.

(1) $A = B \Leftrightarrow$ [모든 j, k에 대해서 $a_{jk} = b_{jk}$]

(2) $cA = [ca_{jk}]_m^n$

(3) $A + B = [a_{jk} + b_{jk}]_m^n$

이제 행렬의 곱에 대해서 알아보자.

| 정의 A1.4 |

(1) n차원 행벡터 $X = (x_1,\ x_2,\ \cdots,\ x_n)$와 열벡터 $Y = \begin{pmatrix} y_1 \\ y_2 \\ \vdots \\ y_n \end{pmatrix}$의 곱을 다음과 같이 정의한다.

$$XY = (x_1,\ x_2,\ \cdots,\ x_n)\begin{pmatrix} y_1 \\ y_2 \\ \vdots \\ y_n \end{pmatrix} \equiv x_1y_1 + x_2y_2 + \cdots + x_ny_n = \sum_{i=1}^{n} x_iy_i \quad (부1.4)$$

(2) $m \times p$ 행렬 $A = [a_{jk}]_m^p = \begin{pmatrix} A(1,) \\ A(2,) \\ \vdots \\ A(m,) \end{pmatrix}$와 $p \times n$ 행렬 $B = [b_{jk}]_p^n = [B(,1),\ B(,2),$ $\cdots,\ B(,n)]$의 곱을 다음과 같이 정의한다.

$$AB = \begin{pmatrix} a_{11} & a_{12} & \cdots & a_{1p} \\ a_{21} & a_{22} & \cdots & a_{2p} \\ \vdots & \vdots & & \vdots \\ a_{m1} & a_{m2} & \cdots & a_{mp} \end{pmatrix}\begin{pmatrix} b_{11} & b_{12} & \cdots & b_{1n} \\ b_{21} & b_{22} & \cdots & b_{2n} \\ \vdots & \vdots & & \vdots \\ b_{p1} & b_{p2} & \cdots & b_{pn} \end{pmatrix}$$

$$= \begin{pmatrix} A(1,) \\ A(2,) \\ \vdots \\ A(m,) \end{pmatrix} (B(,1), B(,2), \cdots, B(,n))$$

$$\equiv \begin{pmatrix} A(1,)B(,1) & A(1,)B(,2) & \cdots & A(1,)B(,n) \\ A(2,)B(,1) & A(2,)B(,2) & \cdots & A(2,)B(,n) \\ \vdots & \vdots & \cdots & \vdots \\ A(m,)B(,1) & A(m,)B(,2) & \cdots & A(m,)B(,n) \end{pmatrix}$$

$$= [A(j,)B(,k)]_m^n = \left[\sum_{i=1}^{p} a_{ji} b_{ik} \right]_m^n \qquad \text{(부1.5)}$$

참고 행렬 A와 B의 크기가 동일할 때에만 합 $A+B$가 정의된다. 행렬의 곱에서는 앞 행렬 A의 열벡터의 개수와 뒷 행렬 B의 행벡터의 개수가 동일할 때에만 곱 AB가 정의된다. 그리고 행렬의 곱에는 일반적으로 교환법칙이 성립하지는 않는다.

$\delta_{jk} = \begin{cases} 1, & j=k \\ 0, & j \neq k \end{cases}$ 를 Kronecker delta라 한다.

$I_n = [\delta_{jk}]_n^n = \begin{pmatrix} 1 & 0 & \cdots & 0 \\ 0 & 1 & \cdots & 0 \\ \vdots & \vdots & \ddots & \vdots \\ 0 & 0 & \cdots & 1 \end{pmatrix}$를 n차 **항등행렬**이라 하고, 모든 원소가 0인 행렬 $0_n = \begin{pmatrix} 0 & \cdots & 0 \\ \vdots & \ddots & \vdots \\ 0 & \cdots & 0 \end{pmatrix}$를 **영행렬**이라 한다. I_n과 0_n에서 혼돈의 염려가 없으면, 차원을 표시하는 첨자 n을 편의상 생략한다.

그러면 행렬의 합과 곱에 대하여 다음의 정리를 얻는다(증명은 생략).

| 정리 A1.5 | 행렬 A, B, C 등이 적당한 크기를 가져서 다음의 각 연산이 가능하다고 가정하자. 그러면 다음이 성립한다.

(1) $A+B = B+A$

(2) $A+0 = A$

(3) $(A+B)+C = A+(B+C)$

(4) $AI = IA = A$

(5) $(AB)C = A(BC)$

(6) $A(B+C) = AB+AC$, $(B+C)A = BA+CA$

복소수 a, b에 대해서,

(7) $aA = Aa$

(8) $(ab)A = a(bA)$, $(aA)B = a(AB)$

(9) $a(A+B) = aA+aB$, $(a+b)A = aA+bA$

| 정의 A1.6 | $A=[a_{jk}]_m^n$ 가 $m\times n$ 행렬이라 하자.

(1) a_{kk} 를 A 의 대각(diagonal) 원소라 하고, 대각원소들 $\{a_{11},\ a_{22},\ \cdots,\ a_{pp}\}$을 A 의 대각선이라 하고 $diag(A)=\{a_{11},\ a_{22},\ \cdots,\ a_{pp}\}$로 표기한다(단 $p=\min\{m,\ n\}$).

(2) $t_{kj}=a_{jk},\ 1\le j\le m,\ 1\le k\le n$라 할 때, 행렬 $[t_{kj}]_n^m$ 를 A 의 전치(transpose) 행렬이라 하고 A^t 로 표기한다. 즉 A^t 는 A 의 행과 열을 호환한 것이다.

참고 전치행렬은 대각선을 축으로 180°도 회전한 행렬인데 다음의 성질을 가진다.

$$(AB)^t=B^tA^t \tag{부1.6}$$

정방행렬에서 대각선 위쪽의 모든 원소가 0인 행렬(하삼각행렬) 또는 대각선 아래쪽의 모든 원소가 0인 행렬(상삼각행렬)을 삼각행렬이라 한다. 특히 대각선 윗쪽과 아래쪽의 모든 원소가 0인 행렬을 대각행렬이라 한다.

| 정의 A1.7 | A 가 n 차 정방행렬이라 하자. 만약 $AB=BA=\boldsymbol{I}$가 되는 n 차 정방행렬 B가 존재하면, A 를 정칙(nonsingular) 행렬이라 한다. 이때 B를 A의 역(inverse)행렬이라 한다. (A 의 역행렬 B가 존재한다면, 하나뿐이므로 $B=A^{-1}$ 로 표기한다.) A 의 역행렬이 존재하지 않을 때, A 를 비정칙 행렬이라 한다.

역행렬은 다음의 성질을 가진다. 정칙행렬 A, B에 대해서

$$(AB)^{-1}=B^{-1}A^{-1} \tag{부1.7}$$

정방행렬 A 에 대해서 하나의 중요한 지표역할을 하는 행렬식 ($\det A$ 또는 $|A|$로 표기함)의 개념을 간단히 보자.

여러 방법이 있으나 여기서는 귀납적으로 행렬식의 개념을 정의하자.

| 정의 A1.8 |

(1) 2차 정방행렬 $\begin{pmatrix} a_{11} & a_{12} \\ a_{21} & a_{22} \end{pmatrix}$의 행렬식을 다음과 같이 정의한다.

$$\det\begin{pmatrix} a_{11} & a_{12} \\ a_{21} & a_{22} \end{pmatrix}=\begin{vmatrix} a_{11} & a_{12} \\ a_{21} & a_{22} \end{vmatrix}=a_{11}a_{22}-a_{12}a_{21} \tag{부1.8}$$

(2) 3차 정방행렬 $\begin{pmatrix} a_{11} & a_{12} & a_{13} \\ a_{21} & a_{22} & a_{23} \\ a_{31} & a_{32} & a_{33} \end{pmatrix}$ 의 행렬식을 다음의 값으로 정의한다.

$$\det\begin{pmatrix} a_{11} & a_{12} & a_{13} \\ a_{21} & a_{22} & a_{23} \\ a_{31} & a_{32} & a_{33} \end{pmatrix} = \begin{vmatrix} a_{11} & a_{12} & a_{13} \\ a_{21} & a_{22} & a_{23} \\ a_{31} & a_{32} & a_{33} \end{vmatrix} = a_{11}\begin{vmatrix} a_{22} & a_{23} \\ a_{32} & a_{33} \end{vmatrix} - a_{12}\begin{vmatrix} a_{21} & a_{23} \\ a_{31} & a_{33} \end{vmatrix} + a_{13}\begin{vmatrix} a_{21} & a_{22} \\ a_{31} & a_{32} \end{vmatrix}$$

$$= a_{11}a_{22}a_{33} + a_{12}a_{23}a_{31} + a_{13}a_{21}a_{32} - a_{11}a_{23}a_{32} - a_{12}a_{21}a_{33} - a_{13}a_{22}a_{31} \qquad \text{(부1.9)}$$

참고 $n(\geq 2)$ 차 정방행렬 $A=[a_{jk}]_n^n$ 에서 j 행벡터 $A(j,)$ 와 k 열벡터 $A(,k)$ 를 제거하고 남은 $(n-1)$ 차 정방행렬을 A 의 jk **소행렬**이라 하고 A_{jk} 라 표기한다. 이때 $\det A_{jk}=|A_{jk}|$를 A 의 jk **소행렬식**(minor)이라 하고, 다음을 A 의 jk **여인수**(cofactor)라 한다. $1 \leq j \leq n$, $1 \leq k \leq n$,

$$c_{jk}=(-1)^{j+k}|A_{jk}| \qquad \text{(부1.10)}$$

그러면 3차 행렬식은 다음과 같이 간단히 표현된다.

$$\det A = |A| = \begin{vmatrix} a_{11} & a_{12} & a_{13} \\ a_{21} & a_{22} & a_{23} \\ a_{31} & a_{32} & a_{33} \end{vmatrix}$$

$$= a_{11}(-1)^{1+1}|A_{11}| + a_{12}(-1)^{1+2}|A_{12}| + a_{13}(-1)^{1+3}|A_{13}|$$

$$= a_{11}c_{11} + a_{12}c_{12} + a_{13}c_{13}$$

n차 정방행렬 A의 행렬식은 귀납적으로 다음과 같이 정의된다.

$$|A| = a_{11}c_{11} + a_{12}c_{12} + \cdots + a_{1n}c_{1n} = \sum_{k=1}^{n} a_{1k}c_{1k} \qquad \text{(부1.11)}$$

단 c_{jk}는 A의 jk 여인수이다.

여인수를 이용하여 행렬식과 역행렬을 표현하면 편리하다.

| 정리 A1.9 | n차 정방행렬 $A=[a_{jk}]_n^n$ 에 대해서, A_{jk} 를 A 의 jk 소행렬, $c_{jk}=(-1)^{j+k}|A_{jk}|$를 jk 여인수라 하자. 그러면 다음이 성립한다.

(1) (행렬식의 전개) $1 \leq j \leq n$, $1 \leq k \leq n$ 에 대해서,

$$|A| = a_{j1}c_{j1} + a_{j2}c_{j2} + \cdots + a_{jn}c_{jn} = \sum_{k=1}^{n} a_{jk}c_{jk} \ (j \text{ 행 전개})$$

$$= a_{1k}c_{1k} + a_{2k}c_{2k} + \cdots + a_{nk}c_{nk} = \sum_{j=1}^{n} a_{jk}c_{jk} \text{ } (k \text{ 열 전개}) \qquad (\text{부}1.12)$$

(2) (역행렬) A가 정칙이면, 역행렬은 다음과 같다.

$$A^{-1} = \frac{1}{|A|}\begin{pmatrix} c_{11} & c_{21} & \cdots & c_{n1} \\ c_{12} & c_{22} & \cdots & c_{n2} \\ \vdots & \vdots & & \vdots \\ c_{1n} & c_{2n} & \cdots & c_{nn} \end{pmatrix} \qquad (\text{부}1.13)$$

참고 정방행렬 A의 행렬식에서 행에 대한 성질과 열에 대한 성질이 같음을 행렬식의 전개 (부1.12)에 의해서 알 수 있다.

그러면 다음의 중요한 성질들을 얻는다(증명은 선형대수 참조).

| 정리 A1.10 | n차 정방행렬 A에 대해서 다음은 서로 동치이다.

(1) A가 정칙이다(즉 역행렬 A^{-1}가 존재한다).

(2) $|A| \neq 0$

(3) 열벡터들 $\{A(,1),\ A(,2),\ \cdots,\ A(,n)\}$이 일차 독립이다.

(4) 행벡터들 $\{A(1,),\ A(2,),\ \cdots,\ A(n,)\}$이 일차 독립이다.

| 정리 A1.11 | n차 정방행렬 A와 B에 대해서 다음이 성립한다.

(1) $|A| = |A^t|$

(2) $|AB| = |A||B|$

A2. 정방행렬의 고유치와 표준형

이제 정방행렬의 기하학적인 성질과 관련이 있는 고유치와 고유벡터에 대해서 알아보자(정리의 증명은 선형대수 참조).

| 정의 A2.1 | A가 n차 정방행렬이라 하자. 복소수 λ와 n차원 열벡터 $V \neq 0$에 대해서 다음이 성립할 때, λ를 A의 **고유치**(eigenvalue)라 하고 V를 λ에 대응되는 A의 **고유벡터**(eigenvector)라 한다.

$$AV = \lambda V \qquad (\text{부}2.1)$$

먼저 고유치와 고유벡터를 구하는 방법을 보자.

| 정리 A2.2 | A 가 n 차 정방행렬이라 하자.

❶ λ 가 A 의 고유치일 필요충분조건은 다음과 같다.

$$\det(\lambda I - A) = 0 \quad (부2.2)$$

❷ 다음 연립방정식의 비자명해 V 를 λ 에 대응되는 고유벡터라 한다.

$$AV = \lambda V \text{ 또는 } (\lambda I - A)V = 0 \quad (부2.3)$$

A 의 모든 고유치들의 집합을 **스펙트럼**(spectrum)이라 하고 다음과 같이 두자.

$$\sigma(A) = \{\lambda \mid \det(\lambda I - A) = 0\}$$

일차 독립성에 대한 고유벡터들의 성질은 다음과 같다(증명은 선형대수 참조).

| 정리 A2.3 | A 가 n 차 정방행렬이라 하자. 고유치들 $\lambda_1, \lambda_2, \cdots, \lambda_m \in \sigma(A)$ 에 대응되는 고유벡터들을 각각 $V_1, V_2, \cdots, V_m$ 이라 하자. 만약 $\lambda_1, \lambda_2, \cdots, \lambda_m$ 가 서로 다르면, $\{V_1, V_2, \cdots, V_m\}$ 은 일차독립이다.

예 A2.4 $A = \begin{pmatrix} 2 & 4 \\ 1 & -1 \end{pmatrix}$ 의 고유치와 고유벡터를 조사해보자.

참고 $\det(\lambda I - A)$ 는 λ 의 n 차 다항식이며 다음 형태로 나타난다.

$$\det(\lambda I - A) = \lambda^n + a_1\lambda^{n-1} + \cdots + a_{n-1}\lambda + a_n \quad (부2.4)$$

다항식 (부2.4)를 A 의 **특성다항식**(characteristic polynomial)이라 하고, 다음을 A 의 **특성방정식**(characteristic equation)이라 한다.

$$\det(\lambda I - A) = \lambda^n + a_1\lambda^{n-1} + \cdots + a_{n-1}\lambda + a_n = 0 \quad (부2.5)$$

즉 A 의 고유치는 특성방정식 (부2.5)의 근이다.

n 차 방정식은 n 개의 근을 가지므로, n 차 정방행렬은 n 개의 고유치(중복 고유치 포함)를 가진다. 특히 특성방정식 (부2.5)의 m 중근을 A 의 [m **중 고유치**]라 하고 m 을 **중복도**(multiplicity)라 한다.

A 가 실 행렬이므로 특성다항식의 계수 $a_1, a_2, \cdots, a_n$ 는 실수이다. 따라서 $\alpha + \theta i$ 가 A 의 고유치이면, 결례 복소수 $\alpha - \theta i$ 도 고유치이다.

일반적으로 $m \times n$ 행렬 $A = [A(,1)\ A(,2) \cdots\ A(,n)]$ 에서 일차 독립이 되는 가

장 많은 열벡터들의 개수를 A 의 **계수**(rank)라 하고, $rank(A)$ 로 표기한다.

그러면 고유치와 고유벡터와 계수의 관계는 다음과 같다(증명은 선형대수 참조).

| 정리 A2.5 | A 가 n 차 정방행렬이고 λ 가 A 의 고유치라 하자. 그러면 다음이 성립한다.

(1) $rank(A-\lambda I) \le (n-1)$

(2) $\{V \in \boldsymbol{R}^n \mid (A-\lambda I)V=0\}$ 는 $[n-rank(A-\lambda I)]$ 차원 벡터공간인데, 이를 λ 의 **고유공간**(eigenspace)이라 한다.

이제 행렬의 변환과 고유치의 관계를 보자.

| 정리 A2.6 | A 를 임의의 n 차 정방행렬이라 하고, P 를 임의의 n 차 정칙행렬이라 가정하자. 그러면 다음이 성립한다.

(1) $\sigma(A)=\sigma(P^{-1}AP)$

(2) 고유치 $\lambda \in \sigma(A)$ 에 대해서, $V \neq 0$ 가 A 의 고유벡터가 될 필요충분조건은 $U=P^{-1}V$ 가 $P^{-1}AP$ 의 고유벡터이다.

(A 와 $P^{-1}AP$ 는 **닮은**(similar) **행렬**이라 하고 $A \sim P^{-1}AP$ 로 표기)

참고 정방행렬의 닮음관계($\sim$)는 동치관계이다. 즉 다음이 성립한다.

(1) $A \sim A$ (2) $A \sim B \Leftrightarrow B \sim A$ (3) $A \sim B \sim C \Rightarrow A \sim C$

고유치와 고유벡터는 정방행렬의 기하학적 특성을 나타낸다.

또한 선형 미분방정식계 $\frac{d}{dt}X=AX$ 의 해의 특성은 계수행렬 A 의 고유치와 고유벡터에 의해서 결정된다. 일반적으로 대각행렬과 비슷할수록 다루기 편리하므로, 주어진 정방행렬의 성질을 알기 위해서 가능한 한 대각행렬에 가까운 닮은 행렬을 구하면 편리하다.

| 정의 A2.7 | A 가 n 차 정방행렬이라 하자. $P^{-1}AP$ 가 대각행렬이 되는 정칙행렬 P 가 존재할 때, A 를 **대각화가능**이라 한다.

선형대수이론에서 다음을 얻는다(증명은 선형대수 참조).

| 정리 A2.8 | n 차 정방행렬 A 에 대해서 다음은 동치이다.

(1) A 는 대각화가능이다.

(2) A 는 일차 독립인 n 개의 고유벡터들을 가진다.

참고 n차 정방행렬 A가 일차 독립인 n개의 고유벡터 $V_1, V_2, \cdots, V_n$을 가진다고 하고, 이때 대응되는 고유치를 각각 $\lambda_1, \lambda_2, \cdots, \lambda_n$라 하자. 즉

$$AV_k = \lambda_k V_k, \quad k=1, 2, \cdots, n \tag{부2.6}$$

여기서 n차 정방행렬 P를 다음과 같이 두자.

$$P=[V_1, V_2, \cdots, V_n] \tag{부2.7}$$

즉 P는 $V_1, V_2, \cdots, V_n$을 각각 열벡터로 하는 n차 정방행렬이다. 그러면 $V_1, V_2, \cdots, V_n$가 일차 독립이므로 P는 정칙행렬이고 다음의 등식이 성립한다.

$$\begin{aligned}AP &= A[V_1, V_2, \cdots, V_n]=[AV_1, AV_2, \cdots, AV_n]\\ &=[\lambda_1 V_1, \lambda_2 V_2, \cdots, \lambda_n V_n]=[V_1, V_2, \cdots, V_n]diag[\lambda_1, \lambda_2, \cdots, \lambda_n]\\ &=Pdiag[\lambda_1, \lambda_2, \cdots, \lambda_n]\end{aligned}$$

따라서 다음을 얻는다.

$$P^{-1}AP=diag[\lambda_1, \lambda_2, \cdots, \lambda_n] \tag{부2.8}$$

위 내용을 정리하면 다음을 얻는다.

| 정리 A2.9 | n차 정방행렬 A가 일차 독립인 고유벡터 $V_1, V_2, \cdots, V_n$을 가지며 대응되는 고유치를 각각 $\lambda_1, \lambda_2, \cdots, \lambda_n$라 하자(즉 $AV_k=\lambda_k V_k$, $k=1, 2, \cdots, n$). 그러면 A는 대각화가능이고 다음을 만족한다.

$$P^{-1}AP=diag[\lambda_1, \lambda_2, \cdots, \lambda_n]$$

단 $P=[V_1, V_2, \cdots, V_n]$이다.

| 정리 A2.10 | $A=\begin{pmatrix}a_{11} & a_{12}\\ a_{21} & a_{22}\end{pmatrix}$가 복소 고유치 $\lambda=\alpha+\theta i$와 대응하는 고유벡터 V를 가진다고 하자(α와 $\theta\neq 0$는 실수). 그리고 $U_r=Re\,V$, $U_i=Im\,V$를 각각 V의 실수부 벡터와 허수부 벡터라 하고, 행렬 P을 다음과 같이 두자.

$$P=[U_r, -U_i]$$

그러면 다음을 얻는다.

$$P^{-1}AP=\begin{pmatrix}\alpha & -\theta\\ \theta & \alpha\end{pmatrix} \tag{부2.9}$$

참고 정방행렬은 서로 다른 고유치를 가지면, 정리 A2.9에 의하여 닮은 대각행렬을 가진다. 그런데 예를 보면 정방행렬이 중복 고유치를 가진 경우에는 대각화 가능인 것도 있고 대각화 불가능인

것도 있다.

대각화 불가능인 정방행렬에 대해서 대각행렬에 가까운 닮은 행렬을 구해보자.

| 정의 A2.11 | A가 n차 정방행렬이고, λ가 중복 고유치라 하자. 벡터 V가 다음을 만족할 때 "λ에 대응되는 A의 m차 **일반화된 고유벡터**"라 한다.

$$(A-\lambda I)^{m-1}V \neq 0, \quad (A-\lambda I)^m V = 0 \qquad \text{(부2.10)}$$

단 $1 \le m \le n$은 적당한 정수이다.(1차 일반화된 고유벡터란($m=1$일 때) 고유벡터를 의미한다.)

선형대수이론에서 다음을 얻는다(증명은 선형대수 참조).

| 정리 A2.12 | A가 n차 정방행렬이고, $\lambda \in \sigma(A)$라 하자. 벡터 V_m을 λ에 대응되는 A의 m차 일반화된 고유벡터라 하고, 다음과 같이 두자.

$$\begin{aligned} V_{m-1} &= (A-\lambda I)V_m \\ V_{m-2} &= (A-\lambda I)V_{m-1} = (A-\lambda I)^2 V_m \\ &\vdots \\ V_1 &= (A-\lambda I)V_2 = (A-\lambda I)^{m-1}V_m \end{aligned}$$

그러면 V_k가 λ에 대응되는 A의 k차 일반화된 고유벡터이고, $\{V_1, V_2, \cdots, V_m\}$가 일차 독립이다. 이때 $\{V_1, V_2, \cdots, V_m\}$을 λ에 대한 m-사슬(chain)이라 한다.

참고 단일 고유치 λ에 대응되는 고유벡터 V는 '1차 일반화된 고유벡터'라 볼 수 있고, $\{V\}$는 λ에 대한 1-사슬이라 볼 수 있다.

| 정의 A2.13 | A가 n차 정방행렬이라 하자. n개의 일차 독립인 일반화된 고유벡터들로 이루어진 행렬 M이 다음을 만족하면, A의 '**일반화된 modal행렬**'이라 한다.

(1) 열벡터들의 집합이 일반화된 고유벡터들의 사슬로 분할된다.
(2) 동일 사슬에 속한 열벡터들은 서로 이웃하도록 배치한다.
(3) 사슬들은 차수 순서대로 배치한다.

(이와 같은 일차 독립인 일반화된 고유벡터들의 집합을 A에 대한 **표준기저**(canonical basis)라 한다.)

예 A2.14 $A=\begin{pmatrix} 0 & 4 & 2 \\ -3 & 8 & 3 \\ 4 & -8 & -2 \end{pmatrix}$의 일반화된 modal 행렬을 구해보자.

| 정리 A2.15 | [Jordan 표준형] 임의의 n차 정방행렬 A에 대해서 일반화된 modal 행렬 M이 항상 존재하며, $J=M^{-1}AM$는 다음의 형태이다.

$$J=M^{-1}AM=\begin{pmatrix} D & & & O \\ & S_1 & & \\ & & \ddots & \\ O & & & S_r \end{pmatrix} \qquad \text{(부2.11)}$$

단 D는 적당한 고유치로 이루어진 대각행렬이고, S_k는 다음의 형태이다. $\lambda_k \in \sigma(A)$, $k=1,\ 2, \cdots,\ r$,

$$S_k=\begin{pmatrix} \lambda_k & 1 & 0 & 0 & \cdots & 0 & 0 \\ 0 & \lambda_k & 1 & 0 & \cdots & 0 & 0 \\ 0 & 0 & \lambda_k & 1 & \cdots & 0 & 0 \\ \vdots & \vdots & & \ddots & \ddots & \vdots & \vdots \\ \vdots & \vdots & & & \ddots & \ddots & \vdots \\ 0 & 0 & 0 & 0 & \cdots & \lambda_k & 1 \\ 0 & 0 & 0 & 0 & \cdots & 0 & \lambda_k \end{pmatrix} \qquad \text{(부2.12)}$$

| 정의 A2.16 | 정리 A2.17에서 $J=M^{-1}AM=\begin{pmatrix} D & & & O \\ & S_1 & & \\ & & \ddots & \\ O & & & S_r \end{pmatrix}$를 A의 Jordan **표준형**(Jordan canonical form)이라 한다.

참고 A의 Jordan 표준형 (부2.11)은 A와 닮은 가장 간단한 (즉 대각행렬에 가장 가까운) 행렬이다. 그래서 정방행렬을 다룰 때 Jordan 표준형으로 변환하여 다루면 편리한 경우가 많다.

예 A2.17 $A=\begin{pmatrix} 0 & 4 & 2 \\ -3 & 8 & 3 \\ 4 & -8 & -2 \end{pmatrix}$에 대해서 Jordan 표준형을 구해보자.

B. 미분방정식에 필요한 Matlab 명령어

Matlab은 1980년대 개발되었다. 수치계산을 위해서 이전에 사용하던 BASIC, FORTRAN, PASCAL, C, C++ 등 컴퓨터 언어들의 불편함을 개선하였는데, 특별히 행렬관련 연산을 할 때 매우 편리하다.

Matlab의 특징으로는 프로그램을 대화적으로 사용할 수 있고, 메뉴 입력과 그래프 출력을 활용할 수 있다. 또한 과학기술 계산에서 필수적인 수치, 수식, 기하 형상, 문자를 다룰 수 있는 것이 최대의 특징이다.

B1. Matlab의 기초 명령어

Matlab 명령어들이 많이 있지만 여기에 모두 수록하기는 불가능하다. 이 절에서는 기본적으로 필요한 명령어들 몇 가지만 소개하고 미분방정식 관련 명령어는 다음 절에서 소개한다. 여기에 소개된 것들이 불충분할 것으로 생각되는데 필요시 Matlab 관련 참고 문헌들을 이용하기 바란다.

1. Matlab 시작하기

Matlab을 시작하려면 바탕화면에 있는 Matlab 아이콘을 더블 클릭하면 Matlab 초기 화면 창이 뜬다. 명령창(Command Window) ">>"의 오른쪽에 명령문을 입력하고 Enter 키를 치면 명령문이 수행된다. 작업을 끝내려면 화면에 보이는 >>의 오른쪽에 exit (또는 quit)을 친다. 또한 프로그램이 실행 중에 중지하려면 Ctrl-c를 누른다.

명령어 등을 알고 싶을 때 메뉴에 있는 Help 또는 ?을 클릭하여 알고 싶은 것을 찾는다. 또는 화면의 >> 오른쪽에 help를 치고 그 옆에 알고 싶은 명령어를 친다. 변수는 문자로 시작하며 문자, 숫자 그리고 _로 구성한다. 대문자와 소문자는 구별되며, Matlab에 미리 내장되어 있는 변수의 이름은 사용을 피한다.

명령어	내용
exit, quit	Matlab 끝내기
Clt-c	실행 중인 프로그램 중지
help	도움말
%	설명문, % 이후는 실행 안함
;	변수의 값을 화면에 미출력(나타내지 않음)
...	윗줄과 아래줄을 이어 쓰기
what, dir	디렉토리에 있는 파일의 목록
which	파일이 속한 디렉토리 위치
type	M-파일의 내용 출력
version	사용 중인 Matlab의 버전

diary on/off	작업 중에 실행된 모든 과정을 파일로 저장
who, whos	현재까지 사용된 변수를 알기
clear	현재까지 사용된 변수와 함수를 모두 없애기
clc	현재 작업 중인 Matlab 창을 깨끗이 하기
sprintf, fprintf	출력 방법 n, t, i, f, e, g, %n
save	사용한 변수를 저장
load	저장된 변수를 다시 불러오기
delete	현재 디렉토리에 있는 파일을 지우기
dlmwrite	파일로 저장
dlmread	파일을 읽음

2. 연산자, 자릿수 표현, 변수와 상수 명령어

명령어	내용
+, −, *, /, ^	사칙 및 거듭제곱 연산
.+, .−, .*, ./, .^	행렬의 성분별로 계산하는 사칙 및 거듭제곱 연산
〈, 〈=, 〉, 〉=, ==, ~=	관계연산자
&, |, ~	논리연산자 (그리고, 또는, 부정)
format	자릿수 표현
format short	소수점 이하 4자리 표현
format long	소수점 이하 14자리 표현
format e, format g	지수 표현, 유효숫자 5자리 표현
rat, bank	분수 표현, 소수점 이하 2자리 표현
ans	명령창에 출력된 답
pi	원주율 π
inf	무한대 ∞
i, j	복소수 $\sqrt{-1}$
eps	기계오차 (machine epsilon)
realmin, realmax	표현할 수 있는 최소값, 최대값
NaN	부정이나 불능
clock, date	현재의 시간
tic, toc	시간의 시작과 끝
cputime	Matlab을 실행하고 경과된 CPU 시간

3. 수학함수 명령어

명령어	내용
fix	소수점 이하를 절단
floor	정수로 내림, 가우스 함수
ceil	정수로 올림
round	정수로 반올림
abs	절댓값
mod	나머지
rem	나머지
sign	부호
lcm	최소공배수
gcd	최대공약수
exp	지수함수
sqrt	제곱근함수
log, log10, log2	로그함수
factorial	계승
sin, cos, tan, sec, csc, cot	삼각함수
asin, acos, atan, asec, acsc, acot	역삼각함수
sinh, cosh, tanh, sech, csch, coth	쌍곡선함수

4. 벡터로 표시된 자료를 처리하는 명령어

명령어	내용
max	최댓값
min	최솟값
sum	합
prod	곱
dot	내적
cross	외적

5. Matlab으로 프로그램 작성시 필요한 명령어

명령어	내용
if/elseif/else	조건이 맞지 않으면 else로 가기
switch/case/otherwise	조건에 맞는 경우 case, 아니면 otherwise로 가기
for	반복 시행문
while	조건에 맞으면 반복 시행문
continue	다음 과정으로 보내기
break	조건문을 완전히 빠져나오기
end	조건문의 끝에 사용

예 B1.1 "for" 문

```
>> sum = 0;
>> for i = 1 : 100
sum = sum + i;
end
>> sum
sum = 5050
```

예 B1.2 "while" 문

```
>> n = 100;
>> sum = 0;
>> while n > 0
sum = sum + n;
n = n - 1;
end
>> sum
sum = 5050
```

6. 함수의 표현과 함수값

함수를 정의하는 것과 함수값을 구하는 명령어

명령어	내용
eval	정의된 변수의 값 출력
feval	변수에 대입한 값 출력
inline	함수 설정, f=inline('수식', 'x1', ...)

7. 2차원 그래프 명령어

명령어	내용
plot	2차원 그래프 그리기, plot(x, y, '속성')
polar	극좌표 그래프 그리기
hold on/off	그림을 한 창에 계속 겹치게 하기
figure	새로운 화면창 뛰우기
subplot	화면 분리하기
axis	축
xlabel, ylabel	x축, y축의 이름 붙이기
legend, title, text	범례, 제목, 문장 삽입
grid	격자선 넣기

B2. 미분방정식에 필요한 Matlab 명령어

간단한 미분방정식의 경우에, Symbolic Math Toolbox를 설치한 후 'dsolve' 명령어를 사용해 정해를 구해보자.

예 B2.1 $y' = -ax$의 일반해를 구하고 초기치문제 $[y' = -ax,\ x(0) = 1]$의 해를 구해보자.

풀이 일반해:
```
>> dsolve('Dx = -a*x')
ans =
    C1*exp(-a*t)
```

초기치문제의 해:
```
>> x = dsolve('Dx = -a*x','x(0) = 1','t')
x =
exp(-a*t)
```
■

예 B2.2 초기치문제 $[(y')^2 + y^2 = 1,\ y(0) = 0]$의 해를 구해보자.

풀이
```
>> y = dsolve('(Dy)^2 + y^2 = 1','y(0) = 0')
y =
     sin(t)
     -sin(t)
```
■

아래에서 미분방정식의 수치해를 구하는 명령어(또는 함수)에 대해서 알아보자.

1. 미분방정식의 초기치문제 관련 명령어

명령어	내용
ode45	non-stiff 미분방정식, 4,5계 Runge-Kutter 방법
ode23	non-stiff 미분방정식, 2,3계 Runge-Kutter 방법
ode113	non-stiff 미분방정식, 변동계(variable order)
ode23t	적당히 stiff 미분방정식, DAE's Index 1, 사다리꼴공식
ode15s	stiff 미분방정식, 변동계(variable order)
ode23s	stiff 미분방정식, 저계(low order)
ode23tb	stiff 미분방정식, 저계(low order)
dde23	지연(delay) 미분방정식 풀이

참고 예를 들어, Matlab 명령어(또는 함수) 'ode23'을 사용하기 위해서는 matlab toolbox가 먼저 설치되어 있어야 한다. ode23가 설치되어 있는 경우, 보관된 위치를 확인하려면, which 명령어를

아래와 같이 사용한다.

```
>> which ode23
C:₩Program Files₩MATLAB71₩toolbox₩matlab₩funfun₩ode23.m
```

Matlab의 버전에 따라 명령어(또는 함수) 사용 시 변수를 입력하는 방법에 차이가 있을 수 있다. help+명령어를 사용해 각각의 버전에 적합한 변수를 입력하는 방법을 확인하는 것이 좋다.

이제 Matlab 명령어 ode23을 사용해 초기치문제의 수치해를 구하는 프로그램을 작성해보자.

예 B2.3 구간 $[0, 1]$에서 초기치문제 $[x' = 3x + e^{2t},\ x(0) = 3]$의 수치해와 절대오차를 구하고 그래프를 그려보자(정해 $x(t) = 4e^{3t} - e^{2t}$).

풀이 Matlab 프로그램의 예를 다음과 같이 작성하고 수치해와 절대오차를 구하고 그림을 그려보자.

```
% 예 B2.3에 Matlab 명령어 ode23를 이용한 해
fcn = inline('3*x + exp(2*t)'); % 함수 f
a = 0; b = 1;                        % [a, b]: 해의 구간
x0 = 3;                              % x0: 초기치
[t, u] = ode23(fcn, [a,b], x0);  % u: 수치해
x = 4*exp(3*t) - exp(2*t);       % x: 정해
plot(t,u,'o',t,x),
title('Solution x to Example B2.1'),
xlabel('t'), ylabel('x'), grid
% 그림 그리기
plot(t,u,'o',t,x),
title('Solution x to Example B2.1'),
xlabel('t'), ylabel('x'), grid
 % 수치해, 정해, 및 절대오차 인쇄하기
disp('-----------------------------------------------');
fprintf('     t          u             x                |x-u| \n');
disp('-----------------------------------------------');
for i=1:size(t,1)
    fprintf('%9.4f %12.8f %12.8f %12.8f \n', ...
```

```
        t(i), u(i), x(i), abs( x(i) - u(i) ) );
end
disp('--------------------------------------------');
```

Matlab 프로그램을 실행시켰을 때 생성되는 그림을 파일로 저장하기 위해서는 Matlab 명령창에서 다음과 같이 입력한다.

```
>> print -deps filename.eps
```

그러면 디렉토리에 filename.eps라는 eps (Encapsulated PostScript) 파일이 만들어진다. 또는 jpeg 파일로 저장하고 싶으면 다음과 같이 입력한다.

```
>> print -djpeg filename.jpg
```

그러면 디렉토리에 filename.jpg 라는 jpeg 파일이 만들어진다.

다음은 2계 미분방정식 초기치문제의 수치해를 구해보자.

예 B2.4 구간 [0, 10]에서 2계 초기치문제 $[x'' - (1-x^2)x' + x = 0,\ x(0) = 1/4,\ x'(0) = 0]$의 수치해를 구해보자.

풀이 우선 2계 미분방정식의 초기치문제를 1계 미분방정식계의 초기치문제로 변형하자. $\begin{pmatrix} x1 \\ x2 \end{pmatrix} = \begin{pmatrix} x \\ x' \end{pmatrix}$라 두면, 1계 미분방정식계의 초기치문제는 다음과 같다.

$$\begin{pmatrix} x1 \\ x2 \end{pmatrix}' = \begin{pmatrix} x2 \\ (1-(x1)^2)x2 - x1 \end{pmatrix}, \quad \begin{pmatrix} x1(0) \\ x2(0) \end{pmatrix} = \begin{pmatrix} 1/4 \\ 0 \end{pmatrix}$$

다음의 Matlab 프로그램을 작성하고 실행시키면, 수치해를 구하고 그림을 그릴 수 있다.

```
% 예 B2.4에 Matlab 명령어 ode23를 이용한 2계 미분방정식 초기치문제의 해
a = 0; b = 10;                 % [a, b]: 해의 존재구간
x0 = [1/4, 0];                 % x0: 초기치
odefcns = inline('[x2; (1 - x1^2)*x2 - x1]', 'x1', 'x2');
[t, u] = ode23('odefcns', [a,b], x0);  % u: 수치해
% 그림 그리기
subplot(2,1,1), plot(t,u(:,1)),
title('Solution x to Example B2.2'),
```

```
xlabel('t'), ylabel('x'), grid
subplot(2,1,2), plot(t,u(:,2)),
title('First derivative of x to Example B2.2'),
xlabel('t'), ylabel('dx/dt'), grid
% 수치해 인쇄하기
disp('-----------------------------------');
fprintf('      t              u   \n');
disp('-----------------------------------');
for i=1:size(t,1)
    fprintf('%9.4f %15.8f \n', t(i), u(i,2) );
end
disp('-----------------------------------');
```

2. 미분방정식의 초기치문제 관련 명령어

명령어	내용
decic	consistent 초기조건 미분방정식 풀이
ode15i	non-stiff 미분방정식, 저계(low order)

3. 미분방정식의 경계치문제 관련 명령어

명령어	내용
bvp4c	두 점 경계치문제 미분방정식 풀이

4. 편미분방정식 문제 관련 명령어

명령어	내용
pdepe	1-D 초기-경계치문제 편미분방정식 풀이

5. 미분방정식, 지연 미분방정식, 경계치문제 옵션 관련 명령어

명령어	내용
odeset	미분방정식 옵션 구조 생성/교환
odeget	미분방정식 옵션 매개변수
ddeset	지연 미분방정식 옵션 구조 생성/교환
ddeget	지연 미분방정식 옵션 매개변수

bvpset	경계치문제 옵션 구조 생성/교환
bvpget	경계치문제 옵션 매개변수

6. 미분방정식, 지연 미분방정식, 경계치문제 입력/출력 관련 명령어

명령어	내용
deval1	미분방정식 해의 값 계산
odetend	미분방정식 해의 확장
odeplot	시계열 미분방정식 출력 함수
odephas2	2-D phase 평면 미분방정식 출력 함수
odephas3	3-D phase 평면 미분방정식 출력 함수
odeprint	미분방정식 출력 함수
bvpinit	bvp4c에서 초기치 추측 형성
pdeval	pdepe에서 계산된 해의 계산

연습문제 답

연습문제 1.1

(1) 1계 선형 제차 미분방정식
(3) 1계 비선형 미분방정식
(5) 2계 비선형 미분방정식
(7) 2계 비선형 미분방정식
(9) 4계 선형 비제차 방정식
(11) 1계 선형 제차 편미분방정식
(13) 2계 선형 제차 편미분방정식

연습문제 1.2

(1) $x^2 - y^2 + 2xyy' = 0$
(3) $y' - 2y = -2$
(5) $y' = y\cot x$
(7) $(yy')^2 + y^2 = 1$
(9) $y'' + 9y = 9$

연습문제 1.3

(1) 유일한 해가 존재함
(3) 유일한 해가 존재함
(5) 두 개의 해가 존재함
(7) 유일한 해가 존재함

연습문제 2.2

1. (1) $y^2 - x^2 = c$, c는 임의의 상수
   (3) $(x^2+2)^3(y^2+1) = c$, c는 임의의 상수
   (5) $y = ce^{\frac{x^3}{3}} - 1$, c는 임의의 상수
   (7) $y^3 = \frac{3}{2}x^2 + 3x + c$, c는 임의의 상수
   (9) 일반해 $y^2 = \left(\frac{2}{3}x + c\right)^3$, c는 임의의 상수, 특이해 $y = 0$
   (11) $\frac{x^3}{3} - x - y - \ln|y| = c$
2. (1) $y^2 - x^2 = 1$
   (3) $(x^2+2)^3(y^2+1) = 80$
   (5) $y = 4e^{\frac{x^3}{3}} - 1$
   (7) $y^3 = \frac{3}{2}x^2 + 3x + 1$
   (9) 특수해 $y^2 = \left(\frac{2}{3}x\right)^3$, 특이해 $y = 0$
   (11) $\frac{x^3}{3} - x - y - \ln|y| = 1$

연습문제 2.3

1. (1) 완전 미분방정식; $x^2y+y=c$, c는 임의의 상수
   (3) 완전 미분방정식; $xy+x^2y^3+y=c$, c는 임의의 상수
   (5) 완전 미분방정식; $xy=c$, c는 임의의 상수
   (7) 완전 미분방정식; $\frac{1}{xy}+\ln x=c$, c는 임의의 상수
   (9) 완전 미분방정식; $t\cos y+y\sin t=c$, c는 임의의 상수
   (11) $x^2+x\sin y-y^2=c$
2. (1) $x^2y+y=1$ (3) $xy+x^2y^3+y=1$
   (5) $xy=3$ (7) $\frac{1}{xy}+\ln x=\frac{1}{2}$
   (9) $t\cos y+y\sin t=\frac{\pi}{2}$ (11) $x^2+x\sin y-y^2=4-\pi^2$

연습문제 2.4

2. (1) 적분인자 $I=\frac{1}{xy}$, 일반해 $y=cx$, c는 임의의 상수
   (3) 적분인자 $I=e^{-x^2}$, 일반해 $e^{-x^2}\left(y-\frac{1}{2}\right)=c$, c는 임의의 상수
   (5) 적분인자 $I=x^{-2}$, 일반해 $-\frac{1}{x}+\frac{3}{2}y^2-y=c$, c는 임의의 상수
   (7) 적분인자 $I=x$, 일반해 $\frac{1}{2}x^2y^2+\frac{1}{4}x^4+\frac{1}{3}x^3=c$, c는 임의의 상수
   (9) 적분인자 $I=x^{-2}$, 일반해 $-\frac{y}{x}+\frac{1}{3}x^3=c$, c는 임의의 상수
   (11) 적분인자 $I=(xy)^{-2}$, 일반해 $\frac{1}{2}x^2+\frac{1}{3}y^3+\frac{1}{xy}=c$, c는 임의의 상수
   (13) 적분인자 $I=e^{2t}$, 일반해 $y^2+t^2=ce^{-2t}$, c는 임의의 상수
   (15) 적분인자 $I=t^{-2}$, 일반해 $1+x+\ln t=ct$, c는 임의의 상수

연습문제 2.5

1. (1) 일반해 $y=ce^{5x}$, c는 임의의 상수
   (3) 일반해 $y=ce^{-\cos x}$, c는 임의의 상수
   (5) 일반해 $x=ce^{-\frac{5}{t}}$, c는 임의의 상수

(7) 일반해 $u=ce^{\tan^{-1}x}$, c는 임의의 상수

(9) 일반해 $x=ct^{-t}e^{t}$, c는 임의의 상수

(11) 일반해 $y=ce^{3x}-2$, c는 임의의 상수

(13) 일반해 $y=ce^{-x^2}+2$, c는 임의의 상수

(15) 일반해 $v=ce^{\frac{1}{2}x^2}+1$, c는 임의의 상수

(17) 일반해 $v=ce^{x}-xe^{x}$, c는 임의의 상수

(19) 일반해 $v=ce^{\pi x}-\dfrac{4}{\pi}$, c는 임의의 상수

2. (1) $y=e^{5x}$

(3) $y=e^{1-\cos x}$

(5) $x=e^{5-\frac{5}{t}}$

(7) $u=e^{\tan^{-1}x}$

(9) $x=t^{-t}e^{t}$

(11) $y=-e^{3x}-(1+x)e^{2x}$

(13) $N=\dfrac{1}{10}e^{-3t}-\dfrac{1}{10}\cos t+\dfrac{3}{10}\sin t$

연습문제 2.6

1. (1) 일반해 $y=\dfrac{c}{x}+\dfrac{1}{2}x$, c는 임의의 상수

(3) 일반해 $y=x\tan(c+\ln x)$, c는 임의의 상수

(5) 일반해 $x^2y+\dfrac{1}{3}y^3=c$, c는 임의의 상수

(7) 일반해 $y=\left(\dfrac{1}{2}x+c\right)^2-x$, c는 임의의 상수

(9) 일반해 $y=\left(1+ce^{\frac{1}{2}x^2}\right)^{-1}$, c는 임의의 상수

(11) 일반해 $y=\left(ce^{-4x}-\dfrac{4}{5}x\right)^{-1}$, c는 임의의 상수

(13) 일반해 $y=x+1+\dfrac{2}{1+ce^{2x}}$, c는 임의의 상수

2. (1) $(x+2)^2-2(x+2)(y-3)-(y-3)^2=c$, c는 임의의 상수

3. (1) $\log|y+x+2|+\dfrac{2x+1}{x+y+2}=\log 4+\dfrac{1}{4}$

연습문제 2.7

1. (1) 100×2^{12}

   (2) $\dfrac{\ln 10}{\ln 2}$

   (3) $\dfrac{10000}{\ln 12}$

3. (1) $\left(\dfrac{19}{20}\right)^5 \times 100$

   (2) $\dfrac{\ln 4}{\ln 20 - \ln 19}$

   (3) $\dfrac{2\ln 5}{\ln 20 - \ln 19}$

5. $\dfrac{3\ln 10}{\ln 5 - \ln 3}$ 분

7. C의 양 $x(t) \approx 1000\dfrac{1-e^{-0.1258t}}{25-4e^{-0.1258t}}, t > 0$

9. $q(t) = e^{-\frac{t}{CR}}\left[q(0) + \dfrac{1}{R}\displaystyle\int_0^t e^{\frac{s}{CR}}E(s)ds\right]$

연습문제 3.1

1. (1)

t	u	x	|x−u|
0.10	0.00000000	0.00575205	0.00575205
0.20	0.01349859	0.02681280	0.01331421
0.30	0.04724125	0.07114453	0.02390328
0.40	0.11158109	0.15077784	0.03919674
0.50	0.22206955	0.28361652	0.06154697
0.60	0.40174009	0.49601957	0.09427947
0.70	0.68437092	0.82648087	0.14210995
0.80	1.11912863	1.33085703	0.21172839
0.90	1.77715702	2.08977440	0.31261738
1.00	2.76090147	3.21909932	0.45819785

연습문제 3.1 #1.(1) 정해 그래프

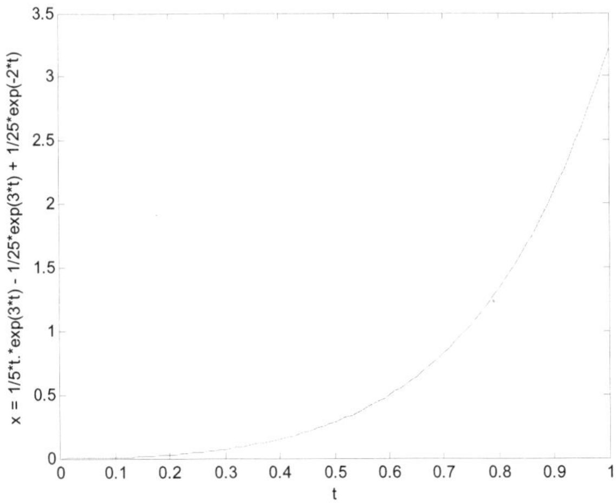

연습문제 3.2

1. (1)

t	u	x	|x−u|
0.10	0.00580917	0.00575205	0.00005712
0.20	0.02693834	0.02681280	0.00012554
0.30	0.07137021	0.07114453	0.00022568
0.40	0.15116255	0.15077784	0.00038471
0.50	0.28425697	0.28361652	0.00064045
0.60	0.49706616	0.49601957	0.00104660
0.70	0.82816106	0.82648087	0.00168019
0.80	1.33350907	1.33085703	0.00265204
0.90	2.09389585	2.08977440	0.00412145
1.00	3.22541628	3.21909932	0.00631696

2. (1)

t	u	x	|x−u|
0.10	0.00674929	0.00575205	0.00099724
0.20	0.02915504	0.02681280	0.00234224
0.30	0.07537813	0.07114453	0.00423361
0.40	0.15772765	0.15077784	0.00694981
0.50	0.29450077	0.28361652	0.01088424
0.60	0.51261383	0.49601957	0.01659427
0.70	0.85135083	0.82648087	0.02486996
0.80	1.36768749	1.33085703	0.03683047
0.90	2.14383332	2.08977440	0.05405892
1.00	3.29789051	3.21909932	0.07879119

3. (1)

t	u	x	|x−u|
0.10	0.00610701	0.00575205	0.00035496
0.20	0.02764156	0.02681280	0.00082875
0.30	0.07264325	0.07114453	0.00149872
0.40	0.15325024	0.15077784	0.00247241
0.50	0.28751790	0.28361652	0.00390138
0.60	0.50202011	0.49601957	0.00600055
0.70	0.83555612	0.82648087	0.00907525
0.80	1.34441630	1.33085703	0.01355927
0.90	2.10984245	2.08977440	0.02006805
1.00	3.24857273	3.21909932	0.02947341

4. (1)

t	u	x	|x−u|
0.10	0.00575463	0.00575205	0.00000258
0.20	0.02681877	0.02681280	0.00000597
0.30	0.07115516	0.07114453	0.00001064
0.40	0.15079506	0.15077784	0.00001723
0.50	0.28364316	0.28361652	0.00002664
0.60	0.49605971	0.49601957	0.00004015
0.70	0.82654042	0.82648087	0.00005955
0.80	1.33094440	1.33085703	0.00008738
0.90	2.08990161	2.08977440	0.00012721
1.00	3.21928340	3.21909932	0.00018408

연습문제 4.1

1. (1) 일차 독립　　(3) 일차 독립
   (5) 일차 종속　　(7) 일차 종속
   (9) 일차 독립
2. (1) 일반해　　(3) 일반해
   (5) 일반해가 아님

연습문제 4.2

1. (1) 일반해 $y = c_1 e^{-2x} + c_2 e^{3x}$, c_1, c_2는 임의의 상수
   (3) 일반해 $y = (c_1 + c_2 x)e^{-x}$, c_1, c_2는 임의의 상수
   (5) 일반해 $y = e^{3x}(c_1 \cos 4x + c_2 \sin 4x)$, c_1, c_2는 임의의 상수
2. (1) $y = -\frac{4}{5}e^{-2x} - \frac{1}{5}e^{3x}$
   (3) $y = (x-1)e^{-x}$

(5) $y = e^{3x}(-\cos 4x + \sin 4x)$

3. (1) $y = c_1 e^{-3x} + c_2 e^{-x} + c_3 e^{2x}$, c_1, c_2, c_3 는 임의의 상수

(3) $y = c_1 e^{-x} + c_2 e^{-\frac{1}{2}x} + c_3 e^{2x}$, c_1, c_2, c_3 는 임의의 상수

(5) $y = c_1 \cos x + c_2 \sin x + c_3 \cos 3x + c_4 \sin 3x$, c_1, c_2, c_3, c_4는 임의의 상수

(7) $y = c_1 + c_2 x + c_3 \cos 2x + c_4 \sin 2x$, c_1, c_2, c_3, c_4 는 임의의 상수

(9) $y = (c_1 + c_2 x)e^{-x} + c_3 e^{x}$, c_1, c_2, c_3 는 임의의 상수

(11) $y = (c_1 + c_2 x + c_3 x^3)e^{-2x}$, c_1, c_2, c_3 는 임의의 상수

(13) $y = (c_1 + c_2 x)\cos 2x + (c_3 + c_4 x)\sin 2x$, c_1, c_2, c_3, c_4는 임의의 상수

4. (1) $y = \frac{1}{10}e^{-3x} - \frac{1}{2}e^{-x} + \frac{2}{5}e^{2x}$

(3) $y = x - \cos 2x$

(5) $y = -\cos 2x - x\sin 2x$

연습문제 4.3

1. (1) $y = ce^{5x} - \frac{1}{3}e^{2x}$, c는 임의의 상수

(3) $y = c_1 e^{-x} + c_2 e^{2x} + \frac{1}{4}e^{3x} - 2x^2 + 2x - 3$, c_1, c_2 는 임의의 상수

(5) $y = c_1 e^{-2x} + c_2 e^{3x} + c_3 e^{x} - \frac{1}{6}xe^{x} + x^2 + \frac{5}{3}x + \frac{37}{18}$, c_1, c_2, c_3는 임의의 상수

(7) $y = c_1 e^{-x} + c_2 e^{x} + e^{-2x}\left(\frac{1}{5}\cos x + \frac{1}{10}\sin x\right)$, c_1, c_2는 임의의 상수

(9) $y = c_1 e^{-2x} + c_2 e^{-x} + c_3 e^{x} + \frac{1}{6}xe^{x} + \frac{1}{2}$, c_1, c_2, c_3 는 임의의 상수

(11) $y = c_1 e^{x} + c_2 \cos x + c_3 \sin x - \frac{1}{4}x\cos x + \frac{1}{4}x\sin x$, c_1, c_2, c_3는 임의의 상수

2. 1번 답과 같음

3. (1) $y = \frac{4}{3}e^{5x} - \frac{1}{3}e^{2x}$

(3) $y = \frac{11}{4}e^{-x} + e^{2x} + \frac{1}{4}e^{3x} - 2x^2 + 2x - 3$

(5) $y = -\frac{13}{20}e^{-x} + \frac{13}{20}e^{x} + e^{-2x}\left(\frac{1}{5}\cos x + \frac{1}{10}\sin x\right)$

연습문제 4.4

1. $r=\sqrt{3}$, $x=-(1+\sqrt{3}\,t)e^{-\sqrt{3}\,t}$

3. $x=-\dfrac{2}{15}\sin 3t+\dfrac{1}{5}\sin 2t$

7. 초기치문제$[10x''+90x'+140=0,\ x(0)=-1,\ x'(0)=0]$,

   해 $x=-\dfrac{7}{5}e^{2t}+\dfrac{2}{5}e^{-7t}$

9. 초기치문제

   $\left[EI\dfrac{d^2y}{dx^2}=-\dfrac{1}{2}Wx^2+\dfrac{1}{2}WLx'+K,\ y(0)=0=y(L),\ y'(0)=0=y'(L)\right]$,

   단 K는 묶여진 끝점에서 빔을 수평으로 유지하기 위해서 작용하는 적당한 모멘트이다.

   $y=\dfrac{W}{24EI}x^2(2Lx-x^2-L^2)$, $0\le x\le L$

연습문제 5.1

1. (1) $\dfrac{s}{s^2+4}$, $s>0$　　(3) $\dfrac{s-2}{(s-2)^2+9}$, $s>2$

   (5) $\dfrac{2e^{-2s}}{s}+\dfrac{e^{-2s}}{s^2}$, $s>0$　　(7) $\dfrac{e^{-\pi s}+1}{s^2+1}$, $s>0$

2. (1) $\dfrac{6}{s+3}-\dfrac{2}{s^3}+\dfrac{2}{s^2}-\dfrac{8}{s}$, $s>0$

   (3) $\dfrac{6}{s^4}-\dfrac{1}{(s-1)^2}+\dfrac{s-4}{(s-4)^2+1}$, $s>4$

   (5) $\dfrac{6}{(s-3)^2+36}-\dfrac{6}{s^4}+\dfrac{1}{s-1}$, $s>3$

   (7) $\dfrac{1}{s-2}+\dfrac{2}{s-1}+\dfrac{1}{s}$, $s>2$　　(9) $\dfrac{s}{s^2-a^2}$, $s>a$

   (11) $\dfrac{1}{2s}-\dfrac{s}{2(s^2+4)}$, $s>0$

   (13) $\dfrac{1}{2}\left[\dfrac{m+n}{s^2+(m+n)^2}-\dfrac{m-n}{s^2+(m-n)^2}\right]$, $s>0$

   (15) $\dfrac{1}{2}\left[\dfrac{s}{s^2+9}-\dfrac{s}{s^2+49}\right]$, $s>0$

   (17) $\dfrac{2e^{-s}}{s^3}$, $s>0$　　(19) $e^{-2s}\left[\dfrac{2}{s^3}+\dfrac{4}{s^2}+\dfrac{4}{s}\right]$, $s>0$

3. $$L\left[\frac{f(t)}{t}\right](s)=\int_0^\infty e^{-st}\frac{f(t)}{t}dt=\int_0^\infty\left(\int_s^\infty e^{-st}ds\right)f(t)dt$$
$$=\int_s^\infty\int_0^\infty e^{-st}f(t)dt\,ds=\int_s^\infty F(s)ds\ ,\ s>a$$

연습문제 5.2

(1) $\frac{2}{\sqrt{3}}\sin\sqrt{3}\,t$

(3) $\frac{1}{3}[e^{3t}-e^{-3t}]$

(5) $e^{-2t}[\cos 3t+2\sin 3t]$

(7) $e^{t}[\frac{1}{2}\cos 2t-\sin 2t]$

(9) $2-te^{t}$

(11) $3e^{-t}-e^{t}[\cos 2t+\sin 2t]$

(13) $6e^{-t}-e^{-3t}+2te^{-3t}$

(15) $\frac{1}{t}[e^{5t}-e^{-2t}]$

(17) $\frac{2}{t}[\cos t-\cos 3t]$

(19) $e^{t-2}u_H(t-2)$

(21) $(t-3)u_H(t-3)$

(23) $(7e^{6-2t}-6e^{3-t})u_H(t-3)$

(25) $1-\cos t$

(27) $\frac{t}{2}\sin t$

(29) $3e^{-t}\cos 3t-\frac{2}{3}e^{-t}\sin 3t$

연습문제 5.3

1. (1) $y=e^{5t}$

(3) $y=\frac{1}{2}[-1+e^{2t}]$

(5) $e^{3t}[-\cos 4t+\sin 4t]$

(7) $y=e^{5t}+\frac{1}{4}[e^{5t-4}-e^{t}]u_H(t-1)$

(9) $y=\frac{7}{4}e^{-t}+\frac{1}{4}e^{3t}-2t^2+2t-3$

(11) $y=-\frac{9}{8}e^{-t}+\frac{1}{4}\left(t^2-t+\frac{1}{2}\right)e^{t}$

(13) $y=\sin t+[1-\cos(t-3)]u_H(t-3)$

(15) $y=u_H(t-3)$

(17) $y=\begin{cases}2\sin 2t+\cos t, & 0\le t\le 2\pi\\ 2\sin 2t+\cos 2t, & 2\pi<t\end{cases}$

(19)

$$y=2e^{-2t}-2e^{-3t}+\left[\frac{1}{36}+\frac{1}{6}(t-1)-\frac{1}{4}e^{-2(t-1)}+\frac{2}{9}e^{-3(t-1)}\right]u_H(t-1)$$
$$-\left[\frac{19}{36}+\frac{1}{6}(t-5)-\frac{7}{4}e^{-2(t-5)}+\frac{11}{9}e^{-3(t-5)}\right]u_H(t-5)$$

(21) $y=e^{2t}$

(23) $y=\frac{1}{4}+\frac{5}{12}e^{4t}-\frac{2}{3}e^{t}-u_5(t)\left[\frac{1}{4}+\frac{1}{12}e^{4(t-5)}-\frac{1}{3}e^{t-5}\right]$

2. (1) $y=e^{-t}+e^{t}$

(3) $y=t+\frac{1}{6}t^3$

(5) $y=3$

(7) $y=e^{t}-2$

(9) $y=e^{-\frac{1}{2}t}\left(\frac{1}{\sqrt{3}}\sin\frac{\sqrt{3}}{2}t-\cos\frac{\sqrt{3}}{2}t\right)$

연습문제 5.4

1. (1) $y=u_H(t-2\pi)\sin t$

(3) $y=\frac{1}{\sqrt{2}}e^{-(t-1)}\sin\sqrt{2}(t-1)\,u_H(t-1)-\frac{1}{\sqrt{2}}e^{-(t-2)}\sin\sqrt{2}(t-2)\,u_H(t-2)$

(5) $y=2[e^{t-2}-e^{2-t}]u_H(t-2)+2e^{t}-t^2-2$

(7) $y=1-\cos t-\sin t\,u_H(t-3\pi)$

(9) $y=e^{-t}-e^{-2t}-u_\pi(t)\left[e^{-(t-\pi)}-e^{-2(t-\pi)}\right]$

2. $y=\frac{20}{\sqrt{399}}\sum_{k=1}^{4}(-1)^{k+1}e^{-\frac{1}{20}(t-k\pi)}\sin\frac{\sqrt{399}}{20}(t-k\pi)\,u_H(t-k\pi)\,,\, t\geqq 0$

3. (1) 1

연습문제 6.1

1. (1) $R=1$

(3) $R=\infty$

(5) $R=\frac{1}{2}$

(7) $R=\frac{1}{4}$

2. (1) $R=\infty$, $f(x)=\sum_{n=0}^{\infty}(-1)^n\frac{x^{2n+1}}{(2n+1)!}$

(3) $R=\infty$, $f(x)=1+2(x-1)+(x-1)^2$

(5) $R=1$, $f(x)=\sum_{n=0}^{\infty}(-1)^n\frac{(x-1)^{n+1}}{n+1}$

(7) $R=\infty$, $f(x)=\sum_{n=0}^{\infty}(-1)^n\frac{x^n}{n!}$

(9) $R=\infty$, $f(x)=\sum_{n=0}^{\infty}(-1)^n\frac{2^{2n+1}}{(2n+1)!}x^{2n+1}$

(11) $R=\infty$, $f(x)=\sum_{n=0}^{\infty}(-1)^n \frac{x^{2n}}{n!}$

(13) $R=\infty$, $f(x)=5-5(x+1)+(x+1)^2$

연습문제 6.2

(1) 특이점 없음

(3) 특이점 없음

(5) 정상특이점: $\bar{x}_1=0$, $\bar{x}_2=-1$

(7) 정상특이점: $\bar{x}_1=2$, $\bar{x}_2=-1$

(9) 정상특이점: $\bar{x}=1$

(11) 정상특이점: $\bar{x}=0$

(13) 정상특이점: $\bar{x}=0$

(15) 정상특이점: $\bar{x}=0$

(17) 정상특이점: $\bar{x}_1=1$, $\bar{x}_2=-1$

(19) 정상특이점: $\bar{x}=0$

(21) 정상특이점: $\bar{x}_1=1$

연습문제 6.3

1. (1) $A_{n+2}=\frac{(n+1)A_{n+1}+2A_n}{(n+1)(n+2)}$;

$A_0=a$, $A_1=b$, $A_2=\frac{2a+b}{2}$, $A_3=\frac{2a+3b}{6}$, $\cdots$

(3) $A_{n+2}=\frac{A_n}{n+2}$; $A_0=a$, $A_1=b$, $A_2=\frac{a}{2}$, $A_3=\frac{b}{3}$, $\cdots$

(5) $A_{n+2}=\frac{n(n+1)A_{n+1}-A_n}{(n+1)(n+2)}$;

$A_0=1$, $A_1=2$, $A_2=-\frac{1}{2}$, $A_3=-\frac{1}{2}$, $\cdots$

(7) $A_{n+2}=-\frac{A_n}{n+1}$; $A_0=a$, $A_1=b$, $A_2=-a$, $A_3=-\frac{b}{2}$, $\cdots$

(9) $A_{n+2}=\frac{(n-2)(n-3)A_n}{(n+1)(n+2)}$; $A_0=a$, $A_1=b$, $A_2=3a$, $A_3=\frac{1}{3}b$, $\cdots$

(11) $A_{n+2}=-\frac{3(n+1)A_{n+1}+(n+3)A_n}{2(n+1)(n+2)}$;

$A_0=a$, $A_1=b$, $A_2=-\frac{3}{4}(a+b)$, $A_3=\frac{9a+b}{24}$, $\cdots$

(13) $A_{n+2}=-\frac{aA_n+\frac{1}{4}A_{n-2}}{(n+1)(n+2)}$; $A_n=0$(n은 홀수), $A_0=1$, $A_2=\frac{a}{2}$,

$$A_4 = \frac{a^2 + \frac{1}{2}}{4!},\ A_6 = \frac{a^3 + \frac{7}{2}a}{6!},\ \cdots$$

2. (1) $y = 1 + 2x + 2x^2 + \frac{4}{3}x^3 + \cdots$; $R = \infty$

   (3) $y = 2 + (x-1) + (x-1)^2 + \frac{1}{3}(x-1)^3 + \cdots$; $R = \infty$

   (5) $y = 1 + 2x - \frac{1}{2}x^2 - \frac{1}{2}x^3 + \cdots$; $R = 1$

3. (1) $A_0 = 1,\ A_1 = -1,\ A_2 = 0,\ A_3 = -\frac{1}{6},\ A_4 = \frac{1}{12},\ \cdots$

연습문제 6.4

(1) 일차 독립인 해; $y_1 = x - \frac{1}{2}x^2 + \frac{1}{12}x^3 - \frac{1}{144}x^4 + \cdots,$

$y_2 = y_1 \ln x + y_1 \left[-\frac{1}{x} + \frac{7}{12}x + \frac{17}{144}x^2 + \cdots \right]$

일반해 $y = c_1 y_1 + c_2 y_2$, c_1, c_2 는 임의의 상수

(3) 일차 독립인 해; $y_1 = e^x$, $y_2 = y_1 \ln x + y_1 \left[-x + \frac{1}{4}x^2 - \frac{1}{18}x^3 + \cdots \right]$

일반해 $y = c_1 y_1 + c_2 y_2$, c_1, c_2 는 임의의 상수

(5) 일차 독립인 해; $y_1 = 1 + \frac{1}{10}x^2 + \frac{1}{280}x^4 + \frac{1}{15120}x^6 + \cdots,$

$y_2 = x^{-3} - \frac{1}{2}x^{-1} - \frac{1}{8}x - \frac{1}{144}x^3 - \cdots$

일반해 $y = c_1 y_1 + c_2 y_2$, c_1, c_2 는 임의의 상수

(7) 일차 독립인 해; $y_1 = 1 + x + \frac{1}{4}x^2 + \frac{1}{36}x^3 + \cdots,$

$y_2 = y_1 \ln x + \left[-2x - \frac{3}{4}x^2 - \frac{11}{108}x^3 + \cdots \right]$

일반해 $y = c_1 y_1 + c_2 y_2$, c_1, c_2 는 임의의 상수

(9) 일차 독립인 해;

$y_1 = 1 - \frac{1}{4}x^2 + \frac{1}{2^4(2!)^2}x^4 - \frac{1}{2^6(3!)^2}x^6 + \cdots,$

$y_2 = y_1 \ln x + \left[\frac{1}{4}x^2 - \frac{1}{2^6}x^4\left(1 + \frac{1}{2}\right) - \frac{1}{2^6(3!)^2}x^6\left(1 + \frac{1}{2} + \frac{1}{3}\right) + \cdots \right].$

일반해 $y = c_1 y_1 + c_2 y_2$, c_1, c_2 는 임의의 상수

(11) 일차 독립인 해;

$$y_1 = x^2, \quad y_2 = x^2 \ln x - 1 + 2x - \frac{1}{3}x^3 + \frac{1}{24}x^4 + \cdots$$

일반해 $y = c_1 y_1 + c_2 y_2$, c_1, c_2 는 임의의 상수

(13) 일차 독립인 해;

$$y_1 = \frac{1}{x} - \frac{1}{2}, \quad y_2 = x^2 - \frac{x^3}{2} + \sum_{n=2}^{\infty} 6(-1)^n \frac{x^{n+2}}{n!(n+2)(n+3)}$$

일반해 $y = c_1 y_1 + c_2 y_2$, c_1, c_2 는 임의의 상수

연습문제 6.5

(1) 일차 독립인 해;

$$y_1 = x, \ y_2 = 1 - \frac{1}{2}x^2 - \frac{1}{8}x^4 - \frac{1}{80}x^6 - \cdots$$

일반해; $y = c_1 y_1 + c_2 y_2$, c_1, c_2 는 임의의 상수

(3) 일차 독립인 해;

$$y_1 = x^{\frac{3}{2}} \left[1 - \frac{1}{10}x^2 + \frac{1}{2^3 35}x^4 - \frac{1}{2^4 \times 3 \times 5 \times 7 \times 9}x^6 + \cdots \right],$$

$$y_2 = x^{-\frac{3}{2}} \left[1 + \frac{1}{2}x^2 - \frac{1}{2^3}x^4 + \frac{1}{2^4 9}x^6 - \cdots \right]$$

일반해; $y = c_1 y_1 + c_2 y_2$, c_1, c_2 는 임의의 상수

(5) 일차 독립인 해;

$$y_1 = \sum_{k=0}^{n} \binom{n}{k} \frac{(-1)^k}{k!} x^k, \ y_2 = y_1 \ln x + \sum_{k=0}^{n} \left[2\binom{n}{k+1} + \binom{n}{k} \right] \frac{(-1)^k}{k!(k+1)^2} x^{k+1}$$

일반해; $y = c_1 y_1 + c_2 y_2$, c_1, c_2는 임의의 상수

연습문제 7.1

1. (1) $\frac{d}{dt}\begin{pmatrix} x \\ y \end{pmatrix} = \begin{pmatrix} 3 & -1 \\ -1 & -2 \end{pmatrix}\begin{pmatrix} x \\ y \end{pmatrix}$

(3) $\frac{d}{dt}\begin{pmatrix} x \\ y \end{pmatrix} = \begin{pmatrix} 3 & -1 \\ -1 & -2 \end{pmatrix}\begin{pmatrix} x \\ y \end{pmatrix} + \begin{pmatrix} -t^2 \\ 1 \end{pmatrix}$

(5) $\frac{d}{dt}\begin{pmatrix} x \\ y \\ z \end{pmatrix} = \begin{pmatrix} 3 & -1 & -5 \\ -1 & -2 & 3 \\ -1 & 3 & 4 \end{pmatrix}\begin{pmatrix} x \\ y \\ z \end{pmatrix}$

(7) $\frac{d}{dt}\begin{pmatrix} x \\ y \\ z \end{pmatrix} = \begin{pmatrix} 3 & -1 & -5 \\ -1 & -2 & 3 \\ -1 & 3 & 4 \end{pmatrix}\begin{pmatrix} x \\ y \\ z \end{pmatrix} + \begin{pmatrix} -e^t \\ 0 \\ t \end{pmatrix}$

(9) $\frac{d}{dt}\begin{pmatrix} x \\ y \end{pmatrix} = \begin{pmatrix} -2 & 1 \\ -1 & -4 \end{pmatrix}\begin{pmatrix} x \\ y \end{pmatrix} + \begin{pmatrix} e^t \\ 0 \end{pmatrix}$

2\. (1) $\begin{cases} \dfrac{dx}{dt} = y \\ \dfrac{dy}{dt} = -5x - 2y \end{cases}$ (3) $\begin{cases} \dfrac{dx}{dt} = y \\ \dfrac{dy}{dt} = -5x - 2y + 2t + \sin t \end{cases}$

(5) $\begin{cases} \dfrac{dw}{dt} = x \\ \dfrac{dx}{dt} = y \\ \dfrac{dy}{dt} = -20w + 9y + e^{-t} \end{cases}$ (7) $\begin{cases} \dfrac{dw}{dt} = x \\ \dfrac{dx}{dt} = y \\ \dfrac{dy}{dt} = -4w - 3x - 2y + t^2 \end{cases}$

3\. (1) $\begin{pmatrix} x \\ y \end{pmatrix} = \begin{pmatrix} 4 \\ -1 \end{pmatrix} e^{2t}$ (3) $\begin{pmatrix} x \\ y \end{pmatrix} = \begin{pmatrix} 1 \\ 2 \end{pmatrix}$

(5) $\begin{pmatrix} x \\ y \end{pmatrix} = \begin{pmatrix} 2 \\ 0 \end{pmatrix}$ (7) $\begin{pmatrix} x \\ y \\ z \end{pmatrix} = \begin{pmatrix} 2 \\ -1 \\ -1 \end{pmatrix} e^{-t}$

연습문제 7.2

1\. (1) 기본해집합; $\left\{ \begin{pmatrix} 3 \\ 1 \end{pmatrix} e^{t},\ \begin{pmatrix} 1 \\ 1 \end{pmatrix} e^{-t} \right\}$

일반해; $\begin{pmatrix} x \\ y \end{pmatrix} = c_1 \begin{pmatrix} 3 \\ 1 \end{pmatrix} e^{t} + c_2 \begin{pmatrix} 1 \\ 1 \end{pmatrix} e^{-t}$, c_1, c_2는 임의의 상수

(3) 기본해집합; $\left\{ \begin{pmatrix} 1 \\ 1 \end{pmatrix} e^{2t},\ \left[\begin{pmatrix} 1 \\ 1 \end{pmatrix} t + \dfrac{1}{3} \begin{pmatrix} 0 \\ 1 \end{pmatrix} \right] e^{2t} \right\}$

일반해; $\begin{pmatrix} x \\ y \end{pmatrix} = c_1 \begin{pmatrix} 1 \\ 1 \end{pmatrix} e^{2t} + c_2 \left[\begin{pmatrix} 1 \\ 1 \end{pmatrix} t + \dfrac{1}{3} \begin{pmatrix} 0 \\ 1 \end{pmatrix} \right] e^{2t}$, c_1, c_2는 임의의 상수

(5) 기본해집합; $\left\{ \begin{pmatrix} \sqrt{3} \\ 1 \end{pmatrix} e^{2t},\ \begin{pmatrix} 1 \\ -\sqrt{3} \end{pmatrix} e^{-2t} \right\}$

일반해; $\begin{pmatrix} x \\ y \end{pmatrix} = c_1 \begin{pmatrix} \sqrt{3} \\ 1 \end{pmatrix} e^{2t} + c_2 \begin{pmatrix} 1 \\ -\sqrt{3} \end{pmatrix} e^{-2t}$, c_1, c_2는 임의의 상수

(7) 기본해집합; $\left\{ \begin{pmatrix} 1 \\ 4 \end{pmatrix} e^{3t},\ \begin{pmatrix} 1 \\ -2 \end{pmatrix} e^{-3t} \right\}$

일반해; $\begin{pmatrix} x \\ y \end{pmatrix} = c_1 \begin{pmatrix} 1 \\ 4 \end{pmatrix} e^{3t} + c_2 \begin{pmatrix} 1 \\ -2 \end{pmatrix} e^{-3t}$, c_1, c_2는 임의의 상수

(9) 기본해집합; $\left\{ \begin{pmatrix} 1 \\ -1 \end{pmatrix} e^{-2t},\ \begin{pmatrix} 1 \\ 1 \end{pmatrix} e^{4t} \right\}$

일반해; $\begin{pmatrix} x \\ y \end{pmatrix} = c_1 \begin{pmatrix} 1 \\ -1 \end{pmatrix} e^{-2t} + c_2 \begin{pmatrix} 1 \\ 1 \end{pmatrix} e^{4t}$, c_1, c_2는 임의의 상수

(11) 기본해집합; $\left\{ \begin{pmatrix} 1 \\ 3 \end{pmatrix},\ \begin{pmatrix} 1 \\ 3 \end{pmatrix} t - \begin{pmatrix} 0 \\ 1 \end{pmatrix} \right\}$

일반해; $\begin{pmatrix} x \\ y \end{pmatrix} = c_1 \begin{pmatrix} 1 \\ 3 \end{pmatrix} + c_2 \left[\begin{pmatrix} 1 \\ 3 \end{pmatrix} t - \begin{pmatrix} 0 \\ 1 \end{pmatrix} \right]$, c_1, c_2는 임의의 상수

(13) 기본해집합; $\left\{\begin{pmatrix}1\\-1\end{pmatrix}\cos t-\begin{pmatrix}0\\1\end{pmatrix}\sin t,\ \begin{pmatrix}1\\-1\end{pmatrix}\sin t+\begin{pmatrix}0\\1\end{pmatrix}\cos t\right\}$

일반해; $\begin{pmatrix}x\\y\end{pmatrix}=c_1\left[\begin{pmatrix}1\\-1\end{pmatrix}\cos t-\begin{pmatrix}0\\1\end{pmatrix}\sin t\right]+c_2\left[\begin{pmatrix}1\\-1\end{pmatrix}\sin t+\begin{pmatrix}0\\1\end{pmatrix}\cos t\right]$,

c_1, c_2는 임의의 상수

(15) 기본해집합; $\left\{e^{4t}\left[\begin{pmatrix}1\\-1\end{pmatrix}\cos t-\begin{pmatrix}0\\1\end{pmatrix}\sin t\right],\ e^{4t}\left[\begin{pmatrix}1\\-1\end{pmatrix}\sin t+\begin{pmatrix}0\\1\end{pmatrix}\cos t\right]\right\}$

일반해;

$\begin{pmatrix}x\\y\end{pmatrix}=c_1e^{4t}\left[\begin{pmatrix}1\\-1\end{pmatrix}\cos t-\begin{pmatrix}0\\1\end{pmatrix}\sin t\right]+c_2e^{4t}\left[\begin{pmatrix}1\\-1\end{pmatrix}\sin t+\begin{pmatrix}0\\1\end{pmatrix}\cos t\right]$,

c_1, c_2는 임의의 상수

(17) 기본해집합; $\left\{e^{5t}\left[\begin{pmatrix}1\\1\end{pmatrix}\cos 2t+\begin{pmatrix}0\\2\end{pmatrix}\sin 2t\right],\ e^{5t}\left[\begin{pmatrix}1\\1\end{pmatrix}\sin 2t-\begin{pmatrix}0\\2\end{pmatrix}\cos 2t\right]\right\}$

일반해;

$\begin{pmatrix}x\\y\end{pmatrix}=c_1e^{5t}\left[\begin{pmatrix}1\\1\end{pmatrix}\cos 2t+\begin{pmatrix}0\\2\end{pmatrix}\sin 2t\right]+c_2e^{5t}\left[\begin{pmatrix}1\\1\end{pmatrix}\sin 2t-\begin{pmatrix}0\\2\end{pmatrix}\cos 2t\right]$,

c_1, c_2는 임의의 상수

(19) 기본해집합; $\left\{e^{4t}\left[\begin{pmatrix}1\\2\end{pmatrix}\cos t+\begin{pmatrix}0\\1\end{pmatrix}\sin t\right],\ e^{4t}\left[\begin{pmatrix}1\\2\end{pmatrix}\sin t-\begin{pmatrix}0\\1\end{pmatrix}\cos t\right]\right\}$

일반해; $\begin{pmatrix}x\\y\end{pmatrix}=c_1e^{4t}\left[\begin{pmatrix}1\\2\end{pmatrix}\cos t+\begin{pmatrix}0\\1\end{pmatrix}\sin t\right]+c_2e^{4t}\left[\begin{pmatrix}1\\2\end{pmatrix}\sin t-\begin{pmatrix}0\\1\end{pmatrix}\cos t\right]$,

c_1, c_2는 임의의 상수

(21) 기본해집합;

$\left\{e^{6t}\left[\begin{pmatrix}1\\1/4\end{pmatrix}\cos 2t+\begin{pmatrix}0\\1/4\end{pmatrix}\sin 2t\right],\ e^{6t}\left[\begin{pmatrix}1\\1/4\end{pmatrix}\sin 2t-\begin{pmatrix}0\\1/4\end{pmatrix}\cos 2t\right]\right\}$

일반해; $\begin{pmatrix}x\\y\end{pmatrix}=$

$c_1e^{4t}\left[\begin{pmatrix}1\\1/4\end{pmatrix}\cos 2t+\begin{pmatrix}0\\1/4\end{pmatrix}\sin 2t\right]+c_2e^{4t}\left[\begin{pmatrix}1\\1/4\end{pmatrix}\sin 2t-\begin{pmatrix}0\\1/4\end{pmatrix}\cos 2t\right]$,

c_1, c_2는 임의의 상수

2. (1) $\begin{pmatrix}x\\y\end{pmatrix}=\begin{pmatrix}3\\1\end{pmatrix}e^{t}-2\begin{pmatrix}1\\1\end{pmatrix}e^{-t}$

(3) $\begin{pmatrix}x\\y\end{pmatrix}=\begin{pmatrix}1\\3\end{pmatrix}+4[\begin{pmatrix}1\\3\end{pmatrix}t-\begin{pmatrix}0\\1\end{pmatrix}]=\begin{pmatrix}4t+1\\12t-1\end{pmatrix}$

(5) $\begin{pmatrix}x\\y\end{pmatrix}=\begin{pmatrix}1\\-1\end{pmatrix}\cos t-\begin{pmatrix}0\\1\end{pmatrix}\sin t=\begin{pmatrix}\cos t\\-\cos t-\sin t\end{pmatrix}$

연습문제 7.3

1. (1) 기본해집합; $\left\{\begin{pmatrix}1\\0\\1\end{pmatrix}e^{-3t},\ \begin{pmatrix}10\\-1\\1\end{pmatrix}e^{-4t},\ \begin{pmatrix}1\\8\\1\end{pmatrix}e^{5t}\right\}$

일반해; $\begin{pmatrix}x\\y\\z\end{pmatrix}=c_1\begin{pmatrix}1\\0\\1\end{pmatrix}e^{-3t}+c_2\begin{pmatrix}10\\-1\\1\end{pmatrix}e^{-4t}+c_3\begin{pmatrix}1\\8\\1\end{pmatrix}e^{5t}$, c_1, c_2, c_3는 임의의 상수

(3) 기본해집합; $\left\{\begin{pmatrix}1\\0\\-1\end{pmatrix}e^{-t},\ \begin{pmatrix}1\\4\\3\end{pmatrix}e^{3t},\ \begin{pmatrix}1\\-1\\3\end{pmatrix}e^{-2t}\right\}$

일반해; $\begin{pmatrix}x\\y\\z\end{pmatrix}=c_1\begin{pmatrix}1\\0\\-1\end{pmatrix}e^{-t}+c_2\begin{pmatrix}1\\4\\3\end{pmatrix}e^{3t}+c_3\begin{pmatrix}1\\-1\\3\end{pmatrix}e^{-2t}$, c_1, c_2, c_3는 임의의 상수

(5) 기본해집합; $\left\{\begin{pmatrix}1\\1\\1\end{pmatrix}e^{t},\ \begin{pmatrix}1\\1\\0\end{pmatrix}e^{2t},\ \begin{pmatrix}1\\0\\1\end{pmatrix}e^{2t}\right\}$

일반해; $\begin{pmatrix}x\\y\\z\end{pmatrix}=c_1\begin{pmatrix}1\\1\\1\end{pmatrix}e^{t}+c_2\begin{pmatrix}1\\1\\0\end{pmatrix}e^{2t}+c_3\begin{pmatrix}1\\0\\1\end{pmatrix}e^{2t}$, c_1, c_2, c_3는 임의의 상수

(7) 기본해집합; $\left\{\begin{pmatrix}0\\1\\1\end{pmatrix}e^{t},\ [\begin{pmatrix}0\\1\\1\end{pmatrix}t+\begin{pmatrix}0\\1\\0\end{pmatrix}]e^{t},\ [\frac{1}{2}\begin{pmatrix}0\\1\\1\end{pmatrix}t^2+\begin{pmatrix}0\\1\\0\end{pmatrix}t+\frac{1}{2}\begin{pmatrix}1\\0\\0\end{pmatrix}]e^{t}\right\}$

일반해; $\begin{pmatrix}x\\y\\z\end{pmatrix}=c_1\begin{pmatrix}0\\1\\1\end{pmatrix}e^{t}+c_2[\begin{pmatrix}0\\1\\1\end{pmatrix}t+\begin{pmatrix}0\\1\\0\end{pmatrix}]e^{t}+c_3[\frac{1}{2}\begin{pmatrix}0\\1\\1\end{pmatrix}t^2+\begin{pmatrix}0\\1\\0\end{pmatrix}t+\frac{1}{2}\begin{pmatrix}1\\0\\0\end{pmatrix}]e^{t}$,

c_1, c_2, c_3는 임의의 상수

(9) 기본해집합;

$\left\{\begin{pmatrix}28\\-5\\25\end{pmatrix}e^{2t},\ e^{-2t}\begin{pmatrix}5\cos 3t\\-4\cos 3t-3\sin 3t\\0\end{pmatrix},\ e^{-2t}\begin{pmatrix}5\sin 3t\\-4\sin 3t+3\cos 3t\\0\end{pmatrix}\right\}$

일반해; $\begin{pmatrix}x\\y\\z\end{pmatrix}=$

$c_1\begin{pmatrix}28\\-5\\25\end{pmatrix}e^{2t}+c_2e^{-2t}\begin{pmatrix}5\cos 3t\\-4\cos 3t-3\sin 3t\\0\end{pmatrix}+c_3e^{-2t}\begin{pmatrix}5\sin 3t\\-4\sin 3t+3\cos 3t\\0\end{pmatrix}$,

c_1, c_2, c_3는 임의의 상수

(11) 기본해집합; $\left\{\begin{pmatrix}1\\0\\-1\end{pmatrix}e^{-t},\ \begin{pmatrix}2\\0\\1\end{pmatrix}e^{2t},\ [\begin{pmatrix}2\\0\\1\end{pmatrix}t+\begin{pmatrix}0\\3\\1\end{pmatrix}]e^{2t}\right\}$

일반해; $\begin{pmatrix} x \\ y \\ z \end{pmatrix} = c_1 \begin{pmatrix} 1 \\ 0 \\ -1 \end{pmatrix} e^{-t} + c_2 \begin{pmatrix} 2 \\ 0 \\ 1 \end{pmatrix} e^{2t} + c_3 \left[\begin{pmatrix} 2 \\ 0 \\ 1 \end{pmatrix} t + \begin{pmatrix} 0 \\ 3 \\ 1 \end{pmatrix} \right] e^{2t}$,

c_1, c_2, c_3는 임의의 상수

2. (1) $\begin{pmatrix} x \\ y \\ z \end{pmatrix} = \begin{pmatrix} 1 \\ 0 \\ 1 \end{pmatrix} e^{-3t}$

(3) $\begin{pmatrix} x \\ y \\ z \end{pmatrix} = \begin{pmatrix} 1 \\ 0 \\ 1 \end{pmatrix} e^{2t}$

(5) $\begin{pmatrix} x \\ y \\ z \end{pmatrix} = -\frac{1}{3} \begin{pmatrix} 1 \\ 0 \\ -1 \end{pmatrix} e^{-t} + \frac{2}{3} \begin{pmatrix} 2 \\ 0 \\ 1 \end{pmatrix} e^{2t}$

연습문제 7.4

1. (1) $e^{At} = \begin{pmatrix} e^{2t} & 0 \\ 0 & e^{t} \end{pmatrix}$

(3) $e^{At} = \begin{pmatrix} \frac{3}{2}e^{2t} - \frac{1}{2}e^{-2t} & \frac{3}{4}e^{2t} - \frac{3}{4}e^{-2t} \\ -e^{2t} + e^{-2t} & -\frac{1}{2}e^{2t} + \frac{3}{2}e^{-2t} \end{pmatrix}$

(5) $e^{At} = \frac{1}{2} \begin{pmatrix} 3e^{3t} - e^{5t} & -e^{3t} + e^{5t} \\ 3e^{3t} - 3e^{5t} & -e^{3t} + 3e^{5t} \end{pmatrix}$

(7) $e^{At} = \begin{pmatrix} e^{t} + te^{t} & te^{t} & te^{t} \\ te^{t} & e^{t} + te^{t} & te^{t} \\ -2te^{t} & -2te^{t} & e^{t} - 2te^{t} \end{pmatrix}$

(9) $e^{At} = \frac{1}{25} \begin{pmatrix} -4 + 29e^{5t} - 20te^{5t} & 20 - 20e^{5t} & -8 + 8e^{5t} - 40te^{5t} \\ -5 + 5e^{5t} & 25 & -10 + 10e^{5t} \\ 2 - 2e^{5t} + 10te^{5t} & -10 + 10e^{5t} & 4 + 21e^{5t} + 20te^{5t} \end{pmatrix}$

2. (1) 일반해; $\begin{pmatrix} x \\ y \end{pmatrix} = e^{At} \begin{pmatrix} c_1 \\ c_2 \end{pmatrix} = \begin{pmatrix} e^{2t} & 0 \\ 0 & e^{t} \end{pmatrix} \begin{pmatrix} c_1 \\ c_2 \end{pmatrix} = \begin{pmatrix} c_1 e^{2t} \\ c_2 e^{t} \end{pmatrix}$, c_1, c_2는 임의의 상수

(3) 일반해; $\begin{pmatrix} x \\ y \end{pmatrix} = e^{At} \begin{pmatrix} c_1 \\ c_2 \end{pmatrix} = \begin{pmatrix} \frac{3}{2}e^{2t} - \frac{1}{2}e^{-2t} & \frac{3}{4}e^{2t} - \frac{3}{4}e^{-2t} \\ -e^{2t} + e^{-2t} & -\frac{1}{2}e^{2t} + \frac{3}{2}e^{-2t} \end{pmatrix} \begin{pmatrix} c_1 \\ c_2 \end{pmatrix}$,

c_1, c_2는 임의의 상수

(5) 일반해; $\begin{pmatrix} x \\ y \end{pmatrix} = \begin{pmatrix} 3e^{3t} - e^{5t} & -e^{3t} + e^{5t} \\ 3e^{3t} - 3e^{5t} & -e^{3t} + 3e^{5t} \end{pmatrix} \begin{pmatrix} c_1 \\ c_2 \end{pmatrix}$, c_1, c_2는 임의의 상수

(7) 일반해; $\begin{pmatrix} x \\ y \\ z \end{pmatrix} = \begin{pmatrix} e^t + te^t & te^t & te^t \\ te^t & e^t + te^t & te^t \\ -2te^t & -2te^t & e^t - 2te^t \end{pmatrix} \begin{pmatrix} c_1 \\ c_2 \\ c_3 \end{pmatrix}$, c_1, c_2, c_3는 임의의 상수

연습문제 7.5

1. (1) $\begin{pmatrix} x \\ y \end{pmatrix} = c_1 \left[\begin{pmatrix} 1 \\ 0 \end{pmatrix} \cos t - \begin{pmatrix} 0 \\ 1 \end{pmatrix} \sin t \right] + c_2 \left[\begin{pmatrix} 1 \\ 0 \end{pmatrix} \sin t + \begin{pmatrix} 0 \\ 1 \end{pmatrix} \cos t \right] - \begin{pmatrix} 0 \\ 1 \end{pmatrix}$,

   c_1, c_2는 임의의 상수

   (3) $\begin{pmatrix} x \\ y \end{pmatrix} = c_1 \begin{pmatrix} 1 \\ 1 \end{pmatrix} e^t + c_2 \begin{pmatrix} 1 \\ 3 \end{pmatrix} e^{-t} + \frac{2}{3} \begin{pmatrix} 1 \\ 1 \end{pmatrix} te^t - \frac{1}{4} \begin{pmatrix} 1 \\ 3 \end{pmatrix} e^t + \begin{pmatrix} 1 \\ 2 \end{pmatrix} t - \begin{pmatrix} 0 \\ 1 \end{pmatrix}$,

   c_1, c_2는 임의의 상수

   (5) $\begin{pmatrix} x \\ y \end{pmatrix} = c_1 \begin{pmatrix} 1 \\ 1 \end{pmatrix} e^{7t} + c_2 \begin{pmatrix} 1 \\ -4 \end{pmatrix} e^{2t} + \begin{pmatrix} 2 \\ -1 \end{pmatrix}$, c_1, c_2는 임의의 상수

   (7) $\begin{pmatrix} x \\ y \end{pmatrix} = c_1 \begin{pmatrix} 0 \\ 1 \end{pmatrix} e^{-t} + c_2 [\begin{pmatrix} 0 \\ 2 \end{pmatrix} t + \begin{pmatrix} 1 \\ 0 \end{pmatrix}] e^{-t} + \begin{pmatrix} 1 \\ 2t \end{pmatrix}$, c_1, c_2는 임의의 상수

   (9) $\begin{pmatrix} x \\ y \end{pmatrix} = c_1 \begin{pmatrix} 1 \\ -1 \end{pmatrix} e^t + c_2 \begin{pmatrix} 1 \\ -3 \end{pmatrix} e^{-t} + \frac{1}{2} \begin{pmatrix} 3 + 10t \\ 9 - 10t \end{pmatrix} e^t$, c_1, c_2는 임의의 상수

   (11) $\begin{pmatrix} x \\ y \\ z \end{pmatrix} = c_1 \begin{pmatrix} 1 \\ 1 \\ -1 \end{pmatrix} e^{-3t} + c_2 \begin{pmatrix} 1 \\ 0 \\ 1 \end{pmatrix} e^{3t} + c_3 \begin{pmatrix} 1 \\ -1 \\ 0 \end{pmatrix} e^{3t} + \begin{pmatrix} 1 \\ 0 \\ -1 \end{pmatrix} e^t$,

   c_1, c_2, c_3는 임의의 상수

2. (1) $\begin{pmatrix} x \\ y \end{pmatrix} = \begin{pmatrix} 1 \\ 0 \end{pmatrix} \cos t - \begin{pmatrix} 0 \\ 1 \end{pmatrix} \sin t - \begin{pmatrix} 0 \\ 1 \end{pmatrix}$

   (3) $\begin{pmatrix} x \\ y \end{pmatrix} = -\frac{3}{5} \begin{pmatrix} 1 \\ 1 \end{pmatrix} e^{7t} - \frac{2}{5} \begin{pmatrix} 1 \\ -4 \end{pmatrix} e^{2t} + \begin{pmatrix} 2 \\ -1 \end{pmatrix}$

   (5) $\begin{pmatrix} x \\ y \end{pmatrix} = -\begin{pmatrix} 1 \\ 2t+1 \end{pmatrix} e^{-t} + \begin{pmatrix} 1 \\ 2t \end{pmatrix}$

   (7) $\begin{pmatrix} x \\ y \\ z \end{pmatrix} = -\frac{2}{3} \begin{pmatrix} 1 \\ 1 \\ -1 \end{pmatrix} e^{-3t} + \frac{4}{3} \begin{pmatrix} 1 \\ 0 \\ 1 \end{pmatrix} e^{3t} - \frac{2}{3} \begin{pmatrix} 1 \\ -1 \\ 0 \end{pmatrix} e^{3t} + \begin{pmatrix} 1 \\ 0 \\ -1 \end{pmatrix} e^t$

연습문제 7.6

1. (1) $\begin{pmatrix} x \\ y \end{pmatrix} = \begin{pmatrix} 3 \\ 1 \end{pmatrix} e^t - 2 \begin{pmatrix} 1 \\ 1 \end{pmatrix} e^{-t}$

   (3) $\begin{pmatrix} x \\ y \end{pmatrix} = \begin{pmatrix} 1 \\ 3 \end{pmatrix} + 4 [\begin{pmatrix} 1 \\ 3 \end{pmatrix} t - \begin{pmatrix} 0 \\ 1 \end{pmatrix}] = \begin{pmatrix} 4t+1 \\ 12t-1 \end{pmatrix}$

   (5) $\begin{pmatrix} x \\ y \end{pmatrix} = \begin{pmatrix} 1 \\ -1 \end{pmatrix} \cos t - \begin{pmatrix} 0 \\ 1 \end{pmatrix} \sin t = \begin{pmatrix} \cos t \\ -\cos t - \sin t \end{pmatrix}$

(7) $\begin{pmatrix} x \\ y \\ z \end{pmatrix} = \begin{pmatrix} 1 \\ 0 \\ 1 \end{pmatrix} e^{-3t}$

2. (1) $\begin{pmatrix} x \\ y \end{pmatrix} = \begin{pmatrix} 1 \\ 0 \end{pmatrix} \cos t - \begin{pmatrix} 0 \\ 1 \end{pmatrix} \sin t - \begin{pmatrix} 0 \\ 1 \end{pmatrix}$

(3) $\begin{pmatrix} x \\ y \end{pmatrix} = -\frac{3}{5}\begin{pmatrix} 1 \\ 1 \end{pmatrix} e^{7t} - \frac{2}{5}\begin{pmatrix} 1 \\ -4 \end{pmatrix} e^{2t} + \begin{pmatrix} 2 \\ -1 \end{pmatrix}$

(5) $\begin{pmatrix} x \\ y \end{pmatrix} = -\begin{pmatrix} 1 \\ 2t+1 \end{pmatrix} e^{-t} + \begin{pmatrix} 1 \\ 2t \end{pmatrix}$

(7) $\begin{pmatrix} x \\ y \\ z \end{pmatrix} = -\frac{2}{3}\begin{pmatrix} 1 \\ 1 \\ -1 \end{pmatrix} e^{-3t} + \frac{4}{3}\begin{pmatrix} 1 \\ 0 \\ 1 \end{pmatrix} e^{3t} - \frac{2}{3}\begin{pmatrix} 1 \\ -1 \\ 0 \end{pmatrix} e^{3t} + \begin{pmatrix} 1 \\ 0 \\ -1 \end{pmatrix} e^{t}$

연습문제 8.1

1. (1) $F(x, y) = \begin{pmatrix} 2x - 3y \\ x - 2y \end{pmatrix}$는 $X_0 = \begin{pmatrix} 1 \\ -1 \end{pmatrix}$에서 연속 편미분가능이다.

즉 Jacobi 행렬 $F_X(x, y) = \begin{pmatrix} 2 & -3 \\ 1 & -2 \end{pmatrix}$가 $X_0 = \begin{pmatrix} 1 \\ -1 \end{pmatrix}$에서 연속이다.

따라서 초기치문제는 유일한 해를 가진다.

(3) $F(x, y) = \begin{pmatrix} x - xy \\ y + 2xy \end{pmatrix}$는 $X_0 = \begin{pmatrix} 1 \\ -1 \end{pmatrix}$에서 연속 편미분가능이다.

즉 Jacobi 행렬 $F_X(x, y) = \begin{pmatrix} 1-y & -x \\ 2y & 1+2x \end{pmatrix}$가 $X_0 = \begin{pmatrix} 1 \\ -1 \end{pmatrix}$에서 연속이다.

따라서 초기치문제는 유일한 해를 가진다.

(5) $F(x, y) = \begin{pmatrix} x^2 - \sin y \\ x + y \end{pmatrix}$는 $X_0 = \begin{pmatrix} 0 \\ 0 \end{pmatrix}$에서 연속 편미분가능이다.

즉 Jacobi 행렬 $F_X(x, y) = \begin{pmatrix} 2x & -\cos y \\ 1 & 1 \end{pmatrix}$가 $X_0 = \begin{pmatrix} 0 \\ 0 \end{pmatrix}$에서 연속이다.

따라서 초기치문제는 유일한 해를 가진다.

(7) $F(x, y) = \begin{pmatrix} y \\ (1-x^2)y - x \end{pmatrix}$는 $X_0 = \begin{pmatrix} 1 \\ -1 \end{pmatrix}$에서 연속 편미분가능이다.

즉 Jacobi 행렬 $F_X(x, y) = \begin{pmatrix} 0 & 1 \\ -2xy - 1 & 1 - x^2 \end{pmatrix}$가 $X_0 = \begin{pmatrix} 1 \\ -1 \end{pmatrix}$에서 연속이다. 따라서 초기치문제는 유일한 해를 가진다.

(9) $F(x, y, z) = \begin{pmatrix} -x + y \\ x - y - xz \\ -z + xy \end{pmatrix}$는 $X_0 = \begin{pmatrix} 1 \\ 0 \\ 1 \end{pmatrix}$에서 연속 편미분가능이다.

즉 Jacobi 행렬 $F_X(x, y, z) = \begin{pmatrix} -1 & 1 & 0 \\ 1 - z & -1 & -x \\ y & x & -1 \end{pmatrix}$가 $X_0 = \begin{pmatrix} 1 \\ 0 \\ 1 \end{pmatrix}$에서 연속이다.

따라서 초기치문제는 유일한 해를 가진다.

2. (1) $\overline{X}=\begin{pmatrix}0\\0\end{pmatrix}$ (3) $\overline{X_1}=\begin{pmatrix}0\\0\end{pmatrix}$, $\overline{X_2}=\begin{pmatrix}-\frac{1}{2}\\0\end{pmatrix}$

(5) $\overline{X_1}=\begin{pmatrix}0\\0\end{pmatrix}$, $\overline{X_2}=\begin{pmatrix}-y_*\\y_*\end{pmatrix}$,

단 y_* 는 $y^2=\sin y$ 의 근으로서 $\frac{8}{10}<y_*<\frac{9}{10}$ 이다.

(7) $\overline{X}=\begin{pmatrix}0\\0\end{pmatrix}$ (9) (1) $\overline{X}=\begin{pmatrix}0\\0\\0\end{pmatrix}$

연습문제 8.2

(1) $\overline{x}=2$: 점근적으로 안정한 고정점

(3) $\overline{x_1}=-1$: 불안정한 고정점, $\overline{x_2}=3$: 점근적으로 안정한 고정점

(5) $\overline{X}=\begin{pmatrix}0\\0\end{pmatrix}$: 불안정한 안장점

(7) $\overline{X}=\begin{pmatrix}0\\0\end{pmatrix}$: 불안정한 결절점

(9) $\overline{X}=\begin{pmatrix}0\\0\end{pmatrix}$: 불안정한 나선점

(11) $\overline{X_1}=\begin{pmatrix}0\\0\end{pmatrix}$: 불안정한 결절점, $\overline{X_2}=\begin{pmatrix}-1\\1\end{pmatrix}$: 불안정한 안장점

(13) $\overline{X}=\begin{pmatrix}0\\0\\0\end{pmatrix}$: 불안정한 안장점

연습문제 8.3

(1) $\overline{X_1}=\begin{pmatrix}0\\0\end{pmatrix}$: 불안정한 결절점, $\overline{X_2}=\begin{pmatrix}-\frac{1}{2}\\0\end{pmatrix}$: 불안정한 안장점

(3) $\overline{X_1}=\begin{pmatrix}0\\0\end{pmatrix}$: 불안정한 나선점, $\overline{X_2}=\begin{pmatrix}-y_*\\y_*\end{pmatrix}$: 불안정한 나선점,

단 y 는 $y^2=\sin y$ 의 근으로서 $\frac{8}{10}<y_*<\frac{9}{10}$ 이다.

(5) $\overline{X}=\begin{pmatrix}0\\0\end{pmatrix}$: 불안정한 나선점

(7) $\overline{X_1}=\begin{pmatrix}\frac{1}{2}\\-\frac{1}{2}\end{pmatrix}$: 불안정한 나선점, $\overline{X_2}=\begin{pmatrix}-\frac{1}{2}\\\frac{1}{2}\end{pmatrix}$: 불안정한 안장점

(9) $\overline{X}_n=\begin{pmatrix}1-(-1)^n\\n\pi\end{pmatrix}$: n 이 홀수이면 불안정한 안장점이고, n 이 짝수이면 선형화 방법으로는 알 수 없음.

(11) $\overline{X_1}=\begin{pmatrix}0\\0\end{pmatrix}$: 불안정한 안장점, $\overline{X_2}=\begin{pmatrix}1\\1\end{pmatrix}$: 안정한 나선점

(13) $\overline{X_1}=\begin{pmatrix}1\\1\end{pmatrix}$: 안정한 나선점, $\overline{X_2}=\begin{pmatrix}-1\\1\end{pmatrix}$: 불안정한 안장점

(15) $\overline{X}=\begin{pmatrix}0\\0\\0\end{pmatrix}$: 선형화 방법으로는 알 수 없음.

연습문제 8.4

1. $V(x,\ y)=ax^2+bxy+cy^2=a\left(x+\frac{by}{2a}\right)^2+\frac{4ac-b^2}{4a}$ 이므로 양의 정부호가 될 필요충분조건은 $a>0$ 와 $b^2-4ac<0$ 이다.

3. (1) $V(x,\ y)=x^2+y^2$ 가 $\overline{X}=\begin{pmatrix}0\\0\end{pmatrix}$에서 Lyapunov 함수, $\overline{X}=\begin{pmatrix}0\\0\end{pmatrix}$: 점근적으로 안정

(3) $V(x,\ y)=x^2+y^2$: $\overline{X}=\begin{pmatrix}0\\0\end{pmatrix}$에서 Lyapunov 함수, $\overline{X}=\begin{pmatrix}0\\0\end{pmatrix}$: 점근적으로 안정

(5) $V(x,\ y)=x^2+y^2$: $\overline{X}=\begin{pmatrix}0\\0\end{pmatrix}$에서 Lyapunov 함수, $\overline{X}=\begin{pmatrix}0\\0\end{pmatrix}$: 점근적으로 안정

(7) $V(x,\ y)=x^2+2y^2$: $\overline{X}=\begin{pmatrix}0\\0\end{pmatrix}$에서 Lyapunov 함수, $\overline{X}=\begin{pmatrix}0\\0\end{pmatrix}$: 점근적으로 안정

연습문제 8.5

1. (1) $\overline{X}=\begin{pmatrix}0\\0\end{pmatrix}$: 불안정한 나선점

(2) 주기해: $\begin{cases}x=\cos t\\y=-\sin t\end{cases}$

(3) $\begin{cases}x=\cos t\\y=-\sin t\end{cases}$: 점근적으로 안정한 주기해

3. (1) 반경1인 단위 원상의 임의의 점 $X_1 = \begin{pmatrix} x_1 \\ y_1 \end{pmatrix}$을 잡고, 편각을 θ_1이라 하자.

즉 $x_1 = \cos\theta_1$, $y_1 = \sin\theta_1$이라 하자.

$t_n = 2n\pi + \theta_1$, ($n \ge 1$정수)라 두면, $\lim_{n \to \infty} r(t_n ; r_0) = 1$이므로

$\lim_{n \to \infty} X(t_n ; X_0) = X_1$이다.

따라서 $L_\omega(X(t ; X_0)) =$반경 1인 원이다.

또한 $\lim_{t \to -\infty} X(t ; X_0) = 0$이므로 $L_\alpha(X(t ; X_0)) = \{0\}$이다.

(2) 반경 1인 단위 원상의 임의의 점 $X_1 = \begin{pmatrix} x_1 \\ y_1 \end{pmatrix}$을 잡고, 편각을 θ_1이라 하자.

즉 $x_1 = \cos\theta_1$, $y_1 = \sin\theta_1$ 이라 하자.

$t_n = 2n\pi + \theta_1$, ($n \ge 1$정수)라 두면, $\lim_{n \to \infty} r(t_n ; r_0) = 1$이므로

$\lim_{n \to \infty} X(t_n ; X_0) = X_1$이다.

따라서 $L_\omega(X(t ; X_0)) =$반경 1인 원이다.

한편 $\lim_{t \to -\infty} r(t ; r_0) = \infty$ 이므로 $L_\alpha(X(t ; X_0)) = \{\ \}$공집합이다.

(3) $X(t ; X_0)$가 주기해이므로, $L_\omega(X(t ; X_0)) = L_\alpha(X(t ; X_0)) =$반경 1인 원이다.

5. (1) $\begin{cases} x = \cos t \\ y = \sin t \end{cases}$: 점근적으로 안정한 주기해

(3) $\begin{cases} x = n\cos t \\ y = n\sin t \end{cases}$: n이 홀수이면 점근적으로 안정한 주기해, n이 짝수이면 불안정한 주기해

(5) $\begin{cases} x = \cos t \\ y = \sin t \end{cases}$: 점근적으로 안정한 주기해, $\begin{cases} x = 3\cos t \\ y = 3\sin t \end{cases}$: 불안정한 주기해

(7) $v(x, y) = x^2 + y^2$라 두면, Poincare-Bendixson 정리에 의해서 원환 $1 < x^2 + y^2 < 4$ 내에 반드시 주기해가 존재한다.

연습문제 8.6

1. 분기점: $\bar{\mu} = 1$
3. 분기점: $\bar{\mu} = 0$
5. (1) 분기점: $\bar{\mu}_1 = -3$, $\bar{\mu}_2 = -\dfrac{5}{3}$　　(3) 분기점: $\bar{\mu} = 9$

(5) 분기점: $\bar{\mu}_1 = \frac{5}{3}$, $\bar{\mu}_2 = 3$ (7) 분기점: $\bar{\mu} = 0$

(9) 분기점: $\bar{\mu} = 0$ (11) 분기점: $\bar{\mu}_1 = -2$ $\bar{\mu}_2 = 0$, $\bar{\mu}_3 = 2$

(13) 분기점: $\bar{\mu} = 0$

연습문제 8.7

1. $(x, y, z) \neq (0, 0, 0)$이면 $V(x, y, z) = x^2 + \sigma y^2 + \sigma z^2 > 0$이고 $V(0, 0, 0) = 0$이다.

$$\begin{aligned}\frac{d}{dt}V &= -2\sigma x^2 - 2\sigma y^2 - 2\beta\sigma z^2 + 2\sigma xy + 2\sigma\rho xy \\ &= -\sigma(x-y)^2 - \sigma(x-\rho y)^2 - \sigma(1-\rho^2)y^2 - 2\beta\sigma z^2\end{aligned}$$

따라서 $(x, y, z) \neq (0, 0, 0)$이면 $\frac{d}{dt}V(x, y, z) < 0$이고, $\frac{d}{dt}V(0, 0, 0) = 0$ 이다. 그러므로 $V = x^2 + \sigma y^2 + \sigma z^2$가 원점에서 강한 Lyapunov 함수이다.

2. (1) $\frac{d}{dt}V(x, y, z) = -2\rho\sigma x^2 - 2\sigma y^2 - 2\beta\sigma z^2 + 4\beta\rho\sigma z$

(2) $$\begin{aligned}\frac{d}{dt}V(x, y, z) &= -2\rho\sigma x^2 - 2\sigma y^2 - 2\beta\sigma z^2 + 4\beta\rho\sigma z \\ &= -2\sigma[\rho x^2 + y^2 + \beta(z-\rho)^2 - \beta\rho^2]\end{aligned}$$

한편 $m = \min\{1, \beta, \rho, \sigma\}$, $M = \max\{1, \beta, \rho, \sigma\}$라 두면,

$$\frac{d}{dt}V = -2\sigma[\rho x^2 + y^2 + \beta(z-\rho)^2 - \beta\rho^2] \leqq -2m\sigma[x^2 + y^2 + (z-\rho)^2 - \beta\rho^2]$$

이다. $r > 2\rho\sqrt{M}$라 하자. 그러면 $V(x, y, z) = \rho x^2 + \sigma y^2 + \sigma(z - 2\rho)^2 = r^2$이면, $\frac{d}{dt}V \leq -2m\sigma[x^2 + y^2 + (z-\rho)^2 - \beta\rho^2] < 0$이다.

따라서 타원 $\rho x^2 + \sigma y^2 + \sigma(z-2\rho)^2 = r^2$과 만나는 모든 해는 이 타원의 내부로 향한다.

(3) $r > 2\rho\sqrt{M} = 56\sqrt{28} = 112\sqrt{7}$인 임의의 상수

3. $\begin{cases}\frac{dx}{dt} = y \\ \frac{dy}{dt} = -x + x^3\end{cases}$, t를 소거하면 $\frac{dy}{dx} = \frac{-x + x^3}{y}$이다.

$\frac{dy}{dx} = \frac{-x + x^3}{y}$를 풀면, 해 $x^2 - \frac{1}{2}x^4 + y^2 = c$, ($c$는 적분상수)를 얻는다.

따라서 $\begin{pmatrix} x_0 \\ y_0 \end{pmatrix}$를 지나는 해의 궤도는 $x^2 - \frac{1}{2}x^4 + y^2 = x_0^2 - \frac{1}{2}x_0^4 + y_0^2$ 이다.

5. 극형식으로 변환하여 조사하면, Poincare 사상 $\boldsymbol{P}$는 다음과 같다.

$$P(r) = \frac{re^{2\pi}}{\sqrt{1 - r^2 + r^2 e^{4\pi}}}, \quad r > 0$$

연습문제 9.1

1. (1) 존재 안함 (3) 존재함
   (5) 존재 안함 (7) 존재함
   (9) 존재함 (11) 존재 안함

2. (1) 고유치: $\lambda_n = \left(n + \frac{1}{2}\right)^2 \pi^2$, $n \ge 0$ 정수,

   고유함수: $\varphi_n = \cos\left(n + \frac{1}{2}\right)\pi x$, $n \ge 0$ 정수

   (3) 고유치: $\lambda_n = n^2$, $n \ge 0$ 정수,

   고유함수: $\varphi_0 = 1$, $\begin{cases} \varphi_n = \cos nx \\ \psi_n = \sin nx \end{cases}$, $n \ge 0$ 정수

   (5) 고유치: $\lambda_n = \omega_n^2$, 단 $\omega_n > 0$은 $x = \tan 2x$의 근이다. $n \ge 0$ 정수,

   고유함수: $\varphi_n = \sin \omega_n x$, $n \ge 0$ 정수

   (7) 고유치: $\lambda_n = 4 + (n\pi)^2$, $n \ge 0$ 정수,

   고유함수: $\varphi_n = e^{-2x}[n\pi \cos n\pi x + 2\sin n\pi x]$, $n \ge 0$ 정수

   (9) 고유치: $\lambda_n = \omega_n^2$, 단 $\omega_n > 0$은 $2x = \tan x$의 근이다. $n \ge 0$ 정수,

   고유함수: $\varphi_n = 2\omega_n \cos \omega_n x - \sin \omega_n x$, $n \ge 0$ 정수

연습문제 9.2

1. 미분적분학 참조
2. 미분적분학 참조
3. (1) 고유함수 $\varphi_n = \sin \frac{n}{2}\pi x$, $n \ge 0$ 정수,

$$1 = \sum_{n=1}^{\infty} \frac{2[1 - (-1)^n]}{n\pi} \sin \frac{n\pi}{2} x = \frac{4}{\pi} \sum_{k=0}^{\infty} \frac{1}{2k+1} \sin\left(k\pi + \frac{\pi}{2}\right) x, \quad 0 < x < 2,$$

$$x = \frac{4}{\pi} \sum_{n=1}^{\infty} \frac{(-1)^{n+1}}{n} \sin \frac{n\pi}{2} x, \quad 0 < x < 2$$

(3) 고유함수 $\varphi_n = \cos\left(n+\frac{1}{2}\right)\pi x,\ n \geq 0$정수

$$1 = \frac{4}{\pi}\sum_{n=0}^{\infty}\frac{(-1)^n}{2n+1}\cos\left(n+\frac{1}{2}\right)\pi x,\ 0 < x < 1,$$

$$x = \frac{4}{\pi}\sum_{n=0}^{\infty}\left[\frac{(-1)^n}{2n+1} - \frac{2}{(2n+1)^2\pi}\right]\cos\left(n+\frac{1}{2}\right)\pi x,\ 0 < x < 1$$

(5) 고유함수 $\varphi_n = \sin n\pi x,\ n \geq 0$정수,

$$1 = \frac{4}{\pi}\sum_{k=0}^{\infty}\frac{1}{2k+1}\sin(2k+1)\pi x,\ 0 < x < 1,$$

$$x = \frac{1}{\pi}\sum_{n=1}^{\infty}\frac{(-1)^{n+1}}{n}\sin n\pi x,\ 0 < x < 1$$

4. (1) $1 = \frac{4}{\pi}\sum_{k=0}^{\infty}\frac{1}{2k+1}\sin(2k+1)x,\ 0 < x < \pi$

(3) $1 = 1,\ 0 < x < \pi$

(5) $f(x) = \frac{4}{\pi}\sum_{k=0}^{\infty}\frac{1}{2k+1}\sin 2(2k+1)x,\ 0 < x < \pi$

(7) $x(\pi - x) = \frac{8}{\pi}\sum_{k=0}^{\infty}\frac{1}{(2k+1)^3}\sin(2k+1)x,\ 0 < x < \pi$

(9) $x(\pi - x) = \frac{\pi^2}{6} - \sum_{k=1}^{\infty}\frac{1}{k^2}\cos 2kx,\ 0 < x < \pi$

연습문제 9.3

1. (1) $L^*[u] = u'' + 4u$ (3) $L^*[u] = x^2u'' + 2xu' + 4u$

(5) $L^*[u] = x^2u'' + 3xu' + 5u$ (7) $L^*[u] = x^2u'' + xu' + u$

2. (1) $L^*[u] = u'' + 4u,\ u(0) = 0,\ u(2) = 0$

(3) $L^*[u] = u'' + 4u,\ u(0) = 0,\ u'(2) = 0$

(5) $L^*[u] = u'' + 4u,\ u(0) = u(2),\ u'(0) = u'(2)$

(7) $L^*[u] = u'' - 2u' + 5u,\ 2u(0) - u'(0) = 0,\ 2u(2) - u'(2) = 0$

(9) $L^*[u] = (x^2+1)u'' + 3xu' + 5u,\ u(0) = 0,\ u(1) + 2u'(1) = 0$

4. (1) 임의의 $f(x)$에 대해서, 해가 존재함.

(3) $\int_0^{\pi} f(x)e^{-x}\sin 3x\,dx = 0$인 $f(x)$에 대해서, 해가 존재함.

(5) 임의의 $f(x)$에 대해서, 해가 존재함.

(7) $\int_1^{e^\pi} f(x)x^{-1}\sin(2\ln x)\,dx = 0$인 $f(x)$에 대해서, 해가 존재함.

(9) 임의의 $f(x)$에 대해서, 해가 존재함.

연습문제 9.4

1. (1) 해가 무수히 많음.

   (3) 유일한 해 $u = -\dfrac{1}{17}\sin 4x$

   (5) 해가 존재 안함.

   (7) 유일한 해 $u = \sum_{n=1}^{\infty} \dfrac{(-1)^n 2}{(n^2-3)n}\sin nx$

2. (1) 그린 함수 $G(x,\ y) = \begin{cases} \dfrac{\sin\sqrt{5}(x-\pi)\sin\sqrt{5}\,y}{\sqrt{5}\sin\sqrt{5}\,\pi}, & 0 \le y \le x \le \pi \\ \dfrac{\sin\sqrt{5}\,x\sin\sqrt{5}(y-\pi)}{\sqrt{5}\sin\sqrt{5}\,\pi}, & 0 \le x \le y \le \pi \end{cases}$,

$$\begin{aligned} \text{해 } u &= \int_0^\pi G(x,\ y)\sin 3y\,dy \\ &= \frac{\sin\sqrt{5}(x-\pi)}{\sqrt{5}\sin\sqrt{5}\,\pi}\int_0^x \sin\sqrt{5}\,y\sin 3y\,dy \\ &\qquad + \frac{\sin\sqrt{5}\,x}{\sqrt{5}\sin\sqrt{5}\,\pi}\int_x^\pi \sin\sqrt{5}(y-\pi)\sin 3y\,dy \end{aligned}$$

   (3) 그린 함수 $G(x,\ y) = \begin{cases} \dfrac{(e^{x-\pi}-e^{-x+\pi})(e^y-e^{-y})}{2(e^\pi-e^{-\pi})}, & 0 \le y \le x \le \pi \\ \dfrac{(e^x-e^{-x})(e^{y-\pi}-e^{-y+\pi})}{2(e^\pi-e^{-\pi})}, & 0 \le x \le y \le \pi \end{cases}$,

$$\begin{aligned} \text{해 } u &= \int_0^\pi G(x,\ y)\sin 4y\,dy \\ &= \frac{e^{x-\pi}-e^{-x+\pi}}{2(e^\pi-e^{-\pi})}\int_0^x (e^y-e^{-y})\sin 4y\,dy \\ &\quad + \frac{e^x-e^{-x}}{2(e^\pi-e^{-\pi})}\int_0^x (e^{y-\pi}-e^{-y+\pi})\sin 4y\,dy \end{aligned}$$

   (5) 그린 함수 $G(x,\ y) = \begin{cases} \dfrac{\cos\sqrt{2}(x-\pi)\cos\sqrt{2}\,y}{\sqrt{2}\sin\sqrt{2}\,\pi}, & 0 \le y \le x \le \pi \\ \dfrac{\cos\sqrt{2}\,x\cos\sqrt{2}(y-\pi)}{\sqrt{2}\sin\sqrt{2}\,\pi}, & 0 \le x \le y \le \pi \end{cases}$,

해 $u=\int_0^\pi G(x,\ y)dy$

$$=\frac{\cos\sqrt{2}(x-\pi)}{\sqrt{2}\sin\sqrt{2}\pi}\int_0^x \cos\sqrt{2}y\,dy+\frac{\cos\sqrt{2}x}{\sqrt{2}\sin\sqrt{2}\pi}\int_x^\pi \cos\sqrt{2}(y-\pi)\,dy$$

(7) 그린 함수 $G(x,\ y)=\begin{cases}\dfrac{\sin\sqrt{3}(x-\pi)\sin\sqrt{3}y}{\sqrt{3}\sin\sqrt{3}\pi}, & 0\le y\le x\le\pi\\ \dfrac{\sin\sqrt{3}x\sin\sqrt{3}(y-\pi)}{\sqrt{3}\sin\sqrt{3}\pi}, & 0\le x\le y\le\pi\end{cases},$

해 $u=\int_0^\pi G(x,\ y)y\,dy$

$$=\frac{\sin\sqrt{3}(x-\pi)}{\sqrt{3}\sin\sqrt{3}\pi}\int_0^x y\sin\sqrt{3}y\,dy+\frac{\sin\sqrt{3}x}{\sqrt{3}\sin\sqrt{3}\pi}\int_x^\pi y\sin\sqrt{3}(y-\pi)\,dy$$

연습문제 9.5

1. $x\to\pm1$ 일 때, $u(x)$와 $u'(x)$가 유계인 경우, $(L[u],v)=(u,L[v])$가 될 필요충분조건은 [$x\to\pm1$ 일 때 $v(x)$와 $v'(x)$가 유계]이다. 따라서 $L=L^*$ 이다.
3. $t\to0$ 일 때 $u(t)$와 $u'(t)$가 유계이고 $u(1)=0$인 경우, $(L[u],v)=(u,L[v])$가 될 필요충분조건은 [$t\to0$일 때 $v(t)$와 $v'(t)$가 유계이고 $v(1)=0$]이다. 따라서 $L=L^*$ 이다.
5. $x\to\pm1$ 일 때 $u(x)$와 $u'(x)$가 유계인 경우, $(L[u],v)=(u,L[v])$가 될 필요충분조건은 [$x\to\pm1$ 일 때 $v(x)$와 $v'(x)$가 유계]이다. 따라서 $L=L^*$ 이다.

연습문제 10.1

1. K가 증가하면 온도의 변화가 빨라지고, ρ와 γ가 증가하면 온도의 변화가 느려진다.
3. T가 증가하면 파동의 속도의 변화가 빨라지고, ρ가 증가하면 파동의 속도의 변화가 느려진다.
5. $\dfrac{\partial^2 u}{\partial x^2}+\dfrac{\partial^2 u}{\partial y^2}+\dfrac{\partial^2 u}{\partial z^2}=0$

연습문제 10.2

1. (1) $u=\sum_{n=1}^{\infty}\frac{(-1)^{n+1}2}{n}e^{-3n^2t}\sin nx$

(3) $u=\frac{\pi}{2}-\sum_{n=0}^{\infty}\frac{4}{\pi(2n+1)^2}e^{-3(2n+1)^2t}\cos(2n+1)x$

(5) $u=\sum_{n=0}^{\infty}\frac{(-1)^n 2}{\pi(n+\frac{1}{2})^2}e^{-3\left(n+\frac{1}{2}\right)^2t}\sin(n+\frac{1}{2})x$

(7) $u=\sum_{n=0}^{\infty}\left[\frac{(-1)^n 2}{n+\frac{1}{2}}-\frac{2}{\pi\left(n+\frac{1}{2}\right)^2}\right]e^{-3\left(n+\frac{1}{2}\right)^2t}\cos\left(n+\frac{1}{2}\right)x$

(9) $u=\frac{x}{\pi}+\left(1-\frac{1}{\pi}\right)\sum_{n=1}^{\infty}\frac{(-1)^{n+1}2}{n}e^{-3n^2t}\sin nx$

(11) $u=\sum_{n=1}^{\infty}\frac{(-1)^{n+1}2}{n}e^{-(3n^2+1)t}\sin nx$

2. (1) $u=\frac{1}{3}\sin 3t\sin x$

(3) $u=\frac{1}{2\pi}\sum_{n=1}^{\infty}\frac{1-(-1)^n}{n^3}\cos nt\sin nx$

(5) $u=\frac{\pi^2}{48}-\sum_{n=1}^{\infty}\frac{1+(-1)^n}{4n^2}\cos nt\cos nx$

(7) $u=\frac{8}{\pi}\sum_{n=0}^{\infty}\frac{1}{(2n+1)^2}\sin\left(n+\frac{1}{2}\right)t\,\sin\left(n+\frac{1}{2}\right)x$

(9) $u=\sum_{n=1}^{\infty}A_n T_n(t)\sin\frac{n\pi}{b}x$, 단 $A_n=\frac{2}{b}\int_0^b f(x)\sin\frac{n\pi}{b}x\,dx$,

$T_n=e^{-\frac{t}{2}}\left[\cos\omega_n t+\frac{1}{2\omega_n}sin\omega_n t\right]$, $\omega_n=\frac{1}{2b}\sqrt{3b^2+4\alpha\pi^2n^2}$

연습문제 10.3

1. (1) $u=\frac{2}{\pi}\sum_{n=1}^{\infty}\frac{1-(-1)^n}{n\sinh n\pi}\sinh n(\pi-x)\sin ny$

(3) $u=-\frac{\sinh 7(y-1)\cos 7x}{\sinh 7}$

(5) $u=\frac{\sinh 3(y-1)\cos 3x}{\sinh 3}+\frac{\sinh 2y\cos 2x}{\sinh 2}$

2. (1) $u=k$ 상수함수

(3) $u=r\cos\theta$

(5) $u=\left(\frac{1}{3}r-\frac{4}{3}r^{-1}\right)\cos\theta+\left(\frac{2}{3}r-\frac{2}{3}r^{-1}\right)\sin\theta-\left(\frac{1}{225}r^{4}-\frac{256}{255}r^{-4}\right)\sin4\theta$

연습문제 10.4

1. (1) $u=\frac{1}{2}[f(x+\omega t)+f(x-\omega t)]=\begin{cases}1, & -1<x-\omega t<x+\omega t<1\\ \frac{1}{2}, & -1<x-\omega t<1<x+\omega t\\ \frac{1}{2}, & x-\omega t<-1<x+\omega t<1\\ 0, & x-\omega t<-1,\ x+\omega t>1\end{cases}$

(3) $u=\frac{1}{\omega}\sin\omega t\cos x$

(5) $u=t+\cos2t\sin x$

■ 참고 문헌 ■

1. Differential equations with boundary-value problems 5th edition, 2001, D.G. Zill and M.R. Cullen, Brooks/Cole
2. Elementary differential equations and boundary value problems 7th edition, 2001, W.E. Boyce and R.C. DiPrima, John Wiley & Sons
3. Differential equations 2nd edition, 2002, P. Blanchard, R.L. Devaney and G.R. Hall, Brooks/Cole
4. Differential equations; An introduction with Mathematica, 1995, C.C. Ross, Springer-Verlag
5. Asymptotic behaviour and stability problems in ordinary differential equations, 1971, L. Cesari, Springer
6. Dynamical systems, 1992, D.K. Arrowsmith and C.M. Place, Chapman & Hall
7. Differential equations, Dynamical systems and Linear algebra, 1974, M.W. Hirsch and S. Smale, Academic Press
8. Ordinary differential equations 4th edition, 1989, G. Birkhoff and G. Rota, John Wiley & Sons
9. Ordinary differential equations, 1998, W. Walter, Springer-Verlag
10. Ordinary differential equations and stability theory, 1979, D. Sanchez, Dover
11. Stability by Liapunov's direct method with applications, 1961, J. LaSalle and S. Lefschetz, Academic Press
12. Modelling with differential and difference equations, 1997, G. Fulford, P. Forrester and A. Jones, Cambridge University Press
13. Introduction to the theory and application of the Laplace transform, 1974, G. Doetsch and W. Nader, Springer-Verlag
14. Elementary partial differential equations, 1966, P. Berg and J. McGregor, Holden-Day
15. A first course in Partial differential equations, 1995, H. Weinberger, Dover
16. Introduction to partial differential equations with applications, 1986, E. Zachmanoglou and D. Thoe, Dover Publications
17. Numerical methods 2nd edition, 1998, J.D. Faires and R. Burden, Brooks/Cole
18. Linear algebra and its applications 3rd edition, 1988, G. Strang, Academic Press
19. Foundations of mathematical analysis, 1981, R. Johnsonbaugh and W. Pfaffenberger, Marcel Dekker
20. Principles of mathematical analysis 3rd edition, 1976, W. Rudin, McGraw-Hill
21. Basic complex variables, 1982, J. Mathews, Allyn and Bacon
22. 2500 solved problems in differential equations, 1989, R. Bronson, McGraw-Hill Book Co.
23. Mathematica: A system for doing Mathematics by computer 2nd edition, 1991, S. Wolfram, Addison-Wesley
24. MATLAB 기초와 응용 5판, 2013, 황성호 역, 아진

찾아보기

미분방정식의 이해와 응용 제3판

지은이 장성각 · 권영철 · 권순걸 · 裴明鶴
펴낸이 조경희
펴낸곳 경문사
펴낸날 2006년 3월 2일 1판 1쇄
2022년 9월 1일 3판 2쇄
등 록 1979년 11월 9일 제1979-000023호
주 소 04057, 서울특별시 마포구 와우산로 174
전 화 (02)332-2004 팩스 (02)336-5193
이메일 kyungmoon@kyungmoon.com

값 32,000원

ISBN 978-89-6105-889-6